2016 年度上海市科学技术奖二等奖
2016 年度上海土木工程科学技术奖一等奖

上海国际旅游度假区基础设施
绿色建设关键技术研究与应用

王庆国 金大成 蒋应红 主编

同濟大学 出版社
TONGJI UNIVERSITY PRESS

图书在版编目(CIP)数据

上海国际旅游度假区基础设施绿色建设关键技术研究与应用 / 王庆国,金大成,蒋应红主编. --上海:同济大学出版社,2017.11

ISBN 978-7-5608-7073-1

Ⅰ.①上… Ⅱ.①王…②金…③蒋… Ⅲ.①旅游区—基础设施建设—工程技术—研究—上海 Ⅳ.①TU984.181

中国版本图书馆 CIP 数据核字(2017)第 117552 号

上海国际旅游度假区基础设施绿色建设关键技术研究与应用

王庆国　金大成　蒋应红　主编

出品人　华春荣

责任编辑　张　睿　　**责任校对**　徐春莲　　**封面版式设计**　每日一文工作室

出版发行	同济大学出版社　www.tongjipress.com.cn
	(地址:上海市四平路 1239 号　邮编:200092　电话:021-65985622)
经　　销	全国各地新华书店
开　　本	889 mm×1194 mm　1/16
排　　版	南京月叶图文制作有限公司
印　　刷	上海安兴汇东纸业有限公司
印　　张	29.75
字　　数	952 000
版　　次	2017 年 11 月第 1 版　　2017 年 11 月第 1 次印刷
书　　号	ISBN 978-7-5608-7073-1

定　　价　240.00 元

主　　编：王庆国　金大成　蒋应红

副 主 编：张鹏程　王　强　张勇伟　唐海峰　李　芸

编　　委：（以参编单位顺序排序）

朱　嘉　杜　诚　黄亦明　保丽霞　刘晓倩　黄崇伟　朱霞雁　胡　龙
魏源源　康景文　胡志刚　李青青　杨　洁　翁志华　方海兰　沈烈英

参编人员：（以参编单位顺序排序）

蔡　超　卫　超　柏　营　庞学雷　周　坤　沈宙彪　王跃辉　胡佳萍
鲍越鼎　李卫东　王家华　黄　瑾　周传庭　高　原　林　琳　徐连军
陈　轶　杨晓未　谢宛平　李婷婷　奚霄松　施城俊　何晓颖　洪隽琰
冯　桑　冯业成　孙德铭　康旭辉　刘　高　杨　斌　王　晓　王　旌
朱　杰　李忠元　梁　晶　周建强　伍海兵　郝冠军　朱明言　赵　怡
黄志金　王　莉　王　昶

参编单位：上海申迪建设有限公司

上海申迪项目管理有限公司

上海申迪园林投资建设有限公司

上海市城市建设设计研究总院（集团）有限公司

上海园林（集团）有限公司

中国建筑西南勘察设计研究院有限公司

上海市环境科学研究院

上海市园林科学规划研究院

上海宝信软件股份有限公司

上海宏波工程咨询管理有限公司

序　言

以迪士尼乐园项目为核心的上海国际旅游度假区是 2010 世博会后上海重点发展的功能区域之一，承载着上海"创新驱动，转型发展"的重要使命。聚焦将度假区建设成"具有示范意义的现代化旅游城""当代中国娱乐潮流体验中心"和"人人向往的世界级旅游目的地"的战略定位，秉持着"高起点规划、高品质开发、功能高度融合"的要求，在度假区建设工程指挥部的统筹协调指挥下，一批志存高远的建设者们在建设之初就积极践行新的开发建设理念，用绿色技术引领高标准工程建设、用科技成果打造度假区示范工程，紧紧依靠科技的力量支撑起度假区基础设施建设、运行和维护，实现了理论与实践的完美结合，实现了中外标准的完美对接，也充分体现了我们国家贯彻落实科学发展观的发展战略要求。

《上海国际旅游度假区基础设施绿色建设关键技术研究与应用》一书，将度假区建设过程中采用的关键研究技术精要一一解密，淋漓尽致地呈现在公众面前，使我们不仅仅可以游历体验上海国际旅游度假区，借由本书亦能得以窥视支撑度假区运行的高标准基础设施这一"隐形世界"的建设技艺，故而本书的付梓是件十分可喜可贺的事情！

本书共分为四大篇章。第 1 篇是长寿命乐园场地形成工程绿色关键技术篇，涉及大面积场地环境评估与治理、大面积场地地基处理等内容；第 2 篇是数字化乐园建设关键技术研究篇，涵盖道路基础设施全寿命周期监控、BIM 技术在市政基础设施建设的应用、数字化乐园系统研究等技术成果；第 3 篇是循环水资源利用技术篇，涉及城市高标准防洪、雨水综合利用、高标准水质保持等内容；第 4 篇是生态绿化新技术篇，主要阐述了高品质种植土和苗木容器化生产等关键技术。

本书的创新成果可以归纳为"绿色、智慧、集成"三大特点。

绿色：土壤资源的绿色应用——首次创建了大面积场地土壤环境风险管控体系并成功践行；提出上海最大面积深厚软土真空预压地基处理技术；提出了超大面积天然地基沉降理论，丰富了地基沉降理论体系；实现表土规模化、标准化、机械化和数字化保护再利用，形成污染土壤生态修复新技术、新方法和标准体系。水资源的绿色循环应用——通过排水、调蓄、城市水系的协同，将区域防洪能力从 5 年提高到 50 年一遇；通过多种工程及非工程措施相结合，建立了水环境生态保障系统，确保了中心湖水质安全。

智慧：全面建立大数据系统——首次将虚拟设计应用于复杂的市政工程，并纳入市政信息中心；基于无线传感器技术，首次构建道路性能衰变模型；提出多源数据融合的客流统计和空间均衡引导措施。首次提出数字化管理——实现了国内首条精准的种植土生产流水线，通过智慧的生命管理系统，进行容器苗木信息管理。

集成：研究了大数据融合的数字化乐园系统。研究了信息的发布方式、设施布局、发布内容等技术实现手段，研发适应上海迪士尼乐园安全可靠运营的全寿命基础设施建设运营技术。实现了车流、客流和市政基础设施的大数据集成，为乐园运行提供了数字化、效率化的管理工具，最大限度地提升了园区对于交通和安全等多方面信息的处理和应急指挥能力。

我相信，会有许多人和我一样，将从这部书中获取有用的信息，甚至是教益。书中研究成果不仅仅是理论的创新，也经过了上海国际旅游度假区及迪士尼乐园项目建设实践的考验和论证。它将是大数据时代背景下市政工程、环境工程及计算机科学技术的交叉融合，将为相关领域专业人士提供研究思路、研究方法，为项目参与者提供基础知识，同时也将为上海和国内其他城市建设大型娱乐设施基础设施建设提供宝贵的经验。

借此机会，谨向付出艰辛劳动的全体编写人员致以崇高的敬意和衷心的感谢！

郑时龄

2017 年 6 月 12 日

目　录

第1篇 长寿命乐园场地形成工程绿色关键技术

研究的技术：

(1) 超大面积深厚软基场地形成设计、施工和质量控制过程中涉及的沉降计算方法、地基处理工法选择与施工工艺，以及真空预压法应用等关键性技术。

(2) 以健康风险评估分析模型为核心，形成和确定上海迪士尼乐园场地环境质量评价限值和修复限值体系；研发上海迪士尼乐园场地污染土壤和地下水治理修复关键技术，以及原场地拆除过程中的环境污染防控技术。

解决的问题：

(1) 如何确定超大面积天然地基沉降的计算公式及数值方法；如何确定真空预压处理超大面积软土地基的施工关键控制技术要点。如何确定真空预压下超大面积地基实际所能加固的有效深度，实际达到的最终沉降、沉降随时间变化的趋势以及工后沉降预估的计算方法或计算模型。

(2) 如何制定具有针对性和精确性的场地土壤和地下水修复指导限值。如何确定有机物污染土壤、重金属污染土壤、重金属-有机物复合污染土壤修复的实用技术。

取得的效果：

(1) 建立上海国际旅游度假区超大面积荷载作用下深厚软基沉降的合理计算理论体系和预测方法；形成上海国际旅游度假区大面积真空预压施工工法。

(2) 建立上海迪士尼乐园项目土壤和地下水质量评价限值和修复指导限值体系；获得上海迪士尼乐园项目典型污染土壤修复技术；形成工业企业场地拆除污染控制技术规范。

第1章

大面积场地环境评估与治理
关键技术专题

第1篇第1章由上海市环境科学研究院完成。

3

1.1.1　乐园开发场地环境总目标

上海国际旅游度假区核心区域——上海迪士尼乐园项目作为一个国际大型主题乐园首次落户上海,总规划用地 7 km²,以中心湖泊为中心,三个主题乐园成三足鼎立之势,一期开发乐园及配套区用地为 3.9 km²,辅之以配套的酒店、零售设施、交通设施、管理服务设施和园区后勤设施,形成完善的产业链形态。

乐园开发建设伊始,场地形成的环境问题备受中美双方和国内外各界关注和重视。根据场地建设标准:"需对项目用地进行评估和检测,以调查识别可能危害施工工人、度假区员工以及游客身体健康安全的地表及地下污染状况。一旦发现有害污染物浓度超标将开展人体健康风险评估,并根据人体健康风险评估结果制定相应的修复治理措施。"

基于此,上海迪士尼乐园项目场地形成过程中环境评估和治理的总体目标:

(1) 人和自然的和谐,人体和环境的安全。上海迪士尼乐园项目建设和运营最关切的是为游乐人员提供干净的水源、清洁的空气和洁净的土壤环境,因此土壤环境评估要充分考虑土壤污染对人体健康、生态环境的潜在威胁,确保人体和环境的安全性。

(2) 基于上海地域性特点,满足迪士尼乐园项目场地开发的要求。土壤受形成、发育及其他自然条件的影响,其理化性质存在较大的空间差异性。在土壤环境评价标准研究中,密切结合上海地区土壤环境的特性,充分利用本地的土壤环境背景值等相关调查和研究结果,切合上海本区域的标准体系。同时,作为国际化运行的迪士尼乐园项目,土壤环境评价标准与国际应用的标准接轨。

(3) 基于风险控制的具有自身特色的场地修复指导限值。作为国内主题乐园建设领域首次引入人体健康风险评价体系,在监测方法上有依据,在技术水准上能够达到,在时间上可以控制,在经济上合理可行。中美合作创新案例,本次场地形成工程是"迪士尼标准"和"上海最佳实践"有机结合的集中体现。

1.1.2　乐园原场地工业拆除污染防控

上海迪士尼乐园项目规划地块原场地是农村和城乡结合部,地块中有数百家小型工业企业,包括纺织业、制造业、印刷业和修理业等国民经济第二产业,也有畜牧业、旅馆业、服务业等国民经济第一和第三产业。由于地块功能的变换,这些企业在场地平整和建设初期,需要整体搬迁和拆除。

工业企业建筑物和构筑物结构复杂,生产设备专业,原辅材料多为有毒有害物质,因此在搬迁和拆除过程中可能对本地和周边环境造成二次污染。包括:ⓐ大气污染;ⓑ水环境污染;ⓒ场地的二次污染;ⓓ固体废弃物:对拆除的废弃物处理处置不当也会加重其环境影响;ⓔ拆除施工时还有噪音、振动、扬尘和恶臭污染等环境问题。

我国在建筑安全、固废管理、危废鉴定等方面制定了一系列法律法规标准和技术规范,但是在场地拆除方面尚无关于环境污染控制尤其是二次污染防控的相关条款。

1.1.2.1　国外工业企业退役场地拆除概述

建筑物拆除是一项古已有之的事,旧的建筑物要翻新,失去使用价值的建筑物要拆除,然后被新的所替代。在机械化程度比较低的时候,大部分建筑物拆除用手工操作,而且拆除的对象以商业和民用住宅居多,因此对环境的影响不大。但是,随着工业的飞速发展,城市废物的不断增加,人们开始关注和重视建筑物的拆除废物,以及其对周边乃至整个社会的环境影响。城市中的工业企业拆除,其固体废弃物是建筑垃圾和工业固废的一大来源,况且工业固废中还存在着危险废物的可能。不仅如此,工业企业的拆除还可能造成新的场地土壤污染,污染物、危险废物的扩散,乃至重大污染事故的发生,给城市环境和人体健康带来严重的威胁和后果。因此,工业企业拆除的管理和技术越来越受到关注和重视。

1. 工业企业拆迁的环境问题

人们印象中的"拆除"就是从电视里看到的或者从其他媒体里所听到的建筑物的拆卸、摧毁或爆破场面。其实,拆除流程看似简单,不同的拆除方法和管理手段对环境造成的影响是大相径庭的。

拆除带来的环境问题,主要有以下几类:

(1) 大气污染:拆除行业的大气污染不同于通常意义上工业企业的大气污染。一般工业企业的大气污染是由于工艺生产过程中有组织或无组织排放 SO_2、NO_x 和 CO_2 所引起的。但是,拆除行业的大气污染主要考虑的是,在拆除过程中,对某些储气罐、烟囱、储藏室的不当拆卸或搬运,引起烟尘和有毒有害化学物质的释放。

(2) 水环境污染:考虑到地下水源的缺乏,许多欧盟国家非常在意工业企业和建筑行业所带来的地下水污染风险。因为在拆除行为中,往往由于拆除废物的任意倾倒导致饮用水水井的污染,拆除废物长期堆放后的渗滤液造成的土壤和地下水污染等。

(3) 场地的二次污染:由于拆除技术使用不当,或是废弃物堆放和处理处置时管理不善,常常导致场地的清洁土壤遭受污染,或是污染土本身再次受污染。一旦形成二次污染,将会是大规模的,难以控制和处理的,也是致命的。

(4) 固体废弃物:欧盟废弃物条例中明确规定,所有建筑行业(包括拆除行业)中所产生的物质除了可以循环利用或使用以外,一律视为废弃物处理。而如何对拆除的废弃物进行合理地处理处置,既能有效消除废物,又能减低其有害的影响还值得研究。

总的说来,商用和民用建筑的拆除废物形式较为单一,通常只是一些纯粹的建筑材料,如砖屑、混凝土、木材等。工业企业的废物形式却较为复杂,尤其经常会涉及一些有毒有害的物质,如附着在建筑物表面的石英棉,制造过程中使用的一些化学物质和添加剂,还有由于通风、加热照明系统控制不当滋生的微生物等等,都可能在拆除废物中隐匿。

2. 工业拆除废弃物的循环利用

填埋是传统的处理处置方法,但是随着土地资源的日渐减少,倾倒填埋法必然逐渐被淘汰。因此,如何对废弃物进行资源再利用也是拆除行业面临的应该思考的关键问题。毫无疑问,废弃物的再利用或是循环利用将是最有经济价值的,也是工业企业可持续发展的最佳出路。

美国将专门针对建筑物拆除的法律提升到基本法律层面,并全力推广拆除废弃物的循环利用概念,支持研发废弃物的循环利用技术。目前,美国拆除行业协会已明确定义了在不含有毒有害物质的前提下的 14 种可循环的建筑材料。如用于混凝土材料、沥青路面、金属材料、砖屑和木材加工都是可以考虑的可循环方向。据调查,美国每年产生近 1.3 亿 t 的拆除废弃物,美国的拆除行业中有约 40% 的废弃物可以循环利用,而且这个数字还在不断增加。从遵守规章制度的角度考虑也好,或是以逃避罚单的目的也好,抑或是减少填埋成本也好,越来越多的拆除公司选择废弃物的循环利用,甚至采纳就地循环利用的方式对废弃物进行处理处置。

"可持续性发展"绿色环境理念的大力倡导,政策的有效导向使得越来越多的拆除企业在执行拆除任务的同时,也致力于废物循环技术的创新和发明,促使循环利用行业更为经济实用、简便可行和环境友好。

美国废物循环利用的技术已经成功运用于电力行业和筑路行业。在政府减免税收等激励机制的基础上,某些发电厂开始利用废弃木料作为燃料的添加剂,以此来节约能源消耗。与此同时,税收减免部分则用于大气排放的污染治理系统,可谓是一举多得。资源利用改变了先前物质利用"摇篮到坟墓"的传统方式,开创了"摇篮到摇篮"新的可持续发展的物质利用经济模式。

美国中央政府将会同美国环保局制定关于"建筑和拆除循环利用"方面的政策。相信,拆除行业废弃物的循环利用也会逐渐规范化。

工业企业的拆除废弃物往往带有对人体有毒有害的危险废弃物,如何处理处置这些废弃物,是否可以通过个性化处理后也可以如一般废弃物那样进行循环利用?目前为止,尚是瓶颈。当然,在美国有一个非常典型的例子就是含铅油漆的混凝土循环利用。将1亿多吨含有少量含铅油漆(被鉴定为危废)的混凝土废弃物,作为路基材料铺垫在6英寸厚的沥青或其他填充物下面,既消耗了环境中的废弃物,对环境和社会并没有生态和健康风险。这无疑是个非常成功的处理处置并能再利用的工业拆除废弃物的例子。

3. 国外工业企业拆除管理要求

[1] 高度专业化

外国的工业企业拆除的专业化程度很高,本行业的建设和安装公司通常也是该行业的拆除公司。在许多发达国家,建设和拆除经常是同时进行的;因为一个新的建筑物或工厂企业的建设往往与原先建筑物的历史和拆除有关。除了大城市中有少数的专业拆除公司外,大多数拆除部门是整个建筑工程公司的一个组成部分。而产生这种现象最直接的原因是,只有很少的工程项目将拆除和建设分离。

[2] 考虑拆除工业的特殊要求

发达国家对于拆除行业的管理比较严格。例如在澳大利亚,有关政府和管理部门颁发了拆除工作规范,包括拆除许可证的申请和审核。由于拆除相对于建设来说份额不大,有些国家和地方把拆除和建筑放在一起考虑,建设的许可中包括了拆除的许可。随着人们对工业企业拆除可能造成问题的认识加深,拆除对环境和人体健康的影响越来越受到重视,政府部门要求拆除公司制定的拆除计划必须考虑处理和处置拆除废弃物,以及拆除对生态环境的影响。现代拆除工业的管理模式、环境问题和循环使用成为这个行业必须考虑的重要方面。

[3] 拆除工业的日益扩张

作为土地可持续发展和资源循环使用的重要手段,拆除工业正在向一个完整的工业体系发展,其涉及面不仅是楼房、工业企业的拆除,而且在发达国家已经成为经济发展的重要环节,甚至在民生领域如抢险救灾和灾后重建中也发挥极大的作用。

1.1.2.2 乐园原场地拆除总体方案设计

根据我国《国民经济行业分类标准》(GB/T 4754—2002)中规定的我国经济活动行业分类和代码以及课题组所了解的场地现状,场地现有用地主要为农林业(A类),制造业(C类),电力、燃气及水的生产和供应业(D类),住宿和餐饮业(I类),以及其他卫生教育业等。从2008年起开展的我国第一次全国污染源普查囊括了对该地块的第二产业、第三产业以及集中式污染处理设施的环境污染调查。其中,第二产业3个门类39个工业行业是污染调查的重点,包括制造业、采矿业、电力、燃气及水的生产和供应业。

为保证规划区旧址中的各类企业在既定的时间内安全顺利搬迁和拆除,严防场地清理时的二次污染,总体设计方案如图1.1-1所示。

1. 工业场地拆除方案设计

工业行业门类众多,工艺复杂,是环境污染大户。尤其是制造业,工艺过程中原辅材料、中间体和产品等化学物质的大量使用、加工、贮存和运输经常会有有毒有害物质的泄漏,对周边环境造成污染,对人群和生态环境造成危害。而且,制造业中一些高温高压工艺过程以及存有多种类压力容器的工业场地在拆除过程中容易造成不安全因素以及环境污染等多方面问题。

[1] 风险区域划分

1) 一级风险区

划分原则:企业生产时使用、贮存和处理有毒有害物质(有毒气体、有毒液体、有毒固体、有毒粉尘与气溶胶以及其他有毒物质)的场所。如:ⓐ生产区域,包括生产车间、反应塔、反应池、地下管线和地上管线;ⓑ槽区,包括原辅材料贮存、中间体贮存和产品贮存区域;ⓒ危废仓库;ⓓ三废治理装置,包括废水处理装置如中和塔、压滤房、隔油池、调节池、生化池、沉淀池等,废气处理装置如焚烧炉、除尘脱硫装置以及烟囱,固体废物堆场如工业生产废物堆存区域。

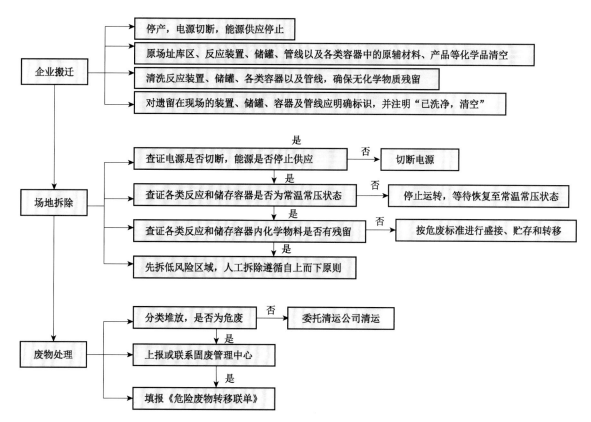

图 1.1-1　总体技术流程图

2）二级风险区

划分原则：不涉及有毒有害物质的生产场所。包括：ⓐ生产辅助车间，包括厂区内机修间、锅炉房以及其他不涉及危险废物的工段房；ⓑ分析检测室，包括一些小型的实验装置和各类试剂；ⓒ煤场；ⓓ配电房。

3）低风险区域

低风险区域主要是指非生产区，是风险区域以外的其他区域，如办公楼、食堂、绿地、花棚、厕所、浴室、停车棚以及门卫间等。

［2］企业在搬迁过程中的环保要求

（1）厂区内的生产车间、仓库、储罐、反应釜和管线内所有的物料（包括生产原料、中间产品和成品）必须清空，确保物理构架拆除时无残留物料或物质泄漏。

（2）厂区内的各类储槽、容器、反应釜和成品桶内外两壁应洗净，可以采用化学清洗和机械清洗的方法，清洗下来的污水应用专门容器盛接。

（3）搬迁企业应明确标识清空后遗留的建（构）筑物和各类设施的名称和先前的使用功能，以防采用不合适的拆除方法。

（4）企业在搬迁和清空时不得随意填埋和扔弃各类储罐和容器。

（5）搬迁过程中，不慎泄漏的物料须加以收集和处理，不得随意堆放、遗弃或者填埋。

［3］拆房队清场

（1）拆除前，任何区域应切断电源以及各类能源供应。

（2）优先拆除低风险区域，以免场地污染物在处理处置以及搬运时交叉影响。

（3）应确保待拆区域内各建筑物、构筑物和设施内原贮存或堆积的物质完全清空。

（4）如该区域内遗留液态或固态物质，应先咨询原企业人员，确定该物质的危害程度，再进行处理处置。

（5）进行动火作业、爆破和机械拆除前，要对作业对象进行有效隔离。

（6）查证作业容器是否为常温常压状态，是否遗留有毒有害气体。作业时应保证通风良好，操作人员应该佩戴有氧面具进入有限空间操作，防止有毒害气体超标造成人员中毒。

（7）地下管道开挖和地上管线拆卸时，应确保管线内无物质残留，并应该佩戴有氧面具操作。

［4］现场废弃物的清运

（1）各类风险区及非生产区域内遗留的液态和固态废物应仔细排查，做好标识。

（2）一旦发现危废，应上报至环境行政主管部门，或联系上海市固体废物处置中心进行申报处理，不可擅自填埋和倾倒。

（3）现场应设置专门的一般固废和危险废物堆放场地，分类堆放。对可能因雨淋湿造成污染的（或泄露的），要采取防雨措施。

（4）危险废物外运和装卸时，要轻拿轻放，防止任何碰撞和泄漏。

（5）外运过程中，运输驾驶员、装卸管理人员和押运人员必须掌握危险物质运输的安全知识，并且确保运输过程中无跑、冒、滴、漏现象产生。

（6）一般固废可以委托环卫部门清运。

［5］应急预案

（1）火灾应急预案：ⓐ拆除现场应配备灭火器材，如二氧化碳灭火器，干粉灭火器等；ⓑ发生意外险情，应立即报警，并配合当地抢险队和公安机关做好现场的保护和抢险救护工作，防止事态的进一步发展和恶化；ⓒ做好个人防护工作，尤其是进入和处理危废区域必须穿防酸碱服，戴防酸碱手套和防护眼镜，以及有氧面具。

（2）大雨应急预案：ⓐ每天关注天气预报，做到雨天及时防范；ⓑ储备足够的草包、雨布、钢丝网、抽水设备等；ⓒ如遇雨天，用雨布盖住危险废物，并抽排作业面雨水。

（3）接触危废应急预案：ⓐ皮肤接触：去除污染衣着，用清水彻底冲洗，就医；ⓑ眼睛接触：立即翻开眼睑，用流动清水冲洗至少 15 min，就医；ⓒ吸入或食入：迅速脱离现场，误服者立即漱口，就医；ⓓ如果发现有罐体、设备、容器以及装置有泄漏现象，不可隐瞒，应咨询专业人员或立即向上级主管部门汇报。

1.1.3 乐园场地土壤环境质量评价体系

在原场地建构筑物拆除的同时，2009—2010 年间，上海市环科院组织现场调查小组对上海迪士尼乐园项目规划场地进行了地毯式现场踏勘，并对场地边界和界外 500 m 范围内进行了踏勘和调查，识别了原场地的生产工艺、存储历史以及可能存在的场地环境污染情况，筛选并识别了规划园区内潜在关注污染物和关注区域。根据现场踏勘和调查的结果，开展土壤和地下水采样及实验室样品分析，并严格执行现场和实验室的质量保证／质量监控（QA／QC），以确认场地的污染状况。评价主要以国家现有的土壤环境标准为依据，借鉴国外标准体系，确定上海迪士尼乐园项目原场地土壤和地下水环境质量评价标准体系。

上海迪士尼乐园项目场地土壤和地下水修复指导限值主要根据迪士尼乐园项目开发的用地功能，建立了特定场景下污染源—途径—受体暴露概念模型，分类研究暴露场景、受体类型、暴露途径、时间、频率以及关注污染物的毒性参数等，矫正场地特征理化参数，形成适合上海迪士尼乐园项目用地功能的基于风险的控制值和修复指导限值，最终达到乐园用地功能下人体健康可接受的风险水平。

1.1.3.1 国内外场地土壤环境质量评价体系概述

城市的经济发展与工业化进程快速推进，世界各地均出现大量企业搬迁后遗留场地污染问题。美国、英国、澳大利亚、日本、韩国等国外发达国家在这些场地开发利用之前，都要求对开发场地进行环境评估，根据评估结果决定是否采取修复措施。国外发达国家经过长期的实践过程，目前已建立对场地环境的相关法律和规范,并形成了国际上认可的场地环境调查、评估以及后续修复治理的系统化工作流程、方法和技术体系。在上海迪士尼乐园项目建设初期,我国在场地环境调查和评估方面尚没有成熟的法律、法规和技术规范等体系,仅有一些土壤和地下水的标准可以参考,如 20 世纪 90 年代发布的土壤环境和地下水环境质量标准,以及为 2000 年上海世博会颁布的土壤环境质量标准等。

1. 美国

1935 年 4 月,美国国会通过了《土壤保护法》(*Soil Conservation Act*)。1980 年,美国国会又通过了《综合环境污染响应、赔偿和责任认定法》(*Comprehensive Environmental Response Compensation and Liability Act*, CERCLA),又被称为"超级基金法"。1993 年,美国材料和测试协会制定并出版了《场地环境评价标准指南》(*Standard Guide for Environmental Site Assessments*),把场地环境调查分为 3 个阶段。1997 年,在美国国会授权下,美国政府发起并推动了《棕色地块全国合作议程》(*Brown Fields National Partnership Action Agenda*),该议程的目标,是通过制定与过去有所不同的可持续发展计划,将经济发展和社区复兴同环境保护结合起来,由公共部门和私人机构共同来解决环境污染问题。1998 年 3 月,联邦合作部门确立了 16 个棕色地块治理的示范社区,展示多方合作的成效,吸引了 9 亿多美元的经济开发基金涉足其中,并为以后的跨部门合作处理环境和经济问题提供了范本。

美国环保局基于有毒化学物的毒性、自然可降解性及在环境中出现的概率等因素,从 7 万余种有机化学物中筛选出 65 类 129 种优先控制的污染物名单。其中有毒有机化学物质有 114 种,26 种卤代脂肪烃、7 种卤代醚、12 种单环芳烃、11 种苯酚类、6 种邻苯二甲酸酯、16 种多环芳烃、7 种亚硝胺及其他化合物。这些有毒有机物对人类构成潜在威胁,因此将它们作为现阶段优先控制的对象。此外,美国环保局的超级基金(superfund)以及棕地计划(brownfield)中基于风险控制理念将土壤质量评价划分为 3 类评价标准,包括通用筛选值(Generic SSL)、生态土壤筛选值(Eco SSL)以及人体健康筛选值。

2. 荷兰

荷兰在 1970 年就着手起草了《土壤保护法》(*Soil Protection Act*),1983 年出台了工业排放物法律规定。荷兰政府还致力于土壤环境质量标准的制定工作,1994 年制定了荷兰第一个土壤环境质量标准,出台了荷兰工业活动土壤保护指导意见,规范土壤环境管理。2000 年,荷兰政府颁布了《土壤/沉积物和地下水修复的目标值和干涉值通告》(*Circular on Target values and Intervention values for Soil Remediation*, 2000),2009 年对此通告进行了修改和完善,并取代了 2000 年的版本。新通告针对标准土壤(有机质含量为 10%、黏土含量为 25%)和地下水设定了目标值和干涉值,涵盖了 85 种环境污染物指标,包括重金属、无机物、芳香族化合物、多环芳烃、氯代烃类、杀虫剂等。新通告中目标 T 值(DTV)是指清洁土壤的环境质量水平,土壤的所有功能均可利用。干预值 I(DIV)指土壤的质量功能存在着较严重的下降的环境质量水平。若上述值对应于土壤或底泥的影响体积超过 25 m³ 或地下水超过 100 m³,则通常需要进行修复。

3. 我国

我国在乐园场地形成初期尚无较为系统的土壤环境质量管理办法和法规标准体系。《土壤环境质量标准(GB 15618-1995)》是我国环保部于 1995 年发布、1996 年实施的第一部土壤环境的质量标准,适用于农田、蔬菜地、菜园、果园、牧场、林地、自然保护区等地的土壤。将土壤分成 3 类,执行三级标准。该质量标准包括 8 种重金属指标和 2 种有机物:8 种重金属包括镉、汞、砷、铜、铅、铬、锌、镍,2 种有机物包括六六六和滴滴涕。

《展览会用地土壤环境质量评价标准》(HJ 350-2007)标准是中国环保部于 2007 年 6 月 15 日发布、8 月 1 日实施的国家行业标准。该标准中 A 级标准定义为土壤环境质量目标值,代表了土壤未受污染的环境水平,符合 A 级标准的土壤适用于各类土地利用类型;B 级标准为土壤修复行动值,当某场地土壤污染物监测值超过 B 级标准限值时,该场地必须实施土壤修复工程,使之符合 A 级标准。该标准包括无机化合物 14 种、挥发性有机物 24 种、半挥发性有机物 47 种、农药 5 种以及多氯联苯和总石油烃 2 种,指标污染物共计 92 项。

《地下水质量标准》(GB 14848-1993)是中国技监局 1993 年发布、1994 年实施的第一部关于地下水环境的质量标准,也是目前我国唯一的一部地下水环境质量评价的标准。该标准适用于一般的地下水,防止和控制地下水污染,保护地下水资源,保障人民身体健康。该标准执行五级标准,共 39 项污染物指标,主要包括 7 种湿化学指标、9 种无机盐指标、15 种重金属指标、3 种有机物指标、2 种生物指标、2 种放射性污染物指标和 1 种合成洗涤剂。7 种湿化学指标:色(度)、嗅和味、浑浊度、肉眼可见物、pH 值、总硬度、溶解性总固体。9 种无机盐指标:硫酸盐、氯化物、高锰酸盐、硝酸盐、亚硝酸盐、氨氮、氟化物、碘化物、氰化物。15 种重金属指标:铁、锰、铜、锌、钼、钴、汞、砷、硒、镉、铬、铅、铍、钡、镍。3 种有机物指标:挥发性酚类、滴滴涕和六六六。2 种生物指标:总大肠菌群和细菌总数。2 种放射性污染物指标:总 α 放射性和总 β 放射性。1 种合成洗涤剂:阴离子合成洗涤剂。

1.1.3.2 乐园场地土壤环境疑似污染源调查

上海国际旅游度假区核心区位于上海浦东新区川沙黄楼地区,西临 A2 公路、北近 A1 公路、东临唐黄路、南接航城路西延伸段。位置示意图见图 1.1-2。

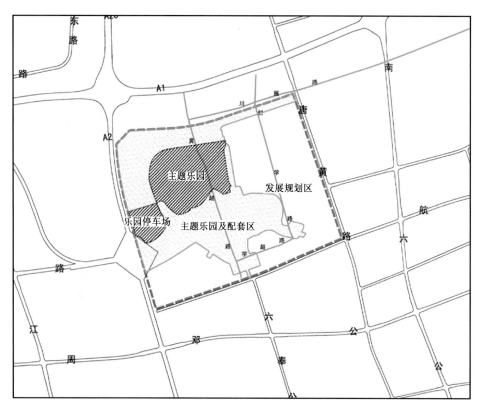

图 1.1-2 上海迪士尼乐园项目位置示意图

上海迪士尼乐园项目原场地是农村和城乡结合部,用地功能主要是村庄、农田、树林、苗圃、水渠、水塘、私有或集体所有制的中小型企业、空地和公共设施及道路等。原场地概貌参见图 1.1-3—图 1.1-6,所有照片均摄于 2010 年 3—4 月。

1. 疑似污染源(RECs)

通过"地毯式"现场踏勘和排查,场地内总共发现了 12 种类型的疑似污染源(RECs),主要包括:

(1) 零散的废弃物(垃圾)堆放或倾倒处,其中有焚烧现象。主要集中在ⓐ印刷类企业:含有油墨或者稀释剂的抹布、废油墨、油墨或者稀释剂容器;ⓑ机械加工企业:废金属屑(一般含油)、废皂化液。涉及到工业企业废弃物(垃圾)堆放或倾倒的 REC 部分或全部地体现了以下几个主要特征:ⓐ垃圾随意丢弃或焚烧;ⓑ裸露地表(如河岸和路边的空地或者裸土上);ⓒ倒入坑里。

图 1.1-3 原场地中曹家宅概貌

图 1.1-4 原场地农药容器、酒瓶混杂河道

图 1.1-5 原场地排污河道

图 1.1-6 原黄赵路自立彩印厂大门

（2）村庄垃圾指定堆放处及外来垃圾/污泥堆放处。按照时间和类型主要可分为以下几个类别：ⓐ历史企业垃圾堆放处，场地内主要发现一处，为黄楼建材总厂 2000 年以前建材总厂所有企业统一的垃圾填埋、堆放点；ⓑ现有企业垃圾堆放处：由于项目场地内所有废物混合堆放，加上垃圾房管理不善以及地面有裂缝等，部分有害废物如含油抹布、油墨、稀释剂等化学品可能渗漏并影响土壤和地下水；ⓒ历史村庄垃圾堆放处：根据与乡村主要村落负责人的访谈得知，在村里开始集中清运垃圾之前（如旗杆村为 2006 年），村落内以队为单位，每队均有垃圾填埋堆放地点，虽然这些堆放点现被植被、苗圃等覆盖，不能排除历史堆放过程中部分有害废物如灯管、油漆桶、机油等渗漏并影响土壤和地下水；ⓓ污泥堆放处：一些河流底泥定期清淤，任意堆放在河流边或地势低洼处；ⓔ外来不明填土：一些厂房地基原为地势低洼处或者原本是河流、池塘等，基建过程中，需要大量土方，这些土方来源无法查明。涉及集中垃圾/污泥堆放处的 REC 部分或全部地体现了以下几个主要特征：ⓐ外来不明成分生活垃圾和工业垃圾；ⓑ上部有植被覆盖；ⓒ无防渗措施；ⓓ植被生长不良。

（3）污/废水收集池。此类问题相对集中在以下类型企业：ⓐ印刷类企业，包括纸制品印刷、服装辅料厂的商标印刷、塑胶玩具厂的塑胶表面印刷等；ⓑ产生其他工业废水的企业，涉及服装、金属、机械、织造等行业，如上海康耐特光学有限公司、朱江铜铝牌制品厂等。场地内印刷类企业产生的生产废水主要包括洗版水、洗网水、油墨桶清洗水、员工沾染油墨后洗手水等。所有废水均为就近直接排放，如排入最近的雨水收集槽、没有防渗措施的坑、车间外部裸土、直接或者通过雨水管间接排入附近河流。场地内其他类型企业产生的生产废水主要为产品或中间品的各类清洗如金属、机械类企业的含油清洗水，服装类企业可能含有洗涤剂等的清洗水,树脂厂含有树脂粉末的清洗水等。除了少部分废水如树脂厂的废水经过收集池粗略沉淀后排放,绝大部分废水均为直接排放下水道或附近河流。

(4) 废水排放口。场地内共发现了26个废水排放口(入河),涉及到排放口的REC部分或全部地体现了以下几个主要特征:ⓐ未经处理,直接排放;ⓑ排入无防渗措施的坑;ⓒ排至裸土;ⓓ没有防渗措施或者防渗措施破坏的收集池、下水道;ⓔ直接或经下水道后排入河流。

(5) 车间内设备基础。项目场地内共发现27个REC涉及车间内设备基础处。这些设备基础放在没有铺设水泥的地面上或者虽然铺设了水泥地面,但是地面有裂缝。现场踏勘时发现这些设备周围机油滴洒在地面上,可能对地表水和地下水有影响。

(6) 空压机冷凝水。项目场地内共发现13个REC涉及空压机冷凝水。由于空压机的广泛用途,涉及空压机冷凝水环境问题的企业分部广泛,印刷、塑料、织造、机械等类型企业均可能使用。涉及到空压机冷凝水的REC部分或全部地体现了以下2个主要特征:ⓐ未经处理,直接排放地面;ⓑ直接或经下水道后排入河流。空压机每次放空产生的冷凝水会含有少量机油,项目场地内所有的空压机冷凝水均是直接排放。由于每台空压机每次产生的冷凝水较少,除部分企业将其接入下水道或者就近排放河流外,其余大部分企业均是任其流淌、渗漏或者蒸发。在一些使用频次多、使用年代比较久的工厂,可以明显地看到空压机周围厚重的油污渍。

(7) 无防渗措施的危险物料堆放处。项目场地内共发现17个REC涉及危险废料堆放处,主要体现如下特征:ⓐ无危险废料仓库及堆存场所;ⓑ没有发现有二次污染现象;ⓒ有迹象表明曾经有危废泄漏至周边土壤和地下水;ⓓ堆存场所地板上有裂缝。

(8) 作为设备冷却水系统的水井。项目场地内共有4个REC涉及工业企业的水井,这些企业分别为:上海浦东黄楼水产畜禽有限公司(电线厂)、辰茂电线厂、上海英韬塑料制品有限公司和景宏彩印厂车间。这些企业从井下泵出地下水用于设备冷却,然后再流回井中。井底未铺设防渗材料,考虑到此工厂运行时间以及机器比较陈旧,机器上的机油可能漏到冷却水中。当冷却水注入水井时,可能影响地下水水质。

(9) 涉及使用危险化学品的工厂的化粪池。项目场地内的厕所基本都配备了化粪池。在涉及使用危险化学品的企业内,如印刷、金属、机械等行业的企业,车间洗水池管道可能会被接入化粪池(没有企业能够提供排水管网图供参考),从而导致含有化学品的废水排入化粪池。由于时间及化粪池可能存在裂缝的原因,废水可能经化粪池渗漏,影响地下水的水质。另外,工人洗手的废水也会含有化学品,这些洗手废水也可能进入化粪池。现场踏勘时发现有13个化粪池可能涉及使用危险化学品。

(10) 地下和地面储罐处。项目场地内共发现8个REC涉及正在使用和废弃的储罐,包括地面上的柴油储罐、地下机油储罐以及废弃的加油站地下储罐。

(11) 裸露地表的煤/煤渣堆。项目场地内共发现4个REC涉及到煤和煤渣堆。这些煤或煤渣堆的共同特点是堆放在没有铺水泥的地面,同时也没有防雨措施,可能对地表水和地下水有影响。

(12) 疑似石棉堆放处。项目场地内共发现11处疑似石棉堆放点,主要有以下特征:ⓐ疑似石棉类物质大都存在于拆除垃圾,有松散的、也有固结的;ⓑ大都堆在岸边或空地上;ⓒ可能还需进一步对疑似石棉堆放处进行调查。

2. 潜在污染关注区(PAOC)

除了RECs之外,现场踏勘和访谈工作中还发现以下4种可能对场地环境产生污染的情况。

(1) 长期使用农药和除草剂的农业用地。项目场地内的苗圃、菜园、小麦田、水稻田等农地长期使用除草剂、杀虫剂。现场踏勘时也发现农田、水塘、河流等附近会有随意丢弃的农药瓶。

(2) 养殖成猪和猪崽的两个养猪场。项目场地内有两个养猪场,分别是中大饲料厂区的养猪场和上海浦东新区第二种育场。中大饲料养猪场在第一天场地踏勘时发现有一个污水处理站,后来拜访时遭拒。当天了解到该污水处理站处理养猪废水,目前约有10 000头猪存栏,每天的废水量未知,废水处理工艺需要进一步了解。根据经验,养猪场的废水中可能含有抗生素、硝酸盐污染、病原体以及重金属等。如果水池有裂缝,可能导致土壤和地下水遭到污染。

(3) 居民区的汲水井。场地村庄内几乎每几个或每户村民家里都有一口水井。据称,水井多在 20 世纪 90 年代开挖,用于家庭生活用水。20 世纪以后,自来水作为家庭的饮用水水源,而井水一般用于洗衣、洗菜之用。据了解,有些农户将井水用于农田灌溉。

(4) 界外对界内可能产生污染的影响点位。界外周边污染源有可能通过地下水迁移而影响场地土壤环境。

3. 其他环境问题

(1) 多氯联苯。20 世纪 80 年代以前,多氯联苯是油式变压器的绝缘材料。在现场踏勘时发现在场地道路两侧和企业厂房边有多个小型油式变压器。虽然上海环保管理部门已经对 20 世纪 80 年代以前安装的油式变压器进行了回收和清理,但是不排除地处偏远的郊区有遗漏的可能。现场发现的变压器并没有破损和漏油的情况。根据现场人员提供的信息,场地上原有的变压器将全部拆除和清运。因此,排除多氯联苯可能引起的环境问题。

(2) 搬迁过程中的污染控制。原场地工业区、居民区和办公区域搬迁时制定了拆除规范,防止在拆除、清理和搬运操作过程中的跑冒滴漏现象。

(3) 现场废弃物的清理。原场地工业区、居民区和办公区域搬迁后留下的建筑垃圾、废旧设备和容器,以及化学品等,都由统一的专业人员进行清理。

1.1.3.3　乐园土壤环境质量评价指标

1. 评价指标确定原则和方法

上海迪士尼乐园项目场地土壤和地下水环境评价指标的选取,遵循以下原则:

(1) 涵盖项目原场地土壤和地下水污染源调查中潜在的污染物质;

(2) 首先执行国内相关标准及规范,对中国标准缺少的指标,参考国外标准;

(3) 考虑上海当地的环境本底值;

(4) 与现阶段具有的测试方法和监测条件相结合。

2. 土壤环境潜在污染物

根据场地可识别污染源和污染区域以及其他环境问题的分析,乐园场地潜在污染物应包括:

(1) 13 种 EPA 控制优先金属污染物。包括锑、砷、铍、镉、铬、铜、铅、汞、镍、硒、银、铊、锌。

(2) 挥发性有机物。包括氯甲烷、氯乙烯、溴甲烷、氯乙烷、丙酮、1,1-二氯乙烯、二氯甲烷、反式-1,2-二氯乙烯、1,1-二氯乙烷、醋酸乙烯酯、2-丁酮、顺式-1,2-二氯乙烯、2,2-二氯丙烷氯仿、1,1,1-三氯乙烷、1,2-二氯乙烷、1,1-二氯丙烯、四氯化碳、苯、三氯乙烯、1,2-二氯丙烷、二溴甲烷、溴二氯甲烷、4-甲基戊酮、顺 1,3-二氯丙烯、反 1,3-二氯丙烯、甲苯、1,1,2-三氯乙烷、2-己酮、1,3-二氯丙烷、二溴氯甲烷、四氯乙烯、1,2-二溴乙烷、氯苯、1,1,1,2-四氯乙烷、乙苯、间-二甲苯/对-二甲苯、邻-二甲苯、苯乙烯、溴仿、1,1,2,2-四氯乙烷、异丙苯、1,2,3-三氯丙烷、溴苯、正丙苯、2-氯甲苯、4-氯甲苯、1,3,5-三甲苯、叔丁苯、1,2,4-三甲苯、仲丁苯、1,3-二氯苯、对异丙甲苯、1,4-二氯苯、1,2-二氯苯、正丁苯、1,2-二溴-3-氯丙烷、1,2,4-三氯苯、萘、六氯丁二烯、1,2,3 三氯苯。

(3) 半挥发性有机物。包括 2-甲基吡啶、N-亚硝基甲基乙胺、N-亚硝基二乙胺、苯胺、苯酚、双(2-氯异丙基)醚、2-氯酚、1,3-二氯苯、1,4-二氯苯、1,2-二氯苯、2-甲基酚、N-亚硝基吡咯烷、苯乙酮、4-甲基酚、N-亚硝基吗啉、N-亚硝基二正丙胺、六氯乙烷、硝基苯、N-亚硝基氮杂环己烷、异佛尔酮、2-硝基酚、2,4-二甲酚、双(2-氯乙氧基)甲烷、2,4-二氯酚、1,2,4-三氯苯、萘、4-氯苯胺、六氯丙烯、六氯丁二烯、N-亚硝基二正丁胺、4-氯-3-甲酚、2-甲基萘、六氯环戊二烯、2,4,6-三氯苯酚、2,4,5-三氯苯酚、2-氯萘、2-硝基苯胺、邻苯二甲酸二甲基酯、2,6-二硝基甲苯、苊烯、3-硝基苯胺、苊、五氯苯、二苯并呋喃、2,4-二硝基甲苯、1-萘胺、邻苯二甲酸二乙基酯、芴、4-氯苯苯基醚、2-甲基-5-硝基苯胺、4-硝基苯胺、N-亚硝基二苯胺＋二苯胺偶氮苯、1,3,5-三硝基苯、二异丙基氨基硫羟酸、乙酰对氨基苯乙醚、4-溴苯基苯醚、六氯苯、五氯酚、五氯硝基苯、4-氨基联苯、拿草特、菲、蒽、咔唑、邻苯二甲酸二正丁酯、4-硝基喹啉-N-氧化物、噻吡二胺、荧蒽、芘、二甲氨基偶氮苯、克氯苯、丁基苄基酞酸酯、N-(2-芴基)乙酰胺、苯并(a)蒽、3,3-二氯联苯胺、䓛、邻苯二甲酸二正辛酯、7,12-二甲基苯基(a)蒽、苯并(b)荧蒽、苯并(k)荧蒽、苯并(a)芘、3-甲基胆蒽、茚并(1,2,3-cd)芘、二苯并(a,h)蒽、苯并(ghi)芘。

(4) 石油烃。包括总石油烃以及石油烃中的脂肪烃和芳香烃的分段测试。

(5) 含氯农药。包括 p,p'-滴滴滴、p,p'-滴滴涕、p,p'-滴滴依、α-氯丹、γ-氯丹、艾氏剂、丙体-六六六、狄氏剂、丁体-六六六、环氧七氯、甲体-六六六、硫丹-Ⅰ、硫丹-Ⅱ、硫丹硫酸盐、甲氧氯、七氯、乙体-六六六、异狄氏剂、异狄氏剂醛、异狄氏剂酮、氯氰菊酯。

(6) 有机磷农药。包括敌敌畏、内吸磷-S、久效磷、乐果、内吸磷-O、二嗪农、乙拌磷、甲基对硫磷、甲基毒死蜱、马拉硫磷、倍硫磷、乙基对硫磷、毒死蜱、甲基溴硫磷、嘧啶磷、毒死畏、乙基溴硫磷、本线磷、丙硫磷、乙硫磷、三硫磷、保棉磷。

(7) 含氯除草剂。包括2,5-二氯-6-甲氧基苯甲酸、2-甲基-4-氯戊氧基丙酸、2-甲基-4-氯苯氧乙酸、2,6-二氯苯氧乙酸、2,4-丙滴酸、3,5,6-三氯-2-吡啶氧乙酸、三苯基三嗪、三氯苯氧丙酸、2,4,5-涕、2-甲-4-氯苯氧丙酸、4-二氯苯氧丁酸、2,4-二氯苯氧乙酸。

(8) 湿式化学参数。包括总磷、总氮、氨氮、溶解氧、无机盐离子等。

(9) 二噁英和二苯并呋喃。

(10) 石棉。

3. 土壤和地下水环境质量评价指标

场地内潜在关注污染物的最高浓度超过我国《展览会土壤环境质量评价标准》(HJ 350—2007)A级标准值，或超过美国居住标准值(无中国A级标准值的情况下)，该目标污染物被识别为关注污染物。经筛选，上海迪士尼乐园场地土壤和地下水中的关注污染物分别为：

(1) 土壤：砷、铜、镍、锌、汞、铬、铅、苯、1,2,4-三甲苯、四氯化碳、1,2-二溴-3-氯丙烷、苯并(a)蒽、䓛、苯并(b)荧蒽、苯并(k)荧蒽、苯并(a)芘、茚并(1,2,3-cd)芘、二苯并(a,h)蒽、二噁英、总石油烃、3-甲基胆蒽、异丙苯、正丙苯、叔丁苯、仲丁苯、对异丙甲苯、正丁苯、苊烯、二苯并呋喃。

(2) 地下水：镍、双(2-氯异丙基)醚、苯并(a)芘、茚并(1,2,3-cd)芘、二苯并(a,h)蒽、总石油烃、间-二甲苯、对-二甲苯、邻-二甲苯、叔丁苯、仲丁苯。

1.1.3.4 乐园场地污染土壤和地下水治理修复指导限值

1. 修复指导限值的确定原则和方法

(1) 修复限值中污染物类型为质量评价体系中关注污染物所涵盖。

(2) 污染物的毒理学效应，所选取的污染指标应具有生态或健康毒性。

(3) 根据上海迪士尼乐园场地暴露场景的风险评估模型，矫正模型参数，研究和制定具有针对性和精确性的场地土壤和地下水修复指导限值。

2. 健康风险暴露模型

"污染源—暴露途径—暴露受体"场地概念模型是风险评估的重要基础模型，并贯穿层次评估法的各阶段。"源"是指受污染场地的土壤和地下水。将场地监测结果与相关标准进行比较，确定场地土壤和地下水的污染物及污染分布特征。"途径"是指污染物从土壤或地下水中污染物进入人体的方式。土壤污染物可通过口、鼻和皮肤等多种方式进入人体，暴露途径包括：ⓐ口腔无意摄入污染土壤；ⓑ口腔无意摄入室内外飘尘；ⓒ皮肤无意接触污染土壤；ⓓ皮肤无意接触室内外飘尘；ⓔ吸入室内外土壤飘尘；ⓕ吸入室内外蒸气。

根据乐园规划的用地功能，场地将开发为：ⓐ主题乐园区、景观湖区、乐园内水系和体育休闲区；ⓑ酒店度假区；ⓒ商业区(乐园后勤区、餐饮零售娱乐区及其后勤)；ⓓ公共设施区(交通枢纽、市政公用场、停车场、道路及其他)等不同功能的游乐场用地。根据未来用地最大人体暴露场景的模拟,乐园风险评估主要以公园绿地和商业用地类型的暴露场景为基础,对关注污染物迁移和人体暴露参数进行修正,并进行风险评估。

[1] 污染源分析

考虑到该区域地下水潜水水位埋深 1 m 左右,针对不同深度的污染土壤分上下 2 层,污染源主要包括:ⓐ表层污染土壤(地表深度 0～1.0 m 的土壤);ⓑ亚表层污染土壤(地表深度 1.0 m 以下的土壤);ⓒ受污染地下水。

[2] 暴露途径分析

对于表层污染土壤,人体可能通过:ⓐ呼吸大气中的污染物蒸气和/或飘尘;ⓑ口腔无意摄入污染物土壤;ⓒ皮肤接触污染物土壤这三种途径受到暴露影响。

对于亚表层污染土壤,因为污染物埋于地下,场内居民和工作人员没有口腔摄入和皮肤接触这两种直接暴露途径,而只有呼吸有机物蒸气这一暴露途径。建筑工人可能因施工作业的原因,存在与亚表层污染土壤接触的情形,并通过口腔摄入、皮肤接触和呼吸摄入的方式受到暴露影响。

对于污染地下水,不同暴露受体可能通过:ⓐ呼吸大气中的地下水污染物蒸气;ⓑ口腔无意摄入污染物地下水;ⓒ皮肤接触污染物地下水这三种途径受到暴露影响。

[3] 受体分析

在场地开发及后续使用过程中,可能受污染物影响的暴露受体有以下 5 类:

(1) 建筑工人:在建筑物施工建设期间,场地建筑工人会因为接触到污染的土壤和地下水而受到暴露影响。

(2) 儿童游客:场地开发为乐园开放后,儿童游客入园游玩,可能通过无意摄入、呼吸和皮肤接触受到土壤污染物的危害,成为暴露受体。

(3) 成人游客:场地开发为乐园开放后,成人游客入园游玩,可能通过无意食入、呼吸和皮肤接触受到土壤和地下水污染物的危害,成为暴露受体。

(4) 室内工作人员:场地开发为乐园后,园区室内工作人员在工作区域可能因为呼吸吸入和皮肤接触途径受到土壤及地下水污染影响。

(5) 室外工作人员:场地开发为乐园后,园区室外工作人员在工作区域可能因为无意食入、呼吸吸入和皮肤接触途径受到土壤及地下水污染影响。

3. 模型中各类参数

[1] 暴露受体参数确定

根据场地开发使用功能,上海迪士尼乐园场地内活动的人群包括:ⓐ儿童游客;ⓑ成人游客;ⓒ室内工作人员;ⓓ室外工作人员;ⓔ乐园建筑工人。上海迪士尼乐园项目开发场地风险暴露概念模型中暴露受体参数值主要以我国国内人群体征为参数值,主要引用了我国风险评估导则中提供的参数,缺失的则参考美国环保局风险评估导则中提供的参数。

[2] 土壤环境理化特征参数确定

与场地密切相关的土壤特征参数包括土壤类型、土壤有机碳、孔隙比、比重、土粒密度、土壤含水率、土壤 pH 值、水文地质参数等。考虑上海迪士尼乐园项目原场地的面积和用地功能,从农用地和工业用地中采集 92 个土壤样品测其理化性质,土壤性质主要为黄色粉质黏土、淤泥质粉质黏土、褐黄色/灰黄色黏土。取样深度从埋深 1 m 到 5 m 不等。土壤中有机质含量范围 11.92%～1.61%,均值为 5.07%;含水量含量范围为 23.2%～45.6%,均值为 31.9%;容重含量范围为 1.75%～2.00%,均值为 1.88%;饱和度含量范围为 91%～99%,均值为 95.4%;孔隙比含量范围 0.461～0.995,均值为 0.84%。

[3] 毒性因子参数确定

1) IARC 分类

根据致癌性资料(对人类流行病学调查、病例报告和对实验动物致癌实验资料)进行综合评价,将化学物质分为下列 4 类 5 组。第 1 类(group 1):人类致癌性的证据充足。第二类(group 2):人类致癌性的证据尚有限,下分 2A 和 2B 两个组。group 2A:流行病学数据有限,但是实验动物数据充分,为人类可能致癌物。group 2B:流行病学数据不足,但动物数据充分;或流行病学数据有限,动物数据不足;也许是人类致癌物。第 3 类(group 3):致癌性的证据不足。第 4 类(group 4):证据显示没有致癌性。

2) IRIS 分类

美国环保局建立的综合风险资讯系统(Integrated Risk Information System,IRIS),依据现有毒性资料将化学物质的致癌性分为 5 大类。A:对人类为致癌物质。B1:根据有限的人体毒性资料与充分的动物实验数据,极可能为人类致癌物质。B2:根据充分的动物实验资料,极可能为人类致癌物质。C:可能为人体致癌物。D:尚无法分类。E:已证实为非人类致癌物质。

乐园场地内 45 种关注污染物的致癌性和非致癌性以及各暴露途径的毒性参数取值主要引用了国家导则中提供的指导值,缺失的则参考国外技术导则或指南中提供的指导值,如美国 EPA 官方数据、美国石油烃研究小组公开的数据(TPH)、荷兰空间规划局公开的数据(D2)等。

4. 治理修复指导限值

根据项目建设标准,以单一污染物多途径累计致癌风险或单一污染物多途径累计非致癌危害的可接受原则,计算土壤和地下水中污染物基于健康风险的修复目标值。修复目标值将ⓐ基于完善的"污染源—暴露途径—暴露受体"场地概念模型;ⓑ使用第二阶段和第三阶段调查中获得的场地特征参数;ⓒ分析场地上活动人群类型和暴露方式;ⓓ作出合理的最大暴露假定,以期制定出适合本场地的修复目标值。

在上海迪士尼乐园项目规划用地中,儿童和成人游客、室外工作人员、室内工作人员和建筑工人在暴露情形下,人体健康暴露风险超过可接受水平,产生致癌风险的关注污染物分别为铬、铍、砷、苯并(a)蒽、苯并(a)芘、苯并(b)荧蒽、苯并(k)荧蒽、二苯并(a,h)蒽、屈、茚并(1, 2, 3 - c,d)芘,产生非致癌风险的关注污染物为铜、铅、镍、锌、苯并(a)蒽、苯并(a)芘、苯并(b)荧蒽、苯并(k)荧蒽、二苯并(a,h)蒽、屈、茚并(1, 2, 3 - c, d)芘、1, 2, 4 -三甲苯、二氯甲烷、总石油烃。地下水健康风险超过可接受水平的关注污染物共 2 种,二甲苯和总石油烃,只可能产生非致癌风险。

1.1.4 乐园场地污染土壤修复技术

上海迪士尼乐园项目原场地内土壤和地下水污染物主要为两大类:重金属污染物(铬、砷、铜、镍、锌、铍)和有机污染物(总石油烃、多环芳烃、苯系物)。受污染土壤有三类:重金属污染土壤、有机物污染土壤以及重金属有机物复合污染土壤。根据这些污染特点,在实验室条件下研发了以处理土壤中铬、砷、铜、镍、铅、锌、铍为主要污染物的固化/稳定化技术,以处理土壤中总石油烃为主要污染物的高级氧化技术,以处理土壤中二甲苯为主要污染物的气相抽提热强化技术,处理铬和多环芳烃复合污染土壤的复合修复技术。6 种重金属(铬、砷、铜、镍、锌、铍)均使用稳定固化技术进行处理和修复,但是稳定机理,即稳定剂的种类及添加比例各不相同。经小试后发现,硫酸亚铁对土壤铬和砷的稳定化效果非常理想。铬污染土壤经硫酸亚铁投加量为 12%(w/w)时,经 28d 养护后,土壤中总铬和六价铬的浸出浓度分别为34.9 mg/L 和 0.1 mg/L,浸出浓度分别降低了 83.9% 和 99.9%。砷污染土壤的最优稳定效果的参数为 Fe/As 摩尔比为 8:1,CaO 质量添加比例为 0.05%~0.1%,养护天数为 7 d 以上,稳定效率可以达到 91.0%。而针对铜、镍、铅、锌、铍污染土壤,Na3T - 15 修复药剂则表现出较好的稳定效果。

上海迪士尼乐园项目原场地污染土壤中总石油烃、多环芳烃和苯系物污染物采用了高级氧化技术和气相抽提热强化技术。芬顿试剂是一种良好的氧化试剂,实验结果表明:芬顿试剂中 H_2O_2:$FeSO_4$ 达到 1:1 的添加量,作用 24 h 以上,就能达到 85.0% 以上的去除率。苯系物沸点低易挥发,因此采用气相抽提热强化技术修复污染土壤。针对铬和多环芳烃的复合污染土壤,采用先高级氧化后稳定固化的复合修复技术,分别考察了过硫酸钠单独处理和在硫酸亚铁活化条件下的处理效果。结果显示,单独投加过硫酸钠可以降低土壤中多环芳烃的浓度,在最佳投加比例下,多环芳烃污染物去除率范围可达 91％,但过硫酸钠的添加同时会提高土壤六价铬的含量。加入硫酸亚铁可以提高过硫酸钠的氧化能力,并有效去除土壤六价铬。

1.1.4.1　国内外污染土壤修复技术概述

1. 重金属污染土壤修复技术

目前,国内外研究的常用土壤重金属污染治理修复处理技术,主要分为 5 类:ⓐ固化/稳定化处理技术;ⓑ玻璃化处理技术;ⓒ土壤淋洗处理技术;ⓓ原位电动修复技术;ⓔ生物修复技术。

［1］固化/稳定化处理技术

固化/稳定化的最终目的是使其中的所有污染组分呈现惰性或被包裹起来,以便运输、利用或处置。固化/稳定化处理实质上是一种暂时稳定的过程,属于浓度控制技术,而非总量控制技术。固化(solidification)是指固化剂与废弃物混合后使其中的有害物质变为不可流动的形式和形成紧密性固体的过程,而不管废弃物与固化剂之间是否产生化学过程,是一个物理反应的过程。稳定化(stabilization)是指固化剂与废弃物产生化学反应,使其中的有害物质转变为低溶解性、低移动性和低毒性的物质,是一个化学反应的过程。固定化是指把固化和稳定化两者相结合,既有物理反应过程又有化学反应过程。通过施加固化剂以改变重金属在土壤或废弃物中的存在形态,通过吸附或沉淀作用使其固定在土壤中,降低砷的活性,减少在土壤中的迁移性和生物可利用性。工程实践中常用的固化剂属于凝硬态材料,如水泥、石灰、飞灰、铁氧化物材料、钢渣或是泥浆状聚合物。有国内外文献总结了国内外现阶段采用的固化/稳定化方法中的几种处理砷污染土壤的可行性稳定剂:铁及其化合物、铝氧化物、锰氧化物、碱性材料、有机质、黏土矿物、砷硫化物等。

［2］土壤淋洗处理技术

在美国土壤淋洗/提取技术已经应用于有限的几个重金属污染场地,它是利用淋洗溶液将重金属从土壤固相中转移至土壤的液相中的物理转移过程。其技术方法是先用清水冲洗重金属污染的土壤,使砷迁移至较深的根外层,减少作物根区重金属物质的离子浓度,为了防止二次污染,再利用一些含有一定配位体的化合物,或者利用磷酸盐冲淋土壤,使其与重金属形成稳定的络合物。此种方法适用于面积小、污染重的重金属土壤治理,但同时也容易引起某些营养元素的淋失和沉淀。土壤淋洗技术的关键是找到有效的提取剂,以提取剂的水溶液或水及添加剂混合液作为淋洗液。常用的淋洗剂有酸(硫酸、盐酸、硝酸、磷酸和碳酸)、碱(如氢氧化钠)、螯合剂或络合剂(如 EDTA)、还原剂以及表面活性剂等,用来帮助重金属从土壤中解吸或提高其水溶性以便于淋洗出来。但是该投资较大,工艺工程应用有限,关于处理效果的数据也还未见报道。

［3］原位电动修复处理技术

原位电动修复技术也称为电渗析法,它将污染土壤中离子的电渗析与电迁移技术结合在一起。该技术的原理是在水分饱和的砷污染土壤中插入两个电极,然后通入效果低强度的直流电,形成电场梯度,金属离子在电场的作用下作定向移动,在电极附近富集后集中处理,或回收利用,从而修复受污染的土壤。该技术主要适用于精细的土壤,如黏土等低渗透性的土壤,这样可以控制重金属污染物的流动方向。对于渗透性高、传导性差的沙质土壤,其处理效果较差。电动修复技术的后期处理方便,二次污染少,在实验条件下已经取得了很大的进展,但是对不同类型的土壤,其处理方法还需要进行进一步优化研究。

［4］生物修复处理技术

生物修复技术主要是植物修复和微生物修复。生物修复技术不像上面的物理、化学或者物理化学方法会对土壤的结构和性质产生破坏,其不会破坏土壤环境。为了保持土壤结构和微生物的活性,近年来国内外研究工作者利用植物或微生物的生命代谢活动,在修复砷污染土壤方面做了大量的研究工作。

［5］玻璃化处理技术

玻璃化技术也是一种现场固化/稳定化技术,其技术方法是在重金属重污染区土壤中插入电极,并通入高压电流产生高温使土壤熔解,从而使其形成玻璃态物质而固定其中。当土壤中有几种污染物共存或有放射性废物共存时,并且采用常规的固定/稳定化技术不能有效处理时,用玻璃化技术可以修复重污染区或复合污染区域。然而,玻璃化技术需要很大的电能以维持处理过程中产生的高温,操作成本亦非常昂贵,玻璃化过程中产生含砷尾气等问题也限制了它的应用。因此,此技术方法没有得到广泛应用。

2. 有机污染土壤修复技术

根据美国EPA Remediation and Characterization Innovative Technologies(EPA REACH IT)将VOC与SVOC类物质分为4类,分别为卤代挥发性、卤代半挥发性、非卤代挥发性、非卤代半挥发性有机物。这些物质主要出现在燃烧炉、化学制造厂或化学处理厂、电镀/金属加工店、消防培训领域、机库/飞机维修区、垃圾填埋场、泄漏收集系统、储存罐泄漏、放射性/混合废水处理区、氧化塘/泻湖、脱漆及喷漆地、农药/除草剂混合区、溶剂脱脂区、表面蓄水池、车辆维修区。

[1] 处理VOCs污染土壤的常用方法

土壤蒸气抽提(SVE)、热解析和焚烧是美国超级基金针对非卤代有机污染物污染场地推荐的处理方法。根据以往实际处理经验以及在大量的可行性分析研究的基础上,这些推荐的处理方法经过了美国环保总署(USEPA)的论证,一般是最为合适的处理非卤代有机污染物场地污染的修复方法。SVE是首选的修复方法。在超级基金修复场地中对挥发性有机污染物处理应用最多的就是SVE方法,并且相关研究数据表明,这种方法性能高效,相对成本较低。在某些不能使用SVE方法或由于某些特殊原因不能达到目标修复值的情况下,热解析可能是最适当的修复技术。少数情况下焚烧可能是最合适的。

[2] 处理SVOCs污染土壤的常用方法

对于多环芳烃污染土壤,其修复治理的可行技术主要有高级氧化、生物降解、土壤淋洗和土壤焚烧等。高级氧化过程通过在土壤中加入强氧化剂并在一定的土壤环境条件下将有机物质氧化分解。常用的氧化剂有芬顿、过氧化氢、过硫酸盐、硫酸盐等。氧化反应的最终产物是二氧化碳、水和它的盐。氧化的主要优点是反应过程中产生的羟基自由基有机污染物可以被转换为相对无害的二氧化碳和水,而且反应的时间较快,大大缩短了修复期限。

多环芳烃在土壤系统通常可被生物降解。低分子量多环芳烃降解的速度远远超过高分子量的多环芳烃。降解越慢,分子量越高的多环芳烃被列为致癌的多环芳烃(cPAHs)。因此,土壤中难降解的PAH其清除标准往往最高。这使得生物修复技术处理很难。小分子量PAH水溶性较好,如蒽、菲、萘等,都能较快地随水流而迁移。芘和萤蒽是个例外,它们分子量较大,其溶解性较蒽也大,但是它们并不容易被微生物作用降解。细胞膜穿透性不足,酶催化活性较低以及氧气供量不够等都会使PAH的降解受到显著影响。另外,PAH降解产物可能也会有一定毒性。完全矿化PAH速度较慢,其降解产物可能会在反应系统中存在相当长的一段时间。

1.1.4.2 乐园场地重金属污染土壤修复技术小试

1. 砷污染土壤稳定化实验

参考国内外场地土壤治砷的经验,本研究选择了$FeSO_4$和CaO两种药剂作为稳定过程中的稳定剂和辅助剂,药剂无毒无害、成本低廉、方便易得。根据采样场地土壤较为松散柔软且有机质含量较低的特点,确定实验室外源$FeSO_4$加入与土壤As的摩尔比Fe的范围在2:1~8:1,外源CaO加入量为0.05%~2%。实验还设计了一定的养护时间来考察稳定效果。

正交实验结果表明:$FeSO_4$和CaO两种药剂加入后能较好地稳定砷污染场地土壤,在一定条件下,污染土壤中的砷稳定效果达到85%以上。ⓐ 对于重金属污染土壤,影响稳定化过程三因素的主次顺序为亚铁盐>生石灰>养护天数。外源$FeSO_4$加入量与土壤As的最佳摩尔比为8:1,CaO投加比例为0.1%(w/w),养护天数应为7 d以上;ⓑ 对于重金属有机污染复合土壤,影响稳定化过程三因素的主次顺序为生石灰>亚铁盐>养护天数。外源$FeSO_4$加入与土壤As的最佳摩尔比为大于6:1,CaO投加比例为0.5%以上(w/w),养护天数应为7 d以上。Wenzel连续提取方法是一种有效提取土壤中5种不同形态砷(F1,F2,F3,F4,F5)的实验方法,其中非专性吸附态F1和专性吸附态F2两部分形态的砷与介质结合较弱,具有高度迁移能力,是环境中的有效态。ⓐ未经过处理的重金属复合污染土壤 F1 和 F2 形态为总量的 50.9%,经稳定处理后 F1 和 F2 占总量的比例为 23.9%,相比降低了 26.8%;ⓑ未经过处理的重金属有机复合污染土壤中 F1 和 F2 形态为总量的 23.0%,经稳定处理后土壤中 F1 和 F2 占总量的比例为 17.6%,相比降低了 5.4%。我国国标法硫酸硝酸法和美国 EPA 的毒性特性浸出程序 TCLP 法是目前中美两国最常用的固体废物毒性浸出评估方法。本项目运用两种评估方法对稳定前后的浸出效果进行评价,也与环境有效态 F1 和 F2 的含量之和进行比较。比较后得出:我国国标法浸提效果较差,其浸出水平占有效态的 40% 以下;TCLP 浸提效果相对较好,其浸出水平可以达到有效态的 70% 左右。但是稳定化后两种浸提效率均降低,对于重金属污染土 TCLP 浸提率可达 50% 左右,而焦化厂浸提率为<10%。在稳定化和 Wenzel 五步提取过程中,用 XRD\EDS\SEM 能谱和图谱对土壤稳定前后及提取后残渣的物相、成分和结构进行对比和分析。从 XRD 物相和 EDS 成分分析结果可以看出,两类土壤原土中主要物相一致,为石英、钠长石、白云母、镍铝蛇纹石等,而重金属有机污染土壤物相复杂,存有多种少量矿物。两种土壤在稳定和提取过程中主要物相并没有发生变化,但是各步骤残渣内物质成分比例略有改变。SEM 成像也表明了晶体内部结构并无明显重组现象,颗粒大小随着浸提略有减小。土壤矿物晶体中附着的 As 在浸出条件下析出形成自由态后被提取或重新附着。由于体系酸碱条件的改变和 As 的析出,两类土在 Wenzel 连续提取过程中都有羟砷铜矿的产生,但在 F5 残渣态中消失。

2. 铬污染土壤稳定化实验

选取硫化亚铁、硫酸亚铁、还原铁粉和低亚硫酸钠 4 种还原性药剂进行实验研究,加入去离子水调节土壤含水率在 40% 左右,混合均匀后,于自然条件下静置 3 d 和 28 d 后,风干,研磨,进行污染物浸出浓度测定和六价铬含量测定。本实验中,长期稳定性考察为与上述相同条件下养护稳定化土壤超过 300 d。

[1] 3 d 稳定化效果

经硫化亚铁和还原铁粉稳定化处理后,pH 值变化不大,在 8.00~8.35 之间。土壤经硫酸亚铁处理后,随着药剂投加量的增加,pH 值下降显著,在投加量为 12%、9%、6%、3% 时,土壤的 pH 值分别为 5.38、6.28、7.56、7.64。低亚硫酸钠的投加也会降低土壤 pH 值,但没有硫酸亚铁显著,在投加量同为 12%、9%、6%、3% 时,土壤 pH 值分别为 6.78、6.94、7.22、7.21。

硫化亚铁和还原铁粉对该土壤中铬的稳定化效果并不理想。低亚硫酸钠对土壤铬的稳定化效果随着投加量的增加而降低,投加量为 3% 时,总铬和六价铬的浸出浓度分别为 66.6 mg/L 和 1.2 mg/L,当投加量增加为 12% 时,总铬和六价铬的浸出浓度分别为 115.1 mg/L 和 2.7 mg/L。硫酸亚铁对土壤铬的稳定化效果最佳,当投加量为 3% 时,即可使土壤中铬和六价铬的浸出浓度显著降低,分别为 74.3 mg/L 和 11.2 mg/L。投加量为 6%、9%、12% 时,总铬的浸出浓度为 49.5 mg/L、45.5 mg/L、42.2 mg/L,六价铬的浸出浓度为 1.5 mg/L、2.7 mg/L、1.9 mg/L。

[2] 28 d 稳定化效果

经硫化亚铁和还原铁粉稳定化处理后,pH 值在 8.02~8.25。然而土壤经硫酸亚铁处理后,随着药剂投加量的增加,pH 值下降越来越显著,低亚硫酸钠在投加量为 12%、9%、6%、3% 时,土壤 pH 值分别为 6.11、6.16、7.23、7.52。

硫化亚铁和还原铁粉对该土壤中铬的 28 d 稳定化效果并不理想。低亚硫酸钠对土壤中铬的修复有着积极的效果。当低亚硫酸钠的投加量为 12%、9%、6%、3% 时,土壤中总铬和六价铬的浸出浓度分别为 92.0 mg/L、81.2 mg/L、42.2 mg/L、44.1 mg/L 和 0.6 mg/L、1.1 mg/L、0.6 mg/L、0.5 mg/L。硫酸亚铁对土壤铬的稳定化效果也很理想,当硫酸亚铁的投加量为 12%、9%、6%、3% 时,土壤中总铬和六价铬的浸出浓度分别为 34.9 mg/L、29.2 mg/L、20.8 mg/L、45.6 mg/L 和 0.1 mg/L、0.4 mg/L、0.3 mg/L、1.4 mg/L。

土壤经硫化亚铁和还原铁粉稳定化 28 d 后,六价铬降低并不明显,而经硫酸亚铁或低亚硫酸钠处理 28 d 后,六价铬含量大幅降低。该变化趋势与上述实验结果一致。

［3］长期稳定化效果

经硫化亚铁和还原铁粉稳定化处理超过 300 d 后,土壤中总铬和六价铬的浸出浓度含量仍然很高,效果不理想。与稳定化 3 d 和 28 d 一样,硫酸亚铁和低亚硫酸钠的处理效果较好。在硫酸亚铁投加量为 12％,9％、6％和 3％,稳定化超过 300 d 后,土壤中总铬的浸出浓度分别为 7.09 mg/L、5.23 mg/L、7.20 mg/L 和15.41 mg/L,六价铬的浸出浓度分别为 0.52 mg/L、0.77 mg/L、0.51 mg/L 和 1.40 mg/L;在利用低亚硫酸钠稳定化超过 300 d 后,土壤中总铬的浸出浓度分别为 20.81 mg/L、17.67 mg/L、14.32 mg/L 和 17.65 mg/L,六价铬的浸出浓度分别为 0.47 mg/L、1.07 mg/L、0.40 mg/L 和 0.72 mg/L。

与浸出浓度的趋势一样,硫化亚铁与还原铁粉稳定化超过 300 d 后的土壤中六价铬含量仍然很高,而经过硫酸亚铁和低亚硫酸钠处理后的土壤中六价铬含量很低,达到很好的处理效果。

3. 铜、镍、铅、锌和铍污染土壤的稳定化实验

设置 8 个 Na3T-15 溶液添加水平,具体添加量如表 1.1-1 所示(表中的添加量以干土基为基准)。为了使 Na3T-15 与土壤中重金属污染物的反应顺利进行,需要使土壤含水量达到田间持水量的 60％。根据土壤含水量计算所需水分添加量,并将所需的 Na3T-15 溶液稀释。

表 1.1-1　土壤的 Na3T-15 稳定化实验设计

序号	Na3T-15 溶液添加量(W/W 土壤)	序号	Na3T-15 溶液添加量(W/W 土壤)	序号	Na3T-15 溶液添加量(W/W 土壤)
1	CK	4	0.7％	7	7％
2	0.1％	5	1％	8	10％
3	0.4％	6	4％		

为了使实验结果更好地与室外工程操作相结合,采用了开放式的养护条件,即在室温、自然湿度条件下放置至少 40 d,养护过程中采取了防尘处理。

实验结果表明:Na3T-15 对土壤的 Cu、Zn、Pb、Ni、Be 表现出较好的稳定效果。但是,不同金属随着 Na3T-15 添加量的增加都体现了不同特征。

(1) 随着 Na3T-15 添加量的增加,土壤浸出液中 Cu、Pb、Zn、Be 都符合先降低后增加的规律。添加量为 4％时,土壤浸出液中的 Cu、Pb、Zn 浓度分别约为对照土壤的 1/80、1/50 和 1/13;添加量为 1％时,Zn 浓度约是对照土壤的 1/10。

(2) 随着土壤中 Na3T-15 含量的增加,土壤浸出液中 Ni 的浓度大致呈逐渐下降的趋势,说明Na3T-15 对土壤中的 Ni 也具有一定的稳定效果。当添加量为 10％时,土壤浸出液中 Ni 的浓度约为 CK 的 32％。

1.1.4.3　乐园场地有机污染土壤修复技术小试

1. 总石油烃污染土壤高级氧化修复实验

本实验针对总石油烃污染土壤,采用高级氧化方式进行修复,用 H_2O_2、芬顿氧化处理总石油烃重度污染土壤,研究土壤初始含油量、H_2O_2 和芬顿投加量、土壤 pH 值以及催化剂等的影响。实验结果表明:

［1］不同 H_2O_2 投加量对去油效果的影响

H_2O_2 投加量由 5 ml、10 ml 增至 20 ml、30 ml、40 ml 时,去油效果明显增加。20 ml、30 ml、40 ml 时的去除率在 71.2％～71.8％,这说明投加量高于 20 ml 时,柴油中可降解组分已基本得到降解,多余氧化剂不再起到作用。因此,在实际工程修复的应用中,基于成本考虑,直接以每千克土投加 400 ml H_2O_2 进行氧化处理最为经济有效。

［2］不同土壤 pH 值对去油效果的影响

土壤介质 pH 值为 7.34、6.74、5.78 时(以 1 mol/L H_2SO_4 调节)进行氧化处理,结果显示 3 种 pH 值下的去除率都达到了 96.0％以上。随着处理时间延长,去除率明显增加,10 h 后趋于平缓,说明 10 h

内 3 种 pH 值下的氧化剂和油污土基本反应完全,去油效果比较明显。这表明,pH 值为 5～8 范围的土壤介质,在含水量过饱和情况下,处理条件相同时,氧化去除效果大体趋势一致,区别不大。

［3］芬顿试剂的去油效果

pH 值为 1～3 时,结果表明,3 种比例芬顿试剂的去油效果都很好,24 h 时去除率分别为 86.9%、87.5%、91.9% 左右,其中 4∶1 比例时的去油效果较好。4∶1 比例即氧化剂为 20 ml H_2O_2、催化剂为 5 ml Fe_2SO_4 溶液,与 2.3 节所做实验相比较,消耗等量 H_2O_2 基础上,还消耗 Fe_2SO_4,成本增加,去除率却降低。1∶1 和 2∶2 的比例相同但投加量不同,二者的去油效果表明,芬顿试剂中 H_2O_2 只需 100 ml/kg 土或 200 ml/kg 土,就能达到 85.0% 以上的去除率,这样在实际修复中采用芬顿试剂可以节省药剂成本。

2. 苯系物污染土壤气相抽提热强化实验

针对苯系物污染土壤,采用气相抽提和热强化技术进行联合修复,研究热强化气相抽提参数变量对污染土壤中苯系物修复效果的影响。实验装置如图 1.1-7 所示。实验结果表明:

［1］加热功率对温度的影响

加热电阻在实验开始后温度迅速上升,热量以热辐射和热传导的方式传递到周围的土壤,电阻丝做功和热量的传递最终会达到一个平衡,使得加热源在一个稳定的温度范围内工作。可以看出不同功率下,加热源稳定后的温度不同,功率越高,中心加热源稳定后的温度就高;反之功率低,则中心温度相对较低。在加热源功率为 100 W 时,其温度在 150℃～200℃ 的区间波动,波动的原因是因为间歇性抽气模式,一旦抽气开始,抽出来的气体会带走部分热量,导致温度的下降,随着加热的持续,温

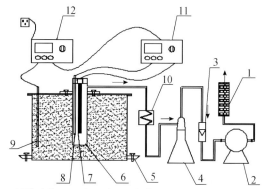

1—活性炭柱;2—真空泵;3—气体流量计;4—气液分离器;
5—空气阀门;6—抽提管;7—电加热管;8—热电偶 1;
9—热电偶 2;10—冷凝单元;11—数字温度控制仪 1;
12—数字温度控制仪 2

图 1.1-7　土壤气相抽提热强化实验设计图

度又会逐渐上升;200 W 和 400 W 的功率都有类似的趋势:200 W 的加热源,中心温度在 350℃～380℃ 波动,400 W 的加热源,中心温度在 500℃ 左右波动。而且加热源功率越大,中心温度波动的区间越小,这是因为功率越大,产生热量的速率越快,可以迅速补充损失的热量,从而可以缩小波动区间。

［2］尾气浓度变化规律

随土壤温度的提高,有机污染物 BTEX 逐渐转变为蒸气,真空作用下,经过抽提管,进入尾气系统,在进入活性炭柱前,分析尾气总 VOC 浓度的变化,有助于判断土壤处理的效果。

由于间歇性抽气模式,在还未抽气前,土壤已持续加热,部分 BTEX 转变为气相,土壤气相中总 VOC 的浓度越来越高,抽提开始后,初始尾气的总 VOC 浓度就相当高,随着抽气的继续进行,土壤气相中污染物浓度逐渐减少,尾气总 VOC 也逐渐下降,故形成脉冲的图谱。在加热功率为 400 W,尾气总 VOC 浓度脉冲峰值随时间而减小,因为 400 W 功率下,土壤温度上升快,在第一个加热—抽气周期内,已经有大量有机污染物转变成气相,所以开始抽气后尾气浓度相当高,在此后的加热—抽气周期中,土壤中的有机污染物浓度越来越低,脉冲峰值相应的越来越小。而 200 W 和 100 W 尾气总 VOC 浓度峰值是在中间两个加热—抽气周期内较大,因为这两个功率较低,土壤温度上升较慢,而且土壤温度的峰值相对较低,在第一个加热—抽气周期内,土壤中的有机污染物只有小部分转变成气相,随加热的持续,有机污染物转变成气相的速率相应变快,故在接下来的两个周期内峰值较大,此后土壤中的污染物浓度已经相当低,故峰值越来越小。本实验还可根据尾气浓度的变化来判断加热抽提的效果,当尾气浓度很低且基本不变时,表明实验过程已经进入"拖尾期",其处理效果已经很好,可以停止加热和抽提,待土壤冷却,取土样分析。

［3］功率对去除效果的影响

加热源功率能直接影响土壤环境的温度,功率越高,土壤环境温度越高。而温度又能影响有机污染物的饱和蒸气压,饱和蒸气压是在一定温度下与同种物质的液态(或固态)处于平衡状态的蒸气所产生的压

强,影响饱和蒸气压的主要因素是环境温度。因此土壤环境温度越高,有机物饱和蒸气压也越大,越易挥发;此外,土壤环境温度越高,越有助于土壤颗粒中吸附态有机物的解吸,加速挥发性有机物蒸气态的形成。

实验结束后,待土壤冷却后分别取各层次的土样进行分析,分析结果显示,各土壤样品中污染物的浓度都相当低,显然处理效果已经相当好,表明根据尾气总 VOC 浓度和冷凝水各污染物浓度变化趋势来判断实验的终止是可行的。三个功率下都取得很好的去除效果,但使用时间不一样,100 W、200 W、400 W 处理时间分别为 168.5 h、122.5 h、104 h;真空泵功率为 180 W,工作时间分别为 70 h、50 h、40 h。三个功率下消耗的总电能分别为 29.45 kW·h、33.5 kW·h、48.8 kW·h,在加热管功率为 400 W 时,修复时间虽然很短,但是以消耗大量的能量为代价。实际过程中,根据现实情况需要选择功率,当需要快速修复场地时,可选择高功率来完成修复工作;当修复时间没有要求时,可选择低功率来实现修复目的,减少能耗,节约成本。

3. 铬和多环芳烃复合污染土壤修复实验

针对多环芳烃和铬复合污染土壤,采用稳定化协同高级氧化修复的方法对其进行处理,考察过硫酸钠对土壤中多环芳烃的降解效果,探讨过硫酸钠降解污染物的活化方式,研究高级氧化的硫酸亚铁活化过程对铬的协同稳定作用,为复合污染土壤的处理提供参考。实验结果表明:

[1] 单独投加过硫酸钠的处理效果

土壤中总铬、六价铬含量很高,PAHs 污染物中,部分污染物含量较高,其中苯并(a)蒽、䓛、苯并(b) & (k)荧蒽、苯并(a)芘、茚并(1,2,3 - c,d)芘、二苯并(a,h)蒽均超过我国的展览用地标准中的 A 级标准。

单独投加过硫酸钠,可以有效降低土壤中的 PAHs 含量,上述几种超标污染物含量均得到较好地降低。随着过硫酸钠投加量的增加,污染物降解效率有所提高,但投加 3% 过硫酸钠时,提高的程度并不明显。当投加 2% 过硫酸钠时,苯并(a)蒽、䓛、苯并(b) & (k)荧蒽、苯并(a)芘、茚并(1,2,3 - c,d)芘和二苯并(a,h)蒽的降解率分别为 66.4%、41.1%、45.7%、76.1%、62.4% 和 45.0%;而当过硫酸钠的投加比例提高到 3% 时,降解率分别为 66.4%、43.0%、47.3%、71.7%、58.1% 和 42.0%。因此,确定 2% 为过硫酸钠的最佳投加比例。

经实验也发现,在加入过硫酸钠后,尽管土壤中的 PAHs 含量降低,但是土壤中六价铬含量增加,并随着过硫酸钠添加量的增加而提高。这是由于土壤中的三价铬经氧化后转变为六价铬。因此,需要寻找到一个较为合适的方式,既可以活化过硫酸钠的降解过程,也可以有效降低土壤中的六价铬含量。本实验采用投加硫酸亚铁的方式,考察其在活化过程和六价铬还原过程中的综合作用。

[2] 硫酸亚铁的活化效果

在投加 2% 过硫酸钠的条件下,投加不同比例硫酸亚铁对复合污染土壤的处理效果。投加硫酸亚铁可以有效活化过硫酸钠的氧化过程,提高其降解效率。如当单独投加 2% 过硫酸钠时,菲、荧蒽、䓛、苯并(b) & (k)荧蒽、茚并(1,2,3 - cd)芘、二苯并(a,h)蒽、苯并(g,h,i)芘的降解率分别为 45.2%、46.2%、41.1%、45.7%、62.4%、45.0%、53.0%。当向土壤中继续添加 6% 硫酸亚铁后,污染物降解率分别提高到 75%、66.2%、69.2%、82.8%、68.8%、70.0%、68.0%。随着硫酸亚铁含量的提高,活化效果逐渐增强。

事实上,过硫酸钠在亚铁存在的条件下,会通过下式产生硫酸自由基。硫酸自由基具有一个弧对电子,具有很强的氧化能力,理论上可以快速降解大多数有机污染物,将其矿化为 CO_2 和无机酸,即

$$S_2O_8^{2-} + Fe^{2+} \longrightarrow Fe^{3+} + \cdot SO_4^- + SO_4^{2-}$$

由上式可知,投加硫酸亚铁在提高过硫酸钠氧化能力的同时,可以有效降低土壤中六价铬的含量。如在单独投加 2% 过硫酸钠时,土壤六价铬含量从 159 mg/kg 增加到 275 mg/kg,但当继续添加硫酸亚铁时,六价铬含量又急剧降低,如投加 6%、8%、10% 硫酸亚铁后,土壤六价铬含量分别减小至 56.2 mg/kg、42.2 mg/kg、21.7 mg/kg,去除率最大可达 86.4%。总体来看,硫酸亚铁的投加量越高,协同稳定效果越好。

[3] 加热对协同处理效果的影响

加热时间越长,并不利于处理效果的提高,尤其是在加热到 24 h 时,六价铬含量为 34.2 mg/kg,高于加热 4 h 后的 4.9 mg/kg。由此,在同样的加热温度下,加热时间的增加会降低六价铬的还原效果。同

时,随着加热时间的延长,氧化效果也有所降低。

对于六价铬,加热处理有利于其处理效果的提高,协同处理加热后,六价铬由加热前的 21.7 mg/kg 降低至 4.9 mg/kg。对于多环芳烃类物质,含有 2 个或 3 个苯环的多环芳烃物质,如萘、苊烯、苊、芴、菲等在加热后降解率小幅提高。而对于含有超过 3 个苯环的物质,其在加热处理后,协同处理条件下的降解率降低。事实上,已经有学者在活化过硫酸钠处理土壤有机污染物方面有所研究,如有研究者利用加热方式对过硫酸钠进行活化,使得土壤中氯苯酚的降解率达到 100%。而本实验中出现的加热后降低 PAHs 降解效率的现象可能是由于六价铬的存在影响甚至削弱了硫酸自由基的激发。

由此可知,土壤污染往往伴随多种污染物,形成复合污染,这些污染物在土壤中往往通过协同、相加、拮抗等方式相互作用,从而影响各自的修复效果,增加修复难度。这些现象需要通过更多科研手段进行机理上的分析和探讨。尽管如此,氧化还原协同处理对于重金属和有机物的复合污染土壤仍具有一定的实际意义,且具有较好的应用前景。

1.1.4.4 乐园原场地污染土壤和地下水的修复治理

一期场地中共 3 个污染区域(A, C 和 D)、18 个地块的污染土壤(4 万 m³)和地下水(6 000 m³)需要进行修复治理。对于污染土壤治理修复采用"挖掘外运—按污染物种类分区暂存—异位修复"的方式,对于受到污染的地下水则采用"挖掘污染区域土壤—基坑回水/排水—土壤/地下水异位修复"的方式。总体技术框架见图 1.1-8。

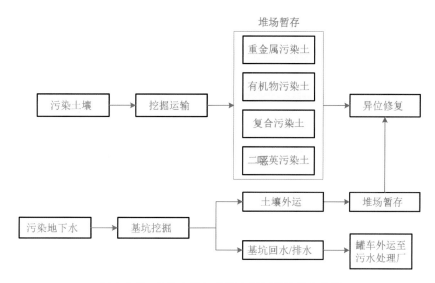

图 1.1-8 场地土壤与地下水修复总体技术思路

1. 污染土壤修复治理技术路线

场地中污染土壤可分为 3 类:重金属污染土壤、有机物污染土壤和复合污染土壤。对于场地内受污染土壤,采用异位修复的方式进行处理。首先将受污染土壤挖掘、运输至暂存场地进行堆放,再根据污染类型利用不同的处理技术进行处理和最终处置。采用的修复技术主要有稳定化技术、生物堆技术、高级氧化技术和焚烧/填埋处理。具体技术路线框架见图 1.1-9。

2. 污染地下水修复治理技术路线

地下水中污染物为二甲苯和总石油烃(TPH)。考虑到场地开发的紧迫性,主要采用抽提和异位修复技术。本场地采用基坑挖掘的方式,将地下水污染点位的土壤挖掘后,形成蓄水基坑,然后利用水泵对基坑污水进行抽提,再用罐车将污水运至污水处理厂进行处理。经过多次基坑回水—抽提后,达到冲洗地下污染源的效果。挖掘土壤外运至污染土暂存场地按类别划定堆放,与场地中的污染土一起纳入土壤修复工程。具体技术路线框架见图1.1-10。

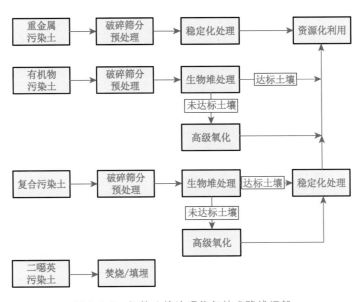

图 1.1-9 污染土壤治理修复技术路线框架

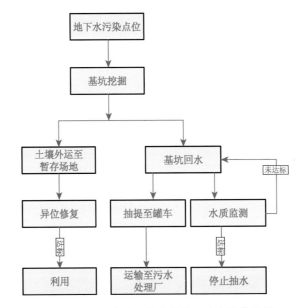

图 1.1-10 污染地下水治理修复技术路线框架

3. 修复治理和验收后评估

现场污染区域挖掘前做好方案设计并完成定点定位,以 C 片区为例。C 片区主要污染物为总石油烃(TPH)、铬(Cr)和多环芳烃(PAHs)。污染地块 5 个(C1,C2,C3,C5-1 和 C5-2),包括深层区和浅层区,具体深度和方量统计见表 1.1-2。每个地块的平面图和剖面图详见图 1.1-11—图 1.1-15。

表 1.1-2 C 片区治理区域的面积、深度及方量

区块名称		面积/m²	深度/m	方量/m³	污染总方量/m³	挖掘总方量/m³
C1 地块		886	6	5 316		
C2 地块		367	6	2 202		
C3 地块		100	1	100	13 745	15 807(包括 15% 放坡量)
C5-1 地块	浅层	327	1	327		
	深层	950	6	5 700		
C5-2 地块		100	1	100		

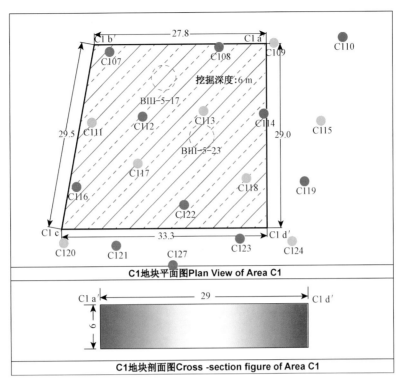

图 1.1-11　C1 地块挖掘平面和剖面图

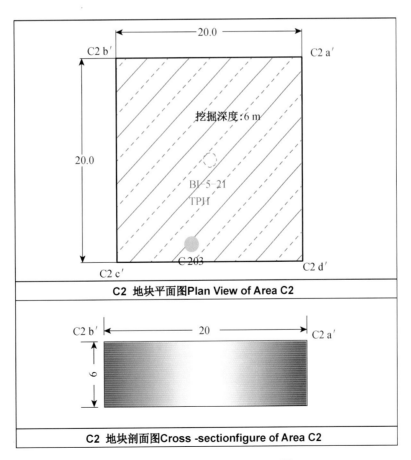

图 1.1-12　C2 地块挖掘平面和剖面图

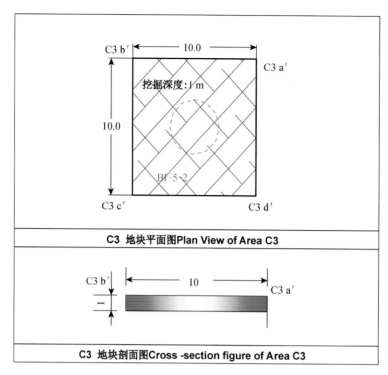

图 1.1-13　C3 地块挖掘平面和剖面图

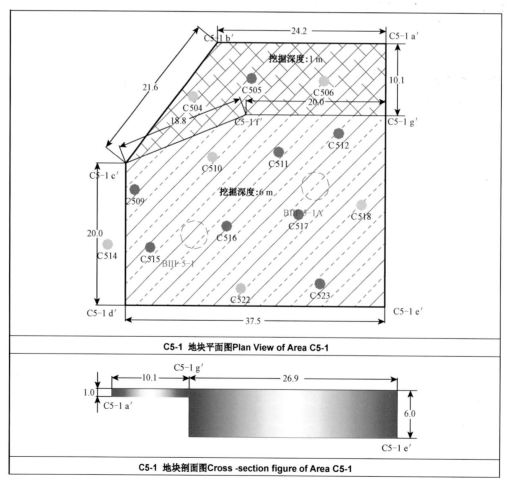

图 1.1-14　C5-1 地块挖掘平面和剖面图

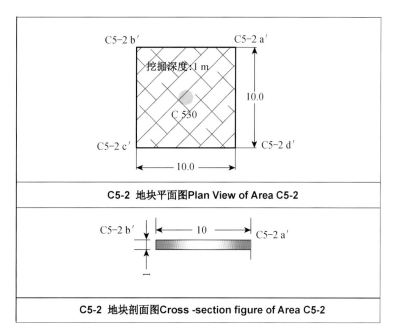

图 1.1-15　C5-2 地块挖掘平面和剖面图

　　污染地块挖掘后,在地块基坑边界和底部均设置土壤监测点位,以确保挖掘清理已经到位。C 片区验收监测点位共设置 35 个,其中 C1 地块设置 14 个(底部 6 个、四周 8 个)、C2 地块设置 5 个(底部 1 个、四周 4 个)、C5-1 地块设置 8 个(底部 2 个、四周 6 个)、C7 地块设置 5 个。另外,预留 3 个采样点以便应对现场可能出现的不可预见情况。

　　在 C 片区的各地块中,挖掘区域所有验收点位的污染物均远低于场地特征污染物修复目标值,满足乐园建设用地的环境要求,可进行后续的开发工作。

1.1.5　总结和展望

1.1.5.1　工作总结

　　采用国际通用的技术和方法,结合上海迪士尼乐园项目土壤和地下水的地质条件,对大面积场地环境评估与治理的关键技术进行了系统深入的研究。在大面积场地环境治理和评估方面取得了进展和突破,获得了良好的社会效益,并得到了推广和应用。

　　1. 上海迪士尼乐园项目土壤和地下水质量评价限值和修复指导限值体系

　　2009 年起,上海市环境科学研究院就开始了对上海迪士尼乐园项目土壤质量评价标准和土壤修复指导限值的研究。在大量调查研究的基础上,根据场地开发利用的用地功能、上海土壤背景值及迪士尼管理公司的要求,土壤和地下水的质量评价限值主要从土壤背景值、国内现有的评价标准(敏感用地类),以及美国相关的评价标准中采纳和应用,形成了上海迪士尼乐园项目的土壤和地下水的环境质量评价方法和限值体系。该评价方法和限值体系的形成为后续的场地调查和评估工作起到了先行的指导意义。

　　污染场地修复指导限值的研究,旨在针对上海迪士尼乐园项目建设用地土壤污染的状况和污染土地再利用功能,从人体健康风险评价的理论和方法着手,确定污染场地修复的指导值。这部分工作对园区建设用地类型和建筑物的特征、不同土地利用类型污染物暴露特征、关键受体和暴露时间等方面进行了深入研究,改进了美国 ASTM 推荐的 RBCA 模型,计算了园区内根据土地利用性质确保敏感人群安全的污染土壤修复指导值,该指导限值的使用既保障了园区的用地安全,也节约了建设成本,践行了低碳环保和绿色修复的宗旨。

2. 上海迪士尼乐园项目典型污染土壤修复技术

上海迪士尼乐园项目原场地内土壤和地下水污染物主要为2大类:重金属污染物(铬、砷、铜、镍、锌、铍)和有机污染物(总石油烃、多环芳烃、二甲苯)。受污染土壤有3类:重金属污染土壤、有机物污染土壤、重金属有机物复合污染土壤。根据这些污染特点,我们在实验室条件下研发了以处理土壤中铬、砷、铜、镍、铅、锌、铍为主要污染物的固化/稳定化技术;以处理土壤中总石油烃为主要污染物的高级氧化技术;以处理土壤中二甲苯为主要污染物的气相抽提热强化技术;处理铬和多环芳烃复合污染土壤的复合修复技术。

基于上述3种单项污染土壤修复技术和1项复合污染土壤的复合技术的研究成果,在上海地区修复工程实践应用中均取得了良好的效果。尤其是固化/稳定化技术及高级氧化技术得到了普遍的应用和好评,并为上海市污染场地修复技术规范的编制工作提供了技术支持。

3. 工业企业原场地拆除污染控制技术规范

场地建筑/构筑物拆除在城市土地可持续发展中有特殊的作用和地位。目前,我国对拆除过程中的污染控制问题尚无明确的规定以及相应的技术方法,野蛮施工往往导致严重的二次污染和重大的经济损失。通过课题研究对此类问题开展了国内外调研,并根据项目范围内工业企业的行业特征编制了拆除过程中污染控制的技术方案,为上海迪士尼乐园项目原场地拆除的二次污染防控提供了指导性的规定。

1.1.5.2 展望

上海迪士尼乐园项目原场地的土壤环境治理经过严密的方案设计以及高效可行的实施后,以最经济安全的方式确保了土地功能的成功转换和可持续利用,保障了上海迪士尼乐园场地建设施工的顺利开展以及后续公园绿地的用地安全,达到了国际标准和上海最佳实践的高度融合,为国内外的大型建设场地和搬迁企业场地的土壤和地下水调查、评估、修复提供了新鲜血液和宝贵经验。

参考文献 1.1

[1] 谢小进,康建成,闫国东,等. 黄浦江中上游地区农用土壤重金属含量特征分析[J]. 中国环境科学,2010,30(8):1110-1117.

[2] 谭业华,魏建和,陈珍,等. 海南槟榔园土壤重金属含量分布与评价[J]. 中国环境科学,2010,30(8):1110-1117.

[3] 廖自基. 微量元素的环境化学及生物效应[M]. 北京:中国环境科学出版社,1992.

[4] 王春旭,李生志,许荣玉. 环境中砷的存在形态研究[J]. 环境科学,1993,14(4):53-57.

[5] Harper M, Haswell S J. A comparison of copper, lead and arsenic extraction from polluted and unpolluted soils[J]. Environ. Technol. Lett. , 1988, 9(11): 1271-1280.

[6] Bissen M, Frimmel F H. Speciation of As(Ⅲ), As(Ⅴ), MMA and DMA in contaminated soil extracts by HPLC-ICP/MS[J]. Fresenius Journal of Analytical Chemistry, 2000, 367(1): 51-55.

[7] USEPA. Arsenic treatment technologies for soils, waste, and water [M]. Washington, DC: USEPA. Waltam and Eick, 2002.

[8] Hartley W, Edwards R, Lepp N W. Arsenic and heavy metal mobility in iron oxide-amended contaminated soils as evaluated by short and long term leaching tests[J]. Environ. Pollut. , 2004, 131(3): 495-504.

[9] Kim J Y, Davis A P, Kim K W. Stabilization of available arsenic in highlycontaminated mine tailings using iron[J]. Environ. Sci. Technol. , 2003, 37(1): 189-195.

[10] Warren G P, Alloway B J. Reduction of arsenic uptake by lettuce with ferrous sulfate applied to contaminated soil[J]. Journal of Environmental Quality, 2003, 32(3):767-772.

[11] Warren G P, Alloway B J, Lepp N W, et al. Field trials to assess the uptake of arsenic by vegetables from contaminated soils and soil remediation with iron oxides[J]. The Science of the Total Environment, 2003, 311(1-3): 19-33.

[12] 赵慧敏. 铁盐-生石灰对砷污染土壤固定/稳定化处理技术研究[D]. 北京:中国地质大学硕士学位论文,2010.

[13] Moore T J, Rightmire C M, Vempati R K. Ferrous iron treatment of soils contaminated with arsenic-containing wood-preserving solution[J]. Soil and Sediment Contamination, 2000, 9(4): 375-405.

[14] Raven K P, Jain A, Loeppert R H. Arsenite and arsenate adsorption on ferrihydrite: Kinetics, equilibrium, and adsorption en-

velope[J]. Environ. Sci. Technol. , 1998, 32(3)：344-349.

[15] 姚敏,梁成华,杜立宇,等.沈阳某冶炼厂污染土壤中砷的稳定化研究[J].环境科学与技术,2008,31(6):8-11.

[16] NY/T 121.2—2006,土壤检测:土壤 pH 的测定[S].

[17] NY/T 121.6—2006,土壤检测:土壤有机质的测定[S].

[18] GB/T 22105.2—2008,土壤质量总汞、总砷、总铅的测定原子荧光法[S].

[19] GB/T 17138—1997,土壤质量铜、锌的测定火焰原子吸收分光光度法[S].

[20] 鲁如坤.土壤农业化学分析方法[M].北京:中国农业科技出版社,1999.

[21] U. S. EPA. Test methods for evaluating solid waste, physical / chemical methods[EB/OL]. http://www. epa. gov /SW-846 / main. htm (Online). (SW 846 method 1311).

[22] Wenzel W W, Kirchbaumer N, Prohaska T, et al. Arsenic fractionation in soils using an improved sequential extraction Procedure[J]. Analytica. Chmica. Acta, 2001, 436(2)：309-323.

[23] Parrales I G, Bellinfante N, Tejada M. Study of mineralogical speciation of arsenic in soils using X-ray microfluorescence and scanning electronic microscopy[J]. Talanta. , 2011, 84(3)：853-858.

[24] Carlson L, Bigham J M, Schwartzman U, et al. Scavenging of As from acid mine drainage by schwertmannite and ferrihydrite：a comparison with synthetic analogues[J]. Environ. Sci. Technol. , 2002, 36(8)：1712-1719.

[25] Porter S K, Scheckel K G, Impellitteri C A, et al. Toxic metals in the environment：thermodynamic considerations for possible immobilization strategies for Pb, Cd, As and Hg[J]. Crit. Rev. Environ. Sci. Technol. , 2004, 34(6)：495-604.

[26] Materaa V, Laboudiguea A, Thomasa P, et al. A methodological approach for the identification of arsenic bearing phases in polluted soils[J]. Environmental Pollution, 2003, 126(1)：51-64.

[27] 查尔斯.J.纽厄尔,菲.B.贝.哈.S.里.地下水污染—迁移与修复(原著第二版)[M].北京:中国建筑工业,2010.

[28] 张锡辉.水环境修复工程学原理与应用[M].北京:化学工业出版社,2003.

[29] 罗兰.我国地下水污染现状与防治对策研究[J].中国地质大学学报(社会科学版),2008,8(2):72-75.

[30] 薛禹群,张幼宽.地下水污染防治在我国水体污染控制与治理中的双重意义[J].环境科学学报,2009,29(3):474-481.

[31] 王东辉,陈晓枫.浅层地下水有机污染研究[J].化学工程师,2001,82(1):60-61.

[32] 韩存志.污染土壤修复与生态安全——香山科学会议第 212 次学术讨论会综述[J].科技政策与发展战略,2004(2):6-9.

[33] National Research Council. A lternatives for GroundWater Clean up[M]. Washington D. C. ：Academy of Press, 1994.

[34] Sale T, David A. Mobile NAPL recovery：conceptual, field and mathematical consideration[J]. Groundwate, 1997, 35(3)：418-426.

[35] 赵建夫.氯代苯类有机物生物降解性能的研究[J].环境学,2001,13(2):36-38.

[36] 魏文德. 有机化工原料大全[M]. 北京:化学工业出版社,1990.

[37] Schlimm,C. , Heitz,E. . Development of a wastewater treatment process：reductive dehalogenation of chlorinated hydrocarbons by metals[J]. Environment progress, 1996, 15(1)：38-47.

[38] 徐晓白,等. 有毒有机物环境行为和生态毒理论文集[C]. 北京:中国科学技术出版社,1990.

[39] 蔡宏道. 现代环境卫生学[M]. 北京:人民卫生出版社,1995.

[40] 周文敏,佛得黔,孙宗光.水中优先控制污染物黑名单[J].中国环境监测,1990,6(4):1-3.

[41] 甘平,朱婷婷,樊耀波,等.氯苯类化合物的生物降解[J].环境污染治理技术与设备,2000,1(4):1-12.

[42] Yuan, S. Y. , Su, C. J. , Chang, B. V. . Microbial dechlorination of hexachlorobenzene in anaerobic sewage sludge[J]. Chemophere, 1999,38(5)：1015-1023.

[43] 井柳新,程丽.地下水污染原位修复技术研究进展[J].水处理技术,2010,7(7):6-10.

[44] 冉德发,王建增.石油类污染地下水的原位修复技术方法论述[J].探矿工程(盐土钻掘工程),2005,32(S1):206-208.

[45] 郑艳梅,王占强,黄国强,等.地下水曝气法处理土壤及地下水中甲基叔丁基醚(MTBE)[J].地学前缘,2007,14(6):214-22.

发表论文 1.1.1

场地土壤中有效态砷的稳定化处理及机理研究

卢　聪[1,2]，李青青[1]，罗启仕[1*]，刘莉莉[2]，张长波[1]

(1. 上海市环境科学研究院,上海 200233；2. 华东理工大学资源与环境工程学院,上海 200237)

【摘　要】　分别以生石灰和亚铁盐作为辅助剂与稳定剂对 2 种砷污染的土壤进行稳定化处理,通过化学浸出、形态及结构研究,揭示土壤中有效砷的稳定效率和机理。结果表明,外源铁添加量与土壤砷含量(Fe/As)的物质的量比达到 6:1~8:1,CaO 投加比例为 0.05%~0.1%(w/w)时,土壤中有效态砷的稳定效率超过 85%。土壤有效砷的稳定化处理主要是将砷从非专性吸附态和专性吸附态转化为弱结晶的铁铝或铁锰水化氧化物结合态、结晶铁铝或铁锰水化氧化物结合态。稳定处理后 2 种污染土均有新物相羟砷铜矿($As_2Cu_5H_4O_{12}$)生成。

【关键词】　土壤；砷；稳定化；形态变化；X 射线衍射

中图分类号:X703.5　　　　文献标识码:A　　　　文章编号:1000-6923(2013)02-0298-07

Stabilization treatment of available arsenic in contaminated soils and mechanism studies

LU Cong[1,2]，LI Qing-qing[1]，LUO Qi-shi[1*]，LIU Li-li[2]，ZHANG Chang-bo[1]

(1. Shanghai Academy of Environmental Sciences，Shanghai 200233，China；2. School of Resources and Environmental Engineering of East China University of Science and Technology，Shanghai 200237，China).

China Environmental Science，2013，33(2)：298-304

Abstract：Lime and Ferrous salt was used as the auxiliary agent and stabilizing agent to treat two arsenic contaminated soils. Following chemical leaching test，the stabilizing effectiveness and mechanism of available arsenic on treated soil were shown using morphology and structure analysis. Importantly，the stabilizing efficiency of arsenic for the two types of soils were both over 85% when the ratio of exogenous Fe and soil As（mol/mol）was 6：1~8：1 and the dosing ratio of CaO was 0.05%~0.1%（w/w）. The stabilization of arsenic in soil was attributed mainly to two following reasons：(1) arsenic was transformed from non-specific adsorption and the specific adsorption state into the weakly crystalline Fe-Al or Fe-Mn hydrated oxides and (2) crystalline Fe-Al or Fe-Mn hydrated oxides state. The new phase of hydroxyl arsenic copper mineral（$As_2Cu_5H_4O_{12}$）was generated after the stabilization treatment of the contaminated soils.

Key words：soil；arsenic；stabilization treatment；morphological change；X-ray diffraction

砷(As)是对人体和动物有毒害作用的强致癌物质,是较为普遍的土壤污染物[1-2]。冶金、含砷废水排放和农药的使用等行为都会导致土壤中砷浓度的增高[3]。土壤中的砷元素主要以无机态存在[4],主要有 +3 和 +5 两种价态,当土壤溶液的 pH 为 4~8 时,常以 H_3AsO_3、H_2AsO_4 或

本文原载于《中国环境科学》,2013,33(2):298-304

收稿日期:2012-05-23

基金项目:2011 年环保公益项目(201109019);上海市环保科研青年基金项目(沪环科(2011-3));徐汇区科委项目(RCT201003);
　　　　2011 年上海市科委迪士尼专项(11dz1201700)

* 责任作者,高级工程师,qsluo99@yahoo.com.cn

$HAsO_4^{2-}$ 等阴离子酸根形式存在[5]。土壤中砷的一部分被牢固的固定在土壤中,而另一部分则会从土壤组分中解吸出来并随土壤溶液迁移,容易被生物利用和迁移淋失,造成环境危害[6]。

常用的砷污染土壤修复技术主要有固化/稳定化技术、玻璃化技术、土壤淋洗技术、原位电动修复技术和生物修复技术等,其中玻璃化技术能耗大,成本高;土壤淋洗技术投资大,易造成土壤营养物质流失或沉淀;原位电动修复技术对土壤类型要求严格,且尚处于开始阶段;生物修复技术对土壤要求高,耗时长,易造成二次污染。而稳定化技术能有效、经济、快速地稳定土壤中的有效态砷,且应用较广,技术成熟[7]。

铁盐能够降低砷的移动性并减轻对植物的危害,常被用作砷稳定化处理的药剂[8-11]。赵慧敏等[12]发现硫酸亚铁对土壤中的砷有良好的稳定效果。Moore 等[13]指出向土壤中添加亚铁盐时会产生硫酸从而引起酸化,增加砷以及其他金属的迁移能力[14-15],因此通常需要与碱性物质(如石灰等)混用。

本文分别以生石灰和硫酸亚铁作为辅助剂和稳定剂,研究 2 种污染土壤中砷的稳定化处理效果,探究有效态砷在不同环境条件下的转化机制和土壤微观结构的变化,为砷污染土壤的稳定化处理及其后续利用提供依据。

1 材料与方法

1.1 供试土壤

选择 2 种供试土壤,一种来自武汉某玻璃厂场地,另一种来自上海某焦化厂场地,分别简称为 B 土样和 J 土样。样品经自然风干,挑除石砾和植物残体,研磨过 100 目筛,并充分混匀,待用。

土壤质地依据我国土壤质地分类标准划分。pH 值和有机质的测定采用了 2006 年中华人民共和国农业行业标准[16-17]。对土壤进行消解后,测定砷和其他重金属的浓度,其中砷采用原子荧光法测定(GB/T 22105.2—2008)[18],铜和锌、锰、铁则采用原子吸收分光光度法(AAS)测定[19]。依据鲁如坤[20]的方法制备提取液,用离子色谱(IC)测定其中 PO_4^{3-} 和 SO_4^{2-} 的浓度。土壤的基本理化性质见表 1。

B 土样的砷含量是 3 999.5 mg/kg,是 J 土样

的近 10 倍,铁含量是 41 534.6 mg/kg,是 J 土样的近 2 倍,钙的含量基本上相同,J 土样的 PO_4^{3-} 含量低于检出限,B 土样中 SO_4^{2-} 含量约占 J 土样的 50%。

表 1 污染土壤理化性质

项目	B 土样	J 土样
颜色	棕黄偏黄	黑褐色
土壤质地	黏质土壤	砂质土壤
pH 值	7.9	6.9
有机质含量(%)	4.0	3.6
As(mg/kg)	3 999.5	411.0
Cu(mg/kg)	37.7	17.1
Zn(mg/kg)	244.8	79.3
Mn(mg/kg)	1 058.1	485.5
Fe(mg/kg)	41 534.6	26 017.2
Ca(mg/kg)	797.3	819.8
PO_4^{3-}(mg/kg)	34 253.9	n. d.
SO_4^{2-}(mg/kg)	38 340.7	68 139.5

注:"n. d."表示未检出。

1.2 供试稳定剂及实验设计

以七水合硫酸亚铁($FeSO_4 \cdot 7H_2O$)作为稳定剂、以生石灰(CaO)作为辅助剂,采用三因素四水平正交设计进行试验,共计 16 个处理,添加比例和养护时间见表 2。

表 2 正交实验因素水平表

水平	试验因素		
	Fe/As (mol/mol)	CaO/Soil (w/w)(%)	养护时间(d)
1	2:1	0.05	1
2	4:1	0.1	7
3	6:1	0.5	14
4	8:1	2	28

1.3 测定方法

采用美国环境保护局的毒性特性浸出程序(TCLP)[21]对处理后砷的稳定化效果进行分析;有效态砷测定采用 Wenzel 等[22]的连续提取方法;物理结构表征主要采用 X 射线衍射(XRD)和扫描电镜/能谱仪(SEM/EDS)对稳定前后的土壤进行物相、表面和元素成分加以分析。

浸提液中砷的测定方法同 1.1 部分。采用 X 射线衍射仪(Rigaku D/max 2550 VB/PC, Japan)进行物相分析,扫描电子显微镜(JEOL JSM-6380LV, Japan)进行结构表征,能量分散 X 射线光谱(JEOL

JSM‑6380LA，Japan)进行元素成分分析。

2 结果与讨论

2.1 不同条件土壤砷的稳定效率

以稳定效率作为试验指标，稳定效率(W)的表达式如下：

$$W = (C_{稳定前} - C_{稳定后})/C_{稳定前} \quad (1)$$

式中，C 表示 TCLP 法测定的 As 浸出浓度。

结果表明：B 土样的稳定效率为 17.7%~89.3%，见表3。在此基础上采用极化分析法对稳定效率进一步分析，对特定因素特定水平的所有试验结果进行平均值计算，见表4。其中 k_1、k_2、k_3、k_4 依次代表各个试验因素的4个水平。以 Fe/As 摩尔比为例，k_1、k_2、k_3、k_4 分别为 2∶1、4∶1、6∶1 和 8∶1，4 个水平的 As 稳定效率平均值依次为 34.9%、43.1%、74.5%、64.8%。由此可以看出 k3 值最大，说明因素 Fe/As 的最优摩尔比是 6∶1。同理分析得出因素 CaO 的最佳质量投加比例为 0.1%，最佳养护时间为 7~14 d。极差 R 为某一特定因素最大 k 值与最小 k 值之差，可以判断因素的主次顺序。因素 Fe/As 摩尔比、CaO 质量添加比例、养护时间的 R 值分别为 39.6%、28.8% 和 20.7%，由此可以判断影响稳定化效果的顺序为亚铁盐＞生石灰＞养护时间。pH 值变化范围为 7.3~9.4，稳定效率最佳时，处理后土样的 pH 值为 7.5。

表3 B 土样稳定化处理条件及稳定效率表

试验号	因素			B 土样稳定效率(%)
	Fe/As (mol/mol)	CaO/Soil (W/W)(%)	养护时间(d)	
1	2∶1	0.05	1	53.9
2	2∶1	0.1	7	21.9
3	2∶1	0.5	14	37.8
4	2∶1	2	28	25.9
5	4∶1	0.05	7	48.1
6	4∶1	0.1	1	50.2
7	4∶1	0.5	28	56.7
8	4∶1	2	14	17.7
9	6∶1	0.05	14	77.4
10	6∶1	0.1	28	77.8
11	6∶1	0.5	1	82.5
12	6∶1	2	7	60.1
13	8∶1	0.05	28	78.1
14	8∶1	0.1	14	89.3
15	8∶1	0.5	7	71.4
16	8∶1	2	1	18.5

表4 B 和 J 两种土样极差分析表(%)

土样种类	极差分析项目	因素		
		Fe/As (mol/mol)	CaO (W/W)	养护时间(d)
B 土样	k_1	34.9	64.4	41.3
	k_2	43.1	67.8	50.6
	k_3	74.5	62.1	50.4
	k_4	64.8	30.6	42.9
	R	39.6	37.2	20.7
J 土样	k_1	83.9	92.4	84.0
	k_2	85.7	92.5	91.7
	k_3	86.7	84.4	89.0
	k_4	92.6	79.5	84.1
	R	8.7	13.0	7.7

对于 J 土样而言，稳定效率范围为 14.5%~91.0%。J 土样的最优稳定效果的参数：Fe/As 摩尔比为 8∶1，CaO 质量添加比例为 0.05%~0.1%，养护时间为 7d 以上。影响稳定化效果的顺序为生石灰＞亚铁盐＞养护天数。pH 值变化范围为 7.0~8.3，稳定效果最佳时 pH 值为 7.1 左右。

Moore 等[13]曾指出处理砷污染土壤时 Fe/As 摩尔比应大于2。赵慧敏[12]采用七水合硫酸亚铁稳定含砷土壤时最佳 Fe/As 摩尔比为 6∶1，pH 值为 8 左右时稳定效果最佳，这些都与本文的结果一致。

2.2 土壤中砷的形态变化

Wenzel 等[22]将土壤中的砷可分为 5 种形态，分别为：非专性吸附态 F1、专性吸附态 F2、无定形和弱结晶铁铝或铁锰水化氧化物结合态 F3、结晶铁锰或铁铝水化氧化物结合态 F4 和残渣态 F5。F1 和 F2 形态的砷与介质结合程度较弱，迁移能力较强，对环境存在较大的风险，通常被认为是可溶态，因此 F1 和 F2 是稳定化处理中重点关注的形态。

用迁移系数的变化来表示可溶态砷在土壤中的变化，其公式为

$$M = (F1 + F2)/(F1 + F2 + F3 + F4 + F5) \quad (2)$$

图1为2类土壤稳定前后5种形态的提取含量，自下而上分别为 F1~F5 形态的提取含量。最优处理条件下稳定化处理后，B 土样中的 F1+F2 的含量由 2 378 mg/kg 减少为 1 260 mg/kg，而 M 值由 50.9% 降为 23.9%，降低了 26.8%；F3 由

22.3% 升高为 57.1%。F4 减少 8% 左右。而 F5 基本没有发生变化。

对于 J 土样，稳定后 F1＋F2 的含量由 93.5 mg/kg 减少到 65.6 mg/kg，而 M 值由 23.0% 降为 17.6%，降低了 5.4%；F3 由 40.0% 变为 41.4%。F4 增加 2.6%。而 F5 稳定前后基本不变。

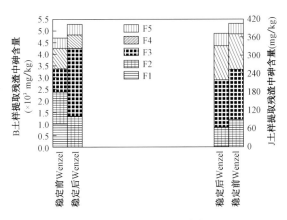

图 1　Wenzel 多级提取砷含量

实验结果表明，土壤中砷的 F1 和 F2 态的减少量基本上等于 F3 和 F4 态含量的增加值，而 F5 态砷含量基本不变。J 土壤稳定前后形态变化没有 B 土样显著，但有效砷的稳定效率更高，主要原因可能为土壤成分不同。J 土壤中阴离子 PO_4^{3-} 的含量低于检出限，而 B 土样中 PO_4^{3-} 的含量高达 34 253.9 mg/kg。由于 P 和 As 位于同一主族，具有相似的化学性质，PO_4^{3-} 的存在会抑制砷酸根阴离子与稳定剂亚铁盐的结合。SO_4^{2-} 同样也是砷酸根的竞争性离子，J 土样中 SO_4^{2-} 的含量是 68 139.5 mg/kg，而 B 土样中的含量仅为前者的一半左右，但前者有效砷的稳定效率仍然比后者高，主要是因为，与 SO_4^{2-} 相比 PO_4^{3-} 对砷稳定化处理的抑制性要强，这和赵慧敏[12] 的实验结论一致。

2.3　微观结构表征与分析

2.3.1　稳定前后 XRD 物相比较

土壤中往往含有大量的结晶矿物，如二氧化硅、铁矿物等。有研究表明[23]，砷的结晶矿物可以通过 XRD 鉴定出来，主要的矿物相是纤铁矿、针铁矿、臭葱石、脆砷铁矿、透砷铁矿和绿砷铁钡矿等。对稳定前后 2 种土样的物相分析结果进行了分析并用软件加以拟合，谱图见图 2 和图 3。

稳定化处理前 B 土样的主要矿物为白云母

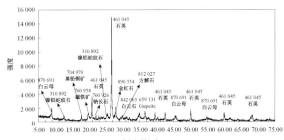

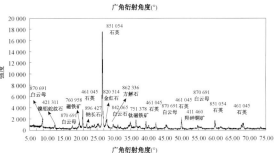

图 2　稳定前后 B 土样的 XRD 物相分析拟合谱

$(KAl_2(AlSi_3O_{10})(OH)_2)$、钠长石 $(NaAlSi_3O_8)$、石英 (SiO_2) 和镍铝蛇纹石 $(Ni_2Al_2SiO_5(OH)_4)$，4 种物质占 80% 以上。另外还含有少量的方解石 $(CaCO_3)$、磁铁矿 (Fe_3O_4)、白云石 $(CaMg_{0.77}Fe_{0.23}(CO_3)_2)$、黑铅铜矿 $(PbCu_6O_8)$、金红石 (TiO_2) 和古北矿 (Fe_3Si) 等 6 种矿物。稳定化处理后大部分物相成分都没有发生变化，但白云石、黑铅铜矿及古北矿消失，而产生了新的物相钛磁铁矿 $(Fe_{2.25}Ti_{0.75}O_4)$ 和羟砷铜矿 $(As_2Cu_5H_4O_{12})$，由此可推断，稳定化处理后，一部分砷发生了化学反应，形成了新的矿物羟砷铜矿。

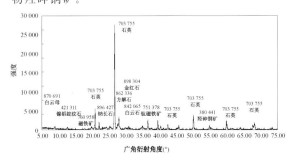

图 3　稳定前后 J 土样的 XRD 物相分析拟合谱

Moore 等[13]指出铁氧化物能有效降低土壤中砷的移动性和生物有效性,磁铁矿是降低砷移动性的主要原因。Carlson 等[24]发现砷和三价铁可形成砷酸盐($FeAsO_4 \cdot H_2O$),Porter 等[25]研究得出在低 pH 值和强氧化性条件下,砷和铁盐可以形成臭葱石($FeAsO_4 \cdot 2H_2O$),在 pH5 和适当的氧化条件下则有溶解度更低的 $Fe_3(AsO_4)_3$ 生成。但是,本研究并未发现铁砷矿物的存在或形成,可能是由于本研究是以硫酸亚铁和生石灰作为稳定处理药剂,氧化性条件和 pH 值都不满足生成铁砷矿物的要求,所以没有铁砷矿物形成。

稳定化处理前 J 土样中白云母、钠长石、石英和镍铝蛇纹石的含量占 87% 以上。另外,还含有少量的方解石、钛磁铁矿、磁铁矿、金红石、白云石和羟砷铜矿等 6 种矿物。稳定化处理后 J 土样中白云石消失,而羟砷铜矿的含量由 1.7% 增加到 2.2%,有新的羟砷铜矿生成,同样也没有发现铁砷矿物,推测原因和 B 土样相同。

上述实验结果中 B 土样新生成了羟砷铜矿,可能是由于黑铅铜矿与加入的 SO_4^{2-} 发生了化学反应,其中的 Pb 和 SO_4^{2-} 形成了更稳定的化合物,而释放出的铜与砷络合生成羟砷铜矿。这种机理的假定还需要进一步研究加以确定。

2.3.2 稳定前后结构微观分析

通过 SEM/EDS 可以观察到砷/铁的关联关系[26]。对稳定化处理前[图 4(a)]及处理后[图 4(b)]B 土样的形态进行了微观形貌观察,其中 1 号谱图为处理前或处理后的原土,2 号~6 号谱图分别为经过 Wenzel 相应连续提取步骤(共 5 步)后残渣的扫描图片。放大倍数均为 1 000 倍。

可以看出,稳定化处理前 B 土样中有明显的晶体颗粒,经过 Wenzel 连续提取的第 1 步骤(2 号谱图)和第 2 步骤(3 号谱图)之后,原晶状物被打破而逐渐形成形状较为规整的晶状物体。2 号谱图有一个明显的船状晶体及一些团状颗粒。3 号谱图的晶体状和团状颗粒较为细小,且如碎屑一般杂乱没有规则。从 4 号谱图开始,土样中又发现了有一定规则的晶状体。5 号谱图规则晶状体较为明显。经过强酸提取后的残渣(6 号谱图)颗粒细小且结构稀疏。稳定化处理后 B 土样的结构密实杂乱,无规则,经过 Wenzel 多步提取以后才开始形成可见的规则晶体。

J 土样的 SEM 图片呈现出与 B 土样类似的规律,稳定化处理前后,土壤的微观结构并没有

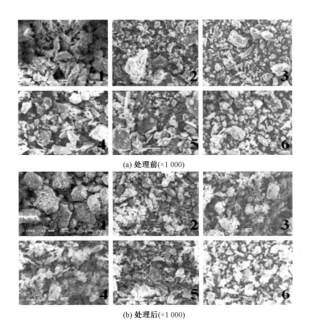

(a) 处理前(×1 000)

(b) 处理后(×1 000)

图 4　B 土样稳定前后及 Wenzel 法连续提取后残渣的 SEM 图

大的改变,这主要是因为 2 种土样的主要矿物均不参与稳定化反应,而新生成的羟砷铜矿等矿物含量很低,没有对土样的微观结构产生明显影响。

利用 EDS 对稳定化处理前后两类土样及经过 Wenzel 连续提取第 1 步骤后的残渣进行了元素分析,7 种元素的相对百分含量见表 5。

从表 5 可以看出,EDS 分析结果和 XRD 的结果相近。对于 B 和 J 土样,As 含量均有所增加。而 Fe,Cu 等元素的含量变化不是很明显。此外,B 土样含有磷元素,而 J 土样中未检出,这与表 1 中 PO_4^{3-} 的含量情况一致。两类土样 F1 提取残渣中 As 的增加进一步说明稳定化处理后非专性吸附态转化为结晶铁铝或铁锰水化氧化物结合态。

表 5　B 和 J 土样稳定前后 Wenzel 连续提取第一步残渣 EDS 分析(%)

元素	B 原土 F1	B 稳定土 F1	J 原土 F1	J 稳定土 F1
P	0.5	1.8	n. d.	n. d.
S	0.3	0.1	2.0	2.6
Ca	2.5	1.6	1.4	1.6
Mn	0.2	0.2	0.1	n. d.
Fe	12.2	13.0	12.1	12.0
Cu	3.2	3.0	3.3	2.3
As	1.7	2.8	0.3	0.3

注:n. d. 表示未检出。

TCLP 实验结果显示,J 和 B 土样中均未检测出可溶性 Cu,但是土壤消解、EDS 和 XRD 分析中均检测出了 Cu 的存在,说明 Cu 一直存在于难溶性矿物中.稳定化处理前 B 土样的 Cu 主要以黑铅铜矿的形式存在,稳定化处理后黑铅铜矿消失而新生成了羟砷铜矿.稳定化处理后 J 土样的羟砷铜矿含量增加,说明新生成了这种矿物.

利用 EDS 对稳定化处理前后两类土样及经过 Wenzel 连续提取多个步骤后的残渣进行了 As 元素相对含量分析,结果见表 6.对于 B 土样而言,稳定化处理后第 1 步提取残渣中含砷量由稳定前的 1.7% 增加到 2.8%,第 3 步及后续步骤的残渣中,砷未检出或检出浓度较低.J 土样有类似的变化趋势.该结果说明稳定化处理后砷倾向于转化为难溶态,这与 Wenzel 连续提取液中污染物浓度的结果相一致,可以彼此补充和验证.

表 6　B 和 J 土样稳定前后 Wenzel 连续提取
残渣的 As 相对含量(%)

土样	F1	F2	F3	F4	F5
B 原土	1.7	n. d.	0.3	n. d.	n. d.
B 稳定土	2.8	2.1	n. d.	0.1	n. d.
J 原土	0.3	0.3	0.2	n. d.	n. d.
J 稳定土	0.3	0.2	0.15	n. d.	n. d.

注:n. d. 表示未检出。

3　结论

3.1　外源亚铁盐的加入对污染土壤中砷的稳定化效果起着至关重要的作用.外源铁与土壤砷含量的摩尔比达到 6∶1~8∶1,CaO 质量投加比例为 0.05%~0.1%,养护期为 7d 以上,土壤 pH 值为 7.1~7.5 时,2 种供试土壤中有效砷的稳定效率可达 85% 以上.PO_4^{3-} 离子对砷的稳定处理有抑制作用,且影响程度比 SO_4^{2-} 强.

3.2　Wenzel 连续提取实验结果表明土壤中有效态砷的稳定化处理主要是将砷从非专性吸附态和专性吸附态的砷转化为弱结晶铁铝或铁锰水化氧化物结合态、结晶铁铝或铁锰水化氧化物结合态.

3.3　XRD 结果表明 B 和 J 土样稳定后均有新物相羟砷铜矿生成;SEM 形貌表征分析得出,稳定前后晶粒和矿物颗粒形状没有明显变化,只是在连续提取过程中,较小颗粒减小,颗粒物表面趋

于平整;EDS 结果验证了 XRD 的结论,证明砷稳定化的主要机理是形成了羟砷铜矿。

参考文献

[1] 谢小进,康建成,闫国东,等.黄浦江中上游地区农用土壤重金属含量特征分析[J].中国环境科学,2010,30(8):1110-1117.

[2] 谭业华,魏建和,陈珍,等.海南槟榔园土壤重金属含量分布与评价[J].中国环境科学,2010,30(8):1110-1117.

[3] 廖自基.微量元素的环境化学及生物效应[M].北京:中国环境科学出版社,1992:124.

[4] 王春旭,李生志,许荣玉.环境中砷的存在形态研究[J].环境科学,1993,14(4):53-57.

[5] Harper M, Haswell S J. A comparison of copper, lead and arsenic extraction from polluted and unpolluted soils [J]. Environ. Technol. Lett., 1988, 9: 1271-1280.

[6] Bissen M, Frimmel F H. Speciation of As(Ⅲ), As(Ⅴ), MMA and DMA in contaminated soil extracts by HPLC-ICP/MS[J]. Fresenius Journal of Analytical Chemistry, 2000, 367: 51-55.

[7] USEPA. Arsenic treatment technologies for soils, waste, and water [M]. Washington, DC: USEPA. Waltam and Eick, 2002.

[8] Hartley W, Edwards R, Lepp N W. Arsenic and heavy metal mobility in iron oxide-amended contaminated soils as evaluated by short and long term leaching tests[J]. Environ. Pollut., 2004, 131: 495-504.

[9] Kim J Y, Davis A P, Kim K W. Stabilization of available arsenic in highly contaminated mine tailings using iron[J]. Environ. Sci. Technol., 2003, 37: 189-195.

[10] Warren G P, Alloway B J. Reduction of arsenic uptake by lettuce with ferrous sulfate applied to contaminated soil [J]. Journal of Environmental Quality, 2003, 32(3): 767-772.

[11] Warren G P, Alloway B J, Lepp N W, et al. Field trials to assess the uptake of arsenic by vegetables from contaminated soils and soil remediation with iron oxides[J]. The Science of the Total Environment, 2003, 311: 19-33.

[12] 赵慧敏.铁盐-生石灰对砷污染土壤固定/稳定化处理技术研究[D].北京:中国地质大学,2010.

[13] Moore T J, Rightmire C M, Vempati R K. Ferrous iron treatment of soils contaminated with arsenic-containing wood-preserving solution[J]. Soil and Sediment Contamination, 2000, 9(4): 375-405.

[14] Raven K P, Jain A, Loeppert R H. Arsenite and arsenate adsorption on ferrihydrite: Kinetics, equilibrium, and adsorption envelope[J]. Environ. Sci. Technol., 1998, 32: 344-349.

[15] 姚敏,梁成华,杜立宇,等.沈阳某冶炼厂污染土壤中砷的稳定化研究[J].环境科学与技术,2008,31(6):8-11.

［16］NY/T 121.2—2006 土壤检测 土壤 pH 的测定［S］.

［17］NY/T 121.6—2006 土壤检测 土壤有机质的测定［S］.

［18］GB/T 22105.2—2008 土壤质量总汞、总砷、总铅的测定原子荧光法［S］.

［19］GB/T 17138—1997 土壤质量铜、锌的测定火焰原子吸收分光光度法［S］.

［20］鲁如坤.土壤农业化学分析方法［M］.北京：中国农业科技出版社，1999：93-187.

［21］U. S. EPA, Test methods for evaluating solid waste, physical/ chemical methods［EB/OL］. http://www. epa. gov/SW-846/main. htm（Online）.（SW 846 method 1311）.

［22］Wenzel W W，Kirchbaumer N，Prohaska T，et al. Arsenic fractionation in soils using an improved sequential extraction Procedure［J］. Analytica. Chmica. Acta，2001，436：309-323.

［23］Parrales I G，Bellinfante N，Tejada M. Study of minera-logical speciation of arsenic in soils using X-ray microfluo-rescence and scanning electronic microscopy［J］. Talanta.，2011，84：853-858.

［24］Carlson L，Bigham J M，Schwartzman U，et al. Scaven-ging of As from acid mine drainage by schwertmannite and ferrihydrite：a comparison with synthetic analogues［J］. Environ. Sci. Technol.，2002，36：1712-1719.

［25］Porter S K，Scheckel K G，Impellitteri C A，et al. Toxic metals in the environment：thermodynamic considerations for possible immobilization strategies for Pb，Cd，As and Hg［J］. Crit. Rev. Environ. Sci. Technol.，2004，34：495-604.

［26］Materaa V，Laboudiguea A，Thomasa P，et al. A meth-odological approach for the identification of arsenic bearing phases in polluted soils［J］. Environmental Pollution，2003，126：51-64.

发表论文 1.1.2

场地土壤稳定化后有效态砷的浸出及影响因素

李青青[1*]，金大成[2]，罗启仕[1]，卢　聪[1,3]，李　芸[1]，袁　剑[2]，柏　营[2]

(1. 上海市环境科学研究院,上海 200233; 2. 上海申迪(集团)有限公司,上海 200120;

3. 华东理工大学资源与环境工程学院,上海 200237)

【摘　要】　对 2 种不同砷含量的场地土壤进行稳定化处理,并用 4 种不同浸提方法对稳定前后有效态砷进行浸出,效果评估结果显示:稳定前后有效态砷浸出率为连续提取法(SEP)＞EPA 毒性浸出法(TCLP)＞国标硫酸-硝酸法(SNP)＞合成浸出沉降法(SPLP)。三价砷浸出率的变化趋势与总有效态砷一致。连续提取方法能较好地提取土壤中具有迁移能力的有效态的三价砷。三价砷的稳定效果非常显著,稳定后的浸出率较稳定前下降了 40% 左右。当浸出液 pH 值在 2.88～6 区间时,随 pH 值增大,三价砷和总有效砷的浸出率减小;pH 值在 6～9 区间,随 pH 值增大,三价砷和有效砷浸出浓度增大。当 pH 值为 6 时,土壤中有效态砷最稳定,不易迁移。三价有效态砷的浸出效果与体系中阴离子含量密切相关,SO_4^{2-} 和 NO_3^- 的抑制性较强。

【关键词】　土壤;有效态砷;三价砷;稳定化;浸出效果

中图分类号:X53　　　文献标识码:A　doi:10.3969/j.ssn.1003-6504.2013.12M.014

文章编号:1003-6504(2013)12M-0065-05

Leaching Effect of Available Arsenic in Site Contaminated Soil by Stabilization

Li Qing-qing[1], JIN Da-cheng[2], LUO Qi-shi[2], LU Cong[1,3], LI Yun, YUAN Jian[2], BAI Ying[2]

(1. Shanghai Academy of Environmental Sciences, 200233, China; 2. Shanghai Shen Di

(Group) Co. Ltd. 200120, China; 3. School of Resources and Environmental Engineering

of East China University of Science and Technology, Shanghai 200237, China)

Abstract:Stabilization was implemented for two kinds of Arsenic-contaminated soil with different concentration levels. Four kinds of extraction methods of toxicity assessment were tested, and the results showed that the leaching efficiency of available arsenic is:SEP＞TCLP＞SNP＞SPLP. The stabilization is obvious for arsenite, and the leaching efficiency decreased by 40% before stabilization. The trend of arsenite is corresponding to that of the available arsenic. SEP is a good method to extract the available arsenic in soil, and identify the soluble part of arsenic in soil. When pH in 2.88～6, total leaching concentration of available arsenic decreased with the increase of pH; pH in 7～9, leaching concentration of available arsenic increased with the increase of pH; available arsenic was the most immobile when the pH was 6. After the stabilization treatment, the three valent arsenic in soils and concentration of available arsenic significantly decreased, the the stabilizing effect was significant. The leaching effect is related to the anion level, such as the strong suppression ability of SO_4^{2-} and NO_3^-.

Key words:soil; available arsenic; arsenite; stabilization; leaching effect

本文原载于《环境科学与技术》2013,36(12M):65-69

收稿日期:2013-09-05;修回 2013-11-14

基金项目:上海市科委迪士尼专项课题资助(11dz1201701)

作者简介:李青青(1976—),女,高级工程师,硕士,主要研究场地土壤调查、评估和修复,(电子信箱)liqq@saes.sh.cn

我国环境中砷污染情况严重，尤其是西南地区矿产资源丰富，区域土壤中砷含量非常高。土壤中的砷元素主要以无机态存在[1]，有三价和五价2种价态。三价态砷剧毒，是五价态砷的60倍[2]，并且三价砷在环境中迁移性更强。污染土壤中重金属的环境行为和生态效用并不完全取决于它的总量，而主要取决于其存在的有效态，其中三价砷的有效态含量是砷环境毒理学研究的重要考虑因素。张克斌等[3]研究发现不同土壤质地的有效态砷与总砷的比例范围在3.88%～5.48%之间。钙镁磷肥和有机肥对土壤中的有效态砷抑制作用明显[4]。对于砷污染土壤，我国主要采用稳定固化、生物修复或焚烧等技术手段进行修复。固化稳定化由于其修复速度快、费用较低、实施方便等特点，已成为目前我国重金属污染土壤修复工程的主要技术。

赵慧敏[5]和卢聪[6]等提出了运用铁盐作为稳定药剂，同时添加生石灰或石灰等辅助药剂的最佳药剂投加条件，获得了良好的效果。但是，固化稳定化只改变了土壤中重金属的赋存形态而其总量并没有降低。因此，基于总量的土壤质量评估显然不能用于评估土壤固化稳定化处理效果。如何通过土壤处理前后重金属赋存形态变化，结合处理后土壤的再利用方式及相应的环境健康风险，科学有效地评估固化稳定化修复效果，研究其在有效态重金属在环境中的迁移转化显得极其重要。

张传琦等[7]研究发现酸性浸提液对砷的浸提效果较好。本研究采用目前国际和国内通用的4种重金属酸性浸提方法，研究了砷污染土壤稳定化前后有效态砷的浸提率及其浸出液中三价砷含量的动态变化。由于实际土壤环境的酸碱性差异较大，本文还研究了不同酸碱度条件下，有效态砷及三价砷浸出的变化趋势及其影响因子。

1 材料与方法

1.1 供试土壤

选择2种供试土壤。一种来自武汉某玻璃厂场地，另外一种来自上海某焦化厂场地，分别简称为B土样和J土样。采集得到的场地土壤样品经自然风干，挑除石砾和植物残体，研磨过100目筛，并充分混匀，待用。

土壤质地依据我国土壤质地分类标准划分。

pH值和有机质的测定采用了2006年中华人民共和国农业行业标准[8-9]。对土壤进行消解后，测定砷和其他重金属的浓度，其中砷采用原子荧光法测定（GB/T 22105.2—2008）[10]，钙、铁则采用原子吸收分光光度法（AAS）测定。依据鲁如坤[11]的方法制备提取液，用离子色谱（IC）测定其中 PO_4^{3-} 和 SO_4^{2-} 的浓度。土壤的基本理化性质见表1。

表1 污染土壤理化性质

项目	B土样	J土样
颜色	棕黄偏黄	黑褐色
土壤质地	粘质土壤	砂质土壤
pH值	7.9	6.9
有机质含量/%	4.0	3.6
As/mg·kg^{-1}	3 999.5	411.0
Fe/mg·kg^{-1}	41 534.6	26 017.2
Ca/mg·kg^{-1}	797.3	819.8
PO_4^{3-}/mg·kg^{-1}	34 253.9	n.d.
SO_4^{2-}/mg·kg^{-1}	38 340.7	68 139.5

注：n.d.表示未检出。

B土样的砷含量是3 999.5 mg/kg，是J土样的近10倍，铁含量是41 534.6 mg/kg，是J土样的近2倍，钙的含量基本上相同，J土样的 PO_4^{3-} 含量低于检出限，B土样中 SO_4^{2-} 含量约占J土样的50%。

1.2 实验方法

1.2.1 稳定化方法

以七水合硫酸亚铁（FeSO$_4$·7H$_2$O）作为稳定剂、以生石灰（CaO）作为辅助剂，采用三因素四水平正交设计进行试验，并根据极差 K 值来筛选稳定效率的最优参数。外源铁添加量与土壤砷含量（Fe/As）的摩尔比达到 $6:1\sim8:1$，CaO投加比例为 $0.05\%\sim0.1\%$（W/W）时，土壤中有效态砷的稳定效率超过85%。实验方法和步骤参见卢聪等[6]使用的方法。

1.2.2 浸提方法

本研究采用美国环保局的毒性特性浸出程序（toxicity characteristic leaching procedure，TCLP）、合成沉降浸出程序（synthetic precipitation leaching procedure，SPLP）[12]，中国"固体废物浸出毒性浸出方法—硫酸硝酸法"（HJ/T 299—2007）国家标准[13]以及连续提取法（sequential extraction procedure，

SEP)评估稳定化处理对土壤有效态砷的浸出效果。土壤中有效态砷的连续提取法（SEP）采用 Wenzel 等[14]方法的前 2 步（F1 和 F2）。

1.3　测试方法

1.3.1　总砷测定

土壤重金属总砷测定方法采用原子荧光法测定。风干研磨后用王水消解，吸取一定量的消解液于 50 ml 比色管中，加 3 ml 盐酸、5 ml 浓度 5% 硫脲溶液、5 ml 浓度 5% 的抗坏血酸溶液，用水稀释至 50 ml，摇匀放置，采用原子荧光法测定上清液。

1.3.2　三价砷测定

土壤三价砷的测定根据 Olivier[16] 和 Yamamoto[17] 提供的方法测定。风干研磨后用王水消解，吸取一定量的消解液于 50 ml 比色管中，加 0.5 mol/L 柠檬酸钠缓冲液（pH＝5），用水稀释至 50 ml，摇匀放置，采用原子荧光法测定上清液。

2　结果与讨论

2.1　土壤有效态砷的浸提效率分析

土壤中砷的存在形式，可分为水溶性、吸附性和难溶性等一系列形态。砷污染土壤环境的危害性主要取决于土壤中的水溶性砷，即有效态砷[18]。美国 EPA 毒性特性浸出程序 TCLP、合成沉降浸出程序 SPLP，我国标准浸出法"固体废物浸出毒性浸出方法—硫酸硝酸法"（HJ/T 299—2007）以及 Wenzel 等的连续提取法 4 种浸提方法对稳定化前后的 B 土样和 J 土样中有效态砷的浸出含量进行了比较和分析。具体结果如图 1 和 2 所示。

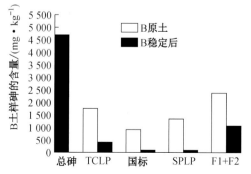

图 1　B 土样砷稳定前后 4 类浸提液实验结果

从图 1 可以看出，对于总砷含量为

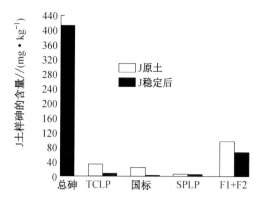

图 2　J 土样砷稳定前后 4 类浸提液实验结果

4 687 mg/kg 的 B 土样，其原土样的 TCLP、国标、SPLP 和 SEP_{F1+F2} 浸提浓度分别为 1 762、908.1、1 363 和 2 378 mg/kg，稳定化处理后土壤中可浸提砷浓度分别为 420、97.3、106 和 1 060 mg/kg。对于原土可以看出，SEP_{F1+F2} 的有效砷的浸提浓度最高，占总砷的 50.7%；其次是 TCLP，占总砷的 37.6%；SPLP 占总砷 29.1% 和国标法占总砷 19.7%。稳定后的 SEP_{F1+F2}、TCLP、SPLP 和国标 4 种浸提剂的提取浓度所占比例分别为 22.6%、9.0%、2.3% 和 2.1%，和原土浸出含量所占比例顺序一致。对比可发现，TCLP、国标、SPLP 和 SEP_{F1+F2} 的稳定效率分别为 64.8%，89.3%，92.2% 和 55.4%。

从图 2 可以看出，对于总砷含量为 411 mg/kg 的 J 土样，其原土样的 TCLP、国标、SPLP 和 SEP_{F1+F2} 浸提浓度分别为 32.8、22.6、4.5 和 93.5 mg/kg，稳定化处理后土壤的可浸出浓度分别为 5.9、0.77、0.35 和 65.6 mg/kg。可以看出，其原土的 4 种浸提剂浸出有效砷浓度顺序和 B 土样不同，浸出率分别为 SEP_{F1+F2}＞TCLP＞国标＞SPLP。稳定后的 SEP_{F1+F2}、TCLP、SPLP 和国标 4 种浸提剂的浸提浓度所占比例分别为 16.0%、1.4%、0.18% 和 0.085%，和原土浸出含量所占比例顺序一致。对于稳定前后 4 种土壤中有效态砷，SEP_{F1+F2} 浸出浓度最高，其次是 TCLP 浸出浓度。但是，SPLP 和国标法的浸出能力对于 B 土样和 J 土样略有差异。B 土样是 SPLP 浸出率高，国标法浸出率低，而 J 土样却与之相反。

上述 4 种浸出实验结果表明：Wenzel 等[14]连续提取方法 SEP_{F1+F2} 能较好地浸出和提取土壤中可溶态的 As，表征具有高度迁移能力的 F1 和 F2 形态。比较而言，TCLP 法相比国标和 SPLP 法浸出效果较好，可能是因为 TCLP 体系模拟的是垃坂填埋场在酸雨条件下的浸出,其浸出液酸性较强,易激活土壤中 As。Darren[19]的实验结果也得出在低于 pH=4 的酸性条件下,砷的移动性会显著增加。

2.2 不同 pH 浸提液对有效态砷浸出效果的影响

环境中的酸碱条件能改变阴离子的荷电情况,从而会让被束缚的有效砷释放。本试验研究分析不同 pH 浸提体系(pH 为 2.88~9)对稳定前后的 4 种土样总砷浸提率以及三价和五价态砷浸提率的变化。

将 TCLP 标准分级稀释到 pH 为 2.88~6.00,由 NaOH 溶液调节酸碱度。具体结果如图 3 和图 4 所示。从图 3 可以看出,pH 为 2.88~6 时,B 土样原土总砷的浸出浓度为下降趋势,浸出浓度由 1 763.5 mg/kg 下降到 767.6 mg/kg;而从 pH=7 到 pH=9 呈明显的上升趋势,浸出浓度由 922.1 mg/kg 增加到 1 565.5 mg/kg。稳定后土样中总砷的浸出趋势和原土一样,在 pH 为 2.88~6 间,浸出浓度由 420.7 mg/kg 下降到 183.1 mg/kg;在 pH 为 7~9 时,浸出浓度由 220.0 mg/kg 增加到 373.5 mg/kg。对于不同价态砷的浸出,可以看出不同的酸碱体系中稳定前后三价砷和五价砷浸出浓度变化很大。

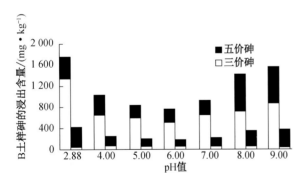

图 3 不同 pH 条件下 B 土样有效态砷稳定前后的浸提效果

从图 4 可以看出,J 土样浸出浓度随 pH 的变化情况和 B 土样不同。J 土样原土总砷的浸出浓度,在 pH 为 2.88~6 区间是下降的,浸出浓度由 32.8 mg/kg 下降到 24.5 mg/kg;而在 pH 为 7~9 区间是先增加后下降,浸出浓度由 41.0 mg/kg 增加到 58.3 mg/kg。但是,稳定后总砷的浸出趋势和原土不同,在 pH 为 2.88~6 区间是下降趋势,

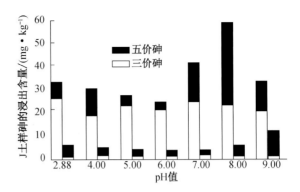

图 4 J 土样有效态砷稳定前后在不同 pH 条件下浸提结果

浸出浓度由 5.9 mg/kg 下降到 3.4 mg/kg;在 pH 为 7~9 区间有明显的上升趋势,浸出浓度由 3.6 mg/kg 增加到 11.8 mg/kg。

2.3 三价砷的浸出效果分析

土壤浸出液中三价砷含量的变化是毒性评估的重要指标。稳定化处理不仅使得土壤中的总有效砷浸出毒性降低,同时对三价砷也有重要的稳定作用。对于不同价态砷的浸出,可以看出稳定前后三价砷浸出毒性大幅度减小。

稳定处理前后土壤中三价砷成分变化较大,可能是加入稳定剂和辅助剂后,导致土壤的 pH 和氧化还原电位发生变化,导致三价砷和五价砷的吸附反应不同和相互转化。Mari 等[20]试验发现在浸出试验中,一般五价砷的浸出浓度要比三价砷高,但是也有三价砷超过五价砷的情况。由于阴离子效应问题,三价砷和五价态砷的溶解度均随 pH 值的增加而增加。Manning 等[21]发现在好氧条件下,低价态铁物质在 4~7.5 d 内并没有去除五价砷,而是把三价的砷氧化成五价的砷。本试验稳定后三价砷明显减少,原因可能与 Manning[21]的情况一样,在好氧条件下,硫酸亚铁被氧化成三价铁氧化物,同时,三价砷被氧化成五价砷。同时,稳定前后随 pH 值增加,五价砷浓度均在增加,这可能是随 pH 值增加,五价砷的溶解度要比三价砷更强。Hingston 等[22]得出五价砷随 pH 值的增加,针铁矿对其最大吸附量在降低。Inskeep 等[23]得出三价砷随 pH 值增加,矿物晶体对其吸附能力变化没有五价砷那么明显。本试验稳定前后浸出五价砷浓度随 pH 值增加而增大,可能跟铁矿物晶体吸附能力有关。

2.4　浸出效果影响因素分析

砷稳定化土壤中有效态砷浸出毒性与原土相比显著降低，但是由于土壤性质不同，尤其是土壤阴离子成分的差异导致浸出毒性有着显著差别。(1)由于 P 元素和 As 位于同一主族，具有相似的化学性质，因此 PO_4^{3-} 的存在会抑制砷酸根阴离子与稳定剂亚铁盐的结合。B 土样中 PO_4^{3-} 含量高达 34 253.9 mg/kg，抑制砷与稳定剂结合，浸出毒性高；而 J 土样中 PO_4^{3-} 的含量低于检出限，砷易与稳定剂结合，浸出毒性则低。(2)可能由于 S 元素主族与 As 紧邻，试验表明：SO_4^{2-} 同样也是砷酸根的竞争性离子。J 土样中 SO_4^{2-} 的含量高，是 68 139.5 mg/kg，浸出毒性高；而 B 土样中的 SO_4^{2-} 含量仅为前者的一半，但前者有效砷的稳定效率仍然比后者高（浸出毒性小），主要是因为与 SO_4^{2-} 相比 PO_4^{3-} 对砷稳定化处理的抑制性要强，这和 Kok 等[24]的实验结论一致。

砷稳定化土壤中有效态砷浸出毒性与浸出体系酸碱性密切相关。Min[25]通过实验得出：在浸出体系中，有效砷在低 pH 时可能由于铁氧化物晶体表面带正电荷的特点而重新聚集，导致浸出浓度低，而用氢氧化钠浸提液可以去除矿物晶体表面吸附的有效砷，导致浸出浓度增大。Mari 等[20]的不同 pH 浸提实验得出 pH 最高时（pH＝13）砷的浸出浓度最高。本试验得出的结论基本与他们一致。当浸出体系的 pH＜6 时，随着 pH 增大，浸出率减小；在 pH＝6 时浸出率达到最低点，当浸出体系的 pH＞6 时，随 pH 增大，浸出率也随之增大。因此，在稳定化处理的实际工程运用中，应考虑稳定剂和辅助药剂的添加量使得处理后土样保持弱碱性，那么经酸雨淋溶后土壤环境呈中性或弱酸性，能达到较好的稳定效果。

3　结论

砷污染土壤稳定化修复是一种行之有效的修复方法，但是修复效果的评估方法和标准尚在研究和摸索阶段。本研究采用目前国际上较为通用的 4 种浸提方法，针对我国场地中的砷污染土壤稳定前后浸提效率开展了研究，发现最佳提取方法为连续提取法，能有效表征土壤中有效态含量，能正确反映有效态砷和三价砷稳定前后的动态变化趋势。土壤环境的 pH 值和无机阴离子也是稳定效果的关键因素，当体系中的 pH 值保持在 6 左右时，总砷和三价砷的稳定效率最佳。无机阴离子含量较高会抑制稳定修复的效果。

参考文献

[1] 王春旭，李生志，许荣玉. 环境中砷的存在形态研究[J]. 环境科学，1993，14(4)：53-57.

[2] WHO. Arsenic Compounds，Environmental Health Criteria 224[EB/OL]. http://www. inchem. org/documents/ehc/ehc/ehc224. htm. (1998-05-16)[2008-02-08].

[3] 张克斌，崔杰，刘晓坤. 土壤中总砷与有效态(水溶态)砷的含量关系探讨[J]. 环境科学与管理，2012，37(12)：107-108.

[4] 张冲，王纪阳，赵小虎，等. 土壤改良剂对南方酸性菜园土重金属汞、砷有效态含量的影响[J]. 广东农业科学，2007，11(5)：102-105.

[5] 赵慧敏. 铁盐-生石灰对砷污染土壤固定/稳定化处理技术研究[D]. 北京：中国地质大学，2010.

[6] 卢聪，李青青，罗启仕，等. 场地土壤中有效态砷的稳定化处理及机理研究[J]. 中国环境科学，2013，33(2)：298-305.

[7] 张传琦. 土壤中重金属砷、镉、铅、铬、汞有效态浸提剂的研究[D]. 合肥：安徽农业大学，2011.

[8] NY/T 1121.2—2006，土壤检测-土壤 pH 的测定[S].

[9] NY/T 1121.6—2006，土壤检测-土壤有机质的测定[S].

[10] GB/T 22105.2—2008，土壤质量总汞、总砷、总铅的测定原子荧光法[S].

[11] 鲁如坤. 土壤农业化学分析方法[M]. 北京：中国农业科技出版社，1999：93-187.

[12] U. S. EPA，Test Methods for Evaluating Solid Waste，Physical/Chemical Methods. [DB/OL]. http://www. epa. gov/SW-846/main. htm.

[13] HJ/T 299—2007，固体废物浸出毒性浸出方法-硫酸硝酸法[S].

[14] Wenzel W. W.，Kirchbaumer N，Prohaska T，et al. Arsenic fractionation in soils using an improved sequential extraction procedure [J]. Analytical Chemical ACTA，2001，436：309-323.

[15] Oomen A. G.，Hack A.，Minekus M.，et al. Comparison of five in vitro digestion models to study the bioaccessibility of soil contaminants [J]. Environ. Sci. Technol，2002，36：3326-3334.

[16] Olivier X. Leupin，Stephan J. Hug. Oxidation and removal of arsenic (Ⅲ) from aerated groundwater by filtration through sand and zero-valent iron[J]. Water Research，2005，39：1729-1740.

[17] Yamamoto，M.，Urata，K.，Murashige，K.，et al. Differential Determination of Arsenic(Ⅲ) and Arsenic(Ⅴ)，and Antimony(Ⅲ) and Antimony(Ⅴ) by Hydride Generation Atomic-Absorption Spectrophotometry，and Its Ap-

plication to the Determination of These Species in Sea-Water[J]. Spectrochim. Acta Part B-Atomic Spectros. 1981, 36(7):671-677.

[18] Bissen M, Frimmel F H. Speciation of As(Ⅲ), As(V), MMA and DMA in contaminated soil extracts by HPLC-ICP/MS[J]. Fresenius journal of Analytical Chemistry, 2000, 367: 51-55.

[19] Darren Shaw. Mobility of arsenic in saturated, laboratory test sediments under varying pH conditions[J]. Engineering Geology, 2006, 85(1/2): 158-164.

[20] Mari P K, Pentti K. G.. Speciation of mobile arsenic in soil samples as a function of pH[J]. Science of The Total Environment, 1997, 204(2): 193-200.

[21] Manning, B. A. , Hunt, M. L. , Amrhein, C, et al. Arsenic(Ⅲ) and Arsenic(V) reactions with zero valent iron corrosion products[J]. Environ. Sci Technol, 2002, 36

(24): 5455-5461.

[22] Hingston, F J, Atkinson R J, Posner A M, et al. Specific adsorption of anions on goethite[J]. Trans Int Congr Soil Sci, 1968, 9(1): 669-678.

[23] Inskeep, W P, McDermott T R, and Fendorf S. Arsenic (V)/(Ⅲ) cycling in soils and natural waters [J]. Chemical and Microbiologiground processes, 2002: 183-215.

[24] Kok H G, Teik T L. Geochemistry of inorganic arsenic and selenium in a tropical soil: effect of reaction time, pH, and competitive anions on arsenic and selenium adsorption[J]. Chemosphere, 2004, 55(6): 849-859.

[25] Min J, Jung S H, Sang C. Sequential soil washing techniques using hydrochloric acid and sodium hydroxide for remediating arsenic-contaminated soils in abandoned iron-ore mines[J]. Chemosphere, 2007, 66(1): 8-17.

发表论文1.1.3

铬污染土壤的稳定化处理
及其长期稳定性研究

王　旌[1]，罗启仕[1*]，张长波[1]，谈　亮[2]，李　旭[2]

（1. 上海市环境科学研究院，上海 200233；2. 华东理工大学中德工学院，上海 200237）

【摘　要】　利用不同投加比例的 FeS、$FeSO_4$、Fe^0 和 $Na_2S_2O_4$，分别对铬污染土壤进行处理，通过土壤浸出浓度和六价铬含量的测定，考察这4种还原剂对铬污染土壤的短期（3d、28d）和长期（1a）稳定作用。结果表明，将 FeS 和 Fe^0 直接用于铬污染土壤的稳定化时，由于其溶解度很低，稳定效果不好。而 $FeSO_4$ 对铬污染土壤的稳定化具有很好的效果，可以在短期内降低总铬和六价铬的浸出浓度，减少土壤中的六价铬含量，且其效果随着投加浓度的增加而提高。在长期稳定过程中，由于铁的氢氧化物的逐渐形成，其稳定化效果进一步提高。$Na_2S_2O_4$ 同样有利于铬污染土壤的稳定化。在适当的投加比例下，$FeSO_4$ 和 $Na_2S_2O_4$ 对土壤 pH 值影响很小，维持在 6～8。

【关键词】　铬；土壤；还原；稳定化；长期效果

中图分类号：X53　　　文献标识码：A　　　文章编号：0250-3301(2013)10-0000-00

Stabilization and Long-term Effect of Chromium Contaminated Soil

WANG Jing[1]，LUO Qi-shi[1]，ZHANG Chang-bo[1]，TAN Liang[2]，LI Xu[2]

（1. Shanghai Academy of Environmental Sciences，Shanghai 200233，China；2. Sino-German College of Technology，East China University of Science and Technology，Shanghai 200237，China）

Abstract：Short-term（3d and 28d）and long-term（1a）stabilization effects of Cr contaminated soil were investigated through nature curing，using four amendments including Ferrous Sulfide，Ferrous Sulfate，Zero-valent Iron and Sodium dithionite. The results indicate that Ferrous Sulfide and Zero-valent Iron were not helpful for the stabilization of Cr(VI) when directly used because of their poor solubility and immobility. Ferrous Sulfate could effectively and rapidly decrease total leaching Cr and Cr(VI) content. The stabilization effect was further promoted by the generation of iron hydroxides after long-term curing. Sodium dithionite also had positive effect on soil stabilization. Appropriate addition ratio of the two chemicals could help maintain the soil pH in range of 6～8.

Key words：chromium；soil；reduction；stabilization；long term effect

　　重金属铬作为一种工业原材料，在其长期的生产和应用中，会对土壤环境造成一定的影响[1]。土壤中的铬主要以三价和六价的形式存在[2]。三价铬毒性较低，90%的三价铬以氢氧化物的形式附着于土壤组分中，不易迁移。而六价铬毒性相对较大，且具有较高的活性，更易在土壤及其孔隙水中进行迁移[3,4]。因此，铬污染土壤的稳定化处理关键在于将六价铬还原为三价铬。研究表

本文原载于《环境科学》2013，34(10)：310-315

收稿日期：2013-01-15；　修订日期：2013-04-28

基金项目：环保公益性行业科研专项（201109019）；上海市科委迪士尼专项（11dz1201700）；徐汇区科委项目（RCT201003）

作者简介：王旌（1984—），男，硕士，工程师，主要研究方向为污染土壤修复技术，E-mail：wangjingsean@sina.com

＊通讯联系人，E-mail：qsluo99@126.com

明,亚铁[5]、硫化物[6,7]以及一些有机络合物[8,9]均可以有效应用于六价铬的处理中。

然而,土壤中各种形态的铬可以在一定条件下相互转化,尤其在氧化条件下(pH 6.5～8.5),三价铬可以部分转化为六价铬[10]。因此,在铬污染土壤的修复中,六价铬能否稳定于土壤中,且保持不在长期自然条件下析出,需要实际的长期稳定数据进行技术支持,而目前,该研究数据还十分缺乏。

本实验利用 FeS、FeSO₄、Fe⁰ 和 Na₂S₂O₄ 这 4 种还原剂分别对铬污染土壤进行处理,研究了在自然养护条件下,各还原剂在不同投加比例下对铬污染土壤的短期(3d、28d)和长期(1a)稳定效果,以期为铬污染土壤的长期稳定化处理提供数据支持和科学依据。

1 材料与方法

1.1 供试样品和材料

实验所用土壤取自苏州市某化工企业搬迁后的遗留场地,污染土壤风干,研磨,过筛,待用。土壤呈棕黄色,pH 值为 8.4。实验所用的 4 种还原剂均来源于国药集团化学试剂有限公司。其中 FeS 为 CR 级,FeSO₄ 为 AR 级七水合物,Fe⁰ 和 Na₂S₂O₄ 均为 AR 级。

1.2 土壤稳定化实验方法

分别取 1 000 g 土壤于搅拌锅中,以表 1 中所列条件分别以固体方式投加各药剂,其中,FeSO₄ 为扣除结晶水后的比例。药剂添加后,加入适量去离子水保持土壤水分含量在 40%,利用搅拌机搅拌 10 min。混合均匀后,将样品转移至烧杯中进行养护。养护过程中于烧杯口用塑料膜密封以减少水分的流失,且设置若干细小通风口,以确保养护过程中的空气流通。如此在室温下养护 3 d、28 d、1 a 后,对土壤进行浸出浓度和六价铬含量的测试。

表 1 土壤稳定化处理药剂投加比例/%

还原剂	投加比例			
FeS	3	6	9	12
FeSO₄	3	6	9	12
Fe⁰	3	6	9	12
Na₂S₂O₄	3	6	9	12

1.3 测试分析方法

1.3.1 重金属总量测试

取过 100 目筛的风干土壤 1 g,采用 HNO₃—HClO₄—HF 体系消解法[11]对土壤样品进行消解,用以测定土壤中重金属的总量。测试包含 3 个平行样,结果以算数平均值表示。

1.3.2 浸出浓度测试

采用美国环保署颁布的 TCLP(Toxicity Characteristic Leaching Procedure)方法[12]测定土壤浸出浓度。用 pH＝2.88 的醋酸溶液对土壤样品进行浸提,固液比(质量体积比)为 1：20,在 30 r·min⁻¹ 下翻转振荡 18～20 h。采用二苯碳酰二肼分光光度法(GB/T 15555.5—1995)对六价铬浓度进行测试,采用原子吸收仪(耶拿,novAA400)测定浸提液中的其他金属浓度。实验过程以空白浸提液作为对照,所得测试数据为扣除空白后的结果。

1.3.3 六价铬含量测试

称取 2～4 g 土壤,加入 0.4 mol·L⁻¹ 的 KCl 溶液 25～50 mL,磁力搅拌 5 min,离心分离后,上清液转移至 100 mL 容量瓶中,残渣继续用 10～20 mL KCl 溶液搅拌,重复上述操作 2～3 次,上清液均转移至容量瓶中,定容[13,14]。采用二苯碳酰二肼分光光度法(GB/T 15555.5—1995)对六价铬浓度进行测试。

2 结果与讨论

2.1 土壤污染性质

该污染土壤中的重金属含量及其浸出浓度如表 2 所示。

表 2 土壤重金属含量及浸出浓度

重金属	总量/mg·kg⁻¹	浸出浓度/mg·L⁻¹	我国危险废物浸出毒性鉴别标准/mg·L⁻¹
总铬	6 416.6	216.7	15
六价铬	2 365	128.8	5
镉	7.6	0.08	1
锌	181.37	0.05	100
铅	37.5	ND	5
铜	53.8	0.1	100
镍	52.9	0.03	5

由表可知,该土壤样品中的总铬和六价铬含量均很高,且浸出浓度均超过我国的危险废物浸出鉴别标准(GB 5085.3—2007),锌、铅、铜和镍的污染并不严重,而镉的总量虽然较高,但其浸出浓度较低,为 0.08 mg·L^{-1}。因此,在后续的实验分析和讨论中,仅将总铬和六价铬作为关注污染物进行讨论。

2.2　各还原剂对铬污染土壤的稳定效果

图 1 反映了 4 种还原药剂在不同添加比例下对铬污染土壤的稳定效果。从图中可知,FeS 和 Fe^0 直接用于铬污染土壤的稳定化处理时效果很差,这是由于二者在中性偏碱性条件下溶解度很低,难与土壤介质中的六价铬反应。事实上,FeS 仅在酸性条件下形成 Fe^{2+} 离子。有研究者将 FeCl$_2$ 和 Na$_2$S 溶液混合形成的 FeS 悬浮液用于铬污染土壤处理中[15],该悬浮液在酸性条件下能够起到较好的稳定效果,然而这种工艺在实际应用中会增加实施的复杂性。Fe^0 在含铬污水的处理中应用较多,然而很少用于土壤[16, 17]。也有研究将纳米铁应用于土壤及地下水的处理中[18, 19]。

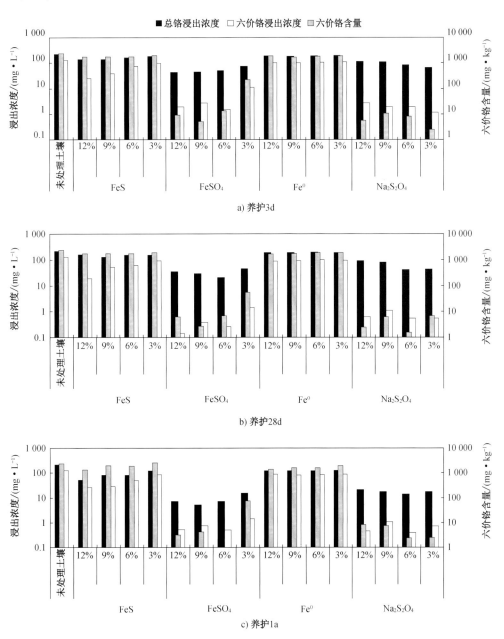

a) 养护3d

b) 养护28d

c) 养护1a

图 1　各还原剂对铬污染土壤的稳定效果

$FeSO_4$ 和 $Na_2S_2O_4$ 可以大幅度降低土壤金属浸出浓度以及六价铬含量。由图 1 可知,当 $FeSO_4$ 和 $Na_2S_2O_4$ 投加量分别达到 6% 和 3% 时,即可达到显著降低土壤污染程度。如在养护时间为 3d 时,土壤总铬和六价铬浸出浓度以及六价铬含量分别为 49.5 mg·L^{-1}、1.5 mg·L^{-1}、13.6 mg·kg^{-1} 和 66.6 mg·L^{-1}、1.2 mg·L^{-1}、2.5 mg·kg^{-1}。除了 $Na_2S_2O_4$,其他含氧硫酸盐,包括 $Na_2S_2O_5$、$NaHSO_3$、Na_2SO_3 以及 $Na_2S_2O_3$ 对六价铬均有不同程度的稳定作用[20],然而含氧硫酸盐大多应用于废水处理中,将其应用于土壤六价铬的处理研究鲜有报道。事实上,含氧硫酸盐需要在酸性条件下才能发挥其还原效果,而在较大规模的土壤处理应用中,很难进行 pH 值调节,因此本研究考察 $Na_2S_2O_4$ 直接应用于铬污染土壤的稳定化处理效果具有一定的实际意义。亚铁可以迅速还原土壤中的六价铬,从而降低其在土壤中的含量以及其浸出浓度[15]。同时,有研究表明,土壤中其他含有溶解性 Fe^{2+}、Fe^{3+} 离子的矿物可以加速六价铬的还原[21,22]。

2.3 铬污染土壤长期稳定效果

尽管稳定化技术在国外尤其是美国的污染土壤治理中有着较多的应用,但在我国铬污染以及其他重金属污染土壤的修复中,该技术应用尚不广泛。长期稳定性数据的缺乏可能是导致这种状况的原因之一。在我国,大多数的稳定化效果评估仅限于可行性研究中的数据,比较常见的是 28d 的稳定数据[23]。而在长期自然养护条件下的稳定数据尚且不足。图 2—图 4 比较了自然养护条件下,短期和长期稳定化效果。

总体上看,当养护时间达到 1 a 时,对于利用 FeS 和 Fe^0 处理的土壤,总铬的浸出浓度降低,而六价铬含量及浸出浓度基本没有变化。而利用 $FeSO_4$ 和 $Na_2S_2O_4$ 处理的土壤,其稳定效果随着时间的增加而提高。经长期稳定处理后,不同比例 $FeSO_4$ 处理后的土壤中,总铬和六价铬浸出浓度分别降低至 5.2～15.4 mg·L^{-1} 和 0.5～1.4 mg·L^{-1},六价铬

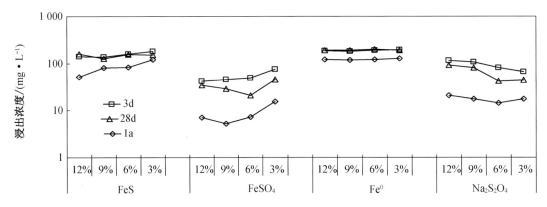

图 2 不同养护时间下土壤中总铬浸出浓度变化

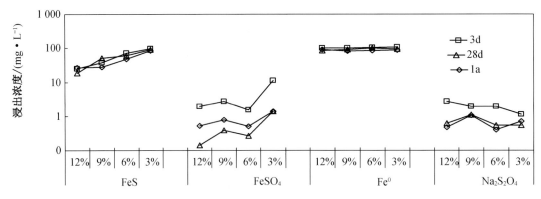

图 3 不同养护时间下土壤中六价铬浸出浓度变化

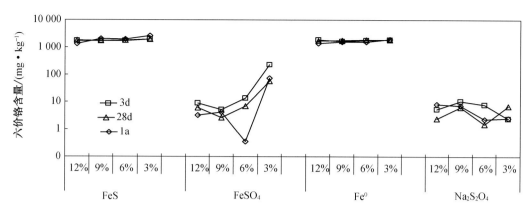

图 4　不同养护时间下土壤中六价铬含量变化

含量减小至 $0.4 \sim 74.2$ mg·kg^{-1}；不同比例 $Na_2S_2O_4$ 处理后的土壤中，总铬和六价铬浸出浓度分别降低至 $14.3 \sim 20.8$ mg·L^{-1} 和 $0.4 \sim 1.1$ mg·L^{-1}，六价铬含量减小至 $2.3 \sim 8.3$ mg·kg^{-1}。值得注意的是，在 $FeSO_4$ 处理后的土壤中，六价铬的含量及浸出浓度在养护 3d 后即迅速降低，随后降低程度变弱。然而，经长期养护后，总铬的浸出浓度仍然明显减少。这种情况的产生可能是因为在稳定化初期，主要是亚铁还原六价铬，到了稳定化后期，随着亚铁的逐渐氧化，形成了铁的氢氧化物，而研究表明[24]，铁的氢氧化物对铬以及其他金属有着较强的吸附性能。

利用各种还原剂处理后的土壤 pH 值如图 5 所示。在本研究的投加比例和投加方式下，FeS 和 Fe^0 的对土壤 pH 几乎没有影响。而亚铁可以通过下式对土壤 pH 产生影响[25]，且投加量越高，影响越大。

$$Fe^{2+} + H_2O + \frac{1}{4}O_2 \longrightarrow Fe^{3+} + \frac{1}{2}H_2O + OH^-$$

$$Fe^{3+} + 3H_2O \longrightarrow Fe(OH)_3 + 3H^+$$

然而，当 $FeSO_4$ 投加量为 6% 时，土壤 pH 值的变化并不十分明显，且在这种比例下，当养护时间达到 1a 时，pH 甚至呈弱碱性，为 7.3。因此，投加 6% $FeSO_4$ 可作为最佳处理方式，同时稳定土壤中的铬和保持土壤 pH 值。

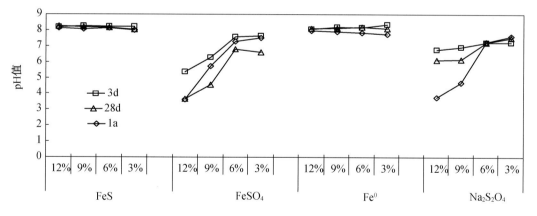

图 5　不同养护时间下土壤中 pH 值变化

事实上，对于铬污染土壤或者其他重金属污染土壤的稳定化效果评估有很多方法，除了本实验中的 TCLP 方法，还有英国环保署的 1h 浸出测试，ASTM 浸出测试等[26]。然而，大多数的方法只是对污染土壤的短期稳定效果进行评估，而无

法预测长期稳定效果。荷兰的柱浸出测试方法可以通过模拟自然条件下金属的性质变化来评估长期稳定效果[26]。尽管如此，本研究中通过自然条件下长期养护所得到的稳定效果数据可能会更加具有实际意义，更能够为稳定化技术的实际应用

提供基础数据支持。

3 结论

（1）FeS 和 Fe^0 由于其难溶解性，直接应用于铬污染土壤处理中没有明显的稳定效果。

（2）FeSO$_4$ 可以在短期内大幅降低土壤中的浸出浓度和六价铬含量，且随着时间的增加稳定效果逐渐提高。Na$_2$S$_2$O$_4$ 也可以对铬污染土壤进行有效的处理，且保持长期的稳定效果。

（3）投加 6% FeSO$_4$ 可作为最佳处理方式，同时稳定土壤中的铬和保持土壤 pH 值。

参考文献

[1] Zayed A M, Terry N. Chromium in the environment: factors affecting biological remediation[J]. Plant and Soil, 2003, 249(1): 139-156.

[2] Kantar C, Cetin Z, Demiray H. *In situ* stabilization of chromium(VI) in polluted soils using organic ligands: the role of galacturonic, glucuronic and alginic acids[J]. Journal of Hazardous Materials, 2008, 159(2-3): 287-293.

[3] Srivastava S, Prakash S, Srivastava M M. Chromium mobilization and plant availability-the impact of organic complexing ligands[J]. Plant and Soil, 1999, 212(2): 201-206.

[4] 陈英旭,何增耀,吴建平.土壤中铬的形态及其转化[J].环境科学,1994,15(3):53-56.

[5] Cheng C J, Lin T H, Chen C P, et al. The effectiveness of ferrous iron and sodium dithionite for decreasing resin-extractable Cr(VI) in Cr(VI)-spiked alkaline soils[J]. Journal of Hazardous Materials, 2009, 164(2-3): 510-516.

[6] Pettine M, Millero F J, Passino R. Reduction of chromium(VI) with hydrogen sulfide in NaCl media[J]. Marine Chemistry, 1994, 46: 335-344.

[7] Chrysochoou M, Ferreira D R, Johnston C P. Calcium polysulfide treatment of Cr(VI)-contaminated soil[J]. Journal of Hazardous Materials, 2010, 179(1-3): 650-657.

[8] Zhong L Y, Yang J W. Reduction of Cr(VI) by malic acid in aqueous Fe-rich soil suspensions[J]. Chemosphere, 2012, 86(10): 973-978.

[9] Chiu C C, Cheng C J, Lin T H, et al. The effectiveness of four organic matter amendments for decreasing resin-extractable Cr(VI) in Cr(VI)-contaminated soils [J]. Journal of Hazardous Materials, 2009, 161(2-3): 1239-1244.

[10] 张辉,马东升.南京某合金厂土壤铬污染研究[J].中国环境科学,1997,17(1):80-82.

[11] 孙颖,陈玲,赵建夫,等.测定城市生活污泥中重金属的酸消解方法[J].环境污染与防治,2004,26(3):170-172.

[12] U S EPA Method 1311. Toxicity Characterization Leaching Procedure[S].

[13] 于世繁,张国封,齐艳丽.铬污染土壤中六价铬的测定[J].干旱环境监测,1996,10(4):207-208,241.

[14] 付融冰,刘芳,马晋,等.可渗透反应复合电极法对铬(VI)污染土壤的电动修复[J].环境科学,2012,33(1):280-285.

[15] Patterson R R, Fendorf S. Reduction of hexavalent chromium by amorphous iron sulfide[J]. Environmental Science and Technology, 1997, 31(7): 2039-2044.

[16] Astrup T, Stipp S L S, Christensen T H. Immobilization of chromate from coal fly ash leachate using an attenuating barrier containing zero-valent iron [J]. Environmental Science and Technology, 2000, 34(19): 4163-4168.

[17] Melitas N, Chuffe M Q, Farrell J. Kinetics of soluble chromium removal from contaminated water by zero-valent iron media: Corrosion inhibition and passive oxide effects[J]. Environmental Science and Technology, 2001, 35(19): 3948-3953.

[18] Singh R, Misra V, Singh R R. Removal of Cr(VI) by nanoscale zero-valent iron (nZVI) from soil contaminated with tannery wastes[J]. Bulletin of Environment Contamination and Toxicology, 2012, 88(2): 210-214.

[19] Tanboonchuy V, Grisdanurak N, Liao C H. Background species effect on aqueous arsenic removal by nano zero-valent iron using fractional factorial design[J]. Journal of Hazardous Materials, 2012, 205-206: 40-46.

[20] 谢腊平,杨玉杰,连庆堂,等.硫的含氧酸盐处理混合电镀废水中六价铬的研究[J].电镀与环保,2008,28(1):37-39.

[21] He Y T, Chen C C, Traina S J. Inhibited Cr(VI) reduction by aqueous Fe(II) under hyperalkaline conditions [J]. Environmental Science and Technology, 2004, 38(21): 5535-5539.

[22] Tzou Y M, Loeppert R H, Wang M K. Fluorescent light induced Cr(VI) reduction by citrate in the presence of TiO$_2$ and ferric ions[J]. Colloids and Surfaces A: Physiochemical and Engineering Aspects, 2005, 253(1-3): 15-22.

[23] Zhang C B, Luo Q S, Geng C N, et al. Stabilization treatment of contaminated soil: a field-scale application in Shanghai, China [J]. Frontiers of Environmental Science and Engineering in China, 2010, 4(4): 395-404.

[24] Kantar C. Heterogeneous processes affecting metal ion transport in the presence of organic ligands: reactive transport modeling [J]. Earth-Science Reviews, 2007, 81(3-4): 175-198.

[25] Leupin O X, Hug S J. Oxidation and removal of arsenic(III) from aerated groundwater by filtration through sand and zero-valent iron[J]. Water Research, 2005, 39(9): 1729-1740.

[26] Hartley W, Edward R, Lepp N W. Arsenic and heavy metal mobility in iron oxide-amended contaminated soil as evaluated by short-and long-term leaching tests[J]. Environmental Pollution, 2004, 131(3): 495-504.

第2章

大面积场地地基处理
关键技术研究与示范

第 1 篇第 2 章由上海申迪建设有限公司、中国建筑西南勘察设计研究院有限公司完成。

1.2.1 示范工程

1.2.1.1 工程概况

根据项目建设标准,结合项目场地实际情况,上海迪士尼乐园项目场地需开展以地基处理为目标的场地形成工程。

场地形成工程主要包括清表、障碍物清除、明暗浜处理、场地填筑、地基处理、大面积平整,以及附属河道、密封沟等附属设计。拟建场地为平原水网地区,地貌类型为长江三角洲滨海平原,属于典型的软土地基,其软弱地层的厚度大、压缩性大、含水量高,为有效降低工后残余沉降和差异沉降,采用真空预压法进行地基处理。根据使用功能不同,场地分为高等级、中等级(Ⅰ)、中等级(Ⅱ)和低等级处理区,见图1.2-1。

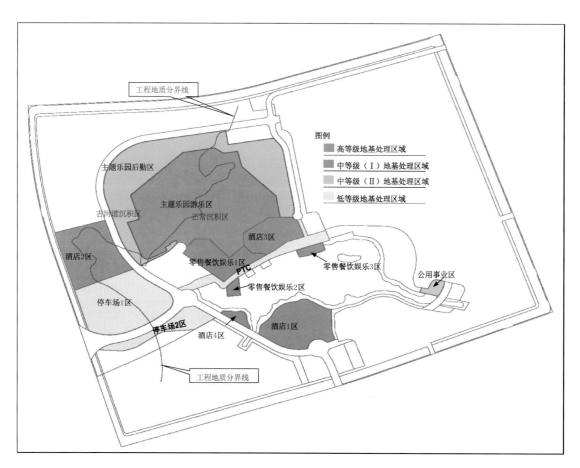

图 1.2-1 场地处理等级分区图

对于地基处理,上海国际旅游度假区核心区主题乐园场地要求各区块沉降达到卸载标准,平板载荷试验须满足相关要求。高等级区在 120 kPa 的测试压力下、中等级区在 100 kPa 的测试压力下、低等级区在 80 kPa 的测试压力下,载荷板的允许沉降为 25 mm。

1.2.1.2 场地工程地质条件

1. 土层分布

本工程场地范围内地层为第四纪全新世至上更新世、长江三角洲滨海平原型沉积土层,主要由黏性土、

50

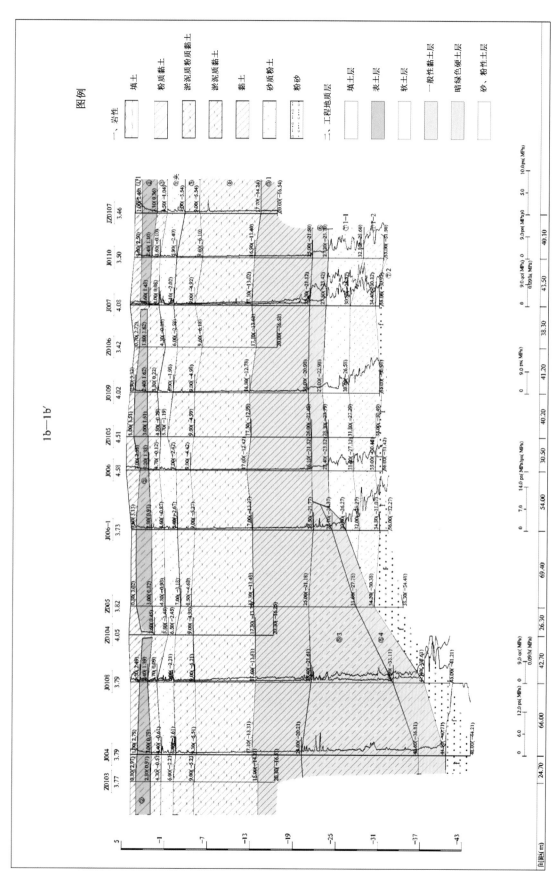

图 1.2-2　工程地质剖面图

粉性土及砂土组成。按地层沉积时代、成因类型及其物理力学性质指标的差异,场地 50 m 深度内土层自上而下可分为 7 个主要层次。

场地地表一般分布有厚度 0.5～1.5 m 左右的填土,农田地段以素填土为主,表层为厚 0.3～0.4 m 的耕植土,原村庄、厂房及现状道路范围内,局部地表为以建筑垃圾为主的杂填土,其下部为素填土。场地浅部填土以下沉积有俗称"硬壳层"的第②层褐黄～灰黄色粉质黏土。其下为第③层灰色淤泥质粉质黏土、第③夹层灰色黏质粉土夹淤泥质粉质黏土及第④层灰色淤泥质黏土。第⑤层灰色黏性土埋深约 16.50～19.00 m,根据土性差异从上往下可分为:第⑤₁层灰色黏土、第⑤₃层灰色粉质黏土及第⑤₄层灰绿色粉质黏土,其中第⑤₃、⑤₄层分布于古河道沉积区且厚度及层面起伏较大。场地东部正常沉积区第⑥层暗绿～草黄色粉质黏土层顶埋深 24.50～27.60 m,第⑦层草黄～灰色粉(砂)性土层顶埋深 26.80～30.30 m;场地西部受古河道切割缺失第⑥层土,第⑦层粉(砂)性土层顶起伏大,层顶埋深 30.00～51.00 m。根据勘探结果,拟建主题乐园区西部及酒店 2 区西、北部位于上海地区滨海平原型古河道沉积区,其余区域位于滨海平原型正常沉积区。正常沉积区勘探深度范围内地基土层分布基本稳定;古河道沉积区 25 m 以上地基土层分布基本稳定,25 m 以下地基土层分布及性质变化较大。古河道沉积区与正常沉积区的工程地质分区见图 1.2-1、典型地质剖面见图 1.2-2。

从物理力学性质指标看,③和④层含水量高、渗透性差、压缩性高、强度低,且层厚较厚,是软土地区典型的软弱土层,完成固结需要的时间长。从变形特性和力学特性上分析,③和④层是真空预压需要处理的主要土层;其中第③层淤泥质粉质黏土中夹黏质粉土层,该夹层透水性好,进行真空预压时应设置有效的闭气措施,因此密封墙搅拌桩深度应穿透该夹层,以保证能够真空预压的处理效果;第④层淤泥质黏土的强度在浅部土层中最低,压缩性最高,且厚度较大,埋深较深(层底达 16 m 左右),因此排水板穿透此层时,可加速该层的固结,真空预压的效果能够得到明显提升。根据大量工程经验,上海地区③和④层淤泥质土的抗剪强度低,稳定性差,并具有较高灵敏度,因此打设塑料排水板可能造成扰动,从而产生沉降和造成土的强度降低。第⑤层相对于上覆土层而言,强度较大,埋深较深,真空预压在此层中的影响已较小。

表 1.2-1　地层分布特性表

地层时代	土层序号	土层名称	成因类型	土层厚度/m	层底标高/m	颜色	状态	密实度	压缩性	土层特性	分布情况
Q₄³	①₁	填土	人工	0.20～6.00	4.59～−0.63	杂色		松散		民宅及场区等地段地表为杂填土,夹较多碎石、砖块等;农田、绿化地段地表夹较多植物根茎。下部为素填土。以黏性土为主	遍布于表部,局部地段厚度较大
	①r₂	淤泥		1.00～2.20	2.91～0.13	灰黑色	流塑		高	含大量有机质,有嗅味,夹腐烂的植物根茎	明、暗浜底部分布
	②	粉质黏土	滨海-河口	0.70～3.20	2.99～−0.96	褐黄～灰黄色	可塑～软塑		中	含氧化铁及铁锰质结核,局部夹少量粉性土,土质从上往下逐渐变软	除明、暗浜区以外遍布
Q₄²	③	淤泥质粉质黏土	滨海-浅海	0.30～6.40	1.35～−6.94	灰色	流塑		高	含云母、有机质等,土质不均,夹薄层团状的粉性土,粉性土厚度 0.2～0.5 cm	整个场地遍布
	③夹	黏质粉土夹淤泥质粉质黏土	滨海-浅海	0.40～4.20	−0.59～−4.99	灰色		松散	中	含云母,土质不均,夹较多薄层淤泥质粉质黏土	整个场地遍布,厚薄不均

地层时代	土层序号	土层名称	成因类型	土层厚度/m	层底标高/m	颜色	状态	密实度	压缩性	土层特性	分布情况
Q_4^2	④	淤泥质黏土	滨海-浅海	6.40～10.00	−11.66～−15.32	灰色	流塑		高	含云母、有机质、局部夹少量粉性土及贝壳碎屑，土质较均匀	整个场地遍布
Q_4^1	⑤₁	黏土	滨海、沼泽	6.00～11.00	−19.90～−24.68	灰色	软塑		高	含云母、有机质等，偶夹贝壳碎屑、钙质结核及半腐殖质，底部夹较多粉性土	整个场地遍布
	⑤₃	粉质黏土	溺谷	1.40～21.30	−23.15～−42.45	灰色	软塑		中	含云母、局部夹较多薄层状粉性土，粉性土厚度0.5～5 cm	分布于古河道沉积区
	⑤₄	粉质黏土	溺谷	1.00～8.70	−25.75～−47.65	灰绿色	可塑		中	含氧化铁及铁锰质结核，局部夹较多粉性土	分布于古河道沉积区
Q_3^2	⑥	粉质黏土	河口-湖泽	1.00～4.00	−22.38～−26.49	暗绿～草黄色	可塑		中	含氧化铁斑点，偶夹钙质结核	分布于正常沉积区
	⑦₁₋₁	黏质粉土夹粉质黏土	河口-滨海	0.80～6.70	−24.69～−30.29	草黄色		稍密～中密	中	含云母、氧化铁等，土质不均，局部夹较多黏性土	整个场地遍布
	⑦₁₋₂	砂质粉土	河口-滨海	0.70～6.50	−28.76～−33.34	草黄色		中密	中	含云母、氧化铁等，局部夹薄层黏性土	整个场地遍布
	⑦₂	粉砂	河口-滨海	未钻穿	未钻穿	灰色		密实	中	含云母、氧化铁等，局部夹薄层或团状黏性土	整个场地遍布

表 1.2-2　土层物理力学性质参数表

土层序号	土层名称	含水量 W/%	重度 γ/(kN/m³)	孔隙比 e	塑性指数 I_P	液性指数 I_L	渗透系数 K_V/(cm/s)	渗透系数 K_H/(cm/s)	固结快剪 黏聚力 C/kPa	固结快剪 内摩擦角 φ	常规压缩试验 压缩系数 $a_{0.1-0.2}$/MPa⁻¹	常规压缩试验 压缩模量 $E_{s0.1-0.2}$/MPa	标准贯入 N（击）	比贯入阻力 P_s/MPa
②	粉质黏土	31.0	18.6	0.89	15.5	0.66	4.2E−06	5.2E−06	21	17.0	0.41	4.81		0.68
③	淤泥质粉质黏土	41.7	17.4	1.18	15.1	1.34	1.7E−06	2.5E−06	12	16.5	0.71	3.26		0.43
③夹	黏质粉土夹淤泥质粉质黏土	34.7	18.1	0.98	14.2	1.29	7.5E−05	1.0E−04	8	26.5	0.37	7.45	5	0.89
④	淤泥质黏土	50.9	16.7	1.44	19.8	1.33	1.5E−07	2.2E−07	12	12.0	1.10	2.25		0.53
⑤₁	黏土	41.0	17.5	1.17	18.6	0.95	5.4E−07	8.0E−07	16	13.0	0.72	3.15		0.78
⑤₃	粉质黏土	33.5	18.2	0.96	14.8	0.85	1.9E−06	2.8E−06	15	19.5	0.40	5.03		1.45
⑤₄	粉质黏土	23.6	19.6	0.68	13.6	0.68			45	17.5	0.24	7.08		2.26
⑥	粉质黏土	24.8	19.3	0.73	13.9	0.38			45	17.0	0.25	7.10		2.47
⑦₁₋₁	黏质粉土夹粉质黏土	29.2	18.8	0.83					13	27.0	0.22	8.69	22	4.39
⑦₁₋₂	砂质粉土	30.2	18.6	0.85					3	31.0	0.18	10.68	31	7.54
⑦₂	粉砂	29.1	18.7	0.82					1	32.5	0.17	10.90	40	11.36

2. 不良地质现象

受场地自然地质条件和人工活动的影响，本工程场地范围内分布有大量的明、暗浜（塘）。场地内主要河道宽度 10～20 m 不等，其中最大宽度可达 30 m（长界港处）、最窄为 3.5 m；河道一般深度 3.0～4.0 m，最深处达到 4.2 m，最浅为 0.5 m，均为一般排水河道，无通航要求。场地内明浜（塘）基本上未整治,明浜底部均有淤泥分布,厚度从 0.2～2.5 m 不等,最薄处只有 0.1 m、最厚处则达到 3.0 m;暗浜走向主要以南北向或东西向为主,暗浜(塘)宽度多为 10.0～23.0 m,最宽为 26.0 m、最窄为 6.0 m;深度一般为 1.0～4.5 m,最深为 4.7 m、最浅为 0.8 m。农田地段的暗浜内填充物主要为黏性素填土,土质较均匀;位于村庄及厂房附近的新近填埋的暗浜,填埋时间短,浜内分布有较多生活垃圾、有机质、建筑垃圾等杂物,局部地段底部分布有厚度不等的淤泥,土质均匀性差。

1.2.1.3 地基处理方案设计

1. 施工方案设计

根据使用功能不同,场地分为高等级、中等级(Ⅰ)、中等级(Ⅱ)和低等级处理区,共计 44 个施工区块。其中低等级处理区采用分层碾压法处理,其余区块均采用真空预压地基处理,真空预压的真空度大于 80 kPa;密封墙采用双轴水泥黏土搅拌桩(掺 0.8% 膨润土),搭接 200 mm,直径 700 mm,长 10 m;排水设计采用 SPB-C 型塑料排水板,板宽 100 mm,插入深度 14.5～24.0 m,间距 1.1～1.4 m;真空预压周期为 12 个月,目标沉降值最低 300 mm,最高 900 mm,见图 1.2-3。

本工程各区块的处理等级、目标沉降值见表 1.2-3,设计参数见表 1.2-4。

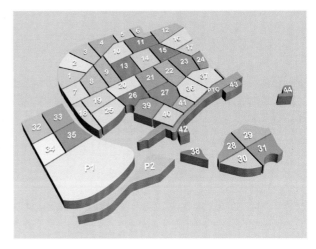

图 1.2-3 地基处理区块划分图

表 1.2-3 地基处理目标沉降值表

功能区名称	处理分块编号	地质单元	处理等级	目标沉降值 /mm
主题乐园区	1	古河道沉积区	中等级处理区(Ⅱ)	550
	2	古河道沉积区	中等级处理区(Ⅱ)	550
	3	古河道沉积区	中等级处理区(Ⅱ)	500
	4	古河道沉积区	中等级处理区(Ⅱ)	450
	5	古河道沉积区	中等级处理区(Ⅱ)	450
	6	古河道/正常沉积区	中等级处理区(Ⅱ)	400
	7	古河道沉积区	中等级处理区(Ⅱ)	500
	8	古河道沉积区	高等级处理区	850
	9	古河道沉积区	高等级处理区	900
	10	古河道沉积区	高等级处理区	850
	11	古河道/正常沉积区	高等级处理区	500
	12	正常沉积区	中等级处理区(Ⅱ)	400
	13	古河道/正常沉积区	高等级处理区	850
	14	古河道/正常沉积区	高等级处理区	650
	15	古河道/正常沉积区	高等级处理区	550
	16	正常沉积区	中等级处理区(Ⅱ)	300
	17	正常沉积区	中等级处理区(Ⅱ)	300
	18	古河道/正常沉积区	中等级处理区(Ⅱ)	400
	19	古河道沉积区	高等级处理区	700
	20	古河道/正常沉积区	高等级处理区	800
	21	正常沉积区	高等级处理区	650
	22	正常沉积区	高等级处理区	550
	23	正常沉积区	高等级处理区	500
	24	正常沉积区	中等级处理区(Ⅱ)	300
	25	古河道/正常沉积区	高等级处理区	600
	26	古河道/正常沉积区	高等级处理区	600
	27	正常沉积区	高等级处理区	550

（续表）

功能区名称	处理分块编号	地质单元	处理等级	目标沉降值 /mm
酒店 1 区	28	正常沉积区	中等级处理区（Ⅰ）	300
	29	正常沉积区	中等级处理区（Ⅰ）	450
	30	正常沉积区	中等级处理区（Ⅰ）	300
	31	正常沉积区	中等级处理区（Ⅰ）	450
酒店 2 区	32	古河道/正常沉积区	中等级处理区（Ⅰ）	550
	33	古河道/正常沉积区	中等级处理区（Ⅰ）	550
	34	古河道/正常沉积区	中等级处理区（Ⅰ）	550
	35	古河道/正常沉积区	中等级处理区（Ⅰ）	500
酒店 3 区	36	正常沉积区	中等级处理区（Ⅰ）	400
	37	正常沉积区	中等级处理区（Ⅰ）	400
酒店 4 区	38	正常沉积区	中等级处理区（Ⅰ）	300
零售餐饮娱乐Ⅰ区	39	正常沉积区	中等级处理区（Ⅰ）	500
	40	正常沉积区	中等级处理区（Ⅰ）	650
	41	正常沉积区	中等级处理区（Ⅰ）	550
零售餐饮娱乐 2 区	42	正常沉积区	中等级处理区（Ⅰ）	500
零售餐饮娱乐 3 区	43	正常沉积区	中等级处理区（Ⅰ）	550
公用事业区	44	正常沉积区	中等级处理区（Ⅱ）	400
停车场区 1 区			低等级处理区	无沉降目标值
停车场区 2 区			低等级处理区	无沉降目标值
公共交通连接段			低等级处理区	无沉降目标值

表 1.2-4　设计参数表

功能区名称	分块编号	处理方法	塑料排水板设计参数		
			插打深度 /m	间距 /m	材质及型号
主题乐园区	12	真空预压,真空度≥80 kPa	14.5	1.4	原生料 SPB100-C 型
	15	真空预压,真空度≥80 kPa	16.5	1.2	原生料 SPB100-C 型
	16	真空预压,真空度≥80 kPa	14.5	1.4	原生料 SPB100-C 型
	17	真空预压,真空度≥80 kPa	14.5	1.4	原生料 SPB100-C 型
	20	真空预压,真空度≥80 kPa	20.5/23.5	1.1	原生料 SPB100-C 型
	21	真空预压,真空度≥80 kPa	20.5/22.5	1.2	原生料 SPB100-C 型
	22	真空预压,真空度≥80 kPa	16.5	1.2	原生料 SPB100-C 型
	23	真空预压,真空度≥80 kPa	16.5	1.2	原生料 SPB100-C 型
	24	真空预压,真空度≥80 kPa	14.5	1.4	原生料 SPB100-C 型
	26	真空预压,真空度≥80 kPa	18.5/20.5	1.4	原生料 SPB100-C 型
	27	真空预压,真空度≥80 kPa	16.5	1.2	原生料 SPB100-C 型
酒店 1 区	28	真空预压,真空度≥80 kPa	13.5	1.4	原生料 SPB100-C 型
	29	真空预压,真空度≥80 kPa	16.5	1.3	原生料 SPB100-C 型
	30	真空预压,真空度≥80 kPa	13.5	1.4	原生料 SPB100-C 型
	31	真空预压,真空度≥80 kPa	16.5	1.3	原生料 SPB100-C 型
酒店 3 区	36	真空预压,真空度≥80 kPa	14.5	1.4	原生料 SPB100-C 型
	37	真空预压,真空度≥80 kPa	14.5	1.4	原生料 SPB100-C 型
酒店 4 区	38	真空预压,真空度≥80 kPa	14.5	1.4	原生料 SPB100-C 型
零售餐饮娱乐 1 区	39	真空预压,真空度≥80 kPa	16.5	1.2	原生料 SPB100-C 型
	40	真空预压,真空度≥80 kPa	20.5/22.5	1.2	原生料 SPB100-C 型
	41	真空预压,真空度≥80 kPa	16.5	1.2	原生料 SPB100-C 型

（续表）

功能区名称	分块编号	处理方法	塑料排水板设计参数		
			插打深度 /m	间距 /m	材质及型号
零售餐饮娱乐2区	42	真空预压,真空度≥80 kPa	16.5	1.2	原生料 SPB100 - C 型
零售餐饮娱乐3区	43	真空预压,真空度≥80 kPa	16.5	1.2	原生料 SPB100 - C 型
公用事业区	44	真空预压,真空度≥80 kPa	14.5	1.3	原生料 SPB100 - C 型

2. 监测方案设计

[1] 监测内容

根据预压法地基处理的特点,在预压区内进行真空度观测(真空预压区)、地表沉降监测、土体分层沉降监测、孔隙水压力监测。在地基处理影响范围内,如有需保护的建(构)筑物,如道路、湖泊、地铁等,应根据需要布置深层土体水平位移和地表水平位移观测点。

[2] 监测点布设

各处理区块内地表沉降监测点、分层沉降监测点、孔压监测点以及真空表布置数量见各区块监测点平面布置图,各监测点应均匀分布在处理区中。

[3] 监测频率

表 1.2-5 真空预压法监测频率表

项目	监测频率		
	预压期第1月	预压期第2月	预压期第3月及其以后
分层沉降	1 点·次 /(1 d)	1 点·次 /(2 d)	1 点·次 /(3 d)
沉降标	1 点·次 /(1 d)	1 点·次 /(2 d)	1 点·次 /(3 d)
孔隙水压力	1 点·次 /(1 d)	1 点·次 /(2 d)	1 点·次 /(3 d)
真空度	真空度达到设计要求前:1 点·次 /4 h,真空度稳定后,1 点·次 /1 d		

注:在沉降趋于稳定时,监测频率应调整为 1 点·次 /1 d。

1.2.2 加固效果分析

为了进行加固效果分析,参考施工前后勘察报告,分别选取 5 个地块对应该工程的各个不同的功能区,利用监测结果分析加固效果。

1.2.2.1 地表沉降

地表沉降是软基处理效果分析的基础,其变化规律是控制施工进度和安排后期施工最重要的指标,也是理论研究结果是否正确的最直接检验标准和加固效果最直接的反映。从地表沉降来看,大面积真空预压能使该场地产生较大的沉降速率,尤其是在抽真空的初始阶段,加固效果作用很明显。

1. 14# 地块

14# 地块的真空预压施工自 2011 年 4 月 22 日开始测试初始值,截至 2011 年 7 月 25 日共计施工 91 d。截至 2011 年 7 月 19 日,14# 地块场地最大沉降量为 848 mm、最小沉降量为 616 mm、平均沉降量为 724 mm。有 28 个地表沉降点沉降都达到目标沉降值,占总沉降点数(30 个)的 93%,沉降最小值为 616 mm,在区块所有沉降测点中小于目标沉降值的点有两个,分别是 S9、S19,从监测图上可以发现是随机的、不相邻的,满足设计要求。至 2011 年 7 月 22 日实际停泵,该场地最大沉降量为 849 mm、最小沉降量为 618 mm、平均沉降量为 725 mm。沉降曲线以及监测点布置见图 1.2-4、图 1.2-5。

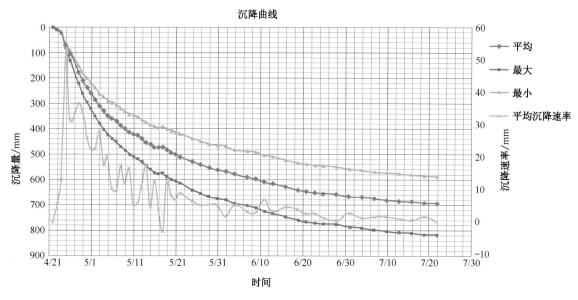

图 1.2-4　14#地块沉降曲线

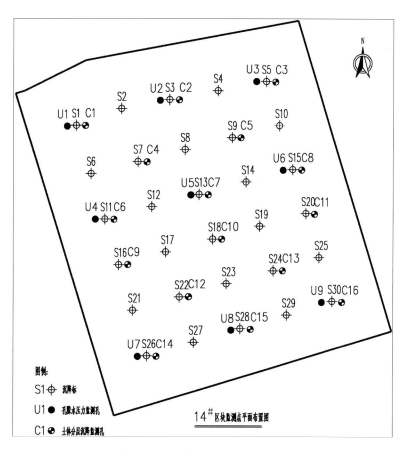

图 1.2-5　14#地块监测点布置图

2. 22#地块

　　22#地块的真空预压施工自 2011 年 10 月 14 日正式开始,截至 2011 年 11 月 30 日停泵卸载,共计施工 48 d。该场地最大沉降量为 630.6 mm,出现在 S21 点;最小沉降量为 467 mm,出现在 S15 点;整个场地的平均沉降为 564.2 mm,此地块目标沉降值为 550 mm,最小沉降量已达目标沉降值的 84.9%,最大沉降量已达目标沉降值的 114.7%。真空预压初期沉降速率较大,如 10 月 16 日地表沉降平均速率为 39.1 mm/d,4 d 后即 10 月 20 日仍有 38.1 mm/d,至 10 月 30 日后地表沉降速率降低到 10 mm/d 范围内,卸载时为 2.1 mm/d,由此可见沉降量在初期阶段完成较快,中后期完成较慢。

22#地块的地表累计沉降历时曲线、地表沉降速率曲线见图 1.2-6。从沉降观测资料和沉降曲线可知,整个场地的固结沉降与真空加压关系密切,抽真空初期(5~7 d)地表沉降速率最大,随着真空度上升并趋于稳定后,地表沉降速率逐渐减小,向相对稳定的平均速率缓慢收敛;截至 11 月 30 日,平均沉降速率为 2.1 mm/d。同时可以看到,期间由于无真空膜破损以及停电等因素影响,真空预压初期土体的固结过程较快,这充分说明真空预压工艺成功应用的关键在于保持场区真空度的稳定,尽量避免出现停电和真空膜漏气等状况。

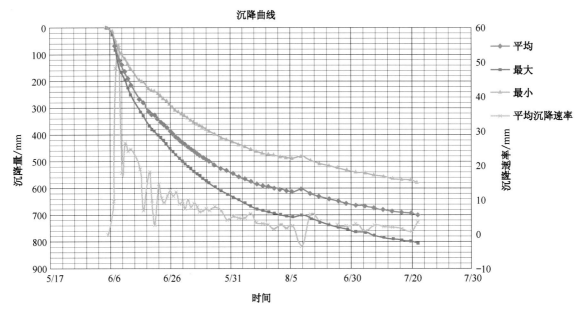

图 1.2-6 22#地块沉降曲线

3. 39#地块

39#地块的真空预压施工自 2011 年 5 月 21 日正式开始,截至 2011 年 9 月 22 日停泵卸载共计施工 124 d。到 9 月 22 日,该场地最大沉降量为 598.1 mm,出现在 S13 点,最小沉降量为 384.4 mm,出现在 S10 点,整个场地的平均沉降为 526.8 mm,此地块目标沉降值为 500 mm,停泵时最小沉降量已达目标沉降值的 76.9%,最大沉降量已达目标沉降值的 119.6%。

39#地块的地表沉降最值均值曲线、地表沉降速率曲线见图 1.2-7。

由于存在停电和真空膜破损,真空荷载下降导致沉降历时曲线存在多个小锯齿,即出现多次回弹。恢复供电和修补真空膜后,重新加载真空压力上升沉降逐渐恢复,但沉降恢复到原先水平需要经历一段时间,一般 3~10 d 不等,部分地块甚至更长。抽真空 2 个月后,地表沉降速率才趋于平缓发展;真空预压加载 3 个月后,整个地块沉降速率才明显变缓,截至 9 月 19 日,平均沉降速率为 −1.1 mm/d。

4. 28#地块

28#地块的真空预压施工自 2011 年 6 月 10 日正式开始,截至 2011 年 7 月 15 日抽真空结束共计施工 35 d,该场地最大沉降量为 404 mm,出现在 S11 点,最小沉降量为 303 mm,出现在 S8 点,整个场地的平均沉降为 313 mm,停泵后地基出现一定的回弹,此地块目标沉降值为 300 mm,最小沉降量已达目标沉降值,最大沉降量已达目标沉降值的 134.7%。从沉降观测资料和沉降曲线可知,整个场地的固结沉降与真空加压关系密切,加压前期真空度增大,沉降速率明显增大。真空预压抽水前 5 d,随着真空度上升,各沉降板沉降显著,地表沉降变化速率较大,最大 62.2 mm/d;真空度稳定

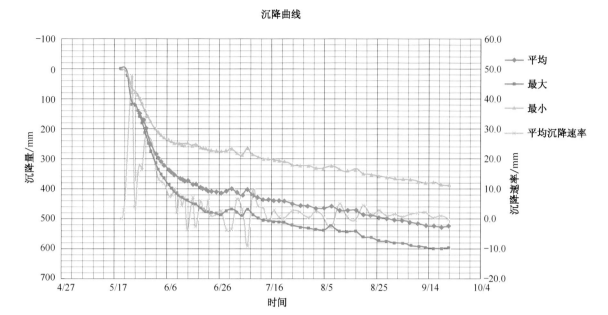

图 1.2-7　39#地块沉降曲线

后,地表沉降变化速率逐渐放缓,停泵后出现一定的回弹。28#地块的地表沉降最值均值曲线、地表沉降速率曲线见图1.2-8。

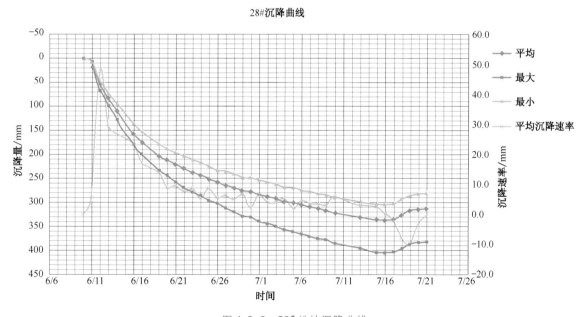

图 1.2-8　28#地块沉降曲线

5. 34#地块

34#地块的真空预压施工自2011年5月9日开始测试初始值,截至2011年6月29日共计施工51 d。截至2011年06月16日,34#地块场地最大沉降量为641 mm、最小沉降量为523 mm,平均沉降量为580 mm。有17个地表沉降点沉降达到目标沉降值,占总沉降点数的85%,在34#区块所有沉降测点中小于目标沉降值的有3个,分别是S9、S15、S20,从监测布点图中可以发现是随机的、不相邻的,满足设计要求。至6月23日实际停泵,该场地最大沉降量为674 mm,最小沉降量为550 mm,平均沉降量为620.9 mm。地表累计沉降历时曲线、地表沉降最值和均值曲线、地表沉降速率曲线及监测点布置见图1.2-9、图1.2-10。

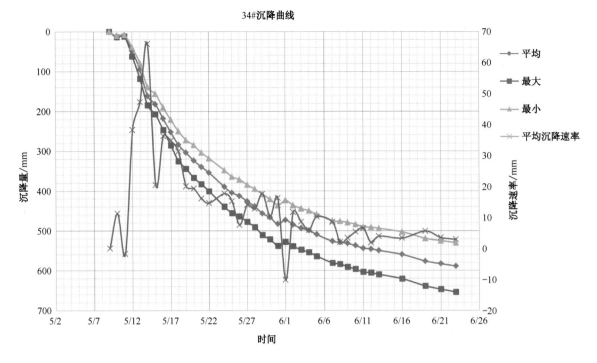

图 1.2-9　34# 地块沉降曲线

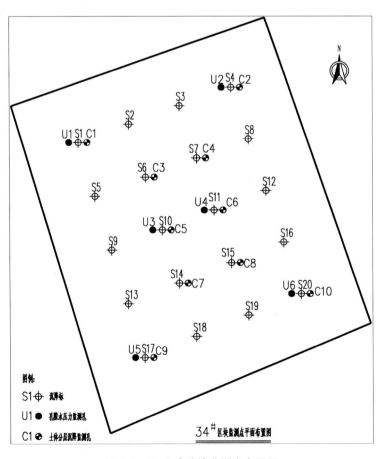

图 1.2-10　34# 地块监测点布置图

6. 小结

真空预压场地的固结与荷载、时间关系密切,总体上地表沉降呈指数或双曲线形式增长,地表沉降速率是一个渐变收敛过程。各地块真空预压的地表沉降观测表明,沉降量在初期阶段完成较快,中后期完成较慢。从沉降观测资料和沉降曲线可知,整个场地的固结沉降与真空加压关系密切,抽真空初期(5～7 d)地表沉降速率最大,随着真空度上升并趋于稳定后,地表沉降速率逐渐减小,向相对稳定的平均速率缓慢收敛。同时可以看到,抽真空期间,由于部分地块真空膜破损以及停电等因素影响,真空预压初期土体的固结过程相对较慢,这充分说明真空预压工艺成功应用的关键在于保持场区真空度的稳定,应尽量避免出现停电和真空膜漏气等状况。

1.2.2.2　孔隙水压力

孔隙水压力观测是了解地基土体固结状态的手段,通过不同深度孔压随时间变化曲线的实测资料,可以判断真空预压加固软基的固结度。但是,由于真空预压加固地基的地下水位变化、曼德尔效应、测量孔容易串气等因素的影响,孔压数据的规律往往并不明显,因此孔压数据的分析一般被作为判断加固效果的辅助手段。

1. 14# 地块

本地块孔压监测点共计布设 8 组,孔压力计的竖向布置深度为砂垫层顶部以下:2 m、4 m、6 m、8 m、10 m、12.5 m、15 m、18 m、21 m、24 m、28 m、32 m,以监测点 1 为代表进行分析,孔压变化历时曲线、孔压变化速率曲线见图 1.2-11。

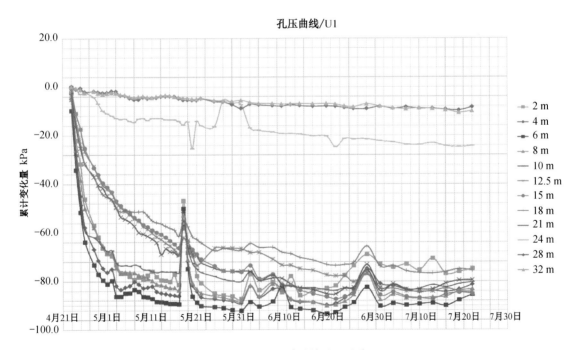

图 1.2-11　14# 地块孔压曲线

可以看到,真空预压施工开始后,各孔负孔压增加明显,速率明显,随着时间的推移,负孔压增加速度逐渐降低,一般在 7 d 后明显降低并趋向稳定,并且 10 m 以上土体负孔隙水压力基本与真空压力接近,说明该范围真空度较好,真空预压效果明显。孔压与真空度关系密切,上层土体孔压变化规律一致,且变化曲线基本吻合。当深度超过 12.5 m 时孔压变化量明显降低,在 26 m 以下孔压基本无变化,说明加压影响随深度逐渐减少,这与分层沉降的呈现规律相一致。预压过程中停电以及密封膜破损对孔压影响明显,8 m 以上孔隙水压力明显反弹,对真空预压造成了明显影响,应当竭力避免。

2. 22#地块

22#地块共设置 10 个孔隙水压力监测点(U1~U10),每个监测点深度为 26 m,各埋设 10 个孔压计。选取具代表性的 U2,图 1.2-12 为 U2 的孔压变化量历时曲线。由测点孔压可知,土体孔压的变化受密封墙和排水板影响,沿深度可分为三个变化区段。

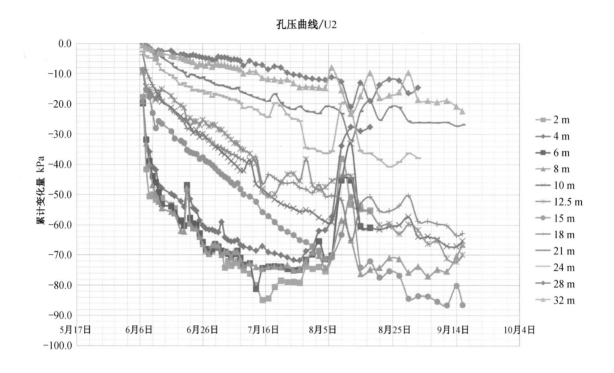

图 1.2-12 22#地块孔压曲线

(1)密封墙范围内,土体孔压波动变化,与真空压力关系密切。密封墙深度为 10.5 m,在该范围内,10 m 以上土体孔压与真空压力接近,说明真空预压密封墙的闭气效果较理想,该范围真空度较好,真空预压效果明显。真空预压施工开始后,各孔负孔压增加明显,速率明显,随着时间的推移,负孔压增加速度逐渐降低,一般在 5 d 后明显降低并趋向稳定,10 d 基本达到−80 kPa;同时可看到,最大孔压变化并没有出现在地表附近,而是在地表下 4~6 m,这是由于抽真空过程中,不仅存在真空压力引起的孔压变化,地下水位的下降还引起一部分孔压变化。

(2)密封墙底至排水板底范围内,土体孔压受真空压力的影响减弱。该范围内土体(10~15 m)位于密封墙下部,且土体渗透系数较低,孔隙水压力消散缓慢,但仍处于排水板影响的范围内,因此负孔压总体上仍表现为随时间增大,但沿深度不断衰减,至 15 m 深度时,孔压仅为−20 kPa。

(3)排水板底部土体,孔压变化曲线表现为斜直线变化,主要受地下水位下降控制,基本不随膜下真空度变化而变化。当深度超过 15 m 时,孔压变化量明显降低,15.5 m、18.5 m 和 22 m 位置处的孔压基本接近呈线性降低趋势,在 20 m 以下孔压变化较小,说明加压影响随深度逐渐减小。

3. 39#地块

39#地块共设置 6 个孔隙水压力监测点(U1~U6),每个监测点深度为 28 m,各埋设 10 个孔压计。选取具代表性的 U5,其孔压变化历时曲线如图 1.2-13 所示。

与地表沉降类似,多次卸荷造成浅层孔压多次大幅下降。停电(8 月 7 日)以及真空膜破损(6 月 15 日和 6 月 27 日)等会引起负孔隙水压力大幅下降,在 6 月 14 日后真空度有逐渐减少趋势,且难以维持稳定,这也影响了该阶段的沉降发展,7 月 2 日以后随着真空膜修复完成,真空度逐渐上升并稳定。

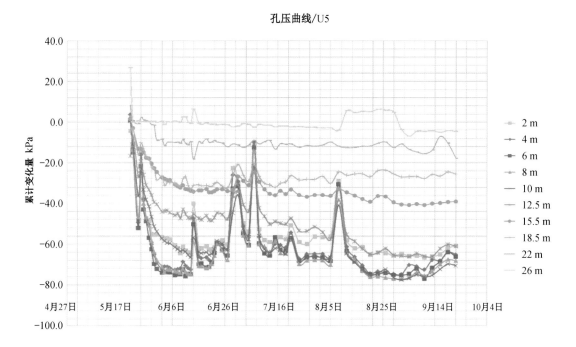

图 1.2-13　39# 地块孔压曲线

4. 28# 地块

28# 地块共设置 4 个孔隙水压力监测点(U1、U2、U3、U4),每个监测点深度为 23 m,各埋设 9 个孔压计。监测点 1 孔压变化历时曲线如图 1.2-14 所示。

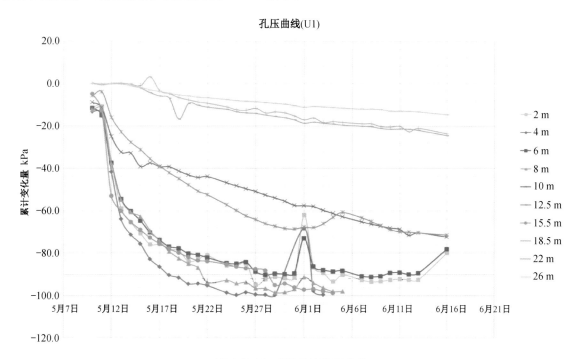

图 1.2-14　28# 地块孔压曲线

可以看到,真空预压施工开始后,各孔负孔压增加明显,速率明显,随着时间的推移,负孔压增加速度逐渐降低,一般在 5 d 后明显降低并趋向稳定,并且 6 m 以上土体负孔隙水压力基本与真空压力接近,说明该范围真空度较好,真空预压效果明显。孔压与真空度关系密切,上层土体孔压变化规律一致,且变化曲线基本吻合。当深度超过 10 m 时,孔压变化量明显降低,在 16 m 以下孔压基本无变化,说明加压影响随深度逐渐减少,这与分层沉降呈现的规律相一致。

5. 34# 地块

34# 地块孔压监测点共计布设 6 组,孔压力计的竖向布置深度为砂垫层顶部以下:2 m、4 m、6 m、8 m、10 m、12.5 m、15.5 m、18.5 m、22 m、26 m,监测点 2 孔压变化历时曲线、孔压变化速率曲线见图 1.2-15。

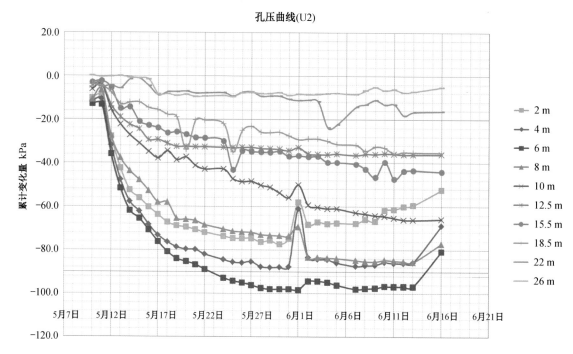

图 1.2-15 34# 地块孔压曲线

可以看到,真空预压施工开始后,各孔负孔压增加明显,速率明显,随着时间的推移,负孔压增加速度逐渐降低,一般在 10 d 后明显降低并趋向稳定,并且 12.5 m 以上土体负孔隙水压力基本与真空压力接近,说明该范围真空度较好,真空预压效果明显。孔压与真空度关系密切,上层土体孔压变化规律一致,且变化曲线基本吻合。当深度超过 12.5 m 时,孔压变化量明显降低,在 26 m 以下孔压基本无变化,说明加压影响随深度逐渐减少,这与分层沉降呈现的规律相一致。预压过程中停电以及密封膜破损对孔压影响明显,8 m 以上孔隙水压力明显反弹,对真空预压造成了明显影响,应当竭力避免。

6. 小结

孔压是反映真空荷载变化的敏感指标,真空预压施工开始后,各孔负孔压增加明显,速率明显,随着时间的推移,负孔压增加速度逐渐降低,一般在 5 d 后明显降低并趋向稳定。停电和真空膜破损均会引起真空度下降,造成孔压下降,影响沉降发展。

孔压随深度的变化规律与分层沉降相似,所不同的是孔压的衰减与密封墙关系密切,一般在密封墙桩端以上衰减较弱,表明密封墙桩端以上能够保持真空度基本不衰减。该范围真空度较好,真空预压效果明显,上层土体孔压变化规律一致,且变化曲线基本吻合。通过统计分析发现,第③层层底以上真空度无明显衰减,该深度与密封墙桩端基本在同一深度。第③层层底以下真空度存在明显的衰减,至第⑤层中真空压力的影响已十分微弱。密封墙桩端以下,孔压出现明显衰减,加压影响随深度逐渐减小。

1.2.2.3 分层沉降

1. 14# 地块

14# 地块分层沉降监测点共计布设 16 组,分层沉降磁环的竖向布置深度为砂垫层顶部以下:2 m、

4 m、6 m、8 m、10 m、12.5 m、15 m、18 m、21 m、24 m、28 m、32 m,孔 1 分层沉降变化历时曲线、沿深度变化曲线见图 1.2-16。

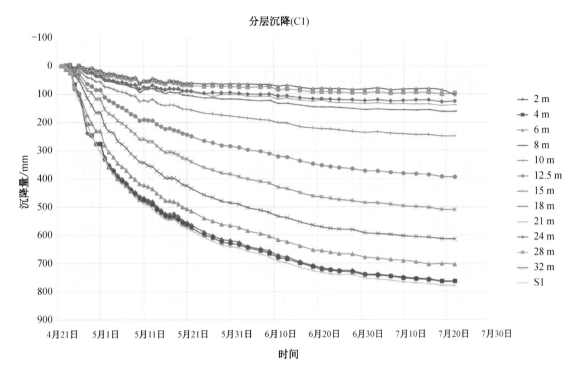

图 1.2-16　14# 地块分层沉降曲线

　　从图 1.2-16 中可以看到,分层沉降最上面的磁环反映土体的变化规律与地表沉降基本相似,随真空度逐渐的上升,分层沉降逐渐发展。不同深度的分层沉降曲线形态基本相似,但斜率不同。从不同孔位的分层沉降曲线上可以发现在浅层部分层沉降较大,真空预压在 12.5 m 深度范围内影响较大,12.5 m 以下则影响较小。32 m 处影响最小,这也反映了在真空预压施工中,由于排水板的深度、真空度的传递效果和底部土层等多方面的因素,使得最底部的土体沉降很小。在预压过程中部分磁环出现了失效、下滑、卡住等现象,说明磁环质量、埋设质量、埋设方法还需进一步提高。

　　根据分层沉降磁环位置与土层的对应关系可以由分层沉降数据分析得到各土层的压缩量。以分层沉降 C1 孔为例,可以看到,该场地真空预压主要沉降发生在 15 m 以上位置的磁环,其中③淤泥质粉质黏土层压缩量占总沉降量的 50%,④淤泥质黏土层压缩量占总沉降量的 36%,①素填土层和②粉质黏土压缩量占 14%,说明本地块真空预压主要固结的土层为③淤泥质粉质黏土层(包括夹淤泥质层)和④淤泥质黏土层,⑤黏土层及粉质黏土层基本没有发生较大沉降变形。

　　2. 22# 地块

　　22# 地块共设 16 个分层沉降测点(C1～C16),每个分层沉降监测孔深度为 26 m,每孔设置 10 个分层沉降磁环。从分层沉降历时曲线图中可以看到,分层沉降的变化规律与地表沉降基本相似,随真空加压分层沉降逐渐发展。不同深度的分层沉降曲线形态基本相似,分层沉降由浅层逐渐影响到深层。由对应测点分层沉降曲线,土体的深层沉降主要发生在第 7 个分层沉降环(埋设深度为 15.5 m)以上的土体中,浅层土层沉降较大,真空预压在 15 m 深度范围内影响较大,15 m 以下则影响较小,至 20 m 尚有微小沉降,说明真空预压的影响深度可以达到塑料排水板底下一定深度,真空预压沿深度的主要影响范围与塑料排水板的插入深度(16.5 m)基本成对应关系。根据分层沉降磁环位置与土层的对应关系可以由分层沉降数据分析得到各土层的压缩量。以分层沉降 C2 孔为例,各土层的压缩量历时曲线如图 1.2-17 所示。

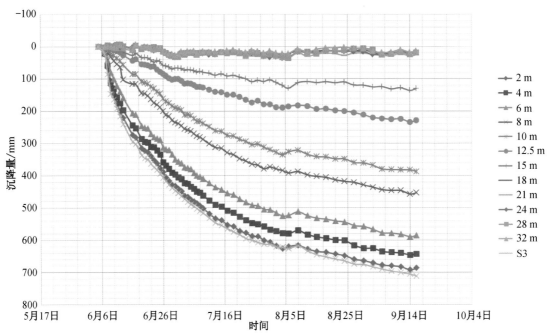

图 1.2-17　22#地块分层沉降曲线

可以看到,至卸载时该场地真空预压沉降主要发生在淤泥质土层,其中第③层淤泥质粉质黏土层(含夹层)的压缩量约为 217 mm,第④层淤泥质黏土的压缩量约为 143 mm,二者共占总沉降量的 90% 以上,①素填土层压缩量为 19.7 mm,不到总沉降的 10%,而⑤$_1$ 黏土层的压缩量很小,不到 10 mm。从产生沉降的机理上分析,表层土层包括砂垫层和第①层素填土,主要是在真空压力作用下产生的挤密、压实作用;第③层淤泥质粉质黏土具有高含水量、高压缩性的特点,由于含薄层夹层,其水平渗透系数大于垂直渗透系数,塑料排水板加速了该层在真空压力作用下的孔隙水压力的消散和孔隙水的排出,最终实现有效的固结和沉降,这说明采用塑料排水板结合真空预压是比较适宜的处理方法;第④层淤泥质黏土较第③层强度更低,压缩性更高,但由于其位于排水板下部,真空压力的影响不如第③层显著,且不存在像第③层中的夹层,其固结过程较长,因此初期沉降第③层要大于第④层;第⑤$_1$ 层属于软黏性土,土性较第④层淤泥质黏土好。由于塑料排水板并未贯通于该层土,所产生的固结主要是竖向固结,尽管压缩土层厚达 8.5 m,但固结效果和第④层相比差很远。

从固结速率上分析,①素填土层压缩量在抽真空 10 d 后稳定,其固结已基本收敛。如前述分析,第④层的固结要滞后于第③层,至卸载时③淤泥质粉质黏土层(含夹层)压缩量有稳定趋势,④淤泥质黏土压缩量继续发展,无明显收敛趋势,第⑤$_1$ 层压缩量无明显增大迹象。分层沉降成果表明第③层淤泥质粉质黏土和第④层淤泥质黏土是真空预压的主要压缩土层,说明真空预压工艺达到了处理场地软弱土层的目的。

3. 39#地块

39#地块共设 7 个分层沉降测点(C1~C7),每个分层沉降监测孔深度为 28 m,每孔设置 10 个分层沉降磁环。根据分层沉降磁环位置与土层的对应关系可以由分层沉降数据分析得到各土层的压缩量。以分层沉降 C1 孔为例,各土层的压缩量历时曲线如图 1.2-18 所示。

从第②层的压缩曲线可知,浅层土层的固结变慢;淤泥质土层仍是主要的压缩层,③淤泥质粉质黏土层(含夹层)和④淤泥质黏土层分别占总沉降的 40%。

4. 28#地块

28#地块共设 6 个分层沉降测点(C1,C2,…,C6),每个分层沉降监测孔深度为 23 m,每孔设置 9 个分层沉降磁环,月报分析时对个别异常数据未予统计。从分层沉降历时曲线图中可以看到,分层沉降的

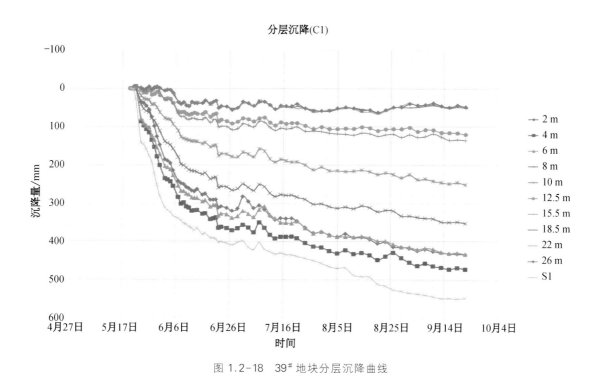

图 1.2-18　39# 地块分层沉降曲线

变化规律与地表沉降基本相似,随真空加压分层沉降逐渐发展。不同深度的分层沉降曲线形态基本相似,但斜率不同。各孔不同深度土层的沉降变化略有不同,从三个不同孔位曲线上可以发现在浅层部分层沉降较大,真空预压在 10 m 深度范围内影响较大,10 m 以下则影响较小。根据分层沉降磁环位置与土层的对应关系,可以由分层沉降数据分析得到各土层的压缩量。以分层沉降 C6 孔为例,各土层的压缩量历时曲线如图 1.2-19 所示。

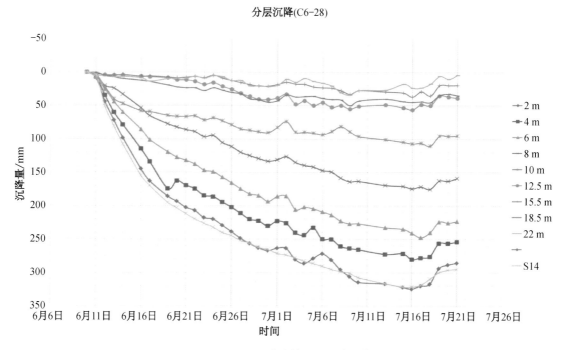

图 1.2-19　28# 地块分层沉降曲线

可以看到,该场地真空预压主要沉降发生在淤泥层,其中③淤泥质粉质黏土层(含夹层)的压缩量占总沉降量的 40% 左右,④淤泥质黏土的压缩量占总沉降量 40% 左右,②粉质黏土层压缩量只占 10% 左右,而⑤₁黏土层的压缩量很小;同时,③淤泥质粉质黏土层(含夹层)压缩量有下降趋势,④淤泥质黏土压缩量占比持续增加,目前比重已经超过第③层,②粉质黏土层压缩量在抽真空 10 d 后稳定,其固结已基本收敛,目前第⑤层压缩量无明显增大迹象。

5. 34#地块

34#地块分层沉降监测点共计布设 10 组,分层沉降磁环的竖向布置深度为砂垫层顶部以下:2 m、4 m、6 m、8 m、10 m、12.5 m、15.5 m、18.5 m、22 m、26 m。

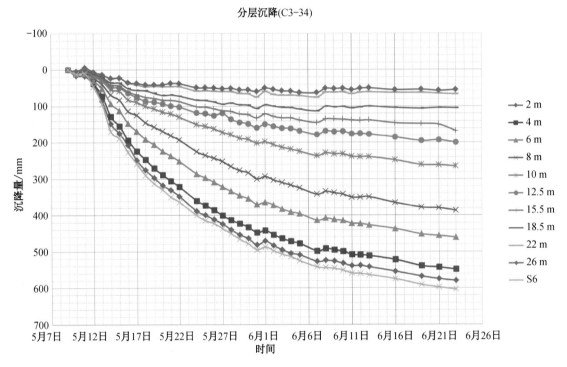

图 1.2-20　34#地块分层沉降曲线

从图 1.2-20 中可以看到,分层沉降最上面的磁环反映土体的变化规律与地表沉降基本相似,随真空度逐渐的上升,分层沉降逐渐发展。不同深度的分层沉降曲线形态基本相似,但斜率不同。从不同孔位的分层沉降曲线上可以发现在浅层沉降较大,真空预压在 12.5 m 深度范围内影响较大,12.5 m 以下则影响较小。26 m 处影响最小,这也反映了在真空预压施工中,由于排水板的深度、真空度的传递效果和底部土层等多方面的因素,使得最底部的土体沉降很小。在预压过程中部分磁环出现了失效、下滑、卡住等现象,说明磁环质量、埋设质量、埋设方法还需进一步提高。

根据分层沉降磁环位置与土层的对应关系,可以由分层沉降数据分析得到各土层的压缩量。以分层沉降 C3 孔为例,可以看到,该场地真空预压主要沉降发生在 18.5 m 以上位置的磁环,其中③淤泥质粉质黏土层(含夹层)压缩量占总沉降量的 60%,④淤泥质黏土层压缩量占总沉降量的 23%,①素填土层和②粉质黏土压缩量占 5%,说明本地块真空预压主要固结的土层为③淤泥质粉质黏土层(包括夹淤泥质层)和④淤泥质黏土层,⑤黏土层及粉质黏土层基本没有发生较大沉降变形。

6. 小结

分层沉降随时间的变化规律与地表沉降类似。从分层压缩量统计来看,主要的压缩层为③淤泥质粉质黏土层和④淤泥质黏土层,两者压缩量之和达到总压缩量的 80% 以上,第②层和第⑤层压缩量小,固结完成时间短。预压期较短的地块,至卸载时其浅部土层(第②粉质黏土层、第③淤泥质粉质黏土层)固结基本完成,第④淤泥质黏土层沉降发展速率亦变缓,整个地块基本达到真空预压地基处理预期目的。分层沉降随深度的变化与荷载、排水板深度有关。分层沉降影响深度基本达到排水板底部,即排水板底部的沉降变形相对于总沉降可忽略不计。从监测统计结果来看,一般第⑤层仍有部分压缩量,第⑥、⑦层基本无变形,可认为本次真空预压的压缩层为第①～⑤层。

1.2.2.4　静力触探试验

真空预压地基处理是土体排水固结过程,在这一过程中土体中超孔隙水压力降低,有效应力增加,土体除了发生沉降变形外,土体强度也有变化。因此,在评估真空预压地基处理效果时,除了考虑总沉降量外,土体强度和变形指标变化也是不可忽视的方面。

本次现场试验利用静力触探试验检验地基加固效果等,主要采用单桥探头,探头面积 15 cm²,液压贯入,采用 JCX-3 型记录仪自动记录,数据采集间距为 10 cm;试验时贯入速度为 1.2 m/min±0.3,试验归零误差不超过 1%,深度记录误差不超过 ±1%。为提供地基处理设计所需参数,本次施工区孔压静力触探试验孔不少于静探孔总数的 1/3,其他区域孔压静力触探试验孔不少于静探孔总数的 1/5,用于测定各土层的超孔隙水压力等,并在对比孔处地基处理影响深度范围内各地基土层中进行了孔压消散试验,测量不同时间的孔压值,评价加固效果。

1. 14# 地块片区

14# 地块片区地基土采用真空预压＋PVD 塑料排水板法进行地基处理,兼有古河道与正常沉积区,目标沉降 650 mm,属高等级处理区。该地区加固前后静力触探结果对比见图 1.2-21。

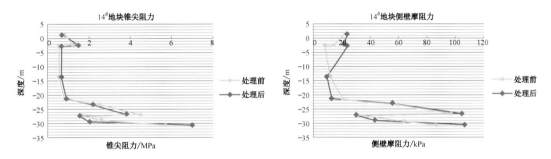

图 1.2-21　14# 地块片区加固前后静力触探结果对比图

根据图 1.2-22 对比分析:经采用真空预压＋PVD 塑料排水板方法进行地基处理后,拟建场地地基承载力在 10 m 以上土(第③层、第③夹层)中提高约 17.44%,第④层提高了约 11.41%,第⑤₁层提高了约 7.85%,以下土层影响不明显。由此可见拟建场地经地基处理后,第③、④层淤泥质黏性土的强度提高明显,第⑤₁层略有提高,第⑤₁层以下土层变化较小,该地块真空预压的影响深度在 22 m 左右,在排水板插打深度内有较好的处理效果。

2. 22# 地块片区

22# 地块片区地基土采用真空预压＋PVD 塑料排水板法进行地基处理,为正常沉积区,目标沉降 550 mm,属高等级处理区。该地区加固前后静力触探结果对比见图 1.2-22。

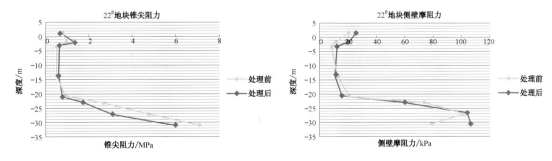

图 1.2-22　22# 地块片区加固前后静力触探结果对比图

由图 1.2-22 可以看出,经采用真空预压＋PVD 塑料排水板方法进行地基处理后,拟建场地地基承载力在第③、④层均较处理前有较明显的提高,在 10 m 以上土(第③层)中提高约 10％～30％,第④层提高了约 4.78％,以下土层影响不明显。由此可见,拟建场地经地基处理后,第③层淤泥质黏性土的强度提高较明显,第④层略有提高,第④层以下土层变化较小。该区块真空预压地基处理深度在 16 m 左右,在排水板插打深度范围内有较好的处理效果。下部土体地基承载力有所下降,可能与土体扰动有关。

3. 39#地块片区

39#地块片区地基土采用真空预压＋PVD 塑料排水板法进行地基处理,为正常沉积区,目标沉降 500～600 mm,属中等级处理区。该地区加固前后静力触探结果对比见图 1.2-23。

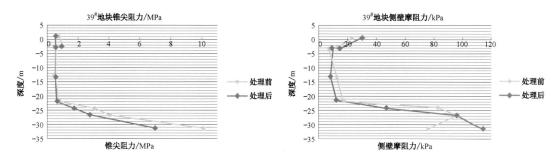

图 1.2-23　39#地块片区加固前后静力触探结果对比图

从图 1.2-23 中不难发现,该地块的地基承载力提高有限,从静力触探原始数据统计来看,锥尖阻力提高不明显,侧壁摩阻力有小幅度提高。推测其具体原因可能与土体扰动有关,且该地块为中等级处理区,由于施工过程中按照沉降控制停泵标准,施工初期沉降发展很快,因此在达到施工停泵要求时便停止施工,地基承载力提高有限,但土体承载力在后期固结过程中仍会有所提高。

4. 28#地块片区

28#地块片区地基土采用真空预压＋PVD 塑料排水板法进行地基处理,为正常沉积区,目标沉降 300～450 mm,属中等级处理区。该地区加固前后静力触探结果对比见图 1.2-24。

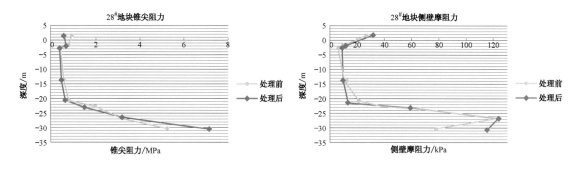

图 1.2-24　28#地块片区加固前后静力触探结果对比图

从图 1.2-24 可以看出,该地块数据有一定异常,在主要真空预压处理影响范围内,处理后的地基承载力普遍小于处理前,可能是由于试验过程中处理不当引起的。

5. 34#地块片区

34#地块片区地基土采用真空预压＋PVD 塑料排水板法进行地基处理,为古河道正常沉积区,目标沉降 500～550 mm,属中等级处理区。该地区加固前后静力触探结果对比见图 1.2-25。

从图 1.2-25 可以看出,该地块数据有一定异常,在主要真空预压处理影响范围内,处理后的地基承载力普遍小于处理前,可能是由于试验过程中处理不当引起的。

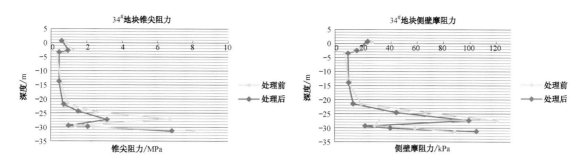

图 1.2-25　34#地块片区加固前后静力触探结果对比图

6. 小结

静力触探与室内试验相比更能反映土体的天然结构、天然应力条件,是一种有效的现场测试方法。双桥静力触探的锥尖阻力反映了土的力学强度,与地基承载力的相关系数较高。

从本节的分析中可以看出,在高等级处理地块区域,真空预压对拟建场地地基承载力在第③、④层均较处理前有较明显的提高,在 10 m 以上土(第③层)中提高 10%～30%,第④层与第⑤$_1$层提高了 5%～10%,以下土层影响不明显。由于真空度在沿竖向排水体向深部土体的传递过程中,塑料排水板和土体的阻力使得真空度有衰减,真空预压对深部土体的加固效果不如浅部土体明显,所以对深部土体的加固效果有限。而对于中等级处理地块,真空预压对施工期内地基承载力的提高也较为有限。

1.2.2.5　室内常规试验

室内土工试验按照国家标准《土工试验方法标准》(GB/T 50123—1999)实施。在各钻孔内采集各土层试验样品进行室内物理力学性质试验,土工试验项目是根据工程要求及地基土性质综合确定。现场勘察对所采取的原状土样进行了常规性压缩、固结快剪试验,对粉(砂)性土样进行了颗粒分析试验。对第②～⑤层三层土的部分土样按不同工程地质单元进行了室内渗透试验、固结系数试验、三轴剪切试验(CU,UU)及高压固结试验。压缩试验 25 m 以上土样最大压力加至 400 kPa,25 m 以下土样最大压力加至 800 kPa,提供了各土层压缩曲线图表($e \sim p$ 曲线),当固结压力大于 400 kPa 时采用慢速法,固结快剪试验采用匣式应变仪测试。

由于饱和土真空预压变形主要是由孔隙比的变化引起的,孔隙水排出、土体被压密实即为土体的体积变形,真空预压前后软土的饱和度变化不大,因此采用孔隙比与含水量作为主要参数,评价加固效果。综合各地块可以看出,在塑料排水板深度范围内,含水量与孔隙比均发生了较大的变化,说明真空预压的效果是明显的。

1. 14#地块

14#地块真空荷载卸除之后,在试验段取土进行室内试验,测试真空预压之后土体的各项参数,并与真空预压之前的土性参数进行对比。试验结果见图 1.2-26。

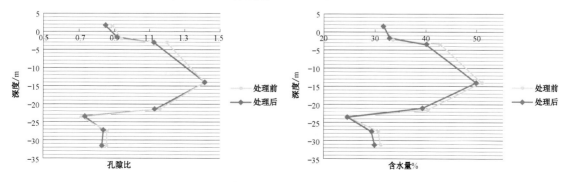

图 1.2-26　14#地块处理前后室内试验结果对比图

从图 1.2-26 中可以看出,加固前后含水量、孔隙比均有变化。加固后土体的含水量比加固前的含水量有明显的减少,在 3～22 m 排水板影响深度范围内减少尤为显著。加固后土体的孔隙比比加固前的孔隙比减少,其浅部减少的幅度大、深部减少的幅度小。从图 1.2-28 中可以发现,在深度 22～27 m 处,含水量与孔隙比的变化均不明显,这主要是由于该处在排水板插打深度之下,且为一层较硬的粉质黏土层,压缩量较小,故孔隙比与含水量变化较小。在塑料排水板 0～20.0(22.5)m 深度范围内,含水量与孔隙比均发生了较大的变化,说明真空预压的效果是明显的。

2. 22#地块

22#地块加固前后主要软土层含水量与孔隙比变化见图 1.2-27。相应深度取原状土样对比其加固前后土层含水量、孔隙比等都有变化。试验结果见图 1.2-27。

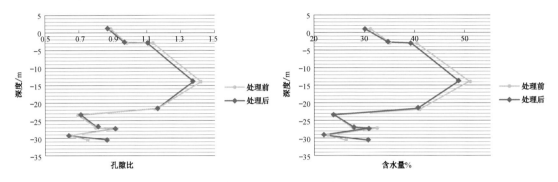

图 1.2-27　22#地块处理前后室内试验结果对比图

加固后试验区含水量一般可降低 1%～7%、孔隙比减小 3%～7%,在 0～22 m 深度范围内变化较明显。在塑料排水板 16.5 m 深度及以下 3～5 m 范围内,含水量与孔隙比均发生了较大的变化,说明真空预压在 22 m 左右的影响深度范围内有较显著的加固效果。在 27 m 以下也有一定的处理效果,可能由于该层为砂质粉土,渗透系数较大。随着抽真空的进行,上部土体逐渐由浮重度转化为湿重度,增加了下部土体的有效应力,因此该层有较好的排水效果。

3. 39#地块

39#地块真空荷载卸除之后,在试验段取土进行室内试验,测试真空预压之后土体的各项参数,并与真空预压之前的土性参数进行对比。处理前后试验结果对比见图 1.2-28。

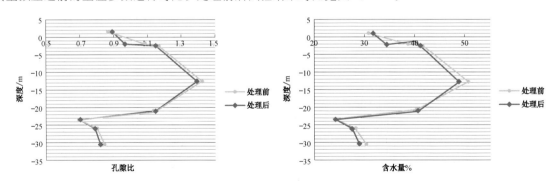

图 1.2-28　39#地块处理前后室内试验结果对比图

从图 1.2-28 中可以看出,加固前后含水量、孔隙比均有变化。加固后土体的含水量比加固前的含水量有明显的减少,在 0～16 m 排水板影响深度范围内减少尤为显著。加固后土体的孔隙比比加固前的孔隙比减少,其浅部减少的幅度大、深部减少的幅度小。从图 1.2-28 中可以发现,在深度 20～27 m 处,含水量与孔隙比的减少均较少,这主要是由于该处在排水板插打深度之下,加固效果不明显,故孔隙比与含水量变化均较小。在塑料排水板 0～16.5 m 深度范围内,含水量与孔隙比均发生了较大的变化,说明真空预压的效果是明显的。在 27 m 以下也有一定的处理效果,可能由于该层为砂质粉土,渗透系数较大。

随着抽真空的进行,上部土体逐渐由浮重度转化为湿重度,增加了下部土体的有效应力,因此该层具有较好的加固效果。

4. 28#地块

28#地块真空荷载卸除之后,在试验段取土进行室内试验,测试真空预压之后土体的各项参数,并与真空预压之前的土性参数进行对比。处理前后试验结果对比见图1.2-29。

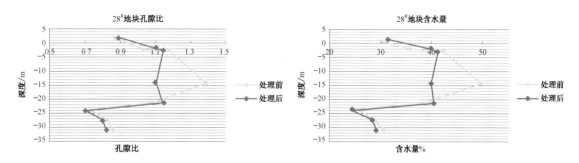

图 1.2-29 28#地块处理前后室内试验结果对比图

从图1.2-29中可以看出,在地表区域,处理后的孔隙比与含水量均有一定幅度提高,在排水板插板深度内,处理效果非常好,孔隙比与含水量均有20%左右的减小,在22~32 m的深度范围内,也有一定的处理效果,说明真空预压的影响深度要大于排水板的插板深度。

5. 34#地块

34#地块真空荷载卸除之后,在试验段取土进行室内试验,测试真空预压之后土体的各项参数,并与真空预压之前的土性参数进行对比。处理前后试验结果对比见图1.2-30。

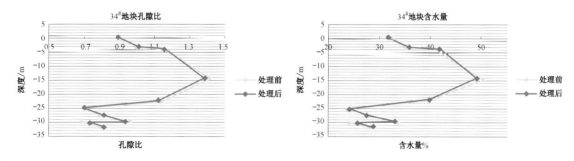

图 1.2-30 34#地块处理前后室内试验结果对比图

从图1.2-30中可以看出,该片区的数据有一些异常,整个地层范围内处理效果均不明显,可能与该地块出现的停泵现象有关,具体原因还需进一步分析。

6. 小结

真空荷载卸除之后,在各试验区块取土进行室内试验,测试真空预压之后土体的各项参数,并与真空预压之前的土性参数进行对比。从以上分析可以看出,各区块加固前后含水量、孔隙比均有较大的变化。加固后土体的含水量比加固前的含水量与孔隙比有明显的减少,其浅部减少的幅度大、深部减少的幅度小。在塑料排水板深度范围内,含水量减少1%~5%、孔隙比减小1%~10%,说明真空预压的效果是明显的。

1.2.3 沉降计算方法探讨

1.2.3.1 规范方法

长期以来,最实用的真空预压设计方法是国家规范中提出的,它建立在天然地基沉降计算方法上,将膜下真空度视为大小相等的作用在地基表面的荷载,然后采用与堆载预压相同的分层总和法计算地基的固结沉降,并将所得的固结沉降乘以一个修正系数即为最终沉降。沉降系数考虑了瞬时变形、侧向变形等因素的影响,其值由大量工程实践所积累的丰富资料获得。

目前,我国建筑、铁道、交通和林业等部门颁布的有关地基基础设计规范中采用的地基最终沉降的计算公式形式各异。根据计算原理,主要分为以下两种:

(1) 上海市工程建设规范《地基处理技术规范》(DG/TJ 08—40—2010)中,规定基础最终沉降量按分层总和法计算,即

$$s = m_s \sum_{i=1}^{n} Vs_i = m_s \sum_{i=1}^{n} \frac{e_{1i} - e_{2i}}{1 + e_{1i}} H_i = m_s \sum_{i=1}^{n} \frac{\sigma_{zi}}{E_{si}} H_i$$

式中　H_i —— 第 i 分层土的厚度;

e_{1i} —— 对应于第 i 分层土在自重应力下的孔隙比;

e_{2i} —— 对应于第 i 分层土在自重应力和附加应力下的孔隙比;

σ_{zi} —— 第 i 分层土顶面与底面附加应力的平均值;

E_{si} —— 基础底面下第 i 层土的压缩模量,由 $e - p$ 曲线确定;

m_s —— 沉降经验系数。

其中,沉降计算深度 z_n 由应力控制法确定,规范规定"地基沉降的计算深度自基础底面算起,对于压缩模量不小于 6 MPa 的土层,算到附加应力等于自重应力10%处"。即

$$\sigma_z = 0.1\sigma_c$$

(2) 国家标准《建筑地基基础设计规范》(GB 50007—2011)在分层总和法的基础上进行了改进,规定最终沉降量按应力面积法计算,即

$$s = \psi_s s' = \psi_s \sum_{i=1}^{n} \frac{p_0}{E_{si}} (z_i \bar{\alpha}_i - z_{i-1} \bar{\alpha}_{i-1})$$

式中　s —— 地基最终沉降量;

s' —— 按应力面积法计算出的最终沉降量;

ψ_s —— 沉降经验系数;

n —— 地基变形计算深度范围内所划分的土层数;

p_0 —— 基底附加应力;

E_{si} —— 基础底面下第 i 层土的压缩模量,由 $e - p$ 曲线确定;

z_i, z_{i-1} —— 基础底面至第 i 层土、第 $i-1$ 层土底面的距离;

$\bar{\alpha}_i$, $\bar{\alpha}_{i-1}$ —— 基础底面计算点至第 i 层土、第 $i-1$ 层土底面范围内平均附加应力系数。

其中,沉降计算深度 z_n 由应变控制法确定,应符合下列要求:

$$Vs'_n \leqslant 0.025 \sum_{i=1}^{n} Vs'_i$$

式中　Vs'_i —— 在计算深度范围内第 i 层土的计算沉降值;

Vs'_n —— 在由计算深度处向上取厚度为 Δz 的土层计算沉降值,Δz 值与基础底面宽度有关,可查表确定。

对真空预压法来说,由于抽真空的影响,土体将产生向内的侧向变形,故沉降修正系数一般小于1。国家标准《建筑地基处理技术规范》(JGJ 79—2012)推荐修正系数 $\psi_s = 0.8 \sim 0.9$,上海市工程建设规范《地基处理技术规范》(DG/TJ 08—40—2010)推荐修正系数 $\psi_s = 0.6 \sim 0.9$。相对堆载预压,真空预压地

基沉降修正系数经验较少,大小参差不齐,还需更多工程和研究成果的积累。

1.2.3.2　数学分析拟合法

这种方法通常是对荷载稳定后的实测沉降数据采用数学方法进行处理,通过现场实测资料来推算沉降量与时间的关系,从而进行最终沉降量的预测。这类方法主要分为曲线拟合法、基于系统分析和控制理论的灰色模型、神经网络法和优性组合预测法等。

目前,根据施工动态监测的数据,运用曲线拟合法对沉降量进行推算是工程中比较常用的解决方法,这样可以大大提高沉降量估算的精度,其中最常用的有指数曲线和双曲线拟合,另外还有泊松曲线拟合和 Asaoka 法等。

1. 指数曲线法(三点法)

假定在最后一级荷载下,沉降按指数曲线规律变化。根据固结理论,在不同条件、不同时间下固结度可以表示为

$$U_t = 1 - \alpha e^{-\beta t}$$

在任意时刻 t 的沉降可表示为

$$s_t = s_\infty (1 - \alpha e^{-\beta t})$$

早期停荷以后取实测的 3 个时间 t_1, t_2, t_3 (图 1.2-31),使 $t_2 - t_1 = t_3 - t_2 = \Delta T$,且使 ΔT 尽可能大些,则由上式可以求得

$$s_\infty = \frac{s_{t_3}(s_{t_2} - s_{t_1}) - s_{t_2}(s_{t_3} - s_{t_2})}{(s_{t_2} - s_{t_1}) - (s_{t_3} - s_{t_2})}$$

式中,α 为常数,根据一维固结理论一般取 $8/\pi^2$;$\beta = \dfrac{1}{t_2 - t_1} \ln \dfrac{s_{t_2} - s_{t_1}}{s_{t_3} - s_{t_2}}$,式中各符号的意义详见图 1.2-31。

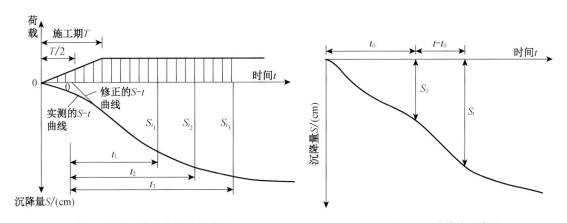

图 1.2-31　指数曲线法示意图　　　　　　图 1.2-32　双曲线法示意图

2. 双曲线法

假定在最后一级荷载下,沉降按双曲线规律变化,如图 1.2-32 所示,在施加一定荷载后的任意时刻 t,相应的沉降量可用双曲线方程表示,即

$$s_t = s_0 + \frac{t - t_0}{A + B(t - t_0)}$$

$$\frac{\Delta t}{\Delta s} = \frac{t - t_0}{s_t - s_0} = A + B(t - t_0)$$

当时间 t 趋向于无穷大时，所对应的沉降量则为最终沉降量，即

$$s_\infty = s_0 + \frac{1}{B}$$

式中，A，B 分别表示直线的截距与斜率，A，B 可以从 t_0 后实测沉降 $\Delta t/\Delta s \sim \Delta s$ 直线获得。

不同的曲线拟合方法均有优势和缺陷，大量工程实践表明，根据早期实测沉降数据来预测时，双曲线计算沉降量往往偏大，而指数法由于没有考虑次固结沉降等因素，其最终沉降的预测量一般都是偏小的。

此外，还有一些学者利用灰色系统理论、人工神经网络等对地基沉降进行了计算，由于尚未成熟，目前仍处于研究阶段。

数学分析拟合法由于依据的是实测资料，克服了规范方法中对计算模型的简化和计算土性指标未必准确等缺点，不但有一定的理论基础，又有简单易行的操作方法，充分利用了现场实测资料，其结果也往往令人满意。但是，这些方法都需要有准确、详细的监测资料，特别是沉降基本稳定后的资料，历时较长。

由于方法众多，针对不同的地基处理状况，上述各种沉降拟合方法在预测方面都有各自的适用性。

1.2.3.3 确定压缩层厚度的方法

基底至压缩层下限之间的土层厚度，称为压缩层厚度，目前确定压缩层厚度的方法主要有规范方法、经验方法和从压缩机理出发的计算方法。

1. 规范方法

在前面所述章节介绍了目前地基处理设计时，规范推荐的确定真空预压最终沉降量的方法，对于地基压缩层厚度的确定，不同规范和不同地区所采用的方法归结起来，不外乎应力控制法和应变控制法两种，存在应力控制法和应变控制法并存的局面。

[1] 应力控制法

$$\sigma_z \leqslant 0.1\sigma_c \text{ 或 } \sigma_z \leqslant 0.2\sigma_c$$

式中　σ_z——地基附加应力；

σ_c——自重应力。

[2] 应变控制法

$$Vs'_n \leqslant 0.025 \sum_{i=1}^{n} Vs'_i$$

即　　　$$\sum_{j=1}^{m} \frac{1}{E_{sj}}(z_j \alpha_j - z_{j-1} \alpha_{j-1}) \leqslant 0.025 \sum_{i=1}^{m} \frac{1}{E_{si}}(z_i \alpha_i - z_{i-1} \alpha_{i-1})$$

式中　i——土层数；

j——Δz 分层中的第 j 分层；

m——计算厚度 Δz 范围内的分层数；

Vs'_i——在计算深度范围内第 i 层土的计算沉降值；

Vs'_n——在由计算深度处向上取厚度为 Δz 的土层计算沉降值，Δz 值与基础底面宽度 b 有关，可查表 1.2-6 确定。

表 1.2-6　Δz 值与基础底面宽度 b 取值表

b(m)	$b \leqslant 2$	$2 < b \leqslant 4$	$4 < b \leqslant 8$	$8 < b$
Δz(m)	0.3	0.6	0.8	1.0

如果计算结果确定深度下部仍然有较软土层,应当继续计算。

当无相邻荷载影响时,基础宽度在 $b=1\sim 30$ m 范围内时,基础中点的沉降计算深度,《建筑地基基础设计规范》(GB 50007—2002)第5.3.7条规定,可以按照下式确定,即

$$z_n = b(2.5 - 0.4 \ln b)$$

应力控制法确定压缩层厚度具有概念比较清楚、计算相对简单的特点。但是,应力比法相对强调应力而忽视土层的变形特性,对地基土性质变化较为复杂的地基,其适用性较差,采用应力控制法确定压缩层厚度计算的沉降值比实测的沉降值大许多。目前仍然推荐应力控制法的规范规程有《港口工程地基规范》(JTJ 250—98,JTS 147—1—2010)、《公路软土地基路堤设计与施工技术规范》(JTJ 017—96)、《建筑桩基技术规范》(JGJ 94—2008)、《上海市地基处理规范》(DG/TJ 08—40—2010)、《真空预压加固软土地基技术规程》(JTS 147—2—2009)。应变控制法是在《建筑地基基础设计规范》(GB 50007—2011)推荐使用的,该规范认为应变控制法能够克服应力控制法的缺点,也有学者通过研究认为按应变控制法确定的压缩层厚度与基底附加应力大小无关,不能体现土层特性。

2. 经验方法

对于不同的地基有不同的经验公式。例如,对于油罐地基,贾庆山根据大量的工程实践,给出了油罐地基压缩层厚度确定的经验公式,即 $z_n = 0.6D$,D 为油罐直径;何颐华等人给出了大基础地基压缩层厚度计算公式,其中方形与矩形基础,$z_n = (z_0 + \xi b)\beta$,z_0 和 ξ 为与基础长宽比有关的参数,β 为与土性有关的深度调整系数;同济大学唐庆国在何颐华公式的基础上,提出了 $z_n = \left(15.5 - \dfrac{6}{2^{n-1}} + 0.5b\right)\beta$,其中 n 为基础长宽比。

3. 从压缩机理出发的计算方法

夏正中在研究土的压缩机理时认为,土颗粒间存在着一定的连结强度,土体在外荷载作用下产生的应力由一土颗粒传到另一土颗粒,当粒间应力不超过连结强度时,土的结构仅产生弹性变形,外力作用终止后,变形立即恢复;当应力超过接触点的连结强度时,土结构破坏,土颗粒产生相对位移,从而引起土的压密。即,当达到某一深度附加应力小于连结强度时,并不产生土的沉降,那么这一深度就是压缩层的下限。用以下式子表示,即

$$\sigma_z \leqslant P_c$$
$$P_c = c_z + P_z \tan \phi_z$$

式中　σ_z ——地基附加应力;

　　　P_c ——某深度处的连结强度;

　　　P_z ——土的自重应力;

　　　c_z,ϕ_z ——z 深度处土的黏聚力和内摩擦角。

4. 真空预压法下地基压缩层厚度计算

目前计算真空预压法地基压缩层厚度的方法多借鉴上述方法,将真空度等效为当量荷载作用于地面。在加荷面积不大的情况下多可以满足设计要求,但对于大面积荷载作用下的地基沉降计算结果往往出现很大误差。例如,《建筑地基基础设计规范》(GB 50007—2011)对地基压缩层的描述是"条形基础底面下深度为 $3b$(b 为基础底面宽度),独立基础底面下为 $1.5b$,且厚度均不小于 5 m 的范围(二层以下一般的民用建筑除外)"。由于基础底面宽度不大,单体建筑物的影响深度(即压缩层厚度)是很有限的。但是,在真空预压多运用于加固大面积的软弱地基中,超大面积软基远超出常规建筑基础底面积,影响深度又是怎样呢?如用规范确定压缩层厚度的公式,则变形影响深度(即天然地基最终沉降量中压缩层的厚度)将达数十米甚至上百米,而实际观测的结果则远小于这个数值。此外,大面积真空预压法下压缩层厚度的确定方法不同于一般建筑地基还在于:真空预压法在地基中打入了竖向排水体,根据真空预压法加

固的原理可知,竖向排水体也传递真空度,合格的竖向排水体传递真空的能力足够强,所以竖向排水体的长短决定了加固区土体中真空度的传递深度,也应是影响真空预压法下压缩层厚度的重要因素。

根据上述几种方法,计算试验区超大面积真空预压法加固软土地基的压缩层厚度,计算结果如表1.2-7所示。

表 1.2-7　不同方法确定的地基的压缩层厚度

方法	$\sigma_z \leqslant 0.1\sigma_c$	$\sigma_z \leqslant 0.2\sigma_c$	$Vs'_n \leqslant 0.025 \sum_{i=1}^{n} Vs'_i$	$z_n = 0.6D$
z_n/m	63	44	26	61
方法	$z_n = (z_0 + \xi b)\beta$	$z_n = \left(15.5 - \dfrac{6}{2^{n-1}} + 0.5b\right)\beta$	$\sigma_z \leqslant P_c$	
z_n/m	49	55	26	

由表1.2-7可以看出,上述方法下确定的地基的压缩层厚度,除控制应变法和夏正中法外,均在40 m以上。然而,根据试验区分层沉降监测点C3的监测结果,整理得到各层的压缩量如图1.2-33所示。从图1.2-34中可以看出,18~24 m的区间土层的压缩量已经非常小了,24~30 m的区间土层的压缩量几乎为零。

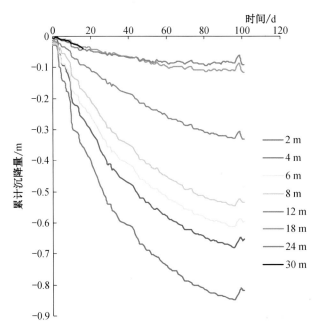

图 1.2-33　试验区 C3 点分层沉降监测结果图

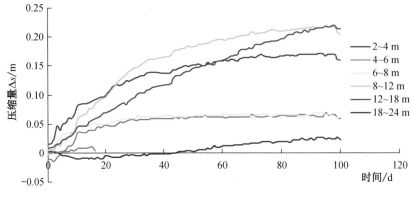

图 1.2-34　试验区土层压缩量

借鉴应变控制法的控制条件 $Vs'_n \leqslant 0.025 \sum_{i=1}^{n} Vs'_i$，分析 100 d 内监测数据，分层沉降板之间的土层沉降采用线性内插法，得到压缩层厚度为 19 m，考虑到线性内插的误差，得出实际工程的压缩层厚度约为 21 m，详细计算过程见表 1.2-8。

表 1.2-8　由试验区监测数据推测压缩层厚度

深度 /m	s /mm	$\sum_{i=1}^{n} Vs'_i$	Vs'_n	$Vs'_n / \sum_{i=1}^{n} Vs'_i$
0	883			
2	818	65		
4	657	226		
6	597	286		
8	534	349		
12	329	554		
13	293	590	35.833	0.061
14	257	626	35.833	0.057
15	222	662	35.833	0.054
16	186	697	35.833	0.051
17	150	733	35.833	0.049
18	114	769	35.833	0.047
19	110	773	3.830	0.005
20	106	777	3.830	0.005
21	103	780	3.830	0.005
22	99	784	3.830	0.005
23	95	788	3.830	0.005
24	91	792	3.850	0.005

分析 100 d 时数值模拟的结果，也可以得到基本一致的结论，即数值分析后得到压缩层厚度为 22 m，计算结果详见表 1.2-9。

表 1.2-9　由数值模拟结果推测压缩层厚度

深度 /m	s /mm	$\sum_{i=1}^{n} Vs'_i$	Vs'_n	$Vs'_n / \sum_{i=1}^{n} Vs'_i$
0	700			
2	682	18		
4	639	61		
6	611	89		
8	533	166		
12	346	354		
15	235	465		
16	190	510	44.950	0.088
17	145	555	45.150	0.081
18	99	601	45.440	0.076
19	63	637	36.580	0.057
20	36	664	26.810	0.040
21	17	683	19.210	0.028
22	6	693	10.030	0.014

由于监测数据仅有 100 d 的资料，故利用数值模型预测 50 年后的压缩层厚度，计算结果详见表 1.2-10。

表 1.2-10　50 年后由数值模拟结果推测试验区压缩层厚度

深度/m	s/mm	$\sum_{i=1}^{n} Vs'_i$	Vs'_n	$Vs'_n / \sum_{i=1}^{n} Vs'_i$
0	933.08			
15	525.22	464.78		
16	479.62	510.38	45.60	0.089
17	433.88	556.12	45.74	0.082
18	388.01	601.99	45.87	0.076
19	351.29	638.71	36.72	0.057
20	323.76	666.24	27.53	0.041
21	297.38	692.62	26.38	0.038
22	271.23	718.77	26.15	0.036
23	245.32	744.68	25.91	0.035
24	219.64	770.36	25.68	0.033
25	206.88	783.12	12.76	0.016

由上述的计算可见,应变控制法与夏正中法对压缩层厚度的计算最符合实际情况,而数值模拟的计算结果也充分证实了这一点。故针对大面积真空预压场地形成项目,计算压缩层厚度宜采用应变控制法,即 $Vs'_n \leqslant 0.025 \sum_{i=1}^{n} Vs'_i$。

1.2.3.4　基于规范的改进计算方法

1. 真空预压沉降计算研究的现状评述

真空预压地基最终沉降计算的一般方法是等效荷载法,即将膜下真空度视为大小相等地作用在地基表面的荷载,然后采用与堆载预压相同的分层总和法计算地基的固结沉降,并将所得的固结沉降乘以一个修正系数即为最终沉降。一般认为与堆载预压地基相比,真空预压地基由于不发生瞬时沉降,又发生向加固区内的侧向位移,所以其修正系数应该更小。堆载预压中由于还存在瞬时沉降和次固结沉降,甚至还考虑有施工沉降存在,修正系数 m_s 一般是一个大于 1 的值,如《建筑地基处理技术规范》(JGJ 79—2012)、《上海市地基基础设计规范》(DG 08-11—2010)和《浙江省建筑地基基础设计规范》(DB 33-1001—2003)均推荐 $m_s = 1.1 \sim 1.4$。对真空预压地基,《建筑地基处理技术规范》(JGJ 79—2012)推荐修正系数 $m'_s = 0.8 \sim 0.9$,《港口工程地基规范》(JTJ 147-1—2010)推荐修正系数 $m'_s = 1.0 \sim 1.1$,《上海市地基基础设计规范》(DG 08-11—2010)推荐修正系数 $m'_s = 0.6 \sim 0.9$,娄炎在其关于真空预压的专著中在考虑施工扰动沉降的基础上推荐修正系数 $m'_s = 1.0 \sim 1.25$。因为沉降修正系数是一个经验值,所以各个具体的工程中会有不同的值,甚至超出上述的推荐范围都是正常的。但是,不管对堆载预压地基还是真空预压地基,上述沉降修正系数的推荐值对地基处理工程都有较大的参考价值。用等效荷载法计算真空预压地基的最终沉降,如果采用堆载预压法的修正系数,工程实践已经证明,实际发生的沉降总是小于计算沉降。相对堆载预压法来讲,真空预压地基沉降修正系数的经验要少,现有的经验值范围宽,大小参差不齐,所以促使人们对真空预压沉降计算进行更深入的研究。

从工程实践中积累资料,不断丰富不同地区、不同地质条件下真空预压地基的沉降修正系数的经验是提高沉降计算准确性的一个方面;从机理和理论上研究真空预压地基沉降的计算方法,是提高沉降计算结果的可靠性和把握性的另一个方面。在最终沉降计算中,有效压缩层的深度、固结应力的大小及沿深度的分布、地基土的变形参数和侧向位移的影响是四个主要的影响方面。施艳平较早注意到将膜下真空度作等效荷载处理后,其影响深度要大于真空预压的实际深度,因此提出按真空预压竖向排水体深度和实测的真空度来进行沉降计算的方法。李时亮通过分析真空预压塑料排水板和地基中的实测真空度资料认为,塑料排水板和地基中的真空度能够达到 80 kPa,沿深度基本无衰减,并提出真空联合堆载预压地基的固结应力随深度的分布模式,并采用常规压缩试验的变形参数计算,得到了与实测沉降较一致的结果。抽真空加固地基的原理是减小中性压力提高有效应力来使地基土得到压缩,等效荷载法计算沉降仍是采用单向压缩试验(即 k_0 固结)的压缩曲线或压缩模量,所以如果把真空预压视为球应力增量作用下的固结,那么用 k_0 固结试验的变形参数计算真空预压的沉降显然是不合理的。针对这一点,国内一些学者进行了一些研究,施建勇等、刘汉龙等分别用广义虎克定律研究了 k_0 固结应力下和各向等压固结应力作用下的竖向变形量的关系,取泊松比为 0.3 时,相同竖向应力增量下,k_0 固结下的竖向变形量是各向等压下的竖向变形量的 1.86 倍。施建勇等进一步比较了常规压缩试验和等向压缩试验的压缩系数,常规压缩试验所得的压缩系数 a_{v1-2} 的平均值约为等向压缩试验所得的压缩系数的 1.2 倍,最大可达 1.9 倍。这一成果从理论方面一定程度上解释了实际的真空预压地基的沉降比等效荷载法计算的沉降更小。因为地基土是典型的弹塑性材料,弹性理论的结果只能在定性上作参考。麦远俭等从土体体积应变的基本组成出发,推导出了基于 k_0 固结试验结果的竖向变形的修正公式,即

$$S = m_{sv} m_{sl} S_{k_0}$$

式中　　S_{k_0}——k_0 固结下的沉降量,可由单向分层总和法算出;

　　　　m_{sv}——体变修正系数,即

$$m_{sv} = \varepsilon_v / \varepsilon_{v,k_0}$$

m_{sl} 为侧移修正系数,$m_{sl} = \dfrac{1}{1 + \varepsilon_x / \varepsilon_z + \varepsilon_y / \varepsilon_z}$

显然,当地基应力符合 k_0 固结状态时,有 $\varepsilon_v = \varepsilon_{v,k_0}$,$\varepsilon_x = \varepsilon_y = 0$,那么 $m_{sv} = 1$,$m_{sl} = 1$,$S = S_{k_0}$。对真空预压地基有

$$m_{sv}^v = \frac{\Delta \sigma_{1v}}{\Delta \sigma_{1k_0}} = \left[\frac{1}{\dfrac{(1 + 2K_0)}{3} + (1 - K_0)(A - 1/3)} \right]$$

$$m_{sl} = \frac{1}{\left(1 \pm \dfrac{S_\delta}{S}\right)}$$

式中　　A——skempton 孔隙水压力系数;

　　　　$\dfrac{S_\delta}{S}$——侧向位移引起的沉降比,向内位移取正号,向外位移取负号,从实际工程统计的 $\dfrac{S_\delta}{S}$ 与周深

比 $\lg \dfrac{C}{H}$ 关系查得。

真空预压地基沉降的修正系数分为体积修正系数和侧移修正系数,比较清楚地体现了修正系数的物理意义,通过实测资料的经验统计参数来计算修正系数,比较全面地考虑了土体的弹塑性特性。研究表明,真空预压的体积修正系数与侧移修正系数的乘积接近 1.0。

2. 大面积真空预压地基固结的力学分析与改进计算方法

真空预压地基中,当竖向排水体、真空传递的主管和支管以及真空源在平面上的布置比较均匀时,那么地基中任一点在固结过程中的水平方向上的受力是一样的,因此每一点不可能发生水平方向上的变形和位移,加固区中间大部分区域地基土固结过程中仍然是处于与加固前一样的 k_0 状态。在靠近加固区边界的位置,地基中的真空度可能由于边界的影响低于中心位置的真空度,存在侧向压缩变形,因此不发生单向固结。但是,在固结过程中,侧向的总应力由于侧向位移而减小,侧向有效应力小于竖向有效应力,边界附近地基的固结也不是等向固结。

真空预压地基的沉降计算仍然采用分层总和法进行,有效压缩层的厚度按照本章 1.2.4.3 节论述的方法确定,在排水体打设范围内各个土层,有效固结应力取膜下真空度,压缩系数或压缩模量仍然选用各层单向压缩试验的实测值。靠近边界位置处的沉降计算应采用实际的真空度(比膜下真空度小),用介于单向压缩和等向压缩之间应力比的压缩试验测得的压缩模量值(比单向压缩试验测得的压缩模量大)进行计算,简单起见,可以采用膜下真空度作为有效固结应力和单向固结试验的压缩模量计算,这样一正一负误差抵消,不过这样的计算结果还可能大于实际情况,需乘以一个小于 1 的考虑加固区外一定区域发生压密沉降消耗的能量,或采用真空度衰减模型。

应力面积法仅适用于有明确应力扩散的堆载预压,在机理上真空预压并不适用,因此对于真空预压,现有规范中分层总和法更加适合,于是将地基最终沉降分为由真空预压引起的沉降与由堆载预压引起的沉降两部分,提出了如下改进计算方法。

[1] 真空预压引起的沉降

对于真空预压部分,沉降按分层总和法进行计算,公式如下:

$$s_v = \sum_{i=1}^{n} V s_i = \sum_{i=1}^{n} \frac{e_{1i} - e_{2i}}{1 + e_{1i}} H_i = \sum_{i=1}^{n} \frac{\sigma_{zi}}{E_{si}} H_i$$

式中　H_i——第 i 分层土的厚度,m;

e_{1i}——对应于第 i 分层土在自重应力下的孔隙比;

e_{2i}——对应于第 i 分层土在自重应力和附加应力下的孔隙比;

E_{si}——为基础底面下第 i 层土的压缩模量,由 $e-p$ 曲线确定,kPa;

l——塑料排水板插打深度,m;

z_i——第 i 层土顶面与底面计算深度的平均值,m;

σ_{zi}——采用真空度沿竖向线性衰减模型计算,即:

当 $z_i \leqslant l$ 时,$\sigma_{zi} = p_0 \left[1 - (1 - k_l) \dfrac{z_i}{l} \right]$;

当 $z_i > l$ 时,$\sigma_{zi} = \zeta H_i \sigma_{zi-1}$,$\zeta$(kPa/m)为塑料排水板插打深度以下真空度衰减系数,可按经验取值;当 $\sigma_{zi} 0$ 时,取 $\sigma_{zi} = 0$,认为该地层深度超过了真空预压加固效果的影响深度;

k_l——塑料排水板底部负压与顶部负压的比值,实际工程中可按经验取值:

A 型板:$k_l = 1 - \dfrac{1.5l}{p_0}$,B 型板:$k_l = 1 - \dfrac{l}{p_0}$,C 型板:$k_l = 1 - \dfrac{0.7l}{p_0}$。

[2] 堆载预压引起的沉降

对于堆载预压(覆水预压)部分,沉降按应力面积法进行计算,公式如下:

$$s_p = s' = \sum_{i=1}^{n} \frac{p_0}{E_{si}} (z_i \bar{\alpha}_i - z_{i-1} \bar{\alpha}_{i-1})$$

式中　s'——按应力面积法计算出的最终沉降量;

n——地基变形计算深度范围内所划分的土层数;

p_0——基底附加应力;

E_{si}——基础底面下第 i 层土的压缩模量,由 $e-p$ 曲线确定;

z_i,z_{i-1}——基础底面至第 i 层土、第 $i-1$ 层土底面的距离;

$\bar{\alpha}_i$,$\bar{\alpha}_{i-1}$——基础底面计算点至第 i 层土、第 $i-1$ 层土底面范围内平均附加应力系数。

[3] 压缩层厚度

压缩层厚度均采用应变控制法进行计算,即

$$V s'_n \leqslant 0.025 \sum_{i=1}^{n} V s'_i,$$

即：

$$\sum_{j=1}^{m} \frac{1}{E_{sj}} (z_j \bar{a}_j - z_{j-1} \bar{a}_{j-1}) 0.025 \sum_{i=1}^{m} \frac{1}{E_{si}} (z_i \bar{a}_i - z_{i-1} \bar{a}_{i-1})$$

式中　i ——土层数；

$\quad\quad j$ ——Δz 分层中的第 j 分层；

$\quad\quad m$ ——计算厚度 Δz 范围内的分层数；

$\quad\quad Vs_i'$ ——在计算深度范围内第 i 层土的计算沉降值；

$\quad\quad Vs_n'$ ——在由计算深度处向上取厚度为 Δz 的土层计算沉降值，对于超大面积场地形成项目，$\Delta z = 1$。如果计算结果确定深度下部仍然有较软土层，应当继续计算。

[4] 最终沉降

最终沉降按下式进行计算，即

$$s = m_s (s_v + s_p)$$

式中　m_s ——沉降经验系数，真空预压取 $1.0 \sim 1.1$，真空联合堆载预压取 $0.9 \sim 1.0$。

1.2.3.5　基于现场实测数据的新型地基最终沉降预测方法

采用排水固结法进行深厚软基处理时，地基土最终沉降既可以由分层总和法、应力面积等理论方法计算确定，也可以根据实测的沉降-时间曲线进行预测。由于理论计算采用了一系列假定条件，以及地层分布和现场施工的复杂性，理论计算的沉降量与实际情况有时相差很大，工程实践中根据实测沉降-时间曲线对地基最终沉降量进行预测是一种更为有效的方法。

常用的排水固结地基最终沉降预测方法有《建筑地基处理技术规范》(JGJ 79—2012)推荐采用的三点法、《真空预压加固软土地基技术规程》(JTS 147—2—2009)推荐采用的双曲线函数法，以及采用一阶近似递推关系表示 Mikasa 固结偏微分方程的 Asaoka 法等；此外，还有学者提出了曲线拟合、灰色模型预测、人工神经网络预测等方法。其中，三点法难以消除测量数据中误差的影响，往往采用不同时间间隔数据的计算结果相差很大；利用 Asaoka 法推算沉降时，至少需要 4 个月恒载预压期，恒载期越长，Asaoka 法推算的最终沉降量相对越大；其他方法多数仅从数学形式上相似出发，没有反映地基土固结沉降发生的机理，或者预测模型形式复杂不便于工程中采用。

本节从各种排水条件下地基平均固结度的理论解的一般表达式出发，推导出停止加荷后各时刻沉降量与沉降速率符合线性关系，建立了依据实测沉降—时间曲线的一种新的最终沉降预测方法。该方法通过对沉降量—沉降速率数据进行线性拟合预测地基土最终沉降，具有较高的精度和工程实用性。

1. 沉降量—沉降速率线性关系推导

各种排水条件下，地基平均固结度的理论解可以归纳为一个普遍的表达式，即

$$\bar{U} = 1 - \alpha e^{-\beta t} \tag{1}$$

式中　$\bar{U}$ ——地基平均固结度；

$\quad\quad \alpha, \beta$ ——反映地基土排水条件和固结特性的待定参数。

因而，某时刻沉降量和沉降速率均可以用负指数函数表示：

$$s_t = s_\infty - \alpha (s_\infty - s_d) e^{-\beta t} \tag{2}$$

$$\frac{ds_t}{dt} = \alpha \beta (s_\infty - s_d) e^{-\beta t} \tag{3}$$

式中　s_t 和 $\dfrac{ds_t}{dt}$ ——分别为 t 时刻沉降量和沉降速率；

$\quad\quad s_d$ 和 s_∞ ——分别为地基瞬时沉降和最终沉降。

将式(3)代入式(2)可以推出沉降量与沉降速率满足如下线性关系：

$$s_t = s_\infty - \frac{1}{\beta}\frac{\mathrm{d}s_t}{\mathrm{d}t} \tag{4}$$

线性方程式(4)在沉降量坐标轴上的截距即为最终沉降,其斜率的负倒数即为参数β。因此,采用线性方程式(4)对一系列时刻的沉降量-沉降速率数据进行拟合即能预测出地基土的最终沉降。

另外,通过变换式(4),可以得

$$\frac{\mathrm{d}s_t}{\mathrm{d}t} = \beta(s_\infty - s_t) \tag{5}$$

式(5)表明,卸载时地基土沉降速率为残余沉降量的β倍。可见,参数β的值还可以为卸载速度控制指标的确定提供依据。

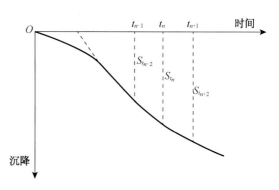

图 1.2-35 三点联立方程计算沉降速率

2. 三点联立方程计算沉降速率

推导出沉降量与沉降速率线性关系后,问题转化成了如何确定某时刻的沉降速率。如图 1.2-35 所示,从实测沉降-时间曲线上选择满载后任意等时间间隔的三个点$(t_{n-1}, s_{t_{n-1}})$,(t_n, s_{t_n}),$(t_{n+1}, s_{t_{n+1}})$,根据式(2)可列出三个方程,联立可解得

$$\begin{cases} \beta_n = \dfrac{1}{t_n - t_{n-1}}\ln\left(\dfrac{s_{t_n} - s_{t_{n-1}}}{s_{t_{n+1}} - s_{t_n}}\right) \\[3mm] s_{\infty n} = \dfrac{s_{t_{n+1}}(s_{t_n} - s_{t_{n-1}}) - s_{t_n}(s_{t_{n+1}} - s_{t_n})}{(s_{t_n} - s_{t_{n-1}}) - (s_{t_{n+1}} - s_{t_n})} \end{cases} \tag{6}$$

式中,β_n,$s_{\infty n}$为时间区间(t_{n-1}, t_{n+1})内三个点确定的参数β,s_∞的值。因此,根据式(5),t_n时刻沉降速率为

$$\left(\frac{\mathrm{d}s_t}{\mathrm{d}t}\right)_{t_n} = \beta_n(s_n - s_{t_n}) \tag{7}$$

3. 预测地基最终沉降

对于满载期内等时间间隔的$n+1$组实测沉降量-时间数据,(t_0, s_{t_0}),(t_1, s_{t_1}),$\cdots$,(t_n, s_{t_n}),根据式(6)和式(7)可以计算得到$n-1$组沉降速率-时间的数据$\left(\left(\frac{\mathrm{d}s_t}{\mathrm{d}t}\right)_{t_1}, s_{t_1}\right)$,$\left(\left(\frac{\mathrm{d}s_t}{\mathrm{d}t}\right)_{t_2}, s_{t_2}\right)$,$\cdots$,$\left(\left(\frac{\mathrm{d}s_t}{\mathrm{d}t}\right)_{t_{n-1}}, s_{t_{n-1}}\right)$。

对以上$n-1$组沉降量-沉降速率数据,可以通过最小二乘法进行线性拟合,推算出地基土最终沉降s_∞和参数β的值。

该方法物理意义明确,拟合得到的最终沉降量和卸载时实测平均沉降较为接近,然而分层沉降压缩量随时间的变化关系显示部分地块停泵卸载时期沉降变形没有收敛,部分地层固结并没有完成,即没有考虑次固结沉降等因素,其最终沉降的预测量一般都是偏小的。根据经验,其预测得到的最终沉降量应乘以沉降经验系数,以反映次固结沉降对总沉降的贡献,该经验系数一般可取$1.1\sim1.2$。因此,最终沉降的计算和预测可适当考虑次固结的影响,该修正系数可取$1.1\sim1.2$,对于预压期较短的地块修正系数可取低值,对于预压期较长的地块应适当提高修正系数。各地块最终沉降可参考该方法修正后得到的最终沉降。

1.2.3.6　算例计算分析

1. 基于规范的改进法

为了验证基于规范的改进法(以下简称改进法)的合理性,选取不同目标沉降值的地块资料及施工工况,按照本书提出的改进法进行计算,具体计算过程中按保守取值,插打排水板深度以上取 $k_l = 1 - \dfrac{l}{p_0}$,插打深度以下参考实测资料保守取值,取 $\zeta = 10 \ \text{kPa/m}$。将计算结果与数学拟合法中的指数法与双曲线法的计算结果进行对比,结果见表 1.2-11。

表 1.2-11　基于规范的改进法与双曲线拟合法计算结果对比表

地块	指数法	改进法	双曲线法
36	463.9	599.9	589.7
37	428	513.3	518.7
11	669.3	701.4	839.6
23	573	709.2	751.4
15	587.3	812.7	838.4
22	590.1	699.5	775.9
14	730.0	762.5	838.6
40	697.7	708.3	916.3
10	871.0	900.3	973.5

大量运用实测资料推求最终沉降量的经验指出,由指数法求出来的结果由于没有考虑次固结等因素,因此相对实际结果偏小,而由双曲线计算出的最终沉降量相对实际结果偏大,从表中的结果可以看出,改进的计算方法非常好的吻合了这一点,得到的最终沉降值基本介于指数法和双曲线法得到的结果之间,计算结果更加接近于实际情况。

为了更好的验证该方法,选取不同目标沉降值的地块资料及施工工况,按照本文提出的改进法进行计算,将其计算结果与现有规范法的计算结果进行对比。计算对比结果见表 1.2-12。

表 1.2-12　基于规范的改进法与现行规范法计算结果对比表

地块	分层总和法	改进方法	应力面积法
17	637.4	718.3	720.9
11	704.8	701.4	858.1
23	629.4	709.2	879.4
39	634.2	721.9	725.9
15	643.6	812.7	858.7
22	620.8	699.5	768.2
41	630.1	733.4	846.8
14	765.9	762.5	830.0
40	623.5	708.3	802.9
19	710.4	714.1	738.5
8	791.4	799.4	856.2
10	899.8	900.3	903.3

参考《建筑地基处理技术规范》(JGJ79—2002),附加应力按大面积荷载作用下真空压力不衰减考虑,以 40# 地块为例,根据土层参数计算得到其最终沉降为 577.3 mm。实际上,由孔压监测数据分析真空压力沿深度衰减,且真空预压作用下地基土存在侧向收缩。因此根据规范,其计算得到的最终沉降应乘以修正系数 ψ_s,该值一般小于 1,若按 0.9 取值,计算得到的最终沉降为 519.5 mm。

实际上,最终沉降的影响因素较多,该经验系数仅考虑到真空预压侧向收缩对主固结沉降的影响。本工程各地块抽真空后真空膜上有一定高度的覆水,其作用相当于堆载预压,其次影响最终沉降的因素还包括瞬时沉降、次固结沉降等因素。在此基础上,根据经验考虑次固结的影响,ψ_s 可取 $0.9 \times 1.2 = 1.08$,由此计算得到的最终沉降为 623.5 mm,仍小于卸载时的实测沉降,而改进方法计算出的最终沉降为 708.3 mm。因此,最终沉降的计算较为复杂,简单的通过规范推荐的经验系数修正后得到的结果并不可靠,按原有规范推荐的方法计算最终沉降过于简化,得到的结果偏小。因此,改进方法相对于原规范计算结果更偏于保守,并且更接近于实际情况,同时也更加符合真空预压及真空联合堆载预压的加固机理。

2. 基于现场实测数据的新型地基最终沉降预测方法

实际上,该方法与负指数函数非线性拟合的方法,以及三点法具有相同的理论基础。该方法和负指数函数非线性拟合法均可以弥补三点法难以考虑测量数据误差影响的缺陷;另一方面,该方法不需要进行复杂的非线性拟合运算,因而更具有工程实用性。

基于沉降量-沉降速率线性关系建立的地基土最终沉降预测方法,能反映预压荷载作用下地基土固结沉降的机理与发展过程,改进了现行规范中"三点法",同时具有较高的精度与工程实用性,可用于沉降观测数据的分析和沉降预测。将该新型方法的计算结果与国内工程实践中常用的指数法(三点法)与双曲线拟合法计算结果进行对比,在具体计算过程中,考虑次固结的影响,修正系数取 1.1,计算结果见表 1.2-13。

表 1.2-13　基于现场实测数据的新方法与现有双曲线拟合法计算结果对比表

地块	指数法	新方法	双曲线法
10	871.0	912.5	973.5
11	669.3	693.1	839.6
14	730.0	819.5	838.6
15	587.3	641.1	838.4
17	388.0	412.7	453.9
19	875.4	909.8	934.0
22	590.1	770.5	775.9
23	573.0	627.2	751.4
36	463.9	487.2	535.9
37	428.0	468.6	518.7
39	518.3	609.5	647.9
40	697.7	810.8	916.3
41	576.8	597.1	656.8

从表 1.2-13 可以看出,该新型地基最终沉降预测方法的计算结果介于指数法与双曲线法的计算结果之间,而大量运用实测资料推求最终沉降量的经验指出,由指数曲线法求出来的结果相对实际结果偏小,由双曲线计算出的最终沉降量相对实际结果偏大,因此可以说明该方法不仅更加合理地反映了预压荷载作用下地基土固结沉降的机理与发展过程,并且具有一定的准确性。同时,由于该方法不需要进行复杂的非线性拟合运算,因而更具有工程实用性。

1.2.4　真空预压对周围环境影响的研究

目前,对真空预压法机理研究较多,且较为成熟,但真空预压对周围建筑物及环境的影响的研究很少,对影响程度还不十分清楚,而这在软基加固设计及施工时都必须仔细分析,认真研究,以避免工程事故,减少损失。因此,研究真空预压对周围环境的影响迫在眉睫。

1.2.4.1　加固区外土体位移规律的数据分析

1. 地块监测内容

由于工期紧张,部分地块在真空预压时可能会同时铺设雨污水管线,交叉施工。三条主要管线距离密封墙的距离分别为 16 m、20 m、34 m。为了研究真空预压对今后管线施工的影响,对 18# 地块加固区外进行了监测试验。地块的监测布置如下。

在 18# 加固区外围共设置了以下几个主要监测内容:

(1) 沉降监测:垂直密封墙布设 2 排监测沉降断面,每个断面 5 个测点,测点距离密封墙的距离分别为 1 m、6 m、16 m、20 m、34 m,编号为 D1 – D10。每个测点分别测试 4 个不同深度的沉降,具体深度见图 1.2-39,不同深度分别代表为地表、管线顶、管线底、10 m 处,编号规则如下:如 D1 处,由浅到深四个点编号分别为 D1-1、D1-2、D1-3、D1-4,以此类推。对于地表以下沉降采用钻孔法埋设深层沉降标进行测试。

(2) 土体深层侧向位移观测:垂直密封墙布设 2 排测斜孔,监测点距离密封墙的距离分别为 1 m、6 m、16 m、20 m、34 m,编号为 CX1 – CX10,具体位置见图 1.2-36、图 1.2-37。埋设深度 20 m,采用钻孔法埋设。

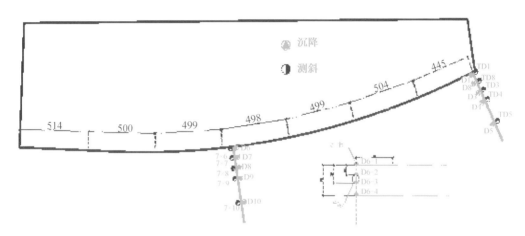

图 1.2-36　18# 场地外监测点平面布置图

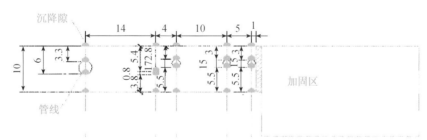

说明:
① 上述标注均以 m 为单位;
② 每个位置均有 4 个不同深度沉降测点,分别代表地表沉降、管线顶、管线底和 10 m 处;
③ 地表以下点沉降采用沉降标测试。

图 1.2-37　18# 场地外监测点剖面布置图

2. 加固区外土体沉降分析

在 18# 试验区加固区外共布设 2 个地表沉降断面,其中距离密封墙 16 m、20 m、34 m,深度 3～5 m 为今后的绝大部分管线的位置,为了表述方便,下面对这部分位置简称主要管线位置处,同时部分管线今后会进入场地,故在距离密封墙 1 m 和 6 m 处也可能分布有管线,为了表述方便,下面对这部分位置简称邻近加固区管线位置处。

18# 场地 4 月 28 日开始测试初值,6 月 7 日停止抽真空,停泵前共测试 38 次。将离密封墙不同的距离和不同土体深度土体的停止抽真空前最后一次沉降汇总,见表 1.2-14、表 1.2-15。

表 1.2-14　18# 加固区外(主要管线位置处)6 月 7 日沉降汇总表

距密封墙距离	$S=16$ m		$S=20$ m		$S=34$ m	
编号	D3-2	D3-3	D4-2	D4-3	D5-2	D5-3
沉降 /mm	−3	0	3	1	−1	−2
编号	D8-2	D8-3	D9-2	D9-3	D10-2	D10-3
沉降 /mm	−3	−3	−1	−2	−2	−5

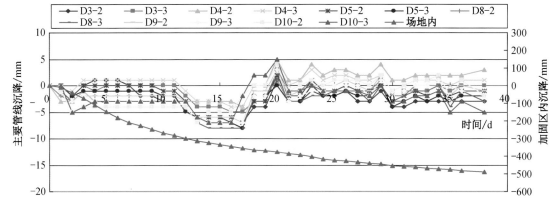

图 1.2-38　主要管线处土体沉降及加固区内土体沉降时程曲线

通过表 1.2-14 可以发现:

(1) 真空预压对距密封墙 16 m 以外土体的影响均在 10 mm 以内。

(2) 随着抽真空时间增长,加固区内土体沉降不断增加,但是加固区外的土体沉降没有增加的趋势,不是一直随着加固区内土体沉降增大而增大。

表 1.2-15　18# 邻近加固区管线位置处 6 月 7 日沉降汇总表

距密封墙距离	$S=1$ m		$S=6$ m	
编号	D1-2	D1-3	D2-2	D2-3
沉降 /mm	−42	−34	−10	−8
编号	D6-2	D6-3	D7-2	D7-3
沉降 /mm	−75	−66	−31	−19

从表 1.2-15 可以看出:

(1) 距离密封墙 1 m 处沉降较大,最大值达到 75 mm。

(2) 场地中间对外围影响大,场地边角影响小;场地中间沉降最大值达到 75 mm,但是场地边上沉降最大值仅 42 mm。

(3) D6-2 沉降最大值为 75 mm,D7-2 沉降最大值为 31 mm,可以看出距离加固区越近沉降越大,距离加固区越远沉降越小。

(4) 深度越大沉降越小,说明真空预压的影响随着深度衰减。

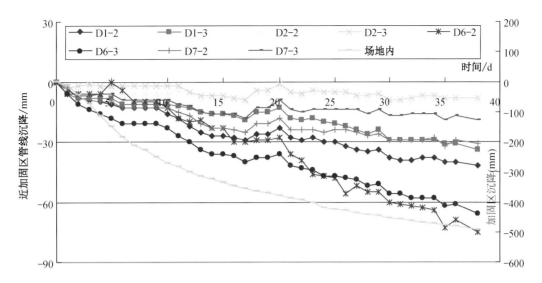

图 1.2-39　邻近加固区管线土体沉降及加固区内土体沉降时程曲线

通过图 1.2-39 可以发现：

(1) 真空预压对邻近场地位置管线附近土体的影响较大,最大值达到 75 mm。

(2) 随着抽真空时间增长,加固区内土体沉降不断增加,加固区外 6 m 范围内的土体沉降随之增加。

3. 加固区外土体水平位移分析

在 18# 试验区加固区外共布设 2 个土体深层水平位移断面,其中距离密封墙 16 m、20 m、34 m,深度 3～5 m 为今后的绝人部分管线的位置,为了表述方便,下面对这部分位置简称主要管线位置处,同时部分管线今后会进入场地,故在距离密封墙 1 m 和 6 m 处也可能分布有管线。为了表述方便,下面对这部分位置简称邻近加固区管线位置处。

18# 场地 4 月 28 日开始测试初值,6 月 7 日停止抽真空。下面将 6 月 7 日管线处水平位移汇总,见表 1.2-16、表 1.2-17。

表 1.2-16　18# 加固区外主要管线位置处 6 月 7 日水平位移汇总表

编号	深度 /m	距离 /m	水平位移 /mm
TX3	3	16	−10.93
TX4	5	20	−2.25
TX5	3	34	0.06
TX8	3	16	−7.19
TX9	5	20	−5.47
TX10	3	34	−8.22

从表 1.2-16 可以看出:TX3 处受到施工的干扰水平位移为 −10.93 mm,超过了 10 mm,其余点的水平位移最大为 8.22 mm。可以看出,真空预压对主要管线位置附近土体的影响均在 10 mm 以内(TX3 受到一定的施工影响)。

为了分析真空预压对周围土体深层水平位移的影响,下面绘制了水平位移随深度的变化曲线。

从图 1.2-40—图 1.2-43 可以看出:

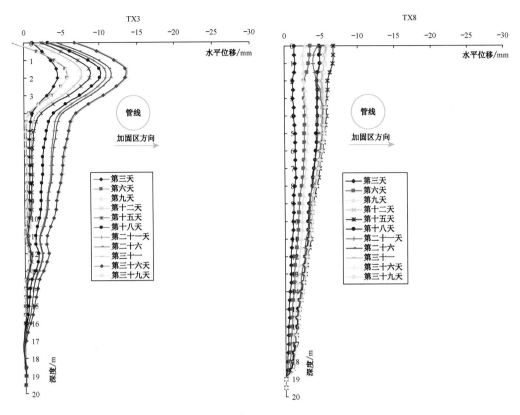

图 1.2-40　TX3 与 TX8(离密封墙 16 m)水平位移与深度关系曲线

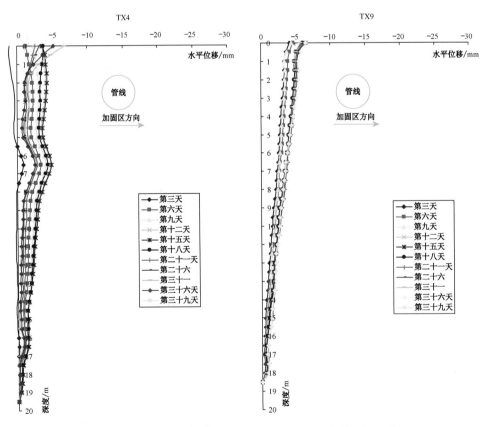

图 1.2-41　TX4 与 TX9(离密封墙 20 m)水平位移与深度关系曲线

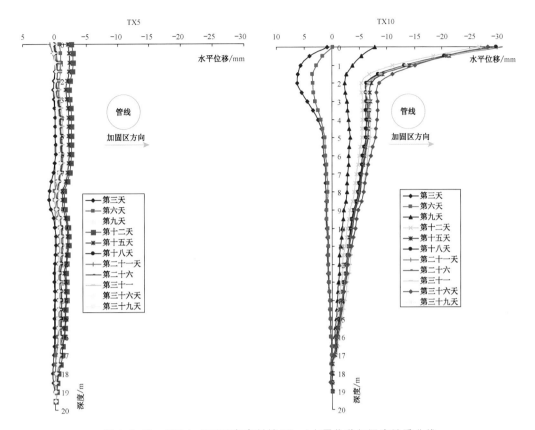

图 1.2-42　TX5 与 TX10(离密封墙 34 m)水平位移与深度关系曲线

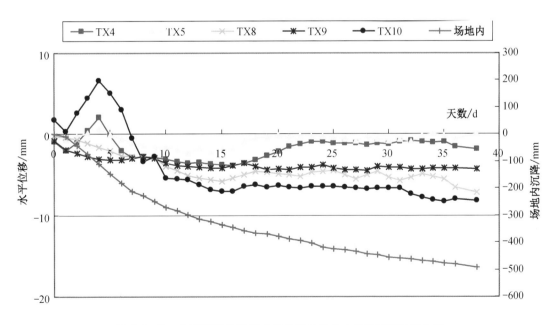

图 1.2-43　主要管线处深层水平位移及场地内地表沉降时程曲线

(1) 真空预压对 16 m 范围以外土体的水平位移方面的影响,从深处到浅部是逐渐增加的,基本线性增加(除了个别测斜孔浅部受外界干扰)。

(2) TX3 和 TX10 这两个测斜孔附近在测试期间受地面施工的影响,从曲线图中可以看出地面施工主要影响 4 m 以上范围,对管线有一定的影响。今后施工时应注意对管线的影响。

(3) 随着抽真空时间增长,加固区内土体沉降不断增加,加固区 16 m 外的主要管线处土体水平位移刚开始有一定增加,但抽真空 15 d 后,加固区内土体继续沉降,但是主要管线处土体水平位移基本维持不变。

表 1.2-17 18[#]邻近加固区管线位置处 6 月 7 日水平位移汇总表

编号	深度 /m	距离 /m	水平位移 /mm
TX1	3	1	−115.03
TX2	3	6	−16.08
TX6	3	1	−104.73
TX7	3	6	−37.05

从表 1.2-17 可以看出:

(1) 距离密封墙 1 m 处水平位移较大,最大值达到−115 mm;

(2) TX6 水平位移为−104 mm,TX7 水平位移为−37 mm,TX1 和 TX2 规律类似,可以看出距离加固区越近水平位移越大,距离加固区越远水平位移越小。

为了分析真空预压对周围土体深层水平位移的影响,下面绘制了水平位移随深度变化的曲线。

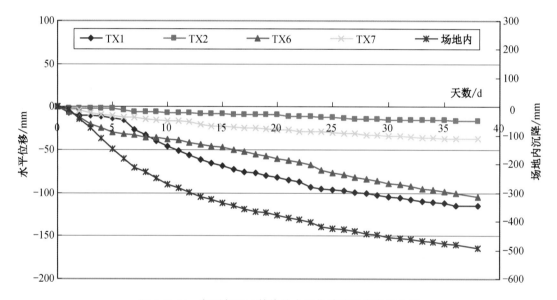

图 1.2-44 邻近加固区管线处水平位移随深度变化曲线

通过图 1.2-44—图 1.2-46 可以发现:

(1) 真空预压对邻近加固区位置管线附近土体的影响较大,水平位移最大值达到−115 mm。

(2) 随着抽真空时间增长,加固区内土体水平位移不断增加,加固区外 6 m 范围内的土体水平位移随之增加。

1.2.4.2 饱和土的静力学有限元分析

1. 比奥(Biot)固结理论

真空预压加固软土地基的基本原理是排水固结,目前真空预压的固结理论都是采用与正压作用下相同的理论,但在进行分析处理时将加固区上表面的边界条件作相应的调整,即把真空加固区的砂垫层表面的孔压取为负的真空度。真空预压固结问题的数值解法是建立在比奥固结理论的基础上的,为更好地阐述真空预压固结的数值模拟问题,现对比奥固结理论做一扼要介绍。

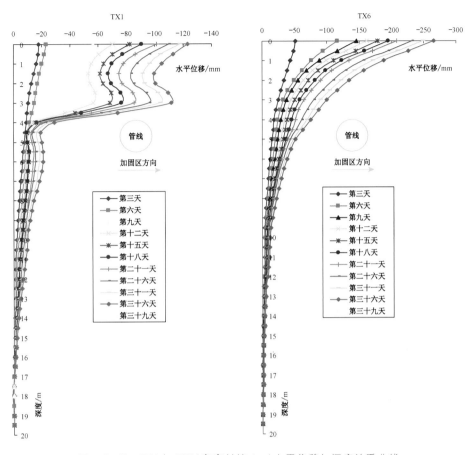

图 1.2-45　TX1 与 TX6(离密封墙 1 m)水平位移与深度关系曲线

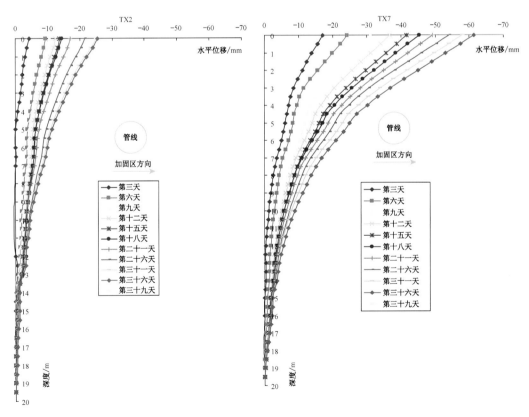

图 1.2-46　TX2 与 TX7(离密封墙 6 m)水平位移与深度关系曲线

[1] 基本假定

比奥固结理论做了如下基本假定：

(1) 土骨架为弹性变形且均一，各向同性；

(2) 变形小，属于小变形结构；

(3) 水的渗流满足达西定律；

(4) 假定孔隙水不可压缩，土是饱和的，渗流速度很小，可不考虑水的惯性力。

[2] 比奥固结方程

以整个土体为隔离体(土骨架＋孔隙水)，其平衡方程为

$$\left.\begin{array}{l} \dfrac{\partial \sigma_x}{\partial x} + \dfrac{\partial \tau_{yx}}{\partial y} + \dfrac{\partial \tau_{zx}}{\partial z} = 0 \\[2mm] \dfrac{\partial \tau_{xy}}{\partial x} + \dfrac{\partial \sigma_y}{\partial y} + \dfrac{\partial \tau_{zy}}{\partial z} = 0 \\[2mm] \dfrac{\partial \tau_{xz}}{\partial x} + \dfrac{\partial \tau_{yz}}{\partial y} + \dfrac{\partial \sigma_z}{\partial z} + \gamma_{sat} = 0 \end{array}\right\} \tag{8}$$

如果以土骨架为隔离体，以有效应力表示平衡条件，根据有效应力原理，则有

$$\sigma' = \sigma - p_w \tag{9}$$

式中，p_w 为该点水压力，$p_w = (z_0 - z)\gamma_w + u$，$u$ 为超静水压力，$(z_0 - z)\gamma_w$ 表示该点静水压力。

式(8)可表示为

$$\left.\begin{array}{l} \dfrac{\partial \sigma'_x}{\partial x} + \dfrac{\partial \tau_{yx}}{\partial y} + \dfrac{\partial \tau_{zx}}{\partial z} + \dfrac{\partial u}{\partial x} = 0 \\[2mm] \dfrac{\partial \tau_{xy}}{\partial x} + \dfrac{\partial \sigma'_y}{\partial y} + \dfrac{\partial \tau_{zy}}{\partial z} + \dfrac{\partial u}{\partial y} = 0 \\[2mm] \dfrac{\partial \tau_{xz}}{\partial x} + \dfrac{\partial \tau_{yz}}{\partial y} + \dfrac{\partial \sigma'_z}{\partial z} + \dfrac{\partial u}{\partial z} = -\gamma' \end{array}\right\} \tag{10}$$

在式(10)中，$\dfrac{\partial u}{\partial x}$，$\dfrac{\partial u}{\partial y}$，$\dfrac{\partial u}{\partial z}$ 实际上为作用在骨架上的渗透力在三个方向上的分量，与 γ' 一样为体积力。

物理方程：因假定土体骨架为线弹性体，则物理方程为广义虎克定律：

$$\left.\begin{array}{l} \sigma'_x = 2G\left(\dfrac{\nu}{1-2\nu}\varepsilon_v + \varepsilon_x\right) \\[3mm] \sigma'_y = 2G\left(\dfrac{\nu}{1-2\nu}\varepsilon_v + \varepsilon_y\right) \\[3mm] \sigma'_z = 2G\left(\dfrac{\nu}{1-2\nu}\varepsilon_v + \varepsilon_z\right) \\[3mm] \tau_{yz} = G\gamma_{yz}, \tau_{zx} = G\gamma_{zx}, \tau_{xy} = G\gamma_{xy} \end{array}\right\} \tag{11}$$

几何方程：在小变形假定下，几何方程为

$$\left.\begin{array}{ll} \varepsilon_x = -\dfrac{\partial w_x}{\partial x}, & \gamma_{yz} = -\left(\dfrac{\partial w_y}{\partial z} + \dfrac{\partial w_z}{\partial y}\right) \\[3mm] \varepsilon_y = -\dfrac{\partial w_y}{\partial y}, & \gamma_{zx} = -\left(\dfrac{\partial w_z}{\partial x} + \dfrac{\partial w_x}{\partial z}\right) \\[3mm] \varepsilon_z = -\dfrac{\partial w_z}{\partial z}, & \gamma_{xy} = -\left(\dfrac{\partial w_x}{\partial y} + \dfrac{\partial w_y}{\partial x}\right) \end{array}\right\} \tag{12}$$

将式(12)代入式(11)，再代入式(10)，得到以位移和孔压表示的弹性问题的平衡微分方程：

$$-G \nabla^2 w_x - \frac{G}{1-2v} \cdot \frac{\partial}{\partial x}\left(\frac{\partial w_x}{\partial x} + \frac{\partial w_y}{\partial y} + \frac{\partial w_z}{\partial z}\right) + \frac{\partial u}{\partial x} = 0$$

$$-G \nabla^2 w_y - \frac{G}{1-2v} \cdot \frac{\partial}{\partial y}\left(\frac{\partial w_x}{\partial x} + \frac{\partial w_y}{\partial y} + \frac{\partial w_z}{\partial z}\right) + \frac{\partial u}{\partial y} = 0 \tag{13}$$

$$-G \nabla^2 w_z - \frac{G}{1-2v} \cdot \frac{\partial}{\partial z}\left(\frac{\partial w_x}{\partial x} + \frac{\partial w_y}{\partial y} + \frac{\partial w_z}{\partial z}\right) + \frac{\partial u}{\partial z} = -\gamma$$

式中，$\nabla^2 = \frac{\partial^2}{\partial x^2} + \frac{\partial^2}{\partial y^2} + \frac{\partial^2}{\partial z^2}$，为拉普拉斯算子。

根据达西定律，通过土体单元各面的单位流量分别为

$$q_x = -\frac{K_x}{\gamma_w}\frac{\partial u}{\partial x}$$

$$q_y = -\frac{K_y}{\gamma_w}\frac{\partial u}{\partial y} \tag{14}$$

$$q_z = -\frac{K_z}{\gamma_w}\frac{\partial u}{\partial z}$$

根据饱和土的连续条件，单位时间单元土体的压缩量应等于流过单元体表面积的流量变化之和，即

$$\frac{\partial \varepsilon_v}{\partial t} = \frac{\partial q_x}{\partial x} + \frac{\partial q_y}{\partial y} + \frac{\partial q_z}{\partial z} \tag{15}$$

将式(14)代入式(15)，得

$$\frac{\partial \varepsilon_v}{\partial t} = -\frac{1}{\gamma_w}\left(K_x \frac{\partial^2 u}{\partial x^2} + K_y \frac{\partial^2 u}{\partial y^2} + K_z \frac{\partial^2 u}{\partial z^2}\right) \tag{16}$$

若土的渗透性各向同性，则 $K_x = K_y = K_z = K$，ε_v 用位移表示，则式(16)写为

$$-\frac{\partial}{\partial t}\left(\frac{\partial w_x}{\partial x} + \frac{\partial w_y}{\partial y} + \frac{\partial w_z}{\partial z}\right) + \frac{K}{\gamma_z}\nabla^2 u = 0 \tag{17}$$

联立平衡方程式(13)和连续方程式(17)便是比奥固结方程。可以看到，这样得到的结果既满足弹性材料的应力-应变关系和平衡条件，又满足变形协调条件与水流连续方程，故比奥固结理论是三向固结的精确表达式。如果土体骨架的物理方程用弹塑性本构关系，则式(11)作相应的变化，同样可以导出相应的比奥固结方程。比奥固结方程一般难于进行解析求解，一般用差分法和有限元法等数值方法进行求解。

2. 数值分析本构模型的介绍

材料的本构关系是反映材料的力学性状的数学表达式，表示形式一般为应力-应变-强度-时间，称为土体的本构关系数学模型。为简化和突出材料某些变形强度特性，人们常用弹簧、粘壶、滑片和胶结杆等元件及其组合的元件组成物理模型来模拟材料的应力变形特性。随着计算机及计算技术手段的迅速发展，岩土数值计算方法的发展推动了土的本构关系的研究，使得人们对土的应力应变特性的认识从宏观研究到微观、细观研究，从不考虑时间效应到建立流变模型及损伤模型。

根据岑仰润(2003)的研究成果，这里采用了弹性模型的本构关系进行分析，该模型基于广义虎克定律的线弹性理论，形式简单，参数较少，物理意义明确，而且在工程界有着广泛深厚的基础，广泛应用于许多工程领域中。

在弹性模型中，只需要两个材料常数即可描述其应力应变关系，即 E 和 ν，其应力应变关系可表示为

$$
\left.
\begin{aligned}
\varepsilon_x &= \frac{1}{E}\left[\sigma_x - \nu(\sigma_y + \sigma_z)\right] \\
\varepsilon_y &= \frac{1}{E}\left[\sigma_y - \nu(\sigma_x + \sigma_z)\right] \\
\varepsilon_z &= \frac{1}{E}\left[\sigma_z - \nu(\sigma_x + \sigma_y)\right] \\
\gamma_{xy} &= \frac{2(1+\nu)}{E}\tau_{xy} \\
\gamma_{yz} &= \frac{2(1+\nu)}{E}\tau_{yz} \\
\gamma_{zx} &= \frac{2(1+\nu)}{E}\tau_{zx}
\end{aligned}
\right\}
\tag{18}
$$

将固结理论与弹性本构模型进行耦合,即得到建立在弹性理论基础上的比奥固结方程,加之适当的边界条件,即可进行数值解析。

1.2.4.3 试验区三维数值模拟模型的建立与分析

1. 模型的空间布置

为进一步对现场试验结果进行对比分析,拟以工程试验区真空预压方案的主要设计参数和要求为依据,建立三维数值模拟模型,进行大面积真空预压周边环境影响分析,内容如下:

(1) 试验区处理范围:90 m×90 m。

(2) 真空预压时间:3 个月。

(3) 塑料排水板:采用 SPB-B 型板,塑料排水板深度 20 m,排水垫层处需加长留 50 cm。间距1.1 m,梅花形布置。要求板厚 6 mm,纵向通水率≥25 cm³/s,滤膜渗透系数≥5×10⁻⁴ cm/s。

(4) 垫层:采用 50 cm 厚中粗砂,含泥量应<3%;整个场地铺满平整后,其表面高差应在±10 cm 之内。

(5) 密封沟:密封沟深度要在 2.0 m 以上,在真空预压开挖密封沟时直接挖至搅拌桩顶面以下0.2~0.5 m,把密封膜压入泥浆搅拌桩体内。密封结构采用泥浆搅拌桩,双排,直径 700 mm,搭接 200 mm,桩长为 10 m。

(6) 围堰:沿密封沟内侧修筑,筑堰材料采用黏性土。下底宽 4~5 m,上宽 1 m 左右,应确保围堰边坡的稳定性。

模型根据对称性取地块的一半进行模拟,又由于排水板间距 1.1 m,加固区尺寸取为 44 m×44 m;密封墙 1.5 m 宽,密封墙外延 35 m 为外围影响区;由于过大的计算节点会导致计算不能进行,排水板按矩形布置以减少节点数。

2. 参数选取

模型参数是根据钻孔 Z03 的地层情况从勘察报告中选取的。在此基础上考虑到排水板涂抹效应和弹性参数的选取,对土层的渗透系数及弹性变形模量进行了换算。

弹性变形模量:根据土力学中的公式(19),将勘察报告中提供的压缩模量 E_s 换算成弹性变形模量 E_0,即

$$
E_0 = \left(1 - \frac{2\nu^2}{1-\nu}\right)E_s
\tag{19}
$$

谢康和求得在等应变条件下,砂井地基在考虑井阻和涂抹作用下径向排水固结的精确解为

$$
\bar{U}_r = 1 - \sum_{m=0}^{\infty} \frac{2}{M^2} e^{-B_r t}
\tag{20}
$$

其中:

$$
B_r = \frac{8C_{vh}}{(F_a + D)d_e^2}, \quad D = \frac{8G(n^2-1)}{M^2 n^2}, \quad G = \frac{k_h}{k_w}\left(\frac{H}{d_w}\right)^2
\tag{21}
$$

$$F_a = \left(\ln\frac{n}{s} + \frac{k_h}{k_s}\ln s - \frac{3}{4}\right)\frac{n^2}{n^2-1} + \frac{s^2}{n^2-1}\left(1-\frac{k_h}{k_s}\right)\left(1-\frac{s^2}{4n^2}\right) + \frac{k_h}{k_s}\frac{1}{n^2-1}\left(1-\frac{1}{4n^2}\right) \tag{22}$$

式中　n——井径比；

$n = r_e/r_w$，r_e——砂井影响区半径；

r_w——砂井半径；$s = r_s/r_w$，r_s涂抹区半径；

H——砂井长度；

k_w——砂井渗透系数；

k_s——涂抹区内土体渗透系数；

k_v，k_h——分别影响区土体竖向和水平向渗透系数。

假设将涂抹效应对涂抹区内土体渗透性的影响均化在 $r_w \sim r_e$ 范围内的土体中，则有 $s=1$，$k_h/k_s=1$，但此时井周土的水平向渗透系数已受涂抹效应而减小了，记为 k_h，径向平均固结度记为 $\overline{U}'_r$，则不考虑涂抹区几何尺寸时径向排水固结度的表达式为

$$\overline{U}'_r = 1 - \sum_{m=0}^{\infty}\frac{2}{M^2}e^{-B'_r t} \tag{23}$$

其中：

$$B'_r = \frac{8C'_{vh}}{(F'_a+D')d_e^2}, \quad C'_{vh} = \frac{k'_h}{\gamma_w m_v} \tag{24}$$

$$F'_a = \left(\ln n - \frac{3}{4}\right)\frac{n^2}{n^2-1} + \frac{1}{n^2-1}\left(1-\frac{1}{4n^2}\right) \tag{25}$$

$$G' = \frac{k'_h}{k_w}\left(\frac{H}{d_w}\right)^2, \quad D' = \frac{8G'(n^2-1)}{M^2 n^2} \tag{26}$$

此时的 F'_a 就是巴隆等应变解析解里未考虑涂抹效应的 $F(n)$ 因子，考虑到变换前后的径向平均固结度要相同，则有

$$\overline{U}_r = \overline{U}'_r \tag{27}$$

由式(22)可得将涂抹效应均化到 $r_w \sim r_e$ 范围内的土体中后的水平向渗透系数 k'_h 表达式为

$$k'_h = \frac{F'_a}{F_a}k_h \tag{28}$$

其中 k'_h 则为考虑了涂抹效应后地基土的水平向渗透系数，综合上述转换，数值模型土层及密封墙计算参数取值如表 1.2-18 所示。

表 1.2-18　模型计算参数取值

层号	名称	层厚/m	变形模量 E_0 /kPa	重度 γ /(kN/m³)	初始孔隙比 e_0	粘聚力 c /kPa	内摩擦角 ϕ /(°)	径向渗透系数 k_{ha} /(cm/s)	插板区水平向渗透系数 k_{hp} /(cm/s)	竖向渗透系数 k_v /(cm/s)
①₁	填土	0.80	935	17.4	1.209	13	13.5	1.24e-07	2.37e-08	8.58e-08
②	粉质黏土	1.60	1 620	18.4	0.928	20	19.0	1.31e-07	2.50e-08	7.71e-08
③	淤泥质粉质黏土	2.00	1 115	17.6	1.123	12	17.5	2.26e-07	4.31e-08	1.10e-07
③t	黏质粉土	1.90	3 863	18.7	0.821	5	33.0	9.45e-05	1.80e-05	5.73e-05
③	淤泥质粉质黏土	2.70	1 483	17.6	1.123	12	17.5	2.26e-07	4.31e-08	1.10e-07
④	淤泥质黏土层	9.30	1 308	16.8	1.392	10	12.5	1.36e-07	2.60e-08	6.19e-08
⑤₁	黏土层	7.70	2 368	17.4	1.209	13	13.5	1.24e-07	2.37e-08	8.58e-08
⑤₃₋₁	粉质黏土夹粉性土	10.00	4 175	17.4	1.209	18	20.5	1.31e-07		7.71e-08

3. 边界条件

初始条件：在进行真空预压处理前，各单元结点的超静孔隙水压力和初始位移均为0。

位移边界条件：地基表面为自由变形。考虑到周围土的相互作用，设定底部边界竖向及水平位移均为0，左侧（即加固区中线位置）根据对称原理，水平位移为0，右侧边界的水平位移为0。

孔压边界：塑料排水板及地表砂垫层处所有结点的孔隙水压力设为 -80 kPa，影响区表面孔隙水压力设为0，认为是透水的。其他边界的孔压未知。

其中排水板用相同长度的直线模拟，排水板加压方式由于是 -80 kPa 边界条件只能采用 exist function，即瞬时存在 -80 kPa 的孔压。又因为土层采用的是弹性模型（该模型形式简单，参数较少，物理意义明确且较适合真空预压的加载情况），对处理区的覆水荷载不能恰当的模拟，故未在处理区表面加15 kPa左右的覆水荷载。整个模型如图1.2-47所示。

4. 模拟结果与监测资料对比

通过 zsoil 软件对试验区进行的有限元数值模拟，预压结束后的变形图如图1.2-48、图1.2-49所示。由图可以看出，在抽真空的作用下土体产生的变形是向土体内侧收缩变形，不会使土体产生失稳破坏，影响区的地表也不会隆起。加固区沉降明显，而由于密封墙的作用，影响区的沉降较小，有利于施工快速安全地进行，对周围环境影响较小。

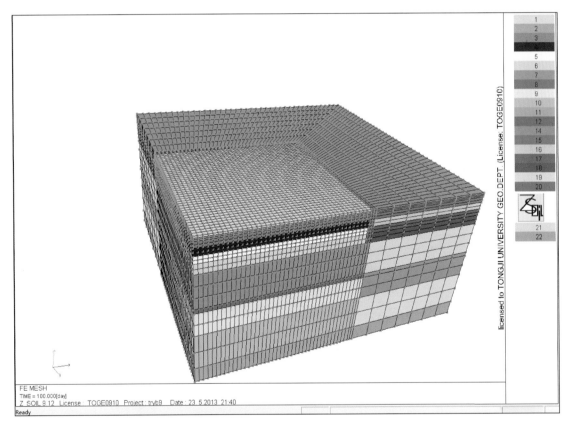

图 1.2-47 模型概况

试验区中心分层沉降监测数据曲线和模拟曲线对比见图1.2-50、图1.2-51。由于负压没有施加过程而是瞬时赋予的，模型未能模拟真空预压前期的抽真空过程，而是从稳压一段时间后开始模拟。其中2～8 m的地层沉降量较大，2 m地层的分层沉降量更为突出，但由于模型未施加表面荷载，2 m的地层分层沉降较实际为小；12 m地层沉降量在0.3 m左右，分层沉降量大；而18～30 m的地层沉降就较小，模型及实际曲线中18 m地层都有0.1 m左右沉降，而24～30 m的地层沉降小于0.1 m，由于模拟中负压消散较明显，该范围地层模型中沉降尤其小。

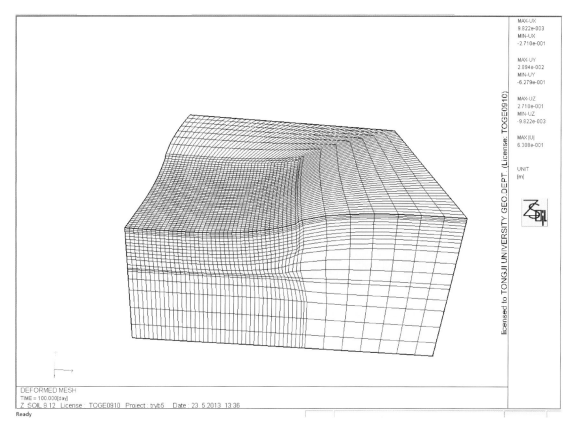

图 1.2-48　预压结束后地块总体变形图

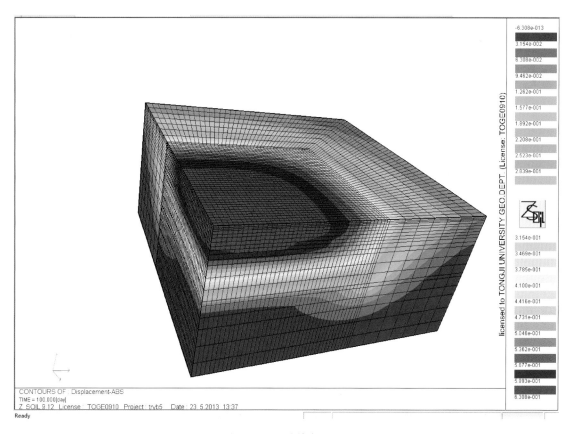

图 1.2-49　地块变形云图

　　试验区孔压的监测数据曲线及模拟数据曲线见图 1.2-52、图 1.2-53。在 0 时刻都是静止土压力,但由于模型前期负压过程过快,土体水头下降较明显,上部土体由于有浮重度到湿重度的转化而对下部土体产生堆载作用,从而模拟曲线前期会有一段孔压上升过程。监测曲线上部土体的孔压是先孔压降低一段时间再在一定的孔压值上下浮动,模拟曲线则在降压后维持基本稳定,而在 18 m 以下的土体,孔压浮动较少,下降一段时间就基本维持稳压,这与实际曲线也较切合。

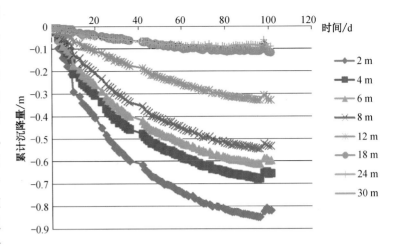

图 1.2-50　试验区中心分层沉降监测数据曲线图

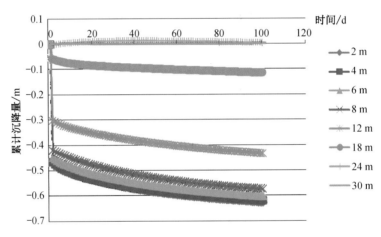

图 1.2-51　试验区中心分层沉降模型曲线图

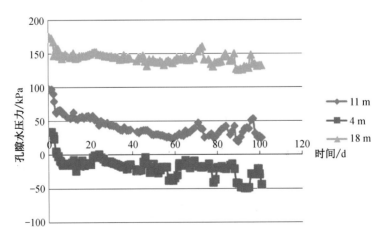

图 1.2-52　试验区中心孔压监测曲线图

　　综上所述,本次数值模拟在地表沉降、分层沉降以及分层孔压的数据均能较好的模拟真空预压的抽真空稳定后的固结过程,处理后的结果也较切合实际,能较准确的模拟出大面积真空预压的处理效果,从而为大面积真空预压处理对周围环境影响的研究提供有力的理论支撑和依据。

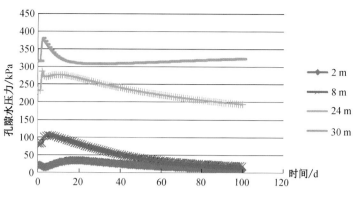

图 1.2-53　试验区中心孔压模型曲线图

1.2.4.4　真空预压对周围土体影响的数值分析

为研究不同土体参数及不同种类的密封墙对周围土体变形的影响,现设置不同土体参数及不同变形模量的密封墙来模拟。共设置了 5 组不同的模型进行对比,t5 为地块原始模型,t6～t9 的参数改变分别为孔隙比减少 0.1、泊松比减少 0.1、变形模量减少 10%、渗透系数减少 1/2,t10 的改变为密封墙的变形模量调至 30 MPa 模拟水泥土搅拌桩的密封墙。其中,t6～t10 的模型周边土体的沉降及水平位移与原模型的数据对比见表 1.2-19—表 1-2-21。

表 1.2-19　2 m 深度距密封墙各距离土体沉降

沉降	5 m	10 m	15 m	20 m	25 m	30 m	35 m
t5	−0.182 61	−0.125 33	−0.090 07	−0.070 51	−0.061 25	−0.057 19	−0.056 09
t6	−0.182 29	−0.124 94	−0.089 61	−0.069 95	−0.060 6	−0.056 49	−0.055 39
t7	−0.179 83	−0.122 26	−0.087 47	−0.068 11	−0.058 93	−0.054 99	−0.053 92
t8	−0.187 19	−0.128 53	0.092 37	−0.072 29	−0.062 74	−0.058 55	−0.057 43
t9	−0.182 03	−0.125 22	−0.090 13	−0.070 51	−0.061 16	−0.057 04	−0.055 92
t10	−0.198 63	−0.129 09	−0.089 15	−0.069 4	−0.060 01	−0.056 08	−0.055 06

表 1.2-20　距密封墙 5 m 处各深度土体的水平位移

5 m	0 m	2 m	4 m	6 m	8 m	12 m	18 m	24 m
t5	−0.234 68	−0.205 81	−0.188 3	−0.173 52	−0.160 04	−0.147 61	−0.105 02	−0.072 25
t6	−0.234 42	−0.205 55	−0.188 01	−0.173 17	−0.159 6	−0.147 18	−0.104 41	−0.071 9
t7	−0.233 77	−0.204 63	−0.187 08	−0.171 69	−0.157 52	−0.143 84	−0.102 53	−0.070 29
t8	−0.239 01	−0.209 93	−0.192 59	−0.177 83	−0.164 34	−0.152 11	−0.108 31	−0.075 05
t9	−0.233 24	−0.204 65	−0.187 36	−0.172 78	−0.159 44	−0.147 14	−0.104 63	−0.072 04
10	−0.251 54	−0.225 3	−0.209 06	−0.189 24	−0.167 83	−0.136 37	−0.104 16	−0.072 55

表 1.2-21　距密封墙 20 m 处各深度土体的水平位移

20 m	0 m	2 m	4 m	6 m	8 m	12 m	18 m	24 m
t5	−0.100 67	−0.093 68	−0.086 32	−0.078 82	−0.069 2	−0.049 12	−0.028 86	−0.020 48
t6	−0.100 74	−0.093 72	−0.086 36	−0.078 85	−0.069 15	−0.048 97	−0.028 9	−0.020 42
t7	−0.099 54	−0.092 7	−0.085 45	−0.077 99	−0.068 44	−0.048 34	−0.028 17	−0.019 74
t8	−0.102 97	−0.095 8	−0.088 32	−0.080 69	−0.070 81	−0.050 29	−0.029 97	−0.021 38
t9	−0.100 48	−0.093 45	−0.086 07	−0.078 55	−0.068 9	−0.048 8	−0.028 76	−0.020 33
t10	−0.106 36	−0.099 01	−0.091 01	−0.082 54	−0.071 57	−0.048 9	−0.027 31	−0.018 93

从表中可以看出,t6 的地表沉降以及距密封墙 5 m 处的水平位移量较一定,而 20 m 外的水平位移有所下降,总体变形较原来为大;t7 及 t9 的地表沉降与水平位移较原来有所下降;t8 的地表沉降及水平位移都较原模型有所增大,产生了较大的变形。综上可知孔隙比、泊松比、渗透系数较小的周边土体受加固区的影响较小,变形模量对周边土体的变形影响尤为显著,变形模量较大周边的土变形会较小。故在设计施工时对孔隙比、泊松比、渗透系数较大或者变形模量较小的周边土体要更多的考虑其变形问题。

而 t10 以水泥土搅拌桩为密封墙的地块与原黏土搅拌桩的地块比较,t10 的水平位移及沉降量都要较原地块有所增大,从变形图上能看到水泥土搅拌桩的密封墙经过真空预压后变形较小,但处理区外围的变形却相对较大;而黏土搅拌桩的密封墙其整体的变形较大,处理区一侧向下弯曲,而外围一侧弯曲较少,对处理区外围的影响也较小。因此反而是变形模量较小的黏土密封墙其周边地块的变形较小。故在今后设计中对密封墙的选择,可考虑更加经济的黏土搅拌桩密封墙,以减少周边地块的土体变形。由于工作时限限制,该结论还需日后做更进一步的论证。

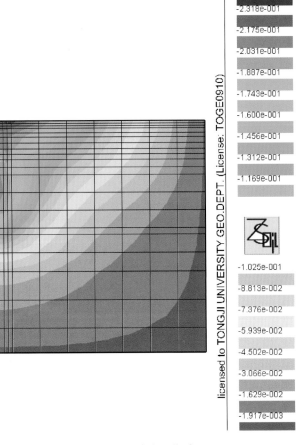

图 1.2-54　周边水平位移云图

图 1.2-54 是处理后地块周边的水平位移云图,从图中可看出,靠近密封墙处的水平位移最大,随着距密封墙距离增大位移量逐渐减小,并且水平位移也随着深度的加大而减少。在距密封墙 30 m 以内,地表附近的水平位移有 30 mm 以上的数量级,30 m 以外降至 16 mm 左右,到距密封墙 34 m 左右的位置,水平位移量小于 10 mm 已可忽略其对一般工程建筑的影响。故可得知真空预压处理地基对周围环境的影响范围为 30 m 左右。

1.2.5　真空预压加固影响因素研究

在复杂环境下,大面积真空预压方法受各种因素制约,影响真空预压的加固效果和工期。现结合本次工程对各影响因素进行分析。

1.2.5.1　真空度

1. 负压、真空度、孔隙水压力的概念

工程中压力的概念实际上与物理学上的压强是一个意义。即单位面积上所承受压力的大小。正压以大气压力为基准,高于大气压力的压力;负压(真空度)以大气压力为基准,低于大气压力的压力。负压(真空度)是真空预压中应用较多的名词。目前,在真空预压研究中对负压的定义主要有两个观点:一是指膜下真空度;二是指负的超静孔隙水压力。

真空是指在给定相对封闭的空间内低于环境大气压力的气体状态,在真空技术中,表示处于真空状态下气体稀薄程度的量称为真空度。在真空预压法中,通常用密封膜外大气压与膜内大气压的差值来表示。真空预压法通常采用真空度来衡量真空预压过程的有效性。

如果土体中的孔隙是互相连通而又充满着水,则孔隙中的水服从于静水压力分布规律。这种由孔隙水传递的应力,称孔隙水压力(简称孔压)。工程中为了方便应用,把超过静水压力的那部分孔隙水压力称为超静孔隙水压力。

从真空度与超静孔隙水压力所表示的物理意义来分析,二者均是压力的单位,本质上是统一的。区别在于真空度反映的是气体的压力,传递真空度的介质通常认为是气体,而超静孔隙水压力一般情况下反映水的压力,其传递孔压的介质是流体(液体或气体)。往往地下水位以上部分用真空度表示,地下水位以下用超静孔隙水压力来表示。两者间有相互联系,但并不完全等同。

2. 从真空预压加固土体的机理讨论加固过程质量控制标准

砂垫层中形成的真空度,通过垂直排水通道逐渐向下延伸,同时真空度又由垂直排水通道向其四周的土体传递与扩展,形成一个负压渗流场,引起土中孔隙水压力降低,形成负的超静孔隙水压力,从而使土体孔隙中的气和水由土体向垂直排水通道渗流,最后由垂直排水通道汇至地表砂垫层中被泵抽出。当产生负的超静孔隙水压力达到膜下真空度值时渗流终止。而消散的孔隙水压力会相应引起有效应力的增长,因而达到加固地基的作用。

真空预压是在总应力基本不变的情况下,地基中的孔隙水压力受负压渗流场的作用下消散,转化为地基土中的有效应力,可以称为负压固结。很显然,从现有固结理论来看,与真空预压加固地基效果直接相关的是相应孔隙水压力的变化值,并非真空度。虽然真空度与孔隙水压力的变化在一定程度上存在相关性,但并无直接数据显示在地下水位下真空度变化与孔隙水压力变化完全一致。

我们拿出本次工程中 7# 地块的相关数据,该地块 2011 年 5 月 31 日开始抽真空,于 6 月 2 日达到设计真空度 80 kPa。达到真空度时该地块不同土层的负孔隙水压力(已扣除静水压力)见表 1.2-22。

表 1.2-22　7# 地块不同深度负超静孔隙水压力表

深度	负超静孔隙水压力			
	U1 孔	U2 孔	U3 孔	U4 孔
2 m	−30.2	−45.4	−50.5	−19.8
4 m	−54.3	−48.1	−45.2	−30.4
6 m	−46.1	−60.8	−52.5	−39.0
8 m	−38.0	−55.6	−49.2	−36.0
10 m	−28.7	−15.2	−45.1	−27.3
12.5 m	−21.5	−14.6	−15.1	−24.7
15.5 m	−14.9	−5.2	−27.8	−6.4
18.5 m	−9.0	−0.9	−16.4	0.5
22 m	−3.6	−0.7	−2.8	0.6
26 m	0.6	0.3	0.1	0.5

由表可以看出,不同深度土层孔隙水压力消散值最大仅为 60.8 kPa,远未达到设计真空度,可见用真空度检验加固进程的有效性有待考虑,且大多数施工过程中真空表安装于真空泵的管道中,可靠性较低。参考其他地块孔压数据后,发现其他地块与此地块相似,并且真空度沿深度的传递会直接影响相应土层的加固效果,而仅从膜下真空度难以很好的衡量。因此,建议在施工监测中以孔隙水压力消散计算值作为相应衡量标准,以相应孔隙水压力,尤其是地块中压缩性较高、强度较低而需要主要处理的土层中的孔隙水压力作为施工过程中质量控制的标准之一。

3. 真空度沿深度的传递

在真空预压抽真空过程中,由于塑料排水板井阻与涂抹的作用,从实测孔隙水压力变化资料可以看出,真空度的传递模式是复杂的,从研究现状来看,各学者提出的关于真空预压中真空度的传递模式相差较大。产生这些差别的原因除了上述因素外,地层土性的差异、地下水位的改变以及由于土体压缩造成的孔隙水压力计位置的变化是引起孔隙水压力差异的主要原因。而真空度传递的不同,也显著的造成了分层沉降的不同,影响到真空预压的效果。

为了找出真空度沿深度传递对真空预压的影响,我们找出在整个处理阶段中较为典型的真空度维持较好的22#地块的相关数据进行分析。

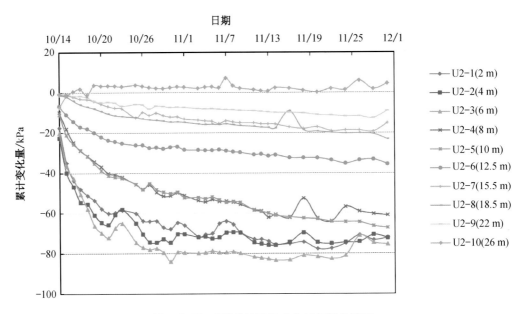

图 1.2-55 22# 地块孔压变化量历时曲线图

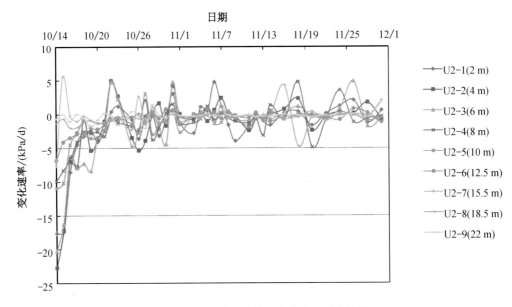

图 1.2-56 22# 地块孔压变化率历时曲线图

(1) 由孔压变化率曲线可以看出,在真空预压开始的一周,孔压变化速度较快,与真空度变化趋势相近,其中2~8 m浅部地层变化速率最快,8~16 m变化速率适中,16 m以上变化速率较慢,20 m以上几乎无变化。可见负压渗流场在浅层较快形成,并逐渐向深层传递。

(2) 负压渗流场在向深处传递时会发生连续的能量损耗,其中在2~8 m浅部地层真空度保持较好,孔压变化量稳定后维持在70~80 kPa,能量损失较低,8 m深度以下的土层范围里,土层中孔隙水压力变化量是逐渐变大的,预压初始阶段变化速度较大,后期变化速度较慢,又一次证明负压渗流场是逐渐向深层土体传递的。8～10 m 土层孔压变化量相对稳定时处于 50～65 kPa,真空度损耗为 20%～30%。10 m 以下地层中真空度能量损耗加速,到 12.5 m 地层时,孔压稳定后,孔压变化量仅为 30～35 kPa,真空度损耗为 55%～60%,16～22 m 范围时,孔压变化量仅为 10～15 kPa,真空度能量仅剩余 20% 左右。26 m 以上基本没有孔压变化。相应的真空度传递分布图如图 1.2-57 所示。

(3) 从真空度分布图上来看,结合相应工况,在 10 m 范围内,真空度整体传递效果较好,传递过程中能量损失较低,说明两方面内容,一是地块周边 10 m 的水泥土搅拌桩密封墙的密封效果较好;二是排水板布设方式较为合理,没有造成过量的能量损耗,也没有造成过多的排水板资源浪费。而 10～16 m 范围内真空度传递过程中损耗较大,但仍明显高于 16 m 以下范围土体,16 m 以下范围传递到此处的真

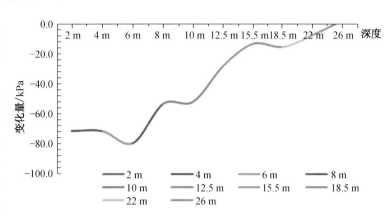

图 1.2-57　相对稳定状态孔压变化量沿深度分布曲线图

空度很低,22 m 以下能量几乎没有传递到此处。可见密封墙以下真空度能量向周围土体扩散,且土体渗透性降低,能量损耗较大,但排水板的井阻作用明显小于土体,故在排水板长度范围内仍有可观的真空度,而在排水板以下土体中真空度很小,真空压力基本成线性减小。

(4) 综合看各地块峰值孔压变化量并不是出现在最顶层土,而是一般在 4～6 m 范围内。说明第一,这一土层中的渗透系数较高的黏质粉土夹层起到了较好的水平向排水体的作用,因而也体现了密封墙的重要性,否则真空压力将沿着夹层与大气相通造成真空的大量损耗;第二,孔压变化量并不完全由真空负压决定,与预压同时进行的抽水使地下水位降低造成了土层上覆压力的增大,即发生了"堆载效应",土体加固是在"堆载"的正压和真空的负压的共同作用下完成的。

4. 真空度的稳定性

真空预压法区别于传统的堆载预压法,因为堆载预压一经加上重物则堆载压力不会变化,而真空预压由于其自身机制和较长时间的工期,真空度的稳定维持相对较为困难,而我们知道,真空度的变化将直接导致土体中孔压的变化,孔压的变化进一步导致有效应力的变化,进而影响到土体加固的进程。目前,几乎没有针对真空度不稳定对土体加固的影响的研究。

在真空预压过程中影响真空度稳定性的因素主要是真空膜、密封沟及密封墙的密封性,施工工况,预压进行过程中的供电不足或者停电,射流泵工作异常等。

这里采用本次预压加固工程中较为典型的 8#、9#、10# 三个地块进行对比研究。三个地块位置相近,地质条件相似,工况基本相同。

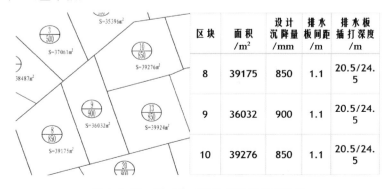

区块	面积 /m²	设计沉降量 /mm	排水板间距 /m	排水板插打深度 /m
8	39175	850	1.1	20.5/24.5
9	36032	900	1.1	20.5/24.5
10	39276	850	1.1	20.5/24.5

图 1.2-58　8#、9#、10# 地块形状及参数图

以下分别是三个地块的孔压变化量历时曲线：

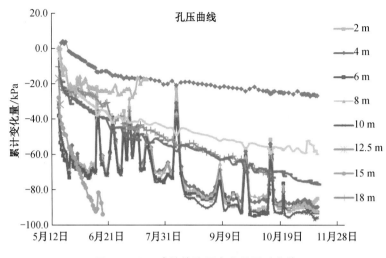

图 1.2-59　8# 地块孔压变化量历时曲线

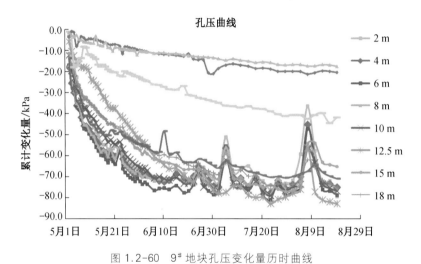

图 1.2-60　9# 地块孔压变化量历时曲线

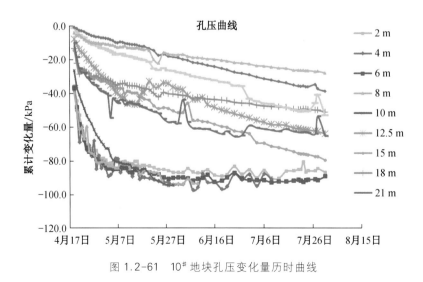

图 1.2-61　10# 地块孔压变化量历时曲线

从上面三个地块各自典型的孔压变化量历时曲线来看：

（1）三个区块真空度传递分布比较类似，峰值孔压变化量均为 $-80 \sim -90$ kPa，出现在 8 m 以下浅层部分，8 m 以上部分发生相应折减。

（2）从三个区块的真空度波动上看，8$^\#$ 地块波动极大，并发生了多次停泵事件。主要缘由包括停电、供电不足以及不均匀沉降造成的真空膜破裂。10$^\#$ 地块相对波动较小，尽管发生了停泵事件，但是短时间内进行了修复，孔压变化量曲线较为平稳。9$^\#$ 地块曲线图特征介于 8$^\#$ 和 10$^\#$ 之间。

通过统计，三个区块达到设计沉降值的真空预压工期结果如图 1.2-62 所示。

从图表中可以很直观的看出三个相似处理地块工期的不同，其中 8$^\#$ 地块所耗工期几近是 10$^\#$ 地块的 1 倍多。可见真空预压施工过程中真空度的保持

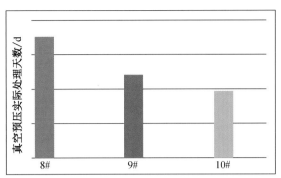

图 1.2-62　8$^\#$、9$^\#$、10$^\#$ 地块真空预压实际处理天数图表

对工期有非常重要的影响。而工期是真空预压工程十分重要的一个前提，并且将影响相应工程造价。可见维持真空度的稳定性有十分重要的意义。下面从各地块沉降图上进行分析：

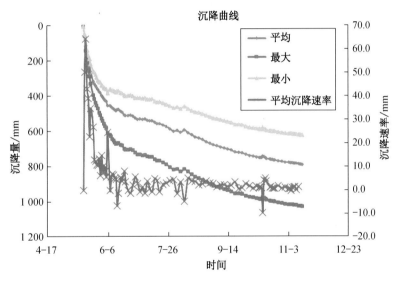

图 1.2-63　8$^\#$ 场地沉降历时曲线

从 8$^\#$ 场地沉降和沉降速率曲线来看，由于对于处理最重要的前两个月多次发生停泵和真空膜破损，由之前孔压变化量曲线的大幅波动造成了地基土沉降值的波动，沉降过程多次发生停止甚至回弹，极大地影响了土体的应力环境，不能维持峰值应力将使得土体变形速率大大降低，使得沉降曲线在 6 月与 7 月降低十分缓慢，之后在 8 月后真空度得到了较好的维持，沉降速率重新提高并最终达到了设计沉降值。但是，因沉降速率的不断改变造成了工期的大幅延长。

从分层沉降曲线来看，由于停泵等因素造成的沉降速率放缓乃至地基土回弹在浅部地层较为明显，如 8 m 以上地层可以清楚看到地基土的回弹，而 8 m 以下区域地层放缓趋势及回弹不明显，15 m 以下区域地层基本无回弹。造成这种现象的原因，一方面是深层土体中负压本身较小，引起的沉降也相应较小，因而孔压小幅的改变无法引起其沉降速率较大的变化；另一方面，这又很好地证明了之前的结论，即真空度的变化将通过改变负压渗流场继而影响孔隙水压力的变化，而负压渗流场的变化的传递是由浅层逐渐向深层传递的，真空度与超静孔隙水压力之间有相互关联而不完全同步。由于停泵或者真空膜破裂都会在一天或者几天内恢复，深层土体的负压渗流场未来得及改变或者变化很小。

从 10$^\#$ 场地我们可以看到一个较为理想的真空预压沉降曲线。在预压开始阶段，孔压变化速率较

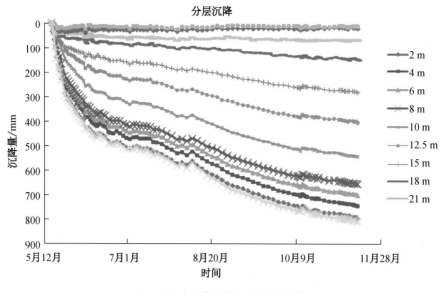

图 1.2-64 8# 场地分层沉降曲线

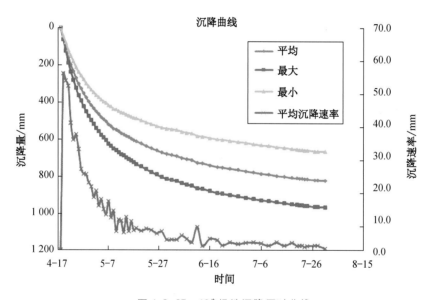

图 1.2-65 10# 场地沉降历时曲线

大,土体沉降速率较快,之后真空度逐渐趋于稳定,负压渗流场稳定传递,孔隙水压力逐渐减小至负的超静孔隙水压力趋于稳定时,地基沉降速率渐渐减缓,直至最终沉降值达到设计沉降值后沉降速率小于一定值结束真空预压。整个曲线平滑连续,沉降速率始终维持于正值且大体上均匀减小,使得整个预压过程效率较高,进而工期较短就完成了加固任务。

进一步分析波动的极端情况即停泵的影响,我们选取一张典型的发生过停泵事件的孔压变化率历时曲线图,如图 1.2-66 所示。

在这个过程中,我们把启泵时形容为一个以排水板为中心的不同深度、不同负压的渗流场,在不同负压渗流场的作用下,各深度土层发生渗流并伴随孔隙水压力的变化。稳定时排水板与相邻土层都维持在相同的负压水平上。当停泵时,以排水板为中心与大气联通较好的部分的负压消失较快,各深度土层中尚维持各自一定的负压,此时排水板与土之间相对形成了一个"正压"渗流场。"正压"大小与相应深度的排水板中的真空度消散速率 v_{1i} 有关,而重新启泵后,排水板中的真空度又将快速恢复,进而使得排水板与周围土体重新形成负压渗流场,而此时的负压大小同样取决于排水板中真空度的形成速率 v_{2i},若在理想情况下,因为排水板顶部在启泵和停泵时也分别收到 80 kPa 的负正压并向下逐渐传递,可以假定在同

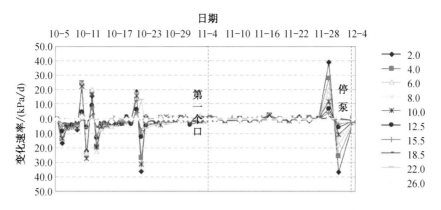

图 1.2-66　典型孔压变化率历时曲线图

一深度情况下有 $v_{1i} = v_{2i}$，那么在同样深度就会在停泵和启泵时形成压强相同的渗流场，则渗流加速度应相同。即孔压变化速率的变化快慢应该一致。那么，我们将停泵后的孔压变化速率分为 4 个阶段，如图 1.2-67 所示：

① 负孔压加速减小阶段；

② 负孔压减速减小阶段；

③ 负孔压加速增加阶段；

④ 负孔压减速增加阶段。

由之前结论可知，①②斜率相同，③④斜率应相同。由前后孔压相同可知，①②所在三角形与③④所在三角形面积一致。故从几何上可得①②③④斜率都一致。即所花时间相同。因此理论上讲，理想情况下停泵一天，就需要 3 天的时间来恢复到停泵前的状态。

该理论我们可以简单地把它比喻为一个弹簧系统，弹簧两端分别为排水板中真空度和土中真空度，方便理解。在实际工程过程中，受工程地质条件、施工条件等影响，停泵之后往往需要 k 倍时间(k 为恢复原状态所需时间系数，按上述理论取 2～4)来恢复到停泵前的状态，停泵时间越短，引起的相应恢复时间系数越小，停泵时间越长，相应所需取的恢复系数越大，这在本次工程中得到多次验证。

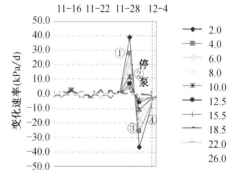

图 1.2-67　孔压变化率分段图

5. 小结

(1) 孔隙水压力与真空度是两个不同的概念，通常真空度指地下水位面以上部分的负压，而超孔隙水压力指地下水位以下部分的负压。为了方便描述，本节中地下水位上下都采用真空度进行描述。

(2) 膜下真空度不能实时准确的衡量土中超孔隙水压力的量值，因而不能准确表示真空预压处理进度或效果。

(3) 真空度沿深度的传递呈现一定的规律性。负压渗流场在浅层较快形成，并逐渐向深层传递，传递中呈现分阶段的递减性。超孔隙水压力的形成是抽真空作用和地下水位下降共同引起的。

(4) 真空度的稳定性对真空预压的工期起着至关重要的作用，真空度的波动将极大地影响土中峰值应力大小，进而极大地影响土的变形速率。当发生极端情况如停泵时，停泵时间越久，真空预压要恢复到停泵前的状态所耗时间也越久。

1.2.5.2　排水板

1. 排水板长度

在软土地基中，随着深度的增加，真空度逐渐减少。而在真空度的传递过程中都要受到介质阻力，但不同介质阻力对真空度分布有较大影响,因为纵向通水能力和渗透系数的不同,一般在地基相同的深度处:膜下真空度>塑排真空度>砂井真空度>淤泥真空度。其淤泥的渗透系数与通水能力与塑料排水板相差巨大,因此在地基中设置竖向塑料排水板以增大真空度的传递效率。而排水板长度对真空度的传递起到多大作用,以下将通过分析 6#、7#、10# 地块相关数据给予解答。

表 1.2-23 地块工况

处理分块编号	处理方法	塑料排水板设计参数		
		插打深度/m	间距/m	材质及型号
6	真空预压,真空度≥80 kPa	14.6	1.4	原生料 SPB100 - C 型
7	真空预压,真空度≥80 kPa	16.5	1.2	原生料 SPB100 - C 型
8	真空预压,真空度≥80 kPa	20.5/24.5	1.1	原生料整体式 PB100 - C 型
9	真空预压,真空度≥80 kPa	20.5/24.5	1.1	原生料整体式 PB100 - C 型
10	真空预压,真空度≥80 kPa	20.5/24.5	1.1	原生料整体式 PB100 - C 型

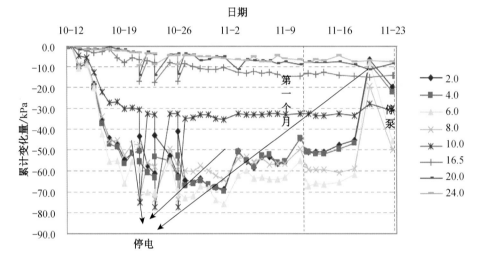

图 1.2-68 6# 地块孔隙水压力变化量历时曲线

从曲线图可以看出,在 10 m 内,真空度传递效果较好,在 8 m 左右仍能维持 50~60 kPa。这主要是受 10 m 深度的密封墙影响,使真空度损耗降低,而在 10~14 m 范围,真空度仍能维持在 30~35 kPa。但是,在 14 m 以下深度,真空度快速衰减,到 16 m 范围仅剩 10~15 kPa,20 m 以上已经小于 10 kPa。

从图 1.2-69 中可以看到,在 10 m 范围内,真空度普遍维持在较高的 70~80 kPa,这主要是受 10 m 的水泥土搅拌桩密封墙影响,在其下随深度减小,在 10~16 m 范围内真空度逐渐衰减,在 16 m 处为 30~35 kPa。而后衰减增速,18.5 m 处真空度整个处理过程中仅剩余 20 kPa,26 m 处为 10~15 kPa。

从图 1.2-70 中可以看到,10 m 以上土层孔压差普遍维持在 80~100 kPa 高值(这里大于 80 kPa 是因为除受到真空负压的作用外,还受到地下水下降引起的附加压力作用),主要是受到 10 m 密封墙的密封效果作用。10 m 之下土层真空度沿深度衰减,15 m 范围内仍能维持 60 kPa 左右,21 m 范围仍能维持 40~50 kPa,21 m 以下快速衰减,24 m 处仅剩余 20 kPa,32 m 处仅剩余 10 kPa 左右。

从以上三个地块的孔压变化值分布图可以看出真空度沿深度的传递主要分 3 个区间:

(1) 密封墙桩端深度(10 m)以上地层,真空度几乎无衰减或衰减很小;

(2) 密封墙桩端以下深度至排水板插打深度范围内,真空度沿深度衰减,但衰减相对慢;

(3) 在排水板插打深度以下,真空度衰减较快,在塑料排水板长度 1.5 倍以上深度处真空压力的影响已经较为微弱了。同时可以看出,在塑料排水板以下一定深度范围内仍有一定的真空度存在。

由以上结论可知,排水板不仅有加强地基土体竖向排水能力,还可以增强真空度沿深度的传递效率,

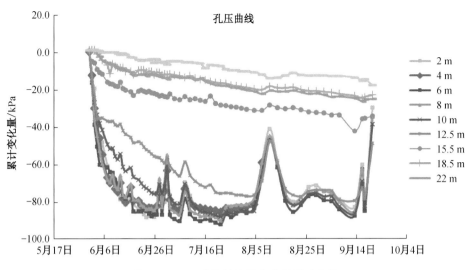

图 1.2-69　7# 地块孔压变化量历时曲线

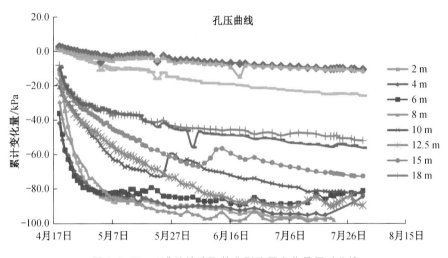

图 1.2-70　10# 地块选取的典型孔压变化量历时曲线

相同条件下,排水板长度越长,真空预压影响深度越深。

我们从沉降数据上验证这一点。

表 1.2-24　6# 地块各孔磁环沉降汇总表

孔号	各孔磁环沉降量汇总 /mm							
	磁环深度 /m	11/13（第一个月）	11/18（达到停泵标准）	11/23（停测）	孔号	磁环深度 /m	11/13（第一个月）	11/18（达到停泵标准）	11/23（停测）
CC1	2.0	−151	−157	−166	CC2	2.0	−162	−172	180
	4.0	−135	−140	−147		4.0	−179	−189	198
	6.0	−117	−123	−128		6.0	−137	−145	156
	8.0	−89	−95	−99		8.0	−114	−119	128
	10.0	−61	−64	−67		10.0	−72	−71	−80
	13.5	−45	−47	−50		13.5	−35	−33	−38
	16.5	−37	−39	−41		16.5	−26	−23	−27
	20.0	−20	−20	−23		20.0	−21	−17	−22
	24.0	−13	−13	−16		24.0	−21	−14	−20

(续表)

孔号	磁环深度/m	各孔磁环沉降量汇总 /mm			孔号	磁环深度/m			
		11/13(第一个月)	11/18(达到停泵标准)	11/23(停测)			11/13(第一个月)	11/18(达到停泵标准)	11/23(停测)
CC3	2.0	−115	−118	−125	CC4	2.0	−75	−76	−83
	4.0	−88	−92	100		4.0	−50	−51	−55
	6.0	−54	−55	−61		6.0	−31	−33	−37
	8.0	−54	−54	−64		8.0	−13	−10	−13
	10.0	−40	−36	−44		10.0	−19	−16	−21
	13.5	−37	−33	−39		13.5	−18	−14	−17
	16.5	−29	−22	−30		16.5	−14	−9	−11
	20.0	−20	−14	−21		20.0	−1	3	1
	24.0	−16	−10	−15		24.0	−2	2	−1

表 1.2-24 为 6$^\#$ 地块各孔沉降量汇总表,结合相应沉降曲线,可以看出沉降主要发生在 13 m 以内,且其中 4～10 m 之间沉降量最大,这一方面是受土层物理力学性质影响,处在这一区间的③层淤泥质粉质黏土层和④层粉质黏土层含水量高,渗透性差,压缩性高,强度低,且层厚较厚,是软土地区典型的软弱土层,完成固结需要的时间长。这也是本次预压处理中主要需要处理的土层。另一方面该数据也很好的吻合之前的孔压数据,因为在这一区间的孔隙水压力变化值最大,进一步证明了孔压是影响真空预压的直接因素。13 m 以上沉降量较小。

表 1.2-25　7$^\#$ 地块磁环沉降量与土层压缩量对应表

孔号	磁环深度/m	磁环沉降量与土层压缩量/mm							
		6/30(第一个月)		7/31(第二个月)		8/30(第三个月)		9/21(实际停泵)	
		累积量	压缩量	累积量	压缩量	累积量	压缩量	累积量	压缩量
C2	2	−353	−31	−454	−35	−487	−33	−500	−30
	4	−322	−102	−419	−112	−454	−112	−470	−113
	6	−220	−78	−307	−88	−342	−89	−357	−86
	8	−142	−47	−219	−74	−253	−86	−271	−85
	10	−95	−21	−145	−38	−167	−47	−186	−53
	12.5	−74	−13	−107	−20	−120	−23	−133	−29
	15.5	−61	−18	−87	−27	−97	−38	−104	−42
	18.5	−43	−11	−60	−19	−59	−15	−62	−16
	22	−32	−13	−41	−16	−44	−19	−46	−25
	26	−19	−19	−25	−25	−25	−25	−21	−21

表 1.2-25 为 7$^\#$ 场地磁环沉降量与土层压缩量对应表,结合相应分层沉降曲线,可以看出沉降主要发生在 15.5 m 以内,其中 4～10 m 范围内沉降量最大,15.5 m 深度以下土层沉降量仅占不足 20%。

表 1.2-26　10$^\#$ 场地磁环沉降量与土层压缩量对应表

孔号	磁环深度/m	各磁环沉降量汇总/mm							
		5/18(第一个月)		6/19(第二个月)		7/18(第三个月)		08/03(实际停测)	
		累计量	压缩量	累计量	压缩量	累计量	压缩量	累计量	压缩量
C6	2	−642	−42	−784	−50	−840	−54	−847	−56
	4	−600	−45	−734	−51	−786	−52	−791	−52

（续表）

孔号	磁环深度/m	各磁环沉降量汇总/mm							
		5/18(第一个月)		6/19(第二个月)		7/18(第三个月)		08/03(实际停测)	
		累计量	压缩量	累计量	压缩量	累计量	压缩量	累计量	压缩量
C6	6	−555	−99	−683	−96	−734	−97	−739	−95
	8	−456	−106	−587	−113	−637	−114	−644	−115
	10	−350	−114	−474	−138	−523	−142	−529	−138
	12.5	−236	−87	−336	−130	−381	−146	−391	−147
	15	−149	−95	−206	−130	−235	−143	−244	−148
	18	−54	−34	−76	−50	−92	−60	−96	−65
	21	−20	−11	−26	−11	−32	−13	−31	−15
	24	−9	−2	−15	−7	−19	−5	−16	−5
	28	−7	2	−8	5	−14	2	−11	2
	32	−9	−9	−13	−13	−16	−16	−13	−13
C10	2	−533	−11	−677	−18	−752	−22	−761	−22
	4	−522	−59	−659	−61	−730	−62	−739	−60
	6	−463	−73	−598	−80	−668	−84	−679	−83
	8	−390	−91	−518	−103	−584	−107	−596	−104
	10	−299	−105	−415	−137	−477	−147	−492	−149
	12.5	−194	−109	−278	−164	−330	−187	−343	−196
	15	−85	5	−114	−10	−143	−21	−147	−23
	18	−90	−34	−104	−43	−122	−49	−124	−54
	21	−56	−45	−61	−54	−73	−59	−70	−61
	24	−11	−11	−7	−	−14	−	−9	−

表 1.2-26 为 10# 场地磁环沉降量与土层压缩量对应表,结合相应分层沉降曲线,可以看出沉降主要发生在 21 m 范围内,其中 6～15 m 沉降最大,21 m 以上基本无沉降。

由 6#、7#、10# 场地的分层沉降综合来看,13 m、15.5 m 和 21 m 的真空预压的主要影响深度与相应的 14.5 m、16.5 m 和 20.5 m 的排水板长度基本成对应关系,可见在适当的排水板间距下,一定程度加长排水板长度可以有效的增加真空预压的有效作用深度。

2. 排水板间距

对于不设置竖向排水体,直接对天然地基加荷预压时,采用太沙基一维固结理论方程。但是,对于地基中设置竖向塑料排水板进行真空预压时,采用太沙基三维固结理论计算。本工程径向固结为主要因素。

径向平均固结度计算公式为

$$U_r = 1 - e^{\frac{-8T_h}{F}}$$

式中　U_r——径向平均估计度(%);

　　　T_h——径向固结时间因素;

　　　F——综合参数;

　　　C_h——水平向固结系数;

　　　t——固结时间;

　　　d_e——排水板影响范围直径。

其中径向固结时间因素的表达式为

$$T_h = C_h t / d_e^2$$

可以看出,固结时间与排水板影响范围直径的平方成正比例关系,而排水板影响范围直径是由排水板间距来确定的,即排水板间距越小,则相应固结时间越短。在实际工程中,受到排水板本身的井阻作用和插打排水板时的涂抹作用影响,当排水板间距缩小到一定值时,进一步减小排水板间距将无法再缩短固结时间。

于是,我们将排水板间距考虑入影响真空预压工期的因素内,将各地块真空预压实际作用时间按t/d_e^2来计算,将其与目标沉降值进行比较,重新绘成图,见图 1.2-71。

与预压天数和目标沉降值直接相关的图表对比可以发现,在考虑排水板间距值后,目标沉降值与预压天数有更好的一致性,目标沉降值对应相应地块预期达到的固结度,预压天数与排水板间距对应径向固结时间因素,二者更好的一致性即可表示

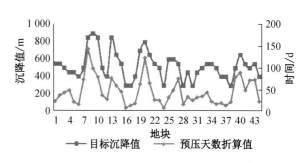

图 1.2-71　目标沉降值与预压天数折算值

实测值与理论设计值有更好的一致性,因而可以验证上述有关公式的合理性,也验证了排水板间距会影响真空预压处理工期。在一定范围内,减小排水板间距可以缩短真空预压工期。

3. 小结

(1) 真空度在土中竖向传递时,按其变化规律可分为 3 个较为明显的深度区间,即密封墙深度范围内,密封墙以下排水板深度以上范围内,排水板以下深度范围。

(2) 排水板不仅有加强地基土体竖向排水能力,还可以增强真空度沿深度的传递效率,排水板长度与真空预压影响深度有着很好的对应性。相同条件下,排水板长度越长,真空预压影响深度越深。

(3) 在一定范围内,排水板间距愈小,真空预压工期相应缩短。

1.2.5.3　加固区面积及形状影响

1. 边界效应

真空预压中的边界效应,主要是指真空预压受预压处理的边界影响。真空预压中边界效应的产生是因为在现有的施工技术条件下,不能保证边界的膜面及深层土体的绝对密封,必然导致在边界处真空负压向加固区外扩散。这种边界损失不仅对加固区边缘有影响,对整个场地的加固效果的影响也是显著的。并且向外扩散的真空负压将导致加固区外不均匀沉降的产生而对周边环境造成不良的影响。下面以 5# 地块累积沉降等值线图为例加以分析。

从图 1.2-72 可以清楚看出,加固区边界累积沉降值要小于加固区中心,整个沉降等值线图各

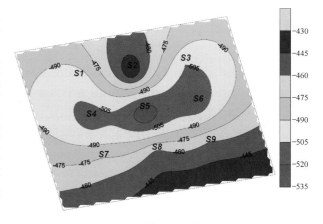

图 1.2-72　5# 地块累积沉降等值线图

等值线形状与地区边界形状有一定的对应关系。该分布与真空预压理论相一致。

2. 本次工程中针对边界效应采取的措施

本工程中为加强密封性,在浅部采取压膜密封沟等方式,在深部则采取了增设密封墙的方式。密封墙采用两排双轴水泥黏土搅拌桩,搅拌桩直径 700 mm,搭接宽度 200 mm,桩长为 10 m,水泥掺入量为 5%,水灰比(含膨润土)为 1.95,水泥为 P.C32.5 级复合硅酸盐水泥。

该密封墙设计主要出于两方面因素,一方面在整个处理区块的地层中,第③层淤泥质粉质黏土层常

夹粉质黏土层或沙层,该夹层透水性好,进行真空预压时应设置有效的闭气措施,因此应设置密封墙搅拌桩且深度应穿透该夹层,以保证能够真空预压的处理效果。另一方面,密封墙可以一定程度上阻隔处理区块内真空负压的外溢,从而减弱边界效应的影响。在前节"真空度沿深度的传递"中分析过,在本工程真空预压处理过程中,各处理区块 10 m 范围内真空度衰减较小,真空度保持较好,10 m 范围外真空度衰减较快,而 10 m 的深度与密封墙的长度一致,可见密封墙对真空度的稳定传递起到了十分积极的作用。

如前面提出的 5#地块累积沉降等值线图,沉降分布规律基本符合真空预压理论,而受密封墙密封效果影响,区域内不均匀沉降较小,边界与中心区域沉降值差距不大。其他如 1#地块、2#地块等都与此相似。其他地块如 3#地块、4#地块等都出现了不同程度的沉降值分布的不规律性,这其中的原因主要有:ⓐ受到分区域施工的影响,一个地块预压后沉降值的大小会受到相邻已施工或正在施工的地块的影响;ⓑ受预压区域中已处理或未处理的明暗浜的影响。

3. 加固区形状及面积因素对本工程的影响

[1] 加固区形状对本工程的影响

1)27#、33#地块

表 1.2-27　27#、33#地块相关施工参数表

目标沉降/mm:550			处理面积/m²:40 000~50 000		
地块编号	真空泵数量	排水板深度/m	排水板距离/m	达到设计真空度施工时间/d	最大沉降值/mm	平均沉降值/mm
27	47	16.5	1.2	110	730	577.4
33	36	16.5	1.2	64	680	519

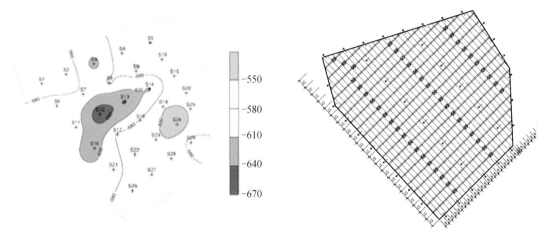

图 1.2-73　27#地块累计沉降等值线图与地块施工图

27#地块属于正常沉积区,目标沉降值 550 mm,地块处理面积 40 001~50 000 m²。地块共设 47 个真空泵,抽真空时间从 2011 年 6 月 14 日到 10 月 10 日,其中达到设计真空度的时间为 110 d。由处理后沉降曲线等值线图 1.2-73 可见,处理后场地大部沉降值为 530 mm 到 630 mm 之间。场地中间区域沉降最大,为 630 mm 到 730 mm 之间,其面积约为整个场地的 1/8。

33#地块属于古河道和正常沉积区交界部位,目标沉降值 550 mm,地块处理面积 40 001~50 000 m²。地块共设 36 个真空泵,抽真空时间从 2011 年 7 月 20 日到 10 月 2 日,共计施工 74 d,其中达到设计真空度的时间为 64 d。由处理后沉降曲线等值线图 1.2-74 可见,处理后场地大部沉降值为 600 mm 到 680 mm 之间。

33#地块预压过程比较顺利,地表沉降变化规律性比较明显,预压开始前 10 天平均沉降速率为 20~30 mm/d,第 10 天到第 30 天平均沉降速率在 10 mm/d 左右,其中 8 月 7 日、8 日停电,地表反弹明显,平均反弹量为 14 mm,第 30 天至预压结束平均沉降速率在 4 mm/d 以下。场地整体上沉降较为均匀(参见地表沉降等值线图 1.2-74)。在真空压力逐渐施加的阶段,随着真空压力的施加,各土层在真空压力的作

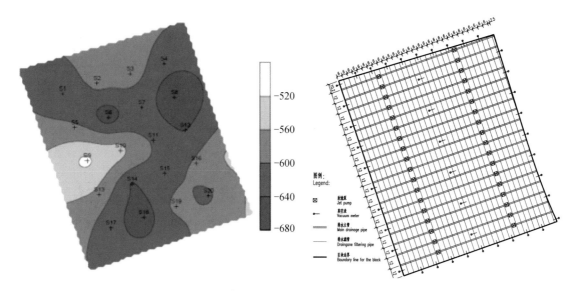

图 1.2-74　33#地块累计沉降等值线图与地块施工图

用下发生固结压缩,各土层土体逐渐压缩,导致地表沉降。此期间的地表沉降比较明显,日沉降量比较大。由于真空作用在深度方向的逐渐延伸以及排水板深度的影响,各土层所受的真空作用并不相同,最上面的土层所受压力最大,上面土层最先开始固结压缩。在真空压力稳定的阶段,地表沉降也比较明显,日沉降量逐渐稳定。此阶段真空作用在各土层,但由于真空作用在深度方向的衰减以及排水板深度的影响,各土层所受的真空作用不同,在大概 15 m 以下的土层,真空作用较小,因此压缩量主要集中在 15 m 以上的③淤泥质粉质黏土层(包括夹淤泥质层)和④淤泥质黏土层。

27#地块与 33#地块的处理面积相同,目标沉降值相同,27#地块场地呈不规则六边形,虽然 27#地块的最终最大沉降值和平均沉降值都大于 33#地块,但 27#地块使用真空泵的数量和抽真空时间却明显大于 33#地块,所以不能明显比较出二者形状不同带来的差异。

2) 38#、28#、30#地块

表 1.2-28　38#、28#、30#地块相关参数表

目标沉降 /mm:300					
地块编号	面积 /m²	真空泵数量	排水板深度 /m	排水板距离 /m	达到设计真空度施工时间 /d	平均沉降值 /mm
38	10 000~20 000	13	14.5	1.3	37	291.8
28	30 000~40 000	29	13.5	1.4	32	312.7
30	20 000~30 000	31	13.5	1.4	49	322.9

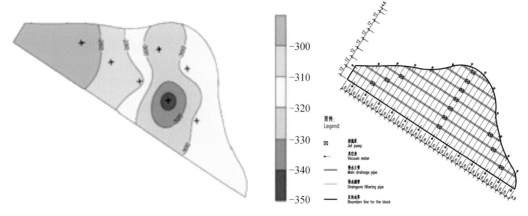

图 1.2-75　38#地块累计沉降等值线图与地块施工图

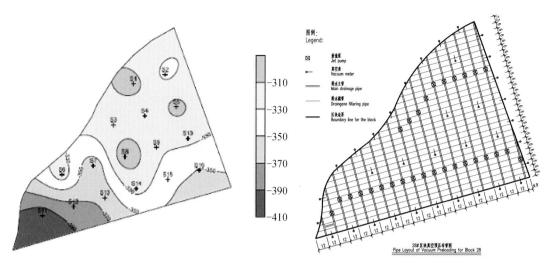

图 1.2-76　28[#] 地块累计沉降等值线图与地块施工图

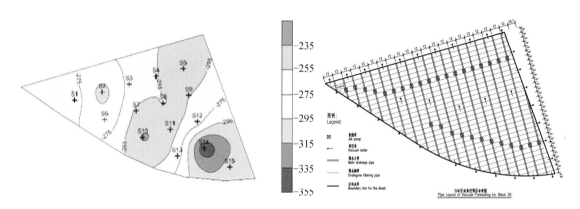

图 1.2-77　30[#] 地块累计沉降等值线图与地块施工图

38[#] 地块属于正常沉积区,处理面积 10 000～20 000 m²,目标沉降为 300 mm。地块相对独立,周围没有处理的场地。场地不规则,接近三角形。射流泵在场地内共设 13 个,抽真空时间从 2011 年 4 月 28 日到 6 月 13 日,其中达到设计真空度的时间为 37 d。地块原为农田。场地前期所受固结压力基本均匀。最大沉降发生在场地中央。

28[#] 地块属于正常沉积区,处理面积 30 000～40 000 m²,目标沉降量为 300 mm。场地形状接近三角形,最大沉降发生在场地边缘。

30[#] 地块与 28[#] 地块相邻,处理面积为 20 000～30 000 m²,目标沉降为 300 mm。

场地形状接近三角形,最大沉降发生在场地边缘,最小沉降在场地中间。

38[#]、28[#]、30[#] 地块的形状都接近三角形,从它们的最终沉降等值线图来看,无论真空泵如何布置,其最终沉降图的等值线都呈垂直于底边。这一现象与它们的形状有关。

3）6[#]、44[#] 地块

表 1.2-29　6[#]、44[#] 地块相关参数表

目标沉降 /mm：400	处理面积 /m²：10 000～20 000					
地块编号	真空泵数量	排水板深度 /m	排水板距离 /m	达到设计真空度施工时间 /d	最大沉降值 /mm	平均沉降值 /mm
6	15	14.5	1.4	33	580	464.2
44	12	14.5	1.3	40	505	433.5

6[#] 地块和 44[#] 地块处理面积、目标沉降条件大致相似,且地块形状相似。44[#] 地块为相对独立地块,

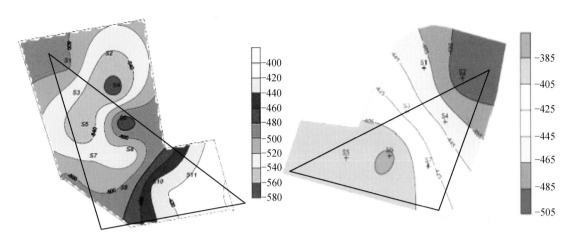

图 1.2-78 6#、44#地块累计沉降等值线图

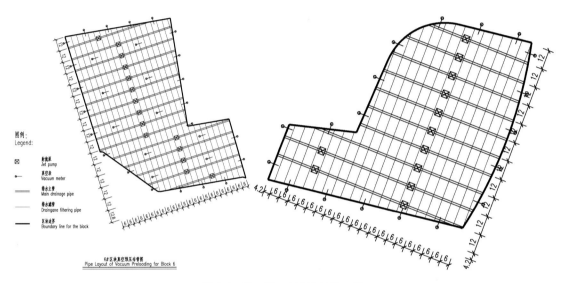

图 1.2-79 6#、44#地块施工图

属于正常沉积区。而 6# 属于古河道与正常沉积区的交界,地块受周边地块影响,沉降较大,其中沉降最多的点较 44# 地块大 75 mm。

6# 地块和 44# 地块形状特殊,如果将其下部看成近似的三角形,那么它们的沉降图的等高线也可看成是垂直于底边的。

由 38#、28#、30#、6#、44# 地块来看,真空预压场地呈近似三角形时,其施工后场地等高线会呈垂直于底边分布。

4)8#、9#、10#、13#地块

表 1.2-30 8#、9#等四区块相关参数表

处理面积 /m²:30 000～40 000							
地块编号	目标沉降	真空泵数量	排水板深度 /m	排水板距离 /m	达到设计真空度施工时间 /d	最大沉降值 /mm	平均沉降值 /mm
8	850	37	20.5/24.5	1.1	145(膜坏)	1 040	797
9	900	37	20.5/24.5	1.1	120	1 020	850
10	850	36	20.5/24.5	1.1	97	960	817.3
13	850	34	20.5/24.5	1.1	55	940	834

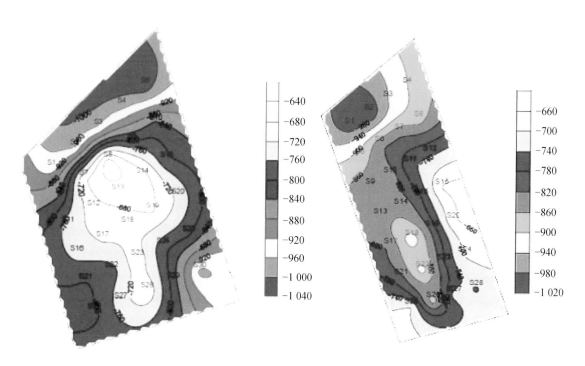

图 1.2-80　8# 与 9# 地块累计沉降等值线图

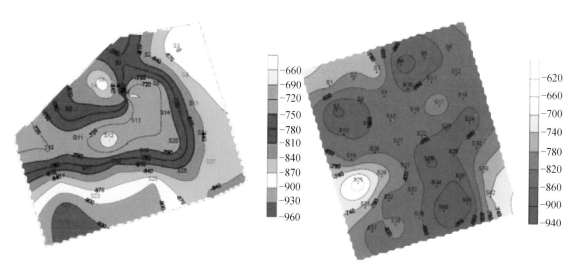

图 1.2-81　10# 与 13# 地块累计沉降等值线图

　　8#、9#、10#、13# 地块处理面积相同,排水板的插打深度都超过了 20 m,目标沉降值接近且很大。其中 8# 地块中间区域曾出现过真空膜破裂的现象,导致其中间区域沉降值很小。从这几个地块的最终沉降图可以看到,它们的最大沉降都是发生在边界上,而且这几个地块的沉降连通性好,从区域图上看,地块边界处的等值线相连。由于这几个排水板的插打深度都超过了 20 m,远远超过密封墙的深度,所以笔者认为,这是由于密封墙的密封性和抽真空的影响区域叠加的效果。

　　从这几个地块的最大沉降值、平均沉降以及抽真空时间来看,13# 地块抽真空时间最短,仅 55 d 就达到设计沉降值。10# 地块平均沉降值最小,8#、9# 地块的抽真空时间较 10#、13# 地块要多,最终效果却与 10#、13# 地块差不多。笔者认为,这应该与它的形状有关,8#、9# 地块形状较狭长,13# 地块接近正方形。

5) 3#、7#、11#、23#、39#地块

表 1.2-31　3#、7#等五区块相关参数表

目标沉降/mm:500	处理面积/m²:30 000～40 000					
地块编号	真空泵数量	排水板深度/m	排水板距离/m	达到设计真空度施工时间/d	最大沉降值/mm	平均沉降值/mm
3(古河道)	35	16.5	1.2	53	700	447
7(古河道)	30	16.5	1.2	106	820	575.1
11(交界)	34	16.5	1.2	54	700	573
23	39	16.5	1.2	38	630	542.2
39	31	16.5	1.2	115	600	526.8

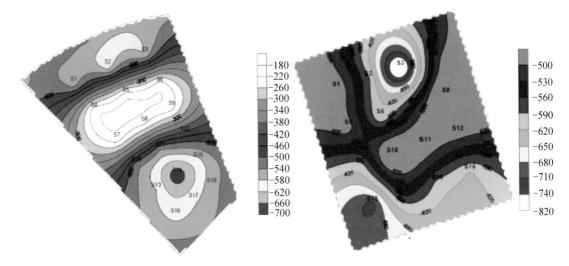

图 1.2-82　3#与7#地块累计沉降等值线图

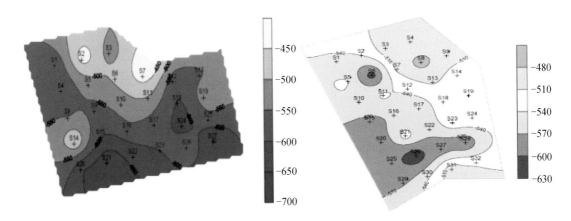

图 1.2-83　11#与23#地块累计沉降等值线图

3#地块属于古河道沉积区,真空预压效果比较明显,在较短的时间内达到了设计要求的目标沉降值,其中沉降主要发生在第一个月。整个预压期间有两次停电的影响,由于停电时间较短,真空压力的减小量值不大,因此对总的沉降未有较大的影响,仅仅使停电后第 2 天的沉降量值减小,并未发生土体反弹的现象。其中 S4—S9 所在区域是比较特殊的区域,虽然截止到停泵时,沉降量较小,但是从每层土的压缩量可以发现,在停泵时,各土层压缩量已经很小,说明该区域内土层的固结压缩已趋于结束。该区域内的土层也达到了与其他区域一样的加固效果。3#地块沉降值为 180～260 mm 的区域原来有一较大的土堆,已先期固结。

7#地块属于古河道沉积区,它的真空预压与目标沉降值类似的 3#地块以及比其目标沉降值大的

1#、2# 地块的时间要长很多,通过数据的比对,发现 7# 地块的沉降速率与其他地块比较接近,主要由于设计要求的停泵标准中有一条为:一个区块中小于目标沉降值的观测点应是随机分布的,且小于目标沉降值的任意两点不相邻。在 7# 地块中,S10～S12 的沉降在整个预压期间变化速率比较小,一直未能满足设计的要求,与相对应的各土层压缩量相比,这三个点的压缩量也较低,这与地下土层的复杂程度有很大的关系,实际上在真空预压的一个月后,这三个点的沉降速率与其他点相比同样比较稳定,基本上已经完成了主要的固结沉降,在其后的较长时间内才达到了设计的要求。因此,相比较其他地块而言,7# 地块的真空预压期较长。

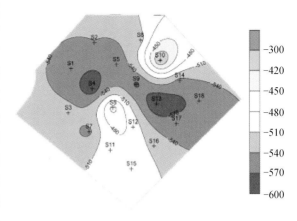

图 1.2-84　39# 地块累计沉降等值线图

39# 地块目标沉降要求高,但受施工条件影响,造成施工工期长。如 6 月 15 日和 6 月 27 日真空破损,造成真空度下降,具体表现为土体负孔压出现下降,地表沉降出现回弹,地表沉降速率减缓等现象。与此类似,8 月 7 日停电也会造成真空度下降、施工荷载卸载。因此没有可比性。

11# 和 23# 地块对比,从最大沉降值和平均沉降值来看,11# 地块都要明显好于 23# 地块,11# 地块为不规则五边形,23# 地块为不规则六边形,笔者认为这与其形状系数有关。

7# 地块与 39# 地块对比,二者最大的区别是 7# 地块为古河道沉积区,39# 地块为正常沉积区,二者处理面积、目标沉降、达到设计真空度时间、排水板插打条件都相同,7# 地块的最终沉降最大值与平均值都大于 39# 地块,笔者认为这与其地质条件有关,古河道沉积区真空预压后较正常沉积区沉降大。

[2] 加固区面积对本工程的影响

1）41#、43# 地块

表 1.2-32　41#、43# 地块相关参数表

目标沉降 /mm:550			处理面积 /m²:10 000～20 000		
地块编号	真空泵数量	排水板深度 /m	排水板距离 /m	达到设计真空度施工时间 /d	最大沉降值 /mm	平均沉降值 /mm
41	20	16.5	1.2	71	660	559.9
43	14	16.5	1.2	106	575	543.2

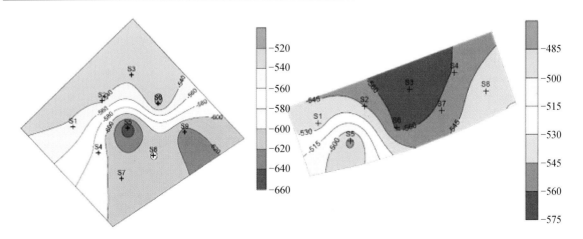

图 1.2-85　41#、43# 地块累计沉降等值线图

41# 地块整体沉降呈阶梯状,东南部边缘 S9 的沉降最大,沉降值为 −660 mm。西北部边缘 S3 处沉降最小,沉降值为 −520 mm。其中两排真空泵之间的沉降变化最快。

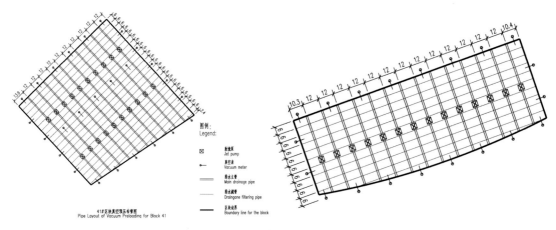

图 1.2-86　41#、43#地块施工图

43#地块整体沉降呈阶梯状,西北部边缘 S3 沉降最大,沉降值为−575 mm,东南边缘 S5 处沉降值最小,沉降值为−485～−500 mm。

41#地块和 43#地块的目标沉降值与面积大小、排水板插打深度以及排水板间距相同,但是由于两地块的形状有很大不同(一个长宽比接近 1∶1,一个长宽比接近 1∶3)导致二者布置的真空泵数量不同,但是 41#地块的最大沉降值却比 43#地块的最大沉降值大 85 mm,笔者认为这与地块所处位置有关,41#地块周围的其他地块对其沉降有增强的作用。这在 6#地块和 44#地块也可见到。

27#、33#、41#、43#地块目标沉降值、排水板插打深度、排水板间距相同。但是,从 27#、33#地块的最终沉降图可以看到两地块沉降的都比较均匀,27#地块大部沉降为 530～580 mm,33#地块大部沉降为 600～640 mm。这与 41#、43#最终沉降不同,后者的沉降图为阶梯状。笔者认为,这与地块的处理面积不同有关。当地块面积较大时,其处理后沉降更均匀。

2) 16#、28#地块

表 1.2-33　16#、28#地块相关参数表

目标沉降 /mm:300				处理面积 /m²:30 000～40 000		
地块编号	真空泵数量	排水板深度 /m	排水板距离 /m	达到设计真空度施工时间 /d	最大沉降值 /mm	大部沉降值 /mm
16	43	14.5	1.4	17	400	310～370
28	29	13.5	1.4	32	410	310～350

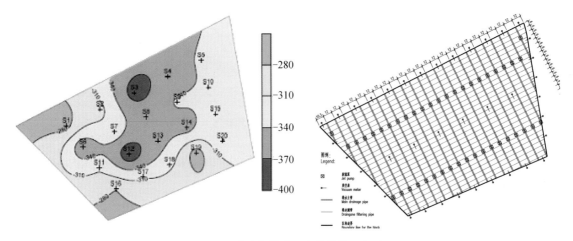

图 1.2-87　16#地块累计沉降等值线图与施工图

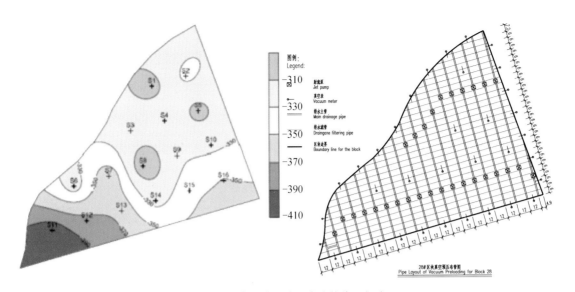

图 1.2-88 28#地块累计沉降等值线图与施工图

16#地块属于正常沉积区,目标沉降均为 300 mm,处理面积 30 001～40 000 m²,地块共设 43 个真空泵,抽真空时间从 2011 年 9 月 23 日到 10 月 22 日,其中达到设计真空度的时间为 17 d。排水板布置如图 1.2-87 所示。该地块处于场地的东部边缘。由处理后沉降曲线等值线图 1.2-87 可见,处理后场地大部沉降值为 280 mm 到 370 mm。东北东南角较西北西南角的沉降值大 60 mm。地块中部沉降较大,为 340 mm 到 370 mm。其中局部达到 370 mm 到 400 mm。

28#地块属于正常沉积区,目标沉降均为 300 mm,处理面积为 30 001～40 000 m²,排水板如图 1.2-88 所示。地块共设 29 个真空泵,抽真空时间从 2011 年 6 月 10 日到 7 月 15 日,其中达到设计真空度的时间为 32 d。该地块是酒店 1 区,地块西部是处理场地的边缘。由处理后沉降曲线等值线图 1.2-88 可见,处理后场地大部沉降值为 310 mm 到 370 mm 之间。地块的西南角沉降最大,沉降值为 390 mm 到 410 mm 之间。这是因西南角的射流泵布置较密、真空度较大造成的。

从这两个地块可以看出,当处理面积较大时,场地的整体沉降较平均,更加趋于目标沉降值。

3）4#、29#地块

表 1.2-34 4#、29#地块相关参数表

目标沉降 /mm：450			处理面积 /m²：30 000～40 000		
地块编号	真空泵数量	排水板深度 /m	排水板距离 /m	达到设计真空度施工时间 /d	最大沉降值 /mm	平均沉降值 /mm
4(古河道)	40	14.5	1.3	53	535	513.2
29	37	16.5	1.3	57	660	517

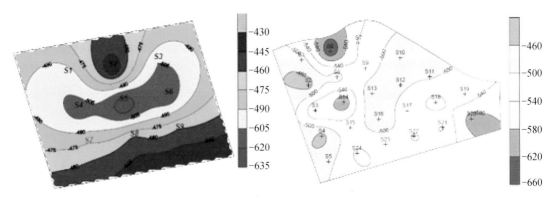

图 1.2-89 4#、29#地块累计沉降等值线图

4. 有关形状系数的讨论

[1] 传统形状系数 γ

(1) 上海市工程建设规范《地基基础设计规范》(DGJ 08-11—2010)提出的场地形状系数：

$$\alpha = F/S$$

(2) 娄炎(1990)提出的场地形状系数：

$$\beta = F/n$$

式中　F——加固区面积；

　　　S——加固区周长；

　　　n——加固区长宽比，$n = a/b$（长/宽）。

[2] 传统形状系数的局限性

传统形状系数在考虑面积和形状方面有三方面明显的缺陷：ⓐ面积周长与长宽比是分离的，例如，按照娄炎形状系数，$100\ \mathrm{m} \times 100\ \mathrm{m}$的场地将与$200\ \mathrm{m} \times 100\ \mathrm{m}$的场地形状系数相同，但根据常识即可知道明显不同，且长宽比仅仅针对四边形，而实际施工场地可能为多边形；ⓑ提出的形状系数的量纲问题，即两个形状系数的量纲均不平衡；ⓒ在最近的大面积真空预压工程中出现的，即当边界采取密封墙方式时，将极大影响边界效应的作用，继而影响形状系数的取值。

[3] 新形状系数的讨论

考虑到传统形状系数的局限性，针对局限性的前两点，我们采用与标准形状地块进行比较的方式取系数，这可以一方面解决量纲问题，另一方面对面积周长和长宽比进行整合。当然，在复杂大面积预压施工条件下，场地存在非常复杂的影响因素，因而形状系数很难精准定量化。因而参考相关资料，相对标准面积为F_0的场地，对传统形状系数改进后得

$$\gamma = \frac{4\sqrt{F}}{S} \times \frac{F}{F_0}$$

这个式子的意义为，右端前半部分为相同面积情况下一个正方形的周长和此场地周长的比值，后半部分为面积的比值的倒数，整个式子即为周长之比与面积之比的比值。这里的形状系数越大，即表明相同面积条件下周长越短，气密性越好，则边界效应越不明显，预压效果就越高。

接着考虑到密封性问题时，由于本次工程采用的双排轴水泥土搅拌桩渗透系数较低，从之前的孔压及沉降数据来看密封性较好，因而我们将其视为不透水的隔离边界，考虑采用地下水动力学中的直线隔水边界附近的稳定井流进行分析。

如图 1.2-90 所示，当抽水井附近存在抽水边界且抽水边界为隔水边界的时候，我们采用镜像法，在隔水边界另一端镜像一个虚井，且虚井为抽水井，那么在隔水边界以及附近的土层中水位的下降相当于是两个抽水井共同作用引起，因而降深更大。将其应用到真空预压中，那么隔水边界将有相似的效应，在隔水边界附近将产生类似的负压渗流场的变化，将稳定井流中的地下水位线换做超孔隙水压力的零点，向下超孔隙水压力为负值，由于水压力作用机理的相似，则负压渗流场的分布与图 1.2-92 中隔水边界附近的稳定井的降落漏斗一致，会因为隔水边界的存在而有所增大。借鉴潜水层中隔水边界附近完整井的水头公式：

$$H_0^2 - h^2 = \frac{Q}{\pi K} \ln \frac{R^2}{r_1 r_2}$$

经计算可知，完整井在隔水边界处的水头值为没有隔水边界的相同位置的水头值的$\sqrt{2}$倍，同样，把静水压力的分布化为孔隙水压力的分布，在真空预压中，密封墙处的负压值可以认为为没有密封墙的相同位置的$\sqrt{2}$倍。沿边界向内影响逐渐减小。

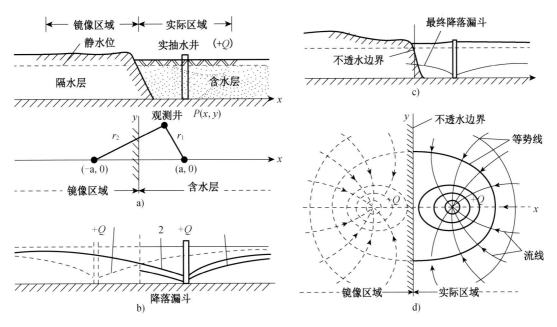

图 1.2-90　直线隔水边界附近的稳定井流

在实际工程中,密封墙的作用不仅仅局限于提高了相邻土体内的负压,而且可以阻隔一定深度范围内的高渗透性夹层在处理过程中真空能量向外的耗散,并且能够一定程度帮助密封墙深度范围内的真空能量的传递,使得真空预压的影响深度加大,相应处理效果提高。因而对于密封墙影响因子的取值目前只能通过工程经验取得。即 $\gamma = K \dfrac{4\sqrt{F}}{S} \times \dfrac{F}{F_0}$,$K$ 为边界密封影响因子。

由于本次施工中所有地块均进行了密封墙处理,且形状系数仅用于比较用途,因而在本次工程中的横向比较时采用不考虑密封影响因子的公式进行计算。

表 1.2-35　形状系数与真空预压工期及沉降汇总表

地块	面积	周长	形状系数	预压天数	目标沉降值	实际平均沉降值	实际沉降与目标沉降比
2	38 487	815	3.705 72	54	550	599.3	1.089 636
3	37 061	794	3.594 30	63	500	447	0.894
4	35 396	801	3.325 51	83	450	533.2	1.184 889
19	33 575	751	3.276 75	76	700	824	1.177 143
20	33 286	772	3.146 55	150	800	844	1.055
21	39 578	798	3.946 73	95	650	701	1.078 462
22	39 475	828	3.788 89	39	550	560	1.018 182
25	37 904	790	3.736 46	48	600	727	1.211 667
26	28 373	742	2.576 40	71	600	704	1.173 333

由表 1.2-35 可以看出,当形状系数越大时,其预压天数有越短的趋势,实际沉降值与目标沉降值的比值有增大的趋势,即形状系数越大,其真空预压进行越快,处理效果越好。但是,由于各区块施工工况的不同,目标沉降值的不同等多方面因素影响,部分地块并不完全符合这个规律。

需要注意的是,目前形状系数的应用仅局限于不同处理区块的比较,由于场地复杂地质条件和不同施工因素的制约,形状系数无法应用于对预压处理工期乃至效果进行精准的定量计算,但其仍可以辅助对施工区块进行合理分区以及区块形状的优化。因为从形状系数的公式来看,区块面积增大,区块形状越趋近于正方形时,则形状系数就越大,对真空预压处理实际效果就越好。

5. 小结

(1) 边界密封性会直接影响加固区真空度大小,因而面积和形状都一定程度上影响着真空预压的工期和效果。

(2) 量化的形状系数可以用来横向比较不同形状和面积对加固区的加固效果的影响。区域面积越大,越趋近于正多边形,则真空预压处理的实际效果也越好。

(3) 当场地为特殊形状时,其真空预压后地块累计沉降等值线也会呈特殊分布,如地块为近似三角形时。

(4) 真空预压施工效果还与施工场地地质条件有关,古河道沉积区真空预压后较正常沉积区沉降大。

1.2.5.4 地质条件对本工程的影响

表 1.2-36 1#、2#、15#、22# 地块相关参数表

目标沉降/mm:550				处理面积/m²:30 000～40 000		
地块编号	真空泵数量	排水板深度/m	排水板距离/m	达到设计真空度施工时间/d	最大沉降值/mm	平均沉降值/mm
1(古河道)	36	16.5	1.2	35	740	603.8
2(古河道)	38	16.5	1.2	54	690	579.3
15	33	16.5	1.2	66	670	559.9
22	46	16.5	1.2	39	640	564.2

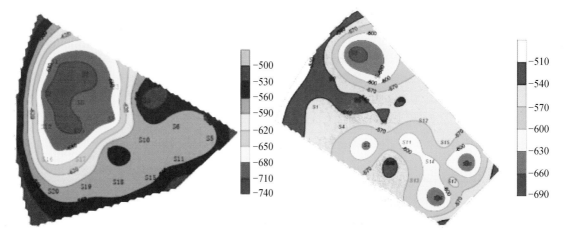

图 1.2-91 1#、2# 地块累计沉降等值线图

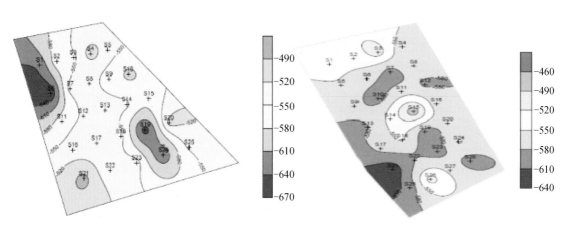

图 1.2-92 15#、22# 地块累计沉降等值线图

4♯ 地块属于古河道沉积区，29♯ 地块属于正常沉积区，4♯ 地块与 29♯ 地块目标沉降值、面积相同，形状有较大区别且排水板插打深度不一样，4♯ 地块插打深度为 14.5 m，29♯ 地块插打深度为 16.5 m。最终二者的平均沉降值相当。

1♯、2♯ 地块属于古河道沉积区，15♯、22♯ 地块属于正常沉积区，4 个地块的目标沉降值与处理面积相同。排水板插打深度、间距相同。从最终沉降最大值和平均值来看，沉积区的地块真空预压处理后的效果不如古河道地区。

1.2.6　本章总结

本研究采取现场观测与测试、室内试验、理论研究和数值计算分析相结合的技术手段和方法开展工作，对大面积场地地基处理关键技术研究(超大面积真空预压地基处理加固效果、真空度传递规律、加固机理、变形规律、固结沉降实用设计计算方法、真空预压对周边环境影响、加固影响因素)进行了较为系统深入的研究。取得了如下较为丰富的科研成果。

[1] 基于现场观测资料和试验结果分析大面积真空预压加固过程中地基变形规律并评价加固效果。

现场观测数据和效果检验结果表明：超大面积真空预压场地的固结与荷载、时间关系密切，总体上地表沉降呈指数或双曲线形式增长，地表沉降速率是一个渐变收敛过程。真空预压工艺成功应用的关键在于保持场区真空度的稳定，应尽量避免出现停电和真空膜漏气等状况。孔压随深度的变化规律与分层沉降相似，所不同的是孔压的衰减与密封墙关系密切，一般在密封墙桩端以上衰减较弱，表明密封墙桩端以上能够保持真空度基本不衰减，该范围真空度较好，真空预压效果明显。本次真空预压主要的压缩层为③淤泥质粉质粘土层和④淤泥质粘土层，压缩层达到第①～⑤层。真空度在沿竖向排水体向深部土体的传递过程中，塑料排水体和土体的阻力使得真空度有衰减，真空预压对深部土体的加固效果不如浅部土体明显，所以对深部土体的加固效果有限。而对于中等级处理地块，真空预压对施工期内地基承载力的提高也较为有限。各区块加固前后含水量、孔隙比均有较大的变化。加固后土体的含水量比加固后前的含水量与孔隙比有明显的减少，其浅部减少的幅度大，深部减少的幅度小。在塑料排水板深度范围内，含水量减少约 1%～5%，孔隙比减小约 1%～10%，说明真空预压的效果是明显的。

[2] 建立超大面积荷载作用下深厚软基沉降的合理计算理论体系和预测方法。

首先从各种排水条件下地基平均固结度的理论解的一般表达式出发，推导出停止加荷后各时刻沉降量与沉降速率符合线性关系，建立了依据实测沉降－时间曲线的一种新的最终沉降预测方法。该方法通过对沉降量－沉降速率数据进行线性拟合预测地基土最终沉降，具有较高的精度和工程实用性。该方法物理意义明确，拟合得到的最终沉降量和卸载时实测平均沉降较为接近，最终沉降的计算和预测可适当考虑次固结的影响，该修正系数可取 1.1～1.2，对于预压期较短的地块修正系数可取低值，对于预压期较长的地块应适当提高修正系数。各地块最终沉降可参考该方法修正后得到的最终沉降。

然后从真空预压的加固机理以及地基固结的力学分析出发，提出了基于规范计算方法的真空预压及真空联合堆载预压的最终沉降改进方法，并给出了压缩层厚度的计算方法。通过对比计算，验证了该方法的准确性以及适用性，改进的方法相对于现行规范的计算结果更偏于保守，并且更接近于实际情况，同时也更加符合其加固机理。

[3] 通过现场试验分析并建立真空预压三维有限元数值计算方法，对比分析超大面积真空预压对周边环境的影响。

现场试验揭示了真空度在水平方向上的传递规律及加固区外围的地基变形规律，而三维数值模型的分析结果较好的模拟了大面积抽真空预压稳定后的固结过程，在地表沉降、分层沉降以及分层孔压数据的发展规律上与现场实测结果较为近似，为大面积真空预压处理对周边环境影响的研究提供有力的支撑和依据。通过研究不同土体参数及不同种类的密封墙对周围土体变形的影响，得出孔隙比、泊松比、渗透系数较小的的周边土体受加固区的影响较小，故在设计施工时对孔隙比、泊松比、渗透系数较大或者变形模量较小的周边土体要更多的考虑其变形问题。变形模量较小的粘土密封墙其周边地块的变形较小。故在今后设计中对密封墙的选择,可考虑更加经济的粘土搅拌桩密封墙,以减少周边地块的土体变形。

[4] 结合大量现场试验数据,对大面积真空预压加固效果的影响因素进行了深入研究,得到了如下结论:

(1) 膜下真空度不能实时准确的衡量土中超孔隙水压力的量值,因而不能准确表示真空预压处理进度或效果。

(2) 真空度沿深度的传递呈现一定的规律性。负压渗流场在浅层较快形成,并逐渐向深层传递,传递中呈现分阶段的递减性。超孔隙水压力的形成是抽真空作用和地下水位下降共同引起的。

(3) 真空度的稳定性对真空预压的工期起着至关重要的作用,真空度的波动将极大的影响土中峰值应力大小,进而极大的影响土的变形速率,当发生极端情况如停泵时,停泵时间越久,真空预压要恢复到停泵前的状态所耗时间也越久。

(4) 排水板不仅有加强地基土体竖向排水能力,还可以增强真空度沿深度的传递效率,排水板长度与真空预压影响深度有着很好的对应性。相同条件下,排水板长度越长,真空预压影响深度越深。

(5) 边界密封性会直接影响加固区真空度大小,因而面积和形状都一定程度上影响着真空预压的工期和效果。

(6) 量化的形状系数可以用来横向比较不同形状和面积对加固区的加固效果的影响。区域面积越大,越趋近于正多边形,则真空预压处理的实际效果也越好。

(7) 当场地为特殊形状时,其真空预压后地块累计沉降等值线也会呈特殊分布,如地块为近似三角形时。

参考文献1.2

[1] 中华人民共和国国家标准《建筑地基处理技术规范》(GB 50007—2011).

[2] 中华人民共和国国家标准《建筑地基基础设计规范》(JGJ 79—2012).

[3] 上海市工程建设规范《岩土工程勘察规范》(DGTJ 08—37—2012).

[4] 上海市工程建设规范《地基基础设计规范》(DG/TJ 08—11—2010).

[5] 上海市工程建设规范《地基处理技术规范》(DG/TJ 08—40—2010).

[6] 叶观宝,高彦斌.地基处理[M].3版.北京:中国建筑工业出版社,2009.

[7] 李广信.高等土力学[M].北京:清华大学出版社,2009.

[8] 龚晓南主编.地基处理手册[M].3版.北京:中国建筑工业出版社,2008.

[9] 钱家欢,殷宗泽.土工原理与计算[M].北京:中国水利水电出版社,1996.

[10] 中国建筑西南勘察设计研究院有限公司.川沙A-1地块勘察报告,川沙A-1地块场地形成设计文件[R].2010.

[11] 岑仰润.真空预压加固地基的试验研究及理论研究[D].杭州:浙江大学,2003

[12] 阎澎旺,陈环.用真空加固软土地基的机制与计算方法[J].岩土工程学报,1986.

[13] 高志义.真空预压法的机理分析[J].岩土工程学报,1989.

[14] 彭劼.真空—堆载联合预压法加固机理及计算理论研究[D].南京:河海大学,2003.

[15] 龚晓南,岑仰润,李昌宁.真空排水预压加固软土地基的研究现状及展望[J].地基处理理论与实践——第七届全国地基处理学术讨论会论文集,2002.

[16] 荆婷婷.超大面积真空预压处理深厚软基处理的数值模拟预测与分析[D].上海:同济大学,2011.

[17] Tuan Anh Tran, Toshiyuki Mitachi. Equivalent plane strain modeling of vertical drains in soft ground under embankment combined with vacuum preloading[J]. Computer and Geotechnics, 2008.

[18] P. J. Velent. Investigation of the Seafloor preconsolidation Foundation Concept [J]. Naval covil Engineering Laboratory, 1993.

[19] Malek Abdelkrim, Patrick de Buhan. An elastoplastic homogenization procedure for predicting the settlement of a foundation on a soil reinforced by columns[J]. European Journal of Mechanics A/Solids, 2007.

[20] Shui-Long Shena, Jin-Chun Chaib, and Zhen-Shun Hong. Analysis of field performance of embankments on soft clay de-

posit with and without PVD-improvement[J]. Geotextiles and Geomembranes, 2005.

[21] Thiamosoon Tan, Lnoue T, Sengol IP L EE. Hyperboilc method for consolidation analysis[J]. Journal of Geotechnical Engineering, 1990.

[22] Siewoamn TAN. Validation of hyperbolic method for settlement in clays with vertical drains [J]. Soil and Foudations, 1995.

发表论文 1.2.1

真空预压加固对周围土体变形的影响分析

杜　超　唐海峰　胡志刚　王　晓　宋保强

(中国建筑西南勘察设计研究院有限公司,四川成都,610081)

1　引言

试验研究及工程实践表明,在抽真空工程中土体受到的剪应力不断增加,在预压区土体产生指向预压区中心的侧向变形。真空-堆载联合预压加固软土地基,加固区周围土体具有先向加固区内、后向加固区外移动的特点。因此,在真空荷载及填土荷载的双重作用下,将有效减少天然地基的侧向变形[1],同时真空联合堆载预压法加固软基时,也需要考虑加荷速率的控制,否则会发生地基失稳的事故[2]。地基土的单向位移或往复变形都会对加固区周围构筑物产生影响,影响程度与场地地质条件、抽真空作用强度、地下水赋存情况、竖向排水体的存在情况等有关[3]。

目前,对真空预压法机理研究较多。但是,真空预压对周围建筑物及环境的影响研究很少,对影响程度还不十分清楚。而这在软基加固设计及施工时都必须仔细分析,认真研究,以避免工程事故,减少损失。因此,研究真空预压对周围环境的影响具有重要的工程价值。

本文先分析了加固区外的土体沉降和水平位移规律,之后利用有限元程序进行了数值分析,并与试验数据进行对比,探讨真空预压对周围土体变形的影响情况。

2　工程概况

上海迪士尼乐园场地形成工程位于浦东新区川沙黄楼镇,北临迎宾大道(S1),西临沪芦高速(S2)公路,东临唐黄路,南临规划航城路,总用地面积约 7 km²,拟建为拥有轨道、道路、综合娱乐设施以及后勤保障设施的综合大型主题公园。该地块通过 S1 约 12 km 可达浦东国际机场;通过 S2 约 30 km 可至洋山港东海大桥;经外环线约 30 km 可至虹桥机场;经外环线和省际高速公路(沪杭、沪宁、沪嘉)与"长三角经济区"的浙江、江苏相联系。

上海迪士尼乐园场地形成主要包括清表、障碍物清除、明暗浜处理、场地填筑、地基处理、大面积平整和附属河道、密封沟等附属设计。拟建场地为平原水网地区,地貌类型为长江三角洲滨海平原,属于典型的软土地基,其软弱地层的厚度大,压缩性大,含水量高,为有效降低工后残余沉降和差异沉降,采用真空预压+覆水堆载法进行地基处理。

对于地基处理,上海迪士尼乐园场地要求各区块沉降达到卸载标准,平板载荷试验须满足相关要求。高等级区在 120 kPa 的测试压力下,中等级区在 100 kPa 的测试压力下,低等级区在 80 kPa 的测试压力下,载荷板的允许沉降为 25 mm。

3　加固区外土体位移规律的监测数据分析

3.1　地块监测内容

川沙 A-1 地块场地形成工程需对目前场地进行预压加固,由于工期紧张,部分地块在真空预压时可能会同铺设雨污水管线交叉施工。三条主要管线距离密封墙的距离分别为 16 m、20 m、34 m。为了研究真空预压对今后管线施工的影响,对18号地块加固区外进行了监测试验。地块的监测布置如下。

在 18 号加固区外围共设置了以下几个主要监测内容。

(1) 沉降监测:垂直密封墙布设 2 排监沉降断

本文原载于《第七届全国岩土工程实录交流会——岩土工程实录集》,中国建筑工业出版社,2015:963-972

面,每个断面5个测点,测点至密封墙的距离分别为1 m、6 m、16 m、20 m、34 m,编号为D1-D10(图1)。每个测点分别测试4个不同深度的沉降,不同深度分别代表为地表、管线顶、管线底、10 m处,编号规则如下:如D1处,由浅到深四个点编号分别为D1-1、D1-2、D1-3、D1-4,以此类推。对于地表以下沉降采用钻孔法埋设深层沉降标进行测试。

（2）土体深层侧向位移观测:垂直密封墙布设2排测斜孔,监测点至密封墙的距离分别为1 m、6 m、16 m、20 m、34 m,编号为TX1-TX10,具体位置见图1。埋设深度20 m,采用钻孔法埋设。

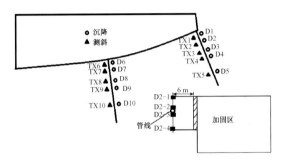

图1　场地外监测点平面及剖面布置图

3.2　加固区外土体沉降分析

在18号试验区加固区外共布设2个地表沉降断面,其中距离密封墙16 m、20 m、34 m,深度3~5 m为今后的绝大部分管线的位置,为了表述方便,下面对这部分位置简称主要管线位置处。同时,部分管线今后会进入场地,故在距离密封墙1 m和6 m处也可能分布有管线,为了表述方便,下面对这部分位置简称邻近加固区管线位置处。

加固区外主要管线位置处离密封墙不同的距离和不同土体深度土体的停止抽真空前最后一次沉降汇总如表1所示,土体沉降及加固区内土体沉降时程曲线如图2所示。

表1　加固区外（主要管线位置处）沉降汇总表

距密封 墙距离	$s=16$ m		$s=20$ m		$s=34$ m	
编号	D3-2	D3-3	D4-2	D4-3	D5-2	D5-3
沉降 (mm)	-3	0	1	1	-1	-2
编号	D8-2	D8-3	D9-2	D9-3	D10-2	D10-3
沉降 (mm)	-3	-3	-2	-2	-2	-5

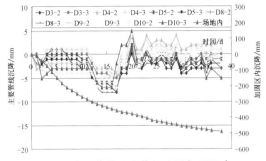

图2　主要管线处土体沉降及加固区内土体沉降时程曲线

通过图2可以发现:（1）真空预压对距密封墙16 m以外土体的影响均在10 mm以内;（2）随着抽真空时间增长,加固区内土体沉降不断增加,但是加固区外的土体沉降没有增加的趋势,不是一直随着加固区内土体沉降增大而增大。

表2　邻近加固区管线位置处沉降汇总表

距密封墙距离	$s=1$ m		$s=6$ m	
编号	D1-2	D1-3	D2-2	D2-3
沉降(mm)	-42	-34	-10	-8
编号	D6-2	D6-3	D7-2	D7-3
沉降(mm)	-75	-66	-31	-19

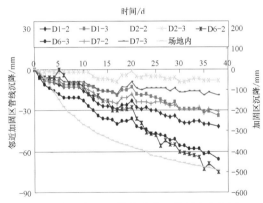

图3　邻近加固区管线土体沉降及加固区内土体沉降时程曲线

加固区外邻近加固区管线处离密封墙不同的距离和不同土体深度土体的停止抽真空前最后一次沉降汇总如表2所示,土体沉降及加固区内土体沉降时程曲线如图3所示,可看出:

（1）距离密封墙1 m处沉降较大,最大值达到75 mm;

（2）场地中间对外围影响大,场地边角影响小;场地中间沉降最大值达到75 mm,但是场地边上沉降最大值仅42 mm;

（3）距离加固区越近沉降越大,距离加固区越

远沉降越小;

（4）深度越大沉降越小,真空预压的影响随着深度衰减;

（5）随着抽真空时间增长,加固区内土体沉降不断增加,加固区外6 m范围内的土体沉降总体呈增加趋势。

3.3 加固区外土体水平位移分析

为了分析真空预压对周围土体深层水平位移的影响,下面绘制了水平位移随深度变化的曲线,如图4、图5所示。从图中可以看出:（1）真空预压对加固区外34 m范围内土体的水平位移均有影响,可以看出距离加固区越近水平位移越大,距离加固区越远水平位移越小。（2）离密封墙6 m范围内的土体的水平位移较大,在离密封墙1 m的TX1地下3 m处最大位移达到−115 mm,在离密封墙34 m的TX10地下3 m处最大位移达到−8 mm。（3）TX1、TX3和TX10这个3个测斜孔附近在测试期间受地面施工的影响,从曲线图中可以看出地面施工主要影响4 m以上范围,对管线有一定的影响。施工时应注意对管线的影响。

主要管线处和邻近加固区管线处深层水平位移及场地内地表沉降时程曲线如图6、图7所示。从图中可以看出:（1）随着抽真空时间增长,加固区内土体水平位移不断增加,加固区外土体水平

位移都随之增加,离密封墙6 m范围内的增加较快,变化趋势一致;而离密封墙6 m范围外的增加较慢,受影响程度较小。（2）加固区16 m外的主要管线处土体水平位移刚开始有一定增加,抽真空15 d后,加固区内土体继续沉降,但是主要管线处土体水平位移基本维持不变。

4 试验区三维数值模拟模型的建立与分析

4.1 模型的空间布置

根据真空预压试验场地的特点,模型对称性地取地块的一半进行模拟,又由于排水板间距1.1 m,加固区尺寸取为 44 m×44 m;密封墙1.5 m宽,密封墙外延35 m为外围影响区;由于过大的计算节点会导致计算不能进行,排水板按矩形布置以减少节点数。

4.2 参数选取

模型参数是根据钻孔的地层情况从勘察报告中选取的。在此基础上考虑到排水板涂抹效应和弹性参数的选取,对土层的渗透系数及弹性变形模量进行了换算。数值模型土层及密封墙计算参数取值如表3所示。

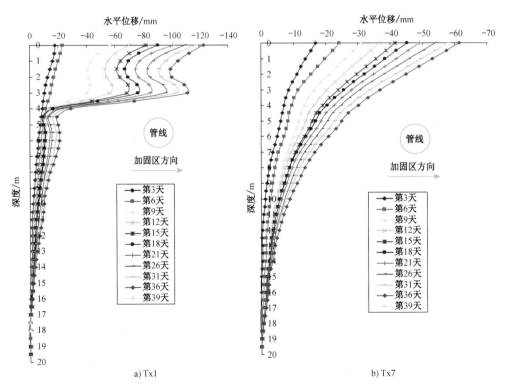

a) Tx1   b) Tx7

图 4 TX1（离密封墙 1 m）与 TX7（离密封墙 6 m）水平位移与深度关系曲线

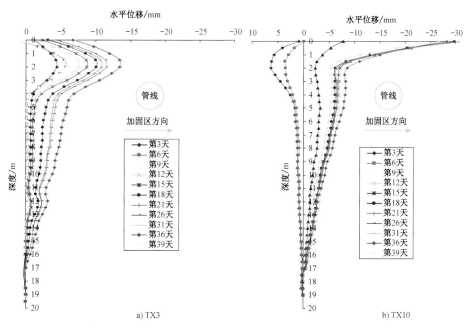

图 5　TX3(离密封墙 16 m)与 TX10(离密封墙 34 m)水平位移与深度关系曲线

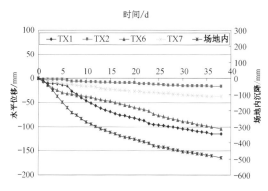

图 6　邻近加固区管线处(离密封墙 6 m 范围内)
水平位移及场地内地表沉降时程曲线

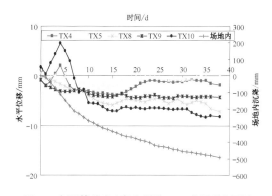

图 7　主要管线处(离密封墙 6 m 范围外)深层
水平位移及场地内地表沉降时程曲线

表 3　模型计算参数取值

层号	名称	层厚 /m	变形模量 E_0/kPa	重度 γ/(kN/m³)	初始孔隙比 e_0	粘聚力 c/kPa	内摩擦角 Φ/°	径向渗透系数 K_{ha}/(cm/s)	插板区水平向渗透系数 k_{hp}/(cm/s)	竖向渗透系数 k_v/(cm/s)
①₁	填土	0.80	935	17.4	1.209	13	13.5	1.24e−07	2.37e−08	8.58e−08
②	粉质黏土层	1.60	1 620	18.4	0.928	20	19.0	1.31e−07	2.50e−08	7.71e−08
③	淤泥质粉质黏土层	2.00	1 115	17.6	1.123	12	17.5	2.26e−07	4.31e−08	1.10e−07
③₁	黏质粉土层	1.90	3 863	18.7	0.821	5	33.0	9.45e−05	1.80e−05	5.73e−05
③	淤泥质粉黏土层	2.70	1 483	17.6	1.123	12	17.5	2.26e−07	4.31e−08	1.10e−07
④	淤泥质黏土层	9.30	1 308	16.8	1.392	10	12.5	1.36e−07	2.60e−08	6.19e−08
⑤₁	黏土层	7.70	2 368	17.4	1.209	13	13.5	1.24e−07	2.37e−08	8.58e−08
⑤₃₋₁	粉质黏土夹粉性土	10.00	4 175	17.4	1.209	18	20.5	1.31e−07		7.71e−08
⑤₃₋₂	粉质黏土	4.30	4 050	18	0.998	19	19.5	1.31e−07		7.71e−08
	密封墙		500	13		1		1.0e−08		1.0e−08

4.3 边界条件

初始条件:在进行真空预压处理前,各单元结点的超静孔隙水压力和初始位移均为0。

位移边界条件:地基表面为自由变形。考虑到周围土的相互作用,设定底部边界竖向及水平位移均为0,左侧(即加固区中线位置)根据对称原理,水平位移为0,右侧边界的水平位移为0。

孔压边界:塑料排水板及地表砂垫层处所有结点的孔隙水压力设为−80 kPa,影响区表面孔隙水压力设为0,认为是透水的。其他边界的孔压未知。

其中排水板用相同长度的直线模拟,排水板加压方式由于是−80 kPa边界条件只能采用exist function,即瞬时存在−80 kPa的孔压。又因为土层采用的是弹性模型(该模型论形式简单,参数较少,物理意义明确且较适合真空预压的加载情况),对处理区的覆水荷载不能恰当的模拟,故未在处理区表面加15 kPa左右的覆水荷载。

4.4 模拟结果与监测资料对比

通过Zsoil软件对试验区进行的有限元数值模拟,预压结束后的变形图如图8所示。由图可以看出,在抽真空的作用下土体产生的变形是向土体内侧收缩变形,不会使土体产生失稳破坏,影响区的地表也不会隆起。加固区沉降明显,而由于密封墙的作用,影响区的沉降较小,有利于施工快速安全地进行,对周围环境影响较小。

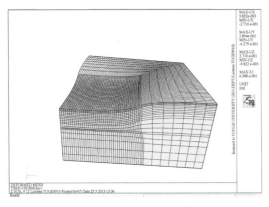

图8　预压结束后地块总体变形图

试验区中点分层沉降监测数据曲线和模拟曲线对比见图9、图10。由于负压没有施加过程而是瞬时赋予的,模型未能模拟真空预压前期的抽真空过程,而是从稳压一段时间后开始模拟。其中2

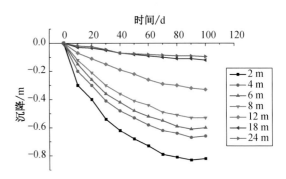

图9　试验区中心分层沉降监测数据曲线图

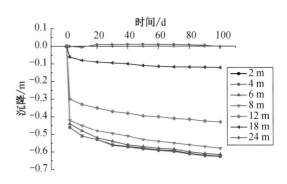

图10　试验区中心分层沉降模型曲线图

到8 m的地层沉降量较大,2 m地层的分层沉降量最为突出,但由于模型未施加表面荷载,2 m的地层分层沉降较实际为小;12 m地层沉降量在0.3 m左右,分层沉降量大;而18 m到24 m的地层沉降较小,模型及实际曲线中18 m地层都有0.1 m左右沉降,而24 m的地层沉降小于0.1 m,由于模拟中负压消散较明显,该范围地层模型中沉降尤其小。

综上所述,本次数值模拟在地表沉降和分层沉降的数据均能较好地模拟真空预压的抽真空稳定后的固结过程,处理后的结果也较切合实际,能较准确地模拟出大面积真空预压的处理效果,从而为大面积真空预压处理对周围环境的影响的研究提供有力的理论支持和依据。

5　真空预压对周围土体影响的数值分析

为研究不同土体参数及不同种类的密封墙对周围土体变形的影响,现设置不同土体参数及不同变形模量的密封墙来模拟。共设置了5组不同的模型进行对比,t5为地块原始模型,t6～t9的参数改变分别为孔隙比减少0.1、泊松比减少0.1、变形模量减少 10%、渗透系数减少 1/2，t10 的密封墙的变形模量调至 30 MPa 以模拟水泥土搅拌桩的密封墙。t6～t10 的模型周边土体的沉降及水平位移与原模型的数据对比见表 4—表 6。

表 4　加固区外 2 m 深度距密封墙各距离土体沉降(m)

沉降	5 m	10 m	15 m	20 m	25 m	30 m	35 m
t5	−0.182 61	−0.125 33	−0.090 07	−0.070 51	−0.061 25	−0.057 19	−0.056 09
t6	−0.182 29	−0.124 94	−0.089 61	−0.069 95	−0.060 6	−0.056 49	−0.055 39
t7	−0.179 83	−0.122 26	−0.087 47	−0.068 11	−0.058 93	−0.054 99	−0.053 92
t8	−0.187 19	−0.128 53	−0.092 37	−0.072 29	−0.062 74	−0.058 55	−0.057 43
t9	−0.182 03	−0.125 22	−0.090 13	−0.070 51	−0.061 16	−0.057 04	−0.055 92
t10	−0.198 63	−0.129 09	−0.089 15	−0.069 4	−0.060 01	−0.056 08	−0.055 06

表 5　距密封墙 5 m 处各深度土体的水平位移(m)

模型	0 m	2 m	4 m	6 m	8 m	12 m	18 m	24 m
t5	−0.234 68	−0.205 81	−0.188 3	−0.173 52	−0.160 04	−0.147 61	−0.105 02	−0.072 25
t6	−0.234 42	−0.205 55	−0.188 01	−0.173 17	−0.159 6	−0.147 18	−0.104 41	−0.071 9
t7	−0.233 77	−0.204 63	−0.187 08	−0.171 69	−0.157 52	−0.143 84	−0.102 53	−0.070 29
t8	−0.239 01	−0.209 93	−0.192 59	−0.177 83	−0.164 34	−0.152 11	−0.108 31	−0.075 05
t9	−0.233 24	−0.204 65	−0.187 36	−0.172 78	−0.159 44	−0.147 14	−0.104 63	−0.072 04
t10	−0.251 54	−0.225 3	−0.209 06	−0.189 24	−0.167 83	−0.136 37	−0.104 16	−0.072 55

表 6　距密封墙 20 m 处各深度土体的水平位移(m)

模型	0 m	2 m	4 m	6 m	8 m	12 m	18 m	24 m
t5	−0.100 67	−0.093 68	−0.086 32	−0.078 82	−0.069 2	−0.049 12	−0.028 86	−0.020 48
t6	−0.100 74	−0.093 72	−0.086 36	−0.078 85	−0.069 15	−0.048 97	−0.028 9	−0.020 42
t7	−0.099 54	−0.092 7	−0.085 45	−0.077 99	−0.068 44	−0.048 34	−0.028 17	−0.019 74
t8	−0.102 97	−0.095 8	−0.088 32	−0.080 69	−0.070 81	−0.050 29	−0.029 97	−0.021 38
t9	−0.100 48	−0.093 45	−0.086 07	−0.078 55	−0.068 9	−0.048 8	−0.028 76	−0.020 33
t10	−0.106 36	−0.099 01	−0.091 01	−0.082 54	−0.071 57	−0.048 9	−0.027 31	−0.018 93

从表中数据可以看出，与地块原始模型 t5 相比，t6 的地表沉降以及距密封墙 5 m 处的水平位移量有一定减小，而 20 m 外的水平位移有所增大，总体变形较原来为小；t7 及 t9 的地表沉降与水平位移较原来都有所下降；t8 的地表沉降及水平位移都较原模型都有所增大，产生了较大的变形。综上可知，孔隙比、泊松比、渗透系数较小的周边土体受加固区的影响较小，变形模量对周边土体的变形影响尤为显著，变形模量较大周边的土变形会较小。故在设计施工时，对孔隙比、泊松比、渗透系数较大或者变形模量较小的周边土体要更多地考虑其变形问题。

而以水泥土搅拌桩为密封墙的地块 t10 与原黏土搅拌桩的地块 t5 比较，t10 的水平位移及沉降量都要较原地块有所增大，水泥土搅拌桩的密封墙经过真空预压后变形较小，但处理区外围的变形却相对较大；而黏土搅拌桩的密封墙其整体的变形较大，处理区一侧向下弯曲，而外围一侧弯曲较少，对处理区外围的影响也较小。因此，变形模量较小的黏土密封墙其周边地块的变形较小。故在今后设计中，对密封墙的选择可考虑更加经济的黏土搅拌桩密封墙，以减少周边地块的土体变形。

6　结　论

(1) 在真空预压的加固区外，距离加固区越近沉降越大，最大值达到 75 mm，距离加固区越远沉降越小；场地中段外围影响较大，场地边角处外围影响较小；深度越大沉降越小，真空预压的影响随着深度衰减。随着抽真空时间增长，加固区内土体沉降不断增加，加固区外的土体沉降有增加的趋势，但不是一直随着加固区内土体沉降增大而增大。

（2）真空预压对土体的水平位移的影响，从深处到浅部逐渐增加。随着抽真空时间增长，加固区 16 m 外的主要管线处土体水平位移刚开始有一定增加，但抽真空 15 d 后，加固区内土体继续沉降，但是主要管线处土体水平位移基本维持不变。距离加固区越近水平位移越大，距离密封墙 1 m 处水平位移达到－115 mm。

（3）利用 zsoil 软件对试验区进行的有限元数值模拟发现，在抽真空的作用下土体产生向土体内侧收缩变形，不会使土体产生失稳破坏，影响区的地表也不会隆起。加固区沉降明显，而由于密封墙的作用，影响区的沉降较小，有利于施工快速安全地进行，对周围环境影响较小。

（4）孔隙比、泊松比、渗透系数较小的周边土体受加固区的影响较小，变形模量对周边土体的变形影响较为显著，变形模量较大时周边的土体变形较小。选择更加经济的黏土搅拌桩密封墙，可以减少周边地块的土体变形。

参考文献

［1］梁志荣，李忠诚，翁鑫荣.软土地基真空预压加固对周围环境的变形影响分析［J］.岩土工程学报，2013（S2）：744-748.

［2］孙晓东.大面积堆载作用下地基变形影响分析［J］.河北工程大学学报（自然科学版），2012（03）：27-29.

［3］段晓沛.大面积超载预压处理深厚软土地基的现场试验研究与分析［D］.成都：西南交通大学，2012.

发表论文 1.2.2

真空预压法处理上海软基若干问题研究

唐海峰　彭建华　王　晓　宋保强　彭永辉　康景文

（中国建筑西南勘察设计研究院有限公司 成都，610081）

【摘　要】　真空预压法作为一种绿色、环保的地基处理方法，已在软土地区的港口、公路、工民建、水利等各行业中得到广泛应用。本文以上海某度假区场地形成工程试验区监测资料为基础，利用二维数值弹性模型与实测资料对比，对真空预压法数值模拟可行性、最终沉降量预测方法、处理效果影响有关因素进行分析研究，为今后真空预压法应用在上海地区推广应用提供参考。

【关键词】　上海软土；真空预压；地基处理

A number of issues of The vacuum preloading TreatmentShanghai soft ground

TANG Hai-feng，PENG Jian-hua，WANG xiao，SONG Bao-qiong，

Peng Yong-hui，WANG Xiao，KANG Jing-wen

（China Southwest Geotechnical Investigation & Design Institute Co．，Ltd，Chengdu，610081，China）

Abstract：Vacuum preloading method as a green，environmentally friendly ground treatment method has been widely used in soft soil area ports，highways，civil engineering，water conservancy and other industries. Formation the engineering test area monitoring data to a resort venue based on the use of two-dimensional numerical elastic model with the measured data contrast，numerical simulation feasibility of vacuum preloading method，the final settlement prediction methods affect the factors，the treatment effect analysis research，application popularization and application in the Shanghai area to provide a reference for future vacuum preloading method.

Key words：soft soil in Shanghai ；vacuum preloading；ground treatment

0　前言

真空预压法由瑞典皇家地质学院 W. Kjellman 教授于 1952 年提出。在 20 世纪 50～70 年代，国外开始进行探索性的应用研究，1957 年美国费城国际机场跑道扩建工程，采用真空预压与深井降水联合处理获得成功。20 世纪 80 年代以后，我国在真空预压法的理论和实践上取得了突破性进展。交通部一航局科研所在塘沽新港进行了几次现场试验（264 m² 研究性试验、1 250 m² 和 1 550 m² 中间试验）解决了相关施工工艺问题，并在工程应用方面获得成功。随后，真空预压技术不断得到创新和发展，现在已经作为较为成熟的软基处理技术在沿海地区，包括天津、宁波、温州、珠海等地的港口、公路、工民建、水利等各行业中得到广泛应用，取得了良好的经济效益和社会效益，成为处理软土地基领域一个行之有效的实用方法。

实践证明，与传统的堆载预压技术相比，真空预压法以大气为荷载，不使用和废弃大量土石方，无扬尘污染，而且加荷快，工期短，处理效果显著，同时也体现出绿色、环保等特点，值得推广应用。但是，到目前为止，真空预压法在上海地区地基处理中应用不多，且主要为处理面积小、消除沉降值

本文原载于《工程勘察》，2014，增刊第 1 期：382-388

作者简介：唐海峰（1975—），男，上海人，高级工程师，从事岩土工程勘察、设计和施工

低的工程,一直未得以大范围推广。在上海迪士尼度假区场地形成工程中,中美双方通过现场试验,最终在140万 m² 的土地上采用真空预压法取代传统的堆载预压法,取得了良好的处理效果。

真空预压的目的是使地基在施工期间完成一定的固结变形,土体强度得以提高、压缩性降低,工后沉降和差异沉降得到有效控制。本文结合近几年真空预压法在上海地区软土地基处理的实践经验,依托上海迪士尼度假区场地形成工程,对真空预压法应用中数值模拟可行性、最终沉降量预测方法、处理效果影响有关因素进行分析研究,为今后真空预压法应用在上海地区应用提供参考。

1 上海地区软土特征[1-4]

1.1 上海地区软土分布

上海地区浅部软土主要为滨海沼泽相堆积类型,属于较为典型的天然软土地基区。

上海位于长江三角洲的边缘,软土层均有分布,仅在崇明岛西北部因受后期②₃层砂质粉土侵蚀而缺失。软土层埋藏深度滨海相陆域地区变化不大,大部分地区埋深在 4 m 左右,西部湖沼平原区埋深在 4～8 m 之间,上部以第③层淤泥质粉质黏土为主,下部为第④层淤泥质黏土。而东部河口、砂嘴、砂岛地区埋深在 12 m 左右,崇明、横沙、长兴等河口砂岛区埋深最深,在 12～20 m 之间因受后期粉土侵蚀,缺失③层土,仅分布有④层淤泥质黏土。

1.2 上海地区软土特点

上海地区软土对工程影响比较大的软土层主要为第③层淤泥质粉质黏土及其下部的第④层淤泥质黏土。

第③层淤泥质粉质黏土土质松软,夹薄层粉砂和贝壳透镜体,层面有波状面,多气孔,无填充物,纵切面见断续裂隙。在显微镜下鉴定为泥质粉砂结构,矿物成分主要由泥质、粉砂质石英、方解石及少量云母片组成。饱和、流塑,属高压缩性土层,强度低。

第④层淤泥质黏土呈流态和半流态,纵切面见断续裂隙,似水平～波状层理,横断面见鳞片状构造,鳞片排列紧密,直径大小以 1～2 mm 多见。粘土矿物成份主要为水云母、蒙脱石,层内夹少量微薄层粉土、粉砂,含贝壳碎屑。在滨海平原区,

底部常见有 2～10 cm 厚度的贝壳砂层。该层土性变化不大,饱和,流塑,具有压缩性高、强度低、渗透性低以及流变性和触变性等不良工程地质特性。

总体而言,上海地区软土具有高含水量、大孔隙比、低强度、高压缩性等工程地质性质,且同时具有低渗透性、触变性和流变性等不良工程特点。因其承载力低,在荷载作用下,地基沉降变形大,容易产生较大的不均匀沉降,而且沉降稳定历时比较长。

2 上海软基真空预压法应用典型案例

2.1 中国科学院上海分院脑研所试验大楼[1]

该工程位于上海市枫林路 300 号的中科院上海生命科学研究院植物生理生态研究所院内,其中北楼为六层,南楼和连接楼为四层。由于场地周围环境和土层分布复杂,经对处理效果和工程造价进行详细对比分析后,采用真空预压法对 2 106 m² 面积地基进行处理。成为上海较早应用真空预压法进行地基处理的工程。

北楼塑料排水板深度 17 m,间距 1.2 m,正方形布置,推算最终沉降 80.3 cm,固结度为 73.5%,经过 75 天预压,实测沉降 59 cm;南楼塑料排水板深度 15 m,间距 1.8 m,正方形布置,推算最终沉降 52.4 cm,固结度为 73.1%,经过 75 天预压,实测沉降 38.3 cm。

根据建筑物的长期观测资料,该楼在建筑过程中逐渐产生沉降,且沉降较为均匀,差异沉降始终小于 4 cm。工程竣工后,北楼平均累计沉降为 14.2 cm,南楼平均累计沉降为 13.5 cm,完全满足了设计要求。

2.2 浦东国际机场第三跑道真空预压处理地基试验[5]

场区中部土层由淤泥质粘土层组成,该层主要成份为粘性土,局部夹粉性土,具有高含水量、高压缩性、低强度的工程特征。因此,该场地主要存在的地质问题为变形沉降问题、浅层土不均匀和低强度问题。

根据塑料排水板的不同布置间距,将真空预压施工试验分为 Z₁ 和 Z₂ 两个试验区。

Z₁ 区处理面积 4 500 m²,塑料排水板深度

20 m,间距 1.5 m,正三角形布置,采用桩长 7 m 的淤泥搅拌桩密封墙。加载期间的平均表面沉降量 20.3 cm,卸载后的平均回弹量 1.5 cm。

Z₂ 区处理面积 5 372 m²,塑料排水板深度 20 m,间距 1.2 m,正三角形布置,采用桩长 7 m 的水泥搅拌桩密封墙。加载期间的平均表面沉降量 18.8 cm,卸载后的平均回弹量 1.2 cm。

试验结果表明,经过真空预压,加快了沉降速率,很好地解决了工后沉降问题。

2.3　上海某度假区场地形成工程试验区

试验场地位于上海市浦东新区川沙镇,场地已基本平整,地面标高 3.5 m 左右(吴淞高程),周围环境空旷,无影响施工的地下障碍物等。场地属滨海平原型古河道沉积地段,按地层沉积时代、成因类型及其物理力学性质指标的差异,场地 40 m 深度范围内土层自上而下可分为 5 个主要层次,各土层主要物理力学参数见表 1。

表 1　土层物理力学参数表

层号	土层名称	含水量 $W(\%)$	孔隙比 e	塑限指数 L_P	液性指数 I_L	黏聚力 $C(kPa)$	内摩擦角 $\Phi(°)$	压缩系数 $a_{0.1-0.2}$ (MPa^{-1})	压缩模量 $Es_{0.1-0.2}$ (MPa)
②	粉质黏土	32.6	0.928	14.8	0.64	20	19.0	0.46	4.23
③	淤泥质粉质黏土	40.0	1.123	14.7	1.20	12	17.5	0.71	3.00
③₁	黏质粉土	28.2	0.821			5	33.0	0.22	8.56
④	淤泥质黏土	49.3	1.392	19.3	1.24	10	12.5	1.18	2.03
⑤₁	黏土	42.7	1.209	19.3	0.92	13	13.5	0.78	2.84
⑤₃₋₁	粉质黏土夹粉性土	34.8	0.998	14.3	0.87	18	20.5	0.46	4.53
⑤₃₋₂	粉质黏土	36.8	1.055	15.0	0.89	19	19.5	0.50	4.14

试验区平面尺寸为 90 m×90 m,塑料排水板深度 20 m,间距 1.1 m,采用 SPB-B 型板,梅花形布置。真空荷载 85 kPa,覆水 1.0 m。采用泥浆搅拌桩密封墙,桩长 10 m。处理目标为使地面预沉降 90 cm。通过对 140 万 m² 的场地实测结果表明,处理效果达到了预期目的,并取得了良好的社会和经济效益。

3　上海软基真空预压法应用问题研究

为研究上海地区真空预压处理地基的实际效果和为今后应用提供参考依据,在上海迪士尼场地形成工程试验区处理过程中,分别进行了地表沉降、分层沉降、孔隙水压力、深层土体水平位移和真空度监测。

3.1　弹性模型二维数值模拟的可行性

通过 zsoil 软件对试验区进行的弹性模型的二维数值模拟,预压结束后的变形图如图 1 所示。从图中可以看出,在抽真空的作用下土体产生的变形是向土体内侧收缩变形,不会使土体产生失稳破坏,影响区的地表也不会隆起。处理区沉降明显,而由于密封墙的作用,影响区的沉降较小,有利于施工快速安全地进行,对周围环境影响较小。

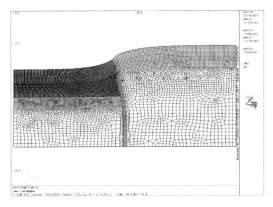

图 1　预压结束后地基总体变形图

1) 地面沉降对比分析

试验区中心数值计算表面沉降曲线与监测数据的对比如图 2 所示。从图 2 中可以看出,采用弹性模型计算结果总体上是令人满意的,特别是在抽真空 40 天之内的结果与实测值基本吻合,0至 7 天为膜下真空度线形上升期间,7 天后真空度维持在 80 kPa,随着膜下真空度的增加,沉降速率也有所增加。第 17 天开始真空膜表面开始覆水,第 25 天结束,这一过程在数值模拟和监测沉降曲线中都有比较明显的体现,而沉降速率曲线在这一阶段也出现了一个小的峰值。说明地表沉降随真空压力和上部覆水压力的增大而增大,沉降量和沉降速率的变化与荷载的变化情况密切相关。

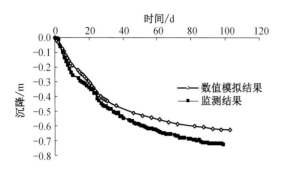

图2 中心点 S3 表面沉降与实测对比曲线图

在40天以后,数值模拟的沉降曲线与监测数据产生一定的差异,但由于膜下真空度的相对稳定,进入恒载预压期后地基沉降速率均逐步趋于稳定收敛,约为2 mm/d。当加载100天时,两者差距约有10 cm左右,造成差距的主要原因是土体产生了塑性变形,而弹性模型模拟此应力-应变关系存在一定的误差,故在预测最终沉降量时需在计算结果的基础上进行关于塑性变形的修正。

2)各地层压缩量对比分析

通过数值模拟结果,各个地层的压缩量随时间变化的规律如图3所示。可以看到,第④层淤泥质黏土层压缩量最大,约占总沉降的53%,也是真空预压主要需要处理的地层,从曲线的斜率可以看出这层固结的速率最慢,在其他土层压缩量达到基本稳定时,该层还未收敛。因此,在进行真空预压时,塑料排水板应打穿第④层淤泥质黏土层,保证该层在真空预压期间消除了大部分沉降,以保证将工后沉降控制在一定范围内。

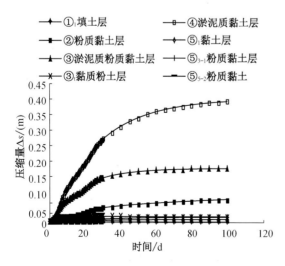

图3 中心处分层压缩量数值模拟曲线图

3)地基中的孔压分布对比分析

图4为抽真空100天时用水头表示的地基中的孔压分布情况。从图中可以看出,地基中孔隙水压力基本均为负的超孔隙水压力(数值模拟后处理中用负的水头表示),说明由覆水所产生的正的超孔隙水压力已因自身消散和抽真空所抵消,整个地基出现负的超静孔压对场地的稳定起到了积极的作用。

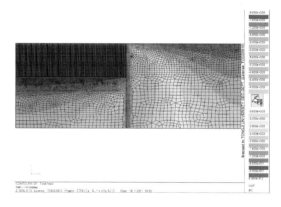

图4 100天时地基中的孔压分布图(用水头表示)

从图4中还可以看出,在塑料排水板临近区域的孔压明显低于周围土体的孔压,上部土层孔压明显低于下部土层孔压,密封墙以内处理区孔压明显低于密封墙以外影响区孔压,反映了土体中抽真空对土体的影响从周围土体到深部土体,再到插板区逐渐增强的过程,直观地说明了孔隙水消散的渗透路径为从土体到排水体,从深部土体到表层土体。另外,在塑料排水板为打入的深层区域,孔压消散明显慢于塑料排水板打设区。

图4还反映出密封墙内外孔隙水压力相差较大,特别在密封墙附近由于密封膜的不透水性,其孔压变化梯度较大,超孔隙水压力迅速下降,可见密封墙的密封效果较好,控制周边土体渗流补给作用显著,很好的减轻了对周围环境的影响。

综上所述,通过将试验区的数值模拟结果与监测结果在地表沉降、分层沉降、孔压几个方面进行对比,发现建立的数值模型较为合理,能够较准确地模拟出大面积真空预压的处理效果,从而为研究大面积真空预压处理深厚软基的压缩层厚度、最终沉降量、影响因素等各方面提供了有力的理论支持和依据。

3.2 最终沉降量预测及经验系数确定

根据实测中心区(S3点)沉降曲线,分别采用指数曲线法和双曲线法推求最终沉降,其结果分别为 94.05 cm 和 108.23 cm。

大量根据实测资料推求最终沉降量的经验[6]指出,由指数曲线法求出来的结果相对实际结果偏小,由双曲线计算出的最终沉降量相对实际结果偏大,故可认为实际最终沉降量在 94.05～108.23 cm 之间,平均为 101.14 cm。

采用数值模拟(土层固结度已达到 100%)的计算模型计算 50 年后的沉降量即为最终沉降量,由图 1 可知,数值模型预测试验区的最终沉降量为 99 cm。

由于真空预压地基处理计算沉降不同于建筑物地基,故经验系数 Ψs 按照监测数据结果逆推,$\Psi s = (94.05～108.23)/94.1 = 1.0～1.15$;按数值模拟的结果逆推,$\Psi s = 99/94.1 = 1.05$;按照《建筑地基基础设计规范》(GB 50007—2002)中第 5.2.21 条规定,真空预压经验系数 Ψs 可取 0.8～0.9,真空-堆载联合预压法以真空为主时,Ψs 可取 0.9。综合以上分析,本工程虽有 1.5 m 的覆水堆载,但基本是以真空预压为主导的,故根据监测数据和数值模拟的结果,综合规范的有关规定,经验系数 Ψs 取 1.0～1.1。

3.3　真空预压法处理效果影响因素分析

1)塑料排水板深度对沉降的影响

图 5 为塑料排水板打设深度从 15 m 变化到 25 m 时试验区的土体沉降变化曲线。塑料排水板在 15 m 处时未打穿第④层淤泥质黏土层,20 m 打穿第④层,25 m 深度为排水板几乎打穿⑤₁层黏土层。

由图 5 可以看出,随着排水板打设深度的加深,在不考虑真空度衰减的情况下,地面沉降量有所增加。其中,当塑料排水板打设深度从 15 m 增加到 20 m 时,其处理效果得到显著改善,其中心点随时间的沉降明显增大,沉降梯度较大。但是,当塑料排水板打设深度从 20 m 增加到 25 m 时,中心点随深度变化的沉降梯度明显变缓。在打设深度增量相同的情况下,沉降增量变为 15～20 m 的约二分之一。这说明随着塑料排水板打设深度的增加,其处理效果并不是同比例增加。

从图 5 可知,塑料排水板打设深度的增加对处理区的影响远大于对密封墙以外影响区的影响,可见密封墙起到了较好的密封作用,加深塑料排水板对周围环境的影响不大。

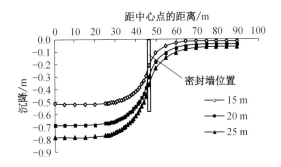

图 5　塑料排水板不同打设深度下的地表沉降曲线图

2)塑料排水板间距对地面沉降的影响

图 6 为塑料排水板间距分别为 0.55 m、1.1 m 以及 2.2 m 时地表的沉降曲线图。

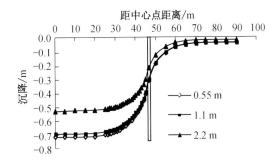

图 6　不同塑料排水板间距下地表沉降曲线图

从图 6 中可以看出,塑料排水板间距从 2.2 m 变化到 1.1 m 时,在 100 天内中心点的沉降增长非常明显,100 天时 1.1 m 间距的沉降量约为 2.2 m 间距沉降量的 1.3 倍。塑料排水板间距从 1.1 m 变化到 0.55 m 时,在真空预压的前期塑料排水板间距的减小对加速土体固结的效果依然是很明显的,沉降增长量非常明显。而在真空预压的后期,地基的沉降差异逐渐缩小,到 100 天时二者差别已经非常小了。并且,前期沉降增量明显的前提是排水板仍然具有良好的通水能力,而实际上这种前提条件较为理想,在工程操作中将会出现插板困难、折板等情况,从而影响固结,故一般工程中规定塑料排水板的间距应不小于 0.7 m。100 天时的地表曲线,0.55 m 间距和 1.1 m 间距沉降量差别很小,对密封墙以外的土体影响更小。

3)处理面积对预压效果的影响

为了分析不同的处理面积对真空预压效果的影响,分 90 m×90 m,150 m×150 m 和 200 m×200 m 三种不同处理面积进行数值模拟,加载计划、排水板布置、土层情况等其它条件均相同,其不同处理面积的地表沉降曲线如图 7 所示。

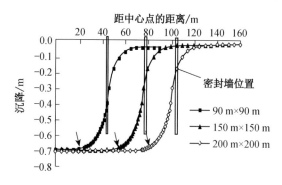

距中心点的距离/m

密封墙位置

■ 90 m×90 m
▲ 150 m×150 m
◇ 200 m×200 m

图7 不同处理面积下地表沉降曲线图

由图7可以看出,随着面积的增大,处理后竖向变形呈"平底锅"状。90 m×90 m 处理区内,靠中心区域的地表沉降为−0.70 m,150 m×150 m 处理区内,靠中心区域的地表沉降为−0.71 m,200 m×200 m 处理区内,靠中心区域的地表沉降为−0.72 m,最大相差 2 cm,处理面积对中心区域的沉降影响甚微,可认为是基本不变的,只与上部加载情况、排水路径等其他因素有关。差异沉降开始出现约在图7中箭头所示的位置,由图可以看出,不同的处理面积下,产生差异沉降的位置均在距离密封墙 20 m 的地方,此距离不随处理面积的大小而改变。

此外,在距离密封墙 20 m 范围内,90 m×90 m 情况下最大差异沉降约为 0.036 m,150 m×150 m 情况下最大差异沉降约为 0.036 m,200 m×200 m 情况下最大差异沉降约为 0.035 m,沉降差亦不随处理面积的大小而改变。所以建议进行真空预压时,在保证处理效果的前提下,应尽可能地增大单块处理面积,从而降低不均匀沉降区域的出现,便于集中处理,以提高工作效率。为避免差异沉降,需对距离密封墙 20 m 的范围内进行加强处理。

4 结论与建议

1) 上海高压缩性的软土层均有分布,真空预压法可用于处理上海软土,并已有一定的成功经验。

2) 采用有限元软件 zsoil 建立的上海迪士尼乐园场地形成工程二维大面积真空预压法弹性模型数值分析具有较好的模拟和预测效果。

3) 塑料排水板间距、打设深度、处理面积等因素对超大面积真空预压法处理效果分析结果表明,塑料排水板的间距存在一最优间距;塑料排水板的打设深度与土层分布有着密切的关系,可按压缩层厚度制定合理的打设深度;处理面积应尽量加大,差异沉降的位置不随处理面积的大小而改变。

4) 以真空预压为主导的上海软土地基处理计算预测总沉降的经验系数 Ψ_s 可取 1.0~1.1。

5) 真空预压具有达到设计要求的时间短、对环境影响小等优点,在上海这种土方资源少、环保要求高的地区有着广阔的应用前景。

参考文献

[1] 黄绍铭,高大钊.软土地基与地下工程[M].2版.北京:中国建筑工业出版社,2005.18-32,411-416.

[2] 上海市工程建设规范《岩土工程勘察规范》DGTJ08—37—2012.

[3] 周学明等.上海地区软土分布特征及软土地基变形实例浅析[J].上海地质,2005,96(4):6-9.

[4] 严学新,史玉金.上海市工程地质结构特征[J].上海地质,2006,100(4):19-24.

[5] 王艳,李军世.真空预压处理机场软基的试验研究[J].岩土工程界,2009(10):42-46.

[6] 邱发兴.地基沉降变形计算[M].成都:四川大学出版社,2007.44-76.

第2篇 数字化乐园建设关键技术研究

研究的技术：

(1) 机动车交通状态分类辨识模型。

(2) 数字化乐园仿真平台系统研究。

解决的问题：

(1) 如何通过数据融合等处理手段获取表征交通的状态信息，实现智能化交互。

(2) 如何界定不同状态下的设施容量；通过何种技术进行多源客流统计；通过何种手段和信息进行出入口客流的均衡化诱导；如何在紧急事件下，进行客流的智能应急疏散。

(3) 如何对市政基础设施进行全寿命周期的数字化建设和管理。

(4) 如何构建具备良好扩展性平台，便于系统的扩展补充，并灵活掌控。

取得的效果：

(1) 提出基于聚类的交通状态辨别方法，给出了基于模糊 C 均值 FCM 算法的交通状态辨识模型，并采用速度、占有率 2 个参数进行模型验证。

(2) 对交通信息的需求、方式、信息内容、信息客观质量等信息要素进行了分析，并采用二维质量模式对交通信息服务进行归类。

(3) 研究了基于传感器的道路基础设施全寿命周期监控，构建了道路设施健康系统框架，建立了道路健康预警机制。

(4) 基于综合水处理厂的 BIM 模型进行了风场、日照采光、声环境、能耗的模拟分析，提出了水处理厂设计的优化方案；基于 Navisworks 的 ocx 控件，将综合水处理厂的 BIM 模型导入数字化乐园仿真平台系统，实现综合水处理厂的可视化管理。

(5) 基于 VMware 的虚拟化主机环境下，在企业级云服务平台上搭建了示范仿真平台，通过基于 ArcGIS 的标准化地图服务引擎，能够为实时监控系统和信息化系统提供统一的 GIS 地图数据服务，可通过色彩的填充、渐变、动画展示效果，实现基于客流、车流分析的结果。

第1章

基于传感器的道路基础设施
全寿命周期监控信息系统研究

第2篇第1章由上海市城市建设设计研究总院(集团)有限公司完成。

2.1.1 绪论

2.1.1.1 研究背景及目的

目前,国内外在公路、桥梁方面开展了健康监控和安全预警信息系统,如我国的"深港西部通道深圳湾大桥结构健康及安全监控预警系统""下沙大桥健康检测和预警系统",美国、欧洲等国家在"HEALTH MONITORING OF HIGHWAY BRIDGES"领域技术比较成熟,开展了诸多工程化应用。

随着基础设施的健康监控越来越被政府重视,国际上的研究开始转向里程最长、交通流量最多的城市道路设施的监控。美国 ARORA 咨询工程协会 1999 年开始研究交通基础设施的全寿命周期管理,通过系列工程计划从研究推广到应用,在 2010 年 4 月提出了数字化道路工程的全寿命周期管理"Integrated Information Roadway Project & Life Cycle Management",作为其设计、建设、运营的数据支撑。欧盟工作小组从 2008 年提出市域内道路基础设施等的全寿命周期监控和管理,通过数据挖掘、信息处理、知识管理等环节为设备设施的健康监控及维修提供决策支持。

然而,上述道路基础设施的管理基于定期对设施的检测,例行的检测仅能够获取有限的、表面的道路设施相关信息,比如路面损坏状况、平整度等,对于道路结构内部的变化,一般的检测手段均无法达到要求。虽然无损检测在近年来的发展越来越快,但综合考虑其准确性与经济实用性,在实际工程中的使用仍然较少。

本次研究是传感器技术、数据处理技术、知识库管理在道路基础设施全寿命健康监控和运营上的交叉融合应用,通过在道路基础设施结构内部设置传感器,将道路设施在运营过程中的各项状态传到管理系统数据库中,并由计算机对其进行判定,从而对道路设施整体健康状况进行监控。其数据采集具有实时性,且对交通无干扰,还能获取道路设施结构内部的状态信息,其监控是全方位的。

本次研究为实现道路基础设施的全信息化安全监控和运营管理,通过分析影响道路寿命等因素,研究多传感器(土压力盒、光纤光栅应力传感器、视频等)布设条件和采集参数,以及路面损坏调研,并结合数字化运作,完成设计、施工中道路线形、位置、道路等级、施工质量等数据的汇集及道路健康管理系统的构建。根据道路特征采用相应的健康运营寿命模型来预估动态车流、自然损伤等对道路寿命的影响,为道路全寿命健康监控及维修养护成本提供最优决策。

上海国际旅游度假区核心区市政道路健康监控系统的建设是数字化乐园建设的重要组成部分,同时,建立道路网络健康监控信息平台和决策系统,使其具有数据采集、现场监控、分析决策、设施维护等功能,也是对核心区市政道路设施的高标准要求,因此,有必要将基于传感器的道路基础设施监控系统应用于核心区市政道路工程中。

2.1.1.2 研究现状

1. 传感器在道路基础设施中的应用

[1] 传感器用于沥青路面监控

工程中用于监控沥青路面的传感器主要分为电磁类、电阻应变片和振弦式传感器。研究表明,埋设这些传感器所采集的数据并不理想,这是因为电磁类传感器线性度、抗干扰性、稳定性及可靠性均较差,无法长期稳定地提供准确的监控信息;电阻应变片受环境影响较大,受温度漂移和零温的影响,长期应变测试的结果会严重失真;振弦式传感器尽管灵敏度和稳定性较好,但钢弦的蠕变现象致使其正常使用年限非常有限,不适合大规模集成使用。

光纤光栅是利用光纤材料的光敏性(外界入射光子和纤芯内锗离子相互作用引起折射率的永久性变化),在纤芯内形成空间相位光栅,其作用实质上是在纤芯内形成一个窄带的滤波器或反射镜,使得光在其中的传播行为得以改变和控制。光纤光栅的传感机制包括应变引起的弹性形变和弹光效应,温度引起的热膨胀效应和热光效应,以及磁场引起的 Faraday 效应,直接或借助某种装置将被测量的变化转化为这些基本效应,从而引起光纤光栅布拉格中心波长的变化,通过建立并标定光纤光栅中心波长的变化与被测量的关系,就可以由光纤布拉格光栅中心波长的变化计算出被测量的值。光纤光栅可以研制用于测量应变、温度、应力、位移、力、压强、振动、磁场和电流等多种物理量的传感器,这种测量方法思路简单,操作方便,很容易为广大工程技术人员和科研人员接受。

作为传感单元,光纤 Bragg 光栅由于其材料为石英、玻璃或塑料等化学性质稳定的物质,使得它的耐久性非常好。另一个主要优势在于检测信息被调制在波长中。这种方式具有很多优点,首先,检测时不受光纤连接器、耦合器或光源等的损耗和光强水平的影响;其次,可以实现绝对测量,即对传感器进行标定后,光纤光栅的波长信息就提供了一种绝对变化值,无需知道前一时刻的测量值,在测试系统重新起动后,传感信息不会丢失。光纤光栅在波分复用和时分复用情况下,可以通过串联或并联方式组成传感网络,能在同一根光纤上实现对多个同种物理量或不同种物理量的准分布测量,并且传输距离可达几千米远。

光纤光栅还具有精度高、稳定性好、灵敏度高、耐腐蚀、化学稳定性好、信号带宽大、耐温性好、响应速度快、本质安全(适用于易燃易爆环境)、抗干扰能力强、体积小、重量轻、易变形、高绝缘强度、能实现点测量、集传感传输于一体、能与数字通信系统兼容等优点。

1992 年,Teral 等人将光纤偏振传感器粘贴在路面结构的表面,传感器输出的信号中包含路面车辆的重量和速度,将这些信息用于路政管理。2005 年,华南理工大学道路工程研究所联合交通部科学研究院在国内某条高速公路上设置光纤传感器来观测路面的长期性能,在路基上分别埋设了表面焊接式和埋入式两种传感器,在试验后证明:光纤光栅应变传感器应用于路面测量路面不同层位底部的应变是可行的,而且具有比传统电信号传感器更优良的性能,抗电磁干扰和耐久性好。并建议为使传感器能更好的反映真实的应变,传感器材料应于路面材料的变形特性相同。陈少幸等采用光纤光栅应变传感器进行了沥青路面应变测量的试验研究,结果表明传感器在抗振动、抗电磁干扰等方面性能较好,但试验结果也需要考虑传感器自身刚度经过修正后才能反应测点的真实应变。

同样,在 2005 年,山东泰安至莱芜的高速公路改造工程中采用了新型路面结构,哈尔滨工业大学、山东大学及山东省公路局联合对改造后的路面结构层利用光纤光栅传感器进行现场测试。在此工程中,解决了传感器的准确定位问题。埋设的 72 个传感器成活率为 87.5%,随后,通过现场静载和动载测试,得到了一系列有意义的结论。长期不间断的监控,为研究新型路面结构的力学性质,探索公路工程健康监控提供新途径。

2006 年,哈尔滨工业大学和北京路桥集团路兴物资中心应用 FRP 封装传感器在北京六环高速路进行了监控研究。传感器分别埋设于中、下面层的底部,可同时监控所测点的三向应变和温度分布,并获取各传感器的应变值随时间和荷载的变化情况。通过长期监控试验表明,光纤光栅传感器应用于沥青路面结构有着较好的耐久性和抗扰性,适用于恶劣道路环境下的实时监控。

2007 年,哈尔滨工业大学和北京市政路桥建设集团有限公司研发中心在交通部公路试验场和北京南中轴快速公交专用道分别进行了埋设研究,传感器的成活率都达到 90% 以上,传感器的埋设成活率的提升,大大拓宽了其在道路工程中的应用范围。

[2] 传感器用于路基应力监控

埋设在路基中的传感器种类较多,有湿度计、位移计、分层沉降位移计、温度计、土压力盒等等,在对路基应力进行监控方面,用得较多的是土压力盒,它主要用来监控路基在受到行车荷载作用下不同层位的应力情况。

土压力传感器最初是为了确定路基中土应力的分布情况及其范围而设计的。土压传感器的研究始于 1913 年,发展依次经过了平衡式压力盒,薄板式压力盒,钢弦式压力盒,电阻式、应变式压力盒等多个阶段。

哥德拜克在 1916 年研制出了最早的土压力传感器(土压力盒),即平衡式土压力盒。随着人们对土压力的观测和大量实验及理论研究,发现了许多影响土压力测值精度的因素,针对性的出现了各种校正办法。

1958年,我国开始研制出薄膜式压力盒,随后又研制出钢弦式土压力盒。为了监控在列车动力作用下路基中的应力,研究高速度行车对路基稳定性的影响,同年铁道科学研究院制成了薄膜式及弹性元件式二种土压力盒。1966年,南京工学院公路工程系、北京市政设计院、南京河海大学分别研制出小型带油腔电阻应变式土压力传感器;1968年,中国科学院岩土力学所为了量测岩体中的静、动应力,对电容式土压力传感器及其系统进行了试验研究,该传感器曾多次用于量测核爆炸下岩石中自由场应力;1979年,国家建委建筑科学研究院与冶金部建筑研究院共同研制了钨弦式土压力传感器,用以量测结构物缓慢变化的接触压力,得到了满意的试验结果。1981年通过鉴定的BY型半导体应变式土压力传感器,是中国人民解放军89002部队于1972—1973年期间,根据国内外土压力传感器理论和试验研究,参考美国水道试验站的SE型传感器研制出来的无油腔双膜片应变土压力传感器,由于选用硅半导体应变片,从而提高了灵敏度,该传感器经一系列性能试验和应用获得了比较理想的结果,传感器达到了设计的预期目的。在1985年,南京水利科学研究院成功研制了GIZ型土压计,属于平衡式压力盒。

近年来,科技工作者们解决了一系列的问题,促进了传统土压力传感器在国内的发展。问题一,土压力盒的弹性特性问题。埋置在土体中的土压力盒一般由金属制成,其刚性比其周围的土体要大,这样将引起应力的集中出现土拱现象,使得测量结果偏大,为了消除这一影响因素,应尽量使土压力盒的刚性与土体保持一致,这样土压力盒在受力后的形变将与土体相同,土应力的分布将不会因土压力盒的进入而受到影响。因此,土压力盒在设计时应尽量使其厚度减小,以降低这一因素的影响,其厚径比(压力盒的厚度与直径之比)最好不要大于1/5。问题二,土压力盒承压板的中心变形问题。土压力盒承压板的中心变形不能过大,否则将超出小挠度变形的范围,使测定的应力值偏小。所以在设计时中心变形应限制在一定的范围之内,中心变形量与土压力盒承压板厚度的比值不宜大于1/3。问题三,土压力盒承压面大小的问题。关于土压力盒承压面的大小存在有两种不同的看法。一种看法认为承压面要尽量大,例如菲利浦生产的土压力盒,其承压面的有效面积达520 cm²。另一种看法是承压面要尽量的小。这两种看法中,小承压面的看法对于采用开挖式或钻孔法埋设方式的压力盒比较合理,因为在土压力盒埋设时,土体的扰动程度对测量结果的影响较显著,且在埋设时也比较方便。问题四,土压力盒的密封防水和防锈问题。

土压力传感器的发展大致经过了平衡式压力盒,薄板式压力盒,钢弦式压力盒,电阻式、应变式压力盒等多个类型阶段,研究历史较长,但由于土压力涉及的问题较多,在曹健人的土石坝观测仪器埋设与测试中,仍然对压力传感器存在的问题进行了论述且无统一的看法。现在常用的传统土压力盒主要有两种形式:钢弦式土压力传感器和应变片式土压力传感器,但是这两种传感器在稳定性、耐久性和分布性等方面存在一定的不足,无法满足长期、实时的要求。

2. 道路设施全寿命周期维护

[1] 沥青路面使用性能检测

国内外有关路面检测技术和检测方法的研究,开始于20世纪后期,最早用于路面检测的探地雷达是美国的ION公司发明的地质雷达,日本的JRC公司同期也发明了基于雷达探测的路面检测方法。20世纪末,长安大学、东南大学及南京水利科学研究院等单位相继引进地质探测雷达和冲击回波等先进的无损检测设备,对沥青路面的厚度、结构内部的损伤等进行检测,这些技术和设备的引进,补充和丰富了国内有关路面病害无损检测技术。

路面在使用过程中不断遭受加载、气候的影响,路面结构内部产生应力变化。在荷载及环境耦合作用下,路面结构内部产生急剧变化的应力和应变,从而导致路面结构的破坏,影响路面的整体性能。

路面的大规模加速加载试验AFL是研究路面结构动力响应的重要方法,其是通过在不同层次的路面内部埋传感器来检测路面结构的动态响应,目前此方法已在国内外取得很多的工程和科研成果。但是,由于加速加载试验资金投入很大,影响了其进一步的应用。国内外普遍认为,沥青路面的设计和传感器的安装和设计应该同步进行,且不同检测类型的传感器具有不同的安装埋设方法。美国联邦公路局

(FHWA)及宾夕法尼亚州在 20 世纪 80 年代联合进行路面测试设备测试项目的研究。该项目分为两个阶段:第一阶段是通过文献调研,跟踪现有的道路检测技术研究,并找出适宜的方法和设备;第二阶段铺筑了两种路面结构。项目研究中,通过改变卡车轴重、轮胎的压力和速度来获得路面的动态响应变化。同时,项目过程中也研制了新型的传感器,对传感器的精度进行校准,并研制了数据采集程序,对路面结构信息进行收集、处理,得到了路面结构的动态响应。美国 Minnesota 州进行了 MN ROAD 的研究课题,这是继 AASHO 试验路后又一个重要的道路试验场。其通过对每一层路面结构下的动态响应问题进行检测,为路面内部结构的力学响应和路面设计模型的改进提供了指导。试验路埋设了一系列沥青路面检测仪器,如应变计、土压力计、温、湿度传感器,并对仪器的埋设方案进行初步研究,但项目中,主要考虑了路面的结构应力的检测指标和检测设备,而对这些传感器的合理埋设方案研究不足。美国 Auburn 大学于 19 世纪末建成了研究沥青检测技术的试验场 NCAT(National Center for Asphalt Technology),并设计了不同结构类型的柔性路面,试验路利用人工控制测试车进行路面的加速加载试验。NCAT(National Center for Asphalt Technology)试验路在其中 8 个不同的结构类型及沥青材料类型的试验段上埋置了传感器,进行了沥青路面内部的动态响应检测试验,为了路面结构应变的测量安装了大量的应变计,同时安装了大量的传感器用于对路面的温度、湿度、竖向应变、土压力等情况进行检测。弗吉尼亚交通技术研究中心铺筑了全美国当前唯一且技术最先进的全尺寸试验路 Virginia's Smart Road。Al-Qadi 等人于 2000 年对 Virginia's Smart Road 试验路上不同结构类型的柔性路面进行结构内部的应力应变检测,试验通过采用 FTCA 系列传感器检测路面整体结构的水平应变。为保证路面检测的科学性,尽可能使各种传感器的间距控制在车轮线附近,并应保证合理的间距,以免传感器之间造成干扰。经过 Al-Qadi 研究后认为,传感器的间距定为 0.5 m、1.0 m、1.5 m 比较适宜,同时对路面材料利用相关的实验室测试和现场 FWD 的测试,采用 Finite element 有限元方法研究了在不同温度及不同荷载路面结构动态响应仿真。

Ohio 试验路由美国高速公路战略研究中心(The United States of America SHRP Research Center)与俄亥俄大学及俄亥俄州立大学联合开展。项目研究的目的是对沥青路面长期性能测试,并做出相应的分析。在此项目中,安装大量不同类型的传感器以采集路面结构内部应力应变及路面内部不同位置的温度场。

美国的 Illinois 大学的 Shreenath Rao 和 Jeffery Roesler 利用 HVS(重车模拟装置)在沥青路面进行加载试验,对沥青路面的变形和疲劳失效模型进行研究。项目中,使用了基于热-电偶原件系统的传感器类型,对路面在荷载及环境共同耦合作用下的力学响应变化状况进行研究。同时,对不同深度路面的竖向、横向变形进行测量,同时在路面结构埋设热电偶原件,对结构变形进行温度修正。

近年来,随着高新技术的发展和突破,各国基于本国的实际交通特点和经济承受能力,采用了风格迥异的研究思路和研究方法,同时也形成了不同类型和特点的检测技术和检测设备。目前,沥青路面的检测内容和检测指标有以下指标:ⓐ路面弯沉,ⓑ路面结构缺陷病害,ⓒ路面应力应变,ⓓ路面破损状况检测方面等。

路面非破坏性的测试和评价方法在国内外都受到重视,目前国内外学者相继开展有关路面性能的研究工作。美国开展的长期路面使用性能(LTPP)的研究对路面性能的无破损检测技术进入了深入研究。路面性能的检测和评价在道路管理和养护中的作用是相当重要的,合理的路面检测方法和检测体系可以很好的反映出路面发生的病害,同时也能非常好的评价预测路面结构性能的衰减规律。对混凝土内部存在的缺陷,较为普通的方法是超声无损检测,简单易用,且具有很好的可识别性。同时,随着国内外检测技术的发展,探地雷达法、红外法以及超声发射法都在路面检测中得到了一定的应用。

[2]沥青路面使用性能评价

美国 AASHTO 在 20 世纪 60 年代中期提出了路面使用性能评价模型,将 PSI 作为道路使用性能评价指标,综合考虑了平整度、裂缝及车辙三种损坏类型的影响,从舒适性的角度界定了道路使用寿命的临界状态。

日本道路协会在1978年按照美国AASHTO的PSI模型,建立了日本的PSI模型。但是,由于日本路面平整度比较好,PSI模型在日本不具有很好的使用效果。因此,饭岛在PSI模型的基础上,发展了养护管理指数MCI模型。该模型从路面结构损坏角度表征路面使用性能,更加符合日本实际情况。

美国工程兵研究实验室用扣分法建立了一种新型路面评价模型,称之为路面状况指数PCI,这种方法也是目前美国普遍使用的路面病害评价方法。PCI值是路表面破损(含车辙)的函数,式中的扣分值和单项重复破损修正系数都是根据专家评分方法求得的。该模型采用了单项重复破损修正系数,在对某些破损类型较为突出的路段进行评价时,可以避免总扣分过高或过低的现象。因此,从理论角度来讲,该模型较为完整和严谨,但同时也使扣分值和修正系数的确定标准难以制定。

2006年10月建设部颁布了《城镇道路养护技术规范》(CJJ36—2006),2008年2月交通部颁布了《公路技术状况评定标准》(JTG H20—2007),均对沥青路面性能评价提出了五个分项评价指标和一个综合评价指标,分别为:路面损坏状况指数PCI、路面行驶质量指数RQI、路面车辙深度指数RDI、路面抗滑性能指数SRI、路面结构强度指数PSSI、综合评价指标—路面使用性能指数PQI。并针对高等级公路和城市道路的养护质量评价特性,分别提出了定性、定量相结合的养护质量检测方法、评价指标以及评价标准。

上海市公路管理处对公路沥青混凝土路面预防性养护进行了系统性的研究,通过跟踪观测并分析上海城市外环线、沪宁高速、浦星公路和业新支线4条试验路的使用情况,确定了上海市常用预养护措施的类型,提出了预养护的路况指标和标准,建立了上海市公路沥青路面预养护对策库,最终形成了《上海市沥青路面常用预养护措施设计与施工技术指南》,为预养护技术的推广应用提供了条件,并为相关规范的编制与修订奠定了基础。

江苏省通过对绿化功能分析、专家筛选和主要成分分析方法,提出了高速公路绿化评价指标体系框架。其体系评价指标主要包括:中央分隔带防眩能力、边坡防护能力、路侧生态防护性以及景观效果,运用层次分析方法,建立了高速公路绿化评价方法。

湖南省公路管理局在对沥青混凝土路面预防性养护的研究中发现:在日常养护上多花一块钱,大中修上就能少花十块钱。此研究结果很好地阐述了预防性养护在沥青混凝土路面保养中的重要性。在沥青混凝土路面预防性养护研究中,重点强调了接缝填封和板底压浆工作,为做好接缝养护工作,提出了"接缝失养率"的评价指标,即以"抽查路面接缝渗水长度占接缝总长度的比例"来量化评价接缝养护的质量,目前湖南沥青混凝土路面养护状况已得到很大改观。

[3] 路面使用性能预测

路面使用性能预测主要有三种方法:力学法、力学—经验法和经验(回归)法。

1) 力学法

力学法是通过利用弹性理论模型或粘—弹性理论模型,通过结构理论分析得到路面在荷载作用下的应力、应变或位移反应。力学法有成熟的理论基础,但计算复杂,工作量大,而且我国路面养护历史短,在这方面的收集的数据较少,因此缺少足够的实际路面数据进行公式的修正和验证,缺乏可行性。

2) 力学—经验法

力学—经验法是利用结构分析得到路面在荷载作用下的应力、应变或位移反应值,以此来预测路面使用性能随时间的变化关系。此方法分为两步:第一步是确定路面各结构层的回弹模量,由结构力学分析计算在路面设计条件下的路面结构的临界应力、应变或位移值;第二步是建立路面反应(应力或应变等)同使用性能参数衰变速率之间的经验关系。

3) 经验法

经验法是利用多元回归分析技术建立使用性能变量与其影响变量之间的回归方程。采用经验法建立的路面使用性能回归方程,结构简单,易于更新,尤其是当某些使用性能的衰变机理尚不清楚时,采用经验法具有明显的优势。然而,采用经验法建立的模型,只是使用性能与其影响变量之间的某种程度的统计拟合关系,并不能反应影响变量对使用性能影响的普遍关系,只适合于特定的路段。其可靠性不仅取决于实际路面数据的准确性与充分性,而且也依赖于专业技术人员对所选用的使用性能与其影响变量之间关系的理解和认识程度。

采用数学建模的方法演化路面某种性能随其力学指标、使用时长、损坏程度等影响因素的变化规律,得到各种路面性能预测模型,大致可分为以下几类。

1) 确定型模型

确定型模型是为路面寿命或其他某项使用性能指标做出准确的预测。确定型模型包括基本反应模型、结构性能模型、功能性能模型和使用寿命模型等。

基本反应模型是预测路面在荷载和气候因素作用下的基本反应,如弯沉、应力和应变等。可采用力学法、力学—经验法或经验法建模。

结构性能模型既可预测路面各种单项损坏,如开裂、车辙等,也能预测路面的综合破损状况,如路面状况指数 PCI 等。可采用力学—经验法或经验法建模。

功能性能模型用于预测路面行驶质量指数 RQI 或现时服务能力指数 PSI、表面抗滑性能等。功能性指标同使用者的舒适性、安全性和经济性密切相关。可采用力学—经验法或经验法建模。

使用寿命模型用于预测路面达到一定破损状况或服务水平时的使用寿命。当选用轴载作用次数作为指标时,适用于路面的养护和改建方案;当选用时间指标时,则多用于路面各种养护措施和改建方案的经济评价。可采用力学—经验法和经验法建模。

2) 概率型模型

概率型模型是预测路面寿命或某项使用性能的状态分布。概率模型包括残存曲线、马尔可夫(Markov)和半马尔可夫模型等。

残存曲线是概率与时间的关系曲线,反映路面经过一定使用年限或一定累计标准轴载作用后,在不采取中修和重建措施的情况下路面保持较好服务能力的概率。马尔可夫模型的核心内容是状态转移概率矩阵,它表示路网内一组具有相同属性(结构、交通等级、使用年龄和环境因素等)的路面,其使用性能指标在预定时段内从某一状态转移到另一状态的概率。

概率型模型考虑了影响路面使用性能变化的因素如荷载、环境、材料等的变异性,较好地反映了路面使用性能变化速率的不确定性。因此,采用概率型模型更能符合路面实际情况的变化,但在目前公路养护管理状况下,难以被管理者所接受,且转移概率矩阵建立在回归的基础上,给模型带来了不容忽视的误差。

3) 其他模型

刘伯莹-姚祖康根据北京市公路路面管理系统数据库存贮的数据,结合几种回归曲线的结果和专家的意见,对北京市沥青路面的路面破损状况、路面行驶质量选用负指数曲线拟合。

(1) 路面破损状况预测模型:

$$PCI = 100e$$

式中　a, b——回归参数;

　　　Y——路面使用年数。

(2) 路面行驶质量预测模型:

$$PQI = a$$

式中　a, b——回归参数;

　　　Y——路面使用年数。

孙立军、刘喜平参考国内外已有的大量路面使用性能模型,深入研究,提出如下模型:

$$PCI = PCI_0 \{1 - \exp[-(\alpha/y)^\beta]\}$$

式中　PCI——路面状况指数;

　　　PCI_0——路面新建或新近一次改建后的初始路面状况指数,通常可取100;

　　　y——路面新建或新近一次改建后的路龄;

　　　α, β——回归参数,$\alpha \geqslant 0, \beta \geqslant 0$。

[4] 路面使用性能维护方法

路面养护方法共分为三类,即预防性养护、日常养护和纠正性养护。

美国20世纪90年代初提出道路预防性养护这一理念,主要包含两方面的含义:ⓐ让状态良好的道路系统保持更长时间,延缓未来的破坏,在不增加结构承载力的前提下改善系统的功能状况;ⓑ在适当的时间,将适用的措施,应用在最适宜的路面。基于预防性养护理念,采用合理数学方法和优化理论进行养护排序,为制定合理的养护计划提供支撑。在资金分配上首先处理出现病害先兆的路段,使道路病害在出现前或轻微时就通过养护手段进行处理,让公路路况始终保持良好的工作状态,保证有限的资金能够得到相对合理利用。

矫正性养护主要是指用来修复路面局部损坏或者特定病害的养护作业,它通常用于路面结构已经发生局部损坏的结构性路面,但还未扩散到全部路段,如中等车辙、大面积裂缝等。

目前,国内外养护维修对策相对较多,对于沥青路面而言,国外将沥青路面的养护维修作业划分为预防性养护(Preventive Maintenance)、修复性养护(Corrective Maintenance)、路面翻修(Pavement Rehabilitation)、路面重建(Pavement Reconstruction)四种类型,具体的对策措施包括沥青灌封、坑槽修补、铣刨加铺、薄层罩面、压浆补强、道路翻修等。

我国现行的沥青路面养护技术规范根据工程性质、技术复杂程度和规模大小,将养护工程分为小修保养、中修工程、大修工程、改建工程等四类。这种分类方法是20世纪50年代从前苏联的规范中引入的,至今已沿用好几十年。随着路面养护维修技术在材料、工艺、设备方面的不断进步和发展,这种分类方法已经很难反映出现代路面养护维修技术的特点和要求,难以与现代养护维修技术的发展步伐相适应。

总体上来讲,目前针对沥青混凝土路面常采用的养护维修对策有裂缝封缝、微表处、超薄磨耗层、沥青再生、就地热再生、铣刨加铺等。

微表处技术在20世纪70年代初起源于德国,该技术出现后迅速在欧美国家得到了推广,加拿大也于90年代初引进该技术,它被公认为是处治路面车辙及其他病害最经济有效的方法之一。我国从1999年开始对微表处进行了研究,2000年起逐步开始应用。首先,在山西太旧高速公路上铺筑了我国第一条微表处试验段,山东潍高一级公路上也铺筑了6 km的微表处路段。东南大学徐剑博士对微表处进行了深入的研究,并主持编写了《微表处与稀浆封层技术指南》,为微表处在我国的推广应用及发展提供了技术支撑。

法国是超薄沥青混凝土面层的发源国,其沥青混凝土表面层大致经历了以下四个阶段:ⓐ60年代的50～80 mm厚的沥青混凝土(BBSG),对路面结构起到增强作用;ⓑ70年代的30～40 mm厚的薄层沥青混凝土(BBM);ⓒ1986年的20～30 mm的非常薄沥青混凝土面层(BBTM);ⓓ15～20 mm厚的超薄层沥青混凝土路面(BBUM)。美国Novachip超薄磨耗层是1986年法国SCREG Routes Group的产品,目前在欧洲得到广泛的应用。Novachip是采用粗集料间断级配,铺筑厚度10 mm～20 mm的超薄层沥青混合料,Novachip铺筑在NOVAbond表层上,主要用于路面修复和预防性养护上,能提高旧沥青混凝土路面的表层抗滑性、抗车辙性能。SMA在我国的运用始于1992年,在建设首都机场高速公路中使用改性沥青及SMA技术。目前,在我国超薄罩面技术得到了长足的发展和进步。

沥青再生技术的研究最早始于1915年,基于对环境保护和资源有效利用的考虑,美、英、日等国家对沥青再生利用进行了大量的研究。1973 年石油危机爆发后,这项技术才引起美国的重视,并且迅速进行了广泛的研究,取得了丰硕的成果。西欧国家也引进这项技术并进行了大量推广。从 2002 年京津塘高速公路开始,就地热再生技术在我国也悄然兴起。

[5] 道路设施维护决策方法

路面养护决策起源于 20 世纪 60 年代美国 AASHTO 道路试验,多采用路况数据与工程经验判断相结合的决策方法。70 年代开始,随着 PMS 的推广应用,大量工程经济分析方法用于项目级道路养护决策分析。目前主要决策方法是决策树和排序法,同时各种数学规划方法也得到应用。

决策树是根据道路等级、路况等影响因素,对路网或路段不断进行分枝、细化,综合考虑各种组合条件,在各分枝的枝末,给出各种组合条件限制下的项目可能处治对策。在早期基于经验的决策树中,一般采用"即坏即修"的维修策略,未能明确体现预防性养护的策略。近年来,随着预防性养护理念的产生,开始出现按照预防性养护概念构建的决策树。

排序法是在初步确定养护项目和时间后,在考虑资金等约束条件,根据路况、经济等数据计算出一点排序指标,并以此作为排序依据。

美国俄亥俄州的路面管理系统(Kamram,1990)采用了线性规划模型来进行系统优化决策。潘玉利等提出了一个养护投资优化模型,并结合杭州郊区公路路网的数据进行了初步分析,建立了道路用户费用分析模型。

在上述维护决策方法中,以效益费用比为评价指标的排序法应用最为广泛,经济效益分析是以经济分析原理为基础来评价备选方案的长期经济效益比的一种技术。它考虑了备选方案的初始修建费以及未来的管理费用和用户费用,其目的是为投资消耗确定最佳值,即满足所求性能目标下的长期费用最低方案。

早在 1960 年,AASHTO 就提出了寿命周期费用分析的概念。也是在 20 世纪 60 年代,美国为促进寿命周期费用原理在路面设计和路面类型选择方面的应用而设立了两个项目:(NCHRP) The National Cooperative Highway Research Program 承担的编号为 NCHRP1-10 的项目;德克萨斯州公路运输部门资助开发的刚性路面管理系统项目。James Walls III 和 Michael R. Smith 在一份关于路面设计中寿命周期费用分析的研究报告中,对寿命周期费用分析的基本原理进行了论述,讨论了输入参数的不确定性,推荐了贴现率的可接受范围,并探讨了敏感性分析在传统的寿命周期费用分析方法中的应用。

1) 费用分析

在费用分析中,主要考虑用户费用和管理费用两部分。其中管理费用主要包括建设费、养护费、改建费和残值,用户费用包括燃油消耗费用、轮胎膜材磨耗费用和保修材料费用。世界银行在 HDM-III 计划中,在总结已有相关研究成果的基础上,相对完整的提出了一套费用分析标准及费用预估模型。然而,预估模型中的相关参数并不符合我国的实际情况,同济大学姚祖康教授等在 HDM-III 模型的基础之上,通过修正模型参数,建立了我国的用户费用分析模型。

a. 养护费用

养护费用是指为使路面使用性能保持在预定水平上而进行的日常预防性保养和修补工作所需的费用。同济大学孙立军教授在《沥青路面结构行为学》一书中提出了一种养护费用预估模型:

$$MC_i = 0.34 + 3.44 \times 10^{-6} \times (100 - PCI_i)AADT_i$$

式中　MC_i——第 i 年养护费用;

$AADT_i$——第 i 年平均日交通量;

PCI_i——第 i 年 PCI 指数。

然而,考虑到各地区养护费用的离散性较大,表 2.1-1 中列出上海地区常用预防性养护措施单位费用情况。

表 2.1-1　预养护费用

养护措施	单位费用(元/m²)
稀浆封层	15～20
微表处	18～25
碎石封层	13～20
灌封和封缝	5～15
THMO	55～60
雾封层	5～10
沥青热再生	22～25

b. 燃油消耗费用

油耗模型是在考虑不同车型、路面平整度和车速三个影响因素条件下,所建立的不同车型油耗和平整度关系模型:

$$FL = a + b \cdot IRI$$

c. 轮胎膜材磨耗费用

轮胎磨耗模型是以力学分析为理论基础,建立轮胎消耗与车辆、路面状况之间的回归关系,即

$$TC = NT\left[\frac{(1 + RREC \cdot NR)TWT \cdot k_1}{(1 + k_2 NR)VOL} + 0.002\right]$$

式中　TC——轮耗;

　　　NT——轮数;

　　　$RREC$——翻新与新轮胎价格比;

　　　NR——翻新次数;

　　　TWT——轮胎磨耗;

　　　VOL——胎面可磨耗体积。

d. 保修材料费用

$$客车\ PC = e \cdot k \cdot \exp(f \cdot IRI)Ckm^{Kp}$$

$$卡车\ PC = e \cdot k \cdot (1 + f \cdot IRI)Ckm^{Kp}$$

式中　PC——卡车千米维修费用与新车价格比值;

　　　Kp——车龄指数或车辆老化系数;

　　　CKM——车辆累计行驶里程;

　　　IRI——路面平整度。

在费用分析中,将不同时期产生的上述所有费用全部以净现值的形式表达。净现值的原理是:把分析期内不同时间支出的费用,按某一预定的贴现率先转换为现在的费用折算得到的现值加上初始投资,就是分析期内总的费用现值。这样通过转换成单一的现值,便可在等值的基础上比较各养护方案的优劣。

费用的现值计算如下:

$$PVC = F\frac{1}{(1 + i)^n}$$

式中　PVC——费用现值；

　　　F——终值；

　　　n——年数；

　　　i——折现率；

　　　$1/(1+i)^n$——现值系数。

残余值是指建设项目在其分析期末所残留的价值，一般可采用按使用年数线性折算的方法来计算残余值，可按如下计算，即

$$SV = \left(1 - \frac{N}{L_E}\right) \cdot C$$

式中　SV——残余值；

　　　N——已使用年数；

　　　L_E——期望寿命；

　　　C——初期建设费用。

2）效益分析

在养护措施效益评价中，养护部门更多考虑的是养护措施对使用性能的改善效果。通常养护措施效益评价可分为短期效益评价和长期效益评价。其中，短期效益是指养护前后使用性能的差值，而长期效益通常用养护措施服务寿命(路面使用寿命的延长)或使用性能曲线所围成的面积来表达。

a. 养护措施服务寿命

如图 2.1-1 所示，养护措施服务寿命是指路面经过养护后再次衰退值使用性能最低可接受值所经历的时间。

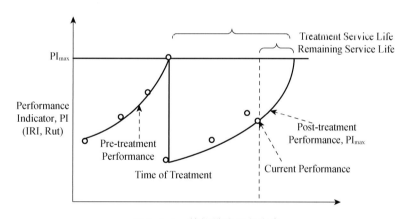

图 2.1-1　养护措施服务寿命

b. 使用性能提升面积法

针对全寿命周期内养护措施决策技术而言，养护后使用性能提升面积作为效益评价指标更为合理。使用性能提升面积是指养护完成后，路面使用性能衰变曲线与使用性能最低可接受界限间所围城的面积。

对于增长型使用性能评价指标(IRI 等)而言，养护效益可按下式计算，即

$$\mathrm{AOC}_{s,i} = \left[PI_{\max} \cdot (t_{s(\max)} - t_{s(trig)}) - \int_0^{t_{s(\max)}} PI_{s,i}\,\mathrm{d}t\right] - \left[PI_{\max} \cdot (t_{ps(\max)} - t_{s(trig)}) - \int_{t_{s(trig)}}^{t_{ps(\max)}} PI_{s,0}\,\mathrm{d}t\right]$$

式中　$AOC_{s,i}$——养护效益；

　　　$PI_{\max}$——使用性能最低可接受临界值；

$t_{s(\max)}$ ——使用性能衰变至 $PI_{\max}$ 所经历时间；

$t_{s(trig)}$ ——养护时间。

对于降低型使用性能评价指标(PCI 等)而言,养护效益可按下式计算,即

$$\mathrm{AUC}_{s,i} = \left\{ \int_0^{t_{s(\max)}} PI_{s,i}\,\mathrm{d}t - \left[\int_{t_{s(trig)}}^{t_{ps(\max)}} PI_{s,0}\,\mathrm{d}t - PI_{\max} \cdot (t_{ps(\max)} - t_{s(trig)}) \right] \right\} - PI_{\max} \cdot (t_{s(\max)} - t_{s(trig)})$$

式中 $\mathrm{AUC}_{s,i}$ ——养护效益；

$PI_{\max}$ ——使用性能最低可接受临界值；

$t_{s(\max)}$ ——使用性能衰变至 $PI_{\max}$ 所经历时间；

$t_{s(trig)}$ ——养护时间。

3. 道路基础设施管理系统

路面管理系统的研究起源于美国和加拿大,最初的焦点是路面设计。1966 年,美国全国公路研究计划(NCHRP)首次提出了路面设计系统的概念。20 世纪 70 年代末开始,由于美国、加拿大等发达国家大规模的公路和城市道路网建设已经基本结束,公路部门的任务开始由公路的规划、设计、施工转移到了如何管理和维护这些耗资巨大的公路设施上。因此,路面管理者急需一个系统的充分有效地利用那些有限的资源,从而使路面在一定时期内保持良好的使用性能。路面管理系统(PMS:Pavement Management System)就是在这种背景下产生的,并且已经在世界许多地方得到了广泛的应用,成为公路资产管理的有力工具。

最初的路面管理系统属于项目级系统,从 70 年代后期起,美国和加拿大等发达国家的许多州和省相继建立和实施了网级路面管理系统,到 80 年代中期,约有 35 个州和省已经建成路面管理系统。其中,对后来路面管理系统发展影响较大的有如下系统。

(1) 1978 年美国加利福尼亚州付诸实施的路面管理系统。该系统主要用于对该州的刚性路面和柔性路面进行路况监控,提供路段损坏信息及确定养护和改建对策等,同时系统能够按路面使用性能参数进行项目的优先排序。选用平整度,路面破损程度和平均日交通量三项因素作为影响排序的主要因素。但是,此种排序方法对于网级系统来说,考虑过于简单化,未能考虑项目之间的折衷。因此,总的说来,该系统结构功能等还不够完善。

(2) 亚利桑那州路面管理系统在 80 年代初期建成并投入运营,这是一个供财政规划用的网级优化系统,该系统首次成功地将马尔可夫决策过程引入网级路面管理系统。它依据路面使用性能变量(如平整度、开裂量等),把路网内的路面划分为不同的路况状态,不同时期路网内处于各种状态的路面的比例定义为路网的使用性能,管理部门为路网使用性能设定某种目标或标准。该系统的主要管理目标是确定以最低的费用保持要求使用性能标准的全路网养护和改建政策。

(3) 美国陆军建筑工程研究所开发的 PAVER 系统。该系统能够提供路面状况信息,进行路况评价、预测,确定目前和今后养护和改建的需要,选择可使资金得到最佳使用的养护改建项目和对策方案等,是服务于路面管理的较好的系统。在该系统中,首次提出用扣分法来建立路面破损评价模型,该方法能够精确地计算和折算由多种损坏所导致的路面总体损害程度,至今仍得到广泛应用。

(4) 密歇根州的路面管理系统提出了路面使用性能的衰减曲线(对数方程),并利用该方程和马尔可夫模型相结合,预测路面的使用性能从而实现了养护费用的动态规划。

(5) 加拿大阿尔伯达省的路面管理系统包括省公路系统的和各个城市的,是相对比较综合、完善的系统,其开发采用分阶段建立和实施的方法,如路面信息和需求系统(PINS,1982)、改建信息和优先规划系统(RIPPS,1983)及城市路面管理系统(MPMS,1988)。其中,城市路面管理系统(MPMS)功能更加完善。

(6) 德克萨斯大学奥斯汀分校在广泛调查研究的基础上,由陈新,WR HUDSON 等人开发的"城镇道路管理系统(URMS)"是专门为中小城市设计的综合性 PMS,可同时在网络级和项目级两个层次上,为市

政管理部门和工程技术人员提供有效的计算机管理手段。

其他发达国家,如欧洲和澳大利亚等先后对路面管理系统进行了研究并在实际公路管理中应用。如丹麦路面管理系统(1980),英国运输和道路研究所(TRRL)的公路养护评价系统(CHART,1980)等。至 80 年代末,不断完善的 PMS 系统已被公路管理部门采纳作为政府决策确定养护对策的必备程序,同时还产生了许多以 PMS 为经营主体的科技公司,协助政府或工程企业完成路面养护管理和决策工作。

国内对路面管理系统的研究起步较晚,1985 年首先在辽宁营口地区移植了英国的沥青路面养护管理系统。我国在七五期间曾经组织了 PMS 的攻关科研工作,交通部公路科学研究所的潘玉利博士提出了我国公路路面管理系统的基本框架,路面管理系统大致包括数据库管理、路面性能评价、路面性能预测和路面养护决策四部分,并在参考国外模型方法的基础上,建立了符合我国实际的一些模型。

至今为止,对我国路面管理系统发展及应用影响最大的是中国路面管理系统 CPMS(China Pavement Management System),它是国家"七五"重点科技攻关"干线公路(省、市级)路面评价养护系统技术开发"课题,由交通部公路科学研究所、同济大学等科研单位共同研究开发。CPMS 是一个复杂的路面决策支持系统,包含道路数据信息管理、路网评价、路况性能分析、养护资金需求分析及资金优化分配等较多的功能,其各种模型建立的特点是多数基于回归技术。该项目于 1991 年通过国家级鉴定,并且是"八五"国家和交通部的重点推广项目。

此外,北京、广东、河北、山东、河南和江西等省市的公路部门相继建立了省市级或地区级路面管理系统。同时,随着地理信息系统 GIS 在各个领域与各项高新技术的结合,特别是它与原有管理系统数据传输转换的实现,使得路面管理系统也得到了极大地改进。上海市以 GIS(Geographic Information System)为平台,针对上海道路和桥梁的管理现状,研发了一套基于 GIS 的城市道路桥梁管理系统。它在秉承传统管理系统理论的基础上,结合当前新兴的地理信息系统的特点和优势,成功地将地理信息系统引入到管理系统中,打破了传统管理系统中单纯的数据库加表格数据的文本模式,使得管理系统展现出图文并茂的新景象,完成管理任务更加便捷、高效。其次,采用网络架构代替传统管理系统,使得管理工作模块化、规范化,管理效率提高。北京市市政工程管理处也开发了适合于本地区实际情况的基于 GIS 的市政设施管理系统,使得城市道路和其他附属设施的管理信息化程度得到很大的提高,取得了很好的效果。

尽管路面管理系统给城市发展带来了一定的经济和社会效益,但国内目前市政基础设施管理水平从总体上来说还不高,仍存在一系列的问题,表现在以下几个方面。

(1) 数据的采集效率较低。主要体现在采集手段和方法落后,设备水平低,从而导致数据的准确性、可靠性较低,再加上检测数据的采集量巨大,道路大中修判别及对策的数据来源主要靠现测现用,使得数据的连续性出现问题。

(2) 数据的开放性不足。大多数已有的路面管理系统数据库均较为封闭,使专业研究人员无法获取一定地域范围及时间年限的有效数据,从而导致各个系统数据库的数据量相对不足,因此分析各种问题时得出的结论不具普遍性和一般性。

(3) 在将数据用于评价与预测时,评价指标及标准存在较大差异。国内对于公路与城市道路的路面性能评价方法和标准就存在较大差别,导致需要建立两套不同的管理系统。在性能预测方面,由于道路发展初期"重建轻养",历史基础数据严重不足,无法建立可靠的预测分析体系,致使预测方法准确性不足,难以在应用中发挥作用。

由上可知,在道路基础设施管养方面,国内还没有较为成熟的技术系统及技术标准。同时,信息化、智能化将是道路基础设施管养发展的重要方向。因此,基于传感器的道路基础设施信息系统方面的研究具有很强的必要性及广阔的应用前景。

2.1.1.3 研究内容

1. 道路健康状况监控方法

(1) 路面性能监控指标;

(2) 路面性能评价标准;

(3) 路面性能预估模型。

2. 道路健康监控系统

(1) 道路健康监控系统的需求分析;

(2) 道路健康监控系统的框架设计;

(3) 道路健康监控系统的功能实现。

3. 道路健康检测现场试验

(1) 道路使用性能测试;

(2) 道路结构性能测试;

(3) 测试结果分析与评价。

4. 道路健康预警监控及性能衰变计算

(1) 道路健康预警监控;

(2) 道路使用性能衰变计算;

(3) 考虑碳排放的道路使用性能决策维护。

2.1.1.4 技术路线

技术路线如图 2.1-2 所示。

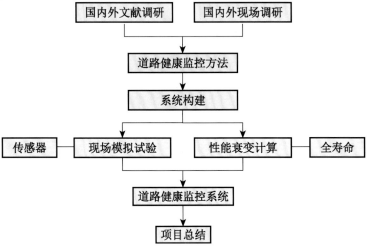

图 2.1-2 技术路线图

2.1.2 道路基础设施健康状况评价理论及监控方法

道路结构健康监控就是利用现场的无损传感与结构系统特性分析(包括结构反应),探测结构的性态变化,揭示结构损伤与结构性能劣化。它是集智能传感元件、数据有线或无线采集和实时处理、结构损伤识别、健康诊断与可靠性预测以及远程通讯和数据管理等系统于一体,是工程理论发展与综合的象征和高新技术开发与集成的标志,同时也是现代结构实验技术的集中体现。

2.1.2.1 道路健康状况评价理论

1. 路面破损状况

反映路面损坏状况的主要指标是路况指数 PCI,它是评价路面服务水平的最重要的一个指标。路面损坏所表现的形态特征是多种多样的,这是因为促使路面出现损坏的原因是多方面的,如行车荷载因素(如超载、重复加载和水平荷载等)、环境因素(如温度变化、湿度变化和冰冻作用等),以及施工和材料原因等。因而,对复杂多样的路面损坏状况进行分类是很有必要的,并且在此分类的基础上,还必须制定相应的符合公路实际的各类破损程度扣分值,根据这些扣分标准,就可以对损坏状况进行测量、分类、评价和扣分,最后得出路面损坏状况指数 PCI。

[1] 路面破损的分类

根据国内外资料分析,路面破损一般可分为两大类:结构性破损和功能性破损。结构性破损通常是由于路面各层的承载能力降低引起的,反映在表面上往往是裂缝。功能性破损是由于路面提供给用户的服务能力下降引起的,反映在路面上则是平整度降低和车辙加深。正确认识这些破损的差别有助于对其进行合理评价分析。常见混凝土路面破损类型如表 2.1-2 所示。

表 2.1-2　混凝土路面损坏类型

损坏类型	结构性	功能性	与荷载相关	与荷载无关	路面类型
鼓胀	√	√		√	沥青
板角断裂	√	√	√		水泥
沉陷		√		√	沥青
耐久性"D"裂缝	√	√		√	水泥
横向接缝和裂缝的错台		√	√		水泥
与接缝传荷系统有关的破坏	√	√	√		水泥
横缝接缝封填料损坏		√		√	水泥
车道与路肩的下沉或隆起		√		√	沥青
车道与路肩接缝分开		√		√	沥青
纵向裂缝		√		√	均有
纵缝错台		√		√	均有
补丁损坏	√	√	√	√	均有
补丁临板损坏	√	√		√	均有
爆裂		√		√	均有
唧泥和冒水	√	√	√	√	均有

以上所述粗略分析了国内常见的路面破损现状,分析破损的目的是为了根据一定的原则和方法对其进行分类,以便科学地检测、统计及评价。分析国内外有关文献,例如实施的美国战略公路研究项目(SHAP,1990)把路面破损分为 5 大类。

(1) 裂缝类:网裂、块裂、边缘裂缝、纵向裂缝、反射裂缝和横向裂缝。

(2) 修补不良与坑洞。

(3) 表面形变:板块挠曲、边角翘曲。

(4) 表面损坏:主要指刨光和集料散失。

(5) 其他破损:包含路面边缘浸水和路肩脱落等。

最新颁布的《城市道路养护技术规范》(CJJ 36—2006)将路面损坏类型按照沥青和水泥路面分为两大类。具体的损坏类型划分如表 2.1-3 和表 2.1-4 所示。

表 2.1-3　沥青路面表面破损类型

损坏类型		定义	计量标准
裂缝类	线裂	指单根/条裂缝,包括横缝、纵缝以及斜缝等	裂缝长度等于或大于 1 m,宽度等于或大于 3 mm。按裂缝长(m)×0.2(m)计量
	网裂	交错裂缝,把路面分割成近似矩形的块,网块直径小于 3 m	按一边平行于道路中心线的外接矩形面积计量
	碎裂	裂缝成片出现,缝间路面已裂成碎块,碎块直径小于 0.3 m,包括井边碎裂	开裂成网格状,外围面积小于或等于 1 m² 不计,井框面积不计。按其外边界长(m)×宽(m)计量
松散类	剥落	面层细料散失	面层材料散失深度不大于 2 cm。外围面积小于 0.1 m² 不计。按散失范围长度(m)×宽度(m)计量
	坑槽	路面材料散失后形成的凹坑	路面材料散失形成坑洞,凹坑深度大于或等于 20 mm。按长(m)×宽(m)计量
	啃边	由于行车荷载作用致使路面边缘出现损坏	路面边缘材料剥落破损或形成坑洞凸凹差大于 5 mm。按宽度(m)×长度(m)计量

(续表)

损坏类型		定义	计量标准
变形类	车辙	在行车作用下沿车轮带形成的相对于两侧的凹槽	以 3 m 直尺横向测量。凹槽深大于 30 mm 时,按车辙长度(m)×车道(轮迹)全宽(m)计量
	沉陷	路面局部下沉	在 3 m 直尺范围内沉陷深度大于 5 mm。按长(m)×宽(m)计量
	拥包	路面面层材料在车辆推挤作用下形成的路面局部拱起	路面局部隆起,在 1 m 范围内隆起不小于 15 mm。按长(m)×宽(m)计量
其他类	路框差	路表与检查井框顶面的相对高差高或低	路面与路框差等于或大于 15 mm。按井数×1 m² 计量
	修补损坏	路面在修补位置产生的损坏或病害	按修补后的损坏面积计量

表 2.1-4　水泥路面表面破损主要类型

损坏类型		定义	计量标准
裂缝类	线裂	路面因不均匀沉陷或胀缩而造成板体断裂。包括纵向裂缝、横向裂缝和斜向裂缝,裂缝将板分成两块	裂缝长度等于或大于 1 m,宽度等于或大于 3 mm。按裂缝长(m)×0.2(m)计量
	板角断裂	垂直贯穿整块板厚,与接缝相交的裂缝板角到裂缝两端的距离小于或等于板长的一半	按板角到裂缝两端的距离乘积计量
	D 裂缝	与接缝、自由边或线裂平行的新月形裂缝,细小裂缝处呈暗色	按裂缝平行于接缝或自由边的外接矩形面积计量
	交叉裂缝和破碎板	裂缝将板分成三块或三块以上	按其外边界长(m)×宽(m)计量
表面破坏类	接缝破坏类	接缝料损坏	填缝料剥落、挤出、老化和缝内无填缝料	散失深度在表面下等于或大于 5 mm。按长度×1 m 计
		边角剥落	临近接缝 0.6 m 内,或板角 0.15 m 内,混凝土开裂或成碎块	按其外边界长(m)×宽(m)计量
		坑洞	面板表面出现直径为 25～100 mm,深为 12～50 mm 的坑洞	按外围面积计
		表面纹裂与层状剥落	路面表面有网状浅而细的裂纹或层状剥落	按一边平行于道路中心线的外接矩形面积计量
其他类	错台	在接缝或裂缝两边出现高差	高差等于或大于 15 mm。按错台板块的边长(m)×1 m 计量
	拱起	横缝或接缝两侧的板体发生明显抬高	按拱起板块的面积计量
	唧泥	荷载作用时板发生弯沉水和细料在轮载的作用下从接缝或裂缝中唧出	按唧泥板块的边长(m)×1 m 计量
	修补	路面在修补位置产生的损坏或病害	按修复面积计量
	路框差	路表与检查井框顶面的相对高差(高或低)	路面与路框差等于或大于 15 mm。按井数×1 m² 计量

[2] 沥青路面状况指数计算方法

沥青混凝土路面状况指数 PCI 值的计算公式可由沥青路面破损率(DR)计算,即

$$PCI = 100 - 15 \times DR^{0.412} \tag{1}$$

其中 DR 按下式计算,即

$$DR = D/A = \sum \sum D_{ij} \times K_{ij}/A \tag{2}$$

式中　D——路段内的折合破损面积(m^2);

A——路段内的路面总面积(m^2);

D_{ij}——第 i 类损坏、j 类严重程度的实际破损面积(m^2);

K_{ij}——第 i 类破坏、第 j 类严重程度的换算系数。

[3] 水泥路面状况指数计算方法

水泥混凝土路面 PCI 计算公式为

$$PCI = 100 - \sum_{i=1}^{n} \sum_{j=1}^{n} DP_{ij} W_{ij} \tag{3}$$

式中　i, j——分别为损坏类型和严重程度;n 为损坏类型总数;

DP_{ij}——i 类损坏 j 种程度的扣分值,是损坏密度 D_{ij} 的函数:$DP_{ij}=A_{ij}D_{ij}B_{ij}$;

D_{ij}——i 类损坏 j 种程度损坏数占路段内板块或裂缝总数的比例(%);

A_{ij}、B_{ij}——系数,见表 2.1-5。

表 2.1-5　A_{ij} 和 B_{ij} 系数

系数		A_{ij}			B_{ij}		
严重程度		轻	中	重	轻	中	重
损坏类型	纵横、斜裂	30.2	62.7	93.6	0.55	0.52	0.54
	交叉裂缝、破碎板	84.4		103	0.49		0.42
	板角断裂	49.2	72.5	94.5	0.76	0.64	0.61
	错台	60.7		92.5	0.61		0.53
	接缝破碎	23.0	30.0	50.8	0.81	0.61	0.71

W_{ij}——多种损坏时 i 类损坏 j 种程度修正权数,用一下计算式计算,即

$$W_{ij} = \begin{cases} 2.5 \times R_{ij} & R_{ij} < 0.2 \\ 0.5 + 0.6857 \times (R_{ij} - 0.2) & 0.2 \leqslant R_{ij} < 0.55 \\ 0.74 + 0.28 \times (R_{ij} - 0.55) & 0.55 \leqslant R_{ij} < 0.8 \\ 0.81 + 0.95 \times (R_{ij} - 0.8) & R_{ij} \geqslant 0.8 \end{cases} \tag{4}$$

式中　R_{ij}——各单项扣分值占总比分值的比值,即 $R_{ij} = \dfrac{DP_{ij}}{\sum_{i=1}^{n} \sum_{j=1}^{m} DP_{ij}}$。

[4] 评价标准

根据《城市道路养护技术规范》,将道路路面损坏状况分为 A、B、C、D 四个等级,相应的评价标准见表 2.1-6。

表 2.1-6　沥青路面和水泥路面损坏状况评价标准

评价指标	A			B		
	快速路	主干、次干路	支路	快速路	主干、次干路	支路
PCI	=90	=85	=80	=75,<90	=70,<85	=65,<80
评价指标	C			D		
	快速路	主干、次干路	支路	快速路	主干、次干路	支路
PCI	=65,<75	=60,<70	=60,<65	<65	<60	<60

2. 路面行驶质量

道路服务水平是反映路面行驶质量最直观的指标,它同路面平整度、车辆的动态响应以及乘客对舒

适性的要求和颠簸的接受能力有关。研究表明:平整度对路面行驶质量的影响最大,因此,将路面行驶质量近似看作是路面平整的单变量函数,那么,RQI 的确定仅仅与平整度相关。平整度一般以国际平整度指标 IRI 为指标。

[1] 平整度检测

路面平整度是道路用户所熟悉和关心的重要公路指标,它是衡量路面平整状况、车辆行驶舒适质量状况的重要依据。平整度不良的道路会影响乘车舒适性、降低车辆的行驶速度、加速车辆零部件的损坏、增加车辆的运营费用。不平整的道路使车辆产生的冲击荷载反过来增加路面不平整性,加剧路面破损。因此,有必要对路面平整度进行定期的调查,其中涉及到调查设备、方法和数据处理。

1) 检测设备

平整度检测仪器分为断面类和反应类两种,断面类平整度仪,是通过测量路面行车带纵向断面形状(高程)数据来计算平整度的仪器;反应类平整度仪则是通过安装在车体上的仪器测量车体与道路的相对位移和车体位移加速度来计算平整度的仪器。表 2.1-7 所示是我国常用的平整度检测仪器。

表 2.1-7　我国常用的平整度检测仪器

序号	种类	仪器名称	发明国家(组织)	测量方法
1	断面类	水准仪及塔尺	世界银行	静态
2	断面类	TRRL 三米梁式平整度仪	英国	静态
3	断面类	APL-72 平整度仪	法国	动态
4	反应类	车载式颠簸累积仪	法国	动态
5	反应类	拖车式颠簸累积仪	英国	动态
6	反应类	RRADS 平整度仪	澳大利亚	动态
7	断面类	MERLIN	英国	静态
8	断面类	连续式平整度仪	中国	动态

2) 检测方法

路面平整度的测定方法有多种,大致可分成 4 类。

(1) 静态纵断面测定法。这种方法沿轮迹量测路表纵断面,测定精度高,但速度慢,需要大量人力。

(2) 动态纵断面测定。这种方法直接量测轮迹的纵断面,测量精度较高,且速度快,但设备昂贵,操作复杂。

(3) 反应类平整度测定系统。这种方法的优点是价格低廉和操作简便,可用于快速测定。其主要缺点是时间稳定性差,同一台仪器在不同时期测定结果不一致,并且转换性差,不同部门采用同一类仪器进行测定的结果难以进行比较。

(4) 主观评分法。当结果的精度要求不高时,可组织评分小组,根据乘车的体验和目测检查,对路面的行驶舒适性给予评分,依据小组平均评分的高低,评估路面的平整度。

3) 数据处理

为了使平整度的不同尺度能在同一数量基础上进行比较,在世界银行的赞助下,1982 年在巴西召开的国际道路平整度试验会议上,提出了国际平整度指数(IRI),它是一种标准化的平整度测定,采用 1/4 车模拟(类似于单轮拖车),以 80 km/h 的速度在已知断面上行驶时,计算一定行驶距离内悬挂系统的累积位移量。其计量单位为 m/km。

IRI 可以采用绝大多数纵断面测定方法直接量测得到,同时,它同各种反应类平整度测定方法有很高的相容性,可用于这类仪器的标定。此外,它同主观评分也有很好的相关性。

[2] 评价指标

采用连续式平整度仪或三米直尺连续测得路面不平整的统计标准差来作为平整度指标。平整度标准差以 S 表征,行驶质量指数以 RQI 表征。

借鉴日本的研究成果,路面行驶质量指数与 S 的关系为

$$RQI = 10 - 1.65 \times S \tag{5}$$

式中 S——统计标准差;

RQI——形式质量指数,数值范围为 $0 \sim 10$,如出现负值,则 RQI 取 0。

[3] 评价标准

按照《城市道路养护技术规范》,沥青路面和水泥路面行驶质量评价应根据 RQI、IRI 或平整度标准差(σ),将路面行驶质量分为 A、B、C 和 D 四个等级,相应的评价标准如表 2.1-8 所示。

表 2.1-8 沥青路面平整度评价标准

评价指标	A			B		
	快速路	主干、次干路	支路	快速路	主干、次干路	支路
RQI	≥3.6	≥3.2	≥3.0	≥3.0,<3.6	≥2.8,<3.2	≥2.6,<3.0
IRI	≤4.1	≤5.4	≤6.0	>4.1,≤5.7	>5.4,≤6.6	>6.0,≤7.2
σ(mm)	≤3.4	≤4.5	≤5.0	>3.4,≤4.7	>4.5,≤5.5	>5.0,≤6.0

评价指标	C			D		
	快速路	主干、次干路	支路	快速路	主干、次干路	支路
RQI	≥2.5,<3.0	≥2.4,<2.8	≥2.2,<2.6	<2.5	<2.4	<2.2
IRI	>5.7,≤7.8	>6.6,≤7.8	>7.2,≤8.3	>7.3	>7.8	>8.3
σ(mm)	>4.7,≤6.1	>5.5,≤6.5	>6.0,≤7.0	>6.1	>6.5	>7.0

3. 路面抗滑性能

[1] 性能参数

1) 摩阻系数

路面抗滑性能是指车辆轮胎受到制动时沿路表面滑移所产生的力。路面摩擦系数是评价路面抗滑性能的一项重要指标。通常,抗滑性能被看作是路面的表面特性,并定义为

$$f = F/W \tag{6}$$

式中 f——摩阻系数;

F——作用于路表面的摩阻力;

W——垂直于路表面的荷载。

然而,笼统地说路面具有某一摩阻系数值是不确切的,应该对轮胎在路面上的滑移条件给予规定。不同的条件和测定方法,可以得到不同的摩阻系数值。因此,需规定标准的测定方法和条件,一般可采取 4 种方法进行测定:ⓐ制动距离法;ⓑ锁轮拖车法;ⓒ偏转轮拖车法;ⓓ摆式仪法。

2) 表面摩擦力及滑溜值

表面摩擦力定义为轮胎沿路面表面旋转滑动时,阻止其前进所产生的力。表面摩擦力可用下式确定,即

$$F = \mu W \tag{7}$$

式中 F——轮胎与路面接触处作用于轮胎的牵引力;

μ——摩擦系数;

W——作用于轮胎的竖向动荷载。

将式(6)所确定的摩擦系数乘以 100,即得到滑溜值:

$$SN = 100\mu = 100\left(\frac{F}{W}\right) \tag{8}$$

文献表明:滑溜值 SN 与速度 V 的关系可用下式表示(Leu 和 Henry,1978),即

$$SN = SN_0 \exp\left[-\left(\frac{PNG}{100}\right)V\right] \tag{9}$$

式中　SN_0——速度为 0 时的 SN 值;

　　　PNG——SN-V 曲线的斜率修正百分数。

式(8)表明,滑溜值是由以 SN_0 表示的细纹理和以 PNG 表示的粗纹理组成.由式(9)很容易证明: $PNG = -100(dSN/dV)/SN$,该值为斜率百分数 $100(dSN/dV)$ 除以 SN 加以修正。

到目前为止,还没有研制出直接量测细纹理的实用方法。常用的替代方法是用英国摆式试验仪量测低速的摩擦力,该方法在 ASTME 303"用英国摆式试验仪量测表面摩擦性能的标准方法"中作了规定。试验仪上装有标准橡胶滑块,橡胶块的位置要保证在试验时刚好与试验表面相接触。试验时将摆杆提到锁住的位置,然后松开,使橡胶滑块与试验表面接触。随之带动的指针标出了英国摆式仪的摆值 BPN。橡胶块与试验表面的摩擦力愈大,摆杆摆动阻力愈大,BPN 读数也就愈大。此试验可以在野外,也可以在试验室内进行。

斜率为零截距滑溜值 SN_0 与英国摆式仪摆值 BPN 的线性关系,可用下式表示(Meyer,1991),即

$$SN_0 = 1.32BPN - 34.9 \tag{10}$$

斜率修正百分数 PNG 与平均纹理深度 MTD 的关系可用下式表示(Meyer,1991),即

$$PNG = 0.157\,(MTD)^{-0.47} \tag{11}$$

[2] 影响因素

影响路面抗滑性能的因素有路面表面特性(细构造和粗构造)、路面潮湿程度和行车速度。

路表面的细构造是指集料表面的粗糙度,它随车轮的反复磨耗作用而逐渐被磨光。通常采用石料磨光值(PSV)表征其抗磨光的性能,细构造在低速(30~50 km/h 以下)时对路表抗滑性能起决定作用。而高速时起主要作用的是粗构造。它是由路表外露集料间形成的构造,其功能是使车轮下的路表水迅速排除,以避免形成水膜。粗构造由构造深度表征其性能。

[3] 评价指标

路表面应具有的最低抗滑性能,视道路状况、测定方法和行车速度等条件而定。各国根据对交通事故率的调查和分析,以及同路面实测抗滑性能间建立的对应关系,制定有关抗滑指标的规定。有的国家除了规定抗滑性能的最低标准外,还对石料磨光值和构造深度的最低标准做出了规定。参考《城市道路养护技术规范》,评定路面抗滑能力标准见表 2.1-9。

表 2.1-9　沥青路面抗滑性能评价标准

评价指标	A			B		
	快速路	主干、次干路	支路	快速路	主干、次干路	支路
BPN	=42	=40	=38	=37	=35	=33
SFC	=0.42	=0.4	=0.38	=0.37,<0.42	=0.35,<0.4	=0.33,<0.38
评价指标	C			D		
	快速路	主干、次干路	支路	快速路	主干、次干路	支路
BPN	=34,<37	=32,<35	=30,<33	<34	<32	<30
SFC	=0.34,<0.37	=0.32,<0.35	=0.3,<0.33	<0.34	<0.32	<0.3

4. 路面综合性能

基于上述评价指标,对路面工作性能进行综合评定,以决定路面的使用性能。

[1] 沥青混凝土路面

1) 综合评价指标(PQI)

沥青混凝土路面以 PQI 作为路面综合评价指标,数值范围为 $0\sim100$,其值越大,路况越好。其值用分项指标加权计算得出。有

$$PQI = PCI' \times P_1 + RQI' \times P_2 + SSI' \times P_3 + BPN' \times P_4 \tag{12}$$

式中　P_1、P_2、P_3、P_4——相应指标的权重,按 PCI、RQI、SSI、BPN 的重要性确定;

PCI'、RQI'、SSI'、BPN'——路面综合评价时 PCI、RQI、SSI、BPN 的转换值。

2) 评价标准

沥青混凝土路面综合评价标准见表 2.1-10。

表 2.1-10　沥青混凝土路面综合评价标准

评价指标	A			B		
	快速路	主干、次干路	支路	快速路	主干、次干路	支路
PQI	≥90	≥85	≥80	≥75,＜90	≥70,＜85	≥65,＜80

评价指标	C			D		
	快速路	主干、次干路	支路	快速路	主干、次干路	支路
PQI	≥65,＜75	≥60,＜70	≥60,＜65	＜65	＜60	＜60

[2] 沥青混凝土路面

1) 综合评定指标(PSI)

沥青混凝土路面综合评定指标用 PSI 表示,其值用分项指标加权计算得出,即

$$PSI = S_1 \times P_1 + S_2 \times P_2 + S_3 \times P_3 \tag{13}$$

式中　S_1——路面损坏状况所占分数;

S_2——平整度所占分数,用式(14)计算,即

$$S_2 = \begin{cases} 10 & \sigma \leqslant 2 \\ 17 - 2.5 \times \sigma & 2 < \sigma \leqslant 6 \\ 0 & \sigma > 6 \end{cases} \tag{14}$$

式中　s——路面平整度指标;

S_3——抗滑系数所占的分数,用式(15)计算,即

$$S_3 = \begin{cases} 10 & F > 55 \\ 0.4 \times F - 0.1 & 38 < F \leqslant 55 \\ 0 & F \leqslant 38 \end{cases} \tag{15}$$

式中　P_1,P_2,P_3——相应指标的权重,按公路性质、等级和相应指标的重要性确定。

2) 评价标准

沥青混凝土路面综合评价标准见表 2.1-11。

表 2.1-11　沥青混凝土路面综合评价标准

评价指标	优	良	中	差
路面综合评定指标	＝8.5	＝6.9～＜8.5	＝4.5～＜6.9	＜4.5

由上述可知,传统的单项或综合评价指标只是单一或狭义型的,并没有考虑接缝传荷、板体脱空、水文地质、交通及路面结构等因素的综合影响。事实上,由于这些影响因素与评价指标之间存在着错综复杂的关系,因而难以建立准确的、广义型的数学表达式。

5. 路面力学行为理论

沥青路面通常是多层体系,因此层状弹性体系理论在研究沥青设计方法时,比起弹性半空间理论更能反映沥青路面实际的工作情况。波密斯特于 1943 年最先推导了双层体系的解,而后将其扩大到三层体系(1945)。随着计算机的发展,这一理论已经可以应用于任何层数的多层体系。现行的各国许多以力学为基础的设计规范中,都是以层状弹性体系为基础的,如我国的沥青路面设计规范,其特点是轮载被假设为圆型均匀分布,只考虑材料的线弹性本构模型,并把路面简化为水平方向和深度方向无限大。弹性层状体系是由若干个弹性层组成,上面各层具有一定的厚度,最下一层为弹性半空间体,如图 2.1-3 所示。

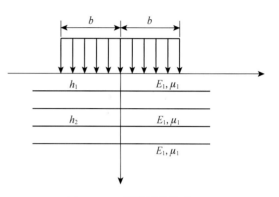

图 2.1-3　弹性层状体系

弹性层状体系理论属于弹性理论的范畴,应用弹性力学方法求解弹性层状体系的应力、应变和位移等分量时,引入如下一些假设:

(1) 各层是连续的、完全弹性的、均质的、各向同性的,以及位移和变形是微小的;

(2) 最下一层在水平方向和垂直向下方向为无限大,其上各层厚度为有限、水平方向无限大;

(3) 各层在水平方向无限远处及最下一层同下无限深处,其应力、变形和位移为零;

(4) 层间接触条件,或者应力和位移连续(称连续体系),或者层间仅竖向应力和位移连续而无摩阻力(称滑动体系);

(5) 不计自重。

将弹性层状体系的几何形状条件、约束条件以及所受的外来条件带入弹性空间问题基本方程中,即可求解出弹性层状体系的各应力、应变和位移分量。

6. 路面结构承载能力

路面强度评价的目的是确定路面的剩余寿命,亦即在达到预定的损坏状况之前还能使用的年数或者承受的标准轴载累计作用次数,同时分析路面出现过早损坏的原因,为加铺层结构设计提供设计参数和依据。

强度是评价路面工作性能的关键,随着无损检测设备的深入应用及相关技术的发展,采用 FWD 动态弯沉盆进行模量反算,以动态弯沉和动态模量对路面特别是对强度进行评价,已成为近年来本领域研究的重点。

[1] **检测方法**

路面强度的检测一般可分为无破损试验和破损试验两类。破损类测定是从路面各结构层内钻取试件,在实验室内进行物理力学性质试验,确定各项计算参数,由此计算出结构承载能力;无破损类测定则不破损路面结构,通过路表弯沉测定估算路面的结构能力。

目前使用的弯沉测定系统有 4 种:ⓐ贝克曼梁弯沉仪;ⓑ自动弯沉仪;ⓒ稳态动弯沉仪;ⓓ脉冲弯沉仪。前两种为静态测定,得到路表的最大弯沉仪值;后两种为动态测定,可得到最大弯沉仪值和弯沉盆。本书弯沉测定采用落锤式弯沉仪 FWD。

[2] **评价指标**

根据我国沥青混凝土路面设计规范的规定,高等级公路沥青混凝土路面是以设计弯沉作为结构强度控制指标进行设计的。因此,我们可以通过测定路面目前的弯沉值来确定其整体承载能力。通过这个弯沉值,进而得出路面的整体承载能力指数 SSI,它是评定路面整体结构功能的重要指数。目前,对沥青路面一般采用强度系数(SSI)作为评价指标,即

$$SSI = \frac{路面允许弯沉值}{路段代表弯沉值}$$

[3] 评价标准

道路等级不同,沥青路面强度评价指标也必然有所不同,见表 2.1-12。

表 2.1-12　沥青路面强度系数评价标准

评价标准	优		良		中		次		差	
公路等级	高速一级	其他等级	高速一级	其他等级	高速一级	其他等级	高速一级	其他等级	高速一级	其他等级
强度系数 SSI	=1.20	=1.00	>1.2~=1.0	>1.0~=0.8	<1.0~=0.8	<1.0~=0.8	<0.8~=0.6	<0.6~=0.4	<0.6	<0.4

对于沥青混凝土路面,将利用 FWD 所检测的动态弯沉盆反算基础模量,并将该模量与动态标准模量进行对比,以判定沥青混凝土路面的强度。

2.1.2.2　道路健康状况监控方法

1. 项目概况

本项目依托上海国际旅游度假区核心区道路工程。

根据《上海国际旅游度假区核心区控制性详细规划》,核心区一期工程于 2011 年 4 月开始破土动工。一期建设范围市政道路工程内包含西环路、南入口大道、北辅路、北支路共 4 条规划道路,道路工程于 2011 年 7 月开工建设,2012 年 10 月底完成了机动车道路幅的建设,移交美方作为主题乐园建设的交通便道进行使用,2013 年 4 月主题乐园主体工程进入实质性施工阶段。

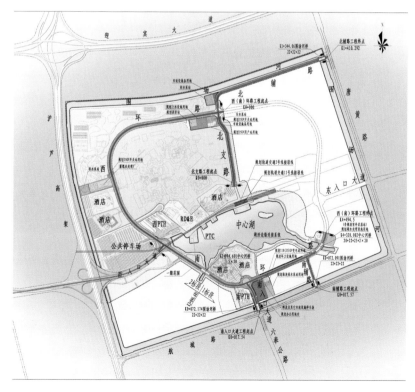

图 2.1-4　核心区一期乐园范围及设施布局图

其中,路面检测主要位于西环路,埋设土压力盒的试验段位于核心区道路环岛3的东侧。

其路面结构组合如下:

4 cm	OGFC-13面层(高粘度改性沥青)
0.6 cm	稀浆封层＋粘层油
7 cm	粗粒式沥青混凝土(AC-20C,岩沥青改性,掺量30%)
8 cm	沥青稳定碎石ATB-25(岩沥青改性,掺量30%)
0.6 cm	改性乳化沥青稀浆封层
透层油	
32 cm	水泥稳定碎石
20 cm	级配碎石
总厚度	70.6 cm

2. 路面健康监控传感器埋设

[1] 监测元件选取

目前,用于沥青路面及基层的传感器主要为光纤光栅式应力应变计,通过初步筛选,有如下几种较为适合用于道路基础设施健康监测工程中。

1) SPS200型光纤光栅表面应变传感器

SPS200型光纤光栅表面应变传感器是利用光纤光栅固有的应变传感特性,专为道路、大坝、隧道等土木建筑结构研制而成的应变计,适用于所有混凝土结构和钢结构的表面应力应变监测。具有高精度、高稳定性、高可靠性,传输信号为光波长信号,不受光路传输损耗影响,传输距离超过20 km。本质安全,不受电磁干扰、抗腐蚀、抗雷击能力强,可在易燃、易爆等恶劣条件下应用。准分布式传感,在一根光纤上可以串联多个传感器(典型:20只),应变测量分辨率高(典型值:0.1με),温度变化导致的应变变化系数非常小(小于1με/℃),安装简单,便于维护。

图2.1-5 SPS200型光纤光栅表面应变计

该产品具有如下特点:

(1) 高精度、高稳定性、高可靠性;

(2) 本质安全,不受电磁干扰、抗腐蚀、抗污染、抗雷击能力强,可在强电磁干扰、高雷击、易燃、易爆等恶劣条件下应用;

(3) 传感信号传输距离远,可达40 km;

(4) 准分布式测量,在一根光纤上可以串联多个传感器(典型:18只);

(5) 金属化封装,铠装。

其相关技术指标如表2.1-13所示。

表2.1-13 SPS200型传感器技术指标

型号	SPS200
量程	±2 000με
分辨率	0.1με F·S
精度	1με F·S
光栅中心波长	1 525～1 565 nm
光栅反射率	>85%
响应时间	0.1 S

（续表）

型号	SPS200
外形尺寸	$\phi 28 \times 220$ mm
安装方式	焊接/粘接在混凝土表面,通过底座固定
传感器引出线	左右各为 0.5 m±0.1 m 铠装光缆
连接方式	熔接或 FC/APC 接头

2) SPS300 型光纤光栅埋入应变传感器

SPS300 型光纤光栅表面应变传感器是利用光纤光栅固有的应变传感特性,专为道路、大坝、隧道等土木建筑结构研制而成的应变计,适用于所有混凝土结构和钢结构的便面应力应变监测。具有高精度、高稳定性、高可靠性,传输信号为光波长信号,不受光路传输损耗影响,传输距离超过 20 km,本质安全,不受电磁干扰,抗腐蚀、抗雷击能力强,可在易燃、易爆等恶劣条件下应用的准分布式传感,在一根光纤上可以串联多个传感器(典型:18 只),应变测量分辨率高(典型值:0.1$\mu\varepsilon$),温度变化导致的应变变化系数非常小(小于 1$\mu\varepsilon$/℃),安装简单,便于维护。

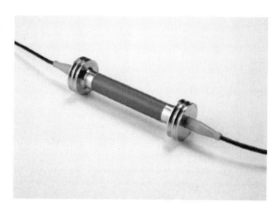

图 2.1-6　SPS300 型光纤光栅表面应变计

该产品具有如下特点:

(1) 高精度、高稳定性、高可靠性;

(2) 本质安全,不受电磁干扰,抗腐蚀、抗污染、抗雷击能力强,可在强电磁干扰、高雷击、易燃、易爆等恶劣条件下应用;

(3) 传感信号传输距离远,可达 40 km;

(4) 准分布式测量,在一根光纤上可以串联多个传感器(典型:18 只);

(5) 金属化封装,铠装。

其相关技术指标如表 2.1-14 所示。

表 2.1-14　SPS300 型传感器技术指标

型号	SPS200
量程	± 2 000$\mu\varepsilon$
分辨率	0.1$\mu\varepsilon$F · S
精度	1$\mu\varepsilon$F · S
光栅中心波长	1 525～1 565 nm
光栅反射率	>85%
响应时间	0.1 S
外形尺寸	$\phi 28 \times 220$ mm
安装方式	焊接/粘接在混凝土表面,通过底座固定
传感器引出线	左右各为 0.5 m±0.1 m 铠装光缆
连接方式	熔接或 FC/APC 接头

3) SPT001 型光纤光栅温度传感器

SPT001 型光纤光栅温度传感器是上海森珀光电科技有限公司利用光纤光栅固有的温度传感特性研制而成的新型温度传感器,适用于长期安装在发电厂、变电站的电缆夹层、电缆沟道、大型电缆隧道中的温度监测和监控。也适用于长期埋设在石油化工、电力、水工建筑物或者其他混凝土建筑物内，测量结构内部的温度。具有测量精度高、防水等级高、耐压能力强、抗腐蚀抗雷击能力强、不受强电磁干扰等诸多优点。

该产品有以下特点：

（1）高精度、高稳定性、高可靠性；

（2）本质安全，不受电磁干扰，抗腐蚀、抗污染、抗雷击能力强，可在强电磁干扰、高雷击、易燃、易爆等恶劣条件下应用；

（3）传感信号传输距离远，可达 40 km；

（4）准分布式测量，在一根光纤上可以串联多个传感器（典型：20 只）；

（5）布置简单，可与其他类型光纤光栅传感器混合使用。

其技术指标如表 2.1-15 所示。

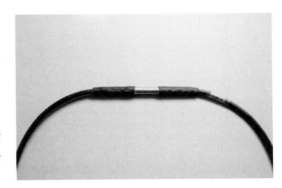

图 2.1-7　SPT001 型光纤光栅温度传感器

表 2.1-15　SPT001 型温度传感器技术指标

型号	SPT001
量程	−40℃～120℃
分辨率	0.1℃
精度	±0.5℃
光栅中心波长	1 525～1 565 nm
光栅反射率	＞85％
响应时间	0.1S
外形尺寸	ϕ10 mm×98 mm
安装方式	捆绑或者埋入安装
传感器引出线	左右各为 0.5 m±0.1 m 铠装光缆
连接方式	熔接或 FC/APC 接头

4）SPG100 型光纤光栅钢筋计

SPG100 型光纤光栅式钢筋计适用于测量结构内部的钢筋应力，广泛应用于监测厂房基础、大坝、道路、桩基、隧洞衬砌等结构的钢筋应力。仪器可长期埋设于建筑物内，配合高速光纤光栅解调仪还可用于动态监测。传统锚杆应力计存在寿命短、监测范围小的问题。利用光纤光栅传感技术可以在施工过程中对整个加固体系实施动态监测，并在运营阶段有效地实现长期监测与滑坡预警。

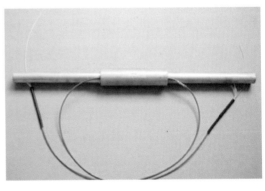

图 2.1-8　SPG100 型光纤光栅式钢筋计

该产品具有如下特点：

（1）高精度、高稳定性、高可靠性；

（2）本质安全，不受电磁干扰，抗腐蚀、抗污染、抗雷击能力强，可在强电磁干扰、高雷击、易燃、易爆等恶劣条件下应用；

（3）传感信号传输距离远，可达 40 km；

（4）准分布式测量，在一根光纤上可以串联多个传感器（典型：18 只）；

（5）金属化封装，铠装。

其技术指标如表 2.1-16 所示。

表 2.1-16　SPG100 型传感器技术指标

型号	SPG100
量程	拉伸:0～250 mpa;压缩:0～160 mpa
分辨率	0.1% F·S
精度	1%F·S
光栅中心波长	1 525～1 565 nm
光栅反射率	＞85%
响应时间	0.1S
外形尺寸	直径 ϕ12、20、25、28,长 600 mm（锚杆测力计尺寸视锚杆而定）
安装方式	两端焊接
传感器引出线	左右各为 0.5 m±0.1 m 铠装光缆
连接方式	熔接或 FC/APC 接头

5）SP-WY100 型光纤光栅位移计

SP-WY100 型光纤光栅位移计主要应用于长期测量水工建筑物或其他混凝土建筑物伸缩缝的开合度(变形),也可用于地下洞室、边坡、大坝、高层建筑等结构物的位移、沉陷、应变和滑移,它具有可靠性高、抗干扰能力强等优点。其主要应用场合:道路伸缩缝位移监测;隧道结构位移监测;接触位移测量;裂缝监测。

该产品具有如下特点:

(1) 高精度、高稳定性、高可靠性;

(2) 本质安全,不受电磁干扰,抗腐蚀、抗污染、抗雷击能力强,可在强电磁干扰、高雷击、易燃、易爆等恶劣条件下应用;

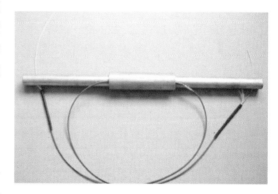

图 2.1-9　SP-WY100 型光纤光栅位移计

(3) 传感信号传输距离远,可达 40 km;

(4) 准分布式测量,在一根光纤上可以串联多个传感器(典型:18 只);

(5) 金属化封装,铠装。

其技术指标如表 2.1-17 所示。

表 2.1-17　SP-WY100 型传感器技术指标

型号	SP-WY100
量程	0～10 mm,0～100 mm,0～1000 mm（可定制）
分辨率	＝0.05% F·S(与森珀 SPA01 设备匹配情况下)
精度	0.5%F·S(与森珀 SPA01 设备匹配情况下)
光栅中心波长	1 525～1 565 nm
光栅反射率	＞85%
响应时间	0.1S
外形尺寸	＝200 mm×80 mm×60 mm
安装方式	底座固定(支持水平安装和垂直安装两种方式)
传感器引出线	左右各为 0.5 m±0.1 m 铠装光缆
连接方式	熔接或 FC/APC 接头

[2] 数据采集仪

将传感器的实时数据进行信号转换,得到应力应变值。用于光纤光栅式应力应变传感器的数据采集设备为 SPA01 系列光纤传感分析仪。

SPA01 系列光纤传感分析仪是上海森珀光电科技有限公司基于光纤 MEMS 可调谐滤波技术开发的一款专用于电力工业温度的实时监测和土木结构健康监测的新型光学测量设备,测量精度高,具备良好的长期稳定性和可靠性,非常适用于电力行业长期监测使用。温度数据采集频率设定为 1 Hz/25 Hz/50 Hz,设计每个通道上连接 12 个 SPT002 型光纤光栅温度传感器(用于开关柜,星状组网)或 18 个 SPT001 型光纤光栅温度传感器(用于电缆接头等,线型组网)。同时,SPA01 系列光纤传感分析仪可以最大扩展到 64 个通道。

图 2.1-10　SPA01 系列光纤传感分析仪

该仪器具有如下几个特点:

(1) 波长测量精度高、长期可靠性和稳定性好;

(2) 扫描频率快;

(3) 多台测量单元可通过标准网络接口组成大规模的测量系统;

(4) 1～64 通道可以平滑扩展;

(5) 方便现场测量以及过程测控。

其主要技术指标如表 2.1-18 所示。

表 2.1.18　SPA01 系列光纤传感分析仪相关技术指标

型号		SPA01
主要指标	通道数	1, 4, 8, 16 通道(可按客户需求定制)
	每通道容量	温度:20;应变:18;位移:12;压力:12
	波长间距	最小值 0.4 nm
	采样频率	单通道 50 Hz
	外形尺寸	436 mm×460 mm×180 mm
测量参数	温度	分辨率:0.1℃;测量精度:±0.5℃
	应变	分辨率:<0.1%F.S.;测量精度:<0.3%F.S.
	位移	分辨率:<0.1%F.S.;测量精度<0.3%F.S.
电子参数	工作电压	220V±10%,50 Hz
	最大功耗	典型值:30 W;最大值:40 W
	数据接口	10 m 以太网口、RS485 输出
环境参数	工作环境/工作湿度	0～40℃/0～80%RH 无凝露
	存储环境/存储湿度	−20～80℃/0～95%RH 无凝露
光学参数	波长范围	1 525～1 565 nm
	波长分辨率	1 pm
	波长重复性	典型值:1 pm;最大值:2 pm
	波长精度	±3 pm
	动态探测范围	输出光功率:0～−20 dB,最小可探测的光功率:−70 dB

[3] 监测元件布置方案

路段元件布设如图 2.1-11 所示,各元件布置于加载区域以下。

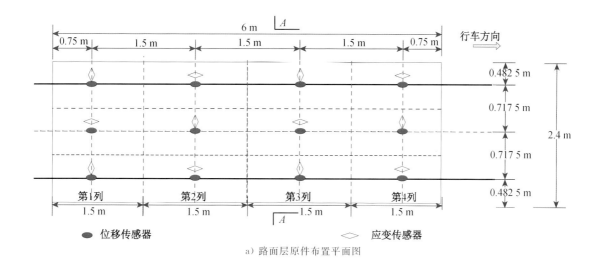

a) 路面层原件布置平面图

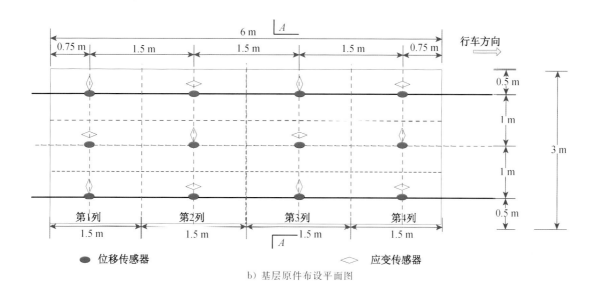

b) 基层原件布设平面图

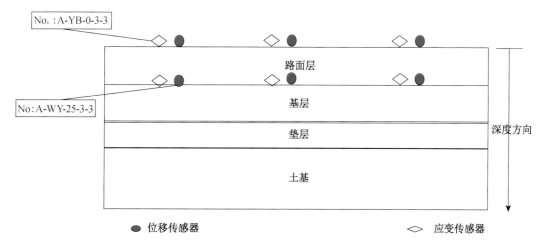

c) 上海迪士尼乐园项目园区整 4 体路面原件布设断面图（A 断面）

图 2.1-11 路面原件布设图

元件应按统一规则编号(图2.1-12),并在数据线末端进行标识。

3. 路基健康监控传感器埋设

[1] 监测元件选取

对路基的健康监测主要是测量道路设施在运营过程中路基各个层位应力大小的变化,具体为通过埋设土压力盒测定路基(地基)1 m范围内的应力状况,综合考虑经济实用性及可行性,选用振弦式土压力盒,量程为0.2 MPa,如图2.1-13所示。

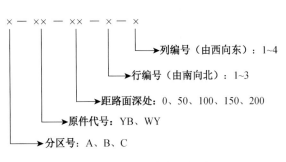

图 2.1-12　元件编号规则　　　　图 2.1-13　振弦式土压力盒

[2] 检测元件布置方案

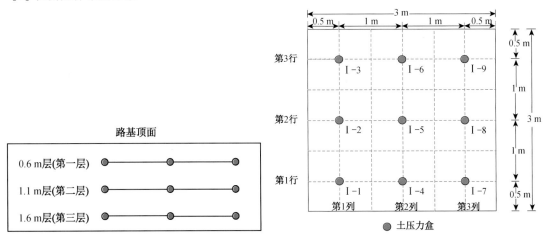

a) 土压力盒横断面布置　　　　b) 距路基顶面0.6 m层平面

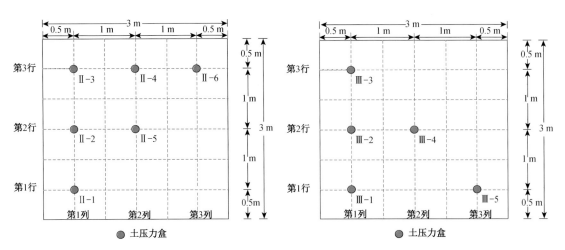

c) 距路基顶面1.1 m层平面　　　　d) 距路基顶面1.6 m层平面

图 2.1-14　土压力盒布设示意图

试验段土压力盒布设分为三层,分别距路基顶面 0.6 m、1.1 m、1.6 m,各层布置平面图如下,埋设土压力盒共计 20 个。

元件应按统一规则编号(图 2.1-12),并在数据线末端进行标识。路面、路堤及地基的分区号分别为 A、B、C。

[3] 传感器现场埋设

(1) 场地选取,埋设土压力盒的试验段位于核心区道路环岛 3 的东侧,如图 2.1-15 所示。

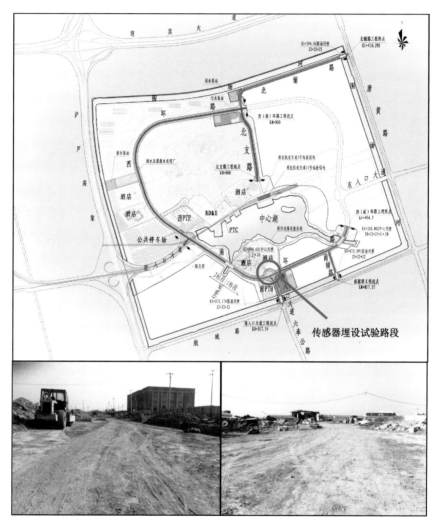

图 2.1-15　试验段位置示意图

(2) 机械设备,开挖机械为中型挖掘机,回填压实选用 W1803D 型压路机,如图 2.1-16 所示。

图 2.1-16　施工机械选取

（3）路基开挖，土坑尺寸为长 2 m、宽 2 m，深约 1.6 m，开挖地点应尽量避免管线及排水设施，如图 2.1-17 所示。

图 2.1-17　路基开挖

（4）逐层埋设土压力盒，根据各层平面的布设方案，将 20 个土压力盒埋入路基中，埋设时土压力盒的承压面必须与土充分接触，确保荷载均匀分布，如图 2.1-18 所示，用黄砂对元件放置点进行整平，土压力盒固定位置后，需用黄砂将其覆盖，以起到保护作用。

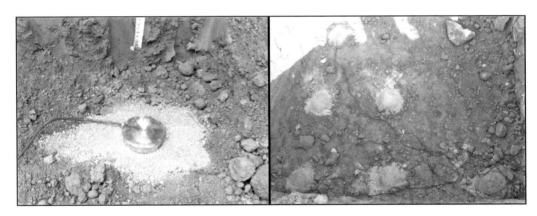

图 2.1-18　土压力盒埋设

（5）回填压实，每埋设一层土压力盒后进行回填，特别要注意的是回填土性状必须和周围土体一致，否则会引起土应力的重新分布，如图 2.1-19 所示。

图 2.1-19　回填压实

(6) 埋设电缆线,将连接土压力盒的电缆线按所属层位进行包扎,并统一由挖沟引出,集中放置于路边盒内,如图 2.1-20 所示。为防止施工过程中载重汽车或其他大型机械压断电缆,挖沟的覆土厚度不得小于 0.3 m。

图 2.1-20　埋设电缆线

至此,道路基础设施健康监控系统的传感器布设完成,这为道路健康状况数据的收集提供了有力保障,是构建道路健康监控系统的重要基础。

2.1.2.3　小结

(1) 道路健康状况评价方法可分为使用性能评价、结构性能评价以及综合性能评价,可根据工程实际情况选取相应的评价方法进行道路健康状况监控。

(2) 道路健康状况监控的实施主要通过在道路基础设施内部埋设各种传感器,通过传感器实时传回的数据来对道路健康状况进行监控,传感器主要包括路基中的土压力盒以及基层和面层中的光线光栅应力应变计。

(3) 传感器的选取需遵守量程合适、精度达标的原则,使测得的数据真实可靠,从而保证对道路健康状况监控的有效性。

本章内容对道路基础设施健康监控的理论方法与实施方法进行了详细叙述,为后续道路健康监控系统的构建提供了理论支持。

2.1.3　道路基础设施全寿命周期监控信息系统的构建

路面是道路的主要组成部分,它直接承受高速行驶的车辆荷载作用,并抵御各种恶劣的自然条件。由于汽车超载、超速以及自然因素等引起很多道路的破坏,即使每年投入大量建设养护资金,但道路的有效服役寿命大部分未能达到其设计使用寿命,通常在通车时间不长的情况下便出现了较为严重的早期破损现象,因此沥青路面早期破损问题已成为道路性能衰变的突出问题。

针对沥青路面的破坏所暴露出的技术问题,有必要对沥青路面在荷载作用下应力应变、结构层之间的变化规律以及道路的早期及长期破坏进行监控,建立一个长期、有效、实时的监控系统。

2.1.3.1　道路健康监控系统需求分析

1. 总体目标及要求

构建道路健康监控系统的主要目标是全面掌握道路健康状态、合理有效利用资源、提升道路基础设施维护效率、节约道路基础设施运营成本。然而,道路健康监控在我国处于起步阶段,管理理念的转变、管理数据的积累、管理技术的完善需要较长时间。因此,在系统设计和开发上需要考虑应用实施的难度,平衡好技术需求和应用需求之间关系,既不可过度开发而导致系统过于庞大复杂,也不可过于单薄而不合实际。

本系统在总体设计上从以下几个方面考虑,为道路养护管理部门及其他使用者提供相关服务。

(1) 将道路及其附属设施包含在内,建立能够描述路基路面属性、性能及维护方案的数据库,供用户存储、提取和分析各类数据信息;

(2) 能够根据道路所处或将面临的情况,实时反映道路基础设施的健康状况;

(3) 能够根据道路目前的使用状况准确地评价路面使用性能、预估道路性能发展趋势或服务寿命;

(4) 能够从微观层面上根据道路实际损坏情况,提供可供选择的维护策略;

(5) 能够从宏观层面上分析道路设施的大修、改建或重建需求;

(6) 能够从设施维护的角度建立和健全基于健康监控的管理制度和流程。

从用户的使用角度出发,该道路健康监控系统应该满足三个层次的要求。

(1) 决策者:掌握道路基础设施现时及将来性能状况,根据道路养护与改建政策,提出养护和改建计划概要、资金预算。

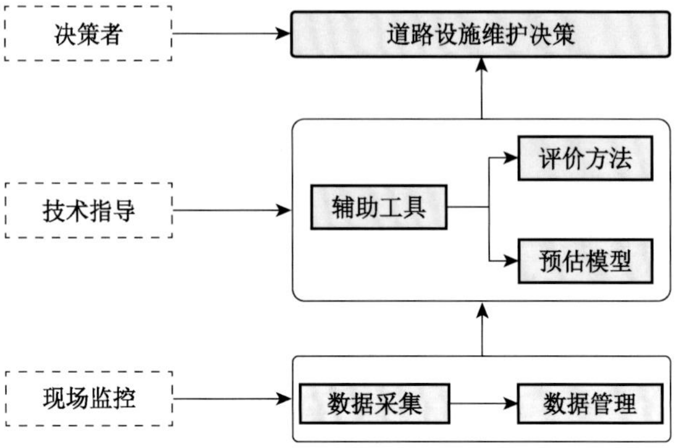

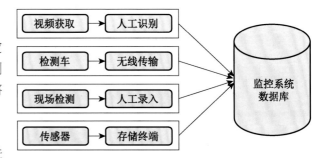

图 2.1-21　道路健康监控系统用户层次图

(2) 技术指导:使用系统数据库评价和分析道路使用性能状况,提供决策层所需的各类信息,制定道路设施维护计划和对策。

(3) 现场监控人员:及时、准确、全面的采集现场管理信息。

2. 数据采集与管理

道路健康管理系统的数据采集分为三部分:设备采集、人工采集以及设备与人工结合采集,数据采集结束后统一导入系统数据库管理,如图 2.1-22 所示。

[1] 道路功能相关数据

1) 路面损坏状况

采用路面检测车对道路设施进行定期不定期的损坏调查,数据整理人员利用检测车所拍到的图像,对路面损坏状况进行判别和分类,并将相关信息录入数据库中存储。

2) 路面平整度

采用多功能激光路面检测车对道路设施进行平整度检测,可即时显示路面任意段长的国际平整度指数 IRI、车辙深度 RUT 等参数,还可自

图 2.1-22　系统数据采集与管理

动处理成每百米和每千米国际平整度指数 IRI、行驶质量指数 RQI,将检测数据直接导入道路健康管理系统。

3) 路面抗滑性能

根据路基面现场测试规程对路面进行抗滑性能测试,并将测试结果录入管理系统,供技术人员分析并制定维护策略。

[2] 道路结构相关数据

通过对路面面层、基层以及路基布设传感器,建立健康监控机制,由于持续监控资源消耗过大,可采用间隔式监控,即按照一定的时间间隔规律采集不同时段的道路健康数据,包括路面面层、基层及路基中的应力数据。该数据可由采用设备直接传入计算机并导入管理系统数据库中。

3. 数据分析模型

系统采集完成后需要对其进行分析处理,为管理决策者提供充分的参考依据。数据分析大致可分为三步:一是路面性能评价模型,即对路面损坏数据进行分析计算,从而评价路面性能使用状况;二是路面性能预估模型,即综合分析道路设计相关参数与路面性能评价结果,得出道路使用年限预测;三是维护决策模型,即针对道路使用预测年限提出不同的维护对策,并计算不同对策所需相关费用,考虑近期、中期及长期发展规划,给出维护建议或方案。

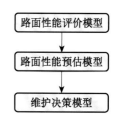

图 2.1-23　数据分析模型

4. 信息化管理流程

道路基础设施健康监控系统的管理方式与传统模式差异较大,每项功能不可孤立运行,必须依靠一套标准研究的管理流程执行。标准流程带来的优势体现在多个方面:一方面用户之间可以相互督促,下级用户的工作未完成或未按系统要求完成,上级用户将无法实施作业;另一方面,通过系统流程的优化和完善,促进道路基础设施维护管理模式的发展和转变。此外,可以积累维修经验,改进和发展道路基础设施维护技术。根据道路基础设施系统管理的要求,可以实现路面路基病害与维修记录的一一对应关联,通过设置返修记录统计设施重复维修情况,进而从工程材料、施工工艺、外部影响等方面查找原因,并通过分析得出解决办法。

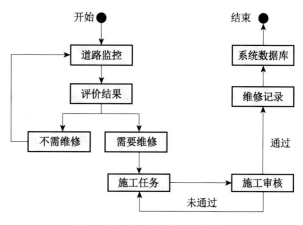

图 2.1-24　信息化管理流程图

2.1.3.2　道路健康监控系统设计

1. 总体架构设计

根据道路健康监控系统的需求分析,为了实现系统的总体目标及要求,完成数据的采集与管理,并通过数据分析模型计算道路基础设施的健康状况,从而为决策者给出维护方案,现从系统架构上对系统设计如下。

[1] 基础信息模块

对道路基础设施健康监控系统的基础信息进行管理,主要为道路的设计资料以及建设实际取值的汇总,包括基础设施的平面布置和道路结构相关参数(路基土压实度、路面结构层厚度、路面各层材料参数等等)。

[2] 实时信息模块

实时信息模块主要完成道路基础设施健康监控的数据收集,分为道路功能性实时信息和道路结构性实时信息。

[3] 信息处理模块

对实时信息以及原有的基础信息进行综合处理,内嵌数据分析模型,实现实时数据与历史数据的融合,并将历史数据库不断更新,使后续的计算模型的精度不断提高。

[4] 信息反馈模块

信息反馈主要包括道路设施实时健康状况以及维护建议两部分,实时健康状况用于对设施管理的监控,不利因素的及时排除(应力超标警报、突发情况处理等等),维护建议则包括道路设施的维修策略、维护费用分配

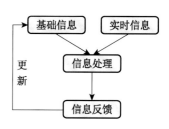

图 2.1-25　总体架构图

等等。

2. 模块功能设计

本项目依托上海国际旅游度假区核心区道路工程,对核心区道路进行健康监控系统的开发,检测系统的功能分为信息管理功能和业务管理功能两大类。

信息管理功能指软件系统提供给用户进行数据操作的能力,包括数据的输入输出、查询、定位、统计以及可视化分析等功能。实际工作中,各类业务数据一般存在于各类记录表格以及测试仪器生成的专用文件中,为将这些数据快速准确的输入至监控系统中,核心区道路健康状况检测系统提供 Excel 导入导出以及专用文件读取功能,提供的数据查询、定位、统计、可视化分析等功能对辅助用户实际工作具有重要意义,比如用户想了解某类路面损坏的损坏数量或者某一区域是否存在损坏等信息时,可借助监控系统快速准确实现。

核心区道路健康状况检测系统实现的业务管理功能是指辅助技术人员进行道路路面维护管理工作,根据需求分析,主要包括路面的使用功能检测、结构功能检测、路面年度维护计划的决策支持以及信息管理等五个方面,辅助管理人员完成相应的路面管理工作。

系统的模块划分如图 2.1-26 所示,共划分为 5 个子系统。分别是基础数据管理子系统、使用功能检测子系统、结构功能检测子系统、评价支持子系统与系统管理子系统。

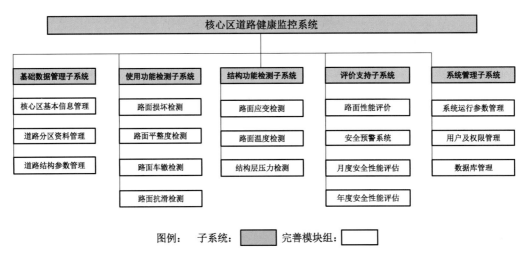

图 2.1-26 核心区道路健康监控系统模块划分图

[1] 基础数据管理子系统

核心区基本信息管理:主要有核心区道路地图、道路名称、桩号、道路宽度、道路建设时间、道路城市坐标等。

道路分区资料管理:按照道路不同结构形式,将其分为不同分区,以便云图的分区管理。

道路结构参数管理:土基处治方式、道路结构层组合、道路材料参数组合。

[2] 使用功能检测子系统

路面的使用功能检测管理工作,根据自行开发的路面自动检测仪器,结合路面平整度、车辙以及抗滑性能检测,对路面健康状况实行实时检测,并及时标定可能危及行车安全或严重影响路面使用性能的病害,及时进行修复。

[3] 结构功能检测子系统

路面的结构功能检测管理工作,包括路面及重要结构物应变、温度及结构层间压力检测,并及时预警严重影响路面结构性能的路段。具体有如下功能设计。

1) 物理量显示和存储

可将道路各监测点温度、应变及对应的位置编号和地理信息显示在同一个界面上,并实时数据存储,可以 excel 表格及数据库格式导出测试数据。

2）自动报警

自动对光纤光栅传感器所在区域进行实时温度、应变监控，检测现场温度、应变的异常波动，在物理量超过设定报警值时实时报警。

3）状态查询

各个监测点的温度、应变和报警信息都保存到 SPA01 系列结构安全在线监测分析系统的存储器中，系统将数据分为历史信息、实时信息，管理操作人员可以动态调整被监测点的实时状态监测时间间隔，满足管理操作人员可查看各监测点的当前和历史温度、应变变化曲线。

4）报警限设定功能

可对 SPA01 系列结构安全在线监测分析系统的报警触发条件进行设定，以适用不同季节气温和荷载条件下道路结构实际运行温度应变的差异。

5）温度、应变统计

可实时给出道路最高温度、最大应变值及对应监测点的位置编号和地理信息。

6）故障定位

具有自检功能，可对光纤传输线路的损耗及断点位置进行准确定位，方便系统调试、维护及线路检修。

7）报表查询

可以查询历史数据，设置查询日期，查询间隔，列出数据。

8）告警

给道路的营运管理和维修决策者提供道路的警告信息。

9）二次开发软件接口

可提供基于 MODBUS 标准通信协议或动态链接库文件供用户进行应用软件二次开发。

［4］评价支持子系统

根据路面使用功能及结构功能现状，提供路面损坏现状评价云图、路面安全预警以及路面月度安全性能评估、年度安全性能评估报告。

［5］系统管理子系统

对系统运行参数进行后台管理，建立用户资料数据库，对用户进行分级，赋予不同等级对应的权限，设定系统内容的访问权限范围。特别是对用户资料进行加密处理，保证系统的安全性。

2.1.3.3　道路健康监控系统开发应用

道路健康监控系统通过核心区数字化乐园应急管理平台来实现，作为其中独立的子系统存在，主要通过道路使用功能监测与道路结构功能监测为核心区道路设施的管理提供可视化的实时服务，最后根据用户需要，在评价模块中生成相应的评估报告。

1. 道路使用功能监测的实现

道路使用功能主要包括路面损坏状况、平整度及抗滑性能，园区道路检测的可视化界面如图2.1-27所示，检测模块的背景为园区电子地图，图中四条曲线代表核心区道路的四条车

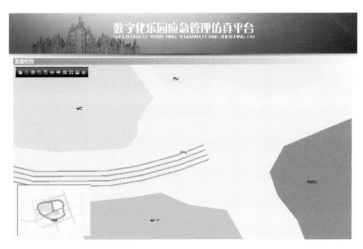

图 2.1-27　道路检测位置指示界面

道,小汽车的图标代表检测车所在的位置,随着检测车的行驶,图上位置由 GPS 定位系统传至 PC,实现实时定位监控。

检测车上设有路况拍摄设备,采用高分辨率摄像头,随着行车路径将对应位置的路况拍摄下来,并通过车载 PC 端由网络传入指挥中心 PC 管理终端。如图 2.1-28 所示,指挥中心执勤人员通过可视化界面监控道路使用功能,实时获取道路健康状况信息。

图 2.1-28　道路检测位置实时画面

通过对车载摄像设备传输回来的图像进行观察来判断道路的使用功能,若出现相关的路面病害,则需先由人工识别后对病害进行分类,并及时录入道路设施健康监测系统信息数据库中,如图 2.1-29 所示。

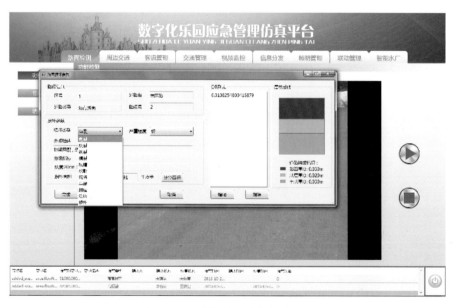

图 2.1-29　道路使用功能信息录入

该可视化界面为路况信息判别,主要内容分为路段信息与损坏参数两部分。路段信息包括路段区号、道路名称、路面材料类型及路段编号。损坏参数则为损坏类型、严重程度、外观描述、分级指标以及损坏面积,其中除了外观描述是文字性说明,其他参数均会用于路面性能评价模型以及衰变模型的计算中,会直接影响后续的维护决策方案建议。

在对道路使用功能信息数据采集录入完成后,系统可对设定路段的使用性能进行分析计算,如图 2.1-30所示。在将不同损坏参数输入后,还可对损坏区域及损坏面积进行精确框定,信息录入界面设有相关的路面损坏区域标定按钮,点击该按钮可对路面损坏面积进行重新框定。随后可选取不同路面性能评价模型对当前道路设施使用状况进行计算分析,从而得到系统对道路设施的评价报告。

图 2.1-30 道路设施使用性能分析计算

2. 道路结构功能监测的实现

与道路使用功能监测相同,该部分同样使用园区电子地图作为软件可视化背景,但其位置信息主要通过埋设的传感器来反映,即每个传感器的编号都对应一个坐标,由该坐标指示传感器的位置,因此由传感器传输数据可得到核心区道路的具体位置。

如图 2.1-31 所示,指挥中心的执勤人员可在界面上观察到每个传感器的实时动态,包括传感

图 2.1-31 道路结构性监测预警

器的埋设层位、接通状态、传感器类型以及经解调仪转换过的实时信号。一旦某个传感器的数值出现异常,便会在界面中出现红灯,起警示作用,经过园区现场管理人员检测修复后警报将自动解除。

该结构监测模块会定期生成监测报告,将这一时段内道路结构的应力变化情况汇总,供技术人员分析计算使用。同时,系统内嵌的道路结构衰变模型将对该道路进行自动计算,并综合考虑维护费用,给出相关的维护策略建议。

3. 性能评价及寿命预估

性能评价包含在道路使用功能监测中,以 PCI 等为表征指标,对运营期的园区道路进行评级;寿命预估则包含在结构性监测中,通过累计的监测数据,结合路面使用性能相关参数,对道路设施的剩余寿命进行预估,并给出延长寿命所需采取的维护维修对策。

2.1.3.4 小结

根据道路健康监控方法构建了道路健康监控系统,将道路功能性检测与结构性检测融合到一个平台,并对各自所包含的内容进行统一信息化管理。

完成了道路健康监控系统的开发与应用,将系统架构中的概念与实际管理中的事务对应起来,形成了集健康检测、性能评价及决策维护于一体的道路基础设施管理系统。

2.1.4 现场试验及结果分析

2.1.4.1 道路健康状况测试

1. 路面损坏状况调查

损坏调查方法为人工目测法,即调查人员沿调查方向目视判别存在的各类病害,并借助简单的仪器和工具判定损坏程度以及损坏量,现场将调查结果记录在"路面损坏状况调查记录表"上。沥青路面损坏类型包括:

(1) 龟裂:按程度分为轻、中、重三类。

(2) 裂缝类:有块状裂缝、纵向及横向裂缝三种,每种按程度分为轻、中、重三类。

(3) 坑槽:按程度分为轻度和重度两类。

(4) 松散:按程度分为轻度和重度两类。

(5) 沉陷:按程度分为轻度和重度两类。

(6) 车辙:按程度分为轻度和重度两类。

(7) 波浪拥包:按程度分为轻度和重度两类。

(8) 泛油:按面积计。

(9) 修补:按面积计。

本次调查的核心区道路基本为沥青路面,损坏调查以西环路与北支路交叉口为起点(K0+088),沿西环路一直到南环路(K3+415),其中有一段施工便道不在调查范围内(K2+300~K2+717)。对双向4个车道的路面损坏状况进行统计,按照 PCI 计算方法算出相应路段的 PCI 值,从而对其进行损坏等级评价。

2. 路面平整度测试

采用《公路路基路面现场测试规程》(JTG E60—2008)中 T 0931~2008 3 m 直尺测定平整度的试验方法进行。

本试验需要的仪器与材料主要有:

（1）3 m 直尺：硬木或铝合金钢制，底面平直，长 3 m。

（2）楔形塞尺：木或金属制的三角形塞尺，有手柄；塞尺的长度与高度之比不小于 10，宽度不大于 15 mm，边部有高度标记，刻度精度不小于 0.2 mm，也可使用其他类型的量尺。

（3）其他：皮尺或钢尺、粉笔等。

本次对上海迪士尼乐园项目沥青路面平整度的检测方法与相应频率，做出了一定的规定，如表 2.1-19 所示。

表 2.1-19　沥青混凝土路面平整度检测方法与频率

检查项目	检验方法和频率	
	环路	其他道路
3 m 直尺平整度	每半幅车道 100 m 测 2 处×10 尺	每半幅车道 200 m 测 2 处×10 尺

测试范围与路面损坏状况调查范围一致，测试时以行车道一侧车轮轮迹(距车道线 0.8～1.0 m)作为连续测定的标准位置，按需要将三米直尺摆在测试地点的路面上，目测其与路面之间的间隙情况以确定最大间隙位置，用有高度标线的塞尺塞进间隙处，量测其最大间隙的高度，精确至 0.2 mm。判断每个测定值是否合格，根据要求，计算合格百分率，并计算 10 个最大间隙的平均值。

3. 路面抗滑性能测试

[1] 路面表面构造深度

路面表面构造深度的测量，采用《公路路基路面现场测试规程》(JTG E60—2008)中 T 0961—2008 手工铺砂法测定路面构造深度试验方法进行。

本试验需要的仪器与材料主要有：

（1）人工铺砂仪：由圆筒、推平板组成。

（2）量砂：足够数量的干燥洁净的匀质砂，粒径 0.15～0.3 mm。

（3）量尺：钢板尺、钢卷尺。

（4）其他：装砂容器(小铲)、扫帚或毛刷、挡风板等。

本次对于沥青路面抗滑构造深度的检测方法与频率规定如表 2.1-20 所示。

表 2.1-20　混凝土路面抗滑构造深度检测方法与频率

检查项目	检验方法和频率	
	环路	其他道路
抗滑构造深度	铺砂法：2 处，每隔 200 m	铺砂法：1 处，每隔 200 m

同一处平行测定不少于 3 次，3 个测点均位于轮迹带上，测点间距 3～5 m，该处的试验结果取 3 次测定的平均值，精确至 0.01 mm。

[2] 路面摩擦系数

采用《公路路基路面现场测试规程》(JTG E60—2008)中 T 0964—2008 摆式仪测定路面抗滑值试验方法来进行现场检测。

本试验需要的仪器与材料主要有：

（1）摆式仪。

（2）橡胶片。

（3）标准量尺：长 126 mm。

（4）洒水壶。

（5）橡胶刮板。

（6）路面温度计：分度不大于1℃。

（7）其他：皮尺或钢卷尺、扫帚、粉笔等。

对于测点位置的选择，在现行《公路路基路面现场测试规程》(JTG E60—2008)中规定摆式仪的测点位置应选在行车道的轮迹带上，距路面边缘不应小于1 m，并且紧靠铺砂法测定构造深度的测点位置，以使两者测定结果一一对应。因此，在调查路段上，需要布设10个测点(每半幅路面分别布设5个测点)。

在规范中还同时规定，同一处平行测定不少于3次，3个测点均位于轮迹带上，如图2.1-32所示。测点间距3~5 m。该处的测定位置以中间测点的位置表示。每一处均取3次测定结果的平均值作为试验结果，准确至1BPN。

图2.1-32 摆式仪测定抗滑性能

4. 路基应力状况测试

[1] 埋设前元件准备

对每支传感器进行检查，包括有无物理性损坏、接线是否连通。随后按照埋设方案对应编号，以便测试数据与埋设位置相对应。然后，对各个元件进行初读数，将初读数与出产读数进行对比，一是判断传感器是否损坏，二是对出产读数进行修正，对于与出产读数相差较大的传感器进行更换，以保证传感器的准确。

[2] 自重应力测试

在对传感器逐层埋设时，每填土-压实一层，则对已埋元件进行读数一次，若读数差别较大，则需对读数较小的传感器所埋设的区域进行再次压实,从而保证填土的均匀性。埋设结束后对各个元件读数,则得到路基自重影响下各个层位的应力状况,作为加载测试的初始条件。

[3] 加载测试

研究不同行车荷载作用下路基各个层位应力状况的变化,测定重型载重货车轮载作用下路基应力变化,在试验段上行驶时土压力盒的读数,得到路基各个层位应力状况,如图 2.1-33 所示。

图 2.1-33　行车荷载作用下路基应力状况测试

5. 路面应力状况测试

对道路沥青面层及半刚性基层进行应力状况测试,分为自重应力测试与加载测试两部分,即对自然状态下道路面层及基层传感器的应变进行读取,并在加载状态下再次读取,将两次读数进行对比分析,得到路面面层及基层应力的分布规律。

2.1.4.2　试验结果分析

1. 路面损坏状况分析与评价

[1] 路面病害类型

本次路面损坏调查中出现的病害有龟裂、裂缝、坑槽、沉陷、松散、修补共 6 种,损坏程度均为轻度,其中又将裂缝类分为块状裂缝、纵向及横向裂缝 3 种,统计每种病害的折合面积,得到病害的组成比例,如图 2.1-34 所示。

a) 横向裂缝　　　　　　　　　　　　　　　　b) 纵向裂缝

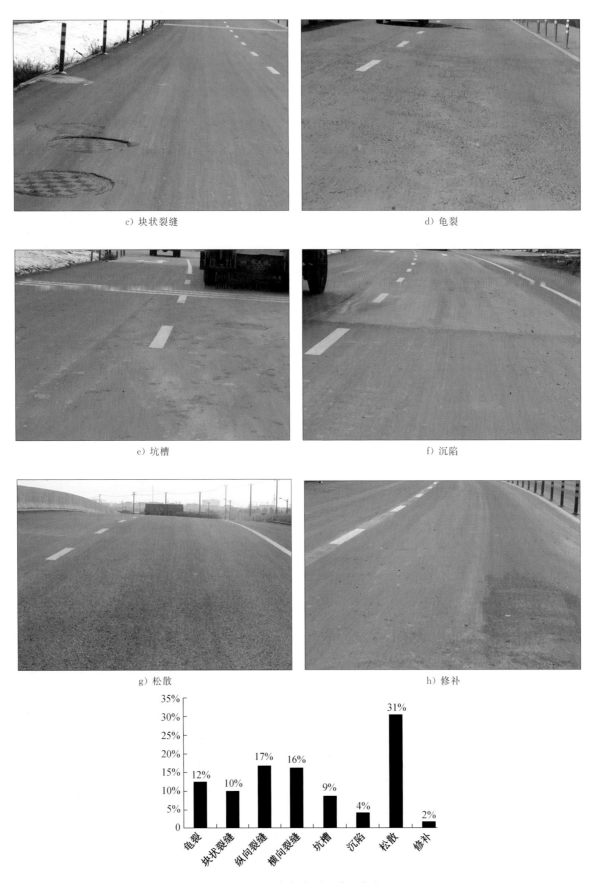

c）块状裂缝   d）龟裂

e）坑槽   f）沉陷

g）松散   h）修补

图2.1-34 损坏类型及其百分比

由图可知,裂缝类所占比例最大,为总病害量的 43%,其中纵向及横向裂缝比块状裂缝多 6% 左右;松散也占到了总病害量的 31%,其后依次为龟裂、坑槽、沉陷及修补。现场调查显示,裂缝类病害主要存在于桥头与道路衔接处,路面其他位置产生的裂缝很少;松散则分布在核心区道路与工地进出口的交叉口附近;坑槽出现在车道的轮迹带区域,面积很小但数量较多,与施工过程中的土石掉落有一定的关系;沉陷基本与窨井盖相关,有的窨井盖外围与其中心形成了 2～3 cm 的高差,这对行车安全及舒适度均有一定程度的影响。

[2] 道路损坏等级

1) 评价标准

路面损坏用路面损坏状况指数(PCI)评价,计算方法按照公路技术状况评定标准,根据路面损坏调查的结果以及各类病害的权重换算成折合面积,然后计算出路面破损率,最后得到 PCI 值。按照 PCI 值的大小将路面状况分为 A、B、C、D 共 4 个等级,见表 2.1-21 所示。

2) 等级评定

核心区道路按次干路标准进行评定,将核心区西环路及南环路分为两段,A 段为北支路西环路(K0+088)到施工便道前(K2+300),B 段始于施工便道后(K2+717),到第二个环岛处(K3+415)结束,如图 2.1-35 所示;每段均为双向四车道,对每段中的单个车道进行 PCI 的计算,结果见表 2.1-21。

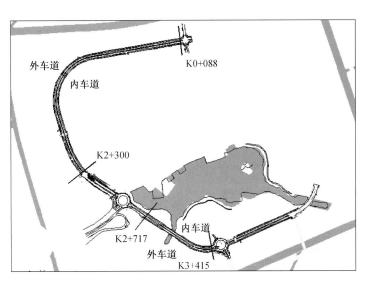

图 2.1-35　检测位置示意图

表 2.1-21　各路段 PCI 值

路段	范围	PCI	路段平均值	评级
A	K0+088～K2+300(外车道)	91.47	93.63	A
	K0+088～K2+300(内车道)	92.69		A
	K2+300～K0+088(外车道)	96.28		A
	K2+300～K0+088(内车道)	94.06		A
B	K2+717～K3+415(外车道)	90.99	91.18	A
	K2+717～K3+415(内车道)	90.05		A
	K3+415～K2+717(外车道)	90.97		A
	K3+415～K2+717(内车道)	92.70		A

各路段的 PCI 值均在 90 以上,即核心区道路的路面状况评级均为 A 级,总体上具有较高的服务水平。由于 B 段存在一座桥梁,而在施工车辆的行车荷载作用下,桥梁两头与道路的衔接处出现了贯穿横向的裂缝,这些裂缝成为 B 段路面的主导病害,因此 B 段道路的 PCI 平均值比 A 段的略小。

2. 路面平整度状况分析与评价

[1] 评价标准

路面行驶质量评价标准(表 2.1-8)。按照次干路的取值对核心区道路进行评级。

[2] 结果及分析

平整度测试路段示意图与路面损坏检测相同,将平整度测试的结果列于表 2.1-22 中,各个路段的合格率均在 90% 以上,最大间隙平均值也基本在 2 mm 左右,均小于 A 级标准的 4.5 mm。总体来说,核心区道路的平整度较好,能够保证较好的行车舒适度。

表 2.1-22　道路平整度测试结果

路段范围	合格率	最大间隙平均值 /mm	评级
K0+088~K2+300(外车道)	93.50%	1.97	A
K0+088~K2+300(内车道)	94.35%	1.96	A
K2+300~K0+088(外车道)	94.78%	2.01	A
K2+300~K0+088(内车道)	91.74%	2.02	A
K2+717~K3+415(外车道)	94%	1.97	A
K2+717~K3+415(内车道)	94%	1.93	A
K3+415~K2+717(外车道)	96%	1.89	A
K3+415~K2+717(内车道)	98%	2.00	A

从表中可知,合格率越高,并不代表最大间隙越大,这说明在对平整度的评价上需要对两者进行合理分析说明。比如,K2+300~K0+088(外车道)的合格率为 94.78%,比 K2+300~K0+088(内车道)高出 3.04%,但两者的最大间隙平均值仅相差 0.01 mm,由合格率的定义,可知合格率高的车道平整度的起伏更大,而合格率低的平整度的波动反而小。由于该核心区道路的评价标准较高,最大间隔定为 3 mm,故由合格率和最大间隙平均值的不同表征效应带来的影响较小,若最大间隔的标准较低时,应该充分考虑以最大间隙平均作为表征平整度的指标。

3. 路面抗滑性能分析与评价

[1] 路面抗滑性评价标准

沥青路面的抗滑性能对 BPN 和摩擦系数的评价标准见表 2.1-9,对构造深度 TD 的要求如表 2.1-23 所示。

表 2.1-23　沥青路面抗滑技术指标

年平均降雨量 /mm	构造深度 /mm
>1 000	=0.55
500~1 000	=0.50
250~500	=0.45

上海地区的年平均降雨量在 1 200 mm 左右,因此构造深度要求大于 0.5 mm。

[2] 路面构造深度

本次测试中采用人工铺砂法测试了路面构造深度,选取西环路及南环路上测试点共 28 处,由西至东,沿道路纵向均匀分布,如图 2.1-36 所示。测得构造深度结果,如表 2.1-24 所示。

表 2.1-24　园区道路路面构造深度
a)左半幅

测试地点(左半幅)	构造深度 /mm			测点平均值 /mm
K0+100	0.64	0.63	0.59	0.62
K0+300	0.65	0.62	0.67	0.65
K0+500	0.64	0.65	0.63	0.64
K0+700	0.62	0.61	0.59	0.61
K0+900	0.59	0.62	0.62	0.61
K1+100	0.64	0.64	0.65	0.64
K1+300	0.61	0.6	0.66	0.62
K1+500	0.58	0.59	0.61	0.59

（续表）

测试地点（左半幅）	构造深度 /mm			测点平均值 /mm
K1+700	0.67	0.66	0.64	0.66
K1+900	0.62	0.64	0.58	0.61
K2+100	0.65	0.63	0.66	0.65
K2+800	0.65	0.62	0.67	0.65
K3+000	0.64	0.65	0.63	0.64
K3+200	0.62	0.61	0.59	0.61

平均值：0.63　　标准差：0.020 变异系数：0.032 6

b）右半幅

测试地点（右半幅）	构造深度 /mm			测点平均值 /mm
K0+100	0.63	0.61	0.64	0.63
K0+300	0.65	0.63	0.67	0.65
K0+500	0.64	0.65	0.63	0.64
K0+700	0.62	0.63	0.59	0.61
K0+900	0.66	0.69	0.67	0.67
K1+100	0.61	0.64	0.65	0.63
K1+300	0.64	0.59	0.66	0.63
K1+500	0.62	0.67	0.64	0.64
K1+700	0.65	0.67	0.62	0.65
K1+900	0.61	0.64	0.65	0.63
K2+100	0.62	0.59	0.63	0.61
K2+800	0.63	0.61	0.64	0.63
K3+000	0.65	0.63	0.67	0.65
K3+200	0.64	0.65	0.63	0.64

平均值：0.64　　标准差：0.017　　变异系数：0.0269

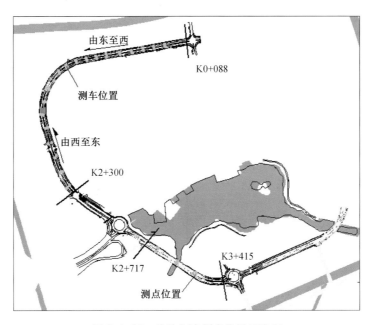

图 2.1-36　构造深度测点位置示意图

由表可知,核心区道路左半幅的路面构造深度平均值为0.63,右半幅的构造深度为0.64,且两幅的变异系数均较小,这表明道路的抗滑性能较好。

[3] 路面摩擦系数

路面抗滑性能是道路行车安全的保证,选取西环路及南环路上的20个测点,如图2.1-37所示,红色圆点表示测试点位置。测得路面摩擦系数如表2.1-25所示。

表 2.1-25　摩擦系数测定结果

测点位置	摩擦系数							
西环路 (东至西方向)	1	2	3	4	5	平均值	标准差	变异系数
	0.49	0.53	0.49	0.52	0.52	0.51	0.0167	0.0328
西环路 (西至东方向)	1	2	3	4	5	平均值	标准差	变异系数
	0.63	0.61	0.57	0.63	0.67	0.62	0.0325	0.0522
南环路 (东至西方向)	1	2	3	4	5	平均值	标准差	变异系数
	0.58	0.58	0.60	0.66	0.57	0.60	0.0325	0.0543
南环路 (西至东方向)	1	2	3	4	5	平均值	标准差	变异系数
	0.61	0.60	0.62	0.65	0.65	0.63	0.0206	0.0329

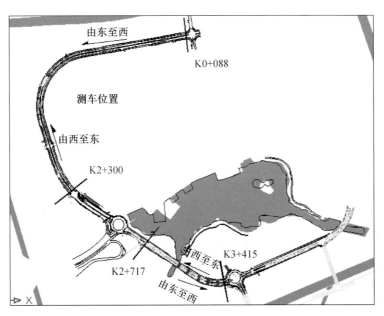

图 2.1-37　摩擦系数测点位置示意图

总体来看,测试值均大于规范中A级对应的0.4,说明路面具有良好的抗滑性能。从平均值看,西环路(东至西方向)摩擦系数较低,为0.51,说明该段路面的磨耗程度较大,在下雨天应对行车速度其采取一定的规定以保证行车安全,而核心区道路其余路段的摩擦系数均在0.6以上,具有更加好的抗滑性能;从测试结果的离散性上,各个路段摩擦系数的变异系数均较小,表明道路的抗滑性能较为稳定,同时也说明施工过程中车辆对道路的磨损程度基本相同。

4. 路基应力状态分析与评价

[1] 路基自重应力

通过埋设土压力盒测试路基各层位应力状况,在无行车荷载作用下,土压力盒测得的应力为路基的自重应力。计算埋深相同元件所测值的平均值,则在埋设过程中的各个层位的应力值如表2.1-26所示。

表 2.1-26　路基应力状况测试

工况 层位应力	覆土 0.5 m	覆土 1.1 m	覆土 1.6 m	路面结构
第一层	—	—	15.84 kPa	35.35 kPa
第二层	——	10.89 kPa	21.32 kPa	42.54 kPa
第三层	13.57 kPa	24.61 kPa	34.58 kPa	54.21 kPa

由表 2.1-26 可知,填土范围内,随着路基深度的增大,其自重应力呈线性增加,约每 0.5 m 增大 7～10 kPa。路面结构铺筑完成后,土压力均增大了 20 kPa 左右,说明土压力盒的存活情况良好,也反映了路基各个层位应力状态的变化。

[2] 加载试验结果

在 12 t 货车后轮轮载作用下,路基各个层位应力测试结果如表 2.1-27 所示。

表 2.1-27　加载测试结果

工况 层位应力	货车轮载
第一层	38.24 kPa
第二层	44.43 kPa
第三层	55.73 kPa

与自重应力下路基各个层位应力相比,第一层增大 3 kPa 左右,第二层增大了 2 kPa 左右,而第三层则仅增大了 1.5 kPa。由此可知,车辆荷载的作用对路基应力的影响很小,若在监测过程中发现路基土压力有超过 5 kPa 的增大时,则需引起足够重视。

通过测试路基在两种状态下的土压力值可知:ⓐ自重应力占路基土压力的绝大部分,附加应力对土压力的影响相对较小,同时它对路基土的影响随路面结构层厚度的增大而越来越小;ⓑ当监测发现路基土压力增量达到约 5kPa 时,应考虑对其进行检查;ⓒ在无行车荷载作用的情况下,若路基土压力逐渐减小,则应考虑是否在其上方发生了脱空、裂缝等隐性病害。

[3] 实测值与计算值对比分析

用加载情况下路基各个层位的土压力值减去路基的自重应力,得到各个层位的附加应力。

其路面结构组合如下:

4 cm　　OGFC-13 面层(高粘度改性沥青)

0.6 cm　稀浆封层＋粘层油

7 cm　　粗粒式沥青混凝土(AC-20C,岩沥青改性,掺量 30％)

8 cm　　沥青稳定碎石 ATB-25(岩沥青改性,掺量 30％)

0.6 cm　改性乳化沥青稀浆封层

透层油

32 cm　　水泥稳定碎石

20 cm　　级配碎石

总厚度　70.6 cm

采用 BISAR 路面力学计算软件对该工况进行计算,路面结构、材料参数取值如表 2.1-28 所示。

表 2.1-28　道路结构层材料参数

路面结构组成	厚度 /cm	弹性模量 /MPa	泊松比
沥青面层	20	1 200	0.25
水泥稳定碎石基层	32	3 500	0.2
级配碎石	20	600	0.2
土基		35	0.35

将计算得到相应层位的压力值与实测值进行对比,如表 2.1-29 所示。各个层位的实测值均小于其计算值,但两者呈现出相同的变化规律,且数值上基本一致。由此表明,路基内传感器的准确性较高,能够准确获取路基土中的应力情况。

表 2.1-29　实测值与计算值对比

层位	第一层	第二层	第三层
实测值	2.89 kPa	1.89 kPa	1.52 kPa
计算值	3.02 kPa	2.11 kPa	1.63 kPa

5. 路面应力状态分析与评价

通过埋设光纤光栅式应变计对路面面层及基层应力状态进行监测,现场测试主要通过 12 t 货车加载进行。加载过程中对应变计进行读数,通过换算,取最大拉应力及最大压应力来表示路面面层及基层各位置的应力状况。

采用路面力学计算软件 BISAR 对路面各个层位应力值进行计算,计算过程如图 2.1-38 所示。

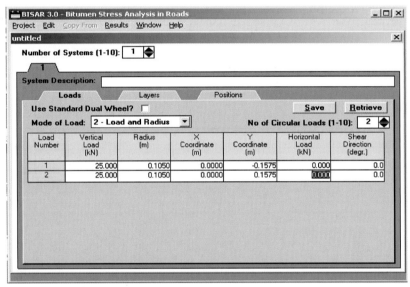

a) 荷载设置

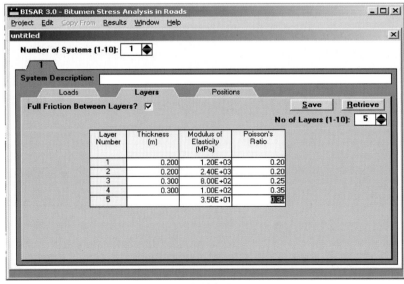

b) 路面材料参数设置

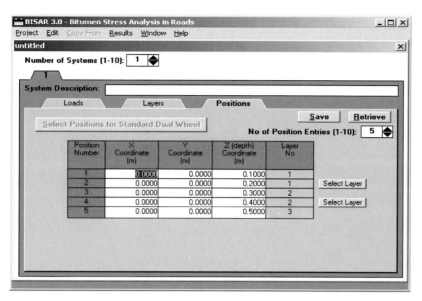

c）计算点位设置

图 2.1-38　BISAR 应力计算过程

将软件计算结果与实测值进行对比,如表 2.1-30 所示。

表 2.1-30　路面应力状况测试结果

层位	最大拉应力实测值	最大拉应力计算值	最大压应力实测值	最大压应力计算值
面层(10 cm 深处)	0.075 MPa	0.073 MPa	0.21 MPa	0.20 MPa
面层(20 cm 深处)	0.085 MPa	0.083 MPa	0.17 MPa	0.16 MPa
基层(40 cm 深处)	0.042 MPa	0.039 MPa	0.083 MPa	0.078 MPa

由表 2.1-30 可知,ⓐ弹性层状体系下,在任一层中,拉应力随层厚的增大而增大,最大值一般出现在面层层底;ⓑ压应力随路面深度的增大而逐渐减小,且随结构层层数的增大而急剧减小,即应力吸收作用随深度的增大而逐渐放大;ⓒ由实测值可建立超载标准,即当传感器读数大于该值时,表明该路面结构上部荷载过大,可能是超载或其他结构性问题引起的应力集中;ⓓ实测值与计算值变化规律相同,且数值相近,因此该结果具有较高的准确性。

2.1.4.3　小结

本章通过对核心区道路的健康状况进行了一系列现场测试,分析了路面损坏状况、路面平整度、路面抗滑性、路基应力状况、路面基层及面层应力状况的相关变化,由试验结果对园区道路的功能性及结构性损坏状况进行了评价,得出如下主要结论。

(1)核心区道路的路面整体状况较好,损坏状况较轻,PCI 值的评价等级均为 A。出现的病害共有 6种,主导病害为裂缝,大多数裂缝出现在桥头与道路的衔接处,与桥头处的差异沉降有关。

(2)核心区道路平整度检测合格率均在 90% 以上,即路面平整度情况较好,道路有较高的服务水平。

(3)通过构造深度及摩擦系数试验,测定了核心区道路的抗滑性能,结果显示各个路段均保持良好的抗滑性能。

(4)路基应力状况测试表明,路基自重应力随深度的增加而线性增大,每 0.5 m 增大 7～10 kPa,路基土压力受自重影响远大于附加应力的作用。

(5)通过路面应力状况测试,得到了路面面层层底最大拉应力,为后续道路设施系统健康监测提供了一定的实际依据。

2.1.5 道路健康预警监控及性能衰变计算

2.1.5.1 道路健康预警监控

1. 道路健康预警监控指标

[1] 路面面层层底拉应力

路面面层在收到上部荷载作用时,层底所受到的拉应力最大。该拉应力的反复作用是导致路面产生反射裂缝的主要原因,因此防止路面面层层底拉应力过大是保证道路健康的重要指标。

[2] 路面结构最大剪应力

随着柔性路面结构的增多以及交通量的增大,越来越多的路面开裂表现出从上到下的开裂,表面裂缝在行车荷载的反复作用下,导致裂缝的进一步扩展,从而引起路面过早破坏。而路面结构中的最大剪应力是导致这种早期病害产生的主要原因,因此需重视路面结构最大剪应力。

2. 道路健康预警监控标准

[1] 基于有限元计算值的道路健康预警监控标准

1)沥青路面结构有限元模型及参数

对沥青路面结构采用层状弹性体系模型。计算过程借助大型有限元计算软件 ABAQUS 完成。通过对不同结构尺寸、边界条件的计算比较,最后采用 5 m×5 m×5 m 的结构,边界条件取用下底面固支,平行行车方向的两个侧面为滑动支撑,上表面和垂直行车方向的两个侧面为自由面。对施荷位置及附近的网格局部进行加密处理。采用这一路面结构有限元模型计算出的弯沉值与理论值最接近,因此能够较好的模拟路面的真实情况,并且它的运算时间也较短。

2)路面结构参数

以度假区核心区道路为对象,其各个层位的厚度及材料参数如表 2.1-28 所示。

3)荷载模型

当后轴轴载为 100 kN,测定的实际接地面积为 394 cm^2,平均接触压力为 630 MPa,但实际上荷载在轮胎与路面接触面上分布是不均匀的,考虑轮胎胎面花纹类型,主要是横向花纹和纵向花纹的不同。选取一定轮载和胎压下的接触面积内的压力分布作为作用于路表的荷载。

4)非均布荷载作用下路面结构响应分析

分别将后轴轴载为 100 kN、120 kN 和 140 kN 时的带状荷载数据引入模型中进行计算,得到路面结构的应力场。

5)计算结果

通过有限元计算出路面结构各个层位的应力状况,最大拉应力出现的坐标为(0.0, 1.65, 2.5),即模型中的车轮中间底基层底部,最大拉应力值为 0.038 MPa,该应力可能会引起反射裂缝的产生。

随着行车荷载的增大,结构内部的应力也在变化,当轴载从 100 kN、120 kN 到 140 kN 时,最大拉应力值由 0.038 MPa、0.045 MPa 到 0.16 MPa,拉应力的变化呈数量级的增长。最大剪应力更是从 0.307 MPa 变化到 3.03 MPa,出现急速增长,远远超出了沥青混合料的抗剪强度。由此可见,一旦出现重载,路面表面轮迹带边缘极易出现由于剪应力引起的表面裂缝,伴随还会出现由拉应力引起的反射裂缝。这可能是导致路面裂缝产生的主要原因,因此重载车辆显然对路面极具破坏性。

6)健康预警监控标准制定

在标准轴载下,本模型计算所得到的基层层底最大拉应力值为 0.038 MPa,可通过埋设在基层底部的应力传感器对道路健康实施预警监控,即当传感器读数大于计算所得的最大拉应力值时,可响起道路监控警报。

[2] 基于现场实测值的道路健康预警监控标准

由现场测试,加载标准轴载下得到传感器的读数,如表 2.1-30 所示,面层底面的最大拉应力

0.085 MPa,则可将这一数值作为健康预警阈值,一旦超过该值,则对道路相关设施进行排查,从而及时排除问题,保证核心区道路的健康状态。

2.1.5.2　道路使用性能衰变计算

1. 路面性能衰变模型

选取不同的路面性能衰变预估模型对上海迪士尼乐园项目园区道路使用寿命进行计算,通过对不同模型的计算结果进行对比分析,得到适用于该道路性能预估的最优模型。

[1] 孙立军—刘喜平方程

该模型形式简单,适应性强,回归参数具有明确的数学、物理意义和单调性,而且只需改变模型的参数值,即可拟合不同地区、不同结构路面类型在不同交通等级下路面使用性能的衰变过程。

$$PCI = PCI_0 \{1 - \exp[-(\alpha/y)^\beta]\}$$

式中　PCI——路面状况指数;

　　　PCI_0——路面新建或新近一次改建后的初始路面状况指数,通常可取 100;

　　　y——路面新建或新近一次改建后的路龄;

　　　α,β——回归参数,$\alpha \geqslant 0,\beta \geqslant 0$。

该方程中,α 和 β 为两个待定参数,其数值可以通过观测数据的回归分析求得。α 值对路面性能曲线的影响如图 2.1-39 所示。β 值决定曲线的形状,因此也可以称其为模式因子,当 β 较小时,路面早期性能衰减较快;当 β 值较大时,路面性能衰减缓慢。β 的变化范围一般在 0.2~2.0 之间。β 值对路面性能曲线的影响如图 2.1-40 所示。

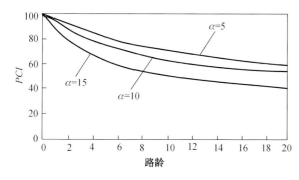
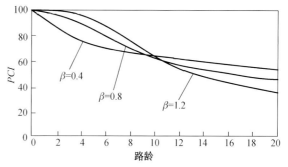

图 2.1-39　α 值对路面性能曲线的影响　　　　　图 2.1.40　β 值对路面性能曲线的影响

[2] S 型模型

该模型的特点是路面初期性能衰减缓慢,一定时间后衰减速率加快,直到接近临界状态,衰减速率再度放缓。这样的函数特征与路面的实际性能衰减规律是一致的。

$$PPI = \alpha + \frac{b-a}{1+e^{\beta+kt}}$$

式中　PPI——路面性能指数(PCI、SRI、RQI、$PSSI$ 等);

　　　a——PPI 的最大值;

　　　b——PPI 的最小值;

　　　t——路龄(按月份算);

　　　β,k——模型参数。

模型中的 a 和 b,需要结合路面的性能指标特征来确定。以路况指数 PCI 为例,若预估的时间起点为新建道路的竣工通车时间,则 PCI 最大值一般取 98~100;若是从某一年的大修或养护之后开始预估,则取大修或养护之后 PCI 的最大值。PCI 最小值的确定需根据该道路的工程标准而定。沥青路面养护规范规定,PCI 等于 40 为路面的重建临界值,当小于 40 时则需进行翻修或重建,因此,PCI 最小值一般取 40。

该模型为 S 型曲线,方程中存在两个待定参数 β 和 k,其数值可由实测数据回归而得。其中 k 是方程函数的斜率,反映路面性能衰变速率的大小,当 k 由小变大时,S 曲线由缓到陡,如图 2.1-41 所示。β 反映的是路面性能前期衰变的快慢,当 β 由小变大时,路面性能前期衰变由快到慢,如图 2.1-42 所示。

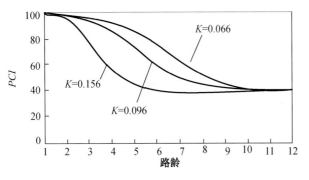

图 2.1-41　k 值对模型曲线的影响

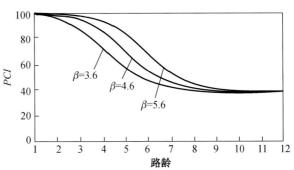

图 2.1-42　β 值对模型曲线的影响

[3] 多项式模型

其标准方程为

$$PPI = c + a_1 t + a_2 t^2 + \cdots + a_n t^n$$

式中　PPI——路面性能指数(PCI、SRI、RQI、$PSSI$ 等);

　　　t——路龄;

　　　c、a_1、$\cdots$、a_n——模型参数。

多项式模型的优点是能够以非常高的相关系数回归拟合实际观测数据。模型中,参数 c 代表的是当时间变量 t 趋向于零时,性能模型的最大值。其他参数综合反映了路面性能在使用寿命周期过程中的衰变速率。值得注意的是,并不是所有的多项式方程都是单调递减的,因此采用多项式函数建立模型时,需选择各种可能的方程次数进行不同的拟合,综合分析后才能确定最佳的拟合方程。

2. 路面性能衰变计算

以度假区核心区道路为例,采用三种模型对其使用性能进行预估,模型参数主要由道路结构层材料参数、结构层厚度以及所处地理位置的自然气候条件决定。

[1] 结构层材料参数

核心区道路的结构层组成如图 2.1-43 所示,面层为 20 cm 的沥青混凝土,基层为 32 cm 的水泥稳定碎石,垫层为 20 cm 的碎石层,然后是土基。

[2] 自然气候条件

由于环境因素对路面使用性能有显著影响,因此必须考虑环境因素带来的模型修正。在诸多环境因素中,温度和湿度对路面使用性能的影响最大。综合考虑上海

图 2.1-43　道路结构层材料参数

市近 50 年来的气候资料,在此基础上考虑模型的地区修正系数。

1)温度因素

表征温度的指标很多,包括年平均气温、年较差、积温、月平均气温等,理论分析表明,温差和平均气温对路面的物理、力学性能影响最大。因此,可选用年平均气温和年较差为温度参数。年平均气温是一年内气温的平均值,年较差是一年内最高月平均气温和最低月平均气温的差值。

年较差和年平均气温有较强的相关性,随着年平均气温的增加,年较差减小。因此,在年平均气温和年较差中只需选择一个作为表征温度因素的唯一变量,由于年平均气温更直观、易理解,本书选择了年平均气温来表征温度因素。

表 2.1-31 上海市年平均温度 (单位:摄氏度)

月份	1	2	3	4	5	6	7	8	9	10	11	12
平均最高温度	7.6	8.7	12.6	18.5	23.2	27.8	31.8	31.6	27.4	22.4	16.8	10.7
平均最低温度	0.3	1.1	4.9	10.4	15.3	20.1	24.7	24.7	20.5	14.3	8.6	2.7
年平均气温						16.1						

2)湿度因素

这里所说的湿度是指路面的干湿状况,它从地面水分收支各分量的分布和变化中可以基本反映出来。通常用来表征干湿状况的指标有潮湿系数、干燥度、水分盈亏量、蒸发比和蒸发差等,虽然意义不同,但本质一致。本书采用潮湿系数来反映湿度因素。

潮湿系数是年降水量与年蒸发量的比值,即

$$W = \frac{R}{Z}$$

式中 W——潮湿系数;

R——年均降水量(mm);

Z——年均蒸发量(mm)。

均蒸发量无法直接测定,而是用蒸发力(可能的蒸发量)代替,则上式可转化为

$$W = \frac{R}{E_r}$$

式中 E_r——蒸发力。

根据《公路自然区划标准》,蒸发力的计算采用 H.L.彭曼公式。

对上海市的降水量参数统计分析后得到表 2.1-32 所示。

表 2.1-32 上海市年降雨量 (单位:mm)

月份	1	2	3	4	5	6	7	8	9	10	11	12
平均降雨量	7.6	8.7	12.6	18.5	23.2	27.8	31.8	31.6	27.4	22.4	16.8	10.7
年平均降水量						1123.7						

将道路结构层材料参数与气候参数带入两个模型中进行计算,得到该核心区道路 PCI 在 10 年内的计算结果,如表 2.1-33 所示。

表 2.1-33 PCI 计算结果

时间/年	1	2	3	4	5	6	7	8	9	10
模型 1	90.13	80.25	71.13	63.25	56.85	50.85	47.14	44.82	43.34	42.14
模型 2	95.34	93.41	90.12	75.23	60.13	49.23	46.93	45.24	44.62	44.27

模型1算得PCI在前两年内下降较快,随后逐渐减缓,并趋于稳定;模型2计算的PCI在前3年内变化不大,直到第四年发生突变,从91.54骤降至75.23,且保持较快下降速度到第6年,然后趋于稳定。

3. 考虑碳排放的道路使用性能维护决策

将两种模型对核心区道路PCI的计算结果汇总在图2.1-44中。

由图2.1-44可知,ⓐ两条曲线在0~6年内的变化规律有明显的区别,模型1曲线PCI值在0~3年内减小量较大,而模型2曲线则减小量很小,即两者的差值在这段时间内逐年增大。而在3~6年内,这一差值逐渐减小,直到两条曲线趋于一致。ⓑ在6~10年内,两个模型对道路PCI值的预估基本相同。

将核心区道路PCI实测值与两个模型的计算值相比较,实测值为92左右,与模型2的计算结果较为吻合,因此可以预计在接下来3年内道路PCI值将会下降缓慢,而其后将急剧下降。

对不同养护策略下道路的性能衰变进行计算,考虑3年后进行中小修和6年后进行大修两种情况,则PCI的变化曲线如图2.1-45所示。

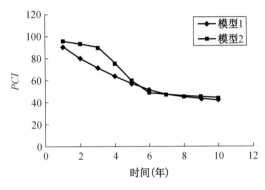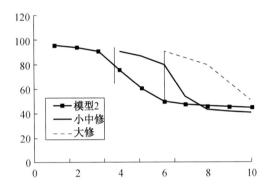

图2.1-44　PCI随时间变化曲线　　　图2.1-45　不同维护策略下路面使用性能变化

由图2.1-45可知,在3年时进行小中修能使路面性能在随后3年保持在较高的水平上,而在第6年进行大修,路面性能能够保持在较高水平的时间约为4年;从维护成本上考虑,大修所需费用远远大于小中修,特别是碳排放量上,两者的差距更为明显。综合考虑,3年后的小中修比6年后的大修更加好,故建议在3年后对道路进行一次养护,以较小的成本使PCI保持在较高的水平。

2.1.5.3　小结

(1)根据道路受到行车荷载作用时的应力分布特征确定了道路健康预警监控的指标:路面面层层底最大拉应力及路面结构最大剪应力。

(2)道路健康预警监控标准即为预警监控指标设定一个阈值,当传感器读数大于这一数值时,预警立即启动,直到异常排除后恢复。

(3)选取两种道路使用性能衰变模型对核心区道路PCI进行计算,计算结果表明:模型2更适合用来预估园区道路的使用性能。通过比较两个模型的计算结果,得出核心区道路的维护时机。

(4)对道路进行决策维护时,需要综合考虑性能与费用的问题,同时还要考虑对环境的影响,尽可能减少碳排放,做到节能高效。

2.1.6　结论与展望

2.1.6.1　本章结论

通过对上海国际旅游度假区核心区市政道路基础设施全寿命周期监控信息系统的研究,得到以下结论：

（1）提出了核心区市政道路基础设施健康监控方法，包括对道路使用性能、道路结构性能的信息采集、信息存储以及信息处理。将传感器用于道路健康监控中，对于传感器的使用要考虑其可靠性、耐久性等因素。

（2）构建了核心区市政道路基础设施健康监控系统框架，提出了全面掌握道路健康状态、合理有效利用资源、提升道路基础设施维护效率、节约道路基础设施运营成本的总体目标。设计了系统的各个功能模块，包括基础数据管理子系统、使用功能检测子系统、结构功能检测子系统、评价支持子系统与系统管理子系统，并将该系统通过数字化平台实现。

（3）通过现场试验，对核心区市政道路健康监控系统进行了数据完善和补充，测试结果表明，核心区道路使用性能状况良好，各项指标均明显高于标准要求。

（4）建立了核心区市政道路健康预警监控机制，并对道路设施使用性能进行了计算与评价，得出相应的维护决策建议，针对维护费用的问题提出考虑碳排放的决策方案，从而使道路基础设施的监控绿色环保、安全高效。

2.1.6.2 创新点

（1）将传感器用于道路基础设施结构性监控中，实现了对道路设施的无损化检测、交通的无干扰检测以及道路性状的实时化检测。

（2）将道路健康监控系统合理融入园区应急预警系统中，实现了跨平台、跨专业的技术突破，对园区的整体管理具有重要意义。

（3）在预警系统参考值的设定中，采用了测试值与有限元计算值相结合的方法，并通过试验进行了验证，在计算方法上有一定的创新。

2.1.6.3 进一步研究的工作方向

由于时间和条件的限制，虽然本书研究取得了一系列有价值的结论，但依然有许多需要深入研究的工作。

（1）在道路基础设施健康监测的理论方法上，不同类型道路及相应的评价指标需要进一步的细化，针对不同使用功能及等级选取不同的评价指标。

（2）道路健康监控系统的构建还需继续完善，低碳环保，可持续性将是后续系统发展的方向，同时可将移动互联网技术融入该系统，实现多终端监控，使得系统的使用更加快捷方便。

（3）道路健康预警方面，监控指标需要根据整个系统的使用进行合理调整，其调控范围的确定需要更加深入的试验、模拟以及计算，从而使道路基础设施系统的使用更加高效。

相信通过国家、地方、企业以及高校的大力投入和持续努力，道路基础设施方面的技术、学术水平将会有快速进步，并逐步在更大范围内推广应用。

参考文献 2.1

[1] 叶国铮,李秩民,刘浩熙.柔性路面应力应变的研究[J].湖南大学学报. 1979, (3):120-136.

[2] 张起森.弹性层状体系理论的实验验证及应用[J].土木工程学报. 1985, (4):63-76.

[3] 查旭东,张起森.沥青路面结构室内直槽试验验证的研究[J].土木工程学报.2000, (5):92-96.

[4] 李怀璋,余群.车辆—路面计算机仿真系统中的沥青路面应力应变分析[J].农业机械学报. 2001, (4):1-4.

[5] 王松根,房建果,王林等.大碎石沥青混合料柔性基层在路面补强中的应用研究[J].中国公路学报. 2004, (3):10-15.

[6] 张军,邹银生,张起森.刚性路面结构动力反应的试验研究[J].土木工程学报.2005, (38):117-122.

[7] 查旭东,张起森.沥青路面结构室内直槽试验验证的研究[J].土木工程学报.2000, (5):92-96.

[8] 李川,张以谟,赵永贵,李立京.光纤光栅原理、技术与传感应用[J].科学出版社,2005:105-108.

[9] 曹照平,王社良,马胜利.光纤传感器在土木工程中的应用[J].南京建筑工程学院学报. 2000, (4):48-49.

[10] 陈少幸,张肖宁.沥青混凝土路面光栅应变传感器的试验研究[J].传感技术学报.2006,19(2):397-399.

[11] Qingli HU, Zhi Zhou, Hui Li & Jinping Ou. Health Monitor on Asphalt Pavement of Highway Based on FBG Technique[J]. Process of SPIE. 2007, 6595(35):1-6.

[12] CHEN Feng-chen, TAN Yi-qiu, LIU Hao, et al1. Analysis of Strain in Asphalt Pavement Using FRP-OFBG Sensors[C]. ASCE:Proceedings of the 7th International Conference of Chinese Transportation Professionals (ICCTP). 2007:877-885.

[13] 陈凤晨,谭忆秋,柳浩,董泽蛟,王宝新.基于光纤光栅技术的沥青路面结构应变场分析[J].公路交通科技.2008,25(10):9-13.

[14] 谭忆秋,陈凤晨,董泽蛟,柳浩.基于光纤光栅传感技术的沥青路面永久变形计算方法[J].大连海事大学学报.2008,34(4):119-122.

[15] 张挺.爆炸冲击波测量技术(电测法)[M].北京:国防工业出版社,1984.

[16] 四川省建筑科学研究所,成都科技大学,重庆建筑工程学院.电阻应变测试技术[M].北京:中国建筑工业出版社,1983.

[17] 李川,张以谟,赵永贵.光纤光栅:原理、技术与传感应用[M].北京:科学出版社,2005.

[18] 谢芳,张书练,李岩.温度补偿的光纤光栅应力传感系统的研究[J].光学技术,2001,27 (5).

[19] 陈露一,廖卫东,占宝剑.公路路面结构检测技术研究现状[J].国外建材科技,2007(2):45-47.

[20] 王艳侠.桥梁结构安全检测技术探讨[J].山西建筑,2007(15):331-332.

[21] 陈祥森.混凝土缺陷无损检测技术发展现状综述[J].福建建材,2007(1):36-37.

[22] 日本沥青混凝土协会.AASHO道路试验[M].日本东京:日本沥青混凝土协会,1966.

[23] 日本道路协会.道路养护处治纲要[M].日本东京:日本道路协会,1978.

[24] ASTM Committee. Standard Test Method for Airport Pavement Condition Index Surveys[S]. ASTM Committee, 2004.

[25] 潘玉利.路面管理系统原理[M].北京:人民交通出版社,1998.

[26] 中华人民共和国行业标准.公路技术状况评定规范(JTG H20—2007)[S].北京:人民交通出版社.2007:3-9.

[27] 吴传海.高速公路沥青混凝土路面破损状况评价方法的缺陷及改进[J].公路.2007年5月.

[28] AASHTO. AASHTO Guide for Design of Pavement Structures[S]. Washington. 1986.

[29] AASHTO. AASHTO Guide for Design of Pavement Structures[S]. Washington. 1993.

[30] Lan Zhou, Fujian Ni, Yangjing Zhao. Study of evaluation Method to the Transverse Crack for Freeway Asphalt Pavements[R], Ph. D. TRB 2010 Annual Meeting, National Research Council, Washington D. C. , 2010.

[31] 徐吉谦.交通工程学基础[M].南京:东南大学出版社.1994.

[32] 孙立军,等.道路与机场设施管理学[M].北京:人民交通出版社.2009.2

[33] Shahin M Y et al. Airfield pavement performance prediction and determination of rehabilitation needs [C],5th International Conference on Structural Design of Asphalt Pavement, Vol 1, the Nethelands,1982.

[34] Abdullah Al-Mansour. Development of Pavement Performance Models For Riyadh Street Network [C]. Transportation Research Board No 1655, TRB, National Research Council, Washington, D. C. ,1999.

[35] 孙立军,等.沥青路面结构行为理论[M].上海:同济大学出版社.2003.

[36] 张争奇.高速公路沥青路面维修养护技术[M].北京:人民交通出版社,2010:106-133.

[37] 李哲梁.基于费用效益分析的路面预防性养护技术[J].公路交通科技,2007,24(12): 19-23.

[38] 孙祖望.沥青路面预防性养护技术的发展与新材料、新工艺、新技术的应用[J].建设机械技术与管理,2004(12): 22-25.

[39] ZENG Feng, ZHANG Xiao-nin. Evaluation Pavement Preventive Maintenance Treatments Performance and Its Effects[C]. ICCTP,2011, 3482-3493.

[40] 朱建东,陈小琪,凌建明,等.公路沥青混凝土路面预防性养护对策选择的研究[J].上海建设科技,2006,(2):12-14

[41] 吴德龙. 欧洲和北美微表处和稀浆封层的现状与发展[C]. 第二届中国乳化沥青大会/2008ISSA中国培训会. 2008.

[42] 虎增福,曾赞.乳化沥青及稀浆封层技术[M].北京:人民交通出版社, 2001.

[43] 徐剑.沥青路面微表处养护技术研究[D].东南大学博士学位论文.南京:东南大学,2002.

[44] 李大鹏.超薄沥青混凝土技术研究[D].东南大学博士学位论文.南京:东南大学,2007.

[45] Kandhal P,Lockett L. Constructjon and Performance of Ultrathin Asphalt Friction course[R]. National Center for Asphalt Technology Report No. 97-5, 1997.

[46] 沈金安.改性沥青与SMA路面[M].北京:人民交通出版社,1999:168-173.

[47] 吕伟民,严家伋.沥青路面再生技术[M].北京:人民交通出版社,1989.

[48] 江臣,黄晓明. 高等级公路沥青路面再生剂的研制[J].江苏交通科技,2001.

[49] 李志刚. 高速公路沥青路面养护决策及实施技术研究[D].东南大学博士学位论文.南京:东南大学,2001.10.

[50] Kamran Ahmed, Ghassan Abu-Lebdeh. Prediction of Pavement Distress Index with Limited Data on Casual Factors[C]. TRB2004,2004.

[51] Kamram M. etal. Pavement Management System to Maximize Pavement Inestment and Mininize Cost[J]. Transportation Re-

search Record 1272，National Research Council，Washington D. C. ，1990.

［52］潘玉利，曾沛霖，等. 路面大中修养护投资分析模型[C]. 北京：中国公路学报，第五卷第三期，1992.

［53］龙建国、雍希宏. 适用于美国中小城市的路面管理系统 [J]. 国外公路，第 18 卷第 4 期.

［54］曾沛霖，等，"七五"国家重点科技攻关项目研究报告[R]. 中华人民共和国交通部公路科学研究所等，1990.

［55］陈长，马京涛，杜豫川，等. 上海市城市路桥信息管理系统[C]. 上海市公路学会第五届年会学术论文集.

［56］刘喜平，孙立军. 环境因素对路面使用性能的影响[J]. 同济大学学报. 1995 年 8 月.

［57］黄仰贤. 路面分析与设计[M]. 北京：人民交通出版社，1998.

［58］AASHTO Guide for Design of Pavement Structures, Chapter 3, "Guides for Field Data Collection". American Association of State Highway and Transportation Officials, 1993, pp. 32-37.

［59］蔚晓丹. 国际平整度指数作为路面平整度评价指标的研究[J]. 公路交通科技，1999(4).

［60］孙立军，等. 沥青路面评价与对策决定的专家系统[J]. 土木工程学报，1991，24(2).

［61］吴敏，王端宜，雷超旭. 沥青路面性能预测模型研究[J]. 广东公路交通，2009.1.

第2章

度假区综合水处理厂 BIM 应用

第 2 篇第 2 章由上海市城市建设设计研究总院(集团)有限公司完成。

2.2.1　概况

2.2.1.1　研究背景

根据《上海国际旅游度假区核心区控制性详细规划》,度假区核心区范围内将建设一座灌溉水处理厂和一座湖水处理厂。建设这二座水处理厂的基本目的在于:通过雨水、河道水等的再生利用,满足核心区绿化灌溉需求,节约水资源;通过湖水的循环处理,保证核心区重要水景—中心湖的景观及状况达到既定的、较高的水质标准。项目研究过程中决定:为提高土地利用率,同时也为兼容整合水处理工艺,提高后期运维效率,将原先的灌溉水处理厂与湖水处理厂二厂合建成一座综合水处理厂,其厂址位于原湖水处理厂(H-18)地块。整个建设内容不仅包括综合水处理厂房屋建筑、管道工程、水厂内的水务管理系统和外围取水泵站及配套管道工程,还包括市政道路绿化灌溉水系统。

综合水处理厂作为整个上海迪士尼乐园项目重要的配套工程,对于保持 0.39 km² 中心湖水质并提供整个核心区公共绿地的灌溉水具有重要的意义,且该项目工期紧,涉及的工艺复杂,对整个综合水厂的工程建设提出了很高的要求。为更好地开展该工程的项目管理,达到项目设定的安全、质量、工期、投资等各项管理目标,将在项目的策划阶段、设计阶段、施工阶段的全过程推行 BIM 技术,通过 3D 建模、管线碰撞、功能化分析等 BIM 的应用,以数字化、信息化和可视化的方式提升项目建设水平,做到精细化建设。此次综合水厂 BIM 实施的目标可概述为:在建设的各阶段完成 BIM 的相应应用,按时保质完成综合水处理厂的建设工作,实现精细化的设计。

2.2.1.2　研究要求

建立综合水处理厂的 BIM 系统,并与应急信息系统相结合。

2.2.1.3　技术路线

技术路线如图 2.2-1 所示。

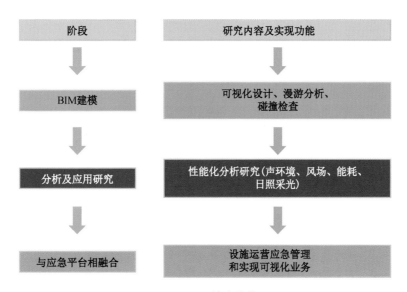

图 2.2-1　技术路线

2.2.1.4 主要研究成果

(1) 建立了综合水处理厂的 BIM 模型,达到 L3 深度;进行全专业(建筑、结构、机电)三维建模。

(2) 基于综合水处理厂的 BIM 模型,针对设计中的碰撞点进行了碰撞检测;将施工图设计全专业(建筑、结构、机电)模型放到统一平台,在三维空间中发现平面设计的错漏碰缺,并处理完成。

(3) 基于综合水处理厂的 BIM 模型进行了风场、日照采光、声环境、能耗的模拟分析,提出对水厂设计的优化方案。

(4) 基于 Navisworks 的 ocx 控件,将综合水处理厂的 BIM 模型导入应急平台系统,实现水厂的应急可视化管理。

2.2.2 BIM 模型建立

2.2.2.1 模型的文件架构

第一层:总文件夹(工程名称、设计阶段、时间版本信息)

第二层:分项工程文件夹——

(1) 综合水处理厂

(2) 中心湖及厂外附属工程

• 中心湖(中心湖地形、中心湖外围管道)

• 中心湖底排水泵站

• 围场河取水泵站

第三层:专业文件夹——工艺、建筑、电气、结构……

第四层:类型子文件夹——模型、CAD 图纸、族……

2.2.2.2 软件选用

BIM 三维建模软件统一采用 autodesk Revit。场地建模采用 CIVIL 3D。模型整合采用 Navisworks Manage 。

2.2.2.3 建模流程

建模流程如图 2.2-2 所示。

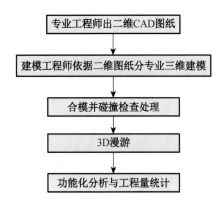

图 2.2-2 设计阶段 BIM 的基本工作流程

2.2.2.4　建模成果

1. 结构模型

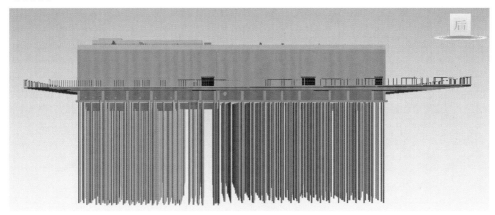

图 2.2-3　结构模型成果

2. 建筑模型

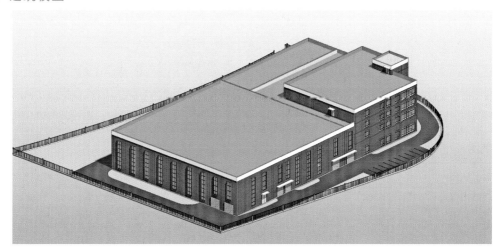

图 2.2-4　建筑模型成果

3. 管线模型

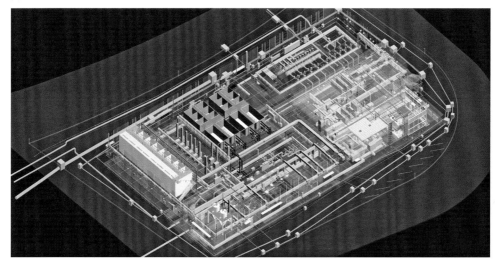

图 2.2-5　管线模型成果截图一

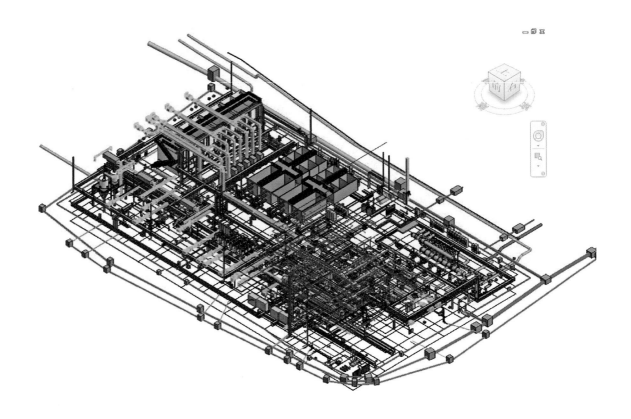

图 2.2-6　管线模型成果截图二

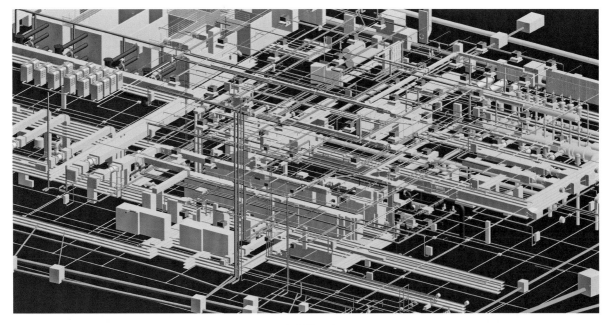

图 2.2-7　管线模型成果截图三

4. 模型整合

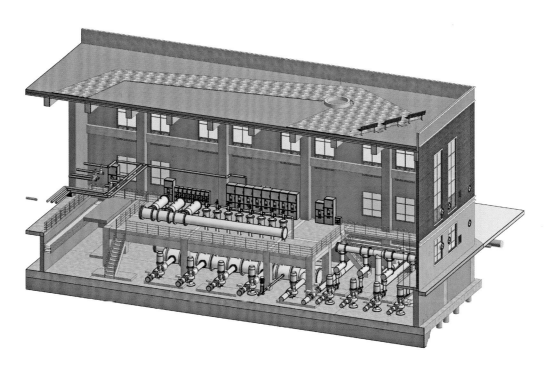

图 2.2-8　模型整合成果截图一

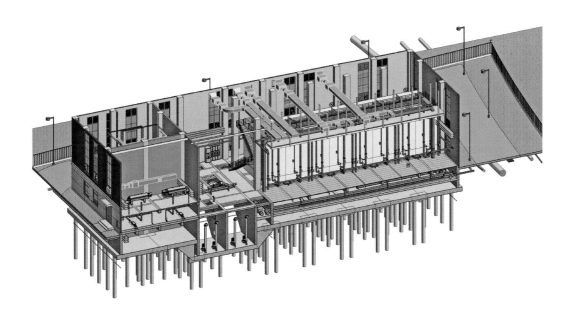

图 2.2-9　模型整合成果截图二

2.2.3 碰撞检测

2.2.3.1 碰撞检测流程

碰撞检测流程如图 2.2-10 所示。

2.2.3.2 各专业模型的碰撞检测结果

各专业模型的碰撞检测结果如图 2.2-11—图 2.2-15 所示。

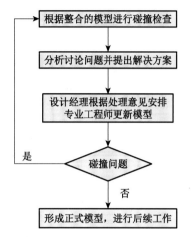

图 2.2-10 设计各专业间模型碰撞检查流程

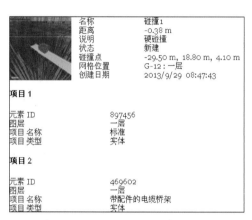

图 2.2-11 各专业间模型碰撞检查结果 1

图 2.2-12 各专业间模型碰撞检查结果 2

图 2.2-13 各专业间模型碰撞检查结果 3

图 2.2-14 各专业间模型碰撞检查结果 4

图 2.2-15 各专业间模型碰撞检查结果 5

2.2.4　基于 BIM 模型的性能分析

2.2.4.1　性能分析的目的

进行性能分析主要是将气象条件等外部信息施加到分析的对象(建筑物或者特定的场地等)上,通过计算验算对象在特定条件下的工作性能。通常来说,进行建筑对象性能分析与设计的过程和其他分析(如结构设计)及设计流程基本类似。基本都包含模型、外部作用及条件的添加、验算及报告等整个过程。以下为常见的几种性能分析类型。建筑物的能耗分析:基于建筑物本身的能耗需求及自然条件验算建筑物的能耗水平,为建筑的节能设计、建筑物的节能改造提供评估的经济、技术依据。光环境分析:基于建筑物所处的地理位置、气象数据,验算构筑物群体间基于时间的阳光遮挡关系、区域日照强度、构筑物之间的眩光分析等内容。为方案调整、优化采光及进行节能设计提供依据。其余分析内容:风环境分析、噪声分析等。

2.2.4.2　性能分析成果

1. 光照分析

[1] 分析目的

对办公区域(办公室等人员密集区)自然采光状况,采用 Autodesk Ecotect 模拟软件进行自然采光的评价分析,并提出优化意见。

[2] 分析软件

主要采用 Ecotect 建模及模拟计算的方式对项目的室内光环境进行模拟,并分析判断其室内主要功能空间的采光效果是否达到《建筑采光设计标准》(GB/T 50033—2001)的要求。

Ecotect 是一个全面的技术性能分析辅助设计软件,可以进行太阳辐射、热、光学、声学、建筑投资等综合的技术分析。

Ecotect 的基本采光分析中采用的是 CIE 全阴天模型,这是一种最不利的采光条件,它非常适合于对建筑进行综合采光评价,也符合我国目前的建筑采光规范《建筑采光设计标准》中所采用的定义方法。

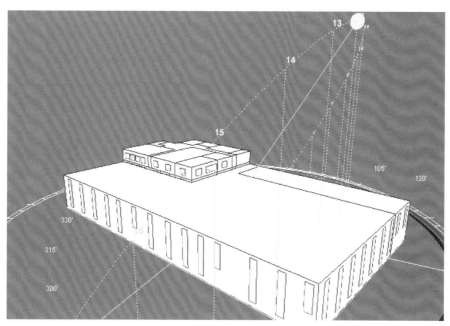

图 2.2-16　Ecotect 全阴天模型一

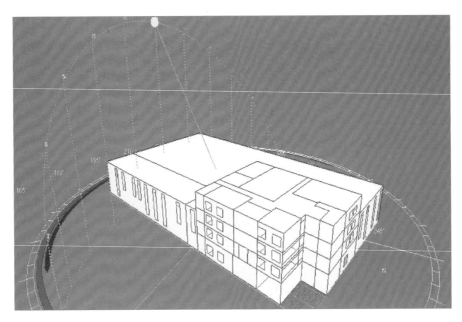

图 2.2-17　Ecotect 全阴天模型二

[3] 设计参数设置

选用常用围护结构材料,其光学性能设定如下,见表 2.2-1。

表 2.2-1　材料的光学性能

	地板	内墙	外窗	天花板	隔断	玻璃隔断
反射系数	0.2	0.6	0.44	0.7	0.6	0.44
透射系数	0	0	0.725	0	0	0.725

[4] 自然采光分析及优化

从平面图中可以看出,将着重分析计算机室、办公室、综合水处理厂监控中心、化验室、电气试验室和准备室的采光情况。

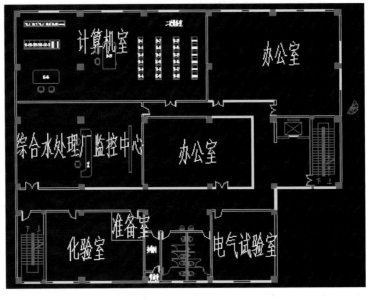

图 2.2-18　二层平面图

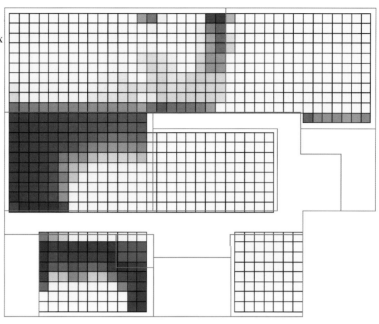

図 2.2-19　二层自然采光模拟结果

从图 2.2-19 可以看出，计算机室，电气试验室和办公室的采光情况基本都满足规范要求。综合水处理厂监控中心左边的照度偏低，整个房间只有一面玻璃隔墙进行采光；化验室整个窗户整体偏左，导致房间的右边有局部的暗角；准备室没有任何的采光面。考虑将综合水处理厂监控中心的部分隔墙变成玻璃隔墙；准备室的一面墙变成玻璃隔墙；化验室的左窗透光系数提高并增大面积，右窗向右偏移。

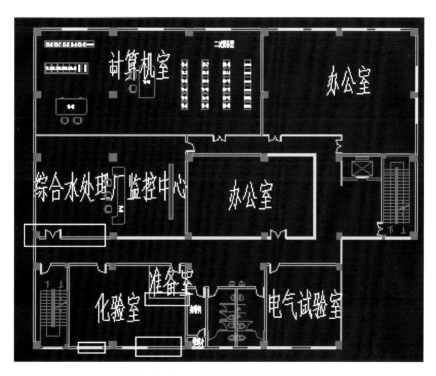

図 2.2-20　一次优化措施位置示意图

经过以上措施不断优化，化验室左角区域照度依旧达不到要求，最终在化验室区域加设玻璃隔墙，具体如图 2.2-22 所示。

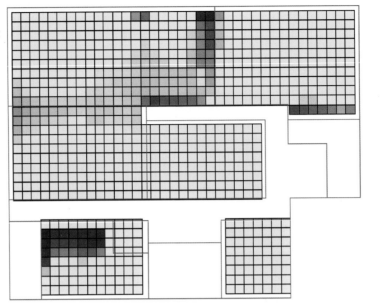

图 2.2-21 一次优化结果示意图

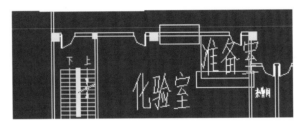

图 2.2-22 二次优化位置示意图

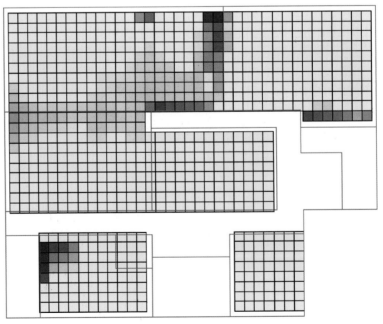

图 2.2-23 二次优化结果示意图

从图 2.2-23 可以看出,如果增大化验室的玻璃隔断的尺寸,将会继续减小不满足照度要求的房间面积。

2. 能耗分析

[1] 分析目的

了解本项目能耗状况,采用 eQuest 模拟软件进行能耗的评价分析,并提出优化意见。

[2] 分析软件

采用 eQuest 建模及模拟计算的方式对项目的能耗进行模拟,eQuest 软件是在美国能源部(U. S. Department of Energy)和电力研究院的资助下,由美国劳伦斯伯克利国家实验室(LBNL)和 J. J. Hirsch 及其联盟(Associates)共同开发的一款软件。

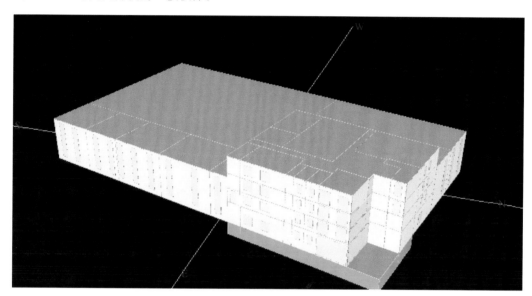

图 2.2-24　能耗模型示意图

[3] 设计参数设置

按照《公共建筑节能设计标准 GB 50189—2005》进行设置,具体设置参数依据表 2.2-2 进行设置。

表 2.2-2　材料的热性能参数

	屋面	外墙	楼板	外窗
传热系数 K (W/M2-K)	0.7	1.0	1.0	3.0 (遮阳系数 SC=0.5)

表 2.2-3　空调系统设计参数

楼层	房间名称	设计温度 夏季	设计温度 冬季	换气次数 次/h	人员密度 人/m²	照明密度 w/m²	设备散热 w/m²	新风量标准 m³/人
车间								
1F	车间	——		6				
厂房								
1F	污泥料仓	——		12				
1F	加药间、药剂储存	——		12				
1F	污泥池间	——		12				
1F	污泥脱水机房	——		12				
1F	出水泵房及消防泵房	——		6				

（续表）

楼层	房间名称	设计温度 夏季	设计温度 冬季	换气次数 次/h	人员密度 人/m²	照明密度 w/m²	设备散热 w/m²	新风量标准 m³/人
1F	机修车间及仓库	——	——	6	——	——	——	——
1F	管廊（临时通风）	——	——	12	——	——	——	——
地下一层	地下一层	——	——	6	——	——	——	——
综合楼								
K1	变频及软启动器室(1F)	23	23	6	——	——	300	——
	变配电室(1F)	23	23	6	——	——	150	——
K2	综合水处理厂监控中心(2F)	26	20	6	0.050	11	150	30
	灌溉水控制室(4F)	26	20	6	0.050	11	100	30
	电气试验室(2F)	26	20	6	0.050	11	100	30
K3	接待处(1F)	26	20	——	——	15	5	——
	办公室2(2F)	26	20	——	0.250	11	20	30
	办公室1(2F)	26	20	——	0.250	11	20	30
	准备室(2F)	26	20	——	0.050	11	20	19
	化验室(2F)	26	20	——	0.050	11	20	19
	门厅(2F)	26	20	——	0.050	15	5	10
K4	档案室(3F)	26	20	——	0.050	11	5	19
	办公室1(3F)	26	20	——	0.050	11	20	30
	休闲室(3F)	26	20	——	0.050	11	20	14
	办公室2(3F)	26	20	——	0.250	11	20	30
	厂长室(3F)	26	20	——	0.050	11	20	30
	办公室3(3F)	26	20	——	0.250	11	20	30
	门厅(3F)	26	20	——	0.050	15	5	10
K5	休息室(4F)	26	20	——	0.050	11	5	14
	办公室1(4F)	26	20	——	0.250	11	20	30
	办公室2(4F)	26	20	——	0.250	11	20	30
	展示厅(4F)	26	20	——	0.050	15	5	14
	接待室(4F)	26	20	——	0.050	11	5	14
	门厅(4F)	26	20	——	0.050	15	5	10
精密空调								
K6	二次设备室(2F)	23	23	6	——	11	250	——
	计算机室(2F)	23	23	6	——	11	250	——

表 2.2-4　时间表

		1	2	3	4	5	6	7	8	9	10	11	12
照明开关时间表(%)	工作日	0	0	0	0	0	0	10	50	95	95	95	80
	节假日	0	0	0	0	0	0	0	0	0	0	0	0
人员逐时在室率(%)	工作日	0	0	0	0	0	0	10	50	95	95	95	80
	节假日	0	0	0	0	0	0	0	0	0	0	0	0

（续表）

		1	2	3	4	5	6	7	8	9	10	11	12
电器设备逐时使用率(%)	工作日	0	0	0	0	0	0	10	50	95	95	95	50
	节假日	0	0	0	0	0	0	0	0	0	0	0	0
计算机室 & 二次设备室设备使用率(%)	工作日	100	100	100	100	100	100	100	100	100	100	100	100
	节假日	100	100	100	100	100	100	100	100	100	100	100	100

		13	14	15	16	17	18	19	20	21	22	23	24
照明开关时间表(%)	工作日	80	95	95	95	95	30	30	0	0	0	0	0
	节假日	0	0	0	0	0	0	0	0	0	0	0	0
人员逐时在室率(%)	工作日	80	95	95	95	95	30	30	0	0	0	0	0
	节假日	0	0	0	0	0	0	0	0	0	0	0	0
电器设备逐时使用率(%)	工作日	50	95	95	95	95	30	30	0	0	0	0	0
	节假日	0	0	0	0	0	0	0	0	0	0	0	0
计算机室 & 二次设备室设备使用率(%)	工作日	100	100	100	100	100	100	100	100	100	100	100	100
	节假日	100	100	100	100	100	100	100	100	100	100	100	100

除去以上数据,设备的其他参数按照软件的高性能参数进行自动选择,此处暂不选用"暖通说明(含设备材料表)"中的参数。

[4] 能耗模拟结果

经过软件分析,得出以下结果。

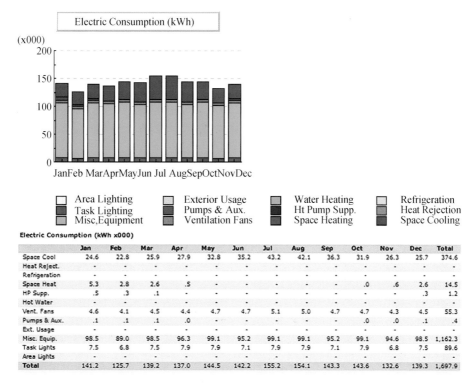

Electric Consumption (kWh x000)

	Jan	Feb	Mar	Apr	May	Jun	Jul	Aug	Sep	Oct	Nov	Dec	Total
Space Cool	24.6	22.8	25.9	27.9	32.8	35.2	43.2	42.1	36.3	31.9	26.3	25.7	374.6
Heat Reject.	-	-	-	-	-	-	-	-	-	-	-	-	-
Refrigeration	-	-	-	-	-	-	-	-	-	-	-	-	-
Space Heat	5.3	2.8	2.6	.5	-	-	-	-	.0	.6	2.6	14.5
HP Supp.	.5	.3	.1	-	-	-	-	-	-	-	.3	1.2
Hot Water	-	-	-	-	-	-	-	-	-	-	-	-	-
Vent. Fans	4.6	4.1	4.5	4.4	4.7	4.7	5.1	5.0	4.7	4.7	4.3	4.5	55.3
Pumps & Aux.	.1	.1	.1	.0	-	-	-	-	-	.0	.0	.1	.4
Ext. Usage	-	-	-	-	-	-	-	-	-	-	-	-	-
Misc. Equip.	98.5	89.0	98.5	96.3	99.1	95.2	99.1	99.1	95.2	99.1	94.6	98.5	1,162.3
Task Lights	7.5	6.8	7.5	7.9	7.9	7.1	7.9	7.9	7.1	7.9	6.8	7.5	89.6
Area Lights	-	-	-	-	-	-	-	-	-	-	-	-	-
Total	141.2	125.7	139.2	137.0	144.5	142.2	155.2	154.1	143.3	143.6	132.6	139.3	1,697.9

图 2.2-25　根据现有设计得出的模拟结果

217

[5] 优化改进

现有建筑和系统体量不大,系统比较简单,能进行优化的措施有限;围护结构对于能耗的影响比较小,将从照明方面对于能耗进行优化。

[6] 照明密度优化

措施中将照明密度按照《建筑照明设计标准 GB 50034—2004》目标值进行优化,具体标准要求如下。

表 2.2-5 办公建筑照明功率密度值

房间或场所	照明功率密度(W/m²)		对应照度值(lx)
	现行值	目标值	
普通办公室	11	9	300
高档办公室、设计室	18	15	500
会议室	11	9	300
营业厅	13	11	300
文件整理、复印、发行室	11	9	300
档案室	8	7	200

在本项目中,主要将办公楼区域的办公室的照明密度优化为 9 W/m²,进行分析得到如下结果。

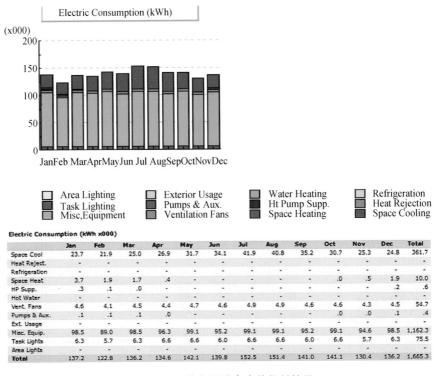

图 2.2-26 优化照明密度的能耗结果

3. 风场分析

[1] 分析目的

了解室内自然通风状况,采用 CFD 流体数值仿真软件进行自然通风的评估分析,在当前设计条件,通过更变室内墙门的位置与数量、窗开启的形式,通过平面隔断门优化设计与窗的开窗形式精细化设计,以模拟仿真评估对室内自然通风的影响效果。

[2] 自然通风概述

自然通风是在压差推动下的空气流动。根据压差形成的机理,自然通风可以分为风压作用下的通风和热压共同作用下的自然通风。

热压通风是指在过渡季节,室内由于存在各种各样的热源,气温一般高于室外气温。此时,在密度差的作用下,室外空气通过建筑物下部的门窗或开孔等流入室内,并将室内较轻的空气从上部的窗户等位置排出,形成自下而上的室内通风流动。热压通风又分单侧通风(single-sided natural ventilation)、双侧通风(cross ventilation),见图 2.2-27、图 2.2-28。前者的通风量较小,后者的通风量相对较大,气流组织形式较好,但是往往受到建筑结构形式的限制而不允许采用。

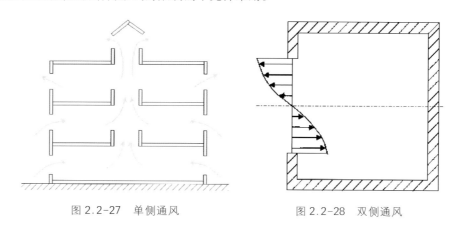

图 2.2-27　单侧通风　　　　　　　　图 2.2-28　双侧通风

在具有良好的外部风环境的地区,风压可作为实现自然通风的主要手段。风洞试验表明:当风吹向建筑时,因受到建筑的阻挡,会在建筑的迎风面产生正压。而当气流绕过建筑的各个侧面及背面,会在相应位置产生负压,如图 2.2-29 所示。

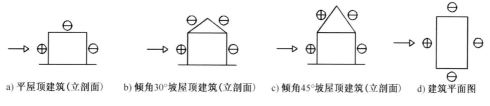

a) 平屋顶建筑(立剖面)　　b) 倾角30°坡屋顶建筑(立剖面)　　c) 倾角45°坡屋顶建筑(立剖面)　　d) 建筑平面图

图 2.2-29　气流示意图

风压通风就是利用建筑的迎风面和背风面之间的压力差实现空气的流通。压力差的大小与建筑的形式、建筑与风的夹角以及建筑周围的环境有关。当风垂直吹向建筑的正立面时,迎风面中心处正压最大,在屋角和屋脊处负压最大。

[3] 模拟软件

本次室内自然通风评价采用计算流体力学 Computational Fluid Dynamics(CFD)软件进行模拟分析。CFD 模拟是数值模拟的一种技术,具有成本低、效率高、可多次重复等特点,现已广泛地应用于建筑环境、能源设备、汽车工程等领域。CFD 模拟技术可以应用复杂多变的物理模型,对流动和传热模拟有很强的适用性。

PHOENICS 是世界上第一套计算流体与计算传热学商业软件,它是国际计算流体与计算传热的主要创始人、英国皇家工程院院士 D. B. Spalding 教授及 40 多位博士 20 多年心血的典范之作。PHOENICS 是 Parabolic Hyperbolic Or Elliptic Numerical Integration Code Series 的缩写,PHOENICS 可用于模拟计算流动和传热问题,在暖通空调、建筑节能、流体流动与传热等方面获得了广泛的应用。本项目模拟采用 CHAM 公司的 PHOENICS2010 软件进行分析。

[4] 评价标准

对综合水处理厂房各楼层的室内自然通风状况进行模拟分析,自然通风的效果不仅与开口面积与地板面积之比有关,事实上还与通风开口之间的相对位置密切相关。在设计过程中,应考虑通风开口的位置,尽量使之有利于形成"穿堂风"。

通过进行不同门窗数量和开窗面积的方案对比,初步判断自然通风状况,并通过 CFD 模拟,确认各区域通风换气状况。自然通风效果主要考虑综合水处理厂房室内自然通风模拟评估及设计优化分析报告内各个房间区域的通风量、空气流速。因此,确定主要评价的指标包括速度、通风量。

在非空调环境中,由于温度较高,人们会使用提高风速来补偿温度升高造成的热感觉的上升,比较常见的是利用自然通风、风扇等手段。在 RP-884 数据库表明,在非空调环境下,空气流速的变化范围较大,可在 0~1.4 m/s 之间。

通风量是评价自然通风效果的重要指标,其大小直接关系到自然通风的除湿降温能力。在《绿色建筑评价技术细则》中规定,主要功能房间换气次数不低于 2 次/h。

[5] 计算参数设置

1) 梯度风边界设置

建筑物附近的风速可以按照大气边界层理论和地形条件来确定。不同地形下的风速梯度也不一样,可以用以下的公式表示,即

$$V_h = V_0 \left(\frac{h}{h_0} \right)^n$$

式中 V_h——高度为 h 处的风速,m/s;

       V_0——基准高度 h_0 处的风速,m/s,一般取 10 m 处的风速;

       n——指数。根据《建筑结构荷载规范》GB 50009—2001,地面粗糙度可分为 A、B、C、D 四类:

       A 类指近海海面和海岛、海岸、湖岸及沙漠地区,指数为 0.12;

       B 类指田野、乡村、丛林、丘陵以及房屋比较稀疏的乡镇和城市郊区,指数为 0.16;

       C 类指有密集建筑群的城市市区,指数为 0.22;

       D 类指有密集建筑群且房屋较高的城市市区,指数为 0.30;

本项目室内自然通风模拟中设置 n 值为 0.16。

2) 出口边界条件

自然通风主要考虑的季节为夏季和过渡季节,根据本项目室外风环境模拟结果,选取各室外风环境模拟工况中前后压差最小的楼层设置边界进行室内自然通风模拟分析,室外风环境模拟中选取过渡季节气象参数作为模拟条件:主导风向 SE,平均风速 3.1 m/s。

根据对本项目建筑室外自然通风的模拟得到通风建筑前后压差,图 2.2-30、图 2.2-31 压差色阶图显示,建筑前后压差值均值在 5.0 Pa 左右,为实现室内自然通风提供了可靠的风动力。

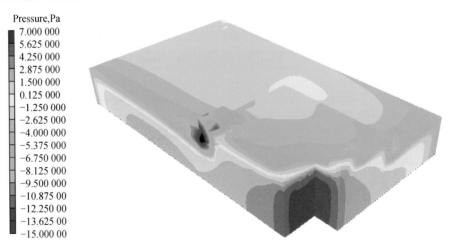

图 2.2-30   建筑迎风侧表面风速分布

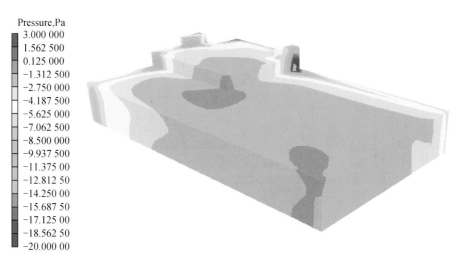

图 2.2-31　建筑背风侧表面风速分布

[6] 室内自然通风模拟分析结果

1）流场

模拟过渡季节主导风向为 SW,平均风速为 3.1 m/s 时,本建筑二层在不同方案下室内区域的流场、室内空气流速及室内自然通风的情况。

图 2.2-32 为建筑二层距地 1.2 m 高度处的流场分布状况,从图中可见,建筑二层室内气流基本呈由南向北流动的趋势,室内空气流通较为顺畅,室内基本无涡流区域形成。

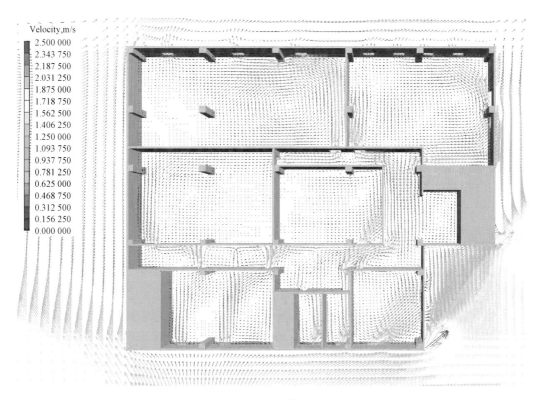

图 2.2-32　二层模拟流场图

2）风速

图 2.2-33 是建筑二层距地 1.2 m 高度处的风速等值线图,等值线间距为 0.107 5 m/s。可见,建筑二层室内最大风速约为 1.25 m/s,电气室内的风速基本处于 0.1~0.6 m/s 之间,化验室、办公室 01、办公室 03 室

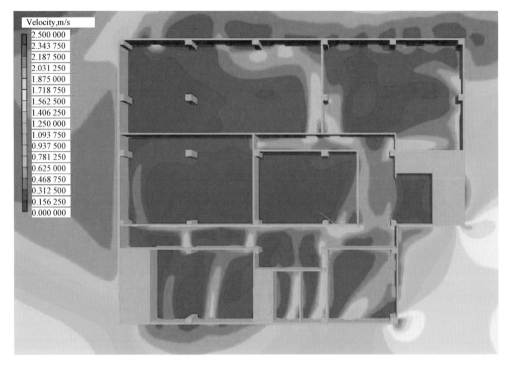

图 2.2-33　二层模拟速度分布云图

内风速基本处于 0.15~1.0 m/s 之间，监控中心、办公室 02 室内风速基本处于 0.15~0.45 m/s 之间。室内整体风速基本小于 1.0 m/s，与 RP-884 数据库中的数据相比，室内风速均小于 1.4 m/s，符合非空调情况下的舒适风速限值要求。

3）通风量

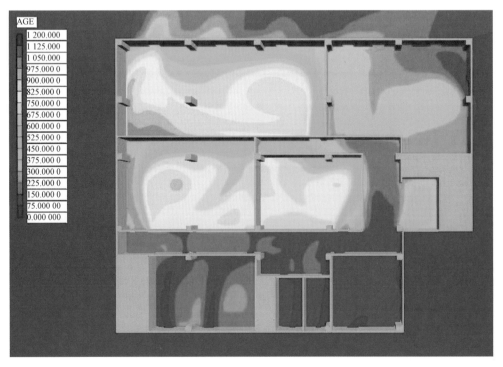

图 2.2-34　二层模拟空气龄分布云图

图 2.2-34 是建筑二层距地 1.2 高度处空气龄分布云图,等值线间距 75 s。由图中可见,通过化验室、办公室 03 的空气龄基本在 70~180 s 范围内,部分房间通风换气效果非常差,监控中心、办公室 02 的空气龄基本在 750~950 s 范围内,办公室 02 的空气龄基本在 800~1 100 s 范围内,需要进一步改善室内通风环境。

[7] 提出改善措施

1) 措施一:建筑二层增加门的位置与数量(图 2.2-35)

图 2.2-35　二层模拟优化措施图

重新模拟结果如下。

a. 流场

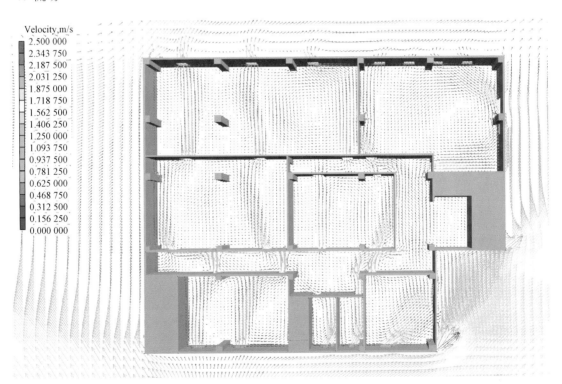

图 2.2-36　优化后二层模拟流场图

图 2.2-36 为建筑二层距地 1.2 m 高度处的流场分布状况,由图中可见,建筑二层室内气流基本呈由南向北流动的趋势,室内空气流通较为顺畅,室内基本无涡流区域形成。

b. 风速

图 2.2-37 为建筑二层距地 1 m 高度处的风速等值线图,等值线间距为 0.156 25 m/s。由图中可见,建筑二层室内最大风速约为 1.40 m/s,电气室、办公室 01、监控中心、办公室 02 内的风速基本处于 0.2～0.6 m/s 之间,化验室、办公室 03 室内风速基本处于 0.15～1.2 m/s 之间,室内整体风速基本小于1.2 m/s,与RP-884数据库中的数据相比,室内风速均小于 1.4 m/s,符合非空调情况下的舒适风速限值要求。

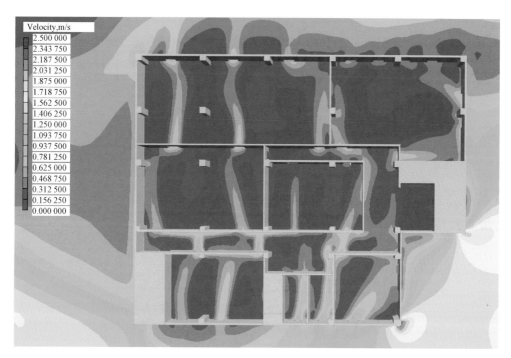

图 2.2-37　优化后二层模拟风速分布云图

图 2.2-38　优化后二层模拟空气龄分布云图

c. 通风量

图 2.2-38 为建筑二层距楼面 1.2 m 高度处空气龄云图,等值线间距为 50 s。由图中可见,化验室、办公室 03 的空气龄基本在 20~180 s 范围内,监控中心、办公室 01、办公室 02 的空气龄基本在 200~360 s 以内,经过电气室大部分空气龄在 220~500 s 范围内,室内自然通风效果大大改善。

2) 措施二:增加各楼层内隔断门的数量,窗为上平开窗设计格式

重新模拟结果如下。

a. 流场

图 2.2-39 是建筑二层距地 1.2 m 高度处的流场分布状况,由图中可见,建筑二层室内气流基本呈由南向北流动的趋势,室内空气流通较为顺畅,室内基本无涡流区域形成。

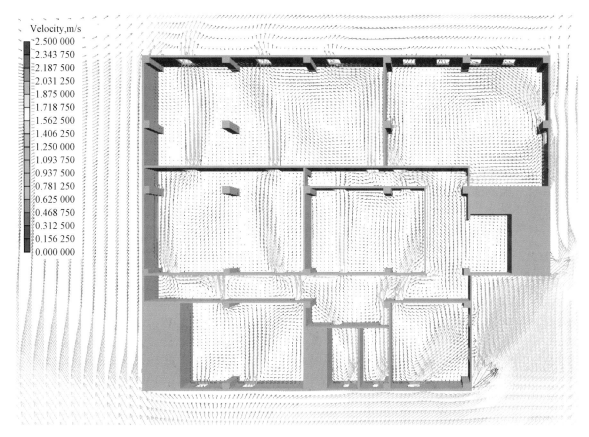

图 2.2-39　优化后二层模拟流场图

b. 风速

图 2.2-40 是为建筑二层距地 1.2 m 高度处的风速等值线图,等值线间距 0.156 25 m/s。由图中可见,建筑二层室内最大风速约为 1.40 m/s,电气室、办公室 01、监控中心、办公室 02 内的风速基本处于 0.2~0.75 m/s 之间,化验室、办公室 03 室内风速基本处于 0.15~1.2 m/s 之间,室内整体风速基本小于 1.0 m/s,与 RP-884 数据库中的数据相比,室内风速均小于 1.4 m/s,符合非空调情况下的舒适风速限值要求。

c. 通风量

图 2.2-41 是为建筑二层距楼面 1.2 m 高度处空气龄云图,等值线间距为 50 s。由图中可见,化验室、办公室 03 的空气龄基本在 20~150 s 范围内,经监控中心、办公室 01、02 的空气龄基本在 200~360 s 以内,经过电气室大部分空气龄在 200~450 s 范围内,室内自然通风效果大大改善。

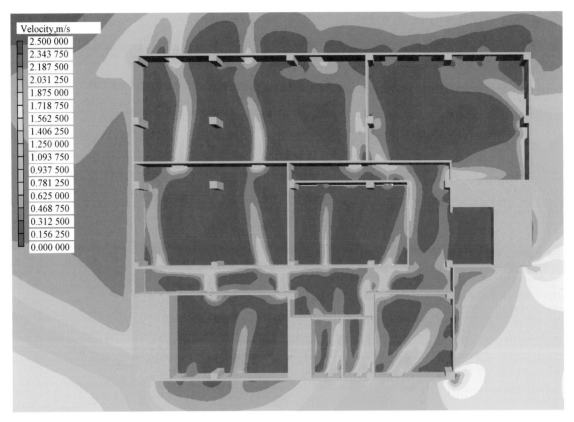

图 2.2-40　优化后二层模拟风速分布云图

图 2.2-41　优化后二层模拟空气龄分布云图

4．声环境分析

[1] 模拟软件

本项目采用荷兰 DGMR 公司开发的软件(NoiseAtwork)。该软件擅长对作业场所的噪声分布情况及其对周围环境的影响分析,常用于工厂设备的布置和辅助噪声工程控制设计。

[2] 计算参数

序号	房间名称	吸声系数	混响系数	声源名称及型号	声功率 dB/A	声源高度 /cm
1	出水泵房及消防泵房	0.25	1.01 s	低噪声轴流风机	68.0	86.0
2	变配电间	0.25	0.90 s	变配电设备	67.0	150.0
3	鼓风机房	0.24	1.00 s	BAF 鼓风机	99.0	120.0
4	污泥脱水机房	0.26	0.91 s	脱水泵	89.0	4 500.0
5	污泥料斗	0.25	0.91 s	污泥泥斗	72.0	8 000.0
6	沉淀池	0.25	1.17 s	/	74.0	6 000.0
7	超滤风机房	0.25	0.63 s	风机	99.0	4 450.0
8	反滤泵房	0.25	0.84 s	反滤泵	83.0	2 000.0
9	超滤膜池	0.23	0.82 s	/	61.0	4 840.0
10	反冲洗泵房	0.25	0.76 s	反冲洗泵	74.0	2 000.0
11	曝气生物池	0.25	1.02 s	/	62.0	8 700.0

[3] 分析过程

1) 导入计算模型

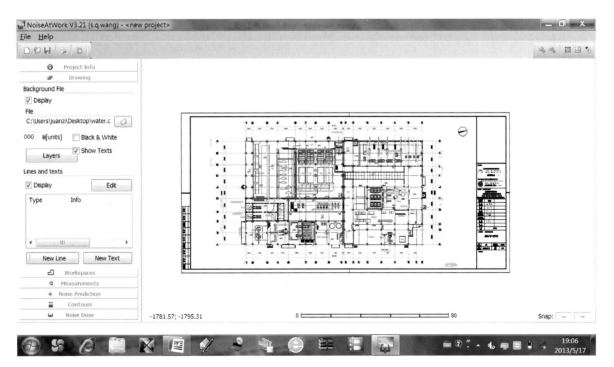

图 2.2-42　导入计算模型

2）确定计算范围，输入边界条件

利用软件的图形处理功能，标识出项目需要计算的区域。同时，设置好计算区域的房间系数，包括吸声系数和混响系数。

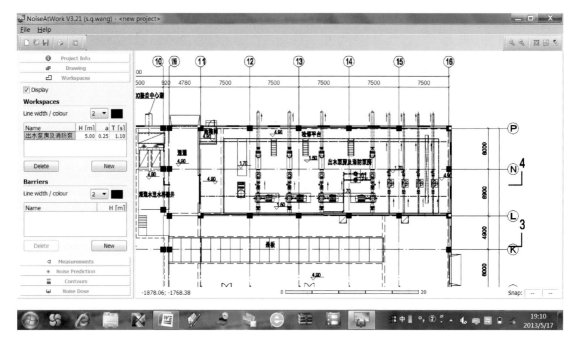

图 2.2-43　确定计算范围，输入边界条件

3）源强标识及参数设置

根据资料，详细列入计算区域内的噪声设备，并根据前期的类比工作，确定噪声源的能量大小。然后，在图上标识出噪声源的位置，并输入源强的能量大小及其声源高度。

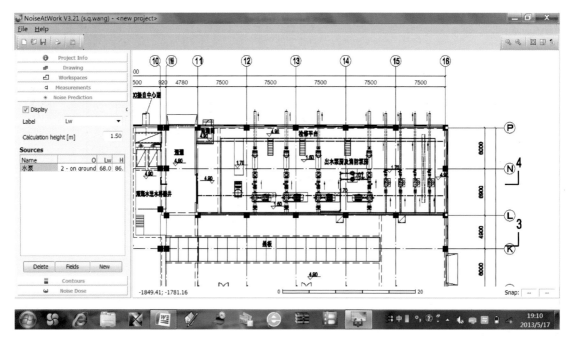

图 2.2-44　源强标识及参数设置

4）声源录入

结合项目的实际情况,将所有需要计算的区域及其噪声源均录入到软件中。

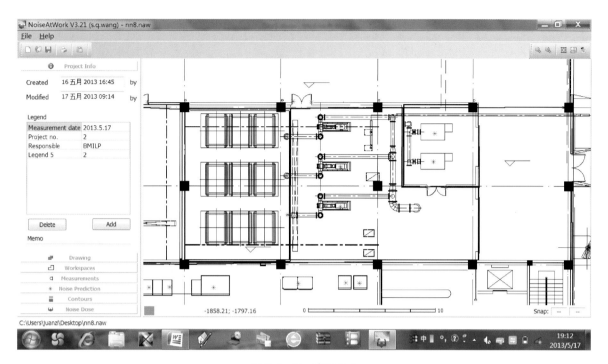

图 2.2-45　声源录入

5）计算过程

区域和源强的数据录入后,开始计算。

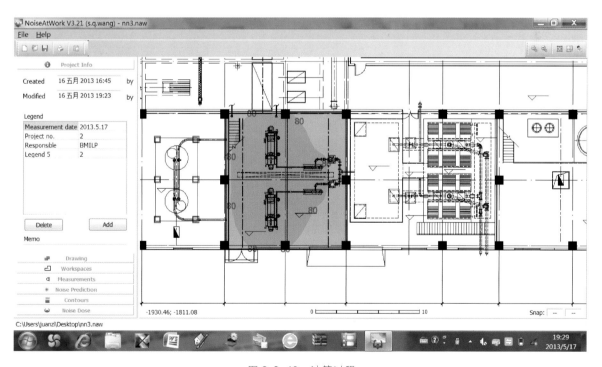

图 2.2-46　计算过程

6）计算结果

经过一段时间的计算,最终得到项目的计算结果,如图 2.2-47 所示。

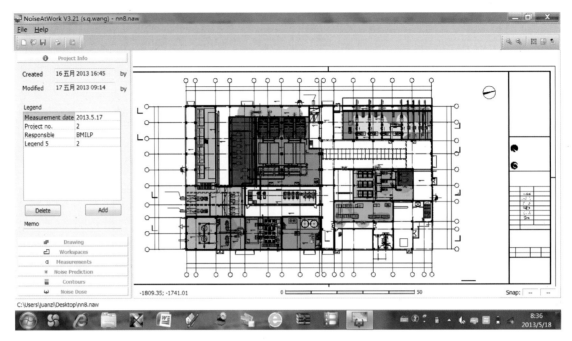

图 2.2-47　计算结果

7）结果分析

本项目正式运营后,存在高噪声的房间主要是鼓风机房、高速沉淀池房、污泥脱水机房和超滤风机房。三个房间的噪声与振动,在设计和施工过程中,应予以特别关注。

另外,出水泵房及消防泵房,变配电室也应以引起足够的重视。出水泵及消防泵房,虽然噪声不及上述三区域,但其设置工作时,会产生振动。振动经由墙体传至相邻房间,影响正常工作。而变配电室,声音单调,很容易让人产生烦恼,应重视。

2.2.5　本章结论

本项目建立了上海国际旅游度假区核心区综合水处理厂的全专业 BIM 模型。基于 BIM 模型,在设计阶段采用三维可视化设计,并将施工图设计全专业(建筑、结构、机电)模型放到统一平台,在三维空间中发现平面设计的错漏碰缺,进一步优化设计后,消除了大部分的管线碰撞,极大地提高了工程的建设效率。基于 BIM 模型,还进行了风场、日照采光、声环境、能耗的模拟分析,提出对水厂设计的优化方案。本项目中,BIM 技术提升了精细化设计水准,同时也提高了项目的管理和建设品质,体现了设计引领的作用,是市政建设工程中的一个新的探索。

本项目为上海市第一个全生命周期采用 BIM 技术的市政水处理示范性工程。项目中 BIM 的应用汇集了工艺、建筑、结构、电气、监控、暖通等多个专业,整合了复杂的大中型水处理厂 BIM 设计和管理经验,积累了技术储备,为今后在市政给排水工程中实现 BIM 设计应用打下了良好基础。

第3章

数字化乐园系统研究

第2篇第3章由上海市城市建设设计研究总院(集团)有限公司、上海宝信软件股份有限公司完成。

2.3.1 研究背景

数字化乐园系统是将"工业化"监控技术与"信息化"通信技术紧密结合,通过数据展示、整合和挖掘等手段,研究构建基础设施管理集成的平台,为上海国际旅游度假区核心区的运行管理提供一个"数字化、全面化、效率化"的管理工具,最大限度地促进核心区管理中心在客流安全管理、周边交通、治安等多方面的管理与组织效能方面的作用。

2.3.2 系统的成果基础

2.3.2.1 客流管理及信息技术研究

1. 客流特性

由于游客进入核心区的目的性较强,因此无论采用何种交通方式抵达,客流均表现出向心交通的特征,而离主题乐园的距离不同,在客流管理应对上有如下两种特性。

特征一:离主题乐园近的区域,客流比例大,管理应对时间短。

特征二:离主题乐园远的区域,客流比例低,有足够管理应对时间。

2. 客流检测技术

针对客流离主题乐园远近的不同交通特性,客流统计可采用以下三种方式检测。

[1] 核心区闸口检测

在核心区抵达方式中,近一半的客流可以通过迪士尼地铁站的闸机统计得到较为精确的客流数据。采用私家车和旅游巴士的游客可以通过停车场收费站的闸口进行监测。因此,核心区内约80%的客流可通过较为可靠的闸口获得客流统计数据。但是,由于此时游客已经位于核心区内,离主题乐园很近,据此而采取的客流管理应对时间较短,仅为5~10 min。

[2] 度假区范围的检测

在度假区24.7 km²范围内(图2.3-1),可针对区域路网交通流量、核心区临近地铁站点的客流情况进行检测,以此作为统计核心区客流的数据信息。但是,进入度假区的车流和人流会有一部分过境(不进

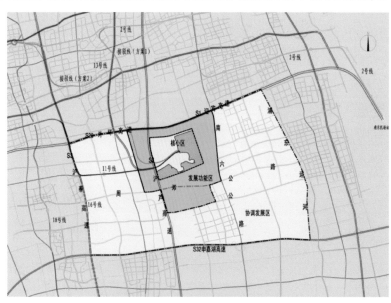

图2.3-1 度假区范围检测

入主题乐园游玩)流量,因此客流统计精度相对较低,但由于距离主题乐园有一定距离,据此而采取的客流管理应对时间在 30~60 min。

[3]客流实时校核

为了使预测流量更加精准,在核心区公共连接通道等客流汇聚区域(图 2.3-2),可通过摄像头等方式进行客流数据检测,对客流量进行实时校核。

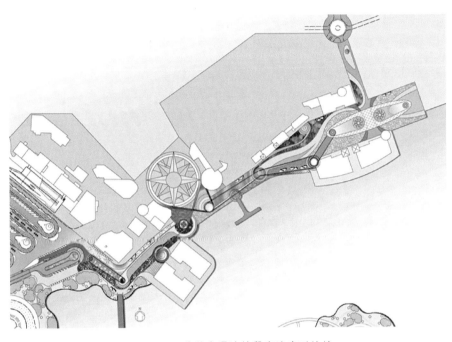

图 2.3-2 公共交通连接段客流实时校核

3. 多源数据融合的客流统计

[1]地铁

1)客流特点

(1)乘坐地铁的乘客往返程交通方式基本相同。

(2)地铁运量大,发车频率稳定。

(3)到达核心区的车站是最后一站,客流性质较为单一,大部分是抵达主题乐园的游客。

2)客流检测技术

早高峰时,可以用于预测上游到主题乐园的客流。晚高峰时,可以通过一天总流量的统计以及进闸机的客流量,计算出乘坐地铁到达主题乐园的滞留客流。

(1)核心区客流检测:可通过进出闸机进行实时客流统计。

(2)度假区客流检测:初期地铁按嘉定北站直达迪士尼站的大交路运行,可以通过申通地铁公司的票务统计系统进行客流统计,获得在进入迪士尼站的上游客流信息。

[2]专线巴士

1)客流特点

(1)服务于各区的常规公交系统。

(2)专线巴士客流量较大,发车频率稳定。

(3)越接近主题乐园,客流性质逐渐单一。

2)客流检测技术

(1)核心区客流检测:在公共交通枢纽内,进行上下客人数统计。

(2)度假区客流检测:通过发车频率和车辆载客量,预测下一时段到主题乐园的客流。

[3] 旅游巴士

1) 客流特点

(1) 以团队的形式组织,客流性质单一,全部是抵达主题乐园的游客。

(2) 往返程交通方式相同,有一定的预约。

2) 客流检测技术

在核心区、度假区范围内,可通过载客量、到发车时间进行统计测算,也可通过登记、预约实现。

[4] 出租车

1) 客流特点

(1) 个体、灵活、随机;往返程交通方式不尽相同。

(2) 越接近主题乐园,客流性质逐渐单一;载客数有限,平均每车 2.5 人。

2) 客流检测技术

(1) 核心区客流检测:可在环路上通过道路监控设施进行统计监测。

(2) 度假区客流检测:可在申江路高架通过道路监控设施进行统计监测。

[5] 小汽车

1) 客流特点

(1) 个体、灵活、随机;往返程交通方式完全相同。

(2) 越接近主题乐园,客流性质趋向单一,但难以控制;载客数有限,平均每车 3 人。

2) 客流检测技术

(1) 核心区客流检测:可在收费匝道,进行车辆数据统计,通过人车折算。

(2) 度假区客流检测:外围快速路系统(申江路高架等)线圈车流量统计。

[6] 小结

核心区多源数据检测,可以通过分方式的检测和统计主题乐园客流。总而言之,检测手段包括收费闸口、线圈检测器、卡口摄像机,核心区客流数据可具体到采集地点、采集内容和计算方法。

4. 客流均衡化的信息诱导

交通的信息服务关键在于功能上的均衡引导,而不是一般的交通信息供给。即采用带有明确目的性和倾向性的诱导,而不是单纯的信息发布。游园客流信息诱导服务是均衡和引导客流在出入口的分布、提高主题乐园设施服务水平、保障安全的重要保证之一。可从以下三个方面实现出入口的客流均衡,保障客流的总体出行与基础设施相匹配。

(1) 出行方式组成的均衡。

(2) 出行空间分布的均衡。

(3) 出行时间分布的均衡。

[1] 出行方式组成的均衡诱导

鼓励游客换乘公共交通方式到达主题乐园,以集约化公共交通为主,注重引导小汽车换乘公共交通,减少周边地区道路交通压力,提供畅达的交通环境。引导客流由"自由选择的交通出行链"向"以集约化公共交通为主的交通出行链"转化。

引导策略:在通道上,预警道路拥堵信息,预告换乘枢纽信息,对游客的交通出行链进行重新组织。根据信息发布地点和方式进行分类,主要包括通道上的信息引导以及节点上的信息引导。

[2] 出行空间分布的均衡引导

由于游客进入核心区首要目的地是主题乐园,且核心区内客流检测的闸口距离乐园入口较近,约 5~10 min 的步行距离。在核心区内经过多源数据检测及统计的客流量达到主题乐园大客流临界值时,大部分客流已进入乐园,在接下来的 5~10 min 内,剩余客流也将进入乐园,因而应启动核心区客流管理策略。

不同的客流状态采取相应的客流管理策略,主题乐园采取管控措施,以保证最佳游乐体验,从而影响到后续到达游客的游园服务。

客流空间分布的均衡引导措施(图 2.3-3)。

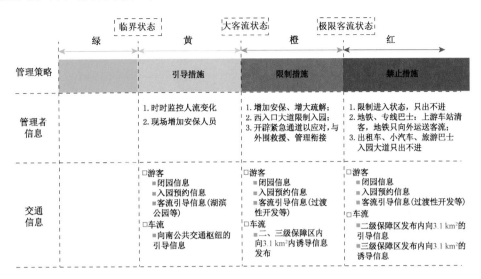

管理策略	绿	黄 引导措施	橙 限制措施	红 禁止措施
管理者信息		1. 时时监控人流变化 2. 现场增加安保人员	1. 增加安保、增大疏解； 2. 西入口大道限制入园； 3. 开辟紧急通道以应对，与外围救援、管理衔接	1. 限制进入状态，只出不进 2. 地铁、专线巴士：上游车站清客，地铁只向外运送客流； 3. 出租车、小汽车、旅游巴士入园大道只出不进
交通信息		□游客 　■闭园信息 　■入园预约信息 　■客流引导信息(湖滨公园等) □车流 　■向南公共交通枢纽的引导信息	□游客 　■闭园信息 　■入园预约信息 　■客流引导信息(过渡性开发等) □车流 　■二、三级保障区内向3.1 km²内诱导信息发布	□游客 　■闭园信息 　■入园预约信息 　■客流引导信息(过渡性开发等) □车流 　■二级保障区发布内向3.1 km²的引导信息 　■三级保障区发布内向3.1 km²的诱导信息

图 2.3-3　客流均衡引导措施

2.3.2.2　面向车网融合的交通状态感知与交互处理技术研究

1. 基于车网融合的交通数据采集及融合方法研究

[1] 交通数据采集方法研究

1) 交通流量自动采集技术比较

目前,实用的采集技术有环形线圈检测器、超声波检测器、磁性检测器、红外线检测器、微波雷达检测器和视频图像处理采集等。

a. 环形线圈采集

感应式环形线圈检测器(图 2.3-4)是目前使用最为广泛的交通流量检测装置。它是利用埋设在车道下的环形线圈对通过线圈或存在于线圈上的车辆引起电磁感应的变化进行处理而达到检测目的。当车辆通过线圈时产生电感量的变化产生检测信号。线圈可用来检测交通流量、占有率和速度。

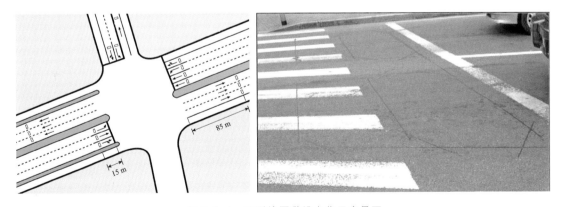

图 2.3-4　环形线圈敷设点位及实景图

b. 超声波检测器采集

超声波检测器采集交通数据,通过测量从高杆上发射器发出的声波到达路面后返回的时间与到达通过车辆的车顶后返回的时间差来确定车辆的类型,也可测量速度、占有率、车辆存在和排队长度。超声波通过大气传播,受限于周围环境的影响,如气温、空气波动和湿度等。尽管它在区别小汽车和面包车时有困难,但是能够辨别大多数车辆的种类。

c. 磁性检测器采集

磁性检测器是一种被动检测设备,本身不产生磁场,放在道路上截取磁场的扰动,通过磁场变化来进行检测。将高导磁材料绕上线圈,用绝缘管封装埋设在车道下面来感应车辆,当车辆靠近或通过线圈时,穿过线圈的磁场发生变化,这样即可检测车辆存在的信息。磁性检测器的优点是价格便宜,安装容易,特别是地磁检测器(图2.3-5)。在桥梁上面因为钢铁对感应式环形线圈的性能会产生干扰,无法埋设感应式环形线圈检测器,这时可采用磁性检测器取代或两者配合使用。

图 2.3-5 地磁检测器敷设及原理示意图

d. 红外线检测器采集

红外线检测器采集一般采用反射式和阻断式检测技术。反射式红外检测器使用反射接收器,用来反射光束和接收反射光束,通过记录路面和车顶反射率的变化对车辆进行检测。阻断式红外检测器由位于道路一侧的反射接收器和车道另一侧的强反射板组成,车辆通过时,反射波被切断而检测到车辆。红外检测器还能采集车辆速度、占有率和车种等信息,适用于白天和黑夜情况,但容易受到天气条件的影响,发生散射。

e. 微波雷达检测器采集

微波雷达检测器以光速、带宽为 2.5 GHz 到 24.0 GHz 的频率发射电磁能(图2.3-6),能够测量车辆的流量、速度,检测车辆的存在,进行车种的分类。微波雷达对天气不敏感,可以适用于全天候的运行。

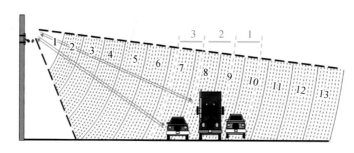

图 2.3-6 微波雷达检测示意图

f. 视频检测采集

视频检测采集技术通过闭路电视系统或数字照相机、摄像机(图2.3-7)来进行现场图像记录,采用图像识别技术分析交通数据。视频检测可进行全天候的实时监控,还能提供辅助信息,如路肩状况、停车交通、车道变化、速度差异和其他方向的交通拥堵。

g. 基于浮动车 GPS 的交通数据采集

对于装有无线通讯和定位装置的浮动车(出租车和公交车),采集的数据包含时间、位置坐标、瞬时速度、行驶方向、运行状态等内容,GPS 系统设置为每隔一段时间(5～30秒)上传一次新的位置数据,汇聚到上级 GPS 数据库(图2.3-8)。

图 2.3-7 视频监控数据采集实景图

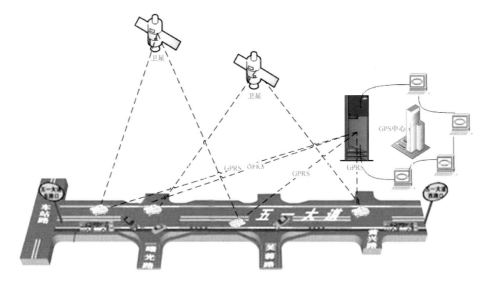

图 2.3-8 浮动车 GPS 采集方法工作原理

出租车 GPS 上传的数据保存在出租车临时位置表,表中有关交通信息的字段是:经度、纬度、高度、速度、方向、车辆状态。

h. 基于北斗的交通数据采集

北斗卫星导航系统是我国自主研发的全球卫星导航系统,也是我国第一个全球化的基础设施建设项目。它与美国的 GPS、欧洲的伽利略、俄罗斯的格洛纳斯并称为全球四大导航系统。

北斗卫星导航系统能提供高精度的定位、测速、授时、短报文通信、差分服务以及系统完好性信息服务,预计到 2020 年,我国将建成覆盖全球的北斗卫星导航系统。目前,北斗卫星导航系统已经应用于海洋渔业、气象、测绘、地质勘探、减灾救灾和国防等多个领域,在交通运输行业的应用也具有良好前景。

2) 车网融合新技术研究

车联网是一种全新的网络应用,是物联网技术在智能交通领域中的应用体现,是新一代智能交通系统的核心基础。

车联网涉及的技术众多,要建立完整的车联网体系,必不可少的组成部分包括:车(核心部件是车载终端)、车联网服务平台、路边单元(智能传感器网络)、本地局域网(包括交通信息等)、Internet 网络等。

在实现车与车、车与路边单元、车与互联网的信息互通时,需要各种无线通信技术,包括车内通信、车外通信、车路通信及车间通信等四种无线通信技术。

车内通信,包括汽车内部的信息收集及车内短距离无线通信,车内通信的通信距离一般为数十米,覆盖的范围是车辆内部空间,其特点是传输速度快、抗噪声性强。目前,多采用技术成熟的 CAN/LIN 总线技术和蓝牙技术(Bluetooth)等。

车外通信,指车辆与外部通信设备进行信息资源交换的应用,其覆盖通信范围是四类模式中最长的,有效距离可达数百千米。车外通信主要用于 GPS 全球定位、汽车行驶导航等。车外通信技术要求在高速移动的状态下也能可靠传输数据,所以,目前主要采用 2G(GSM)、2.5G(General Packet Radio Service, GPRS 通用分组无线业务)、3G(第三代移动通信技术,即将无线通信与国际互联网等多媒体通信结合起来的通信系统)、3.5G 蜂窝系统以及全球定位系统(Global Positioning System, GPS)等技术。

车路通信,指车辆与外部设施(如交通标识等)的无线通信,如自动电子收费系统、车辆指挥调度、环境参数采集等。目前采用的技术主要有微波、红外技术、专用短程通信(Dedicated Short Range Communications, DSRC)等。

车间通信,应用于多动点之间的双向传输,主要应用于车辆安全、防撞等意外的及时提醒与防止,所以,车间通信对安全性和实时性的需求都很高。目前采用的技术有微波、红外技术、专用短程通信等。车路通信与车间通信其实是同一技术的两种不同应用模式,通信距离大约介于数百米到一千米左右。

新技术的开发与研究,对车联网起到不可或缺的推动作用,本节将介绍几种目前已投入使用以及有应用前景的技术。

a. 射频识别

射频识别,即 RFID(Radio Frequency Identification)技术,又称无线射频识别,是一种通信技术,可通过无线电讯号识别特定目标并读写相关数据,而无需识别系统与特定目标之间建立机械或光学接触,在各行业的应用相当广泛,如安防、物流、仓储、追溯、防伪、旅游、医疗等领域。

RFID 将信号调成无线电频率的电磁场,把数据从附着在物品上的标签上传送出去,以自动辨识与追踪该物品。无源标签在识别时从识别器发出的电磁场中就可以得到能量,并不需要电池;有源标签本身拥有电源,并可以主动发出无线电波。标签包含电子存储的信息,在一定范围内都可以识别。

由于 RFID 可读取到车辆的个体信息,使交通调查能获取到的信息大为增加。RFID 技术应用于交通数据采集,是今后交通领域的一个新方向,把 RFID 技术部署到各个控制路口节点及车辆上形成的车联网,将应用在交通疏导和诱导、交通异常检测、车辆身份判定、自动违章判断、路径重现、拥堵预警、出行分布规律、路径寻优、实时追踪、交通规划等方面。

b. 电子车牌

电子车牌(Electronic Vehicle Identification, EVI)是基于物联网无源射频识别(RFID)技术的细分、延伸及提高的一种应用,其技术措施是:利用 RFID 高精度识别、高准确采集、高灵敏度的技术特点,在机动车辆上装有一枚电子车牌标签,将该 RFID 电子车牌作为车辆信息的载体,当车辆通过装有射频识别读写器的路段时,对各辆机动车电子车牌上的数据进行采集或写入,达到各类综合交通管理的目的。在 RFID 技术中,每张卡都是一个全球唯一的、出厂固化的、不可修改的 ID 号码,将其与车辆物理绑定,可具有现有车辆管理证照无可比拟的防伪性能(图 2.3-9)。

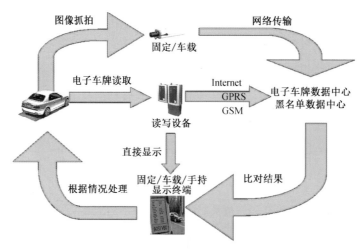

图 2.3-9 电子车牌数据通信及处理流程

实现智慧交通的前提之一,就是让车辆数字化,而电子车牌正是实现车辆数据信息化的基本条件。当城市拥有准确、实时的动态车辆数据,配上人与车、车与车、车与路之间的信息互动,这样真正意义上的车联网就会实现智慧化。

c. 电子驾照

电子驾照,也称为电子信息交通卡,是由电子信息 IC 卡和银行储蓄卡复合制成的智能卡。该卡不仅记载了机动车驾驶员的基本信息和车辆管理信息,便于驾驶员查询交通违法、记分、交通事故等信息,还具备银行借记卡的所有金融功能,在国内多个城市已有推行,如武汉、南昌等。

电子驾照采用新技术,内含驾驶员姓名、地址和指纹等所有个人信息,可有效杜绝驾照造假,减少驾驶员在现场处理交通违法和交通事故的等待时间,同时驾驶员也可在各交警大队、银行窗口等设置了读卡器的地方及执勤民警的移动警务通上查询交通违法、记分、交通事故等信息。

这样就加强了道路交通安全信息化管理,方便机动车驾驶员办理车驾业务,对机动车驾驶员实行电子信息交通卡管理,并杜绝因人为操作失误造成的错误给驾驶员带来的不便,如交警填写法律文书错误等情况。

[2] 多源交通数据来源与特征分析

1) 多源交通数据来源

多源交通数据,是指从多个来源获取得交通数据,根据其变化的时间粒度,可以分为静态交通数据、动态交通数据。

静态交通数据主要是交通系统(高速公路、城市道路、公路设施、停车场、枢纽等)交通设施的性能、特征和指标的数据,这些数据在相当长的时间内是相对稳定的。主要包括与交通管理相关的基础地理信息(路网分布、功能小区的划分、交叉口的布局、城市基础交通设施信息等),道路交通网络基础信息(道路技术等级、长度、收费、立交连接方式等);车辆保有量信息(包括分区域、时间、不同车种、车辆保有量信息等);交通管理信息,如单项行使、禁止左转、限制进入(分时间限制进入管制和空间限制进入管制)。

动态交通数据主要是指公路、城市道路、枢纽、园区内所有移动物体所具有的特定信息,这些信息根据实际交通状况时刻变化。主要包括网络交通流状态特征信息(流量、速度、密度等),交通紧急事故信息、环境状况信息和交通动态控制管理信息等。

2) 交通数据与交通信息

信息是对事物运动状态和特征的描述,数据是载荷信息的物理符号。交通信息,也就是对交通状态和特征的描述,交通数据是承载信息的基础元素,由多种数据提炼出交通信息,为交通管理者和应用者提供决策支持。数据是信息的载体,信息是数据的内涵。

交通数据是物理的,信息是对数据的解释,是数据含义的体现。交通数据反映的是交通流的表象,交通信息反映的是交通运行状态的本质。交通数据是交通信息的重要来源,可以用人工或自动化装置进行通讯、翻译和处理。信息是根据一定的规则对数据承载的事实进行组织后形成的结果。交通数据的形式变化多端,很容易受载体的影响,而信息则比较稳定,在一定间隔时间内具有一定的稳定性。比如,道路断面的交通数据采集通常为 2 s 为最小间隔,但是表征交通状态的交通信息一般是 5 min 为一间隔,由若干个 2 s 的数据经过融合运算,提炼出能够反映 5 min 间隔的交通状态。

3) 有价值的基础交通数据应具备的特征

能够被正确处理应用,得出有用的交通信息的基础交通数据,应具有以下几个特征。

a. 具有准确性

准确的数据对正确的决策才有正面的影响,才有价值,而不准确或不正确的数据不但对决策没有价值,还会对决策产生负面的影响。而基础交通数据又是其他交通信息的基础,是其他交通信息的源泉,因此,基础交通数据的准确性尤为重要。如何确保基础交通数据的准确性,对于 ITS 来说是一个非常关键的问题。

b. 具有及时性

及时的交通数据对做出正确的决策才是有意义的,而过时的信息对决策是无用的。比如说,自适应式交通信号控制周期的变化需要根据实时的交通流量等数据来进行计算,如果系统不能及时采集到交通流量数据并且及时地计算出相应的信号周期,那么这些基础交通数据的采集就是没有意义的了。因此,要保证基础交通信息是有用的,就要从两个方面来保证,一是及时采集到基础交通信息,二是采取适当的手段,把信息传输到信息处理中心,快速、准确地处理出各种类各层次的用户所需要的不同类型、不同精度的信息,这样才能保证相应的交通信息在需要的时候送给需要它的使用者,以实现信息的决策价值。

c. 具有共享性

基础交通信息是智能交通系统中各子系统所需要的共同信息,因此,基础交通信息应该可以为各子系统所利用,这就要求基础交通信息具有统一的数据标准,统一的采集格式和提供方式。而基础交通信息的采集设备不可能完全相同,那么不同的采集设备采集上来的不同形式的数据如何统一,以保证数据的一致和相容,这也是一个需要解决的问题。数据融合技术是解决这一问题的有效手段。

d. 具有实时性和动态性

基础交通信息是进行交通管理与控制、车辆诱导、车辆安全等功能的基本数据,对它们的采集必须是实时的、动态的,这样的数据才能满足各方面的需要,才是有意义的信息。所谓"实时",是指即时采集、处理、发布,从而使交通管理者和交通参与者掌握和了解即时交通状况。所谓"动态"就是一方面交通信息采集、处理、发布随交通状况不断变化,同时要不断地和历史数据库去比对、分析,以使交通管理者和交通参与者掌握和了解交通状况变化趋势是否异常等。因此,采用什么样的手段来实现基础交通信息采集的实时与动态又是一个必须解决的问题。

e. 具有增值性

基础交通信息具有海量信息的特点,也就是说基础交通信息数据量非常大,这是数据挖掘技术应用的基础。针对这些大量的基础交通信息,应研究如何从中挖掘出更有价值的信息。

[3] 多源交通数据融合的基本思想及关键方法

1)基本融合思想

在多传感器系统中,信息表现形式的多样化、信息容量的扩大化和信息处理的高速化都大大超出人脑的信息综合处理能力,信息融合技术就是在这种情况下产生和不断完善的。信息融合是指利用计算机对多传感器的观测信息在一定的准则下加以自动分析、综合以完成所需的决策和估计任务而进行的信息处理过程,所以信息融合技术又被称为多传感器信息融合技术。

多传感器信息融合的基本原理也就像人脑综合处理信息一样,充分利用多个传感器资源,通过对这些传感器及其观测信息的合理支配和使用,把多个传感器在空间和时间上的冗余或互补信息依据某种准则来进行组合,以获得被测对象的一致性解释或描述。信息融合的基本目标是通过数据组合而不是出现在输入信息中的任何个别元素,推导出更多的信息,这是最佳协同作用的结果,即利用多个传感器共同或联合操作的优势,提高传感器系统的有效性。

多传感器信息融合是通过中心数据处理器把来自多个传感器的数据进行综合,从而提供更复杂、更精确的信息。多传感器信息融合系统把各种传入数据进行综合处理,使它产生的输出信息比各个部分分别处理产生的信息总和要更有价值。这就是多传感器信息融合系统的优势,这是系统化地利用整体优势,使系统发挥最大的潜力。

2)数据预处理研究

在进行数据融合之前,传感器采集的原始数据经常是不完整的或存在异常的,因此在融合之前要对原始数据进行整理,称之为数据预处理。其中,主要包括残缺数据处理和数据稳健性处理。残缺数据处理指数据修补,稳健性处理指平滑异常数据。数据预处理技术可以改进数据的质量,从而有助于提高其后的融合过程的精度和质量。由于高质量的决策必然依赖于高质量的数据,因此数据预处理是数据融合过程不可缺少的步骤。检测数据异常,尽早地调整待融合的数据,将在后续的融合和决策过程得到高回报。

在交通管理系统中,一个监控中心的实时交通数据往往来自分布在各线路上的各种交通参数检测器,包括:线圈检测器、超声波检测器、红外检测器、微波检测器、视频检测器等,各种检测器各有其优缺点,所能够检测到的交通参数(交通流量、地点平均车速、瞬时速度、车头时距、车型分类、车道占有率、排队长度等)种类和形式均不相同,而且由于各种误差的存在,首先必须对各个数据源的数据进行检验,排除数据采集系统中的错误数据。此外,在实际的数据采集中,由于检测器故障、天气状况或通信系统故障等原因所造成的数据丢失,也应采用一定的技术方法对其进行修复或提供替代数据。以上两个步骤构成了交通数据预处理过程。

3) 基于阈值法的异常交通数据处理

阈值算法是对检测器所采集的某种单一信息(如流量和占有率等)按照统计数据确定其上下阈值,如果检测值不在上下阈值所规定的区间内,则认为是错误数据。例如,某一车道流量有一最大限值,最小则为 0;占有率最大为 100%,最小为 0%。此外,对速度、道路拥挤长度、行程时间等参数也都可以找到一个合理的阈值。

(1) 占有率 O_d

$$0 \leqslant O_d \leqslant 100\% \tag{1}$$

或

$$0 \leqslant O_d \leqslant 60Ts \tag{2}$$

式中　T ——数据检测的时间间隔(min);

　　　s ——检测器的扫描频率,即每秒脉冲次数。

(2) 速度 v_d (m/s)

$$0 \leqslant v_d \leqslant f_v \cdot v_m \tag{3}$$

式中　f_v ——修正系数;

　　　v_m ——路段规定的限制速度(m/s)。

(3) 流量 q_d (veh/h)

$$0 \leqslant q_d \leqslant f_c \cdot C \cdot T/60 \tag{4}$$

式中　f_c ——修正系数;

　　　C ——道路通行能力(veh/h)。

(4) 道路拥挤长度 l_c (m)

道路拥挤长度是指浮动车以低于拥挤状态时临界速度连续行驶过的距离。

$$0 \leqslant l_c \leqslant l + \varepsilon_l \tag{5}$$

式中　l ——路段长度;

　　　ε_l ——路段长度测量所产生的最大误差,有时也可定义为路段长度的函数。

(5) 行程时间 t_p (s)

$$\frac{l}{f_v \cdot v_m} \leqslant t_p \leqslant \frac{l}{l_Q \cdot C} + \tau_{\max} \tag{6}$$

式中　f_v ——修正系数;

　　　l_Q ——排队重车辆的平均长度,即排队长度与排队车辆数之比;

　　　v_m ——路段规定的限制速度;

　　　$\tau_{\max}$ ——红灯信号长度(s),对于无信号交叉口,可根据车辆在交叉口延误确定;

　　　C ——主干道道路通行能力(veh/h)。

阈值算法计算简单,适合在线计算,但错误数据的剔除率比较低,落在阈值规定区域内的点并不一定是正确数据。

4)基于交通流机理的异常交通数据处理

基于交通流机理的算法是通过交通流参数之间的关系对两个甚至多个参数的一致性进行同时考察。其中,包括基于交通流规则的算法和基于交通流区域的算法。交通流规则算法是根据交通流机理确定几个规则,如果检测数据满足这些规则中的一个或几个,那么这些数据就是错误的。比如,规则可以是:平均占有率为0,而流量不为0;流量为0,而平均占有率不为0,符合这两个规则的数据显然是错误的。但是,这只是最基本的规则,根据交通流理论可以建立某两参数之间的关系模型,如流量和占有率、流量和速度、行程时间和拥挤长度等。若采用平均车长判断法,根据交通机理公式由流量、速度、占有率得出的平均车长为5~12 m,则计算结果超出此范围的数据为错误。

(1)流量和占有率关系模型

$$a \cdot O_d^2 + b \cdot O_d - k_s \cdot \sigma_s \leqslant q_d \leqslant a \cdot O_d^2 + b \cdot O_d + k_s \cdot \sigma_s \tag{7}$$

式中 a,b——模型的参数,可由历史数据回归分析得到;

σ_s——流量的标准偏差;

k_s——标准偏差的修正系数。

(2)流量和速度关系模型

$$\frac{1}{a\left(1-\dfrac{q_d}{C}\right)} + \frac{f \cdot b}{1-\dfrac{q_d}{\lambda S}} - k_v\sigma_v \leqslant \frac{1}{v_d} \leqslant \frac{1}{a\left(1-\dfrac{q_d}{C}\right)} + \frac{f \cdot b}{a\left(1-\dfrac{q_d}{\lambda S}\right)} + k_v\sigma_v \tag{8}$$

式中 a,b——模型参数;

f——每千米道路信号交叉口数;

λ——绿信比,$\lambda = g/c$;

S——饱和流率;

σ_v——速度的标准差;

k_v——标准偏差的修正系数。

(3)行程时间和拥挤长度关系模型

$$\frac{l}{a_1 \cdot \dfrac{N_l \cdot l_c}{C} + a_2 \cdot \dfrac{l-l_c}{v_m}a_3} - k_a \cdot \sigma_a \leqslant \frac{1}{t_p} \leqslant \frac{l}{a_1 \cdot \dfrac{N_l \cdot l_c}{C} + a_2 \cdot \dfrac{l-l_c}{v_m} + a_3} + k_a \cdot \sigma_a \tag{9}$$

式中 a_1,a_2,a_3——模型参数;

σ_a——主干道上浮动车数据的标准偏差;

k_a——标准偏差的修正系数;

N_l——主干道上车道数;

C,v_m,l——同式(5)、式(6)。

阈值和交通流机理相结合的算法,首先采用阈值法剔除不合理的数据,然后用交通流机理算法对剩余数据作一致性检验。显然,这样错误数据剔除率会大大提高,但仍会有一些错误数据被漏掉。其原因在于所有的上述算法都是对某一时刻的单个点的检验,如果这个时刻的点在算法规定的区域内即为正确数据,其实不然,相邻时刻的数据之间是相关的,而且相邻检测器的数据也是相关的,所以还要从时间和空间两个角度来检测数据,看前后时刻,相邻检测器数据是否满足一定的相关关系。

5)数据融合的定义及层次

数据融合,是指多传感器的数据在一定准则下加以自动分析、综合以完成所需的决策和评估而进行的信息处理过程。信息融合技术的最大优势在于它能合理协调多源数据,并充分综合有用信息,从而提高在多变环境中正确决策的能力。它为交通信息加工和处理提供了一种很好的方法。

根据数据抽象的三个层次,融合可分三级。

第一级:又称像素级、检测级,是指直接在采集到的原始数据层上进行融合,在各种传感器的原始测报未经处理之前就进行数据的综合和分析。

第二级:又称特征级,是指先对来自传感器的原始信息进行特征提取,然后对特征信息进行综合分析和处理。

第三级:又称决策级,是直接针对具体决策目标的最终结果。

6) 数据融合基本理论与方法

a. 贝叶斯估计

贝叶斯估计是统计学方法的一种。经典统计学基于总体信息和样本信息进行统计推断。与其稍有不同的是,贝叶斯估计基于总体信息、样本信息和先验信息进行统计和推理。它在重视使用总体信息和样本信息的同时,还注意先验信息的收集、挖掘和加工,使其数量化,形成先验分布参加到统计推断中来,从而提高统计推断的质量。贝叶斯估计是融合静态环境中多传感器低层信息的一种常用方法,其信息描述为概率分布,适用于对具有可加高斯噪声的不确定性进行定性融合。

b. 证据推理

Dempster-Shafer 证据推理是贝叶斯方法的扩展。在贝叶斯方法中,所有缺乏信息的前提环境中的特征指定为一个等价的先验概率。当一个传感器的有用附加信息或未知前提的数目大于已知前提的数目时,已知前提的概率变得不稳定,这是贝叶斯方法明显的不足。在 Dempster-Shafer 方法中,这个缺陷可以通过不指定未知前提的先验概率而得到避免。

c. 神经网络

人工神经网络具有分布并行处理、非线性映射、自适应学习、较强的鲁棒性和容错等特性,这使得它在很多方面都有广泛的应用。由于神经网络的诸多特点,其在信息融合中的应用也日益受到极大的关注。

在多检测器系统中,各信息源所提供的环境信息及其采集过程都具有一定程度的不确定性,对这些不确定性信息的融合过程实质上是一个不确定性推理过程。神经网络可根据当前系统所接受到的样本的相似性确定分类标准,这种确定方法主要表现在网络的权值分布上,同时可以采用神经网络特定的学习算法来获取知识,得到不确定性推理机制,实现对不确定性的定量分析。神经网络的研究对于多传感器集成和融合的建模提供了一种很好的方法。

d. 模糊逻辑

模糊集的概念是 1965 年由 L. A. Zadeh 首先提出的。它的基本思想是把普通集合中的绝对隶属关系灵活化,使元素对集合的隶属度从原来只能取{0,1}中的值扩充到可以取[0,1]区间中的任一数值,因此很适合于用来对传感器信息的不确定性进行描述和处理。在应用于多传感器信息融合时,模糊集理论用隶属函数表示各传感器信息的不确定性,然后利用模糊变换进行综合处理,可以将通常以概率密度函数或模糊关系函数形式给出的不同知识源或检测器的评价指标变换为单值评价指标,该指标不仅能反映每一种检测器所提供的信息,而且能反映仅从单个传感器无法得到的知识。

e. 粗糙集理论

粗糙集理论在多源数据分析中善于解决的基本问题包括发现属性间的依赖关系、约简冗余属性与对象、寻求最小属性子集以及生成决策规则等。粗糙集与其他不确定性问题理论的最显著区别是它无需提供任何先验知识,如概率论中的概率分布、模糊集中的隶属函数等,而是从给定问题的描述集合直接出发,找出问题的内在规律。其有效性已在许多科学与工程领域的成功应用中得到证实,是国际上人工智能理论及其应用领域中的研究热点之一。

f. 卡尔曼滤波

卡尔曼滤波是 Kalman 于 1960 年提出的,是采用由状态方程和观测方程组成的线性随机系统的状态空间模型来描述滤波器,并利用状态方程的递推性,按线性无偏最小均方误差估计准则,采用一套递推算法对该滤波器的状态变量作最佳估计,从而求得滤掉噪声后有用信号的最佳估计。卡尔曼滤波用于实时融合动态的低层次冗余多源数据,该方法用测量模型的统计特性递推决定统计意义下的最优融合数据估计。

7) 交通数据融合架构

智能交通系统是一个复杂的大系统,系统的用户众多,需求各异,因此对基础交通信息的融合处理也必然依不同的规则来进行。

a. 基于系统构成要素的信息融合系统结构

基础交通信息融合系统和其他信息融合系统从系统构成要素角度来说并没有本质的区别,所不同的是它的输入是各种交通数据,选择一些适合处理这些数据的融合算法,输出的是交通参与者或其他子系统所需要的交通信息。因此,从基础交通信息融合系统构成要素来说,它的结构可以用图 2.3-10 表示。

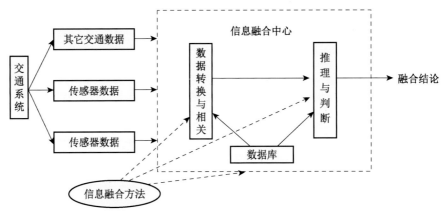

图 2.3-10　交通信息融合系统一般结构

b. 基于系统功能的信息融合系统结构

基础交通信息融合系统按功能可分为两个或更多的层次,其层次结构如图 2.3-11 所示。它由三个层次组成。

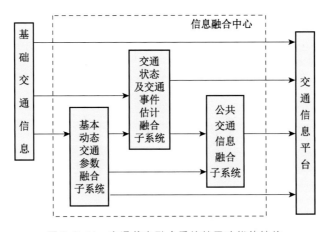

图 2.3-11　交通信息融合系统基于功能的结构

第一层:对基本动态交通参数的融合。这个层次的信息融合是比较低层次的信息融合,它主要是把来自各种信息采集设备的基本交通参数进行融合处理,得出准确、可靠的基础交通参数,为需要这些交通参数的子系统服务。在这个层次利用各种传感器采集到的各种类型的数据进行识别判断,把这些不同种类、不同格式的数据进行融合,得出一个比较全面、比较统一的结论,使传感器系统发挥最大的作用。

同时,这一层次融合的结果还是下一个层次融合系统的输入。这种多层次的功能结构设计,有利于实现多主体协同信息处理结构的系统,可以分散各处理中心的处理负担,有利于提高系统效率。

第二层:对基本动态交通参数与其他交通参数融合,得出交通状态及交通事件等的准确估计。在第一层信息融合处理的基础上,对这些交通参数及其他交通信息进行进一步处理,进行交通状态融合,得出交通状态估计以及交通事件估计等更高层次的交通信息,并把这些交通信息及时发布出去,为不同子系统和不同决策者提供相应的信息,为交通管理者和道路使用者提供决策参考。

第三层:利用以上两个融合系统提供的输出数据及其他相关交通数据,进行进一步融合处理,为公众提供各种各样的交通信息服务。例如,为司机提供路径诱导信息、提供道路行程时间信息等。

以上三个融合层次分别对应于ATMS的基本功能,是一种面向用户、面向应用的系统结构。

c. 基于传感器信息流程的信息融合系统结构

从多传感器系统的信息流程看,信息融合系统的系统结构模型主要有四种:即集中式、分布式、混合式和多级式。

交通系统是一个具有一定空间分布的结构性系统,整个系统的数据采集设备也是按空间分布来进行的。因此,交通信息系统的信息融合系统采用分布式的结构是必然的选择。

分布式结构的特点是:每个传感器的检测报告在进入融合以前,先由它自己的数据处理器产生局布处理结果,然后把这些处理后的信息送至融合中心,

中心根据各节点的数据形成全局估计,这类系统很普遍,系统结构见图2.3-12。

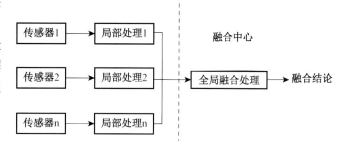

图2.3-12　基于信息处理流程的交通信息融合系统结构

2. 交通状态表征参数研究

[1] 基于聚类方法的交通状态分类

1) 交通状态研究现状

目前,国内外研究者对城市道路交通状态进行了相关研究,并取得了一些有益的成果。B. S. Kerner通过实测交通流的变化特征,发现交通流的3种不同状态,即畅行相(free)、宽运动阻塞相(wide moving jam)和同步相(synchronized)。Han和May尝试建立城市道路间断交通流理论,通过该理论来指导偶发拥挤检测。他们综合考虑影响城市交通流特征的各种交通因素,如交通需求因素、道路通行能力因素、交通信号控制因素和交通流干扰因素等,该方法理论性较强,但是考虑因素太多,造成模型参数标定和阈值的调整都非常困难。Schrank采用了(RCI, roadway congestion index)道路拥挤度指数表示道路拥挤度的严重性。公式中用到了日交通量、饱和度等参数,并且这里公路和主干道对应不同的系数。但是,RCI指数定义使出行者无法理解,更无法把指数值和相应交通状态联系起来。美国Texas州交通研究所(TI)的城市交通研究报告(Urban Mobility Study)提交了道路拥挤度不同等级的计算方法,但它的研究范围是相对比较大的城市区域级别。Christiane Stuze利用多元型聚类方法以速度为指标将交通流基本图分为自由流、密度流、拥挤流和阻塞流四个区域,并能很好的适应天气等环境因素引起的基本图的变化。但是,由于这种方法只采用了单一指标,当测量的数据出现错误时,很难得到正确的交通状态。

2) 聚类方法研究

聚类分析是多元统计分析方法之一,也是统计模式识别中非监督模式识别的一个重要分支。它将数据集分成不同的几个类,使得在同一类的数据对象尽可能相似,而不同类中的数据尽可能的相异。聚类已经被广泛研究了多年,提出了大量的理论和方法,取得了丰硕的研究成果。

模糊C均值FCM算法就是一个使目标函数$J_m(U, \omega)$最小化的迭代求解过程。应用Lagrange乘数

法求解 $J_m(U, \omega)$ 在隶属度函数约束下的优化问题,可得到公式为

隶属度计算公式:

$$\mu_{ij} = \frac{1}{\sum\limits_{k=1}^{c} \left[d_{ij}^2(x_j, \omega_i) \middle/ d_{kj}^2(x_j, \omega_k) \right]^{1/(m-1)}}, i = 1, \cdots, c, j = 1, \cdots, N$$

聚类中心计算公式:

$$\omega_i = \sum_{k=1}^{n} (\mu_{ik})^m x_k \middle/ \sum_{k=1}^{n} (\mu_{ik})^m, i = 1, \cdots, c$$

FCM 算法的过程就是最小化 J_m 的过程,算法步骤如下:

Step 1:给定类别数 c,参数 m,容许误差 ξ 的值;

Step 2:随机初始化聚类中心 $\omega_i(k)$,$i = 1, 2, \cdots, c$,并令循环次数 $k=1$;

Step 3:按隶属度计算式 $\mu_{ij}(k) = \dfrac{1}{\sum\limits_{k=1}^{c} \left[d_{ij}^2(x_j, \omega_i) \middle/ d_{kj}^2(x_j, \omega_k) \right]}$,$i = 1, \cdots, c, j = 1, \cdots, N$;

Step 4:按式 $\omega_i = \sum\limits_{k=1}^{n} (\mu_{ik})^m x_k \middle/ \sum\limits_{k=1}^{n} (\mu_{ik})^m$ 修正所有的聚类中心 $\omega_i(k+1)$,$i = 1, \cdots, c$;

Step 5:计算误差 $e = \sum\limits_{i=1}^{c} \| \omega_i(k+1) - \omega_i(k) \|^2$,如果 $e < \xi$,算法结束;否则 $k = k+1$,转 Step3;

Step 6:样本归类,算法结束后,可按下列方法将所有样本归类:$d_{ij}^2(x_j, \omega_i) < d_{ij}^2(x_j, \omega_k)$,$k = 1, 2, \cdots, c, k \neq i$,则将 x_j 归入第 i 类。

算法停止迭代的条件是相邻两次迭代所得的聚类中心变化很小,则认为算法已收敛。由于算法的每一次迭代都是沿着使目标函数减小的方向进行的,而 $J_m(U, \omega)$ 可能有多个极值点,若初始聚类中心选在了一个局部极小点附近,就可能会使算法收敛到局部极小,也就是说,FCM 算法对初始值敏感,有时得不到理想的结果,这种情况多发生于数据集中各类样本数目相差较大的情况进行分类时。

3) 基于聚类方法的交通状态

在智能交通系统环境下,以交通检测器采集的海量交通流数据为对象,通过数据挖掘技术即数据获取、数据预处理、挖掘方法、结果分析与评价、模式应用等进行新的信息提取(图 2.3-13)。

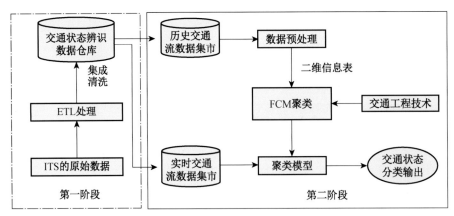

图 2.3-13 交通状态辨识模型

从交通数据仓库中分别提取出海量历史交通流数据和实时及预测交通流数据,执行不同的操作处理,首先采用提出的模糊聚类方法对历史数据进行聚类,建立聚类模型,找出聚类中心,最终利用所生成的聚类模型对实时采集交通流进行分析,实现交通状态输出。交通状态辨识模型如图 2.3-13 所示。

线圈检测器所采集的交通流实时数据包括流量、速度、占有率,在应用聚类算法对交通流进行分类之

前,我们首先对交通流的数据进行分析,从而确定聚类算法中所使用的交通流属性数据。所使用的实测数据为环形线圈检测器所采集的交通信息,绘制出的流量、速度、占有率的两两关系如图 2.3-14 所示。

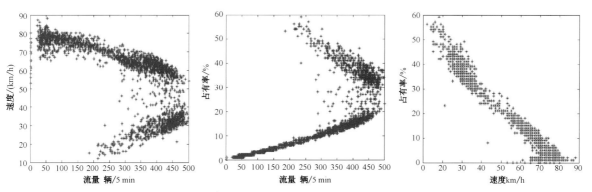

图 2.3-14　交通流数据两两关系图

从所绘制的关系中可以看出,流量对应占有率和速度具有二值性,这样会导致交通状态对于流量参数具有两面性。例如,交通状况比较拥堵和晚间车辆比较少时,所测得流量都是很小的值,这正是由于流量的两面性导致的,因而根据流量无法判断所出的交通状态。而速度和占有率之间可以近似为反比例关系,在本研究中只使用占有率、速度共同检测交通状态,采用多个参数后可以克服测量中干扰数据的影响。通过分析还可以了解到每种交通状态样本数据都具有一定的相似性,不同状态之间的样本具有相异性。采用数据挖掘方法中的聚类算法对不同状态的交通流数据进行聚类。

本书中使用速度和占有率两个特征量进行聚类。由实测的数据可知,速度的取值范围为 $[0,90]$,占有率的取值范围为 $[0,80]$,取值范围相差不大,所以可以不采用标准化方法进行处理。采用第四章所提出的 FCM 算法,对间隔为 5 min 的 7 天的实时交通流数据样本进行多次迭代,得到了四种聚类中心,即可将交通状态分为堵塞、拥挤、稳定、畅通的 4 种状态。

$$\omega = \begin{bmatrix} 18 & 30 & 60 & 75 \\ 50 & 36 & 13 & 5 \end{bmatrix}, 第 1 行为速度,第 2 行为占有率$$

即交通状况等级中心:

堵塞:速度 18 km/h,占有率 50%。

拥挤:速度 30 km/h,占有率 36%。

稳定:速度 60 km/h,占有率 13%。

畅通:速度 75 km/h,占有率 5%。

求出各交通状态的分类中心后,在实际应用中即可通过所采集的实时交通基础信息同聚类中心比较,求各样本与聚类中心的向量的欧式距离,选择最小距离的状态类别为所处交通状态。

[2] 基于旅行时间的交通状态分类

1) 基于点速度的旅行时间计算

在城市交通流诱导系统中,行程时间信息无疑是重要的。无论对于单车信息诱导,还是群体性诱导,都必须有直观而具有实时性、可靠性和高精度特点的诱导信息提供给用户,才能为出行者所接受,从而便于进行路径选择。而且,对于动态路径诱导系统,最终的路径诱导结果取决于路网的动态路阻,而动态路阻的计算是基于行程时间数据。通常来说,根据准确的预测行程时间得到的优化路径是最有效的。预测的行程时间要满足实时性和准确性两方面要求。因此,如何获得实时、可靠和高精度的行程时间信息是城市交通流诱导系统的重要研究内容。

基于点速度离散法的行程时间计算是目前较为常用的方法。环形线圈是目前交通中最常用的检测器,但得到的都是点速度,不能直接拿来作行程时间计算。本节将采用一系列方法把点速度转化为目标路段的行程时间数据。

a. 路段划分和检测布设

假设图 2.3-15 中 S1S4 为预测区段,D1,D2 和 D3 处为三个检测断面,在每个检测断面上都分别设置有检测器,同时在 S1 和 S4 处分别设有牌照识别检测器。由于有上下匝道与高架道路主线相连,故设定 S2 为上匝道车辆与主线上游车辆汇合的起点,S2 下游以后的车流状态不发生变化。S3 类似 S2,为下匝道车流分流后主线上车流状态变化的止点。因此可认为是整个预测区段 S1S4 内交通流分为三种行车状态。S2、S3 为这三种状态之间的临界分段面。在 S1S2 之间车流状态均匀,D1 处检测器的检测结果 V 环 1 和 V 视 1 为 D1 处的两种检测手段得到的点速度。同样的,D2 和 D3 处检测器的检测结果 V 环 2 和 V

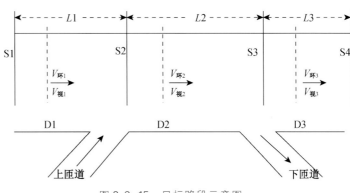

图 2.3-15 目标路段示意图

视 2,V 环 3 和 V 视 3 亦代表 D2 和 D3 处的两个点速度。值得注意的是,这里只把路段按理想状态分为 3 个子区段,在实际过程中可以根据路段的长度以及检测器的实际布设,将整个预测路段分为更多的子路段,但具体的算法情况相同(图 2.3-15)。

b. 求区间速度

根据交通工程学的公式,地点平均车速与区间平均车速有转化公式:

$$\bar{u}_s = \bar{u}_t - \frac{\sigma_t^2}{\bar{u}_t}$$

式中　$\bar{u}_s$——区间平均车速;

　　　$\bar{u}_t$——地点平均车速;

　　　σ_t^2——地点平均车速的方差。

利用上述公式,就可以将点速度转化为当前子区段的区间速度,对应图 2.3-15,分别有 V1,V2,V3 表示 S1S2,S2S3,S3S4 各子区段的区间速度。

由于交通流的特性,可以知道,每个子路段的区间平均速度 $v_i(i = 1, 2, \cdots, n)$ 在时间上其总体分别近似服从 $N(\mu_i, \sigma_i^2)$ 的正态分布,且相互间独立。其中 σ_i^2 为每个子路段区间平均速度 v_i 的方差。这里引入加权因子 $\varepsilon_i(i = 1, 2, \cdots, n, \sum\limits_{i=1}^{n} \varepsilon_i = 1)$,因此,整个目标路段的区间平均速度的融合值即为

$v_L = \sum\limits_{i=1}^{n} \varepsilon_i v_i$,其总的均方误差为

$$\sigma^2 = D\left(\sum_{i=1}^{n} \varepsilon_i v_i\right) = \sum_{i=1}^{n} \varepsilon_i^2 \sigma_i^2$$

由柯西不等式,当

$$\left(\sum_{i=1}^{n} \varepsilon_i^2 \sigma_i^2\right)\left(\sum_{i=1}^{n} \frac{1}{\sigma_i^2}\right) \geqslant \left(\sum_{i=1}^{n} \varepsilon_i^2\right)^2 = 1$$

等式成立时,总均方误差 σ^2 达到最小 $\sigma_{\min}^2$,经推算当且仅当 $\varepsilon_1 \sigma_1^2 = \varepsilon_2 \sigma_2^2 = \cdots = \varepsilon_n \sigma_n^2$ 时成立,即此时有

$$\sigma_{\min}^2 = \frac{1}{\sum\limits_{i=1}^{n} \frac{1}{\sigma_i^2}} = \sum_{i=1}^{n} \varepsilon_{i\min}^2 \sigma_i^2$$

因此,可得到

$$(\sum_{i=1}^{n}\varepsilon_i^2\sigma_i^2)\varepsilon_{\min} = \frac{1}{\sigma^2}\sum_{i=1}^{n}\sigma_i^2$$

此时的各个 $\varepsilon_{i\min}$ 即为能使总均方误差 σ^2 达到最小值的各子路段区间平均速度所占的权重值,这样就有目标路段的区间速度融合值,即

$$v_L = \sum_{i=1}^{n}\varepsilon_{i\min}v_i$$

值得注意的是,这里的区间速度,是每个子路段在相同时间段内的速度融合值,只是一个采集间隔内的整个路段的区间速度,随时间变化,不同采集周期的子路段的区间速度不同,相应的整个目标路段的区间速度也不同。

c. 求行程时间

由前述方法,可以得到任一采集周期内整个目标路段的行程速度。在此基础上,提出一种基于速度离散法的行程时间计算方法。如图 2.3-16 所示,目标路段检测器的数据采集周期为 Δt,目标路段的长度为 L。假设一辆车在时刻 t 进入这个路段,通过融合我们可以得到整个目标路段未来 $t+i\Delta t(i = 1,2,\cdots,n)$ 采集周期内的空间平均速度 $v_{ti}(i = 1,2,\cdots,n)$。如图 2.3-16 所示,则车辆在每个周期 Δt 时间内的行驶距离为

$$L_i = v_{ti} * \Delta t$$

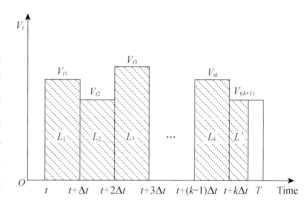

图 2.3-16　基于速度离散法的行程时间计算图

若 $\sum_{i=1}^{k}L_i = L$,则整个目标路段的行程时间为

$$T = k * \Delta t$$

若 $\sum_{i=1}^{k}L_i + L' = L$,就有 $L' = L - \sum_{i=1}^{k}L_i$,则有

$$T = k * \Delta t + \frac{L'}{v_{t(k+1)}}$$

2) 基于旅行时间的状态分类研究

通过以上方法所计算的路段行程时间为 T_k,可采用多种方法基于行程时间的状态判断。

a. 行程时间阈值法

根据《上海市城市快速路交通监控系统技术标准》的规定,高架快速路可参考现有基于速度的评价等级,利用所计算的行程时间判断实时交通状态。阈值设为 $T_1 = S/45$,$T_2 = S/20$。将 k 时刻平均行程时间 T_k 与数据库中预存的行程时间阈值 (T_1,T_2) 进行比对,从而确定交通状态。如 $T_k < T_1$,此路段交通状态为通畅;$T_2 \leqslant T_k \leqslant T_1$,此路段交通状态为拥堵;$T_k > T_2$,此路段交通状态为堵塞;同时,$T_1$、$T_2$ 将根据路段的等级,如高架、地面、高速道路、通行环境、天气状况等,T_1、T_2 的取值应有所不同。

b. 通过数据分析进行交通状态判别

地面道路可根据数据库积累的数据进一步分析,如几个月的数据累计分析得到此路段畅通时行程时间为 T_1,那么可定义为此路段交通状态为通畅;将 k 时刻平均行程时间 T_k,与 T_1 比较,当 $1 \leqslant T_K/T_1 \leqslant 2$ 时,此路段交通状态为拥堵;当 $T_K/T_1 > 2$ 时,此路段交通状态为堵塞,具体可根据实际情况具体取值。

3. 交通信息服务的效用分析

[1] 交通信息服务分类

交通信息服务作为交通信息化管理的重要组成,在最大限度发挥现有交通设施功能、缓解城市交通问题、提高交通运输和出行效率等方面发挥的作用越来越重要。

按照交通信息服务随时间的变化程度可将交通信息服务分为:静态交通信息服务和动态交通信息服务。

1) 静态交通信息服务

a. 静态交通信息

静态交通信息主要包括城市基础地理信息(如路网分布、交叉口的布局、车场分布、城市基础交通设施信息等)、城市道路网基础信息(如道路长度、收费、交叉口连接方式等)、车辆保有量信息(包括分区域、时间、不同车种车辆保有量信息等)及交通管理信息(如单向行驶、禁止左转、限制进入等)。

b. 静态交通信息服务

静态信息是相对稳定的,变化频率较小,并没有变化规律。因此,静态交通信息不需要实时采集和经常更改,直到数据发生变化时才需要变动。鉴于上述特点,许多提供静态的交通信息服务设施一般作为道路基础设施的一部分,在道路建设时就被固化下来,如交通标志标牌等。

2) 动态交通信息服务

a. 动态交通信息

动态交通信息不仅包括公路和城市道路上所有移动物体所具有的特定信息,诸如车速、车型、车流量、道路路口状态、非机动车和行人的状态、突发事件等,也包括这些信息与历史数据的对比分析,从而判断它的趋势变化。

动态交通信息采集具有数据量大、采集方式多样化、信息类型复杂、信息的准确性要求高等特点,因此全面可靠的检测动态交通信息成为智能交通系统中的一项关键技术。

b. 动态交通信息服务

综合来看,动态信息服务主要涉及三个方向。

(1) 基于互联网的第三方信息网站,例如,数字北京是城市政府部门的综合交通信息服务网,E都市是三维立体的城市综合信息服务网,九州联宇、世纪高通等网站提供了包括北京、上海、广州等国内数十个城市的实时路况信息。

(2) 基于电子显示牌的路况信息实时播报,通过对前方道路车流量的实时监控,及时地将路况信息通过电子屏幕发布给出行者,除提供交通拥挤信息等内容外,还可发布车辆限行、封闭施工以及恶劣天气预警等信息。

(3) 基于移动终端的实时交通信息服务,用户通过互联网、车载终端、手持移动终端等多种渠道,获取所在位置的道路交通信息,出行者根据这些信息确定适当的出行方式和路线,在享受数字化交通信息服务的同时,改善了出行的便利和舒适性。

按照交通信息服务的获取时间,可将交通信息分为:出行前的交通信息服务和出行中的交通信息服务。

(1) 出行前的交通信息服务,主要包括出行静态路线信息、出行费用、枢纽站点换乘信息、路网衔接信息、交通气象信息等。

(2) 出行中的交通信息服务,主要包括以下内容,见表2.3-1。

表 2.3-1 出行中的乘客信息服务

信息类别	主要服务内容
票务信息	购票地点、票价、检票方式等
换乘信息	多方式换乘站位置及其转换功能、道路路网节点衔接、地图导引、警告性导引、乘车方向导引等
车辆运行信息	车辆抵离时刻、首末班时刻、发车间隔等
设施服务信息	车辆或道路拥挤程度、行驶路线导航、高峰时段、停车场信息、加油站及厕所等便民设施位置导引信息
紧急信息	路网中事故、管制及其他紧急事件相关疏散信息等

[2] 交通信息服务的发布方式

随着交通运输进入信息时代,人们已经越来越关注交通信息,尤其是动态交通信息采集技术的应用、发展以及交通信息服务的提供和改进。常见的交通信息服务发布方式主要有以下几种,见图 2.3-17、表 2.3-2。

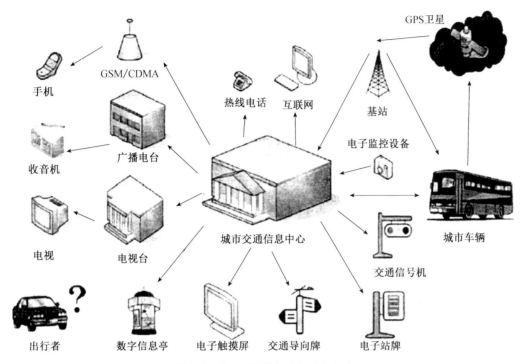

图 2.3-17　交通信息服务发布方式

表 2.3-2　交通信息服务主要发布方式对比

发布方式	功能描述	优缺点	发布时间	承载界面
静态引导指示标志	主要分布在道路地面交叉口或立交节点上游进口道、停车设施、枢纽车站、地块出入口等附近,用以提供车辆和行人行进方向、出入选择指引信息	直观、醒目、准确,但与出行者互动性差	出行中	
互联网	与公众出行相关的所有静态信息以及大部分动态信息都可以通过网站发布,而且网站可以提供文本、图像、视频、音频等多种信息形式,使用起来非常直观,可以获得很好的效果。网站可以提供出行者使用的 BBS 系统,出行者通过该系统可以自主交流出行经验,互相给予出行建议,是非常实用的公众出行交流平台	信息覆盖面广、信息量大、具有较强的针对性和交互性、方便直观	全过程	
呼叫中心(热线电话)	用户通过此系统向中心提出请求,再由中心查出结果,通过语音、电子邮件、传真以及短信等方式反馈给客户,为社会公众提供公众出行交通信息查询、公众出行交通信息咨询、投诉以及汽车救援维修等综合交通信息服务	具有较强的针对性和交互性,提供个性化服务	出行中	

（续表）

发布方式	功能描述	优缺点	发布时间	承载界面
可变信息板	可变信息板适合发布动态信息,如路况、交通事故、道路运行条件以及气象信息等。在停车场诱导系统中,可变情报板也起到重要作用,绝大多数出行者通过可变情报板才能获知停车场剩余车位信息	具有表现力强、播放时间自由等	出行中	
触摸屏	触摸屏主要分布在各类公共场所,如车站大厅等地点。出行者通过该设备可以通过交互方式查询出行所需的交通信息	不能随时随地使用,应用范围受到限制	出行中	
交通广播	交通部门通过广播电台可以把一些路况信息、交通事故信息传达给路上的司机,使其及时了解道路通行状况,尽早确定行驶路线	信息实时性较差,而且用户不能反馈道路上的信息,只能处于被动接收状态	出行中	
车载终端	车载终端一般包括GPS定位装置和通讯装置,可以发布所有静态信息和动态信息,通常以文字、图像、语音、动画等形式发布,可在出行的全过程发挥作用,是功能最强大的提供方式之一	服务功能受产品版本限制,往往需要购买和版本更新	出行中	
手机通信终端	使用者可采用手机短信、彩信、WAP、PDA无线上网等方式获取交通信息服务,十分灵活方便,可以做到随时随地接收。信息表现形式可以是文字,也可以是图像或声音,还可自由定制所需要的信息服务	信息流量较小	全过程	
电视平台	电缆电视、交互式电视信息发布方式是通过改造现今的有线电视,使其从单向传输发展为交互式双向传输,使有线电视用户可主动地发出请求,电视台响应请求,可视又可闻地发布相关信息	服务接收范围有限	出行中	

[3] 交通信息的效用分析

为进一步了解目前交通信息发布方式及交通信息效用情况,我们组织了一次调查问卷,调查时间为 2013 年 9 月,采取网上调查和发放问卷 2 种形式,受访者共计 158 人,回收有效问卷 152 份。

1) 调查数据分析

a. 个人属性数据分析

本次调查个人属性统计结果如下,受访者中男性略多于女性,年龄主要分布在 30～39 岁之间,比例为 46％,有无私家车样本量相当,学历主要为大专和本科,占 61％,年收入在 5 万～15 万居多,比例分别为 32％、29％,合计占总人数的 71％。

b. 信息需求分析

根据调查统计,受访者在日常出行中会关注交通信息的达 83％,其中经常关注的 42％。对于动态和静态交通信息,受访者更希望了解到实时最新的动态信息。

为了尽早对出行状况有所了解,希望在出行前就获得交通信息的比例达 81％,当然也有受访者希望在出行前及出行过程中都能获得交通信息。有超过 83％的受访者,在不熟悉线路时有强烈的交通信息需求,而当线路熟悉时,这一需求明显减小,但仍然有较高比重,约为 46％。

开车出行时,受访者更偏向于路线信息、在途道路交通信息停车信息,比例分别为 68％、66％ 和 63％。公交出行时,受访者愿意获得公交换乘信息、行程时间、路线信息,与此同时,不开车出行对费用信息较为关注。气象信息和目的地信息两者比例相当。

c. 信息效用评价

(1) 交通信息对出行者行为的影响:主要表现在经常令其改变出行路线,在调查中,经常或频繁受到影响而改变路线的达到 60％。同时,有超过 50％的受访者在出行方式和出行时刻上很少受到交通信息的影响,这种情况的出现,是由于多数出行者的出行日决定了其出行方式,进而决定了出行时刻,而较少受到出行途中交通信息影响。

(2) 受访者的满意度调查:

Ⅰ. 受访者的信息获取习惯

交通电台、网络、手机、可变信息板等都是受访者经常使用的交通发布方式。同时,在信息的准确性、便捷性、完整性和资费方面,更关注信息的准确性和获取的便捷性,两者比例分别是 60％和 34％。

对信息播报的方式调查中,人们更喜欢图像信息、语音信息等直观、简洁的发布方式。

Ⅱ. 受访者的信息满意度

• 关于信息准确性:在几种常用的交通信息获取方式中,超过 70％受访者认为信息准确性以交通广播和可变信息板最高。手机短信、触摸查询、服务热线的准确度较低,均不足 50％。

• 关于信息便捷性:逾 80％的受访者认为车载导航便捷性最高,其次是手机导航、可变信息板等数量较多的服务方式,而服务热线、触摸查询因服务个体的数量和范围的有限性,导致便捷性最差。

对于信息完整性的要求,有超过 60％的受访者认为手机导航信息较完整,其次是车载导航和网站、广播等方式。服务热线、触摸查询、手机短信等应申请的服务方式,信息完整性较差。

d. 信息交互需求和支付意愿

根据调查结果,约 90％的受访者认为其他出行者提供的共享信息对自己有帮助,其中 57％的人觉得很有帮助。

虽然多数人需要或者认为其他人的共享信息帮助较大,也存在大量出行者之间、出行者与信息平台间的互动需求(近 60％的人),但是由于互动渠道较少或者互动方式不够便捷,目前约有 83％的人不主动参与交通信息的互动过程。

对于支付意愿,50％的人希望免费获得交通信息,而仅有 20％的人愿意通过支付一定的费用获得更加准确和详细的信息。

e. 当前存在问题

交通信息发布内容方面:信息不及时的问题最大,比例为72%,其次是信息不够准确和有效信息缺失的问题,比例分别为37%和32%。

交通信息发布方式方面:发布形式少和接受不方便的问题最大,用户感受比例分别为52%和49%。

2) 二维质量模式分析

根据受访者对交通信息服务质量的反应结果,利用二维质量模式对现有的交通信息服务质量进行初步层次的归类,见表2.3-3。

表2.3-3 交通信息服务质量要素归类

质量类别	信息服务质量要素	
	信息方式	信息内容
魅力质量	承载界面外观	增加人性化、提醒、气象等信息服务功能
一维质量	便捷、及时	完整
当然质量	技术成熟、运行平稳	基本准确
无差异质量	信息反馈功能	新闻、娱乐信息等大受众信息
反向质量	费用	广告

2.3.3 研究成果介绍

2.3.3.1 系统内容

数字化乐园仿真平台通过客流分析与管理子系统(含多种交通方式客流检测、客流趋势分析与预测、大客流服务管理、大客流服务管理、交通信息采集与诱导、客流交通信息多渠道发布与互动模块),园区应急协同指挥子系统(含管理中心大屏幕综合管理、应急联动预案与协同管理模块),园区运营综合信息集成系统(含GIS综合信息展示、集中视频监控系统,园区日常调度管理、综合水处理厂子系统、道路基础设施健康检测模块),结合大屏幕等硬件设备,呈现出下列内容:

(1) 客流管理及信息服务技术研究;

(2) 基于传感器的道路基础设施健康监测应用;

(3) 面向车网融合的交通状态感知与交互处理技术研究;

(4) 综合水处理厂的BIM系统研究。

2.3.3.2 技术指标

完成后的系统主要性能指标如下:

(1) 页面数据刷新频率最快可达500毫秒;

(2) 系统页面切换速度小于3秒;

(3) 单服务器可接入数据点可达5万点;

(4) 操作指令下达至设备驱动时间小于2秒;

(5) 视频图像切换速度小于2秒;

(6) 设备驱动采集频率最快可达500毫秒;

(7) 以地理信息系统为基础,数字化园区仿真信息平台系统最大连接数2 000个,最大并发数为200个。

2.3.3.3 技术路线

综合信息管理仿真系统由一个统一信息平台构建,围绕园区的管理重点,建立一个中央综合信息管理系统和几个典型的专项子系统管理平台,同时为今后转项子系统的接入提供基础。

专项仿真子系统包括:基础设施运行(基于传感器的道路基础设施健康监测)、交通管理子系统(面向车网融合的交通状态感知与交互处理)、安防管理子系统(大客流管理及信息服务技术研究)、公交管理子系统、水务管理子系统(综合水处理厂的 BIM 系统)和园区运营子系统。其软件和硬件构成见图 2.3-18。

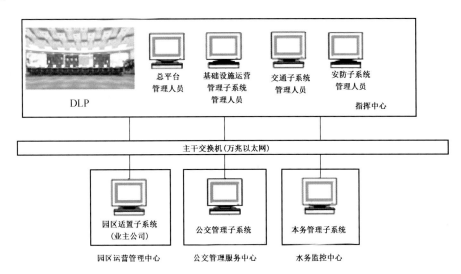

图 2.3-18　系统总体设计线路

(1) 核心平台采用分层、分布式结构,支持 B/S 与 C/S 混合架构方式;

(2) 融合实时数据总线、物联网中间件、信息服务总线的监控与管理平台与集成技术;

(3) 采用通用的硬件和标准化的软件,易于故障诊断、处理和恢复;

(4) 采用可扩展的服务器集中的计算网格式框架;

(5) 系统具备完善的实时数据处理机制,保证数据的实效性和正确性;

(6) 应用程序模块化结构设计,可灵活适应系统扩展的需要,任意裁减,而不影响系统的性能;

(7) 软件模块相互独立,单个模块的故障不会影响其他模块的运行,不会引起数据的丢失和系统的瘫痪;

(8) 围绕相关信息子系统,建立相应的信息采集与接口的标准,并整理汇总相应的数据组织和处理规范;

(9) 系统支持 BIM 模型的加载与调用;

(10) 人机界面建立在组件和脚本之上,能提供快速界面设计和调试能力。

2.3.3.4　系统功能

1. GIS 综合信息

GIS 地理信息系统作为本系统的集中展示画面,能够在 GIS 地图上实现将现场设备或分析后的数据动态的与 GIS 系统相结合,能够在 GIS 地图上通过动态图标以及信息,实时动态可以在地理信息系统内掌握第一手的现场资讯。此外,平台内的 GIS 系统能够与建筑组态系统以及三维浏览系统相结合,可以实现相互间的切换,GIS 信息中的地标不再是一个单薄的标志点,而是能够以三维形式或者详细的组态页面,生动形象地展示给用户的对象。

GIS 综合应用包括地图操作、查询统计、实时工况状况监视、设备设施监视和图像视频监控、应急处置等功能,其中地图操作功能模块和查询统计功能模块是属于系统的基础功能,其面向的用户为所有用户,各管理业务部门均可应用,而这些功能也是 GIS 的体现;而实时工况状况监视、设备设施监视、图像视频监控、应急资源展示和应急处置属于专业的应用功能模块,通过接入外部数据到 GIS 系统中实现功能应用,且仅面向各自专门的管理用户。

2. 客流系统

通过"基于多源数据融合的游乐园区客流统计技术",结合软件平台的人机交互界面,动态呈现轨道交通、公交枢纽、出租车客流管理信息;实现区域内各种交通方式的客流信息采集呈现,国际旅游度假区视频监视和客流诱导信息发布,并在重大事件下,为人流紧急疏散和诱导发挥作用(图2.3-19)。

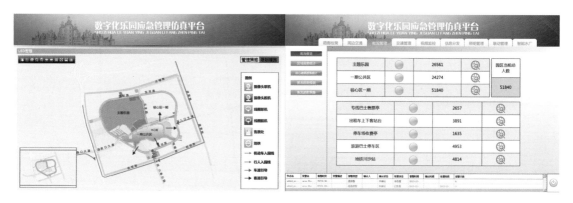

图 2.3-19 客流概览图

客流分析和检测系统:为客流信息管理系统的辅助功能,视频图像捕捉、转化和分析结果作为客流信息管理系统客流统计、状态显示和诱导疏散的依据(图2.3-20)。

(1) 通过 GIS 地图、组态或者列表等多种方式和形式展示国际旅游度假区辖区内的客流信息;

(2) 采集并展示国际旅游度假区核心建筑内各交通方式的旅客信息;

(3) 显示各个交通方式的班次信息;

(4) 具备数据和信息分发功能,可通过智能综合查询、无线智能终端等设施提供数据,向旅客引导显示设备发送指令,实现旅客在国际旅游度假区内的行动引导;

(5) 对采集到的核心建筑内客流进行分析与监视,制作各类统计报表,协助管理中心分析客流的时段和空间分布特点,做好客流疏导的规划工作。

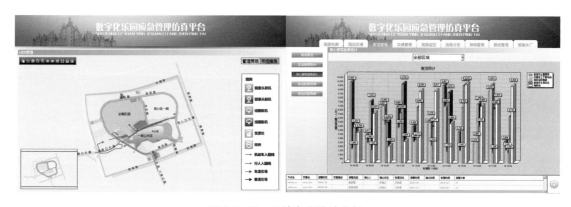

图 2.3-20 区域客流统计分析

3. 交通系统

本系统是"面向车网融合的交通状态感知与交互处理技术研究"相关成果的集中展示。

系统主要负责采集国际旅游度假区辖区内的各类交通信息采集设备,本科研主要采用的是 RFID 车牌、蓝牙采集、车联网数据方式,提供到交通流量检测数据。包括的车流量和行程时间等等参数,将最终结果采用图文并茂的方式提供给用户,以便用户掌控国际旅游度假区区域内的道路状态信息,以及车流信息、流量时间分布规律与特点,为其制定控制、疏导各国际旅游度假区辖区内车流的各类预案提供有效的数据帮助。系统的具体功能如下。

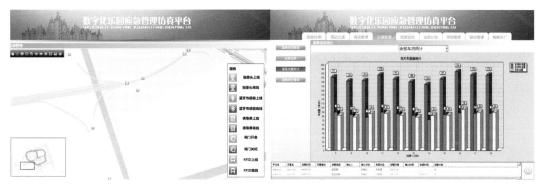

（1）通过色彩填充、文字显示方式，可在 GIS 图上直观地显示辖区周边的道路流量情况、设备设施运行状态以及检测参数等信息（图 2.3-21）。

图 2.3-21　交通设备设施监控

（2）提供基于小时的每日实时流量统计图，在该统计图按照一天 24 小时时段，使用不同颜色展示每小时内的国际旅游度假区辖区内两线流量和总流量，并根据检测器的检测周期定期更新。统计图图示可根据用户要求采用柱状图或曲线图的方式予以展示。中可根据用户需要设置流量警戒线，当流量超限时，通过标示警戒线方式予以醒目的提示（图 2.3-22）。

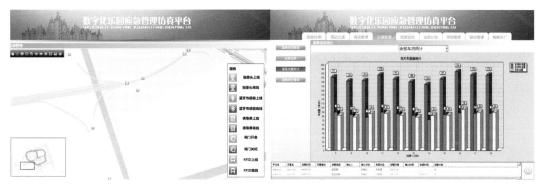

图 2.3-22　道路流量统计分析

（3）所有的报表都采用列表与图示（直方图、曲线等可自由设定）相结合的报表供用户使用，并支持打印功能，实现让用户便捷、直观掌握交通分析信息的目的。

（4）多种交通方式分析，系统设计的标准化数据接口，以及对多种标准平台的数据接口设计，进而实现从轨道交通、公共交通等信息互联单位的数据信息接入和集中呈现，模拟了轨道交通、公共交通方面的客流信息接入的场景分析（图 2.3-23—图 2.3-25）。

图 2.3-23　多种交通方式的统计分析-地铁分布

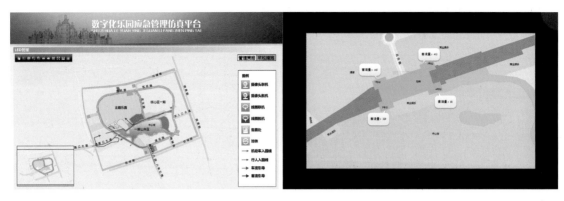

图 2.3-24　多种交通方式的统计分析-地铁站点客流分析

图 2.3-25　多种交通方式的统计分析-公交站点客流分析

4. 道路基础设施健康检测系统

本系统对应的是"基于传感器的道路基础设施健康监测应用"相关研究成果的展示。系统主要辅助技术人员结合硬件传感设备实现对于园区内的路面维护管理工作,具体实现的功能包括:使用功能检测、结构功能检测、路面维护辅助预警以及信息管理等。

其中使用功能管理,主要通过将路面检测数据的检测结果录入系统后,能够直观的展示园区路面的整体状态,标定相关的危害等级,提示运维人员及时干预处理。

结构功能检测,主要通过与预埋的各类专业硬件检测设备的数据采集,及时发现并预警严重影响路面结构性能的情况。

系统能够根据以上信息,提供路面损坏现状的评价图,进行基本的性能评估报告查询检索。

系统通过 GIS 地图展示园区路面的总体概况(通过色彩标识方式),对于敷设有专用硬件采集设备的路段,可打开详细的路面损坏评价图,进行详细检索查看。

[1] 功能检测

本系统对路面的使用功能检测管理工作中的以下功能进行了模拟仿真,根据自行开发的路面自动检测仪器,结合路面平整度检测,对路面健康状况实行实时检测,并及时标定可能危及行车安全或严重影响路面使用性能的病害及时进行修复(图 2.3-26)。

系统通过视频图像,对路面的损坏情况进行判定,然后通过本研究中的路面损坏评价模型、路面混凝土路面状况指数 PCI 值的计算公式、沥青路面破损率(DR)、路面平整度用路面行驶质量指数(RQI)实现对功能检测的模拟。提供云图、列表方式进行集中仿真呈现(图 2.3-27)。

[2] 性能评估

根据路面使用功能及结构功能现状,提供路面损坏现状评价云图、路面安全预警以及路面月度安全

图 2.3-26　基于视频的道路功能检测

图 2.3-27　基于视频的道路检测结果查询

性能评估、年度安全性能评估报告。

　　根据研究报告的成果,依据道路损坏状况分为优、良、中、次、差五个等级,分别用不同颜色代表,评定标准按表 2.3-4 所示,通过 GIS 填充展示进行显示,形成直观形象的模拟仿真(图 2.3-28)。

表 2.3-4　道路损坏状况评定标准

评价等级	优	良	中	次	差
分项指标	$\geqslant 90$	$\geqslant 80,<90$	$\geqslant 70,<80$	$\geqslant 60,<70$	$60<$

图 2.3-28　基于视频的道路检测性能评估

[3] 结构检测

本模块对路面的结构功能检测管理工作进行模拟,包括路面及重要结构物应变、温度及结构层间压力检测,并及时预警严重影响路面结构性能的路段(图2.3-29)。

1) 模拟设备采集,模拟展示道路质量状态

自动对光纤光栅传感器所在区域进行实时温度、应变监控,检测现场温度、应变的异常波动,在物理量超过设定报警值时实时报警。

2) 状态查询

模拟检测各个监测点的温度、应变和报警信息都保存到系统中,展示其实时数据。

3) 温度、应变统计

可实时给出道路最高温度、最大应变值及对应监测点的位置编号和地理信息。

4) 故障定位

具有自检功能,可对光纤传输线路的损耗及断点位置进行准确定位,方便系统调试、维护及线路检修。

图2.3-29　基于视频的道路检测性能评估

5. 综合水处理厂系统

本系统通过集成平台将该系统研究成果进行总体综合展示。

[1] 水厂建筑 BIM 模型集成展示

通过系统能够通过 GIS 地图掌握灌溉系统的总体运行状态,在用户需要对该水厂进行详细状态监控管理时,能够通过地图索引,打开对应的 BIM 模型画面,实现 BIM 模型的动态浏览展示,为监控管理者提供一个形象直观的建筑展示方式,为运行维护提供便捷的方式(图2.3-30)。

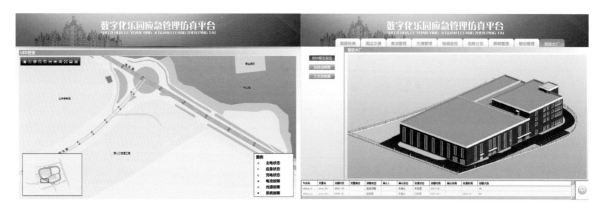

图2.3-30　基于 BIM 模型的水务监控画面浏览

[2] 水厂自控系统监控管理

系统通过与水厂自控系统的标准化接口通讯(如 OPC,ModBusTCP 等等),实现对于水厂自动化控制

系统的对接与互联,除了在 GIS 地图上能够宏观的掌握综合水处理厂的运行状态之外,还能够通过点击具体设备设施,开启对应的水厂自控系统的监视画面,从而掌握该系统的运行状态,亦可在发生突发事件时快速了解现场情况,为突发事件的处置管理提供辅助支撑与帮助(图 2.3-31)。

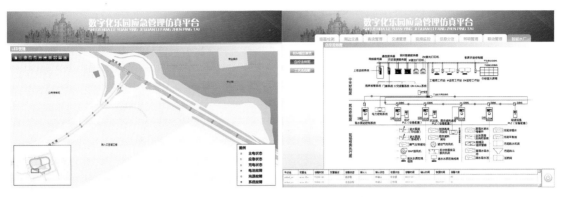

图 2.3-31　基于水务业务流程监控

2.3.3.5　仿真平台硬件系统架构

整个仿真平台的硬件体系架构如图 2.3-32 所示。

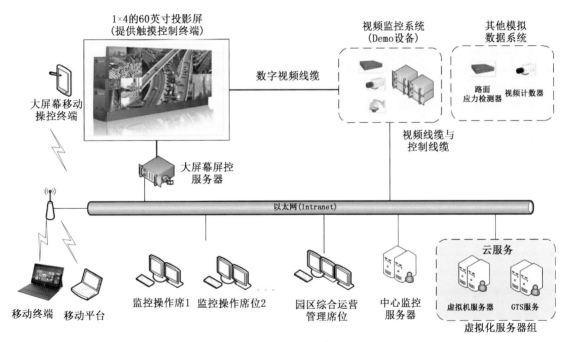

图 2.3-32　系统硬件架构图

在子系统建设上,仿真平台的游客信息监控系统部分采用虚拟机方式搭建,应急指挥调度方式则直接使用企业云方式搭建。

仿真平台系统采用了在数据接入层、数据处理层以及应用层的经典三层架构基础上细分的 5 层架构(图 2.3-33),并且根据监控对象和需求的特点以及业务需要,通过模块化方法,细分出联动服务、趋势服务、应急服务等专业服务,以保证各类专项业务处理的时效性、稳定性和可靠性。在这种层级架构上的基础上,再通过构件化的开发方式并配合多种组件,以及专业服务的结合,对软件平台的可靠性、可移植以及可扩展性进行了极大的增强。通过模块化、构件化的方式以及集中分布式部署的方式,为综合信息管理仿真平台构建出一个具备良好扩展性的软件平台,便于系统的扩展补充,也为权限的灵活掌控打好基础。

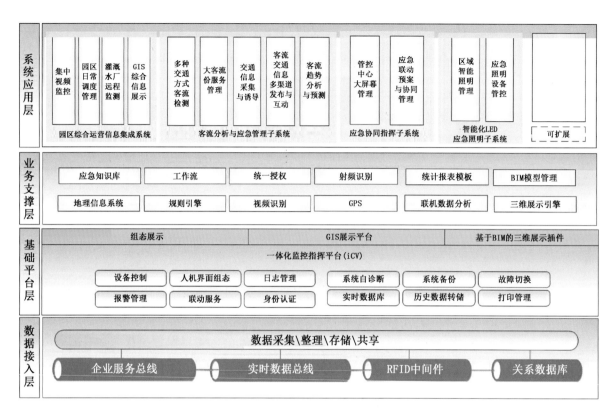

图 2.3-33　系统软件架构图

2.3.3.6　主要研究结论

基于虚拟化的系统部署,以及云平台的方式是能够良好的支撑好本系统运行的。

本系统实时监控系统,基于 VMware 的虚拟化主机环境下运行;应急信息指挥模块运行在企业级云服务平台之上,运行效能与单独部署服务器无显著差异。

系统成功地实现了对水厂 BIM 模型的加载,可在应用系统内实现对模型的浏览,下一阶段将调用相关接口,在 BIM 模型中实现实时数据展示。BIM 模型能够良好地集成接入综合监控系统平台,在平台内可实现更为直观形象的展示。

GIS 公共服务引擎搭建,能够综合展示所需地理信息图标,为其他信息系统提供公共服务。通过基于 ArcGIS 的标准化地图服务引擎,能够为实时监控系统与信息化系统提供统一的数据服务,确保在信息共享方面的基础一致。系统通过一机多屏幕的综合信息呈现方式,实现基于客流、车流分析的结果,预警信息的直观呈现,快速实现信息共享、展示及发布,实现各类信息发布设施集中管理与调度。利用实时数据结合人流、车流的分析模型,能够对客流、车流增长趋势进行预判,并及时调用相关的预案,提前做好对客流应急事件的准备工作。

在移动应用设备端实现应急信息的管理与实时信息发布功能,实现针对运行管理人员的移动终端监控系统的部署尝试,并提供基于 Android 平台的移动终端支持,以实现游客信息的公共发布与推送。

参考文献 2.3

[1] 郑龙,田田,喻晓峰.基于蓝牙技术的城市交通系统[J].计算机工程与设计,2005,26(6):1599-1601.

[2] 郑仁飞,庞伟正.用于 SCOOT 系统的蓝牙车辆检测器[J].应用科技,2007,34(4):24-26.

[3] 王锐华,益晓新,于全.ZigBee 与 Bluetooth 的比较及共存分析[J].测控技术,2005,24(6):50-52,56.

[4] 张立斌,高仲春.RFID 技术在军车车号牌及驾驶证防伪管理中的应用[J].工业控制计算机,2012,25(4):107-108.

［5］曾庆勇.基于物联网技术的校车安全管理系统[J].计算机系统应用,2012,21(8):35-38.

［6］汪成亮,张晨.面向车联网的交通流参数检测[J].计算机工程与应用,2012,48(23):212-218.

［7］赖志艺.Telematics 系统及其在金旅客车上的应用[J].客车技术与研究,2012(2):37-39.

［8］余嵘.车载 Telematics 系统研究[J].汽车电器,2011(7):1-4,8.

［9］蔡超.上海国际旅游度假区核心区控制性详细规划[R].上海:上海市城市规划设计研究院,2011.

［5］曾庆勇.基于物联网技术的校车安全管理系统[J].计算机系统应用,2012,21(8):35-38.

［6］汪成亮,张晨.面向车联网的交通流参数检测[J].计算机工程与应用,2012,48(23):212-218.

［7］赖志艺.Telematics 系统及其在金旅客车上的应用[J].客车技术与研究,2012(2):37-39.

发表论文 2.3.1

基于客流密度进行公共区域客流状态的研究

王跃辉

（上海市城市建设设计研究总院，上海，200125）

【摘　要】　上海迪士尼乐园开园在即，本研究基于保障其公共配套区域的安全运行，提出了公共区域客流存在的三种状态—自由状态、排队状态、临界状态，并通过对比，分析确定了三种状态所对应的客流密度阈值，据此指导迪士尼乐园配套公共区域的游客管理措施。

【关键词】　客流密度，客流状态，公共区域，迪士尼

1　背景

2009 年 11 月，上海迪士尼乐园项目正式获得国家发改委核准，2013 年主题乐园主体工程进入实质性施工阶段，预计 2016 年 6 月正式开园迎客。据相关研究，开园年乐园客流量有可能接近成熟期客流，虽然客流量的增加有利于乐园的投资回报，增强地区的活力，但也为乐园的安全保障提出了要求。

特别是乐园周边的公共配套区域，是个开放的区域，这些公共区域不仅是客流入园过程的承载区，也是乐园溢出客流的接纳区，因而公共区域的安全运行是乐园安全运营的保障。

2　目的

不同的客流状态，公共区域的运营保障措施是不同的。

（1）当客流量较小时，客流处于自由状态下，游客个体的活动不受他人存在的影响，管理措施为常规管理。

（2）当客流量增加到一定程度，个体的活动因其他游客的存在会受到限制，特别在某些扰动下，会出现紊乱，产生安全隐患。

（3）当客流再集聚时，自由、无序状态会严重影响安全的运行，因而应将无序的客流进行有序化，即排队状态。

客流密度是客流状态的关键指标，本次研究是确定不同状态下的客流密度，据此指导迪士尼乐园配套公共区域的游客管理措施。

3　基本理论

1)《交通工程手册》相关规范

（1）行人静态空间要求

行人静态空间指行人的身体在静止状态下所占的空间范围，身体前后胸方向的厚度和两肩的宽度是人行道空间和有关设施设计中所必需的基本尺寸。人其肩宽不超过 57.9 cm，厚度不超过 33 cm，以身体较大的身体椭圆型（图 1）为例，短轴 45.7 cm，长轴 61 cm，面积＝0.21 m²。

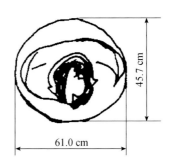

图 1　单人静态空间要求示意图

当行人携负不同物品时，占用的宽度是不同的，如表 1、图 2。

表 1　行人携负占用宽度统计表

占用宽度/cm	行人状况
60—70	单身不携带任何物品
70—80	一手提物或怀抱轻物

本文原载于《上海市政公路》，2016，08（4）：51-54

（续表）

占用宽度/cm	行人状况
75—85	两手携轻物或一手与一肩负轻物
80—90	背负重物
85—100	背负重物与手提物品
90—100	大人带一小孩同行
100—180	肩挑两重物

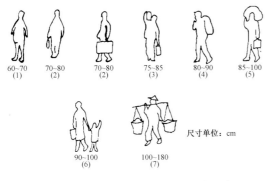

尺寸单位：cm

图2 携负状态下单人静态空间要求示意图

另外对于拥挤状况下，行人占用空间的当量面积可划分为四类，见表2。

表2 行人占用不同静态空间分级表

类别 指标	接触区域	不接触区域	个人舒适区域	可行动区域
直径 cm /面积 m²	23.05 /0.28	45.7 /0.66	53.3 /0.93	60.9 /1.21

（2）行人动态空间要求

参考《交通工程手册》，行人的运动空间需求可分为步幅区域、放置（两脚）区域、感应区域、行人视觉区域以及避让与反应区等。其中：

（a）据观测平均步幅为63.7 cm。

（b）对一个人从头到脚都能观察到，约需2.1 m，此距离下，视觉感到舒服，也适合正常速度下人的步行。

（c）步行者在自己面前预留一个可见的区域，以保证有足够的反应时间，以便避让行为，为0.48～0.6 m。

（3）心理缓冲空间

最低的心理缓冲范围为0.22～0.26 m²，当强调舒适时，女性为0.37～0.46 m²，男性为0.74～0.84 m²。

（4）人行道的服务水平分级

人行道的服务水平及与之对应的通行能力、指标、状态见表3。

表3 行人占用不同静态空间分级表

	指标	状态
A级 1 440人 /(h·m)	行人占用面积>3 m²，纵向间距约3 m，横向间距约1 m	有足够的空间可供行人自由选择速度及超越他人，亦可横向穿越与选择行走路线。即可完全自由行动
B级 1 830人 /(h·m)	行人占用面积2～3 m²，纵向间距约2.4 m，横向间距约0.9 m	可以较自由地选择步行速度、超越他人，反向与横穿行走要适当降低步行速度。即处于准自由状态（偶有降速需要）
C级 2 500人 /(h·m)	行人占用面积1.2～2 m²，纵向间距约1.8 m，横向间距约0.8 m	选择步行速度与超越他人有一定的限制，反向与横穿行走常发生冲突，为免于挤擦碰撞，有时要变更步速和行走线位。即个人尚舒适，部分行人行动受约束
D级 2 940人 /(h·m)	行人占用面积0.5～1.2 m²，纵向间距约1.4 m，横向间距约0.7 m	正常步速受到限制，有时需要调整步幅、速度与线路，超越、反向与横穿十分困难，有时产生阻塞或中断。即行走不便，大部分处于受约束状态
E级 3 600人 /(h·m)	行人占用面积0.5 m²以下，纵向间距约1.0 m，横向间距约0.6 m	所有步速、方向受到限制，只能跟着人流前进，经常发生阻塞或中断，反向与横穿决不可能。即完全处于排队前进，"跟着走"，个人无行动自由

2）《环境心理学与心理环境学》相关建议

根据霍尔提出的个人交际空间距离模式，人与人之间的距离和心理承受能力关系见表4。

表4 个人交际空间距离模式

		人与人间距
亲密距离	近程，亲人之间	1～15 cm
	远程，促膝谈心，可辨认对方表情的细微变化等	15～45 cm
个体距离	近程，师生、亲友相处距离，握手言欢的距离	45～75 cm
	远程，挥手致意的距离	75～120 cm
社会	近程，同事之间、上下级之间在办理非个人事务时的距离。如教研室老师备课	120～210 cm
	远程，正式社交场合，桌隔离，彼此相对必须大声说话才听清	210～360 cm
公众	近程，受威胁，可防卫	360～750 cm
	远程，难识别对方	>750 cm

4 公共区域客流状态分析

迪士尼乐园的公共区域大致可分为两类。一类为自由分散区域,如湖边公园、公共交通连接段,客流主要自由分散在区域的各个角落;第二类则呈现多种状态,如出入口广场、公共交通枢纽,客流呈现自由分散向集中排队的整个过程,距离检票区较远的客流以自由分散状态为主,越接近检票区域,客流逐级集中直至成为排队状态。

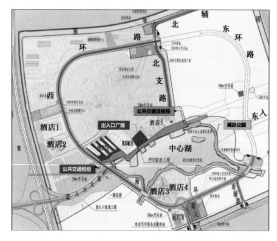

图 3 根据客流状态,迪士尼乐园公共区域划分图

从客流存在的状态可划分为自由状态、排队状态、临界状态。

1)自由状态

自由状态是指游客可以自由的活动,且不因其他人的存在而受到干扰,彼此陌生的情况下,有一定的私人占有空间,从心理上感觉是安全的,并且在面对危险时,有一定反应时间和避让空间。自由状态下,游客的速度、方向均不一致,即使受到相互干扰,影响也比较小。

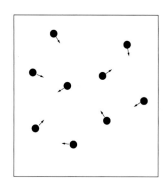

图 4 自由状态下,游客行为状态分析示意图

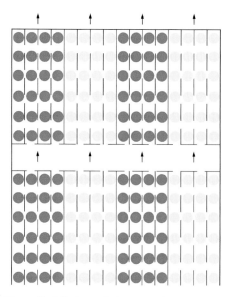

图 5 排队状态下,游客行为状态分析示意图

2)排队状态

排队状态是一种将无序转化为有序的客流组织形式,由于客流被限制在一定的空间内,因而不仅易于管理,同时也较节约用地。常见的人流组织形式有蛇形排队和分片区排队两种形式。

3)临界状态

临界状态介于自由状态和排队状态之间,临界状态下的客流因不被限制在一定的区域内,因而具有一定的自由度,但同时由于客流量较大,自由的活动因其他游客的存在而受到一定的局限。对于管理者来讲,临界状态非常危险,在扰动下,极易出现客流之间的紊乱,产生安全隐患。

5 客流密度标定

1)自由状态

自由状态下,客流存在多种状态,有静止的,有行动的,行动的客流不仅存在速度的差别,还存在方向的多样化。自由状态下的游客空间,不仅包含游客个体所占据的空间,还应包含运动状态下的步幅区域、感应区域、行人视觉区域、避让与反应区等。

(1)《交通工程手册》相关规范

按照《交通工程手册》中行人动态空间需求,游客可自由行动的最小距离为:0.25(脚)+0.637(步幅距离)+2.1(舒适感应区域)=2.987 m。

假如人与人之间按照最小距离紧密排列,则将形成等边六边形(图 6,圆点为游客重心),彼此之间的最小距离即为个人所占据空间的直径 2.987 m,则所占据空间的面积约 7 m²;考虑到个体之间的空白间隙,按照矩形排列(图 7),则所占据的面积为 9 m²。

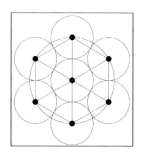

图 6　最小安全距离,人流密度简化分析图 1

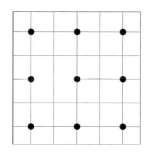

图 7　最小安全距离,人流密度简化分析图 2

(2)《环境心理学与心理环境学》相关建议

(a) 人与人间距大于 750 cm 时,面部的细致表情难以识别,此时需大声说话,采用缓慢的语速并配以大幅度的姿势,才能使别人明了意思。

(b) 当距离在 360~750 cm,敏捷的人如果受到威胁可以相机行事,如逃跑或防卫。

(c) 当距离在 210~360 cm,在此距离内,二人相对必须大声说话才听清,而此时又可能影响别人,如正式社交场合,中间往往隔有桌子以保持距离,维持气氛,并显得严肃、认真,一丝不苟。

因而当人与人之间间距为 360 cm 时,对于陌生的人之间,这是受到威胁可防卫的最小距离。对于需要有交流的人之间,则需要大声的讲话才可能达到沟通,因而 360 cm 属于自由状态的客流间距,所对应的人均密度约 13 m²/人。

(3) 取值建议

综合对比《交通工程手册》中的行人动态空间和《环境心理学》的间距,2.987 m 为个人自由行动的最小距离,而 360 cm 为陌生人之间的最小安全距离,因而对于广场的自由客流状态,除考虑自由行动下的最小间距,需兼顾陌生人之间的心理距

离,因而自由状态下的客流间距取 360 cm,客流密度为 13 m²/人。

2) 排队状态

当游客处于排队状态下,交通流基本为跟随流状态。

(1)《交通工程手册》-行人静态空间

在拥挤状态下,行人占用空间的当量面积如表 2,当为可行动的区域时,行人占用空间的直径为 60.9 cm,占用的面积为 1.21 m²/人。

(2)《交通工程手册》-行人动态空间

参考《交通工程手册》在跟随流状态下,游客的最小距离为 0.25+0.637+0.6=1.487 m,游客的横向宽度选取表 1 中一手提物或怀抱轻物,宽度在 70~80 cm,则所占据空间的面积约 1.04~1.19 m²。

(3)《交通工程手册》-人行道的服务水平分级

若按照人行道的服务水平分级,见表 3。

(a) 行人占用面积 1.2~2 m²,纵向间距约 1.8 m,横向间距约 0.8 m,选择步行速度与超越他人有一定的限制,反向与横穿行走常发生冲突,为免于挤擦碰撞,有时要变更步速和行走线位。即个人尚舒适,部分行人行动受约束。

(b) 行人占用面积 0.5~1.2 m²,纵向间距约 1.4 m,横向间距约 0.7 m。正常步速受到限制,有时需要调整步幅、速度与线路,超越、反向与横穿十分困难,有时产生阻塞或中断。即行走不便,大部分处于受约束状态。

(c) 行人占用面积 0.5 m² 以下,纵向间距约 1.0 m,横向间距约 0.6 m。所有步速、方向受到限制,只能跟着人流前进,经常发生阻塞或中断,反向与横穿决不可能。即完全处于排队前进、"跟着走",个人无行动自由。

(4)《环境心理学与心理环境学》建议

当人与人间距在 45~120 cm,可以相互看清对方的面目,听清对方的话语,也适合于顾客与售货员、游客与导游等服务性行业的工作距离。当然也是挑衅、威胁与积极防范的距离。对应的客流密度为 0.2~1.44 m²/人

(5) 取值

综合对比以上四种客流状态及间距,从行人动态空间组成、环境心理及客流运行中的相互影响角度,舒适的跟随流状态的客流密度取值为 1.2~2 m²/人。

3) 临界状态

（1）《交通工程手册》—行人动态空间

如自由状态下客流状态与客流密度的描述，2.987 m 为个人自由行动的最小距离，因而客流密度取 9 m²/人为自由状态的最低值，也即临界状态的高限值。

（2）《交通工程手册》—人行道的服务水平分级

若按照人行道的服务水平分级，如表 3 所示。

（a）行人占用面积＞3 m²，纵向间距约 3 m，横向间距约 1 m。有足够的空间可供行人自由选择速度及超越他人，亦可横向穿越与选择行走路线。即可完全自由行动。

（b）行人占用面积 2～3 m²，纵向间距约 2.4 m，横向间距约 0.9 m。可以较自由地选择步行速度、超越他人，反向与横穿行走要适当降低步行速度。即处于准自由状态（偶有降速需要）。

（3）《环境心理学与心理环境学》

人与人间距在 210 cm 时，处于近程社会距离和远程社会距离的边界，是办理非个人事务时的距离，既能保持距离，维持气氛，又必须大声说话才能听清。

（4）取值建议

综合对比以上三种客流状态及间距，从行人动态空间组成、环境心理及客流运行中的相互影响角度，临界状态的客流密度取值为 3～9 m²/人。

6 结论

通过本次研究，对于迪士尼乐园的公共区域，当客流密度高于 13 m²/人时，区域内客流之间处于自由状态，可采取常规的管理与监控的手段。

当客流密度达到 9 m²/人时，需进行应急的状态，加大客流监控和疏导，或限制客流进入或增加排队区域，降低客流风险。限制自由活动下，客流密度低于 3 m²/人。

参考文献

［1］TRB. Highway Capacity Manual［S］. 2000.

［2］《交通工程手册》. 北京：人民交通出版社.

［3］《环境心理学与心理环境学》. 北京：国防工业出版社.

［4］《外部空间设计》. 北京：中国建筑工业出版社.

［5］《上海国际旅游度假区核心区控制性详细规划》. 上海市城市规划设计研究院.

［6］《总体开发协议附录 B》. 上海申迪旅游度假区开发有限公司.

发表论文 2.3.2

基于云技术的智慧型游乐园
应急管理系统架构研究

张慧哲　肖宾杰　戴孙放　蒋应红

（上海市城市建设设计研究总院，上海 **200125**）

【摘　要】　为了确保大型园区应急处置的快速、可视、高效、自动，有必要在园区内建立一个统一的、具备完善的区域信息管理和应急运行体制的智慧园区应急管理集成系统。本文探讨了园区应急管理系统需求与功能，确定了基于云技术的系统体系框架以及系统间信息流关系，可以为各类大型园区信息化系统的建设提供参考。

【关键词】　智慧园区；应急管理；云技术；乐园信息化

OPTIMIZATION DESIGN METHOD STUDY OF SHANGHAI RAILWAY
NORTH SQUARE PASSENGER GUIDANCE SIGN

ZHANG Huizhe, XIAO Binjie, DAI Sunfang, JIANG Yinghong

（Shanghai Urban Construction Design & Research Institute, Shanghai 200125）

Abstract：In order to ensure the fast, visual, efficient, automatic emergency treatment of a large park, it is necessary to establish a wisdom park emergency management integrated system which has a unified, perfect regional information management and emergency operation system in the park. This paper discusses the requirements and functions of the emergency management system, and determines the framework and the information flow of the system based on cloud system, which provide the reference for all kinds of large park information system construction.

Key words：Smart Park；Emergency management；Cloud technology；information System of Amusement Park

0　引言

大型公共游乐场所聚集人员众多，不确定因素复杂，必须确保游客能够安全有序地游玩、流动，大规模客流将对应急指挥和安全防范提出严峻的挑战，一旦发生重大的安全事件，将对整个社会产生非常巨大的影响。目前，大型游乐园区不断涌现，如上海迪士尼、广州长隆欢乐世界、北京欢乐谷，大客流聚集区域尤其需要高等级的安全防范和应急需求，当发生突发事件时，尤其需要利用先进信息技术手段进行应急指挥调度，最大限度减少突发事件造成的后果和影响。目前，国内还没有相应的大型游乐场所应急相关的信息化标准及规范作为指导。

为了对大型游乐场所内各类信息进行有效的集成管理，提供数据共享、分配、服务的平台，并且在突发事件时提供应急预案、资源调配、信息的发布等基

本文原载于《2013（第八届）城市发展与规划大会论文集》，1—6

基金项目：上海市科委重点项目（**07dz12006**）

本功能,需要在园区建立具有信息汇聚、信息共享、信息交换功能,并且在突发事件条件下能够联合多个管理部门,实施应急指挥工作的信息化系统。

1 需求与功能分析

1.1 服务对象及其信息需求

信息化系统主要服务对象包括三类,公共区域内"游客""车辆"以及"管理者"。

(1)游客指园区内公共区域的游客,游客所需信息包括以下几个方面。

园区内信息——出入场客流量、乐园客流分布、各区域排队时间、园区内专用车辆的运行信息。

公共交通信息——公交车辆(轨道交通、专用接驳巴士)到达地块的线路、首末班时间及换乘信息,出租车候车点的分布信息。由于不同交通工具运营及管理职能的划分,此类信息需要和有关单位协调。

天气环境信息——阴晴雨雪雾霾风、温度、湿度、噪音日照强度等信息。

信息发布方式——公共广播、可变信息显示板、信息查询系统、手机终端、电视、有线/无线网络等。

(2)车辆指园区内及周边路网进出园区的车辆。车辆所需信息如下。

停车场位置信息、停车场的静动态泊位数信息。

度假区内实时的道路交通状态及交通事件信息。

信息采集发布方式,主要有电子信息板、手机、网络等。

(3)管理者指拥有管理园区权力和责任的人员,园区管理者可能涉及到交警、公安、城管、管委会、美方、申迪等各部门;

管理者的信息需求包括:车流人流状态、人流分布、设备运行、人车安全监视等信息、安全保障信息(包括全覆盖视频图像监视、电子巡更、周界报警等设施)。

1.2 信息系统功能分析

(1)园区信息汇集与管理

信息汇集与管理的功能主要是整合相关各部门的所采集的数据资源,将各子系统的信息有效汇集起来,协调运行,互相支撑,成为各行业全面、权威、综合的数据中心,满足各级用户的综合应用需求,发挥出信息资源最大的效益。信息平台将

确定接入内容,按照数据标准规范要求接受来自各行业的系统的,完成对信息多源异构数据的接入,并按照基础数据、实时数据、历史数据进行组织,以保证数据间关系的正确性、可读性并避免大量的数据重复堆积。

(2)园区信息共享与交换

信息共享和交换功能,主要针对信息平台所管理的信息内容,在一定的范围内为各种用户和系统共享利用,并对所连接的子系统提供一个信息交换的平台,达到这些信息平台之间进行信息交换的目的。

(3)园区管理决策支持

园区管理问题是一个不断出现矛盾、不断在新的层次上解决矛盾的长期持续的过程,需要连续跟踪观察园区运行过程中的问题,以科学的理论模型分析客流、车流等问题,指导交通决策、园区规划、工程实施乃至管理措施制定等多方面的工作。信息平台的建立为园区决策支持的应用提供了基础,在此基础上,可以形成迪士尼全面、权威的决策支持信息。

(4)园区应急指挥功能

在各类突发事件或灾害情况下,如何迅速响应事件、启动预案、调集各方面资源、协调指挥救援、疏散事发区域甚至整个地块内人员,对保障游客的人身安全和减少设施的损害都有重要的意义。

2 系统特点

信息化系统将具有以下特点。

2.1 信息化建设内容广泛

信息化建设内容广泛不仅包括信息化通信管线、网络、线路、给排水等基础设施,还有信息采集、分析、发布等增值应用,以及视频监控、公共广播、电子显示屏等设施。

2.2 丰富的业务应用

针对园区管理、信息共享、信息集成与应用等多种业务的应用,因此需要建立统一管理的信息化综合信息,以保障系统的可靠运行。

2.3 协调各方面的信息化需求

园区的信息化需求是多用户、多管理主体、多处理终端的,因此需要建立一个统一的运行管理

平台进行监控调度,并建立相应的管理与应急机制,以保障信息化服务的高效、可靠运行。

3 系统架构

从国内外类似工程的应用状况及发展趋势看,信息化系统发现总体框架设计思路都是中央监察、分层分权的管理架构,上层总平台实现信息汇聚与交换,协调各应用子系统。各专业化子系统分块独立运行,实现专业化管理工作。优势在于可以实现各部门间信息的汇聚与共享,避免形成信息化管理的孤岛,并且实行分级分层管理,将区域管理的职能和责任下放给分区的管理中心,可以充分发挥各相关管理部门的专业化管理的优势。

信息系统需要对园区内的交通、安防、水务、运营等信息进行有效汇聚,并提供内外信息共享、交换和服务,建立与市应急指挥中心、信息中心、城管部门信息平台、公安、交警等上级管理部门的信息互联通道,并且在突发事件下能够联合多个管理部门进行应急的联动。通过对系统需求及功能定位的分析,提出园区综合信息服务与应急管理系统架构。

系统基于"云"技术和现代服务管理的思想,利用先进的网络技术、智能决策支持技术,通过构建并运营云应急服务平台,以有效管理和调配可

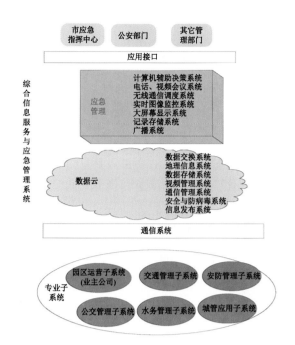

图1 综合信息服务与应急管理系统框架

扩展的资源为目的,可为管理者定制服务的智慧型管理新模式。系统可提供各个专业子系统信息共享、交换和服务的通道;建立与应急指挥中心和信息中心等上级管理部门的信息互联通道;突发事件时协调各相关管理部门进行人员、资源的调度;信息沟通是系统的主要功能,图2给出了各个系统间信息连接关系图。

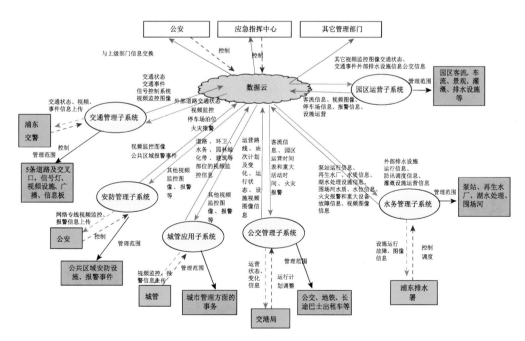

图2 系统关系图

4　结论

综合信息服务与应急管理系统的建设不仅使园区范围内交通信息资源达到共享,而且可以实现与上海市其他上级系统信息资源的共享。系统的建立对于某些需要获取非本系统的所掌握的信息资源,系统无需通过自行建设相应的系统来获取,而是通过综合信息集成与服务平台的信息交换和共享处理来获取,因此,通过本项目集约建设可大大减少基础建设的投资费用,并且可以提供突发事件应急指挥的平台能够提供各类预案,协调调度各类应急资源,实现各部门的联动响应,体现智慧型按需调度。通过此系统各类信息资源得到有效整合,对于减少外场设备的重复布设,提高分散系统的运行和利用效率,增强系统的稳定性,减少经济损耗,实现节能减排的整体目标等都会起到积极作用。

参考文献

[1] 李从东,谢天,刘艺. 云应急——智慧型应急管理新模式[J].中国应急管理,2011(5):27-33.

[2] 王永明,刘铁民.应急管理学理论的发展现状与展望[J].中国应急管理,2010(6):24-30.

[3] Rajkumar Buyya, Chee Shih Yeo, Srikumar Venugopal et al. Cloud computing and emerging IT platforms: Vision, hype,and reality for delivering computing as the h utility[J]. Future Generation Computer Systems,2009,25(6):599-616.

[4] 王佳隽,吕智慧,吴杰等.云计算技术发展分析及其应用探讨[J].计算机工程与设计,2010,31(20):4405-4409.

[5] 李伯虎,张霖,王时龙等.云制造—面向服务的网络化制造新模式[J].计算机集成制造系统,2010,16(1):1-7.

[6] 张飞舟,杨东凯,陈智等.物联网技术导论[M].北京:电子工业出版社,2010.

[7] Mladen A Vouk. Cloud computing-issues, research and implementations[J]. Journal of Computing and Information Technology,2008,6(4):235-246.

[8] Katherine P. Andriole, Cloud computing:What Is It and Could it Be Useful[J]. Journal of the American College of Radiology,2010,7(4):252-254.

[9] MicroSoft. Cloud computing platform:Azure service platform overview[R]. JNSIGHT(MicroSoft),2008.

[10] 李仕明,刘娟娟.基于情景的非常规突发事件应急管理研究——2009突发事件应急管理论综述[J].电子科技大学学报(社科版),2010,12(1):1-3.

[11] 王旭坪,李小龙,梁阿密等.基于SOA非常规突发事件资源协调决策系统研究[J].情报杂志,2010,29(6):164-169.

[12] 王紫瑶,南俊杰,段紫辉等.SOA核心技术及应用[M].北京:电子工业出版社,2008.

[13] 韩智勇,翁文国,张维等.重大研究计划"非常规突发事件应急理研究"的科学背景、目标与组织管理[J].中国科学基金,2009(4):215-220.

第3篇 循环水资源利用技术

研究的技术：

(1) 核心区高标准防洪体系。

(2) 上海迪士尼乐园项目雨水综合利用技术。

(3) 高标准水质保持的关键技术。

解决的问题：

(1) 如何建立核心区防涝体系及控制标准。

(2) 如何建立区域雨水资源综合利用评价指标体系。

(3) 如何模拟中心湖泊水质及建立高标准湖泊良性生态系统水质保障体系。

取得的效果：

(1) 通过陆域排水系统、调蓄系统以及城市水系的协同运作，允分调动和利用现有设施的设计运行能力，将区域防洪能力由5年一遇提高到50年一遇。

(2) 提出适合上海迪士尼乐园项目的区域雨水综合利用工艺和方案，园区年雨水利用量不少于30万t，智能自动灌溉系统比传统灌溉方式节水不少于10%。

(3) 建立上海迪士尼乐园项目中心湖泊水质模型及水动力学模型，提出园区中心湖水体处理设计工艺和水质保持运行管理方案，COD、BOD、TKN、氨氮、总磷、溶解氧等达到高要求水质标准。

第1章

核心区高标准防洪体系专题

第3篇第1章由上海市城市建设设计研究总院(集团)有限公司完成。

3.1.1 核心区防洪排涝体系的构建过程

3.1.1.1 城市排水防涝体系的构建过程

近年来,国内部分大城市相继遭遇极端气象降雨而发生城市内涝,社会各界普遍关注。依据现行规范,城市内涝是小概率事件,但也是必然发生的事件。

我国目前城市区域防洪系统、排涝系统、排水系统是分别建设的,并分别制定相应的标准。在我国规划设计领域,未对"超标降雨"引起的地面漫流、滞留涝水做妥善的安排,这也是造成近年来我国部分城市内涝灾害频发的重要原因。

我国目前尚无统一明确的城市内涝控制标准,表3.1-1为上海市关于道路、街坊雨天积水的定义。内涝灾害控制标准应包含积水深度、范围、时间、流速等控制指标。

表 3.1-1　上海市关于道路、街坊雨天积水的定义

积水位置	描　述
市政道路	积水深度为路边大于等于15 cm(即与道路侧石齐平)或道路中心有水, 积水时间大于等于1 h(雨停后),积水范围大于等于50 m² ;
街　坊	积水深度为路边大于等于10 cm,积水时间大于等于0.5 h(雨停后), 积水范围大于等于100 m²。

值得思考的问题是内涝的风险程度、接受程度以及如何构建应对城市内涝的排水防涝体系。随着《国务院办公厅关于做好城市排水及暴雨内涝防治设施建设工作的通知(国办发〔2013〕23号)》的发布,城市陆域排水防涝体系的构建,已成为当前迫切需要研究和探讨的重要课题。

城市内涝防治首先需确定内涝防治目标与标准,明确城市内涝防治系统的组成,进行设计暴雨计算、暴雨径流计算、排水管网计算、排涝量计算和排涝方式选择,将内涝防治系统的各组成系统进行组合,提出城市内涝防治系统规划和内涝防治工程规划,提出工程规划措施和非工程规划措施。

3.1.1.2 城市排水防涝体系的组成

城市排水防涝体系主要由水系和陆域两部分组成,其中河道水系提供城市排水与涝水的出路,是陆域系统的下游边界条件,其功能是保证大区域长历时高重现期暴雨情况下,接纳并排除城市管网和陆域防涝系统排放的雨水。

城市区域防涝系统主要由道路、边沟、滞蓄区等组成,本身是自然存在的,但如果没有进行合理、有序的规划设计,在暴雨时往往会造成极大的内涝灾害。城市排水防涝体系将在传统的雨水口、排水管网、河道水系的基础上,增加低影响开发系统、地块漫流系统、涝水泄流系统、地表滞蓄系统以及地下调蓄池系统、大口径地下管涵系统等,共同应对高重现期降雨事件(图3.1-1)。

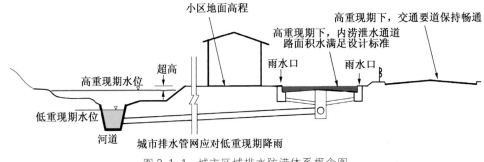

图 3.1-1　城市区域排水防涝体系概念图

3.1.1.3　关键技术环节

一般而言,城市排水防涝体系构建过程涉及到的关键技术环节如下:

(1) 内涝灾害控制标准的确定;

(2) 设计暴雨的推求;

(3) 已建管网排水标准的提高;

(4) 设计涝水量的计算;

(5) 地表超标径流的蓄泄规划;

(6) 城市河道系统的衔接;

(7) 与其他规划的协调。

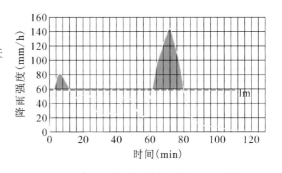

图3.1-2　降雨强度过程线与超标雨量示意图

如图3.1-2所示,根据暴雨强度过程线,将超过管网排水能力的涝水量进行积分,可计算整个降雨过程中子集水区总的涝水量,将各集水区涝水量汇总求和,即为降雨过程中该内涝分区总的涝水量。

3.1.1.4　核心区防涝体系

基于对城市排水防涝体系构建过程及关键技术环节的确立,核心区的防洪排涝体系的构建应主要围绕研究气象降雨、低影响开发技术和调蓄设施三大方面进行,核心区防洪排涝体系的具体构成如图3.1-3所示。

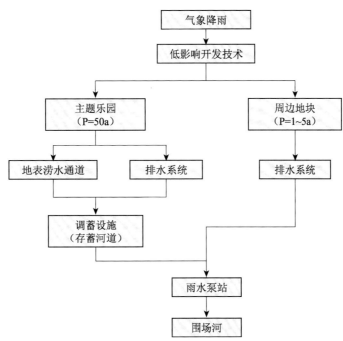

图3.1-3　核心区防洪排涝体系

3.1.2　核心区设计雨型的确立

排水系统的设计和运行与降雨等水文气候条件息息相关。设计暴雨是高标准防洪体系的基础,为构建核心区高标准防洪体系,需要根据上海特定的地理环境和气候条件,结合气象、水文资料,对降雨资料进行统计分析,研究近年来气象降雨变化规律、降雨事件特征,研制不同历时的设计雨型。

3.1.2.1 上海市最近 10 年降雨事件特征分析

本文所采用的 10 年降雨资料来源于上海宝山气象站 2001—2010 年自动采集的分钟降雨数据,数据精度为 0.1 mm。

将分钟降雨资料划分为不同场次的独立降雨事件,划分标准为降雨事件的雨量不低于 0.5 mm,事件间隔不少于 2 h。在此基础上,对降雨事件的雨强、雨量、历时、间隔等特征参数进行统计和分析。分析方法主要是绘制各特征参数的累积频率分布曲线。通过将特征参数的样本值由大到小排序,在此基础上,利用下式计算其累积频率。

$$P = \frac{m}{n+1} \times 100\%$$

式中　　m——累积频数,即序号;

n——样本总数。

经过统计,2001—2010 年间,上海地区共有降雨事件 1 139 场,年均降雨 114 场/a,年平均降雨量约 1 167 mm/a。各降雨事件的平均降雨量为 10.2 mm,平均降雨强度为 2.1 mm/h,平均降雨历时为 5.8 h,平均降雨间隔为 71.8 h。

表 3.1-2　特定频率下特征参数值

累积频率/%	雨量/mm	平均强度/(mm/h)	历时/h	间隔/h
50	4.2	1.0	3.77	27.8
65	8.0	1.5	5.72	56.78
70	9.8	1.7	6.32	73.08
80	15.4	2.5	8.73	116.42
90	26.5	4.6	13.73	195.63
95	38.5	7.7	19.52	280.00

从降雨量来看,小于 10 mm 的降雨事件可以占到事件总数的 70%,但这部分降雨的总量仅为全部降雨量的 22.8%;小于等于 25 mm 的降雨事件的场次可以占全部降雨场次的 89.1%,降雨总量可以占到全部降雨量的一半以上,见表 3.1-3。由此也可以看出,个别降雨量较大的降雨事件,尽管出现的次数较少,但对总降雨量的贡献是相当大的。

表 3.1-3　降雨事件的降雨量分布特征

降雨量/mm	降雨场次	累积频率/%	占降雨量比例/%
≤5	600	52.6	9.7
≤10	808	70.9	22.8
≤15	904	79.3	33.0
≤20	972	85.3	43.2
≤25	1 016	89.1	51.6
≤30	1 049	92.0	59.4
≤36	1 071	94.0	65.5

排水系统标准的制定,安全性是首要原则,但也需兼顾合理性和经济性。单一依靠提高设计标准,在增加安全性的同时,会造成设计、施工和运营费用的增加,个别人口密集地区甚至不具备工程条件。因此,排水系统的设计运行能力在能满足绝大多数降雨的保证率前提下,可以通过采用蓄洪区、调蓄池、低影响开发等辅助手段,积极应对极端性降雨,从整体上提高排水标准。

3.1.2.2 核心区设计雨型

1. 短历时降雨雨型

[1] 芝加哥雨型

根据上海市城市建设设计研究院《上海市短历时暴雨强度公式与设计雨型研究》(2006 年 10 月),雨峰位置 r＝0.398,重现期 P＝5a 和 P＝50a、降雨历时 T＝2 h 的设计暴雨雨型如图 3.1-4、图 3.1-5 所示:

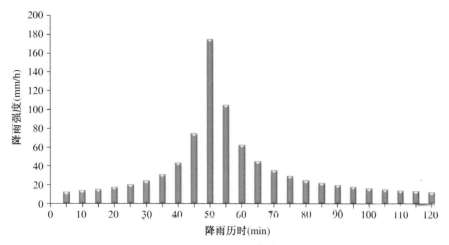

图 3.1-4 P＝5a、T＝2 h 的芝加哥雨型

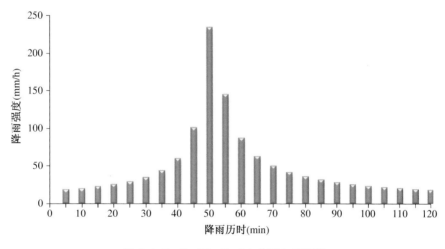

图 3.1-5 P＝50a、T＝2 h 的芝加哥雨型

[2] Pilgrim 和 Cordery 雨型

根据《上海市短历时暴雨强度公式与设计雨型研究》(2006 年 10 月)分别计算 5 年一遇和 50 年一遇的 2 h 降雨量,按照 120 min 雨型计算结果,分配到各时段,得到 5 年一遇和 50 年一遇的暴雨雨型,如图 3.1-6、图 3.1-7 所示。

2. 长历时降雨雨型

根据上海地区水利部门相关文件,上海浦东片 50 年一遇最大 24 小时面雨量为 257.2 mm,根据设计暴雨值计算得到各历时的倍比系数,将倍比系数与典型暴雨过程相乘可得到设计暴雨过程,详见图 3.1-8。

3. 雨型比选

[1] 排水管网设计雨型

根据《给水排水手册》(第 5 册),设计暴雨强度,按下列公式计算,即

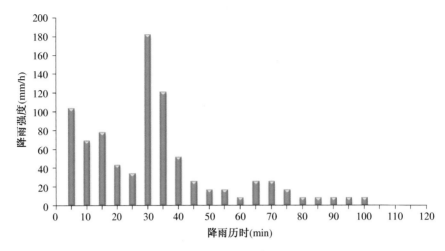

图 3.1-6　P＝5a、T＝2 h 的 P＆C 雨型

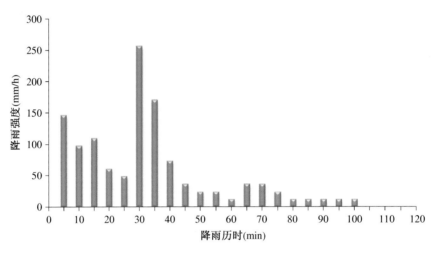

图 3.1-7　P＝50a、T＝2 h 的 P＆C 雨型

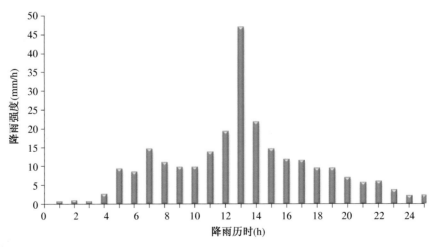

图 3.1-8　P＝50a、T＝24 h 的长历时雨型

$$q = \frac{5\,544(p^{0.5} - 0.42)}{(t + 10 + 7\lg P)^{0.82 + 0.07\lg P}}$$

式中　q——设计暴雨强度 $[\mathrm{L}/(\mathrm{s} \cdot \mathrm{hm}^2)]$；

t——降雨历时(min)；

P——设计重现期(a)。

[2] 防洪排涝风险评估雨型

重现期为 5 年一遇和 50 年一遇的芝加哥雨型和 Pilgrim 和 Cordery 雨型比较结果如表 3.1-4 所示。

表 3.1-4　120 min 雨型比较

	雨峰位置/min	最大降雨强度/(mm/h)	雨峰位置/min	最大降雨强度/(mm/h)
	P=5a		P=50a	
芝加哥雨型	50	174.72	50	234.61
Pilgrim 和 Cordery 雨型	30	181.96	30	256.42

在 5 年一遇和 50 年一遇的重现期标准下，虽然芝加哥雨型的最大降雨强度略小于 Pilgrim 和 Cordery 雨型，但芝加哥雨型的雨峰位置比 Pilgrim 和 Cordery 雨型靠后，而且芝加哥雨型雨量集中，对排水系统的要求更高。所以，决定采用芝加哥雨型对核心区的排水系统进行防洪排涝风险评估，同时采用长历时降雨雨型校核。

3.1.3　核心区低影响开发技术设计

3.1.3.1　低影响开发技术体系

　　一般而言，低影响开发技术体系构成如图 3.1-9 所示。其中，作为蓄存技术体系中的调蓄设施，既可以调节径流峰值，同时又具有径流污染控制作用，因此该设施是目前提高区域防汛能力效果较明显的一种低影响开发技术。在核心区高标准防洪体系构建过程中，就将应用调蓄设施，具体应用情况将在后续章节详细介绍。

3.1.3.2　低影响开发技术规划设计

1. 规划与设计步骤

　　低影响开发技术强调通过合理规划与设计来保护区域内的自然系统和水文功能。规划设计步骤主要分为四步。

[1] 确定项目目的与目标

项目目标不仅应满足法律法规和标准规范的规定，还要满足生态要求。生态要求包括以下几个方面：

(1) 开发前、后的区域径流量应近似；

(2) 峰值流量应满足法律法规和标准规范的规定；

(3) 开发前、后的径流频率和历时应相近；

(4) 水质应满足法律法规和标准规范的规定；

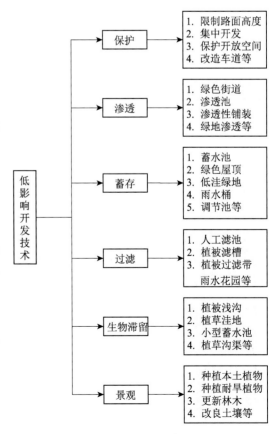

图 3.1-9　低影响开发技术体系

（5）应满足溪流或湿地基流的需求；

（6）应满足保护自然资源的需求。

[2] 选址评价与分析

选址评价与分析应进行以下工作：

（1）利用排水施工图、土壤类型图、土地规划图和航空照片等资料，详细调查、评价和分析低影响开发技术的选址；

（2）详细评价施工现场的限制条件，包括可用空间规模、土壤渗透特性、地下水位、坡度、排水方式、光照情况、地下设施等情况；

（3）确定保护区、地形、子排水系统以及其他一些需要保护的区域特征，如漫滩、陡坡和湿地等；

（4）划分子流域，须充分考虑开发前的排水方式、雨水系统和公路。

[3] 优化保护自然特征的方案

成功的低影响开发设计应充分了解当地的自然特征，尽量保存这些自然特征，并将其融入到雨水管理系统中，使径流方式更加接近开发前的情况，并从宏观上合理优化方案。具体方法如下：

（1）充分保存、利用渗水土壤；

（2）分离不透水面，将这些区域内的径流排放至自然区域；

（3）尽可能减小坡度；

（4）更新植被；

（5）充分利用开发前的排水方式；

（6）长距离传输雨水；

（7）充分利用草地、林地表面；

（8）径流尽量储存在自然洼地内。

[4] 减少子区域内的影响

各子区域内的地表径流应就地削减处置。预防过多地表径流的关键在于引导径流至植草沟、绿地等设施，在减少流量的同时减缓流速，具体方法如下：

（1）分流至植被区；

（2）分散成片不透水表面上的径流方向；

（3）鼓励植被区片流；

（4）延长径流路径，增加路径数量；

（5）尽量使用开放的植草沟系统；

（6）增加区域内的植物量；

（7）减少不透水路面；

（8）避免压实渗透土壤；

（9）避免砍伐现有树木。

2. 规划与设计要点

[1] 生物滞留区

生物滞留区也称作雨水花园(Rain Garden)。降雨时，生物滞留区可以进行雨水的贮存，并通过植物、微生物、土壤等对雨水水质进行处理，利用土壤的渗透作用滞留和削减雨水。生物滞留区建设成本较低，易于实施，较适于修建于学校、居民区、停车场附近。

[2] 植草沟

植草沟常作为其他雨洪控制与处理措施的预处理设施，以提供更多的水力停留时间，从而削减洪峰、净化水质。植草沟较常用于公园、道路边、私人景观区。

[3] 绿色屋顶

绿色屋顶基本适用于任何建筑物的屋顶，尤其在不渗透面积比例较大、高度城市化的区域效果更加明显。

［4］渗透路面

渗透路面主要应用于工业区、商业区和居民区的停车场、人行道以及非机动车道等。高速公路等交通负荷量较大的道路不宜采用渗透路面。

3.1.3.3 核心区低影响开放措施应用

1. 规划用地概况

在核心区的控详规划中，区内用地性质主要分为管理办公用地、商业用地、游乐设施用地、体育休闲用地、道路用地、公共停车场用地、市政设施用地以及绿地等。根据区内用地性质，将核心区划分为四大类功能组团。

［1］游乐组团

游乐区是核心区建设的核心内容。游乐区是度假区直接服务于绝大部分游客的区域，主导功能是付费进入的乐园和可自由进入的零售餐饮娱乐区。这两类区域游客密集度最高，服务设施也最密集。

［2］酒店组团

上海国际旅游度假区内共有 7 个酒店，分布相对比较集中，除一个酒店紧贴乐园布置外，其余酒店主要分布在西入口以北、中央湖泊周边和度假区东南角。根据在度假区内位置的不同，酒店组团可分为湖滨酒店区与河畔酒店区。

［3］入口组团

入口区是度假区重要的基础配套功能组团，它们以三条入口大道和服务于游客的交通设施为主，并纳入一些邻近入口的功能，包括公用事业场和行政管理中心等。结合一主两次三个出入口，分别形成西、南、东三个入口区。

［4］体育休闲设施组团

包括体育休闲设施区一和体育休闲设施区二，均位于度假区北部，目前暂定作为体育休闲功能，最终的开发内容和建筑量仍待相关研究进一步明确。

2. 低影响开发技术的具体措施

根据低影响开发技术所具有的生态保护功能和水文功能，在核心区内，因地制宜地采取低影响开发技术，可以有效地削减净流量、延汇流时间，在开发中尽量减少对环境的冲击和破坏，使开发地区尽量接近于自然的水文循环，具体措施如下。

［1］减少和分离不透水面

将来自屋顶、人行道、机动车道等径流引至景观区，或采用渗透性路面可以促进渗透、削减径流量。

［2］保存自然区域和自然特征

保护未开发区域，保护当地植被，保持当地土壤渗透性。

［3］利用生态景观

生态景观应种植易于维护并且适应本地气候及土壤条件的植物，减少灌溉、施肥和除虫。充分利用生态景观削减径流、净化水质。

［4］生物滞留设施

在停车场、管理办公楼、商业楼、旅馆的附近，建立生物滞留设施。生物滞留设施既可作为园林景观，也可贮留雨水。

［5］绿色屋顶

在楼宇的屋顶种植绿色植物。绿色屋顶在滞留雨水的同时，还可以降低室温、节约资源。

［6］可渗透路面

道路铺装可渗透路面。可渗透路面可以有效降低不透水面积，增加雨水渗透，同时具有一定的径流处理效果。不同类型的透水砖和铺设方法可具有不同的雨水滞留率和污染物去除率。

[7] 下凹式绿地

绿地可以建成下凹式绿地,截留雨水径流的同时,增加土壤水资源量和地下水资源量,减少绿地的浇灌用水。

[8] 植草沟

在街道、公路边设植草沟,疏导径流。

[9] 其他措施

包括过滤带、植物缓冲区、自然分流、雨水桶、蓄水池、渗渠等各种小型措施。

表 3.1-5　低影响开发措施一览表

用地性质	面积(hm²)	低影响开发措施
管理办公用地	2.26	绿色屋顶、生物滞留设施
商业用地	9.02	
旅馆用地	96.48	
游乐设施用地	214.94	
商业娱乐混合用地	18.84	
体育休闲用地	93.54	
道路用地	55.99	可渗透路面、植草沟
游憩集会广场用地	10.27	
公共停车场用地	46.06	
公共交通枢纽用地	14.96	
市政设施用地	12.02	绿色屋顶、生物滞留设施
绿地	30.53	下凹式绿地
水面	63.8	生态自然景观

3.1.4　核心区调蓄设施设计

雨水调蓄作为一种暂时调节雨水径流洪峰流量、均化出流的技术措施,可降低下游雨水管道管径,提高区域防汛能力效果明显。其形式也由最初的池塘、洼地等自然形成的地表调蓄设施,逐渐发展为浅层地下调蓄池、深层大型地下调蓄隧道等人工强化的工程措施。

从功能上分类,雨水调蓄池可以分为以调节洪峰流量为主的滞留型调蓄池(detention)和以截流初期雨水为主的截流型调蓄池(retention)两种类型。由于功能目标不同,两种类型的调蓄设施规划设计和运行管理也不相同。

核心区的排水系统的设计标准为 5 年一遇,校核为 50 年一遇,为了构建高标准防洪体系,需要研究以调节洪峰流量为主的滞留型调蓄设施的原理、规划设计计算方法及其应用布局。

3.1.4.1　调蓄设施概述

1. 调蓄设施的目的和作用

在雨水系统中设置滞留调蓄池的主要目的是调节洪峰流量并均化出流。由于雨水径流量的变化曲线带有洪峰性质,最大雨水径流量的历时又很短,因此,采用雨水调蓄池来调节雨水流量,可均化出流。其原理可用图 3.1-10 表达。雨水径流在经过调蓄设施后进行分流,部分雨水径流流入调蓄设施,部分雨水径流脱过流入下游管道,从而达到均化出流、调节洪峰流量的作用。

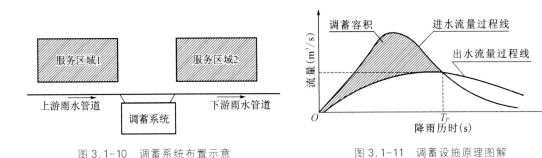

图 3.1-10　调蓄系统布置示意　　　　图 3.1-11　调蓄设施原理图解

2. 调蓄设施的作用

在排水系统中,设置调蓄池可减少进入下游排水系统的流量,间接提高下游区域的设计标准。雨水调蓄设施的作用主要如下:

(1)局部提高已建成区防汛标准;

(2)减少新建排水系统工程建设费用;

(3)起到连接新汇水地区和已建排水管道的作用。

3. 调蓄设施的分类

表 3.1-6　雨水调蓄设施的类型

分类方法	类型
按形式分类	自然调蓄设施
	人工建造调蓄设施
按构筑物类型分类	调蓄池
	调蓄管
按竖向高层分类	地表调蓄设施
	浅层调蓄管/池
	深层调蓄管/池
按与雨水管道关系分类	在线式调蓄管/池
	离线式管/池

4. 调蓄设施布局原则

雨水调蓄设施应从区域规划层面,按照土地开发建设计划、区域重要性等级、区域竖向规划、排水系统建设情况、受纳水体调蓄容量及水位情况等多方面综合考虑调蓄设施建设的必要性和工程建设目标。

应根据调蓄目标、排水管网系统、下游水位高程和土地利用规划、土地竖向规划等综合考虑后确定。应以排水专业规划为依据,结合地块地下空间开发建设及规划情况,合理布置雨水调蓄设施,以减小地下空间开发区域排水管道的管径和埋深,从而协调好市政排水管道建设与地下空间开发间的关系。

宜在雨水干管、总管中游或大流量交汇点处布设,技术经济效益比较优。宜优先利用天然洼地或池塘、公园水池等作为雨水调节池,可带来良好的经济效益和环境效益。宜充分利用设施的排水能力,"蓄、排"协同,以"排"为主,"调蓄"为辅,发挥工程效益、经济效益。

3.1.4.2　调蓄设施容积的计算方法

1. 调蓄容积计算的基本方程

质量守恒定律是自然界的基本定律之一,调蓄池容积的计算也遵循该定律法则。

雨水流过调蓄池,$V(t)$ 表示 t 时刻的蓄积量,如果 Q_{in} 表示进入调蓄池的流量,那么在历时 Δt 的时间间隔中,进入调蓄池的水量为 $Q_{in}\Delta t$。用 Q_{out} 表示流出调蓄池的流量,则在 Δt 的时间间隔中,流出调蓄池

的水量为 $Q_{out}\Delta t$。

根据质量守恒原理,在 $t+\Delta t$ 时刻,调蓄雨水的蓄积量 $V(t+\Delta t)$ 将等于起始的蓄积量加上历时 Δt 的时间间隔内进入雨水池的水量再减去离开调蓄池的水量。数学表达为

$$V(t+\Delta t) = V(t) + Q_{in}\Delta t - Q_{out}\Delta t$$

式中　$V(t+\Delta t)$——在时间间隔末的蓄积量(m^3);

　　　　$V(t)$——在时间间隔开始前的蓄积量(m^3);

　　　　Q_{in}——调蓄池入流流量(m^3/s);

　　　　Q_{out}——调蓄池出流流量(m^3/s);

　　　　t——时间(s)。

重新整理公式,得

$$\frac{v(t+\Delta t) - v(t)}{\Delta t} = Q_{in} - Q_{out}$$

当 $\Delta t \to 0$ 时,上式变成

$$\frac{dv}{dt} = Q_{in} - Q_{out}$$

由此可得调蓄池容积计算的基本方程,如下式:

$$V = \int_0^{t_o} (Q_{in} - Q_{out})dt$$

2. 调蓄设施容积推荐计算方法

根据文献资料,适合我国气象水文特点的调蓄设施容积计算方法主要有以下几种,推荐在工程设计中采用。

[1] 面积负荷法

$$V = \Psi \cdot (q_2 - q_1) \cdot t \cdot F \cdot 10$$

[2] 脱过系数法

$$V = f(a)W$$

$$f(a) = \left[-\left(\frac{0.65}{n^{1.2}}\right) + \frac{b}{t}\left(\frac{0.5}{n+0.2} + 1.10\right)\log(a+0.3) + \frac{0.215}{n^{0.15}} \right]$$

[3] 计算机水力模型验算方法

为保证雨水调蓄设施设计方案的合理性,通过理论方法计算后,应采用计算机水力模型对设计结果进行模拟、验证和校核。目前,成熟的雨水管道系统水力模型主要有:美国环保局的暴雨雨水管理模型 SWMM,美国陆军工程兵团的蓄水、处理与溢流模型 STORM,英国的沃林福特模型 WALLINGFORD 以及由该模型发展形成的 InfoWorks Collection System,这些模型都可以对整个城市的降雨径流过程进行质和量的准确模拟,并验证设计方案的合理性。

3.1.4.3　调蓄设施下游管道计算方法

1. 计算公式

根据质量守恒的基本定律,调蓄池下游雨水管道的计算通式应为

$$Q = Q' + Q_2$$

式中　Q——调蓄设施下游管道设计流量(m^3/s);

Q'——调蓄设施的脱过流量(m^3/s)；

Q_2——调蓄设施下游区域设计流量(m^3/s)。

2. 实际应用

在实际应用中,按雨水径流理论,上述通式应根据不同情况进行应用,具体可分为以下 2 种情况。

[1] 调蓄设施位于系统末端

如调蓄设施位于雨水系统末端,其下游无汇水面积,如图 3.1-12 所示。

则调蓄设施下游管道流量为

$$Q = Q'$$

式中　Q——调蓄设施下游管道设计流量(m^3/s)；

　　　Q'——调蓄设施的脱过流量(m^3/s)。

[2] 调蓄设施位于系统内部

如果调蓄设施位于系统内部,其上、下游均有汇水面积,则下游管道的计算情况比较复杂,如图 3.1-13 所示。

图 3.1-12　调蓄设施位于系统末端　　　　　图 3.1-13　调蓄设施位于系统中部

下游管道流量按下式计算,即

$$Q = Q' + Q_2$$

需注意的是,Q_2 的汇水时间按起始管段重新计算。

依据上式计算得到的下游管段计算流量可能超过不设调蓄池时的管道流量,其原因是由于调蓄池下游计算汇流时间缩短,虽然汇流面积减小,但两者叠加效应可能导致该种情况的发生。在此情况下,调蓄池设置的位置不合理,应进行调整。

3.1.4.4　核心区调蓄设施

1. 概述

根据前期各方对核心区中特别重要地块的雨水排水安全的研究讨论及总体开发协议,为确保核心区防汛安全,保证核心区排水系统达到设计标准及校核标准,同时有利于核心区雨水调蓄利用,将在核心区主题乐园的边界处(主题乐园与环形道路之间)布设雨水存蓄河道。雨天时,来自主题乐园的雨水径流流入存蓄河道中。存蓄河道的出水排入环形道路下(近主题乐园一侧的)市政雨水管道。最后,雨水经泵站提升,打入围场河。

2. 存蓄河道功能

围绕在主题乐园周边的存蓄河道,其最重要的功能是对雨水峰值径流的调蓄—即"削峰蓄洪",确保核心区内最重要的地块—主题乐园区,设计暴雨重现期 P 达到 5 年,校核标准 P 达到 50 年。

雨天时,整个雨水排水系统在低流量时,主题乐园的雨水径流将先汇集到存蓄河道中,并通过存蓄河道,流入存蓄河道的下游雨水管道中。当实际暴雨强度超过设计暴雨重现期(P＝5 年)的标准时,雨水峰值流量将暂进入存蓄河道中贮存。这样,既保证了存蓄河道上游主题乐园的雨水排放,又不会增加下游市政雨水管网(P＝5 年)的排水容量。待雨水径流量逐步下降后,再排除存蓄河道中贮存的雨水。这样的话,虽然主题乐园的设计暴雨重现期为5年,但因为有存蓄河道的存在,发挥其"削峰蓄洪"作用,则实际能抵御暴雨重现期达50年的雨水径流,保证了重要地块的防汛安全。

存蓄河道,一方面保证其雨水排放的上游地块——主题乐园的防汛安全,同时,由于存蓄河道的调蓄功能,雨水径流上游地块的较高的排水标准的需求不会对下游市政管网和雨水泵站造成压力,下游的雨水排水管道和雨水泵站的设计标准仍维持原来既定的设计标准,管道系统和雨水泵站将按既定的设计标准,确定实施规模。因此,即使主题乐园地块采用较高的设计标准(P=5年,校核P=50年),但因存蓄河道的存在,将避免相应地提高存蓄河道下游的管道系统的设计标准,大大地节省存蓄河道下游的雨水管道和雨水泵站的规模,控制了工程投资。

存蓄河道绕主题乐园东、西、北侧,与核心区内的环形道路和支路相邻。目前初步设想,存蓄河道与市政雨水管道将分散、多点连接,这样,将有利于雨水的迅速排放,并达到使雨水系统包括存蓄河道的容量之间相互调节、水流均衡的目的。

3. 存蓄河道的防汛调蓄容量

从雨水系统的研究中,得知:在一场暴雨中,暴雨强度是随着降雨历时而变化的。设计降雨强度一般和降雨历时成反比,随着降雨历时的增长而降低,雨水径流量也随之由大逐渐减小。对本工程而言,当实际暴雨强度(最大限度P=50年)超过设计暴雨重现期(P=5年)标准的降雨强度时,雨水径流进入存蓄河道后,开始不断地储水,水位逐渐上升;此时,雨水泵站按P=5年的规模不断地向河道排水。随着降雨历时的延续,降雨强度下降。当降雨强度下降至设计暴雨重现期(P=5年)时,存蓄河道的水位开始下降,直至最后排空。

根据外方对存蓄河道设计容量和设计方案的要求,以及对主题乐园地形布局、暴雨强度、雨水径流时间等的分析及初步计算,建议存蓄河道的防汛调蓄容积将大于等于14 000 m³,断面示意图如图3.1-14所示。

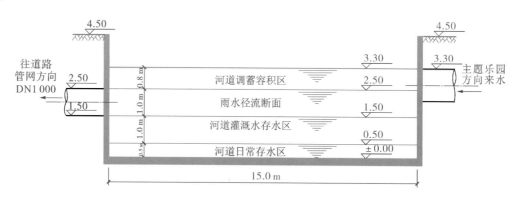

图3.1-14 存蓄河道断面示意图

3.1.5 核心区高标准排水系统设计

3.1.5.1 设计标准与参数

1. 雨水排水设计标准

在确定本工程范围内的暴雨重现期标准时,除了考虑到核心区特定的防汛需求外,更认真吸取了其他已建的园区项目的设计经验,最终确定核心区内设计暴雨重现期,见表3.1-7。

2. 设计流量

雨水设计流量,按下列公式计算,即

$$Q_s = q\Psi F$$

式中　Q_s——雨水设计流量(L/s)；

　　　q——设计暴雨强度 [L/(s·hm²)]；

　　　Ψ——径流系数；

　　　F——汇水面积(hm²)。

表 3.1-7　核心区暴雨重现期设计标准

核心区地块	防汛重要性	设计标准(a)	校核标准(a)
主题乐园、后勤区、零售餐饮娱乐区等	特别重要地块	5	50
酒店等	重要地块	3	5
道路、停车场等	其他地区	1	3

图 3.1-15　不同暴雨重现期地块划分

3. 设计暴雨强度

设计暴雨强度,按下列公式计算,即

$$q = \frac{5544(P^{0.3} - 0.42)}{(t + 10 + 7\lg P)^{0.82 + 0.07\lg e}}$$

式中　q——设计暴雨强度 [L/(s·hm²)]；

　　　t——降雨历时(min)；

　　　P——设计重现期(a)。

4. 径流系数

根据核心区控制性详细规划,在整个核心区规划 700 ha 范围内,主题乐园规划占地 435.08 ha,道路、停车场、市政设施等规划占地 139.3 ha,规划集中绿地总面积约 23.36 ha。

参照相关类似工程,主题乐园游乐设施用地、管理办公、旅馆、商业娱乐等径流系数取 0.6,道路交通枢纽等径流系数取 0.8,用透水性路面材料铺设的广场、停车场和市政设施等径流系统取 0.6。集中绿化用地的径流系数取 0.15。加权平均后,综合径流系数为 0.60。核心区综合径流系数测算见表 3.1-8。

表 3.1-8 核心区综合径流系数

序号	地面类别	面积(ha)	径流系数
1	主题乐园等	435.08	0.60
2	道路、停车场、市政设施等	139.3	0.70
3	集中绿化	23.36	0.15
4	加权平均值	597.74	0.606

3.1.5.2 雨水系统模式

上海城市化地区的雨水排水模式有两类,即城市强排水模式和缓冲式排水模式。在确定核心区内的雨水排水模式时,将着重考虑如下因素。

1. 雨水干管的埋深

根据道路规划和道路初步设计方案,核心区一般路段标高应控制在 4.2~4.5 m 间,道路交叉口标高一般控制在 4.5 m 左右。如果采用缓冲式排水模式,核心区道路上的雨水干管分为若干个排水区域,就近排入围场河。假定雨水干管的起点埋深 2.0 m,雨水干管最远点至围场河的距离约 1 200 m,雨水干管的设计暴雨重现期按 5 年计算,雨水干管的终端管径约 φ2 700~φ3 000,则雨水干管入河处的管口底标高约 −1.20 m。而围场河的规划河底标高为 −1.00 m。显然,管道的埋深已超过河道的深度,采用缓冲式排水模式,设计上不可行。

2. 核心区内水面率及水系分布的均匀性

核心区内的水面率约 15%,它有两部分水体组成:中心湖和围场河。核心区内的中心湖位于核心区中央偏南位置。考虑到中心湖的水质控制要求,雨水径流不宜直接排入湖体中。围场河沿园区四周环绕,其防汛标高约 3.75 m。如果雨水排水的平均水力坡降为 1‰,按防汛标高和道路平均标高(4.30 m)计算,则最长的管段应控制在 550 m 内。而核心区中心地块距围场河最长距离约 1 500 m。显而易见,如采用缓冲式排水模式,雨水以重力流方式排放入围场河,设计上不可行。

3. 核心区环境保护

核心区周边的围场河,是维护核心区内较高的环境质量的一条生态保护带。围场河与外围的河道连通,其水质状况受到外围河道的影响。如采用缓冲式排水模式,核心区内的雨水通过雨水管道将直接、分散地排入围场河。这些自排雨水管道,便成为围场河和核心区之间的地下连通管。一旦遇到非正常情况,围场河的水倒流到核心区内,将对核心区的环境造成破坏。而雨水强排模式,雨水的排放受泵站控制,泵站内防雨水回流设备将杜绝河道水的回灌。因此,当核心区的设计暴雨重现期采用较高的标准时,雨水强排模式比缓冲式排水模式对核心区环境保护更有利。

4. 围场河及外围河道的防汛控制情况

围场河的防汛控制水位为 3.75 m。围场河与周边的规划保留河道如长界港、八灶港等连通。这些河道中的雨水,通过河口泵站(闸)排入外界水体,内河水位受河口泵站(闸)的控制。如采用缓冲式排水模式,核心区内的雨水排放将会受到围场河及周边河道水位的影响。遇到汛期等恶劣气候,一旦围场河和周边河道水位过高,该水位与核心区的地面标高的差值过小,导致实际的水力坡降值小于正常排放的水力坡降,则核心区的雨水排放将受到阻滞,核心区面临积水威胁。如采用雨水强排模式,核心区雨水排放则不受受外河影响,对核心区而言,雨水强排模式更有利于防汛安全控制。

综上所述,在本工程中,从防汛安全、环境保护、雨水回用等诸方面分析,雨水排放采用强排模式是合理、可行、恰当的。

3.1.5.3 雨水系统分区

在设计计算核心区的雨水排放系统时,将先对整个核心区进行雨水系统的分区。雨水系统的分区设想如下。

整个核心区规划面积700 ha,雨水系统分区时,将考虑使各个系统的面积较接近,各管道系统能合理分担排水面积,雨水泵站规模适当。

围场河位于核心区的东、南、西、北四条边界,四条围场河规划断面和长度基本接近。在划分雨水系统时,将考虑每条围场河所承担的雨水排泄量差异不至于过大。

整个排水系统的布局为由中心向四周辐射,雨水管道总体流向由极重要的主题乐园区流向核心区周边的围场河及拟建的雨水泵站方向。这将使得极重要的主题乐园区位于雨水系统的上游,确保防汛安全。

雨水系统的分区将考虑中心湖(小支流)与环路的交叉,将河道(中心湖小支流)作为雨水系统分区的分界点。

敷设在核心区环形道路上的雨水系统总管,其起端相互连通,有利于防汛安全。

在综合分析和考虑了上述各个因素后,最终将整个核心区划分成4个相对独立的排水系统:北块A、西块B、南块C、东块D。系统边界划分如图3.1-16所示。

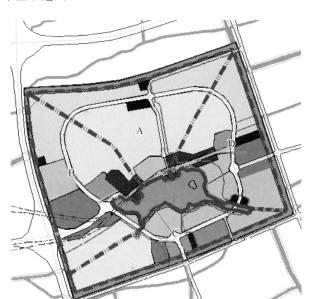

图3.1-16 核心区雨水排水系统划分图一

1. 北块雨水排水系统(A)

北块雨水系统汇水面积182.4 ha,其中,主题乐园、零售餐饮娱乐区,排水标准为P=5年;酒店区域,排水标准为P=3年;其他地块,排水标准为P=1年。

整个雨水系统,规划在核心区环路、核心区北支路及北辅路上,敷设DN1 200～DN3 500雨水总管,雨水由系统的东、南、西端,汇集至北围场河南岸的北块雨水泵站,雨水经泵站提升后排入北围场河。

2. 西块雨水排水系统(B)

西块雨水系统汇水面积176 ha,其中,主题乐园、零售餐饮娱乐区,排水标准为P=5年;酒店区域,排水标准为P=3年;其他地块,排水标准采用P=1年。

规划在核心区环路、西入口大道、西围场河西岸的防汛通道旁、中心湖北岸公共联络通道旁,敷设DN1 200～DN2 400雨水管,进泵站的雨水总管DN3 500,雨水由系统的南、北端,汇集至西围场河东岸的西块雨水泵站,雨水经泵站提升后排入西围场河。

3. 南块雨水排水系统(C)

南块雨水系统汇水面积109.31 ha,其中,主题乐园,排水标准为P=5年;酒店区域,排水标准为P=3年;其他地块,采用P=1年排水标准。

规划在核心区环路、南入口大道、南辅路,敷设DN1 350～DN2 700雨水管,进泵站的雨水总管DN3 500,雨水由系统的东、西端,汇集至南围场河北岸的南块雨水泵站,雨水经泵站提升后排入南围场河。

4. 东块雨水排水系统(D)

东块雨水系统汇水面积128.89 ha,其中,主题乐园、零售餐饮娱乐,排水标准为P=5年;酒店区域,排水标准为P=3年;其他地块,采用P=1年排水标准。

规划在核心区环路、东入口大道、中心湖北岸公共联络通道旁,敷设DN1 650～DN2 400雨水管,雨水总管DN3 500,雨水由系统的南、北端及中心湖中央地区,汇集至东围场河西岸的东块雨水泵站,雨水经泵站提升后排入东围场河。

3.1.5.4 雨水管网系统

根据核心区控详规划及相关专业规划,将实施其范围内的雨水管道及雨水泵站,这些雨水泵站分别坐落在核心区的北端、西端、南端及东端。因此,核心区内的雨水总体流向将以核心区的中心流向北、西、南、东端的围场河。雨水经泵站提升,打入围场河。雨水总管沿环路敷设。

1. 北块雨水排水系统(A)

在北块的工程范围中,雨水总管将沿东、西环路及北支路敷设,在环路与北支路相交处,接入北辅路上的雨水泵站进水总管。雨水管道在环形道路两侧双排布置。近存蓄河道一侧的市政雨水总管将接纳主题乐园的雨水及同侧的道路路面排水,且该总管与另一条雨水总管不连通,以确保主题乐园达到设计标准及校核标准。环形道路下的两根雨水总管各自进入雨水泵站,在泵站进水闸门井处汇合,雨水经泵站提升后排入北围场河。

同理,北支路上的雨水管,基本接纳来自主题乐园的雨水,在道路下面设单管,由南向北排入雨水泵站。

另外,考虑到存蓄河道的放空情况,建议在存蓄河道近泵站处设放空闸门,与泵站进水总管连通,以便于需要时雨水放空。

总之,为确保主题乐园的雨水排放的安全可靠,达到设计标准(暴雨重现期5年)及校核标准(暴雨重现期50年),主题乐园内的雨水径流将全部流入周边的存蓄河道中。核心区内的所有雨水经泵站提升后排入围场河。

表 3.1-9　北块雨水系统管道设计方案一览表

路名	起点	终点	管径—长度	平均埋深/m	管材
西环路	北块排水系统西环路东侧边界	北支路	$\phi1\,500$—85	4.2	钢筋砼
			$\phi1\,650$—345	4.2	钢筋砼
			$\phi1\,800$—795	4.2	钢筋砼
			$\phi2\,000$—840	4.8	钢筋砼
			$\phi2\,200$—280	5.2	钢筋砼
			$\phi3\,500$—105	6.8	钢筋砼
东环路	北块排水系统东环路西侧边界	北支路	$\phi F1\,350$—425	3.7	钢筋砼
			$\phi1\,500$—915	4.0	钢筋砼
			$\phi1\,650$—200	4.3	钢筋砼
北支路	中心湖北侧	环路	$\phi2\,700$—360	5.6	钢筋砼
			$\phi3\,000$—415	6.3	钢筋砼
北辅路	北辅路东侧边界	环路	$\phi1\,200$—345	4.0	钢筋砼
			$\phi1\,350$—200	4.0	钢筋砼
			$\phi1\,500$—235	4.4	钢筋砼
			$\phi F1\,650$—445	5.3	钢筋砼
中心湖	中心湖西侧北块排水系统边界	北支路	$\phi1\,650$—410	4.3	钢筋砼
			$\phi1\,800$—400	4.4	钢筋砼
			$\phi2\,700$—135	5.7	钢筋砼
泵房进水总管			$\phi3\,500$—65	7.3	钢筋砼

2. 西块雨水排水系统(B)

在西块的工程范围中,雨水总管将沿西环路敷设,由北向南、由南向北在泵站进口道路处汇集,再往西进入西块雨水泵站。另外,沿西围场河东侧的防汛通道,亦将敷设雨水干管,由南向北进入泵站。与北块雨水系统相似,环路上雨水管双排布置。主题乐园的雨水全部进入存蓄河道中。核心区内的所有雨水经泵站提升后排入围场河。

与北块雨水系统类似,在近西块雨水泵站处的存蓄河道上,建放空闸门。

表3.1-10 西块雨水系统管道设计方案一览表

路名	起点	终点	管径—长度	平均埋深/m	管材
西环路	西块排水系统北侧边界	泵房	φ1 800—490	4.2	钢筋砼
			φ2 000—515	4.4	钢筋砼
	西块排水系统南侧边界	泵房	φ1 200—450	4.0	钢筋砼
			φ2 000—435	4.8	钢筋砼
			φ2 200—370	5.2	钢筋砼
			φ2 400—100	5.7	钢筋砼
			φ2 700—815	6.3	钢筋砼
PTC	西块排水系统东侧边界	环路	φ2 000—570	4.8	钢筋砼
泵站进水总管			φ3 500—235	6.8	钢筋砼

3. 南块雨水排水系统(C)

表3.1-11 南块雨水系统管道设计方案一览表

路名	起点	终点	管径—长度	平均埋深/m	管材
环路	南块雨水系统西侧边界	南入口大道	φ2 000—690	4.8	钢筋砼
			φ2 400—225	5.3	钢筋砼
			φ1 500—175	4.4	钢筋砼
	南入口大道	南块雨水系统东侧边界	φ1 800—580	4.7	钢筋砼
			φ2 000—520	4.8	钢筋砼
			φ2 000—30	6.0	钢筋砼
			φ2 700—160	5.5	钢筋砼
南辅路	南围场河	环路	φ1 350—220	4.4	钢筋砼
南入口大道	南围场河	环路	φ800—160	3.1	钢筋砼
			φ1 500—135	3.8	钢筋砼
泵站进水总管			φ3 500—120	6.2	钢筋砼

在南块的工程范围中,雨水总管将沿环路敷设,由东向西、由西向东,在泵站进口道路处汇集,再往南进入南块雨水泵站。另外,在南辅路和南入口大道上,亦将敷设雨水支管,由南向北接入环路上的雨水总管。与北块和西块雨水系统相似,环路上雨水管双排布置。雨水经泵站提升后排入南围场河。

4. 东块雨水排水系统(D)

在东块的工程范围中,雨水总管将东沿环路敷设,由北向南、由南向北在泵站进口道路处汇集,再往东进入东块雨水泵站。另外,沿西围场河西侧的防汛通道,亦将敷设雨水干管,由南向北进入泵站。环路上雨水管双排布置。主题乐园的雨水全部进入存蓄河道中。核心内的所有雨水经泵站提升后排入围场河。

在近东块雨水泵站处的存蓄河道上,建放空闸门。

表 3.1-12　东块雨水系统管道设计方案一览表

路名	起点	终点	管径—长度	平均埋深/m	管材
东环路	东块排水系统北侧边界	泵房	φ1 650—345	4.0	钢筋砼
			φ1 800—825	4.4	钢筋砼
			φ2 000—365	4.4	钢筋砼
	东块排水系统南侧边界	泵房	φ1 650—465	3.7	钢筋砼
			φ1 800—285	4.5	钢筋砼
			φ2 000—465	4.4	钢筋砼
			φ2 200—285	5.0	钢筋砼
PTC	东块排水系统东侧边界	环路	φ1 650—410	4.0	钢筋砼
			φ2 000—485	4.4	钢筋砼
泵站进水总管			φ3 500—365	6.5	钢筋砼

3.1.5.5　雨水泵站

1. 泵站位置

雨水系统在近东、西、南、北围场河处各设置一座雨水泵站,它们是:北块雨水泵站(A),西块雨水泵站(B),南块雨水泵站(C),东块雨水泵站(D)。

表 3.1-13　泵站位置一览表

泵站	位置	占地面积/m²
北块雨水泵站(A)	北辅路、北围场河的西南角	9 160
西块雨水泵站(B)	西围场河东侧的市政地块	9 996
南块雨水泵站(C)	南入口大道、南围场河东北角	7 772
西块雨水泵站(D)	东围场河西侧的市政地块	9 996

2. 泵站设计规模

表 3.1-14　雨水泵站设计规模一览表

泵站	远期规划系统面积/ha	设计重现期/a	雨水泵站总规模/(m/s)
北块雨水泵站	182.4	5	26.7
西块雨水泵站	176	5	24
南块雨水泵站	109.3	5	20.1
东块雨水泵站	176	5	24

3. 泵站设计参数

表 3.1-15　雨水泵站水泵参数表

泵站	设计规模/(m³/s)	水泵流量/(m³/s)	平均扬程/m	台数
北块雨水泵站 A	26.7	3.30	5.77	8
西块雨水泵站 B	24	3	5.81	8
南块雨水泵站 C	20.1	2.51	4.91	8
东块雨水泵站 D	24	3	5.81	8

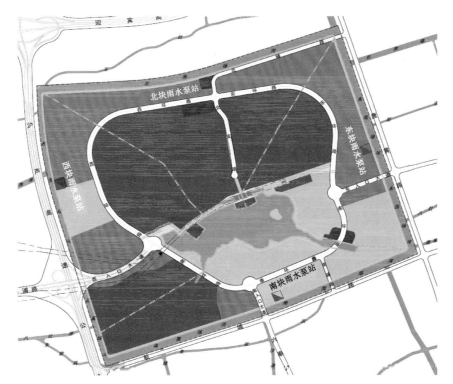

图 3.1-17　核心区雨水排水系统划分图二

3.1.5.6　地表超标径流的蓄泄

核心区雨水管网系统依据重现期为5年一遇的标准,进行水利学计算设计。当气象降雨超过设计标准时,管道系统超载,地表将发生积水。超标降雨调蓄系统与合理规划设计的地表径流系统结合,可应对超标降雨事件,提供核心区防洪排涝水平。

1.竖向控制

中心湖泊作为上海迪士尼乐园项目建设的重要组成部分,湖泊的水质指标要求较高,湖泊建成后的主要水质指标基本维持在Ⅰ～Ⅱ类,其他指标维持在Ⅱ～Ⅲ类。为了保护中心湖的水质,应同通过控制竖向来避免雨水漫流至中心湖。

核心区内,针对不同用地综合利用低势绿地、雨水花园、渗透铺装、小型雨水收集利用等LID源头控制措施,对大量中小降雨起到减/削峰、净化的作用。

小排水系统主要包括植草沟、地表明渠、盖板沟和传统雨水管道,根据场地和标高条件进行灵活的应用。各地块通过植被浅沟等将雨水汇入主干道两侧的明渠、盖板沟或雨水管,然后将径流收集输送至末端雨水湿地,营造生态自然景观。

由具有一定坡度的地面、植草沟的超高部分、大面积的绿地、景观水体多功能调蓄空间及总的溢流排放渠道等措施,构建蓄—排结合的"大排水系统",承担对超标暴雨和特大暴雨的调蓄、排放,防止过量积水和水涝,保障核心区道路、建筑等重要设施的安全。

2.涝水通道

上海国际旅游度假区核心区尽量保留利用原有地表泄水通道。道路设计尽量减少下凹点的出现,适当加大道路纵坡,提高涝水排泄能力。建议抬高车行道外边线测石高度至30 cm(现状约15 cm),并提倡人非共板,以确保人非交通不受过大影响。道路绿化带设计成"下凹式",并取消周边侧石,增加道路绿化带蓄水下渗能力。有条件的地方可在路旁设置植草边沟,作为涝水通道。地表径流不满足内涝控制标准时,沿程及低凹处设置滞蓄设施,滞流与临时调蓄超标雨水。

3.1.6 核心区高标准排水系统模拟与评估

3.1.6.1 模拟与评估目的

为了确保核心区防汛安全、排水畅通,在前面所拟定的雨水系统设计方案的基础上,采用国际领先的InfoWorks CS 水力模型软件,建立核心区系统水力模型,分别模拟不同暴雨重现期下管网内部的排水状况,以此对原定管网设计方案作进一步的验证。

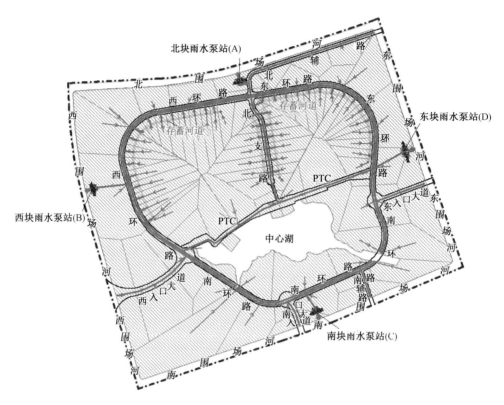

图 3.1-18　核心区雨水系统管网水力模型

3.1.6.2 计算模型

1. 降雨—径流模型

降落在城市地表的降雨转化成:截留、地面填洼、渗透和直接地面径流等。径流通过雨水口进入雨水管道同基流会合,流过地下管网系统、辅助设施、溢流口等,最终进入受纳水体。

InfoWorks CS 采用分布式模型模拟降雨—径流,基于详细的集水区空间划分和不同产流特性的表面组成进行径流计算,主要计算单元包括以下几个方面。

[1] 初期损失

降雨初期阶段的截留、初期湿润和填洼等不参与形成径流的降雨部分称为初期损失。对于城市高强度降雨,初期损失对产流的影响较小,但对于较小的降雨或者不透水表面比例低的集水区,其影响较大。

[2] 产流模型

城市集水区的产流过程就是暴雨的扣损过程,当降雨量大于截留和填洼量,且降雨强度超过下渗速度时,地面开始积水并形成地表径流。该过程通过产流模型进行描述和确定有多少降雨经集水区进入排水系统。

1）不透水表面

对于不透水表面，可视为初期损失后径流量与前期降雨无关，因此可采用固定径流系数法计算，即定义净雨量的一个固定百分比作为径流量。

2）透水表面

对于透水地面的产流计算则采用霍顿（Horton）入渗公式，霍顿（Horton）渗透模型为经验公式，用于透水表面和半透水表面的产流计算。该计算公式假定潜渗透率随着时间呈指数减小，通常表达为时间的函数，如下式所示，即

$$f = f_c + (f_0 - f_c) \mathrm{e}^{-kt}$$

式中　f_0——初始下渗率（mm/hr）；

　　　f_c——最终（限制）下渗率（mm/hr）；

　　　k——（1/hr）。

Horton 累计渗透量公式如下式所示，即

$$F = \int_0^1 f = f_c t + \frac{f_0 - f_c}{k} (1 - \mathrm{e}^{-kt})$$

针对不同的如土壤类型，Horton 模型中各参数的建议值如表 3.1-16 所示。

表 3.1-16　参数建议值

土壤类型	f_0/(mm/hr)	f_c/(mm/hr)	k/(1/hr)
砂土、壤质砂土、砂质壤土	250	25.4	2
壤土、粉质壤土	200	12.7	2
砂黏土、粉砂黏壤土	125	6.3	2
砂黏土、粉砂黏土、黏土	76	2.5	2

[3] 汇流模型

汇流模型用于确定降雨以多快的速度从集水区进入排水系统。汇流模型选用美国国家环保局（EPA）暴雨管理模型 SWMM（Storm Water Management Model）。SWMM 模型将集水区分为 3 种表面，如表 3.1-17 所示。

表 3.1-17　集水区表面分类

集水区表面类型	特征
表面 1	不透水坑洼表面
表面 2	不透水平整表面
表面 3	有坑洼及 Horton 或 Green-Ampt 渗透的透水表面

[4] 模型参数

根据控详规划，同时参考同济大学《排水系统模型在城市雨水量管理中的应用研究》（2007 年 5 月），核心区模型参数设置如表 3.1-18 所示。

表 3.1-18　集水区模型参数设置

| 集水区表面类型 | 面积比例 | 初期损失 | 产流模型 | | | | 汇流模型 |
| | | | 固定系数法 | 霍顿公式 | | | 曼宁粗糙系数 |
			径流系数	初渗率	稳渗率	衰减率	
不透水坑洼表面	45%	0.0025	0.7	—	—	—	0.02
不透水平整表面	35%	0.002	0.8	—	—	—	0.013
透水坑洼表面	20%	0.006	—	200	12.7	2.0	0.4

2. 管流模型

[1] 流量

模型计算明渠流的基本公式采用圣维南(Saint-Venant)方程组。该方程组是一对质量守恒和动量守恒等式,如下式所示,即

$$\begin{cases} \dfrac{\delta A}{\delta t} + \dfrac{\delta Q}{\delta x} = 0 \\ \dfrac{\delta Q}{\delta t} + \dfrac{\delta}{\delta x}\left(\dfrac{Q^2}{A}\right) + gA\left(\cos\theta\dfrac{\delta y}{\delta x} - S_0 + \dfrac{Q|Q|}{K^2}\right) = 0 \end{cases}$$

式中　Q——流量($\mathrm{m^3/s}$);

　　　A——横截面积($\mathrm{m^2}$);

　　　g——重力加速度($\mathrm{m^2/s}$);

　　　Q——水平夹角($°$);

　　　S_0——床层坡度;

　　　K——输送量。

压力管流的基本公式与明渠流稍有差别,不同之处在于其中的自由表面宽度概化计算,如下式所示,即

$$B = \frac{gA_f}{C_p^2}$$

式中　B——自由表面宽度(m);

　　　g——重力加速度($\mathrm{m^2/s}$);

　　　A_f——管道总面积($\mathrm{m^2}$);

　　　C_p——流速(m/s)。

[2] 水头损失

水头损失函数采用曼宁(Manning)公式进行计算,如下式所示,即

$$C = \frac{\sqrt[6]{R}}{n}$$

式中　n——粗糙系数;

　　　R——过水断面水力半径。

[3] 模型参数

雨水系统中所有的管道都采用钢筋混凝土管,其粗糙系数采用0.013;存蓄河道采用浆砌块石(暂定),其粗糙系数采用0.015。

雨水系统在近东、西、南、北围场河处各设置一座雨水泵站,各雨水泵站的参数如表3.1-19所示。

表 3.1-19　雨水泵站运行参数一览表

泵站名称	水泵数量/台	单泵流量/($\mathrm{m^3/s}$)	开泵水位(暂定)/m	停泵水位(暂定)/m
北块雨水泵站(A)	8	3.34	0.20	−2.60
西块雨水泵站(B)	8	3.0	0.60	−2.20
南块雨水泵站(C)	8	2.51	0.60	−1.86
东块雨水泵站(D)	8	3.0	0.60	−1.86

3.1.6.3　数学模拟

1. 五年一遇设计暴雨下的排水状况

[1] 设计雨水型

根据上海市城市建设设计研究院《上海市短历时暴雨强度公式与设计雨型研究》(2006年10月),重

现期为 5a、降雨历时为 2 h 的设计暴雨雨型如图 3.1-19 所示。

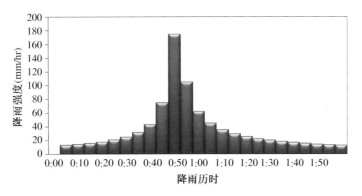

图 3.1-19 重现期为 5a、降雨历时为 2 h 的设计暴雨

[2] 模拟结果

在 5 年一遇设计暴雨条件下,无存蓄河道的核心区雨水系统的模拟结果如图 3.1-20、图 3.1-21 所示。

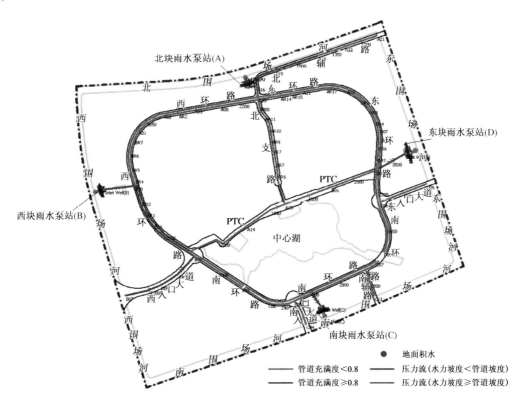

图 3.1-20 雨水系统最不利时段水力状况(无存蓄河道,P＝5a,T＝2 h)

模拟结论:在 P＝5a,T＝2 h 的短历时设计暴雨下,核心区雨水系统无漫溢现象,大部分干管的充满度为小于 0.8,部分干管的充满度为 0.8～1.0,仅呈现良好的重力流排放状况,排放顺畅,无任何壅水、滞流情况。仅西环路外侧(西入口大道至西块雨水泵站 B)的干管呈压力流,且水力坡度略大于管道设计坡度。由模拟可知,整个核心区雨水系统达到了 5 年一遇暴雨的设计标准。

2. 五十年一遇设计暴雨下的排水状况

[1] 短历时雨型

1) 设计雨型

根据上海市城市建设设计研究院《上海市短历时暴雨强度公式与设计雨型研究》(2006 年 10 月),重现期为 50a、降雨历时为 2 h 的设计暴雨雨型如图 3.1-21 所示。

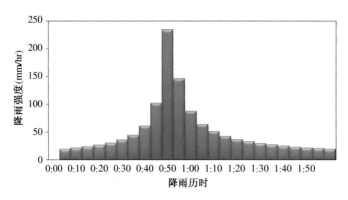

图 3.1-21　重现期为 50a、降雨历时为 2 h 的设计暴雨

2）模拟结果

无存蓄河道：在 50 年一遇设计暴雨条件下，无存蓄河道的园核心区雨水系统的模拟结果如图3.1-22所示。

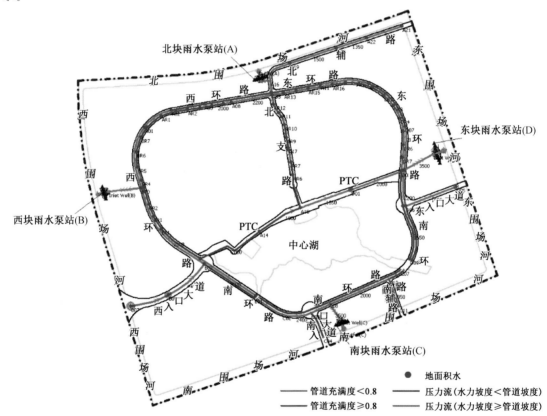

图 3.1-22　雨水系统最不利时段水力状况（无存蓄河道，P＝50a，T＝2 h）

模拟结论：在 P＝50a，T＝2 h 的短历时设计暴雨下，地表出现漫溢现象，所有管道呈压力流状态，且水力坡度大于管道坡度。

有存蓄河道：在 50 年一遇设计暴雨条件下，有存蓄河道的核心区雨水系统的模拟结果见图 3.1-23。

模拟结论：在 P＝50a 的设计暴雨下，大部分干管的充满度为小于 0.8，部分干管的充满度为 0.8～1.0，部分干管虽仍为压力流，但水力坡度小于管道坡度，雨水基本能顺畅的排放。仅西入口大道（部分）、西环路外侧（西入口大道至西块雨水泵站 B）和北辅路（部分）干管呈压力流，且水力坡度略大于管道设计坡度。

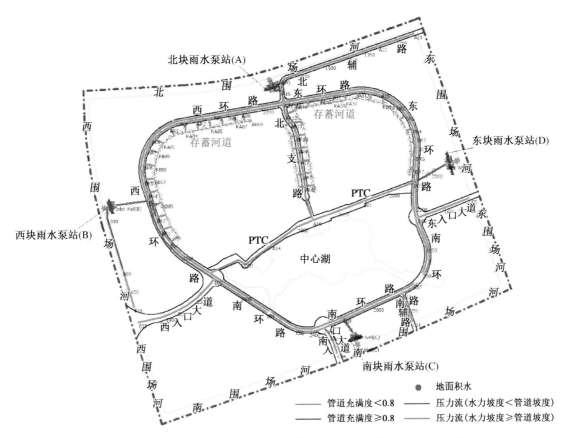

图 3.1-23　雨水系统最不利时段水力状况(有存蓄河道,P＝50a,T＝2 h)

上述两种方案的对比如表 3.1-20 所示。

表 3.1-20　核心区管道水力状况一览表

管道水力状况	排水情况	管道长度 /km		
		P＝5 年	P＝50 年(无存蓄河道)	P＝50 年(有存蓄河道)
非满流	排放顺畅	√		
基本满流	排放基本顺畅			√
压力流	有积水趋势		√	
模拟总体评价—排水顺畅性		非常好	较好	好

由表可知:存蓄河道明显改善了雨水管网系统的水力条件,保障了主题乐园的防汛安全。

[2] 长历时雨型

采用长历时降雨雨型对存蓄河道进行校核。根据上海地区水利部门相关文件,上海浦东片 50 年一遇最大 24 小时面雨量为 257.2 mm,根据设计暴雨值计算得到各历时的倍比系数,将倍比系数与典型暴雨过程相乘可得到设计暴雨过程,详见图 3.1-24。

在 50 年一遇设计暴雨条件下,有存蓄河道的核心区雨水系统的模拟结果如图 3.1-25 所示。

模拟结论:在 P＝50a,T＝24 h 的长历时设计暴雨下,绝大部分干管的充满度为小于 0.8,仅西环路外侧部分干管和泵站的进水总管的充满度为 0.8～1.0,重力流状态,雨水能顺畅的排放。西块雨水泵站(B)的进水总管压力流,但水力坡度小于管道坡度,雨水基本能呈顺畅排放。由此可知,在 50 年一遇的长历时雨型,核心区排水系统和存蓄河道安全。由此证明,核心区雨水系统达到了设计标准,排水顺畅,无积水,确保了核心区的防汛安全。

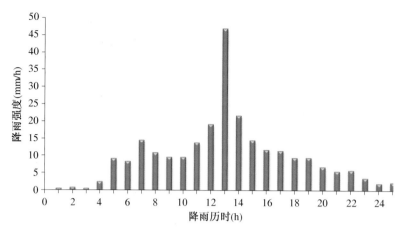

图 3.1-24 P＝50a、T＝24 h 的长历时雨型

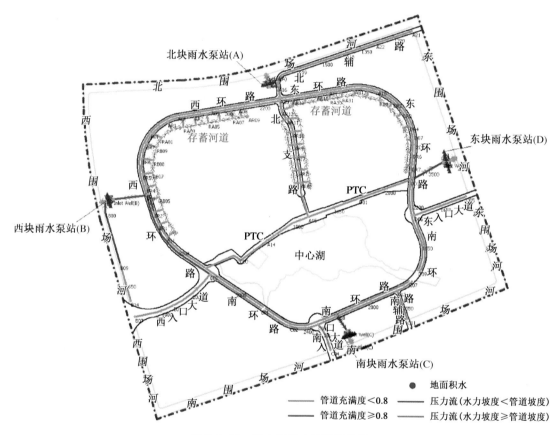

图 3.1-25 核心区雨水系统模拟图

3.1.6.4 运行管理建议

加强存蓄河道和围场河的水位监测,在设计运行水位的基础上,分析存蓄河道水位与泵站水位的对应关系,进一步优化泵站开、关泵水位,以及存蓄河道的控制水位。

应根据降雨情况、存蓄河道、外围河道容量,在暴雨来临前,泵站要发挥最大输送能力,降低河道与总管水位。

根据特殊天气预报和核心区管理的有关要求(如:预报台风、高潮、暴雨及有关重大活动等),做好预降水位与应急准备。

3.1.7　结论

通过计算机模型模拟的验证分析得出,核心区的雨水排水系统可达到重现期 5 年一遇的设计标准和 50 年一遇的校核标准。核心区雨水排水系统可达到设计标准,排水顺畅,无积水,确保了核心区的防汛安全。核心区排水防涝体系的构建为重点突破提高区域防汛排涝能力的关键技术提供了技术支持。

发表论文 3.1.1

城市陆域排水防涝体系
构建方法与技术关键探讨

徐连军,张善发,朱砂砾,高　原,李　兵

（上海市城市建设设计研究总院,上海,200125）

【摘　要】 从城市内涝的概念出发,分析了城市内涝的定义与控制指标;提出了城市内涝防治与城市陆域排水防涝体系构建的主要任务;分析了城市陆域排水防涝系统的构成,对城市陆域排水防涝系统的规划设计流程与各步骤的设计计算进行了论述与说明,进而对其中的关键技术环节——内涝灾害控制标准的确定、设计暴雨的推求、已建管网排水标准的提高、设计涝水量的计算、地表超标径流的蓄泄规划、与城市河道系统的衔接、与其他规划的协调进行了分析和探讨。

【关键词】 城市内涝;陆域排水防涝体系;规划设计

中国分类号：TU992　　　文献识别码：B　　　文章编号：1000-4602(2013)19-0141-05

Construction and Key Techniques of Urban
Drainage and Flood Control System

XU Lian-jun, ZHANG Shan-fa, ZHU Sha-li, GAO Yuan, LI Bing

(*Shanghai Urban Construction Design and Research Institute*, *Shanghai* 200125, *China*)

Abstract：The definition and control indexes of urban waterlogging was analyzed from its basic concept. Main tasks of constructing urban drainage and flood control system was proposed. The system structure was analyzed. The planning/design process and the calculations of each step were discussed and explained. Key techniques were analyzed and discussed, including determination of standards for urban waterlogging damage control, establishment of design rainfall, improvement of standards for drainage of constructed sewer systems, calculation of waterlogging flow rate, storage and discharge planning of excessive surface runoff, convergence with urban river system and coordination with other plans.

Key words：Urban Waterlogging; Urban Drainage and Flood-control System; Planning and Design

近年来,国内部分大城市相继遭遇极端气象降雨而发生城市内涝,社会各界普遍关注。依据现行规范,城市内涝是小概率事件,但也是必然发生的事件。值得思考的问题是内涝的风险程度、接受程度以及如何构建应对城市内涝的排水防涝体系。随着《国务院办公厅关于做好城市排水及暴雨内涝防治设施建设工作的通知(国办发〔2013〕23号)》的发布,城市陆域排水防涝体系的构建,已成为当前迫切需要研究和探讨的重要课题。

1　城市内涝的概念

城市内涝现象发生在雨水径流过程,具体表现为地表滞流、管道超载、河道径流不畅,其灾害表现为：雨水无法及时排除,致使城市低洼地区产

本文原载于《中国给水排水》,2013,29(19):141-145

基金项目:上海市科学技术委员会课题(11dz1201703)

作者简介:徐连军,1976年生人,男,山东五莲人,工学博士,高级工程师,主要研究方向:城市雨洪管理、给排水工程规划设计、环境流体力学等

生积水,造成交通阻断,影响城市功能的正常发挥,并造成人民群众生命财产损失。问题的实质是城市雨洪管理的理念、工程设防标准、设施的建设与运行管理水平,不能应对超标准气象降雨。

从指导工程建设与管理的角度,应该对城市内涝灾害进行定量的界定。表1所示为国外发达国家有关城市内涝的控制标准,一般考虑交通出行、财产与人员生命安全因素。

我国目前尚无统一明确的城市内涝控制标准,上海市关于道路、街坊雨天积水的定义如下:①市政道路,积水深度为路边≥15 cm(即与道路侧石齐平)或道路中心有水,积水时间≥1 h(雨停后),积水范围大于等于50 m²。②街坊,积水深度为路边≥10 cm,积水时间≥0.5 h(雨停后),积水范围大于等于100 m²。内涝灾害控制标准应包含积水深度、范围、时间、流速等控制指标。

表 1　国外发达国家有关城市内涝的控制标准

城市	纽约	伦敦	巴黎	东京	澳大利亚
设计重现期/年	100	30～100	50	100	100
控制标准	根据不同道路等级及车速,最大可允许道路积水深度为8～10 cm	30年一遇要求地面不积水;30年以上要求保证生命财产安全	要求地面不积水	允许道路积水20 cm,允许其他地面积水45～50 cm	积水不超过0.3 m,路面水深×流速≤0.3 m²/s

2　城市内涝防治面临的任务

我国目前城市区域防洪系统由河道、蓄洪设施、堤坝和分流通道等组成。城市区域排涝系统主要由排水沟渠、内河、排涝泵站、水闸等组成建设,通过河道水系解决大面积上涝水的排除。城市排水系统由雨水口、地下管网、泵站等组成,用于排放一定重现期降雨过程中形成的城市地表径流。这3个系统是分别建设的,并分别制定相应的标准。在我国规划设计领域,未对"超标降雨"引起的地面漫流、滞留涝水做妥善的安排,这也是造成近年来我国部分城市内涝灾害频发的重要原因。

排水防涝体系建设的目的是防止高重现期雨水在城市区域产生内涝灾害。减少城市内涝灾害的方法有两种主要工程性措施:①提高地下管网系统排水能力,满足高重现期的暴雨标准。②建设专门应对超管网排水标准降雨所产生积滞水的内涝防治工程体系,主要包括有序疏导超标准降雨径流的道路及边沟、滞蓄设施、泵站等。就我国城市现实而言,大规模扩大现有的排水系统是很困难的。在这种情况下,参照澳大利亚和美国等发达国家广泛使用的大/小排水系统构建城市排水防涝体系更加合适。

城市内涝防治首先需确定内涝防治目标与标准,明确城市内涝防治系统的构成,进行设计暴雨计算、暴雨径流计算、排水管网计算、排涝量计算和排涝方式选择,将内涝防治系统的各组成系统进行组合,提出城市内涝防治系统规划和内涝防治工程规划,提出工程规划措施和非工程规划措施。

3　城市排水防涝体系的构成

城市排水防涝体系主要由水系和陆域两部分组成,其中河道水系提供城市排水与涝水的出路,是陆域系统的下游边界条件,其功能是保证大区域、长历时、高重现期暴雨情况下,接纳并排除城市管网和陆域防涝系统排放的雨水。

根据应对暴雨重现期大小,相应地将城市陆域排水防涝系统分为城市排水系统和城市防涝系统。城市排水系统即我国传统的排水工程设计内容,包括连接所有雨水口、沟渠、洼地和地下管线的管网及泵站系统,主要功能是保证低重现期(一般为1～5年)雨水的及时排除。城市防涝系统是指排除或蓄存超过排水管网能力的高重现期(一般为10～50年)暴雨径流的工程设施。通过两个系统的结合,快速收集和转输暴雨径流至合适的排放水体,保证城市在发生城市内涝防治工程建设标准以下的暴雨事件时不发生内涝灾害。

城市陆域防涝系统主要由道路、边沟、滞蓄区等组成,本身是自然存在的,但如果没有进行合理、有序的规划设计,在暴雨时往往会造成极大的内涝灾害。城市排水防涝体系(见图1)将在传统的雨水口、排水管网、河道水系的基础上,增加低影响开发系统、地块漫流系统、涝水泄流系统、地表滞蓄系统以及地下调蓄池系统、大口径地下管涵系统等,共同应对高重现期降雨事件。

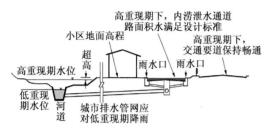

图1 城市陆域排水防涝体系概念图

4 城市陆域排水防涝系统规划设计

陆域排水防涝系统规划设计流程如图2所示。

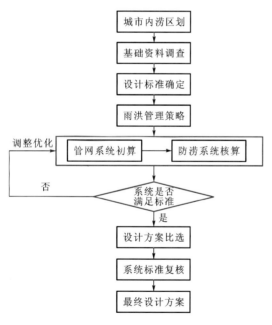

图2 规划设计流程

4.1 城市内涝区划

根据城市水系、排水系统规划、地形与城市竖向规划、区域土地开发利用等情况,结合内涝风险分析,进行城市内涝区划。

4.2 基础资料调查

调查区域的水文气象条件、暴雨强度公式、暴雨雨型、区域外围的边界条件、总体规划情况、已建排水防涝设施、规划建设项目情况、现状地表径流系统的出路与路径等。

4.3 设计标准确定

城市内涝标准的确定应根据当地社会经济发展水平,充分考虑当地的自然环境和排水条件,在城市排水管网设计标准和城市防洪设计标准之间取值。

一般城市排水管网设计重现期为1～3年一遇,重点地区为3～5年一遇,设计降雨历时一般不超过2 h。城市防涝系统汇流时间一般不会超过24小时。城市内涝防治标准设计重现期一般城市应为20～30年一遇,重要城市内涝防治标准应为30～50年一遇。两系统的设计重现期在实际设计过程中可根据情况调整,选择的总体目标应保证能够应对高重现期设计降雨事件的峰值流量,确保地表径流的深度、速度等在可接受的标准范围之内。

4.4 雨洪管理策略确定

根据区域规划建设情况,确定径流洪峰控制与径流污染控制总体策略。考虑雨水利用、源头控制、就地调蓄等措施的应用方式,并兼顾径流污染控制策略对排水防涝系统的影响。

4.5 排水管网规划设计

进行排水管网子集水区的划分。根据确定的排水管网设计重现期进行管网水力计算,可沿用推理公式法通过短历时暴雨强度公式进行峰值流量计算,但应注意推理公式法的适用条件,对于集水面积>200 hm² 的管段,建议用计算机水力模型校核。

如考虑采用源头削减等低影响开发措施,在产、汇流计算中应考虑其影响。对于已建管网达不到设计标准要求且扩建比较困难的,可采用"蓄排协同"的理念,在适当位置设置调蓄设施。

4.6 防涝系统规划设计

在初步确定的城市排水管网规划设计方案基础上,进行防涝系统的规划设计,以保证在设计高重现期下地表径流的状态满足设计标准。城市陆域防涝规划的首要任务是根据城市径流计算和城市内涝风险评估的结果,确定包括排水去向、受纳水体和超过排水管网设计能力的涝水排放通道。

并对内涝风险区提出应对措施。规划设计流程见图 3。

① 根据地形、竖向规划、道路走向、坡度、水系走向、地面构筑物、道路功能等级等情况,规划超标雨水地表径流主通道,包括出路、路径、走向等。

② 划分防涝系统子集水区,确定子集水区面积、径流系数、集水时间等参数。

③ 确定各子集水区通过排水管网可排放的设计流量 Q_g。

④ 设计涝水计算,即设计高重现期超过排水管网排水能力的水量。对于各子集水区或雨水口、管道而言,涝水流量 Q_L 即为设计重现期下径流量 Q_D 与通过管网排放流量 Q_g 的差值,即

$$Q_L = Q_d - Q_g$$

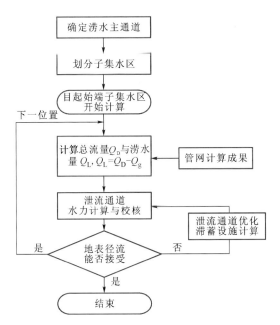

图 3　防涝系统规划设计流程

⑤ 防涝系统水力设计与校核。根据计算得到的峰值流量,进行涝水泄流通道水力计算,包括水深、宽度、流速等指标,根据涝水过程线可确定积水时间。判断这些指标是否满足设计标准要求,当地表径流不能满足设计标准时,可考虑以下措施:提高排水管网的设计标准;调整泄流通道走向;增加泄流通道(如道路)坡度、加大过水断面宽度;提高地块标高或建防汛挡墙;开辟第二泄流通道;新建地面或地下滞蓄设施。

⑥ 雨水滞蓄设施规划设计。超标准降雨滞蓄设施可为地上式(如:低势绿地、低势广场、低势体育场、低势水体等),也可利用地下空间设置(如地下调蓄池、地下调蓄管涵等)。将超过内涝灾害标准的涝水及时引排至滞蓄设施,根据上游涝水过程线与滞蓄设施允许出流过程线,可计算所需调蓄体积。

4.7　设计方案比选及标准复核

根据以上流程,可规划设计多组方案,经技术经济比较选取最优的方案。方案确定后需进行设计标准复核,分析设计工况下排水管网系统水力高程线是否满足设计标准,涝水泄流通道设计水面线、水深、流速等是否满足控制标准。

最终设计成果应包括:排水管网的平面布置图与水力计算成果;涝水泄水通道(如道路)的平面布置、坡度、断面、高程等,往往需要与道路规划设计相协调;涝水排放管道或渠道水力设计成果;滞蓄设施的布局、平面布置、设计参数等。

4.8　非工程措施

科学合理的非工程措施能够更好地发挥排水防涝系统的效益,主要包括风险评估、信息化建设、运行管理、预警预报、日常维护、应急预案等内容,需处理好规划设计、工程建设、运行管理的关系。

5　关键技术环节

5.1　内涝灾害控制标准的确定

应根据本地降雨规律和暴雨内涝风险等级,合理确定城市排水防涝设施建设标准。高重现期设计暴雨工况下,应保证骨干道路与公交网络基本维持运行,保证街道和人行道不会发生危险,且所有城市区域的建筑在公众可接受的标准下免受内涝的影响。

对于涝水排泄的主要通道—道路,应根据其等级、重要性,制定有关积水范围、深度、积水时间、路面径流流速等控制标准,指导工程设计。

5.2　设计暴雨的推求

设计暴雨是排水管网设计流量、排涝系统涝水计算以及滞蓄设施计算的基础,应结合气象、水文资料,对现有暴雨强度公式进行评价和修订,对降雨量资料进行统计分析,研制不同历时的雨型。

为适应区域防涝的需求,需编制适用于长历时、高重现期的设计雨型。如澳大利亚暴雨强度

公式其历时取 5 min～72 h,重现期为 1～100 年。根据计算的不同需求,区域防涝降雨历时可取 6～24 h,重现期取 10～50 年。根据雨量公式可推求芝加哥雨型作为设计雨型,或者结合编制雨量公式的采样过程,收集降雨过程资料和雨峰位置,根据常用重现期部分的降雨资料,采用统计分析方法确定设计降雨过程。资料缺乏的地区也可参照当地水利部门资料,选择典型暴雨进行同频率放大或同倍比放大。

5.3 已建管网排水标准的提高

我国目前大多数城市排水设计重现期在 1 年左右,要进一步提高其排水标准,难度很大,必须因地制宜,制定经济可行的技术方案。

"蓄排协同"提高雨水系统防汛标准实质是应用"调蓄与排放"相结合的理念,通过设置于地表或地下的调蓄设施,应对短时的高标准气象降雨,间接提升管网的排水标准,通过蓄、排结合提高雨水系统防汛标准,是一种对已建区环境影响较小、技术经济性较好的技术措施。美国、澳大利亚、日本等国的实践表明,地表或浅层就地源头调蓄是一种比较经济可行的方法。大型地下调蓄设施多用于系统性、区域性的排水标准提高。

5.4 设计涝水量的计算

① 推理公式法

涝水峰值流量可根据涝水径流的汇流时间,通过推理公式法推求。由上游转输涝水及本段新产生涝水计算本段涝水总流量,根据涝水泄流通道的断面形式选择相应的水力计算公式,计算其水深、水面宽度、流速与流行时间。从而可自上至下根据汇流面积、汇流时间与暴雨强度逐段计算出泄流通道各段的流量及水力参数。

② 涝水总量计算

当瞬时降雨强度 $i \leqslant i_m$ 时,各集水区的瞬时涝水量 Q_L 为零;当 $i > i_m$ 时,$Q_L = \Psi A(i - i_m)$。式中,Ψ 为径流系数;A 为积水区面积;i_m 为该集水区管网排水能力对应的设计暴雨强度。

根据暴雨强度过程线,将超过管网排水能力的涝水量进行积分,可计算整个降雨过程中子集水区总的涝水量,将各集水区涝水量汇总求和即为降雨过程中该内涝分区总的涝水量(见图 4)。

③ 设计涝水过程线推算

设计涝水过程线可根据设计暴雨雨型,采用

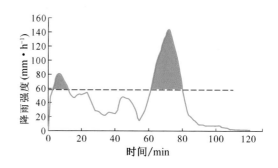

图 4 降雨强度过程线与超标雨量示意

时间面积法推求。将地表径流系统按照汇流到末端出口的时间划分为 n 个等流时块,根据暴雨过程线将每个时刻汇流到末端出口的涝水叠加,可计算每一时刻汇流后的系统流量,从而得到设计涝水过程线。

5.5 地表超标径流的蓄泄规划

根据地形地势、灾害程度、水系布局与涝水总量,平衡地表径流系统"泄"与"蓄"的相对关系。应注意雨水口的设计与布置,保证设计标准下的雨水及时排入管网系统。新开发地区应尽量保留利用原有地表泄水通道。道路设计尽量减少下凹点的出现,适当加大道路纵坡,提高涝水排泄能力。建议抬高车行道外边线侧石高度至 30 cm(现状约 15 cm),并提倡人非共板,以确保人非交通不受过大影响。道路绿化带设计成"下凹式",并取消周边侧石,增加道路绿化带蓄水下渗能力。有条件的地方可在路旁设置植草边沟,作为涝水通道。地表径流不满足内涝控制标准时,沿程及低凹处设置滞蓄设施,滞流与临时调蓄超标雨水。

5.6 与城市河道系统的衔接

河道系统需保证高重现期、长历时降雨排水防涝系统下泄水量的接纳与排除。河道排涝问题,除了涝水排除时间外,更关注河道最高水位,与短历时暴雨强度有一定关系,但由于河湖水体的调蓄能力,主要还与一定历时内的雨水量有关。

河道设计应采用陆域排水防涝设施的水力计算成果作为上游边界条件。当河道调蓄能力较小时,河道设计就应尽可能与上游排水防涝系统的排水标准相一致。在河道有一定调蓄能力情况下,河道排水能力可小于上游排水防涝系统最大排水流量,但应满足一定标准某种历时(如 24 h)暴雨所形成涝水的要求,并使河道水位控制在允许的标高下。

5.7　与其他规划的协调

城市陆域排水防涝规划需与防洪规划、水资源规划、面源污染治理规划、竖向设计、景观园林规划等协调，协调"疏排、滞蓄、渗留"能力，处理好防汛排水与雨水资源利用、水土保持的关系；协调"排放、截留、调蓄、处理"能力，处理好防汛与生态环境保护的关系。

6　结语

构建一套完善的城市陆域排水防涝体系，可

引进和吸收国外的先进技术和经验，但更重要的是因地制宜，与我国传统的规划设计方法相衔接，针对关键的技术问题开展技术攻关，制订相关的技术导则，开发相应的软件工具，将有助于短期内提高城市应对内涝灾害的能力。

参考文献

［1］张晓昕，王强，付征，等.国外城市内涝控制标准调研与借鉴［J］.北京规划建设，2012，(5)：70-73.

第2章

核心区雨水资源化
综合利用技术专题

第3篇第2章由上海市城市建设设计研究总院(集团)有限公司完成。

3.2.1　核心区雨水利用水量平衡关系

核心区雨水利用水量平衡关系分析是进行核心区雨水利用的前提。只有通过雨水利用水量分析,才可知道核心区雨水资源较之用水需求的丰沛与否,可为布置核心区雨水利用措施提供依据。

3.2.1.1　核心区雨水收集

1. 雨水收集区域分析

在上海迪士尼乐园项目一期建设范围内,道路和停车场分布范围广且散,其雨水污染物浓度较高,收集处理利用工艺流程复杂,且需兴建地下调蓄池,不适合用作雨水收集区域;西南区域的后勤和零售餐饮娱乐区的雨水排放模式是泵站强排,如需收集利用需要兴建大型地下调蓄池,成本较高;仅主题乐园区域不仅具有较高的径流系数(0.6),且有较好的收集存储条件(周边布置有存蓄河道),因此可用作雨水收集区域。

在本研究中,核心区的雨水收集区域仅限于主题乐园内。在上海国际旅游度假区核心区一期建设中,主题乐园占地面积 910 963 m^2。

2. 核心区雨水收集可收集量

根据统计,1980—2010 年上海市常年平均降雨量为 1 164.5 mm。年均水面蒸发量 1 050 mm。

通常使用以下径流雨水量的计算公式进行计算,即

$$V_1 = W \times H_1 \times A_1 \times \alpha \times \beta$$

式中　　W——径流系数;

$\quad\quad$ H_1——降雨量,m;

$\quad\quad$ A_1——径流面积,m^2;

$\quad\quad$ α——季节折减系数,取 0.85;

$\quad\quad$ β——初期雨水弃流系数,取 0.87。

$$V_1 = 0.6 \times 1.1\,645 \times 910\,963 \times 0.85 \times 0.87 = 470\,684 \text{ m}^3$$

另外,由于存蓄河道保持一定水位运行,其通过蒸发将损失一部分水量 V_2,按下式进行计算,即

$$V_2 = A_2 \times H_2$$

式中　A_2——水面面积,m^2,

$\quad\quad$ H_2——年蒸发量,m。

$$V_2 = 40\,674 \times 1.050 = 42\,707 \text{ m}^3$$

因此,主题乐园区每年实际可供收集利用的雨水总量 V 为

$$V = V_1 - V_2 = 470\,684 - 42\,707 = 427\,977 \text{ m}^3$$

折算成每日平均可利用的雨水量为 1 189 t。

3.2.1.2　核心区用水需求量分析

雨水经收集处理后,可用于景观补水、绿地灌溉、道路冲洗、洗车和公建冲厕等用途。

1. 中心湖补水

上海迪士尼乐园项目一期工程范围内,规划建设一个面积约 0.39 km^2 的中心湖。该湖北侧是游客进入核心区的步行景观大道,其东、南、西侧沿湖是人行绿化景观带,主要承担娱乐、景观等功能。保持洁净

的湖水,无论是对游客而言,还是从整个核心区的环境保护上考虑,都是极为重要的。

该湖为人工开挖,建成后注水。虽然自来水是最洁净的水源,但根据国家规范,景观水体用水(包括补充水)不得采用自来水。根据湖泊水量平衡计算,湖泊自然补水量为降雨,自然损失量为蒸发及渗漏。按上海市年均降雨量 1 164.5 mm 计算,中心湖泊年均收集雨水量为:45.42 万 m³;按上海市年均蒸发量 1 050 mm 计算,中心湖泊年均蒸发损失量为:40.95 万 m³;按中心湖泊设计要求,湖底不做防渗处理,因此根据湖底、湖壁材料、土壤渗漏系数及湖泊常水位与地下水位的高差,利用达西定理,估算出湖泊年均漏损量约 4.7 万 m³,年均自然需水量=蒸发量+漏损量-降雨量= -0.23 万 m³,即全年平均基本不缺水。

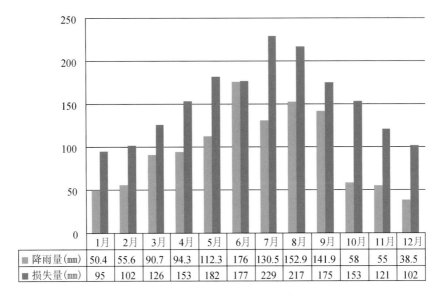

	1月	2月	3月	4月	5月	6月	7月	8月	9月	10月	11月	12月
降雨量(mm)	50.4	55.6	90.7	94.3	112.3	176	130.5	152.9	141.9	58	55	38.5
损失量(mm)	95	102	126	153	182	177	229	217	175	153	121	102

图 3.2-1 湖泊月度降雨量与损失量表

但由于自然界的降雨是不均匀的,且中心湖泊限制了最高水位,暴雨时超过最高水位的大量雨水会溢流外排。根据美方提供的资料,按月度计算的自然补水量、自然损失量及自然需水量见图 3.2-2。

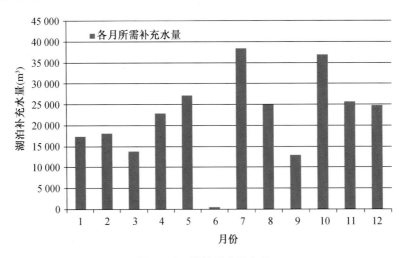

图 3.2-2 湖泊月度需水量

从图 3.2-2 可以看出:湖泊每个月均需补充水,即需进行水量维护,总的需求量为 261 500 m³/a,约 720 m³/d。

2. 绿地灌溉

上海迪士尼乐园项目一期工程占地 3.9 km²,其中绿化面积 19.09 ha,灌溉日需水量巨大,最高日需求量达到 9 700 m³/d,其灌溉水量标准约为我国通常标准的 1 倍多。按照室外给水设计规范(GB 50013—2006)的规定,绿化用水定额为 1.5～ 2.0L/(m²·次),浇洒次数为 1～2 次,按迪士尼标准取国内高值的 2.5 倍,日平均用水量约为 1 909 m³/d。

3. 道路及场地冲洗

按照室外给水设计规范(GB 50013—2006)的规定,道路冲洗的用水定额为 1.0～ 1.5 L/(m²·次),浇洒次数为 2～3 次。由于迪士尼项目较高的标准,道路冲洗用水定额选为:1.5 L/(m²·次),浇洒次数为 2 次。核心区内道路面积约为 37.41 ha,日平均用水量为 1 122.3 m³/d。

4. 洗车

核心区内停车场以游客小轿车为主。公共停车场用地 27.46 ha,每个车位平均占地约 30～40 m²(加上公摊面积),核心区车位为 7 845 个,每日洗车需求量预测为 1 000 辆,按照室外给水设计规范(GB 50013—2006)的规定,小轿车的冲洗用水定额为 250～400 L/(辆·d),取 250 L/(辆·d),日平均用水量为 250 m³/d。

5. 公共建筑冲厕

根据规划,一个主题园及相关设施建成运营,年客流总量 2 300 万人次,参考日客流量 7.8 万人次。按每人 2 次小便,20%游客有大便需求计算,按照室外给水设计规范(GB 50013—2006)的规定,小便器一次用水量为 2～6 L,大便器一次用水量为 5～8 L,取低值计算,日平均用水量为 390 m³/d。

以上五项用水需求合计为 4 391.3 m³/d,后三项的用水需求为 1 762.3 m³/d,均超出可利用的雨水量。

3.2.1.3　核心区雨水利用策略分析

根据可收集利用的雨水水量水质特点,结合核心区用水需求,建议核心区雨水利用遵循以下原则。

(1) 雨水作为宝贵水资源,应尽可能多加利用。由于用水需求远超过雨水可收集量,应减少雨水外排,充分利用雨水资源。

(2) 由于业主已考虑使用河道水对湖泊补水和用于灌溉,建议雨水用于道路清洗、洗车和公共建筑冲厕。

(3) 为减少雨水处理设施的投资成本,在对湖泊污染负荷增加较少的情况下,可将中心湖用作经处理后雨水的存储池。

(4) 存蓄河道保持一定水位运行,实际发挥景观水体功能,应采取适当措施防止其水质恶化和富营养化。

3.2.2　核心区雨水利用系统

3.2.2.1　核心区雨水利用工艺路线

1. 雨水利用工艺选择原则

(1) 雨水利用应与雨水径流污染控制和城市防洪减涝相结合,污染物削减充分考虑径流水量水质特征。

(2) 采用技术可靠、效果稳定的处理工艺和设备,尽量采用新技术、新材料,实用性和先进性兼顾,以使用可靠为主。

(3) 处理系统运行应有较大的灵活性和调节余地,以适应水质、水量的变化;管理、运行、维修方便,尽量考虑操作自动化,减少操作劳动强度。

(4) 本处理工艺流程要求耐冲击负荷,有可靠的运行稳定性。

2. 雨水利用工艺

雨水利用工艺如图 3.2-3 所示。

主题乐园地表径流 → 生物滞留 → 存蓄河道 → 曝气生物滤池 → 混凝沉淀 → 超滤 → 中心湖 → 回用

图 3.2-3 雨水利用工艺

工艺说明:降雨发生时,主题乐园区域的地表径流形成后首先在源头处使用生物滞留设施削减部分污染物负荷,缓解后续装置控污压力;然后再由雨水管道收集汇集至存蓄河道。由于地表径流污染物中 SS 和以主要以颗粒态形式存在的 TP 可通过沉淀方式实现大部分去除,因此在地表径流汇入存蓄河道时,应针对性地在部分区域采取消能、缓流和沉淀等措施去除大部分 SS 和 TP,以减少后续处理负荷。径流经沉淀后,进入曝气生物滤池,以去除 BOD 和 NH_3-N。再进行混凝沉淀去除溶解性磷酸盐。最后使用超滤的精细过滤作用,深度处理水中的 SS,保证雨水排入中心湖时 SS 达标。经过以上处理工艺,雨水排入中心湖,洗车、道路冲洗和公共建筑冲厕等用水需求可就近从湖泊中取用。

3.2.2.2 核心区雨水利用规模分析

1. 降雨特性参数统计

上海市对 1985—2004 年的降雨自记资料进行了详细统计,采用降雨自记纸数字化处理系统对资料进行数据转换,得到近二十年的小时降雨资料。按照我国规定,划分两场雨的最小时间间隔 IETD 为 2 h。城市暴雨管理中,一般将雨量大于 0.5 mm 的降雨算作一场降雨事件。按上述条件编制计算机程序,将二十年的小时降雨资料划分为独立降雨事件,共计 2 220 场,年均降雨次数为 111。统计每场雨的降雨量、降雨历时以及降雨间隔时间,并计算各参数的数学期望值和变差系数。各参数的频率分布见图 3.2-4—图 3.2-7,降雨参数分布特征采用指数分布函数来描述,计算结果见表 3.2-1。

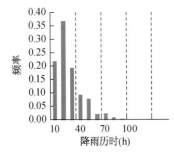

图 3.2-4 降雨间隔的概率密度分布

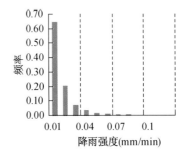

图 3.2-5 降雨量的概率密度分布

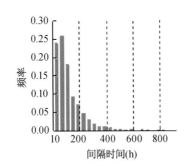

图 3.2-6 降雨强度的概率密度分布

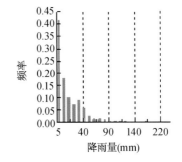

图 3.2-7 降雨历时的概率密度分布

表 3.2-1　上海市降雨特性统计(1985—2004)

统计量	降雨量	历时	降雨间隔
平均值	10.72(mm)	6.87(h)	71.36(h)
变差系数	1.612	0.929	1.529
均值倒数	0.093	0.146	0.014
指数概率密度函数	$f_V(v) = 0.093e^{-0.093v}$	$f_T(t) = 0.146e^{-0.146t}$	$f_B(b) = 0.014e^{-0.014b}$

2. 核心区雨水利用工程存储池容积估算

主题乐园区域占地面积 910 963 m^2,综合径流系数为 0.6。按降雨损失 1 mm 计,假设存储池一次满蓄的泄空时间 T 为 80 h,给定不同的集蓄能力 S_A(mm),编程计算不同存储池体积下的集蓄效率 E 和年集蓄水量,结果见表 3.2-2、图 3.2-8。由图 3.2-8 可知:随着存储池容积的增大,雨水的集蓄效率逐步提高,年均集蓄水量增多,然而增长的幅度趋缓。设计容量从 5 mm 增至 10 mm 时集蓄效率增长了近 20%;而 50 mm 增至 60 mm 时,相应的增长幅度仅有 3%。存储池容积的增大将增加投资,使得相应容积下雨水利用系统的经济效益有所降低,因此,需结合费用效益分析确定雨水存储池的合理容积。

表 3.2-2　雨水存储池体积及相应集蓄效率

S_A(mm)	5	10	20	30	40	50	60
存储池体积(m^3)	4 555	9 110	18 219	27 329	36 439	45 548	54 658
集蓄效率(%)	25.38	43.11	64.86	76.64	83.46	87.67	90.43
集蓄水量(万 m^3/a)	16.2	27.4	41.3	48.8	53.1	55.8	57.6

注:表中集蓄效率为扣除初损水量后的年均雨水的集蓄效率及水量。

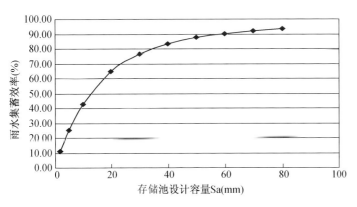

图 3.2-8　雨水存储池体积及相应集蓄效率

图 3.2-9　核心区雨水利用排放
系统的水力模型图

通过表 3.2-2 的数据以及图 3.2-8 的曲线可以看出,设计容量为 60 mm 时,即存储池容积为 54 658 m^3 时,此时的集蓄效率约为 90.43%,年集蓄水量可达 38.7×10^4 m^3,超出年利用量 30×10^4 m^3 的目标。考虑到存蓄河道的容积约为 90 000 m^3,因此可直接利用存蓄河道进行雨水调节,即可满足雨水利用需求,且可减少工程投资成本。

3.2.2.3　雨水利用工艺关键参数

1. InfoWorks CS 建模过程

根据主题园区、存蓄河道的特点,进行概化后,建立了核心区雨水利用排放系统的的水力模型,用于评价系统关键参数对雨水利用量的影响。核心区雨水利用排放系统的水力模型图见图 3.2-9。

2. 计算模型及参数的选用

水力模型中包含的计算模型主要有产流模型、汇流模型和管道水力计算模型,依据国外常用的产汇流模型组合及适用场合,计算模型的选取如表3.2-3所示。

表3.2-3　选用产汇流模型主要参数

产流模型	汇流模型	管道、河道水力计算模型
固定径流系数法参数: 固定径流系数 C	SWMM非线性水库法参数: 子集水区宽度 W_c 和曼宁粗糙系数 N_s	采用圣·维南方程组求解

3. 雨水处理设施处理规模的确定

综合考虑该工程的防洪功能和雨水利用功能,而利用泵(包括溢流泵和雨水利用提升泵)来控制水位。在雨季,当发生暴雨时,水位上涨,开启溢流泵,维持安全水位;在旱季,降雨较少,为了维持设施一定的水位,关闭雨水利用泵。因此,设施的最高水位应结合排涝安全来确定,而最低水位以保持一定的景观功能为宜。

当雨水利用量较大时,设施水位较低,且在降雨较少时,雨水利用量受到限制,雨水利用无法连续稳定运行。当雨水利用较小时,设施水位较高,不利于排涝安全,且大量雨水被溢流泵排出,雨水利用量较低。因此,泵的开闭水位和雨水利用量对排涝安全和雨水利用有重要影响。

通过模型模拟,选择优化的泵的运行水位和大小。选择1995—2004年10年历史降雨记录,通过连续模拟,考察排涝安全、雨水利用量、雨水利用的连续性稳定性。同时,运用30年一遇设计降雨,在常水位下模拟该设施的抗洪涝能力,确保雨水利用方案对排涝安全没有影响。

方案1:假设雨水利用规模为1 000 m³/d

方案2:假设雨水利用规模为800 m³/d

表3.2-4　10年连续模拟结果统计

	降雨径流 m³/10a	溢流量 m³/10a	利用量 m³/10a	出渗量 m³/10a	蒸发量 m³/10a	开启时间 h/10a
方案1	6 762 920	1 780 557	4 357 314	63 327	584 021	44 125
方案2	6 762 920	2 340 313	3 797 945	69 436	584 021	68 798

为了确定雨水利用是否影响排涝安全,需要对该设施进行校核。采用修正的年最大值法年降雨公式,即

$$i = \frac{12.290\,3(1+0.650\,5\log T)}{(t+8.118\,6)^{0.7032}}$$

应用30年一遇2小时设计降雨进行校核。设定长水位未模拟初始条件,雨水利用量为800 m³/d。结果表明,在30年一遇的设计降雨下,最不利地点的距地面有0.3 m。因此,该雨水利用方案不会对排涝安全产生影响。综合考虑,选择方案2的雨水利用规模较优。

3.2.2.4　雨水利用方式

1. 清水池

根据《建筑与小区雨水利用工程技术规范》(GB 50400—3006),当雨水回用系统设有清水池时,其有效容积应根据产水曲线、供水曲线确定,并应满足消毒的接触时间要求。在缺乏上述资料的情况下,可按雨水回用系统最高日设计用水量的25%～35%计算。虽然按此计算的清水池容积仅200～300 m³,所需费用不高,但由于用水点在核心区内分散,清水池固定后将造成庞大的供水系统,投资性价比较差。

考虑到中心湖水面广阔,水质优良,且雨水处理系统出水污染负荷远低于自然雨水降落至湖面的污染负荷,最终用水点分布在中心湖的四周,可使用中心湖作为雨水系统的清水池。这样可使供水系统管

网长度大大缩短,雨水最终使用途径也可多元化。

2. 雨水供水系统

由于雨水主要用于道路清洗、洗车和公共建筑冲厕,其用水点分散在中心湖的周边。因此,可以在中心湖的四周设置 3～4 个取水泵站,并配置恒压供水系统对最终用水点进行供水。由于中心湖的水源稳定,使用其做清水池,不需要为雨水供水系统配置自动补水设施。

此外,为保证雨水安全使用,供水管道上不得装设取水龙头,并采取防止误接、误用和误饮的措施。

3.2.3 主题园区雨水源头生物滞留技术

在土地资源宝贵的核心区,可采用基于绿地空间合理利用的雨水源头生物滞留技术,其具有景观功能佳、洪峰削减效果好、污染物处理能力强、维护管理成本低等特点。常见的雨水源头生物滞留技术包括雨水花园、下凹式绿地和暴雨人工湿地等。

目前,国内的雨水生物滞留利用技术的研发和应用刚刚起步,目前仅在少数建设标准比较高的小区或公共建筑区域试点使用。我国《建筑与小区雨水利用工程技术规范》(GB 50400—2006)对相关技术进行了简单说明,但实际应用中仍存在许多需要解决的问题。结合上海迪士尼乐园项目的建设,研究应用雨水生物滞留利用技术滞留、净化绿地及其周边汇水区域的地表径流,具有重要的理论意义和实践价值。

3.2.3.1 核心区生物滞留技术应用的重要影响因素

生物滞留技术工程设计需要考虑应用区域的自然条件。在不同区域,随当地的具体条件不同,工程方案的技术经济性有所不同,因此,应根据生物滞留技术的特点,因地制宜地制定最佳的工程方案。以下是核心区应用生物滞留技术的主要考虑因素。

1. 土壤渗透性

土壤渗透性是影响雨水生物滞留利用效果的要素之一,与利用工程的径流水量削减和水质净化效果密切相关。表 3.2-5 表明,上海市城市绿地土壤入渗率的变异非常大,除了极慢和极快两个分类级别外,每个级别都占有一定比例。绿地土壤稳定入渗率属于慢和较慢的比例高达 50%,较快的稳定入渗率只占 16.7%,低于较快入渗率的比例高达 76.2%,可见上海市大部分绿地土壤的入渗率偏低。

表 3.2-5 上海市城市绿地土壤稳定入渗速率频率分布

入渗率分级		稳渗率 V /(m/s)	频率 /%
极慢	Very slow	$V < 2.78 \times 10^{-07}$	0
慢	Slow	$2.78 \times 10^{-07} < V < 1.39 \times 10^{-06}$	9.5
较慢	Slow to medium	$1.38 \times 10^{-06} < V < 5.56 \times 10^{-06}$	40.5
中等	Medium	$5.56 \times 10^{-06} < V < 1.75 \times 10^{-05}$	31.0
较快	Medium to fast	$1.75 \times 10^{-05} < V < 3.52 \times 10^{-05}$	11.9
快	Fast	$3.52 \times 10^{-05} < V < 7.06 \times 10^{-05}$	7.1
极快	Very fast	$V > 7.06 \times 10^{-05}$	0

2. 地下水位

根据发达国家径流土壤渗透系统的应用经验,为保证雨水净化效果,防止地下水污染,生物滞留设施底部到最高地下水位的距离至少应达到 0.6 m。

3. 地形坡度

雨水生物滞留技术通过雨水自流的方式输送或滞留净化雨水,为达到洪峰削减、雨水滞留与污染物去除的预期目标,并防止设施侵蚀等现象发生,对设施内雨水径流的流速、停留时间均有一定的要求,因此,其应用效果或适用性受到地形坡度的影响。

3.2.3.2　主要雨水生物滞留利用技术

1. 植草过滤带

[1] 定义、原理及特点

植草过滤带(图 3.2-10)是利用地表植被和土壤截流净化坡面径流污染物的一种设施。当径流流过植草过滤带坡面,污染物在过滤、渗透、吸附等的联合作用下被去除,植被同时也降低了雨水流速,使颗粒物得到沉淀,达到了提高雨水径流净化水质的目的。

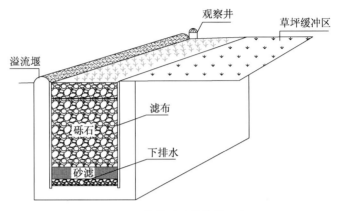

图 3.2-10　植草过滤带结构示意图

植草过滤带作为城镇绿地的一种构建形式,接受周边小范围汇水面譬如小型停车场、道路、小面积不透水面的雨水径流,使雨水径流在排入受纳水体之前,经植草过滤带缓冲、净化,以降低雨水径流流速,径流中污染物也可得到部分去除。

[2] 设计要点

植草过滤带的设计要素包括:过滤带长度、纵坡、流速等,具体取值可参考表 3.2-6。

表 3.2-6　植草过滤带主要设计参数参考值

设计参数	取值范围	设计参数	取值范围
纵向坡度 i/%	0.3~5	最小长度 L/m	7.5
最大径流流速 V/(m/s)	0.4	草的高度 h_0/mm	50~100

2. 植草沟

[1] 定义、原理及特点

植草沟是指种植植被的景观性地表沟渠系统,一般通过重力流收集处理径流雨水。当雨水流经植草沟过程中,在沉淀、过滤、渗透、吸附等共同作用下,径流中多数悬浮颗粒污染物和部分溶解态污染物得到去除,达到雨水径流的收集利用和径流污染控制的目的。植草沟一般适用于道路的两侧、不透水地面的周边、大面积公共绿地中广场等场合,在完成输送排放功能的同时,可达到部分雨水的收集及净化处理的要求,且具有一定的雨水消纳能力,是一种体现节约型城镇绿地多重功能要求的绿地生物滞留技术设施。

[2] 设计要点

(1) 布置要点:植草沟的布置需遵循以下原则:平面规划和高程设计与自然地形充分结合,保证雨水在植草沟中重力排放通畅。因植草沟的摩阻系数很大,通常需要 1% 以上的坡度以保证设计流速,在地形平坦的区域,应用可能存在困难。在地面坡降大的地方,宜设置消能设施以避免暴雨期间对坡岸的冲蚀。平面布置和服务汇水面积划分时尽量使植草沟内的径流量均匀分配,高程布置应考虑节省工程造价,并做相应的土方平衡计算。植草沟通过草的茎叶拦截径流中的悬浮颗粒净化径流,为保证达到一定的净化效果,通常要求植草沟的长度不小于 30 m。植草沟设置还需考虑与其他 BMP 措施协同净化雨水及调节径流量,保证各措施的合理衔接。植草沟的布置应考虑与周围环境相协调,一般湿式植草沟的植被较难养护管理,景观效应较差,在对景观要求高的地方不宜采用。

(2) 设计参数选取:植草沟的主要设计参数有长度、断面尺寸、水力停留时间、曼宁系数等,具体取值见表 3.2-7。

表 3.2-7　植草沟各设计参数参考值

设计参数	取值(范围)	设计参数	取值(范围)
植草沟沟长 L/m	$=30$	草的高度 h_0/mm	$50\sim150$
最大径流流速 V/(m/s)	<1	植草沟底宽 b/m	$0.5\sim2$
水力停留时间 t/min	$6\sim8$	最大断面高度 h/m	<0.6
曼宁系数 (n)	$0.2\sim0.3$	植草沟纵向坡度 i	$0.005\sim0.025$
最大有效水深 d/mm	$25\sim75$	植草沟断面坡度 i_0	$2\sim3$

3. 下凹式绿地

[1] 定义、原理及特点

下凹式绿地是一种低于周围地面高程的、雨水渗透能力良好的绿地,不但可以汇集自身面积上的降雨,还可以消纳周围非渗透性铺面产生的雨水径流。应用下凹式绿地一方面可以削减洪峰流量,减轻洪涝灾害,增加地下水的入渗补给;另一方面绿地所汇集的径流经渗透、沉淀、截留作用,其中污染物得到部分去除,可减轻城镇非渗透性铺面的面源污染,因而下凹式绿地具有滞留利用雨水与控制面源污染的双重作用,是一种具有优良净化能力的绿地生态系统。

[2] 设计要点

(1) 选址、占地:下凹式绿地一般设置在地势低洼区域,在实际应用时,应根据地形的具体情况灵活掌握。下凹式绿地适用于消纳小汇水面上的雨水径流,为保证有足够大的绿化覆盖面,最大限度保持相对均匀的绿地分布,一般下凹式绿地的用地面积应占汇水面积的10%以上,即服务面积比不小于10%。

(2) 设计参数选取:下凹式绿地的主要设计参数有下凹深度、淹水时间、服务区域面积比例,参数的常见范围具体见表 3.2-8。

表 3.2-8　下凹式绿地各设计参数参考值

设计参数	取值范围
下凹深度 h/cm	$5\sim25$
下凹式绿地淹水时间 t/d	$\leqslant1$
服务面积比例 %	$10\sim30$

4. 雨水花园

[1] 定义、原理及特点

雨水花园是一种雨水砂滤和渗透技术,整合了两种技术的功能,在城市开发区域的低洼区域设置种有灌木、花草乃至树木的滤床,利用自然系统中生态作用对非渗透性铺面径流进行自然净化、消纳。

[2] 设计要点

(1) 选址、占地:雨水花园一般设置在地势低洼区域,在实际应用时,应根据地形的具体情况灵活掌握。雨水花园适用于处理汇水面小于 1 ha 的雨水径流,为保证对径流雨水污染物的处理效果,设施的有效面积一般不小于汇水区域的不透水面积的 5%～10%。

(2) 设计参数选取:雨水花园的主要设计参数,在缺乏实测数据时可考虑采用表 3.2-9 的数据。

表 3.2-9　雨水花园设计参数参考值

设计参数	尺寸/m
积水区的最大高度	0.15
覆盖层厚度	0.05
种植十层	$0.6\sim1.2$

（续表）

设计参数		尺寸/m
承托砂层高度		0.15
平面尺寸	最小长度	5
	最小宽度	3
地下水位至系统底部的最小距离		0.6
距其他建筑物基础的最小距离		3

注:设有隔水层的过滤型雨水花园,底部至地下水位的距离不受限制。

（3）雨水花园构成:雨水花园一般由植被、表面积水区、种植土覆盖层、种植土层、砂滤层组成。

5. 暴雨人工湿地

[1] 定义、原理及特点

暴雨人工湿地是一种由人工建造和监督控制的与天然沼泽地类似的雨水生态处理系统,由人工将石、砂、土壤、煤渣等一种或几种介质按一定比例构成基质,并有选择性地植入植物而构成。暴雨人工湿地作为一种高效的雨水径流污染控制措施,具有污染物去除效果好、操作管理简单、维护运行费用低、可丰富城市生态多样性等优点。由于湿地本身是城镇绿地中的一个组成部分,特别是在丰水地区,暴雨湿地在城镇绿地雨水利用技术方面具有一定竞争力,在水量调蓄方面较其他技术具有优势。然而,湿地在城镇绿地中使用也存在一些局限,如占地面积大,在小块绿地区域内可能面积不够或破坏总体景观而不宜使用;而且,暴雨人工湿地还容易出现干旱季节景观效果不佳等问题。此外,在土壤渗透性好、地下水位低的区域,为维持一定的水位,人工湿地需要做防渗处理,造价较高。

[2] 设计要点

（1）选址、占地及坡度:湿地应设置于具有足够入流量和合适土壤类型区域,以维持湿地水位。对于土壤渗透性较大的区域,应进行防渗处理。根据汇水区域性质及湿地的设计,湿地面积一般取汇水面积的1%～2%,长宽比一般大于2∶1。此外,一般湿地坡度最大可设计为15%,但局部地势应平缓。虽然湿地没有最小坡度要求,但出水口和进水口之间应该具有足够的高程差,以便雨水重力排放。

（2）预处理前池:在雨水进入湿地之前,设置前池以沉淀较大颗粒的污染物,可延长湿地的维护周期。此外,前池还具有优化水力条件,延长雨水流动路径和防止短流发生等作用。一般使用石笼或土坝将前池与湿地分离,以减少水流流速,防止池中下沉颗粒重新上浮。前池水深一般取2.0～3.0 m,最小值一般不小于1.0 m。

（3）入流和出流:湿地应设置缓冲带,以使湿地与周围土地隔离,减缓流速。湿地可单点或多点进水,进水区流速应不超过0.3～0.5 m/s。绿地周围区域汇入的径流水质较差时,经过缓冲带后颗粒物浓度可能依然较高,此时必须设置前池以沉淀去除大颗粒污染物质。当流速超过0.7 m/s时,水流还会影响植物正常生长,导致处理效率降低。由于湿地中有大量植物生长,出水口设计应注意防堵,出水管一般使用位于深水区的倒坡管。出水区应采取措施防止侵蚀发生。

3.2.4 智能自动灌溉系统

3.2.4.1 节水灌溉方式

1. 节水灌溉要求

核心区整个灌溉水系统包括灌溉水管道系统和灌溉水控制系统。

将核心区根据苗木按照用水需求进行分类,将相似要求的苗木组成一个区域。例如,低用水需求的苗木组成一个区,中等用水需求的苗木组成另一个区等。每个区域的灌溉可以采用不同的灌溉方式(低喷灌密度喷头、标准喷头、滴灌、地下浇灌等）。通过这些方法,灌溉的用水量和频率都可以得到具体地控制,从而避免了当高用水需求和低用水需求的苗木混合后,统一灌溉所造成的过度浇灌。同时,利用 ET 数据将降雨、蒸发、土壤墒情和植物需水等方面统一考虑,实现按期、按需、按量自动供水,对灌溉用水进行监测预报,实现动态管理。

2. 节水灌溉技术关键

灌溉水控制系统采用中央计算机控制系统作为核心控制单元。中央控制系统通过发出指令,并不断地监控反馈信息来检验指令的执行,实现对灌溉系统的管理。灌溉系统配置气象站及雨量桶来收集与植物需水相关的气象数据,数据信息送至中央计算机,通过专用的管理软件,运算出植物前一天损耗的水量,并决策今天是否补充水分及补充多少水分,若需补水,中央计算机向各集群控制器发送指令并由 CCU 集群控制器传送给各田间控制器,由田间控制器完成电磁阀的启闭,在一定的时间内按一定的顺序自动完成园林绿地的灌溉并自动停机,以最有效地提高水的利用率,节省劳务及日常养护开支,节约水电费,最大限度地满足植物需水要求。从而对整个灌区的灌溉设备和水资源进行科学的监控和调配。

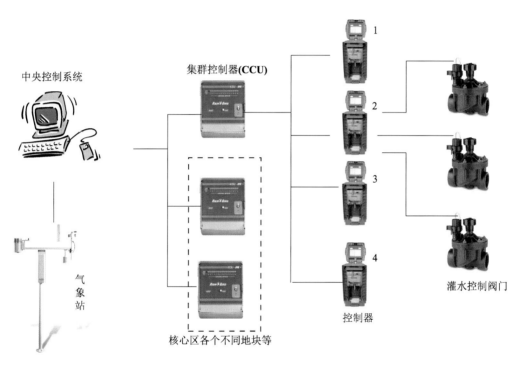

图 3.2-11　灌溉水控制系统结构图

灌溉控制方式主要为自动控制和手动控制。系统在自动模式下可根据气象站提供的 ET 值,自动调整各节站点的运行时间。手动模式可直接对中央控制器或 CCU 进行手动设置,间歇性灌溉,可解决排水不畅的站点、斜坡及土壤密度大的地区的灌水。

中央控制系统通过无线或有线的通信方式对各个集群控制器下发控制指令,各个集群控制器同时反馈系统工作状态和事故情况,并有中央控制系统形成报表以便于管理。为了保证控制信号传输的稳定性和可靠性,核心区内 CCU 及卫星站的控制方式采用有线连接。

3.2.4.2　实现自动调整灌溉运行时间和频率的途径

本次研究拟采用 MAXICOM2 中央计算机系统来达到自动调整灌溉运行时间和频率的目的。

中央控制系统主要由中央计算机、集群控制器(CCU)、区域控制器(卫星站)、气象站、电磁阀构成。一套中央计算机系统可控制若干个专类园或公共绿地的灌溉系统。中央计算机可安装在核心区内合适的位置。CCU 安装在各个专类园或公共绿地内。中央计算机与 CCU 之间的通讯,可采用有线连接、无线连接、电话线连接或移动通讯方法连接。一台 CCU 最多可连接 28 个区域控制器。CCU 与区域控制器之间同样可选上述数种通讯方式。

气象站可以提供执行精确灌溉计划所需的场地信息。气象站通过多个感应器监测空气温度、日照辐射、相对湿度、风速风向以及降雨等环境变量来计算每天的蒸腾量(ET)。

中央计算机接受气象站提供的蒸腾量(ET)等数据输入从而调整每天的灌溉计划,用于节约成本并达到节水灌溉的目的。中央控制系统中的各类软件将汇集的数值进行分析,比如将含水量与灌溉饱和点和补偿点比较后确定是否应该灌溉或停止灌水,然后将开启或关闭阀门的信号通过中央控制系统传输到阀门控制系统,再由阀门控制系统实施某轮灌区的阀门开启或关闭,以此来实现灌溉的自动化控制,运行状态则显示在监控屏幕上。并以数值和曲线形式显示"历史与实时"参数值和变化曲线,进行信息实时报警与记录。

图 3.2-12　气象站

由中央计算机到终端电磁阀的工作过程为:中央计算机编程,并将程序下达到 CCU,CCU 将各轮灌区灌溉控制程序再发到相关区域控制器,区域控制器依中央计算机制作的程序启闭各轮灌区电磁阀。

中央计算机上的初始程序由控制人员编制。计算机每天自动收集由气象站采集的气象数据,计算 ET 值,并不断对原有程序自动修改。如遇传感器传来异常信息(如降雨、过分干燥、系统漏水),则自动中断或暂停程序,待异常情况排除后,继续恢复程序运行。

3.2.4.3　灌溉水系统管网自动检漏方法和事故状况自动应对模式

灌溉水系统管网除了采用人工捡漏方法来探测漏点意外,同时采用更为先进的捡漏仪器和更为有效快速的捡漏法。通过这种软硬结合的方式,灌溉水自控系统集成软件捡漏系统,分析采集的各种管线数据,比如压力、流量、温度、粘度、速度及摩擦力等基础数据,并且对管线的非线性、不确定性、随机性因素引起的误差进行补偿,提高漏点测量的灵敏度、精度及可靠性。当供水管道发生漏损时,系统根据采集的参数发出报警信号,调度人员收到报警信息后利用系统的漏点检测程序判断漏点的位置。

灌溉水系统管网事故状况主要是由于管网爆管引起,当供水管网水力条件发生大的变化,比如新增加一个大的突发流量时,供水管网的全部节点的水压都会受到大小不等的影响。通过接受由灌溉自控系统实施回传的管网信息(包括测压电水压、管段流量及各水源供水量),对管网的状态进行连续不断地进行监视,分析运行状态的动态变化过程,发现新增突发流量及突发流量的位置。并且通过和以往的用水数据进行比对,判断新增突发流量是否是异常流量,从而及时找到爆管发生区域或爆管点。

通过以上模式,本系统能实现实时流量监测,随时检查灌溉系统中出现的管道破裂或渗漏等异常情况,并通过相应的程序关闭这些区域灌溉设备,通过报警通知管理人员进行维修。另外,通过流量管理软件来实现整个系统的流量最优分配和最大利用率。

3.2.5　雨水综合利用指标体系研究

近年来,我国经济社会快速发展,城镇化水平不断提高,对水资源的开发利用活动加剧,城市中随即产生了一系列水环境问题。一方面,由于人口和经济活动的集中,城市道路、广场及房屋的建设,提高了不透水地面面积及比率,使得地表径流在较短的时间内形成,峰值流量增加。再加上由于河流、湖泊、沼泽等自然水体面积的不断缩减,导致城市泄洪能力的下降,城市暴雨径流产生的洪涝灾害不可忽视;另一方面,河流、湖泊等水体污染现象日趋严峻,气候异常现象频繁发生,大部分地区水循环规律和产汇流条件深刻变化,城市中可利用的淡水资源匮乏,加上城市用水量的不断攀升,因此迫切需要寻找新的供水水源。雨水资源作为轻度污染的水源,水中污染物较少。尤其是屋面集流雨水,经过简单处理就可用于生活、工业、农业用水以及城市绿化等。因此,提高城市雨水资源的利用水平,有利于减轻城市排水压力,避免洪涝灾害;同时还可以解决城市中水资源供需之间的矛盾,缓解水资源紧张,促进淡水资源可持续利用。

3.2.5.1　综合评价的过程

1. 评价方法及模型

层次分析法(Analytic Hierarchy Process 简称 AHP)是由 Thomas L. Saaty 在 20 世纪 70 年代提出的一种系统分析方法。所谓层次分析法,是指将一个复杂的多目标决策问题作为一个系统,将目标分解为多个目标或准则,进而分解为多指标(或准则、约束)的若干层次,通过定性指标模糊量化方法算出层次单排序(权数)和总排序,以作为目标(多指标)、多方案优化决策的系统方法。

在决策者作出最后的决定以前,必须考虑很多方面的因素或者判断准则,最终通过这些准则作出选择。这些因素是相互制约、相互影响的。通常将这样的复杂系统称为一个决策系统。这些决策系统中很多因素之间的比较往往无法用定量的方式描述,此时需要将半定性、半定量的问题转化为定量计算问题。层次分析法是解决这类问题的行之有效的方法。层次分析法将复杂的决策系统层次化,通过逐层比较各种关联因素的重要性来为分析以及最终的决策提供定量的依据。

2. 评价过程

[1] 雨水可行性评价

区域雨水资源可持续开发利用,不仅与区域水资源的天然时空分布有关,而且受区域人口、经济、生态环境等诸多因素的制约。雨水利用的价值、目的以及意义是采取各种雨水控制技术的前提。只有结合区域的特征,对雨水利用的重要性进行评价的条件下,才能进一步评价各种雨水利用方式。因此,本研究在研究雨水利用可行性的过程中采用两个指标:雨水可利用和雨水不可利用。

[2] 雨水利用方式评价

城市雨水利用的主要途径是应用透水性铺装材料加强土壤入渗调控和建立区域雨水收集及地下水储存系统来加大雨水贮留量。在具体实践中,不同地区雨水综合利用的方式不同;同一区域内雨水利用方式可以是单一的或几种方式的组合。城市区域内不同雨水利用方式的有效结合,有利于提高雨水利用的效率,改善区域环境质量,节约工程设施的建设成本。根据不同雨水利用方式的特点,初步将所有的雨水控制方式归纳为两种类型:一种是雨水调蓄:主要是通过收集、储存区域内所产生的径流,并通过适当的处理后用于生活用水、灌溉及景观用水等,提高雨水资源利用率;另一种是雨水下渗:利用各种植被及土壤对雨水的截留作用,延长雨水的停留时间,提高雨水在土壤中的渗漏量,从而减少雨水的径流量对城市排水的压力和减轻面源污染对城市水体的影响。

[3] 评价权重的确定

评价中只需要一个综合的指数来衡量雨水的利用,即对所有的准则层进行综合的评判。由于评价指标体系的量纲不同,指标的功能也不尽相同,因此首先应对其进行无量纲化处理,之后在评价中可以统一进行运算和比较。

评价指标权重确定在雨水可持续利用评价中占有非常重要位置,权重大小对评价结果具有重要的影响,它反映了各指标的相对重要性。利用层次分析法(AHP)确定指标权重已得到多方面应用,该法系统性、可靠性、客观性较高,但不同的地区由于水资源总量的不同,雨水资源蓄集再利用的目标不同,从而导致各部分的权重也不相同。因此利用层次分析原理,结合专家咨询和打分试验判断,从而更加准确地确定研究区域内各部分的权重。

3.2.5.2 上海迪士尼乐园项目雨水综合利用评价

2009年11月,由国家发改委正式批复,将在上海建设一个大规模的主题乐园——上海迪士尼乐园,作为上海国际旅游度假区核心区。上海国际旅游度假区核心区的总规划面积为 7 km²。作为一个国际知名的主题度假区,上海迪士尼乐园项目将建成长三角地区具有国际知名度的、富有活力、景观优美、交通便捷、服务多样化的主题乐园,其建设内容包括场馆建筑、综合交通系统、市政配套、公共事业服务设施、景观环境等诸多大型建设综合项目;其中市政配套工程包括道路及配套设施、灌溉水及湖水处理工程、综合信息集成与服务工程,种类繁多。在开园后,优质的市政配套系统将直接影响游客的感受,是乐园形象的重要体现。世界级的主题乐园需要配备高标准的市政设施,它不但可以打造城市名片,还可以树立上海国际大都市形象;同时也是提高上海迪士尼乐园项目的吸引力,增加游客满意度的需要。上海迪士尼乐园项目湖水处理及灌溉水处理工程的建设是为上海国际旅游度假区的开发实施提供良好的水环境设施的基础保证。按照度假区建设经验和要求,对中心湖设立了明确的水质标准,确保中心湖水质安全。同时,为保证核心区高质量的绿化景观要求,其灌溉水水质必须符合核心区特定的要求。据初步统计,核心区内景观补水、绿地灌溉、道路冲洗、洗车和公建冲厕等方面的总用水量约为 4 391 m³/d,其中道路冲洗和绿地灌溉的需水量最高,分别为 1 122 m³/d 和 1 909 m³/d。由于开园后核心区的人口数量众多,各种生活、娱乐、绿化等需水量较大,所以开发轻度污染的水源——雨水资源,对于供给核心区内各种水质要求不高的用水需求,缓解核心区内的供需水之间的矛盾具有重要的意义,从而有利于促进了城市水资源的可持续循环利用。

1. 上海地区降雨及地势地形

[1] 上海地区降雨特征

雨水利用量与降雨量、降雨间隔、降雨历时、降雨强度、雨水径流范围等各项因素紧密相关。

根据水文部门的相关规定,通常说的小雨、中雨、大雨、暴雨等,一般以日降雨量衡量。其中小雨指日降雨量在 10 mm 以下;中雨日降雨量为 10～24.9 mm;大雨降雨量为 25～49.9 mm;暴雨降雨量为 50～99.9 mm;大暴雨降雨量为 100～199.9 mm;特大暴雨降雨量在 200 mm 以上。上海地区降雨时间间隔较短,多数的降雨间隔在 10～200 h 之间;中雨及小雨的发生频率较高,约在 0.1～0.45 之间,而大雨的频率约为 0.05 左右,暴雨、大暴雨和特大暴雨的频率均在 0.05 以下,发生的频率较小。

[2] 核心区雨水利用水量平衡关系

根据前述章节研究,该区域年均可收集雨水量为 42.8 万 m³。因此,核心区内较易产生大量的可利用的雨水。

雨水利用的关键是收集量和利用量的平衡,否则在经济上是不合理的,初步考虑收集雨水处理后主要用于洗车、道路浇洒甚至公厕冲洗等其他用途,以实现分质供水,减少雨水利用工程成本。

2. 核心区内各种雨水控制工程和绿化简介

[1] 核心区雨水利用系统

为满足雨水排水标准"主题乐园"区域较高的雨水排水标准要求,核心区专门建设了一条存蓄河道,用以临时存放雨水径流,初步考虑在原有的防洪排涝功能的基础上,可利用其调蓄容量,增加其作为雨水天然"存储池"的功能,替代原方案中的钢混雨水调蓄池。雨水经净化存储后,部分可用于满足水质要求较低的用水需求。

[2] 地表径流源头生物滞留技术

由于存蓄河道本身不能环通,水的流动性很差,雨水在存放过程中可能出现的底泥淤积、藻类生长、水体发臭等不利情况,需要对排入存蓄河道的径流污染负荷进行源头削减,因此采用雨水源头生态收集净化方法和生态收集集成技术。主要考虑结合核心区下垫面形式和高程情况,合理布置植草缓冲带、植草排水沟、下凹绿地、雨水花园等各类源头收集设施,减少雨水径流洪峰流量,并去除大部分 SS、TP 和氨氮物质,为存蓄河道的水质环境维护奠定基础。

[3] 存蓄河道水环境维护

雨水径流经源头净化后,仍有一定的污染负荷进入存蓄河道,特别是暴雨期间超出收集设施设计标准的溢流雨水将携带较多的污染物。由于雨水径流在存蓄河道中有一定的停留时间,污染物在此过程中可能与外界环境发生反应导致水质恶化,考虑存蓄河道维持在最低水位以上循环流动,并局部曝气充氧或设置构建具有完整生态链的人工湿地处理设施,进一步杜绝存蓄河道雨水水质恶化情况发生。

3. 对核心区评价的目的和意义

上海地区水资源充沛,各种雨水的径流量较大,对雨水综合利用的主要目的是改善城市环境,增加城市中绿化面积。同时,由于人口密集,对水资源的需求量较大,核心区内的潜在雨水利用需求主要包括:景观补水、绿地灌溉、道路冲洗、洗车和公建冲厕等。核心区雨水资源的综合利用既有利于节约淡水资源,合理配置城市区域内的各种水源,促进城市内水资源可持续性循环利用。同时,对于控制城市洪涝灾害,保护人们财产安全具有重要的意义。本研究针对核心区雨水利用方式,确定各指标的权重,从而为其他城市雨水利用方式和综合评价提供借鉴。

[1] 雨水利用可行性分析

在雨水可行性评价时,方案层为雨水利用(P_1)、雨水不利用(P_2)。利用层次分析法,结合上海迪士尼乐园项目的实际规划设计方案,初步计算方案层各指标的综合权重值。见表 3.2-10。

表 3.2-10　雨水利用可行性评价过程的权重

准则层	权重值	相对于准则层的权重		相对于目标层的权重	
		P_1	P_2	P_1	P_2
B1	0.08	0.80	0.20	0.07	0.02
B2	0.05	0.50	0.50	0.03	0.03
B3	0.28	0.86	0.14	0.24	0.04
B4	0.17	0.75	0.25	0.12	0.04
B5	0.42	0.67	0.33	0.28	0.14
综合权重				0.74	0.26

由表 3.2-10 可以看出,核心区内雨水径流量较大,雨水再利用不仅有利于控制核心区内洪涝灾害,减轻排水的压力,同时有利于缓解核心区内的水资源供需不平衡的问题。因此,核心区内雨水的利用具有可行性。

[2] 雨水利用技术综合评价

在雨水利用技术评价时,方案层为:雨水调蓄(Z_1);雨水下渗(Z_2)。利用层次分析法,在雨水可利用的前提下,初步计算不同的雨水利用方式的综合权重值。见表 3.2-11。

表 3.2-11　雨水利用方式评价过程中的权重

指标层	权重值	相对于指标层的权重值		相对于目标层的权重值	
		Z_1	Z_2	Z_1	Z_2
C1	0.05	0.80	0.20	0.04	0.01
C2	0.03	0.25	0.75	0.01	0.02
C3	0.15	0.83	0.17	0.12	0.03
C4	0.22	0.88	0.13	0.19	0.03
C5	0.14	0.17	0.83	0.02	0.12
C6	0.02	0.17	0.83	0.00	0.01

（续表）

指标层	权重值	相对于指标层的权重值		相对于目标层的权重值	
		Z_1	Z_2	Z_1	Z_2
C7	0.05	0.11	0.89	0.01	0.04
C8	0.05	0.10	0.90	0.01	0.05
C9	0.20	0.83	0.17	0.16	0.03
C10	0.10	0.88	0.13	0.09	0.01
综合权重				0.65	0.35

　　雨水调蓄与雨水下渗两种方式并不是完全独立的两种雨水控制的措施。两种可以相互依存,相互促进,相互影响。由于城市内的空间有限,以提高雨水下渗为目的草坪、草地、林地等在城市区域内所占的面积较少,而对于经济发展水平较高的城市区域内,雨水利用方案更倾向于选择雨水调蓄。由上表可以看出,对于核心区来说,雨水资源的利用方式首选雨水调蓄工程。主要的原因是上海地区经济发展较快,城市内可利用的空间较小,加上核心区内各种道路冲刷、景观用水等方面的需水量较大,雨水调蓄更加有利于后续雨水的处理、回收再利用,从而节约用水的成本,直接或间接的增加乐园的经济利润。但是,核心区属于旅游行业,其园区内的草地、林地等绿化措施是影响游客数量的重要因素。因此,为了提高核心区内的旅游效益,应充分利用各种可利用的空间,提高核心区内的绿化面积。通过雨水调蓄与雨水下渗两种方式的结合,更加有效地促进核心区内雨水资源的循环利用。

第3章

高标准水质保持关键技术专题

第 3 篇第 3 章由上海宏波工程咨询管理有限公司完成。

3.3.1　中心湖水质模拟模型

上海国际旅游度假区项目内的中心湖泊面积为 39 万 m²,周长约 5 km,呈东西向长,南北向短的不规则形状,其东西向最长水平距离约 1 km,南北向最长垂直距离近 560 m,储水量为 150 万 m³。

湖泊水质标准指标详见表 3.3-1。

表 3.3-1　湖泊水质指标表

序号	主要项目	标准(每个样本的参数值必须不超标)
1	总磷 ≤	0.01～0.02
2	凯氏氮(TKN)≤	0.52
3	氨氮(NH₃—N)≤	0.5
4	硝酸盐氮≤	5～10
	次要项目	基础标准(参数值基于年几何平均,三年内超标情况不超过一次。最少一季度取样一次)
5	粪便型大肠菌群(个/L)≤	200—月平均,800—不可在独立样本中超标
6	pH(标准值)	6.5～8.5
7	五日生化需氧量(BOD₅)≤	6
8	化学需氧量(COD) ≤	20
9	溶解氧≥	根据季节性温度变化为 3 到 5
10	铜≤	0.5
11	氰化物≤	0.1
12	硫化物含量≤	0.2

注:除另有说明,所有单位＝mg/L。

作为中心湖主要补水水源的围场河与外围水系自由连通。根据浦东新区环保局的监测,周边水系水质多数情况在 V 类～劣 V 类,未来围场河水质指标参照工程附近河道监测指标,详见表 3.3-2。

表 3.3-2　工程附近水体现状水质表

序号	指标	现状值
1	总磷 ≤	0.183～0.283
2	总氮(TN)≤	4.12～6.38
3	氨氮(NH₃—N)≤	1.57～3.87
4	硝酸盐氮≤	1.84～2.21
5	粪大肠菌群(个/L)≤	24 200
6	pH(标准值)	7.3～7.6
7	五日生化需氧量(BOD₅)≤	2.6～3.1
8	化学需氧量(COD) ≤	15～19
9	溶解氧≥	4.1～6.1

注:除另有说明,所有单位＝mg/L。

由表 3.3-1 和表 3.3-2 比较可以看出,周边水源水质与中心湖的目标水质存在较大差别,尤其是氨氮、总氮和总磷、细菌类指标,现状水质比目标水质氮(氨氮)磷超标 3～15 倍,甚至更多,故进入湖泊的补充水源需进行处理后进入。且由于渗漏、蒸发等原因,需要对中心湖进行水量维护。同时,由于降雨、降尘、地下水、人类活动及水鸟栖息等原因污染湖泊,为了保障湖水水质,防止水体富营养化,需进行水质维护。

根据中心湖的设计要求,湖体属于相对独立、封闭的人工景观水体,湖体面积较小,自净能力较弱,水体流动性较差,极易受外界的影响而导致不同程度的污染,乃至富营养化。为满足湖泊水质、水量要求,同时满足景观及娱乐功能,拟建水处理中心。由水处理中心处理围场河水提供湖泊补水,并循环处理湖水,去除降雨、降尘、动物及人类活动等增加的污染物,以确保湖泊水体流动并保持水质新鲜,同时防止藻类爆发。

3.3.1.1 模型建立

1. 模型简介

MIKE 软件是由 DHI(丹麦水力学研究所)集成开发的综合模型,该模型集水动力模块、泥沙输运模块、污染物运移模块和水质预测模块于一体,可用于包括河流、湖泊、水库、湿地和近岸海域二维和三维物理、化学、生态过程的模拟。同时,该模型具有强大的前、后处理功能,并与 GIS 技术相集成,方便了数据的采集和处理。前处理中,能根据地形资料进行网格的剖分;后处理中,能够实现流场动态演示、动画制作、断面流量通量和质量通量的统计分析以及对不同方案的分析比较等。因此,研究以 Mike 中水动力、水质及粒子示踪模块为基础,对湖泊水质进行模拟分析。

2. 网格划分

鉴于研究湖泊岸线不规则,且湖泊东西、南北向的长宽差异较大,研究采用有限元三角网格对计算区域进行网格划分,同时为了准确模拟湖泊水深过渡处和断面较窄处的流场特征,对局部区域进行加密处理。处理后,模型中平面网格面积变化范围为 $50\sim300$ m^2,其中岸边带与断面较窄处的网格面积为 50 m^2 左右,湖体中间区域及水深较深网格面积较大为 300 m^2,共计网格节点 1 117 个,网格单元 1 968 个。垂直方向考虑底部地形和自由表面边界,采用 s 坐标系对其进行放缩转换,具体如图 3.3-1 所示。

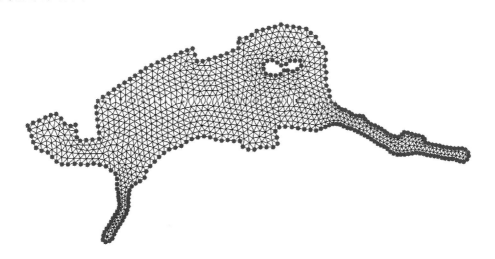

图 3.3-1　上海迪士尼乐园项目中心湖平面网格分布图

3. 参数选择

模型研究中涉及的参数较多,不同的模拟内容涉及的参数也有差异,针对研究的主要内容,计算过程中考虑到中心湖为新开挖湖体,尚未具备率定验证的条件,研究从工程最不利角度考虑,并结合地区相关研究成果,对水动力主要影响参数及考评水质指标的相关参数的选取进行说明,具体如下。

水动力模拟中主要影响参数有糙率 n、风场拖曳系数。其中,糙率根据湖泊设计土质及研究区域相关湖泊及河道研究成果,糙率选取 0.025。风场拖曳系数考虑最不利情况取 0 和上海区域相关湖泊研究成果(系数变化区间为 0.0 063$\sim$1 m/s)。

水质模拟中重点针对 BOD、DO、NH_3-N、硝酸根、TP 的降解系数、对流扩散系数等相关参数。其中,降解系数主要结合最不利情况设计标准,考虑湖泊 N、P 指标的降解能力为 0,BOD 的降解系数取 0.002/d(微弱),对流扩散系数主要依据上海区域相关研究成果,选取系数为 0.01 m^2/s。其他微生物、细菌等对有机质的分解参数选取 0。

4. 边界设置

研究中主要结合工程设计方案从水文边界、水质边界、外部动力边界三个角度对中心湖的模拟边界进行设计,具体如下。

[1] 水文边界设置

进边界:水管进水口,以点源形式给予,为连续恒定常数(取决于设计标准值);

出边界:水管出水口,以点汇形式给予,为连续恒定常数(设计标准);

外边界:风场、降雨情况,其中风场选取 2006 年 7 月—2008 年 9 月实际风场;降雨选取南汇雨量站代表站点的年降雨情况。

[2] 水质边界设置

进边界:以工程设计方案中试结果提供标准为参考;

出边界:考虑到湖泊以恒定流出水,故水质边界的选取不受限制;

外边界:主要以 2009 年浦东地区降雨中的污染物浓度和浦东地区近几年的降尘资料为参考。

具体边界设置见工况模拟方案。

3.3.1.2 水动力特征分析

水动力研究是湖体研究的基础,是湖体物质传输和对流扩散的基本动力,是湖体水质维护的重要保障。因此,研究过程中需从不同工况角度出发,模拟分析中心湖水动力分布特征,为工程设计中口门布局提供参考。

1. 水动力模拟方案设计

为了准确地反映湖泊水体水动力分布特征,研究结合区域风场分布情况,对无风、几个主要风速风向以及不定向风场条件下的湖体水动力进行模拟分析,找出湖体滞流区域,提出口门布局优化方案,具体的工况设计方案如表 3.3-3 所示。

表 3.3-3　湖泊水动力模拟工况方案表

方案	进出边界条件	风场条件
方案一	左进右出:左,0.277 8 m^3/s;右,0.254 6 m^3/s;蒸发:5.1 mm/d	无风(0 m/s)湖体流场分布特征
方案二	左进右出:左,0.277 8 m^3/s;右,0.254 6 m^3/s;蒸发:5.1 mm/d	北风(3.02 m/s)湖体流场分布特征
方案三	左进右出:左,0.277 8 m^3/s;右,0.254 6 m^3/s;蒸发:5.1 mm/d	东北风(3.01 m/s)湖体流场分布特征
方案四	左进右出:左,0.277 8 m^3/s;右,0.254 6 m^3/s;蒸发:5.1 mm/d	东风(3.28 m/s)湖体流场分布特征
方案五	左进右出:左,0.277 8 m^3/s;右,0.254 6 m^3/s;蒸发:5.1 mm/d	东南风(3.06 m/s)湖体流场分布特征
方案六	左进右出:左,0.277 8 m^3/s;右,0.254 6 m^3/s;蒸发:5.1 mm/d	南风(2.82 m/s)湖体流场分布特征
方案七	左进右出:左,0.277 8 m^3/s;右,0.254 6 m^3/s;蒸发:5.1 mm/d	不定向风场(07 年夏季)湖体流场分布特征

2. 方案分析

[1] 方案一

无风工况湖体流速大小及方向分布特征,见图 3.3-2、图 3.3-3。

图 3.3-2、图 3.3-3 表明:无风条件下,设计进出口的流量仅使湖体进、出口间产生微弱的水流,从湖体进口处流向出口处,流速相对较小,在 0.01 m/s 以下,其他湖区水流速度更小,湖区西部、北部区域水流基本保持静止状态。

图 3.3-2　无风条件下流速等值线分布图

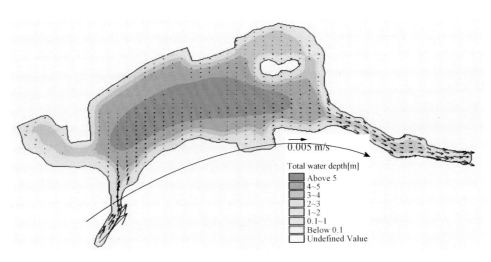

图 3.3-3　无风条件流场形态分布图

[2] 方案二

北风工况湖体流速大小及方向分布特征,见图 3.3-4、图 3.3-5。

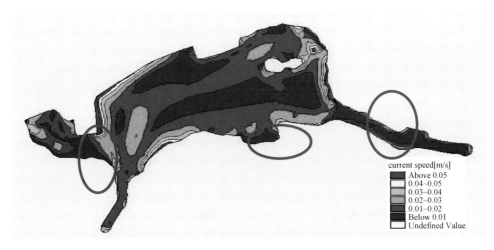

图 3.3-4　北风条件下流速等值线分布图

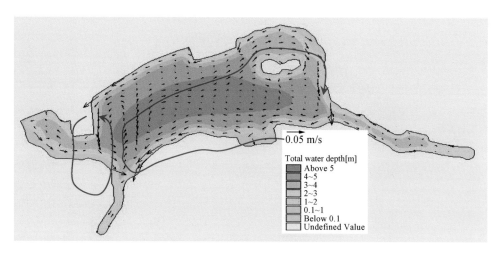

图 3.3-5　北风条件下流场形态分布图

　　图 3.3-4、图 3.3-5 表明:北风条件下,湖体流速大小分布在 0~0.05 m/s 之间,其中湖体西部区域、南端滩地、湖体中部及东端出口区域的流速相对较小,小于 0.01 m/s。同时,湖体中部形成两个环流区,其中东边形态呈顺时针,西边形态呈逆时针,湖体西部区域受北风顶托,区域水体在北部形成环流,与外部水体交换相对困难。

[3] 方案三

东北风工况湖体流速大小及方向分布特征,见图 3.3-6、图 3.3-7。

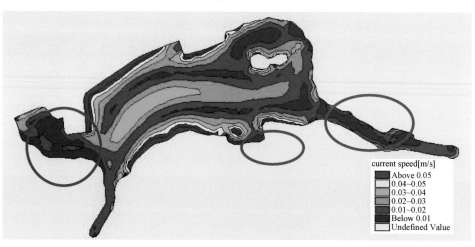

图 3.3-6　东北风条件下流速等值线分布图

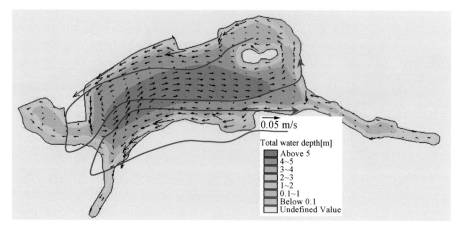

图 3.3-7　东北风条件下流场形态分布图

图 3.3-6、图 3.3-7 表明:东北风条件下,湖体流速大小分布在 0～0.06 m/s 之间,其中湖体西部区域、南端滩地、东部岛屿北端及东端出口区域的流速相对较小,小于 0.01 m/s。风场作用下湖体中部南北两端形成两个环流区,其中南端形态呈顺时针,北端形态呈逆时针。

[4] 方案四

东风工况湖体流速大小及方向分布特征,见图 3.3-8、图 3.3-9。

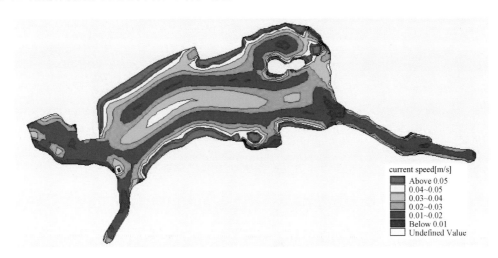

图 3.3-8 东风条件下流速等值线分布图

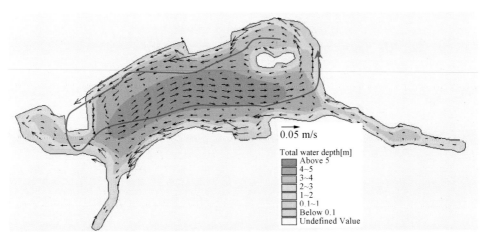

图 3.3-9 东风条件下流场形态分布图

图 3.3-8、图 3.3-9 表明:东风条件下,湖体流速大小分布在 0.01～0.08 m/s 之间,其中湖体西部区域、南端滩地、东部岛屿周边及东端出口区域的流速相对较小,大小为 0.01～0.02 m/s。风场作用下湖体中部南北两端形成两个环流区,与东北风条件下形态的环流形态相似,南端形态呈顺时针,北端形态呈逆时针。

[5] 方案五

东南风工况湖体流速大小及方向分布特征,见图 3.3-10、图 3.3-11。

图 3.3-10、图 3.3-11 表明:东南风条件下,湖体流速大小分布在 0～0.07 m/s 之间,其中湖体西部区域、南端滩地、湖体中部、东部岛屿周边及东端出口区域的流速相对较小,大小为 0.00～0.02 m/s。风场作用下湖体中部东西两端形成三个环流区,东北端形态呈逆时针,东南端形态呈顺时针,西端形态呈顺时针。

图 3.3-10 东南风条件下流速等值线分布图

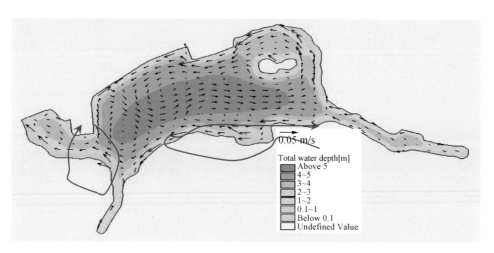

图 3.3-11 东南风条件下流场形态分布图

[6] 方案六

南风工况湖体流速大小及方向分布特征,见图 3.3-12、图 3.3-13。

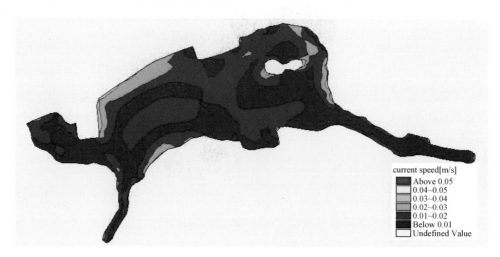

图 3.3-12 南风条件下流速等值线分布图

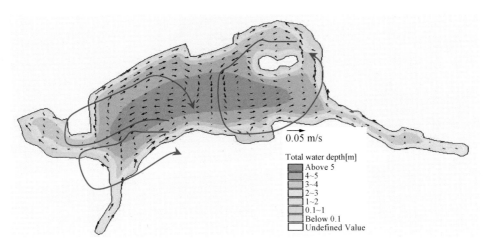

图 3.3-13　南风条件下流场形态分布图

　　图 3.3-12、图 3.3-13 表明:南风条件下,湖体流速大小分布在 0~0.04 m/s 之间,其中湖体西部区域、南端滩地、湖体中部、东部岛屿周边及东端出口区域的流速相对较小,基本小于 0.01 m/s。风场作用下湖区形成三个环流区,东部形态呈逆时针,西部南端形态呈逆时针,西部北端呈顺时针。

[7] 方案七

　　为了考虑日常连续不定向风场下湖体的水流分布特征,研究结合湖泊的季节性水质影响情况,选取 2007 夏季 6—9 月份实际风场进行模拟。由于实际风场的风速和风向的非恒定性,湖区流场的大小、形态也随风场的变化而发生改变,研究在模拟计算的基础上对湖区流速大小和水流小于 0.01 m/s 出现的次数进行了统计分析,分布特征如图 3.3-14、图 3.3-15 所示。

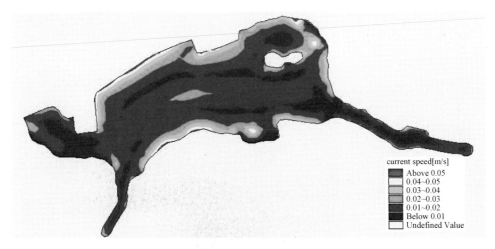

图 3.3-14　不定向风场下湖体平均流场分布图

　　日常连续不定向风场下,湖体的流速大小分布在 0~0.06 m/s,其中湖体西部区域、南端滩地、岛屿东边滩地及东端出口处的流速较小。经统计,夏季期间该区域流速小于 0.01 m/s 的天数达到 60 天以上。

3. 小结

　　通过对几种不同工况条件下水动力模拟分析,湖体水动力特征分布情况因工况的不同而发生变化,具体如表 3.3-4 所示。

　　根据常年的风速风向情况和 2007 年夏季的实时风场模拟结果表明,水系相对独立的中心湖受外部风作用力影响较大,无风条件下湖体水流基本处于滞流状态,有风条件下,湖体流速随风速大小的变化而增减,但湖泊的总体流速较小,水动力相对较差,其中湖体西部、中部南端、东端出口、岛屿区域的水流长

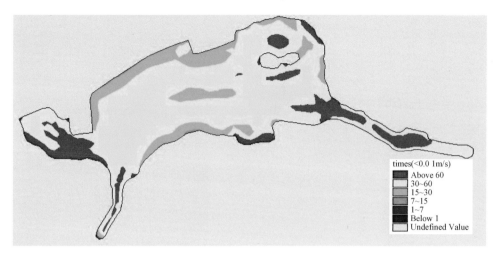

图 3.3-15　不定向风场下湖体小流速累积时间分布图

表 3.3-4　不同工况条件下湖体水动力分布特征

类别	方案	滞流区域	环流形态
无风	方案一	整个湖区	无
定向风	方案二(北风)	湖体西部、中部南端滩地、东端出口、湖体中部	西部逆时针、东部顺时针
	方案三(东北风)	湖体西部、中部南端滩地、东端出口、岛屿东北部	北部逆时针、南部顺时针
	方案四(东风)	西部南端滩地、中部南端滩地、东端出口	北部逆时针、南部顺时针
	方案五(东南风)	西部南端滩地、中部南端滩地、东端出口、西端进口	西部顺时针、东北部逆时针、东南部顺时针
	方案六(南风)	湖体西部、中部南端滩地、东端出口、岛屿区域、湖体中部	西北区域顺时针、西南区域逆时针、东部逆时针
不定向风	方案七	湖体西部、中部南端滩地、东端出口、岛屿区域	随着风场方向变化而变化

时间处于 0.01 m/s 以下。同时,不同的风向也决定着湖体的环流形态,对湖体局部滞流区域的水流交换相对不利。

3.3.1.3　湖体循环周期分析

　　湖泊的循环周期不仅能反映湖体动力强度和时空的变化特征,也能直观、形象地表现湖体的水流交换时间。因此,研究从不同口门布局工况角度出发,模拟分析湖体的水流交换周期,优化口门布局方案。

　　1. 模拟方案设计

　　为了合理优化布局口门设置方案,在前文水动力模拟分析研究的基础上,对湖体滞流区域布置进水口门,如图 3.3-16。在 A、B、C、D、E 等水流较弱的区域投放粒子源(1 000 个粒子/源),如图 3.3-17 所示,模拟初步优化前后不同点源释放后湖

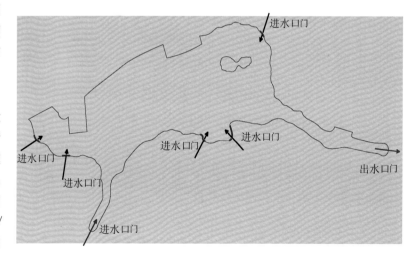

图 3.3-16　湖泊滞流区进水口门初步优化布局方案

体的粒子运动轨迹,为口门布局方案优化提供支撑。同时,比较分析不同工况下粒子流出占比,并通过粒子流出占比判断湖体水流的循环周期(当粒子流出占比>90%时,表示水体交换了一次),具体工况模拟设计方案如表 3.3-5 所示。

表 3.3-5　湖泊循环周期模拟工况方案表

工况	边界设计	模拟工况
工况一	左进水口门:0.2 778 m³/s; 右出水口门:0.2 546 m³/s。	源 A 处释放 1 000 个粒子后,粒子轨迹运动情况
	左进水口门:0.2 228 m³/s;初始优化进水口:0.01 m³/s; 右出水口门:0.2 546 m³/s。	源 A 处释放 1 000 个粒子后,粒子轨迹运动情况
工况二	左进水口门:0.2 778 m³/s; 右出水口门:0.2 546 m³/s。	源 B 处释放 1 000 个粒子后,粒子轨迹运动情况
	左进水口门:0.2 228 m³/s;初始优化进水口:0.01 m³/s; 右出水口门:0.2 546 m³/s。	源 B 处释放 1 000 个粒子后,粒子轨迹运动情况
工况三	左进水口门:0.2 778 m³/s; 右出水口门:0.2 546 m³/s。	源 C 处释放 1 000 个粒子后,粒子轨迹运动情况
	左进水口门:0.2 228 m³/s;初始优化进水口:0.01 m³/s; 右出水口门:0.2 546 m³/s。	源 C 处释放 1 000 个粒子后,粒子轨迹运动情况
工况四	左进水口门:0.2 778 m³/s; 右出水口门:0.2 546 m³/s。	源 D 处释放 1 000 个粒子后,粒子轨迹运动情况
	左进水口门:0.2 228 m³/s;初始优化进水口:0.01 m³/s; 右出水口门:0.2 546 m³/s。	源 D 处释放 1 000 个粒子后,粒子轨迹运动情况
工况五	左进水口门:0.2 778 m³/s; 右出水口门:0.2 546 m³/s。	源 E 处释放 1 000 个粒子后,粒子轨迹运动情况
	左进水口门:0.2 228 m³/s;初始优化进水口:0.01 m³/s; 右出水口门:0.2 546 m³/s。	源 E 处释放 1 000 个粒子后,粒子轨迹运动情况

注:风场表示 2007 年实际风场。

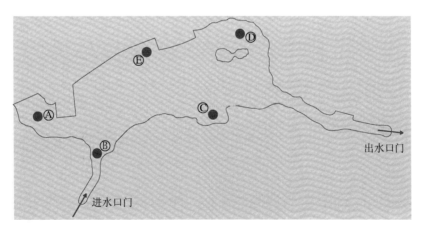

图 3.3-17　湖区粒子源分布图

2. 工况分析比较

模型以 2007 年实际风场为背景,考虑初步优化进水口门流量为 0.01 m³/s,运用粒子示踪模块对布局优化前(工程设计进水方案:1 进 1 出)和布局优化后(增加 5 个进水口门)的湖体水流交换情况进行模拟分析,并对不同工况条件下粒子数量分布情况进行比较,分析口门布局前后湖体水流循环周期的变化情况,进一步优化口门,完善布局方案。

[1] 工况一

初始优化前 A 点粒子源释放 30 天、70 天后湖体粒子数量分布,见图 3.3-18。

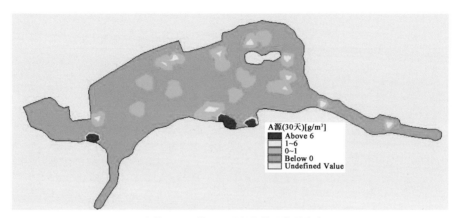

A点粒子源释放30天后湖体粒子数量分布

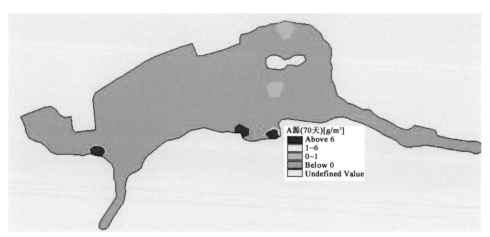

A点粒子源释放70天后湖体粒子数量分布

图 3.3-18　初始化前 A 点粒子源释放对照

初始优化后 A 点粒子源释放 30 天、70 天后湖体粒子数量分布,见图 3.3-19。

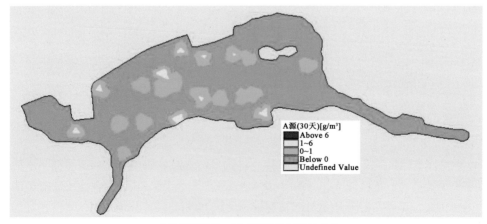

A点粒子源释放30天后湖体粒子数量分布

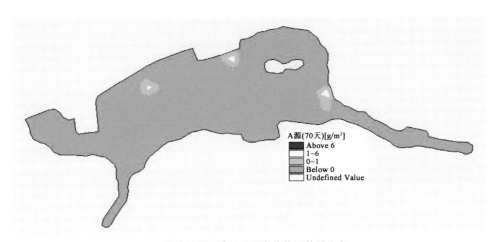

A点粒子源释放70天后湖体粒子数量分布

图 3.3-19　初始化后 A 点粒子源释放对照

根据口门初始优化前后 A 点粒子源释放不同时期湖体的粒子数量分布情况统计分析,结果表明:优化前,释放的粒子一部分随着水流流出湖体,另一部分随着风生环流进入滞流区域。30 天后,湖中剩余粒子约 550 个,其中约 400 个粒子进入滞流区域,150 个粒子随水流来回移动;70 天后,湖中剩余粒子约 350 个,其中约 340 个粒子在滞流区域,10 个粒子随水流来回移动。优化后,滞流区域水体交换能力增强,30 天后,湖中剩余粒子约 200 个,无粒子滞流现象,粒子随水流来回移动;70 天后,湖中剩余粒子约 23 个,98％的粒子已流出湖体。

[2] 工况二

根据口门初始优化前后 B 点粒子源释放不同时期湖体的粒子数量分布情况统计分析,结果表明:B 点释放粒子与 A 点释放粒子的运动规律基本相似,优化前,一部分随着水流流出湖体,另一部分随着风生环流进入滞流区域。30 天后,湖中剩余粒子约 650 个,其中约 480 个粒子进入滞流区域,170 个粒子随水流来回移动;70 天后,湖中剩余粒子约 400 个,其中约 350 个粒子在滞流区域,50 个粒子随水流来回移动。优化后,滞流区域水体交换能力增强,30 天后,湖中剩余粒子约 305 个,无粒子滞流现象,粒子随水流来回移动;70 天后,湖中剩余粒子约 60 个,94％的粒子已流出湖体。

初始优化前 B 点粒子源释放 30 天、70 天后湖体粒子数量分布,见图 3.3-20。

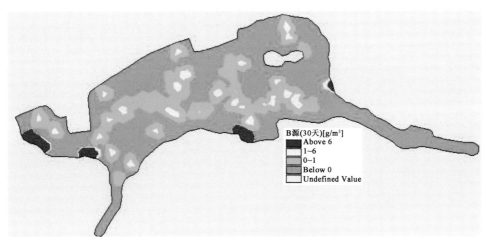

B点粒子源释放30天后湖体粒子数量分布

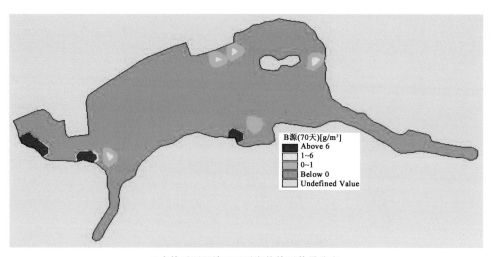

B点粒子源释放70天后湖体粒子数量分布

图 3.3-20　初始化前 B 点粒子源释放对照

初始优化后 B 点粒子源释放 30 天、70 天后湖体粒子数量分布,如图 3.3-21 所示。

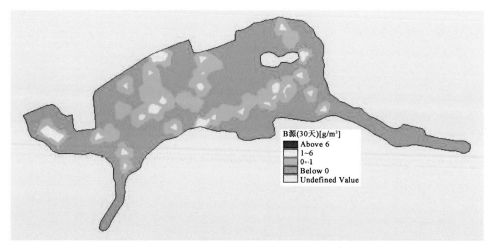

B点粒子源释放30天后湖体粒子数量分布

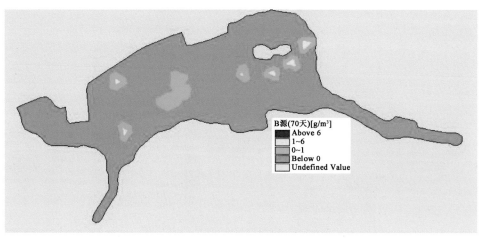

B点粒子源释放70天后湖体粒子数量分布

图 3.3-21　初始化后 B 点粒子源释放对照

[3] 工况三

初始优化前 C 点粒子源释放 30 天、70 天后湖体粒子数量分布,见图 3.3-22。

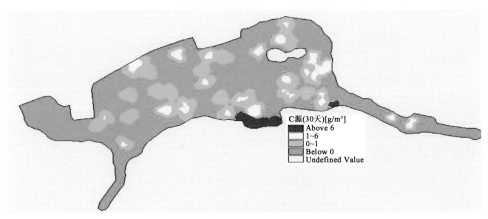

C点粒子源释放30天后湖体粒子量分布

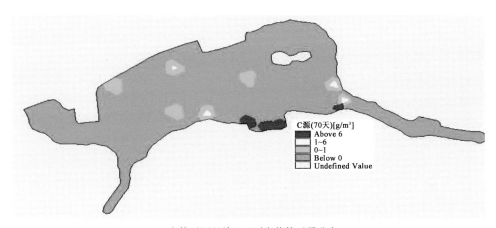

C点粒子源释放70天后湖体粒子量分布

图 3.3-22 初始化前 C 点粒子源释放对照

初始优化后 C 点粒子源释放 30 天、70 天后湖体粒子数量分布,见图 3.3-23。

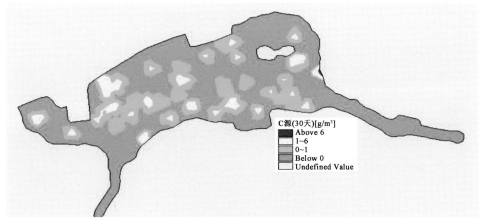

C点粒子源释放30天后湖体粒子数量分布

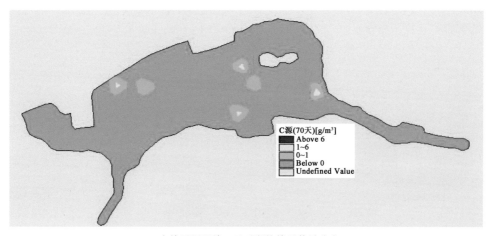

C点粒子源释放70天后湖体粒子数量分布

图 3.3-23　初始化后 C 点粒子源释放对照

根据口门初始优化前后 C 点粒子源释放不同时期湖体的粒子数量分布情况统计分析,结果表明:C 点释放粒子的运动规律与上述点源释放的运动规律基本相似。30 天后,湖中剩余粒子约 700 个,其中约 570 个粒子进入滞流区域,130 个粒子随水流来回移动;70 天后,湖中剩余粒子约 450 个,其中约 410 个粒子在滞流区域,40 个粒子随水流来回移动。优化后,滞流区域水体交换能力增强,30 天后,湖中剩余粒子约 280 个,无粒子滞流现象,粒子随水流来回移动;70 天后,湖中剩余粒子约 40 个,96% 的粒子已流出湖体。

[4] 工况四

根据口门初始优化布局前后 D 点粒子源释放不同时期湖体的粒子数量分布情况统计分析,结果表明:D 点释放粒子的运动规律与上述点源释放的运动规律基本相似。30 天后,湖中剩余粒子约 700 个,其中约 400 个粒子进入滞流区域,300 个粒子随水流来回移动;70 天后,湖中剩余粒子约 400 个,其中约 300 个粒子在滞流区域,90 个粒子随水流来回移动。优化后,滞流区域水体交换能力增强,30 天后,湖中剩余粒子约 600 个,湖体东北角部分粒子出现累积约 200 个,剩余 400 个粒子随水流来回移动;70 天后,湖中剩余粒子约 200 个,其中东北角累积的粒子约 120 个,其余 80 个粒子随水流来回移动,80% 的粒子流出湖体。

初始优化前 D 点粒子源释放 30 天、70 天后湖体粒子数量分布,见图 3.3-24。

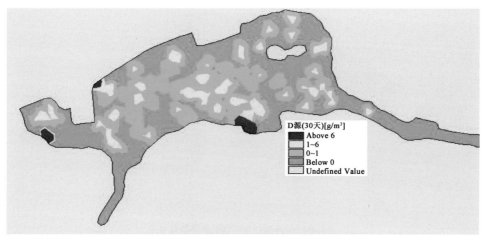

D点粒子源释放30天后湖体粒子量分布

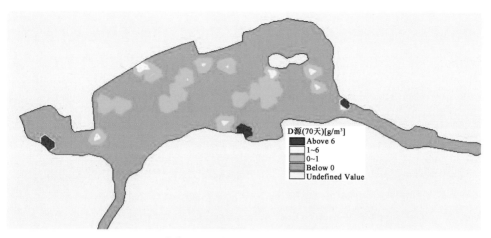

D点粒子源释放70天后湖体粒子量分布

图 3.3-24　初始化前 D 点粒子源释放对照

初始优化后 D 点粒子源释放 30 天、70 天后湖体粒子数量分布,见图 3.3-25。

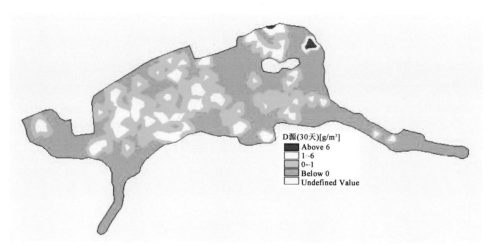

D点粒子源释放30天后湖体粒子数量分布

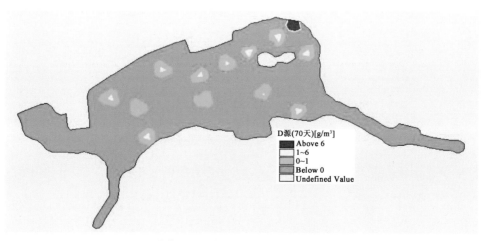

D点粒子源释放70天后湖体粒子数量分布

图 3.3-25　初始化后 D 点粒子源释放对照

[5] 工况五

初始优化前 E 点粒子源释放 30 天、70 天后湖体粒子数量分布,见图 3.3-26。

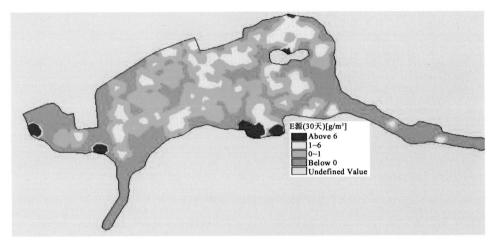

E点粒子源释放30天后湖体粒子量分布

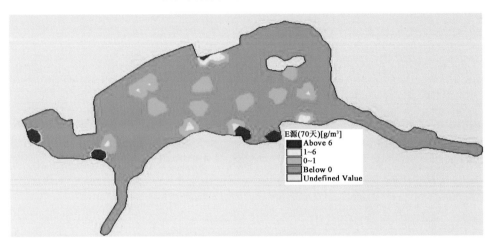

E点粒子源释放70天后湖体粒子量分布

图 3.3-26 初始化前 E 点粒子源释放对照

初始优化后 E 点粒子源释放 30 天、70 天后湖体粒子数量分布,见图 3.3-27。

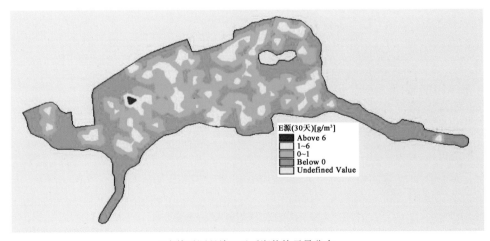

E点粒子源释放30天后湖体粒子量分布

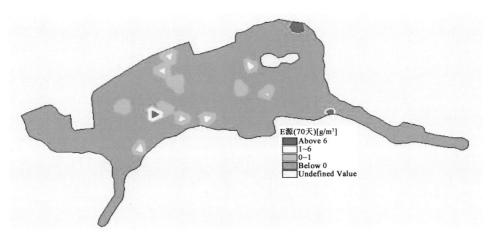

E 点粒子源释放70天后湖体粒子量分布

图 3.3-27　初始化后 E 点粒子源释放对照

根据口门初始优化前后 E 点粒子源释放不同时期湖体的粒子数量分布情况统计分析,结果表明:E 点释放粒子的运动规律与上述点源释放的运动规律基本相似。30 天后,湖中剩余粒子约 670 个,其中约 450 个粒子进入滞流区域,120 个粒子随水流来回移动;70 天后,湖中剩余粒子约 350 个,其中约 280 个粒子在滞流区域,70 个粒子随水流来回移动。优化后,滞流区域水体交换能力增强,30 天后,湖中剩余粒子约 500 个,湖体东北角部分粒子出现累积约 220 个,剩余 280 粒子随水流来回移动;70 天后,湖中剩余粒子约 200 个,其中东北角累积的粒子约 130 个,其余 70 个粒子随水流来回移动,80%的粒子流出湖体。

3.　小结

通过对几种不同工况条件下粒子示踪模拟,湖体粒子数量分布因工况的不同而发生变化,具体情况如表 3.3-6 所示。

表 3.3-6　不同工况条件下湖体粒子分布特征

工况	模拟时间	布局前			布局后		
		流出率	剩余率	滞留率	流出率	剩余率	滞留率
工况一	30 天	45%	55%	40%	80%	20%	0%
	70 天	65%	35%	34%	98%	2%	0%
工况二	30 天	35%	65%	48%	70%	30%	0%
	70 天	60%	40%	35%	94%	6%	0%
工况三	30 天	30%	70%	57%	72%	28%	0%
	70 天	55%	45%	41%	96%	4%	0%
工况四	30 天	30%	70%	40%	40%	60%	20%
	70 天	60%	40%	30%	80%	20%	12%
工况五	30 天	33%	67%	45%	50%	50%	22%
	70 天	65%	35%	28%	80%	20%	13%

注:流出率表示流出的粒子数量占投放粒子总量的比例;剩余率表示湖泊中剩余粒子占投放粒子总量的比例;滞留率表示粒子进入滞流区域与外界水体缺少交换的粒子数量占投放总量的比例。

通过对布局前后湖体不同工况、不同时期流出粒子数量的统计分析表明:优化前,湖中不同区域的粒子源释放后,部分粒子随水流流出湖体,部分粒子进入滞流区域,30 天后不同工况条件下粒子的平均流出率约为 35%,其中滞流区的粒子比例较高约 45%,70 天后不同工况条件下粒子的平均流出率约为 60%,其中滞流区的粒子比例约为 33%;优化后,湖中不同区域的粒子源释放后,粒子随水流流出湖体,滞流区域的水流交换得到改善,粒子堆积现象明显减少。运行 30 天后,不同工况条件下粒子的平均流出率约为 65%,其中局部区域有滞流现象,70 天后不同工况条件下粒子的平均流出率约为 90%;因此,在当前设计进出流量的标准条件下,70 天左右湖泊水体循环交换一次。其中,初始优化前,湖体局部近岸滞流区域容易形成粒子堆积,局部水体与外界水体交换动力不足;优化后,滞流区域的水动力得到了明显改善,粒子堆积现象减少,增加了局部水体交换。

4. 口门布局优化

通过对水动力方案及循环周期工况模拟分析总结表明,粒子容易累积于湖体滩地及水流滞流区域,口门的布局可以改善局部水流的交换能力。因此,结合水动力方案和循环周期设计工况模拟情况,对口门布局深化优化。通过多方案分析比较,并以 2008 年实际风场进行检验验证,深化优化方案(增加 8 个进水口门)如图 3.3-28 所示。

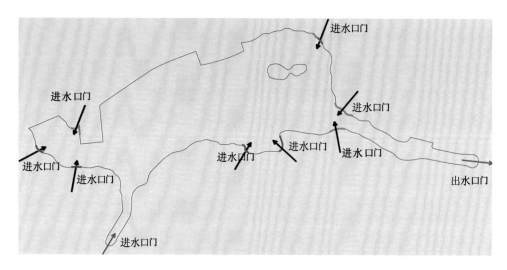

图 3.3-28 湖泊滞流区进水口门深化优化布局方案

深化优化后,通过对 2007 年实际工况的分析以及 2008 年的模拟验证,结果表明:深化优化布局方案能够改善岸边滩地及湖体滞流区域水流交换能力,基本满足不同年份、不同风场条件下湖体滞流区水流交换需求,工程管理方可根据沿岸区域水体水质情况,控制优化口门的出水流量和出水过程。

优化后 A、B、C、D、E 点粒子源释放 70 天后粒子分布(2007 风场),见图 3.3-29。

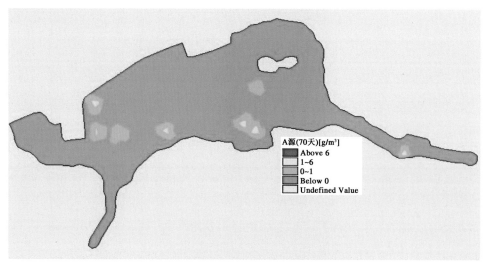

优化后A源释放70天后湖中粒子数量分布

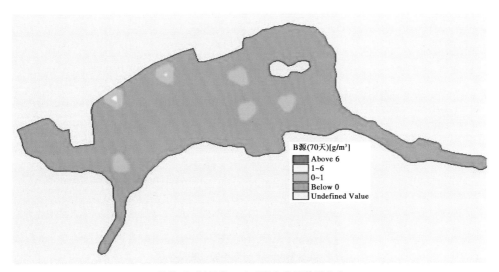

优化后B源释放70天后湖中粒子数量分布

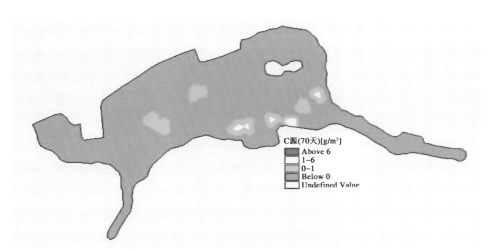

优化后C源释放70天后湖中粒子数量分布

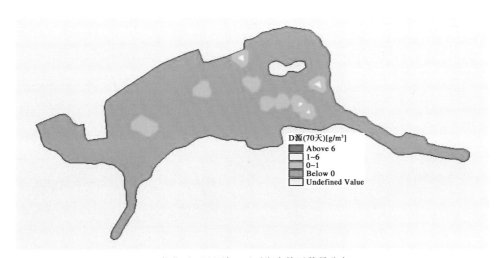

优化后D源释放70天后湖中粒子数量分布

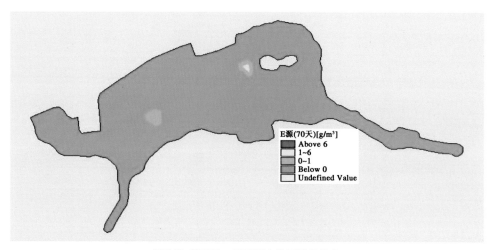

优化后E源释放70天后湖中粒子数量分布

图 3.3-29　优化后 A、B、C、D、E 点粒子源释放 70 天后粒子分布(2007 风场)

优化后 A、B、C、D、E 点粒子源释放 70 天后粒子分布(2008 风场),见图 3.3-30。

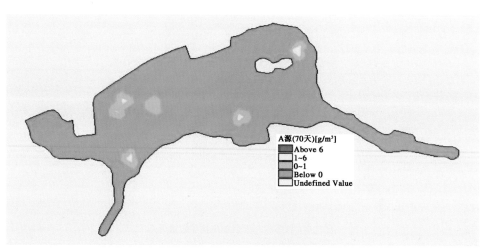

优化后A源释放70天后湖中粒子数量分布

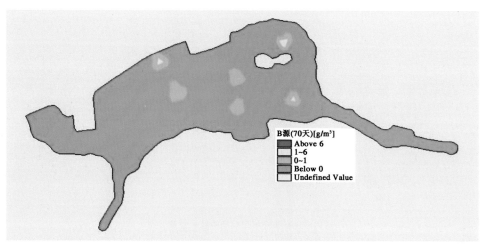

优化后B源释放70天后湖中粒子数量分布

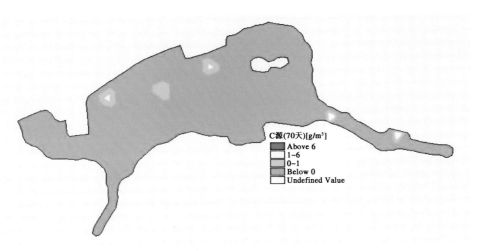

优化后C源释放70天后湖中粒子数量分布

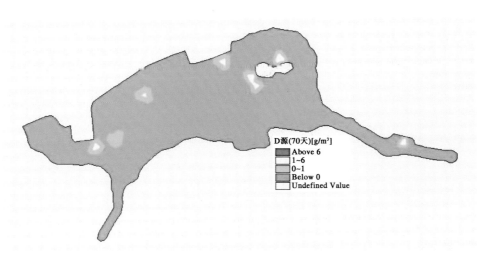

优化后D源释放70天后湖中粒子数量分布

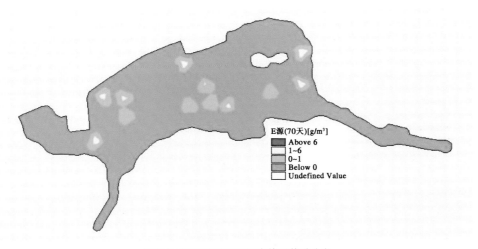

优化后E源释放70天后湖中粒子数量分布

图 3.3-30　优化后 A、B、C、D、E 点粒子源释放 70 天后粒子分布(2008 风场)

3.3.1.4 水质评估

1. 模拟方案设计

为了检验设计进水量和进水水质指标能否满足湖体的主要水质指标维持在Ⅱ类水质标准,需要评估日常降雨、降尘对湖体水质的影响。研究在前文水动力模型建立和水质参数设置的基础上,对不同设计方案条件下湖体中的 COD、TP、NH_3-N、TN 等水质指标进行模拟分析,并通过定量与定性分析相结合,比较不同设计方案下水质分布特征,提出完善设计水量和水质标准的建议,为日常水质维护提供技术支撑。具体设计方案如下。

方案一:

考虑口门优化布局前湖泊在设计标准条件下湖体主要水质指标的分布情况。湖泊口门为一进一出,进水流量为 $0.278 \, m^3/s$,出水流量为 $0.255 \, m^3/s$,湖泊蒸发量为 $5.1 \, mm/d$,考虑进水水质标准为 COD=15 mg/L,TP=0.01 mg/L,NH_3-N=0.45 mg/L,TN=0.52 mg/L,湖泊初始浓度以Ⅱ类水质标准为背景,其中 TP 的初始浓度为 0.02 mg/L,COD 的初始浓度为 20 mg/L,NH_3-N 的初始浓度为 0.5 mg/L。

方案二:

考虑口门优化布局后湖泊在设计标准条件下湖体主要水质指标的分布情况。湖泊口门为九进一出,其中出水流量为 $0.255 \, m^3/s$,主要口门进水流量为 $0.198 \, m^3/s$,其他八个优化口门进水流量为 $0.01 \, m^3/s$,湖泊蒸发量为 $5.1 \, mm/d$,进水水质标准及初始浓度与方案一相同。

方案三:

在方案二的基础上,增加进出水流量,使各口门的流量增加一倍,即其中出水流量为 $0.51 \, m^3/s$,主要口门进水流量为 $0.373 \, m^3/s$,其他八个优化口门进水流量为 $0.02 \, m^3/s$,进水水质保持不变。

方案四:

在方案一的基础上,结合研究区域的降尘情况,模拟降入湖中的 TN 为 228 $g/km^2 \cdot d$, TP 为 12.92 $g/km^2 \cdot d$,分析降尘对湖泊 N、P 的影响。

方案五:

在方案一的基础上,结合研究区域的降雨情况,模拟降雨对湖泊 N、P 的影响,其中降雨过程选取最大降雨年份 6—9 月份的降雨过程(图 3.3-31),考虑雨水中 NO_3^-、NH_3-N、TP 的平均浓度为 4.2 mg/L、2.72 mg/L、0.085 mg/L。

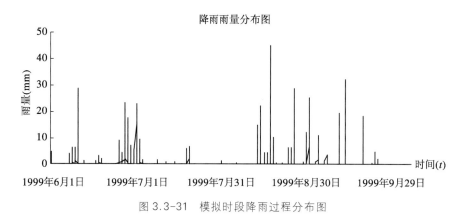

图 3.3-31 模拟时段降雨过程分布图

2. 方案模拟分析结果

为了检验设计水量和水质标准,研究对优化布局前后、增大进出水流量等工况条件下主要水质指标的分布特征并进行分析比较。同时,评估日常降雨、降尘对湖体水质的影响,为日常维护管理提供参考,其中各工况条件下水质变化情况如表 3.3-7 所示。

表 3.3-7　不同工况条件下主要水质指标变化情况

方案	指标	模拟时段水质指标变化情况/(mg/L)				
		1 月后	2 月后	3 月后	4 月后	达标情况
方案一 (设计 标准下)	COD	15～18.63	15～17.05	15～16.03	15～15.54	符合
	NH₃—N	0.45～0.513	0.45～0.512	0.45～0.506	0.45～0.502	局部超标
	TP	0.01～0.02	0.01～0.018	0.01～0.017	0.01～0.016	符合
	TN	0.47～0.533	0.47～0.532	0.47～0.526	0.47～0.52	局部超标
方案二 (优化)	COD	15～18.43	15～17.04	15～16.03	15～15.5	符合
	NH₃—N	0.45～0.499	0.45～0.494	0.45～0.488	0.45～0.485	符合
	TP	0.01～0.018	0.01～0.017	0.01～0.015	0.01～0.014	符合
	TN	0.47～0.52	0.47～0.514	0.47～0.508	0.47～0.505	符合
方案三 (增加 进水量)	COD	15～17.2	15～15.8	15～15.2	15～15.1	符合
	NH₃—N	0.45～0.484	0.45～0.476	0.45～0.469	0.45～0.466	符合
	TP	0.01～0.016	0.01～0.014	0.01～0.012	0.01～0.011	符合
	TN	0.47～0.504	0.47～0.496	0.47～0.489	0.47～0.486	符合

方案	指标	不同时段主要水质指标增量分布/(mg/L)				
		1 个月	2 个月	3 个月	4 个月	变化趋势
方案四 (降尘)	TN	0～0.002	0～0.003	0～0.003 5	0～0.004	逐步累积
	TP	0～0.000 15	0～0.000 2	0～0.000 23	0～0.000 25	

方案	指标	降雨前后主要水质指标浓度分布/(mg/L)				
		一场雨前	一场雨后	二场雨前	二场雨后	变化趋势
方案五 (降雨)	NH₃—N	0.45～0.51	0.45～0.54	0.45～0.515	0.45～0.568	雨时浓度增加, 雨后稀释
	TP	0.01～0.020 7	0.01～0.021	0.01～0.02	0.01～0.021	
	TN	0.47～0.54	0.47～0.62	0.47～0.55	0.47～0.71	

通过对不同工况条件下主要水质指标变化情况分析表明:设计工况条件下(方案一),主要水质指标在进水流量的稀释下,浓度逐步降低,4 个月后 COD、NH₃—N、TP、TN 的浓度分别为 15～15.54 mg/L,0.45～0.502 mg/L,0.01～0.016 mg/L,0.47～0.52 mg/L,其中 COD、TP 的浓度满足设计要求,NH₃—N、TN 的浓度在出口端和湖体南部局部区域偏高,超出设计要求。口门优化条件下(方案二),湖体水质指标的浓度分布相对均匀,局部水体的水质浓度得到优化,4 个月后 COD、NH₃—N、TP、TN 的浓度分别为 15～15.5 mg/L,0.45～0.485 mg/L,0.01～0.014 mg/L,0.47～0.505 mg/L,基本都满足水质设计要求;增加进水流量条件下(方案三),湖体水质改善比较明显,4 个月后湖体的水质指标浓度与进水流量基本相似,其中 COD、NH₃—N、TP、TN 的浓度分别为 15～15.1 mg/L,0.45～0.466 mg/L,0.01～0.011 mg/L,0.47～0.486 mg/L,满足且优于水质设计要求;降尘工况条件下(方案四),湖体中水质指标 TN、TP 的浓度会逐日增加,4 个月后,湖中的 TN、TP 浓度分别增加了 0～0.004 mg/L,0～0.000 25 mg/L,随着时间的积累,湖中的 TN、TP 浓度将受到一定的影响;降雨工况条件下(方案五),湖体水质受降雨强度和雨中携带污染物的浓度高低影响,降雨过程中,湖中水质指标浓度上升,如第一场雨过程中,NH₃—N、TP、TN 的浓度分布上升了 0～0.03 mg/L,0～0.000 3 mg/L,0～0.08 mg/L;降雨结束后,进水流量对湖体的水质不断稀释,如第一场雨结束至第二场雨开始时 NH₃—N、TP、TN 的浓度分别下降了 0～0.025 mg/L、0～0.001 mg/L、0～0.07 mg/L,随着第二场降雨开始,湖中 NH₃—N、TP、TN 的浓度又开始增加。

3.3.2 高标准湖泊良性生态系统水质保障综合体系构建

3.3.2.1 核心区周边水系水质监测

1. 核心区周边水系水质监测方案

[1]水质监测布点

纳入水质监测范围的河流为园区附近各主要河流,包括北围场河、西围场河、朱家浜、唐家浜、长界港及虹桥港,同时,距离园区较远、对中心湖水质基本无影响的六灶港也被纳入监测范围,作为各河水水质变化的参照。各河取样点位置见图3.3-32。

图3.3-32 核心区周边水系水质检测取样点

[2]水质监测频率

水质检测每个月进行一次,正常情况下,取样及检测时间为每个月的第四个星期。

[3]水质监测项目

水质监测项目包括主要指标:氨氮(NH_3—N)、硝酸盐氮(NO_3^-—N)、及磷[总磷(TP)、溶解性总磷(DTP)、磷酸根磷(PO_4^{3-}—P)],及次要指标:化学需氧量(COD_{Cr})、水温、溶解氧(DO)和pH。采样后送实验室,水温与溶解氧用便携式检测仪器在现场测定,其余指标在实验室测定。

2. 核心区周边水系水质分析

[1]水质监测结果分析

1)溶解氧(DO)

两围场河DO值接近且处于较高水平,其余河流中,靠近中心湖的朱家浜、唐家浜及长界港DO值总体较高,虹桥港及六灶港则偏低。各河流DO值年度分布主要受气温影响,冬季高夏季低。

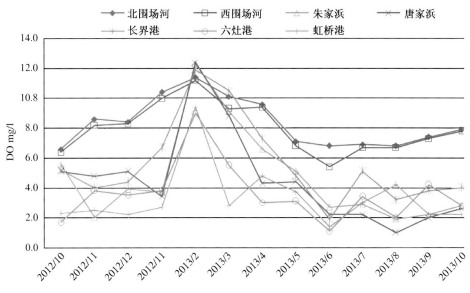

图 3.3-33　DO 变化趋势图

2）pH 值

园区外各河流 pH 值接近,围场河水则经过了从高到低的变化过程。自 2013 年 1 月以后,除个别时间点外,所有河流的 pH 值均在 6.5～8.5 的设计要求之间。

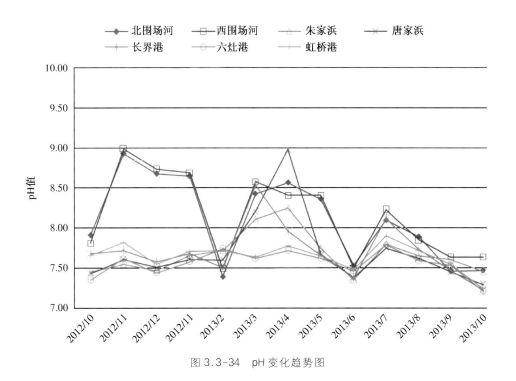

图 3.3-34　pH 变化趋势图

3）氨氮

六灶港和虹桥港氨氮值明显高于其他各条河流,其余河流自 2012 年 10 月起氨氮值呈缓慢下降趋势,且自 2013 年 2 月起,除长界港有波动外,各河流氨氮值实际已低于湖水控制标准 0.5 mg/L。

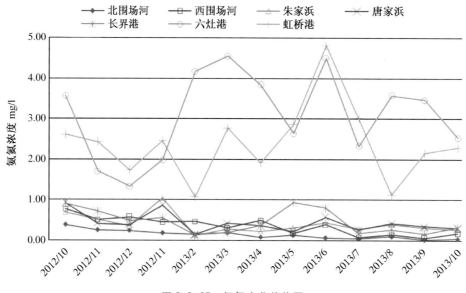

图 3.3-35　氨氮变化趋势图

4）TP 和 PO_4^{3-}

监测结果显示,围场河磷浓度较低,六灶港最高。各自然河流磷含量呈现夏季高冬季低的特点,其主要原因是夏季含磷洗涤用品消耗量大,且可能有污水未经处理直接排入河道。2013 年 10 月的检测结果也显示,各河 TP 浓度低于上年同期,均在 0.2 mg/L 以下。

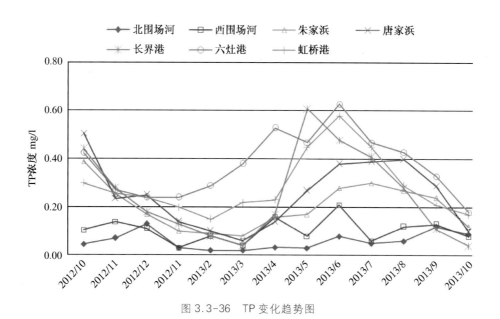

图 3.3-36　TP 变化趋势图

5）硝酸盐氮

监测发现,远离园区的六灶港 NO_3^-—N 浓度明显较高,其他河流则较接近。各条河流 NO_3^-—N 浓度均低于湖水设计标准 5～10 mg/L。

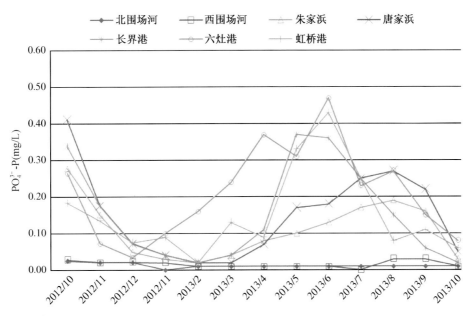

图 3.3-37　PO_4^{3-} 变化趋势图

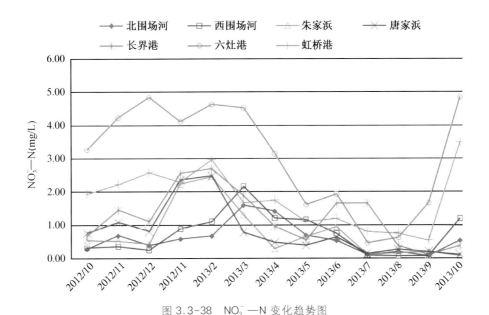

图 3.3-38　NO_3^- —N 变化趋势图

6）COD_{Cr}

对 COD_{Cr} 的监测发现,自 2013 年 2 月后,各河流 COD_{Cr} 值在一定的范围内波动,变化趋势不明显。值得注意的是,从 7 月至 10 月,两围场河的 COD_{Cr} 值呈上升趋势,可能的原因是,这两河水流基本处于静止状态,营养物质累积促进了水生植物的生长。最后几个月,随着部分水生植物开始死亡,河水 COD_{Cr} 值升高。

3. 河道水质评价

从一年来的监测结果看,两围场河,特别是北围场河总体水质较好,属于地表水环境质量标准Ⅲ～Ⅳ类水;远离园区的六灶港水质最差,为劣Ⅴ类水;朱家浜、唐家浜为Ⅳ～Ⅴ类水;虹桥港、长界港在Ⅳ～Ⅴ类水之间,但近几个月有明显好转。

出现这种水质分布的主要原因是,围场河的河水主要来自地下水和雨水,基本没有外界污水排入(西围场河有园区内雨水排入),因而水质较好;园区附近的河流,如朱家浜、唐家浜、长界港等,随着园区拆迁

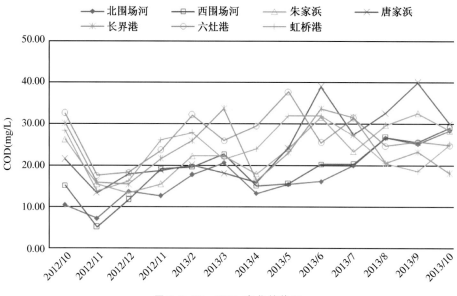

图 3.3-39 CODₑ变化趋势图

工作的进行,生活和农业污水排入量减少,水质逐渐好转;而六灶港远离园区,不受园区建设影响,水质没有好转趋势。

对于中心湖的关键控制指标,各河流的变化趋势如下。

总磷:与上年同期相比,各河 TP 浓度均明显下降,低于 0.2 mg/L。

氨氮:虹桥港和六灶港浓度较高,其余河流呈波动下降趋势,自 2013 年 2 月起,除长界港有较大波动外,各河流氨氮值已低于湖水控制标准 0.5 mg/L。

硝酸盐氮:各条河流 $NO_3^- —N$ 浓度均低于湖水设计标准 5~10 mg/L。

3.3.2.2 中心湖水质分析

1. 中心湖水质情况

截至 2013 年底,中心湖开挖工程主体工程完成,但东西部两条狭长的部分未开挖,湖内未人为灌水,湖中蓄水来自于地下水和降雨,还不具备中心湖全面监测条件,为了解湖水水质,于 2013 年 8—10 月连续几个月在湖中取水样检测。取样点位于湖东、北、南部靠岸边,取样点如图 3.3-40 所示。

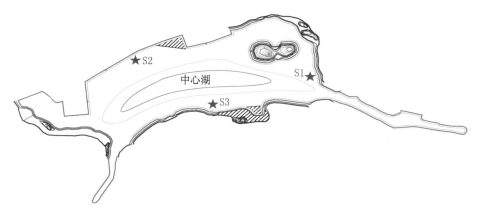

图 3.3-40 中心湖取样点图

水质检测指标与周边河道相同,检测结果如表 3.3-8 所示。从数据可以看出,截至 2013 年底,中心湖的水质除有机物含量较高外,其余均很好。就检测项目来说,总体水质达到地表水环境质量标准(GB 3838—2002)的Ⅳ类水标准(湖、库标准),其中氨氮达到了Ⅰ类标准,TP 为Ⅲ类标准。

图 3.3-41　中心湖建设过程照片

表 3.3-8　湖泊水质监测结果表

日期指标	2013/8/30			2013/9/27			2013/10/25		
	S1	S2	S3	S1	S2	S3	S1	S2	S3
DO/(mg/L)	6.5	6.8	6.4	8.3	8.1	8.1	8.4	8.3	8.2
pH	7.63	7.53	7.61	7.56	7.48	7.50	7.58	7.62	7.60
NH_4^+/(mg/L)	<0.025	<0.025	<0.025	0.07	0.04	0.06	0.04	0.03	0.04
TP/(mg/L)	0.04	0.03	0.04	0.04	0.03	0.04	0.04	0.04	0.03
PO_4^{3-}/(mg/L)	<0.01	<0.01	<0.01	<0.01	<0.01	<0.01	<0.01	<0.01	<0.01
NO_3^-/(mg/L)	<0.08	<0.08	<0.08	0.14	0.11	0.12	<0.08	<0.08	<0.08
COD_{Cr}/(mg/L)	24.30	20.30	21.10	24.80	22.90	23.20	23.70	22.20	22.80

中心湖水质明显好于围场河及周边河道水质,主要是由于湖水除了地下水和降雨外,无明显污染水源进入,从源头确保了水质;另一方面,由于中心湖开挖后湖中大量生长各种水生植物,如芦苇、茭草、金鱼藻等,水生植物的生长吸收了水体中大量的营养物质,进一步改善了水体。

2. 中心湖水质主要污染源分析

对湖区污染源的准确分析,是掌握湖泊建成后水质风险并采取相应对策的关键。湖区建成后,湖区周边径流严禁入湖,因此,主要污染源包括:湖面降雨污染、大气降尘污染、底泥释放污染、补充水体携带的污染以及旅游污染等。

[1] 湖面降雨

上海国际旅游度假区区域平均年降雨量 1 164.5 mm,年最大降雨量 1 769 mm(1999 年),其中 60%的雨水集中在 6~9 月份。近几年,上海国际旅游度假区或附近区域因遭受暴雨袭击形成水涝灾害事件相对频繁,据气象部门统计,2008 年 8 月 24 日上午 9 时 30 分至下午 1 时,黄楼雨量达 93 mm,其次是川沙84 mm。

根据浦东新区降水监测数据、上海环境监测报告及太湖流域不同类型降雨的化学组成,研究区域雨水中含有 SO_4^{2-}、NO_3^-、NH_3—H、TP 等,其中 6—9 月份雨水中 NO_3^-、NH_3—H、TP 的平均浓度为 4.2 mg/L、2.72 mg/L、0.085 mg/L,其中 NH_3—H、TP 均超过湖水标准的数倍,对湖泊水质的影响最大。

同时,湖泊水处理厂中试期间,2011 年 8 月工程区附近降雨雨水水质监测结果显示,TP 含量为0.026~0.03 mg/L,也超过湖水标准值 0.02 mg/L。

[2] 湖面大气降尘

因降雨冲刷进入湖区的污染(又称大气湿沉降)只是大气沉降的一部分,此外还有非降雨期的尘埃降落携带的污染物(又称大气干沉降),两者合计成为大气总沉降量。

根据上海环境-区县降尘情况资料,目前全市共有区域降尘监测点 228 个,外环线内中心城区行政区按 2 km×2 km 网格布点,郊区(郊县)按中心镇不少于 6 个点位布点。根据监测报告,近年来全市 19 个区县的区域降尘量年均值为 8.0 t/km²·M,城区为 9.5 t/km²·M,郊区为 5.4 t/km²·M。该项目位于浦东郊区,该区域的降尘量约 5.7 t/km²·M,其中每千克降尘中含有 0.068 g TP,则中心湖的湖面降尘 TP 总负荷为 0.15 kg/M。

[3] 底泥释放

中心湖为新开挖湖泊,在湖泊形成初期,湖泊底泥沉积量较小,污染物释放相对较少。随着沉积厚度的增加,污染物释放量也增加,根据研究,底泥沉积厚度约 10 mm 后,底泥开始全面释放(建议在蓄水运行 5 年之后,开展对底泥污染物沉积与释放特性的研究,分析底泥对湖水的影响,在底泥污染到一定程度时可以考虑对底泥疏浚)。

[4] 旅游污染

旅游污染是指湖中及周边游乐项目、游人等的活动对水体产生的影响,比如游人乱扔垃圾、湖中游船对底泥的搅动,甚至发生漏油等。旅游污染与园区的管理关系密切,特别是要确保湖中游船的安全运行。

除了以上集中污染源外,还有补充水体不达标时带来的污染以及周边雨水径流带来的污染等。

3.3.2.3 中心湖水质监测方案

1. 水质监测目的

为了检测湖泊的水质是否达到预定的标准,同时通过水质进行定期监测,分析水质变化规律和水质变化趋势,为湖泊及其水厂的运行管理,特别是湖泊的蓝绿藻预防提供技术支撑。

2. 水质监测体系布点

中心湖采样点的布设应充分考虑以下因素:

(1) 湖泊水体的水动力特性;

(2) 湖泊面积、湖体形态;

(3) 进水口、出水口及水厂取水位置;

(4) 污染物在湖泊水体中的循环及浓度分布。

根据以上考虑因素,结合前期对湖泊水动力及水质模拟研究的结果,水质监测共设置 8 个点,如图 3.3-42 所示。

3. 水质监测项目

根据中心湖水质标准,结合水体爆发蓝绿藻时的特质指标,确定监测项目如下:对水温、透明度、pH值、溶解氧、高锰酸盐指数、氨氮、总氮、总磷、叶绿素 a、藻毒素、藻类密度等 11 项。

4. 水质监测频率

根据一般湖泊水质发生蓝绿藻的情况,结合中心湖的实际情况,将全年的监测划分为三个阶段,并对监测频率做相应调整。

常规监测阶段:1—4 月,11—12 月;

监测频次:1 次/月。

预防期监测阶段:5—6 月;

监测频次:1 次/周。

爆发危险期监测阶段:7—10 月;

监测频次:每 3 天一次。

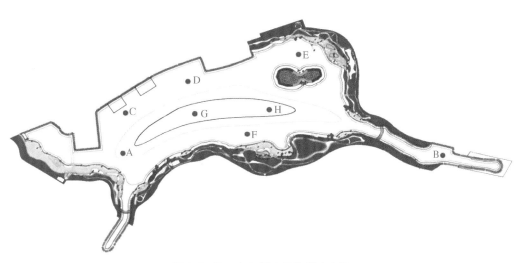

图 3.3-42　中心湖水质监测布点图

（说明：图中 A 为进水口区域；B 为出水口区域；C、D 为靠近岸边且临近商业和大人流区域；E、F 为湖水有轻微滞流的区域；G、H 为湖中心区域。采样点位于水面以下 0.5m 处）

5. 水质监测实验室配置

可以园区水厂实验室为依托，建立水质监测实验室，对水温、透明度、pH 值、溶解氧、高锰酸盐指数、氨氮、总氮、硝态氮、总磷、磷酸盐、叶绿素 a 等 11 项指标进行分析。

3.3.2.4　中心湖水质保障综合技术体系

1. 中心湖水质保障体系目标

中心湖作为核心区唯一的重要娱乐水景，其作用和重要性不言而喻，必须做好湖泊水质的保障工作，绝不允许蓝绿藻的爆发。为此，中心湖水质的保障体系以水质达标、杜绝蓝绿藻爆发为日标。

2. 水质保障技术

[1] 水生植物调控技术

水生植物是河流、湖泊生态系统的最基本元素之一，其在水质保障中的作用功不可没。

水生植物有三大类：挺水植物、沉水植物和浮叶植物。水生植物通过光合作用，吸收 CO_2，并且吸收水体及底泥中的 N、P，将它们同化为自身生长所需的物质（葡萄糖）及结构组成物质（蛋白质和核酸），同时向水体释放满足自身呼吸消耗外多余的氧气，使得植物根际区域形成有利于微生物生长代谢的微环境，促进水体污染物转化，从而实现净化水体和生态修复的目的。

1）水生植物对水体溶解氧的影响

水体中氧的来源主要是通过植物的光合作用、植物根系对氧的传递和释放、进水中挟带的氧及水面大气的复氧作用而获得。德国学者 Kickuth 根区法（the root zone method）理论指出，生长在湿地中的挺水植物通过叶吸收和茎秆的运输作用将空气中的氧转运到根部，再经过植物的根部表面组织扩散，在根须周围形成好氧区，即说明植物具有向根部输氧的能力。

2）水生植物恢复对水体 N、P 去除的影响

污染水体中氮主要通过以下几个方面的途径去除：一部分经微生物作用还原成分子态氮，释放入大气；一部分被植物吸收；另一部分以离子状态与底泥发生交换，残留于底泥或者以氨的形式直接挥发。污水中磷的主要去除机制是水生植物和微生物的综合作用。

3）水生植物恢复对水体透明度的影响

覆盖于湿地中的水生植物，使风速在近土壤或水体表面降低，有利于水体中悬浮物的沉积，降低了沉积物质再悬浮的风险，增加了水体与植物间的接触时间，同时还可以增强底质的稳定和降低水体的浊度。

此外,植物的存在削弱了光线到达水体的强度,阻碍了植物覆盖下的水体中藻类的大量繁殖,尤其是在浮萍类植物的湿地系统中比较常见。植物的存在对基质具有一定的保护作用,在温带地区的冬季,当枯死的植物残体被雪覆盖后,植物则对基质起到很好的保护膜作用,可以防止基质在冬季冻结,以维持冬季湿地系统仍具有一定的净化能力。植物对基质的水力传导性能产生一定的影响,植物的根在生长时对土壤具有干扰和疏松作用,当根死亡或腐烂后,会留下一些管型的大孔隙,在一定程度上增加了基质的水力传导性。

4)水生植物恢复对生物多样性的影响

根据景观生态学原理,景观结构及其变化会对生物多样性造成重要影响。水生植物恢复措施主要通过边缘效应、廊道效应和干扰效应影响河流生物多样性。

如上所述,水生植物在湖泊生态系统中起着重要作用,可以对水质进行有效的调控。为此,在中心湖可以采用种植或控制水生植物的生长,加强对水质的维护。

[2] 水生动物调控技术

利用水生动物对水体中有机和无机物质的吸收和利用来净化污水。尤其是利用湖泊生态系统食物链中的蚌、螺、草食性浮游动物和鱼类,直接吸收营养盐类、有机碎屑和浮游植物,可取得明显的效果。这些水生动物就像小小的生物过滤器,昼夜不停地过滤着水体。

1)水生动物净化水体的作用

排入河湖中的污染物首先被细菌和真菌作为营养物而摄取,并将有机污染物分解为无机物。细菌、真菌又被原生动物吞食,所产生的无机物如氮、磷等作为营养盐类被藻类吸收。藻类进行光合作用产生的氧可用于其他水生生物利用。但是,若藻类过量又会产生新的有机污染,而水中的浮游动物、鱼、虾、蜗牛、鸭等恰恰以藻类为食,抑制了藻类的过度繁殖,不致产生再次污染,使自净作用占绝对优势。总之,水的自净作用是按照污染物质→细菌、真菌→原生动物→轮虫、线虫、浮游生物→小鱼→两栖类、鸟、人类这样一种食物链的方式降低浓度的。国内外许多学者和研究人员致力于利用水生动物对水体中有机和无机物质的吸收和利用来净化污水。尤其是利用水体生态系统食物链中蚌、螺、草食性浮游动物和鱼类,直接吸收营养盐类、有机碎屑和浮游植物,取得明显的效果。这些水生动物就像小小的生物过滤器,昼夜不停地过滤着水体。

2)水生动物水质修复技术

a. 水生动物物种与培育

河流、湖泊中生态系统对水质净化作用如下:排入河流、湖泊中的污染物首先被细菌和真菌作为营养物而摄取,并将有机污染物分解为无机物。细菌、真菌又被原生动物吞食,所产生的无机物如氮、磷等作为营养盐类被藻类吸收。藻类进行光合作用又产生氧供其他水生生物利用。但若藻类过量又会产生新的有机污染,而水中的浮游动物、鱼、虾、蜗牛、鸭等恰恰以藻类为食,抑制了藻类的过度繁殖,不致产生再次污染,使自净作用占绝对优势。总之,水的自净作用是按照污染物质→细菌、真菌→原生动物→轮虫、线虫、浮游生物→小鱼→两栖类、鸟、人类这样一种食物链的方式降低浓度的。

b. 利用食物链净化水体

鱼类放养技术的关键是投放鱼类的品种、大小和数量,以及对鱼类生产的控制管理。通过细菌、藻类、微小鱼类等构成一个完整的活性较高的食物链,使水体中的有机物和氮、磷等营养盐类得到较彻底的处理。

c. 水生动物的净化效果

水生动物以水体中的细菌、藻类、有机碎屑等为食,可有效减少水体中的悬浮物,提高水体透明度。投放数量合适、物种配比合理的水生动物,可延长生态系统的食物链,提高生物净化效果。定期打捞浮游动物和底栖动物,可以防止其过量繁殖造成的污染,同时也可以将已转化成生物有机体的有机质和氮磷等营养物质从水体中彻底去除。石岩等研究了草食性浮游动物水蚤、蚌和螺类及养殖草食性鱼类净化富营养化水体的效果。韩士群等研究了在每升水体中放养长肢秀体蚤600个以上,即可对水体中浮游动物、藻类的数量、生物量、群落结构产生显著影响,同时降低水体中总氮、总磷和 $CODcr$ 的浓度,增加水体的透明度。Songsangjinda 等研究了牡蛎对水体中氮的去除。Gifford 等研究了牡蛎对水体中的营养物质和重金属的去除。结果表明,这些水生动物对总氮、氨氮、总磷等几种指标都有很明显的降低作用。

d. 生物调控作用与技术

初级生产者(浮游植物)的生命周期短、繁殖快,初级产品如不迅速被次级生产者(浮游动物)利用将形成积累,产生所谓的水华,严重将形成赤潮;而浮游动物能捕食初级生产者,对浮游植物具有重要的控制作用。

[3] 太阳能曝气修复技术

太阳能曝气修复技术通过微动力方式解决水体自然分层问题,使表层高温富氧水体扩散至水体底部,激发底层生物活性,提高水体自净能力,同时防止磷的厌氧释放。含蓝绿藻的表层水在底部弱光低温环境下,生长繁殖受到抑制而衰减。

太阳能水生态修复系统在治理水源地水质污染方面具有较好的效果,不仅增加了地面水厂的经济效益,同时也强化了水源地管理部门的自动化管理水平。由于目前绝大多数水源地管理部门的水源水质管理仍停留在人工作业的基础上,因此费时费力、成本较高,且缺乏科学性,故在水源地保护中运用太阳能水生态修复系统将成为水源地水质治理科学性、前瞻性的一次突破,具有广泛的推广和应用价值。

[4] 纳米曝气修复技术

微纳米气泡发生装置主要由发生装置、微纳米曝气头及连接管件组成。通过水泵加压,由曝气头内部的曝气石高速旋转,在离心作用下,使其内部形成负压区,空气通过进气口进入负压区,在容器内部分成周边液体带和中心气体带,由高速旋转的气石出气部将空气均匀切割成直径 $5\sim30\ \mu m$ 的微纳米气泡。由于气泡细小,不受空气在水中溶解度的影响,不受温度、压力等外部条件限制,可以在污水中长时间停留,具有良好的气浮效果。

水体中氧的传递是利用空气和污水中氧气的浓度梯度,使氧气由高密度的空气向低密度的污水中转移,因此氧气浓度梯度和接触面积决定了曝气效果。在氧气浓度梯度不变的条件下,空气与水体接触面积是决定曝气效果好坏的关键因素。微纳米气泡技术有效解决了气泡在水体中的接触面积问题,其原因是由于微纳米气泡的表面积能有效增大,如 $0.1\ cm$ 的大气泡分散成 $100\ nm$ 微气泡,其表面积可增大 $10\ 000$ 倍,因此可以大大提高溶氧效率。同时,由于气泡的细小且具有良好的气浮性,可以在污水中长时间停留,从而能够达到实现较好曝气效果的目的。

[5] 超声波除藻技术

现有的除藻方法可分为物理法、化学法和生物法三大类。物理法耗费大量的人力物力,化学法易导致二次污染,生物法使用成本太高。超声波灭藻设备成本低、效果好,无二次污染,从根本上清除藻类,且不易复发,不影响水体中水生动植物的生长。

超声波在传播中引起质点的交替压缩和伸张,可以通过机械作用,热效应和声流作用,使藻类细胞破裂、物质分子中的化学键断裂。同时,由于空化作用可以使存在于液体中的微气泡迅速膨胀后突然闭合,产生冲击波和射流,破坏生物膜与细胞核的结构与构型。由于藻细胞内具有气囊,在空化效应的作用下,气囊被打破,导致藻细胞失去控制浮动的能力,进入空化泡的水蒸气在高温和高压下产生—OH 自由基,可与亲水性、难挥发的有机物在空化泡气液界面上进行氧化反应;而疏水性、易挥发的有机物可进入空化泡进行类似燃烧的热解反应。超声波还能通过触变效应引起生物组织的结合状态的改变,造成细胞液变稀,细胞质沉淀。

景观水体越来越多地出现在我们的生活中,但是由于污染越来越严重,水体中的氮磷指数偏高,导致水体中经常出现大量的藻类,即破坏了景观又可能产生一定的味道。在景观水体中产生最多的是蓝藻和绿藻,占到藻类的 80% 以上,而超声波对此类藻有非常好的效果,尤其是漂浮型的藻类。可见,超声波除藻可以有效地降解水体中的藻细胞个数,提高水体的透明度,改变水体过于发绿的外观或者大量漂浮藻类的现象。

但是,在景观水体中应用超声波处理需要注意几个问题,首先是避免出现声波照射的死角。在选用或者布置超声波设备时要尽量的将整个水体都覆盖在波的范围之内。其次,在藻类死亡后,水体的颜色有时会出现单黄色的外观,这是由于死亡的藻类造成的,所以处理景观水最好配合过滤系统。

[6] 有效的监管措施

1) 加大监测力度,建立资料共享平台,完善监测站网布局

要健全水环境管理体系,建立资料共享平台,加大水环境监测力度,努力提高水环境监测的机动能力、快速反应能力和自动测报能力。加强重要水域水生态的监测力度,及时掌握藻类变化规律,尤其掌握蓝藻暴发的规律。建立水文、气象、水质、水生物、底泥和藻类变化关系档案,时刻掌控藻类变化规律,尽早发现危机,予以防范与化解。

2) 建立水华爆发的预警机制

水华发生是一个复杂过程,虽然营养盐含量高、水体流动速度慢、温度持续升高、光照充足等条件是被公认的蓝藻发生的必备条件,但不同水体蓝藻发生的时间、主要诱发因子不同,因此,应针对近几年水华发生的条件、机理,确定控制性指标,建立水华发生的预警机制,以便及早采取措施,控制蓝藻爆发造成的危害。

3) 制定蓝藻发生的应急对策

出现蓝藻爆发的趋势以后,应在加强监测的基础上,考虑通过抛撒石灰或改良型粘土、人工打捞等措施控制蓝藻的蔓延。这些措施已经成功应用于南水水库、玄武湖以及太湖蓝藻爆发的治理过程中。另外,可以通过放水以稀释水域中的蓝藻,放水稀释也增加了水体的流动性,对蓝藻的生长有一定的抑制作用。

综上所述,在中心湖运营管理过程中,可以结合上海迪士尼乐园项目的特点,采用生态与物理化学相结合的方法进行水质的维护及蓝藻水华的应对。如在目前中心湖本土芦苇为主的水生植物结构上增加部分沉水植物,有控制性的投放鱼类和底栖动物,尽快构建良性的生态循环系统;同时辅以高科技的治理设备,如太阳能曝气机、纳米曝气,进一步促进水质的改善,彻底杜绝蓝藻水华的发生。

3. 青苔的应对方案

水体青苔为附着生物,也被称为青泥苔,是丝状藻等低等水生植物的俗称。丝状藻因藻体呈丝状而得名,品种很多且形态相似,用肉眼不易辨识,主要附着生长在水草叶片及石头上,以绿色品种居多,外形多半为棉花状、线状、网状或刷状。水体青苔较为适宜水流速度较缓、硝酸盐和磷酸盐含量较高、透明度较好的水体。

青苔治理有化学治理、生物治理和生态治理三种。在开园前的一年调试期间可根据青苔实际生长情况,采用适宜的应对方案。

[1] 青苔化学治理方案

化学治理:青苔对水体 pH 值较为敏感,在水源地中将不产生二次污染的生石灰、漂白粉和草木灰撒在青苔集中的水域,可使局部水体 pH 值升高,从而达到杀灭青苔的目的。此方法在中试过程中通过实验验证,结果在 1 天之内,在投入石灰的水桶内青苔迅速变黄,第 2 天有黄色絮状物沉淀到桶底,青苔完成死亡。但是,在园区内使用化学方法需谨慎。

[2] 青苔生物调控方案

生物调控可通过放养藻食性动物,如以青苔和藻类为食的鱼虾类达到控制青苔的目的。有研究表明:日本沼虾对青苔的清除作用显著,青苔可被滤食性鱼类如白鲢、白鲫鱼等食用清除,底栖动物如河蚌、笠螺等对青苔去除亦有成效。

[3] 青苔生态防治方案

投放一定量的白鲢能够有效的控制青苔的生长,或者定期使用反硝化菌、芽胞杆菌等有益的微生态制剂也有很好的效果。使用生态法见效慢,靠预防为主,但效果稳定对鱼类生长无任何影响。

4. 病虫害的应对方案

目前,中心湖周边已生长大量挺水植物,今后仍会生长甚至人为种植水生植物,但在有效管理之下,植物品种和长势会得到控制。中心湖为人流密集的旅游景点,湖泊周边植物一旦发生大面积病虫害,不能使用杀虫剂和农药等措施,所以需采用无毒、无有害物质残留的物理和生物方法杀灭病虫害。

［1］石灰水驱虫技术

对于小面积的病虫害,可采用喷洒石灰水清液的方法,研究证明:每 7～10 天叶面喷洒一次 0.1% 的石灰水澄清液,均匀喷施植物的叶片和花果,以开始有水珠往下滴为宜,便可有效地杀灭危害植物的蚜虫、凤蝶、毒蛾、害螨和灰霉病、炭疽病、疫病、脐腐病、叶斑病、霜霉病等病虫害,保证植物的正常生长发育。

［2］频振式杀虫灯技术

多频振式杀虫灯是利用害虫趋光性进行诱杀的一种物理防治方法,只需交流电源,没有有毒物质释放和残留,较适合于上海迪士尼乐园项目。多频振式杀虫灯是利用害虫较强的趋光、趋波、趋色、趋性信息的特性,将光的波长、波段、波的频率设定在特定范围内,近距离用光、远距离用波,加以诱到的害虫本身产生的性信息引诱成虫扑灯,灯外配以频振式高压电网触杀,使害虫落入灯下的接虫袋内,达到杀灭害虫的目的。

［3］性诱剂技术

性诱剂技术主要是利用昆虫成虫性成熟时释放性信息素引诱异性成虫的原理,将有机合成的昆虫性信息素化合物(简称性诱剂)用释放器释放到田间,通过干扰雌雄交配,减少受精卵数量,达到控制靶标害虫的目的。性诱剂技术对于诱杀茭田二化螟有较好的防治效果,可大大减少茭草上二化螟雄成虫数量。

建议在运营期将植物病虫害防治统一纳入园区的绿化病虫害防治管理,由园区绿化管理单位统一管理。

3.3.3　本章结论

中心湖建成以后,在综合水处理厂循环处理湖水的同时,有针对性地采取水生植物调控、水生动物调控、太阳能曝气、纳米曝气、超声波除藻等多种水质改善措施,构建水环境综合生态保障系统,保障水质达标,防范蓝绿藻爆发。

次氯酸钠氧化脱除河水低浓度氨氮研究

王　昶[1]，黄志金[2]，左　军[2]，陈秀荣[3]

（1.上海申迪（集团）有限公司，上海 200120；2.上海宏波工程咨询管理有限公司，上海 200232；

3.华东理工大学资源与环境工程学院，上海 200237）

【摘　要】　通过静态试验，分别研究了氯与氨氮的质量比、反应时间、pH 值及初始 NH_3-N 浓度对 NH_3-N 去除效果的影响。试验结果表明，对于不同天气情况下的水样，氯与氨氮的质量比（以 Cl_2：N 计）为 10：1～12：1 时，NH_3-N 浓度可降低至 0.5 mg/L 以下；反应时间 20 min 时，NH_3-N 浓度可达到 0.3 mg/L，工程应用中可将反应时间延长至 30 min；pH 对 NH_3-N 去除效果没有明显影响，一般不需要调节河水 pH；在 pH 值为 8.0、氯与氨氮的质量比为 12：1、初始 NH_3-N 浓度度为 0.5～3.0 mg/L 时，反应后 NH_3-N 浓度均＜0.3 mg/L。

【关键词】　次氯酸钠；氨氮；氯与氨氮的质量比；反应时间；pH 值；初始浓度

中图分类号：X703　　　文献标志码：A　　　文章编号：1004-4655(2013)02-0039-04

Study on Removal of Low Concentration Ammonia-nitrogen from River Water by Sodium Hypochlorite Oxidization

WANG Chang[1], HUANG Zhi-jin[2], ZUO Jun[2], CHEN Xiu-rong[3]

(1. Shanghai Shendi (Group) Co., Ltd., Shanghai 200120, China; 2. Shanghai Hongbo Project Consulting & Management Co., Ltd., Shanghai 200232, China; 3. School of Resource & Environmental Engineering, East China University of Science & Technology, Shanghai 200237, China)

Abstract：The effects of mass ratio of chlorine to ammonia-nitrogen, reacting time, pH value and initial concentration on the results of removal of NH_3-N are studied respectively through the static test. The results can show that for samples under different weather conditions, when the mass ratio of chlorine to ammonia-nitrogen reaches to 10：1～12：1, the concentration of NH_3-N is lower than 0.5 mg/L. When reacting time is 20 min, the concentration of NH_3-N can reach 0.3 mg/L, 30 min will be more effective in engineering application. It is not significantly affected by pH on NH_3-N removal, generally pH is not necessary to be adjusted. Under the condition of that pH = 8.0, mass ratio of chlorine to ammonia-nitrogen is 12：1 and the initial concentration of NH_3-N is 0.5～3.0 mg/L, the final concentration of NH_3-N is lower than 0.3 mg/L.

Key words：sodium hypochlorite; ammonia-nitrogen; mass ratio of chlorine to ammonia-nitrogen; reaction time; pH value; initial concentration

上海迪士尼项目 1 期工程规划建设 1 个面积约 0.39 km^2 的中心湖，在正常水位＋3.45 m 时，水容量达到约 150 万 m^3。在中美双方对湖水水质的保持研究中，参照了目前美国迪士尼乐园湖水水质标准，确定湖水设计水质中的重要指标：NH_3-N ≤ 0.5 mg/L，TP 浓度 = 0.01～0.02 mg/L。

本文原载于《中国市政工程》，2013，165（2）：39-42

收稿日期：2013-01-28

基金项目：上海市科委科研计划项目（11dz1201703）

作者简介：王昶（1966—），男，工程师，本科，主要研究方向为水处理根据规划,拟建立综合水处理厂处理外围河水作为湖泊初灌和补充水,同时综合水处理厂对湖水进行循环处理,以确保湖泊水质达标。

通过近两年对迪士尼项目周边河道水质监测,发现周边河水氨氮浓度≤3 mg/L;湖泊水循环处理时氨氮浓度维持在0.5 mg/L,甚至更低,对于这2种低浓度的氨氮水源,需要采用有效的氨氮去除工艺。为此,在湖水循环处理时拟寻找一种效果稳定、操作简便、价格低廉的低浓度氨氮去除方法。次氯酸钠氧化除氨氮反应时间短、操作简便、技术成熟,故作为比选方案之一进行了试验,为工程的建设和运行提供技术支持。

1　试验原理

在含氨氮的水溶液中加入次氯酸钠后,次氯酸、次氯酸根离子能够与水中的氨反应产生一氯胺(NH_2Cl)、二氯胺($NHCl_2$)和三氯胺(NCl_3)。由于NCl_3在pH<5.5时才能稳定存在,而且在水中溶解度很低,只有$10\sim7$ mol/L,所以在天然水溶液中,NCl_3几乎不存在[1]。

相关反应机理可用下列反应式表示为[2]

$$NaClO + H_2O \longrightarrow HClO + NaOH \quad (1)$$

$$NH_3 + HClO \longrightarrow NH_2Cl + H_2O \quad (2)$$

$$NH_2Cl + HClO \longrightarrow NHCl_2 + H_2O \quad (3)$$

$$NHCl_2 + H_2O \longrightarrow NOH + 2Cl^- + 2H^+ \quad (4)$$

$$NHCl_2 + NOH \longrightarrow N_2\uparrow + HClO + H^+ + Cl^- \quad (5)$$

总反应式为

$$2NH_3 + 2NaClO \longrightarrow N_2\uparrow + 3H_2O + 3NaCl \quad (6)$$

由上可知,只要提供足够的次氯酸钠剂量,水中的氨氮就可以通过一系列反应转化成氮气去除。

按总反应式进行计算,将氨氮氧化成氮气,理论上有效氯与氨氮的质量比($Cl_2:N$)应为7.6:1.0,但实际应用中常因为酚类、氰化物、硫、锰等物质的存在,往往使氧化每毫克氨氮所需有效氯要远>7.6 mg[3]。

2　试验部分

1)主要试验仪器和药品。722型分光光度计、FA2004N型电子天平、pHS-3C型酸度、ZR4-6型六联搅拌器等。次氯酸钠(有效氯5.2%)、NH_4Cl、浓H_2SO_4、HCl、$Na_2S_2O_3$等。

2)试验用水。迪士尼项目附近朱家浜河水。

3)分析方法。氨氮测定:纳氏试剂法。余氯测定:碘量法。pH值:pHS-3C型酸度测定。

4)试验方法。试验用水为迪士尼工程附近朱家浜河水。取试验水样1 L于烧杯中,往水样中投加次氯酸钠溶液,进行烧杯试验,烧杯作为加氯脱氮的反应器。

氯与氨氮的质量比试验中,对3种不同水样进行了试验,其他试验所用的原水为雨后经混凝沉淀后的水样。

3　试验结果与讨论

3.1　氯与氨氮的质量比对氨氮去除效果的影响

从表1中可见,晴天取样的河水氨氮值明显小于雨后所取水样的氨氮值,且混凝后水样氨氮值会减小。这是因为,在有氧环境下,河水中的氨氮可转化成亚硝酸盐或硝酸盐,从而实现一定程度的自净;而在雨后,取样河道周围农田中及居民生活污水中的含氮污染物会汇聚到河中,河水不仅浊度增加,其氨氮值也会显著增加。混凝后,一部分附着在胶体和固体微粒上的氨氮被去除,故氨氮值会得到一定程度的降低。

表1　各水样初始氨氮浓度　　mg/L

水样	晴天取样水样	雨后取样未混凝水样	雨后取样混凝后水样
NH_3-N	0.68	1.45	1.43

在室温23℃下,根据原水氨氮值,向水样中加入不同质量比的次氯酸钠溶液(质量比以$Cl_2:N$计),然后在180 r/min转速下搅拌5 min,静置25 min后,测定水样的氨氮及余氯含量。试验结果见图1—图4。

由图1—图3看出,随投加量的增加,各水样的氨氮去除率都呈增加趋势。当水样pH在7~8时,理论上当质量比($Cl_2:N$)为7.6:1时达到折点,但从图4可以看出,本试验中几种水样达到折点所需的次氯酸钠投加量均大于理论值。对于晴天所取的水样,折点出现在9:1时,雨后取样的2个水样,折点出现在10:1时,其中未混凝水样出

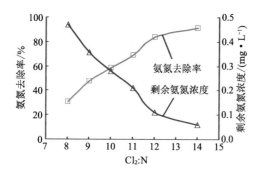

图 1 不同氯与氨氮质量比的影响—晴天取样水样

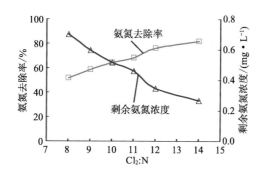

图 2 不同氯与氨氮质量比的影响—雨后未混凝水样

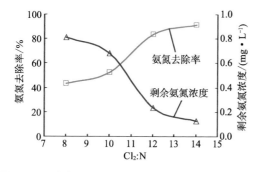

图 3 不同氯与氨氮质量比的影响—雨后混凝后水样

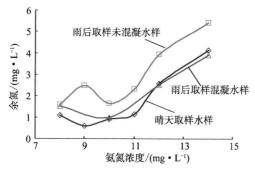

图 4 不同氯与氨氮质量比对余氯的影响

现得更晚。分析主要是由于降雨后大量可溶性和不可溶性还原性物质进入河水中,它们会与次氯酸钠反应,从而推迟折点的到来。

为了使氨氮浓度降低到 0.3 mg/L 以下,保证水质达标,晴天时次氯酸钠投加量应达到 10:1;

雨后当水的浊度不是很大时,投加量需达到 14:1;若浊度太大,不仅会增加次氯酸钠用量,而且会影响氨氮的测定,此时需进行混凝沉淀,混沉后水样投量比 12:1 为宜。试验中也对投加次氯酸钠后水中的余氯进行了监测,随着次氯酸钠投加量的增加,余氯出现先增加再减少再增加的波动,但是在上述投加量时,余氯含量均<4.20 mg/L。

3.2 反应时间的影响

以雨后经混凝沉淀后的河水为原水,在室温 23℃ 及氯与氨氮质量比为 12:1 的条件下,以 180 r/min 搅拌 5 min,分别静置 0 min、5 min、10 min、15 min 及 25 min 后,测定水样中的氨氮及余氯含量。试验结果见图 5。

从图 5 可以看出,在停止搅拌后的 5 min 内,反应迅速,溶液氨氮值快速降低,此后随着反应时间的延长,氨氮的去除率继续升高,但增长变缓。当反应时间达到 20 min 时,氨氮含量已经 <0.3 mg/L,达到去除目标。考虑到实际工程中水量更大,水质状况更复杂,建议将反应时间延长到 30 min(搅拌 10 min,静置 20 min)。

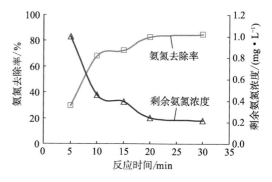

图 5 反应时间对氨氮去除效果的影响

3.3 水样 pH 的影响

以雨后经混凝沉淀后的河水为原水,在室温 22℃ 及氯与氨氮质量比为 12:1 的条件下,用 HCl 和 NaOH 调节各水样 pH 值为 7、8、9、10,以 180 r/min 搅拌 5 min,静置 25 min 后,测定水样中的氨氮及余氯含量,试验结果见图 6、图 7。

从图 6 中可以看出,pH 为 7~8 时,氨氮能达到 0.3 mg/L 以下,具有最好的处理效果;当 pH 为 10 时,氨氮去除率降至 60% 左右。从图 7 中可见,pH 为 7~8 时,余氯量很低,反应较彻底;而在 pH 为 9 和 10 时,余氯量大,氨氮去除率下降,说

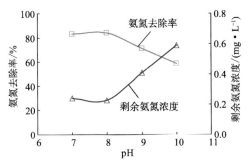

图 6 pH 对氨氮去除效果的影响

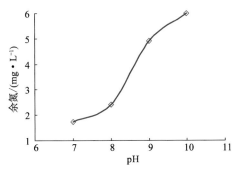

图 7 不同 pH 水样反应后的余氯量

明次氯酸钠与氨氮反应程度较低,这是由于随着原水 pH 值的升高或 $[OH^-]$ 浓度的增加,次氯酸钠半反应 $[OCl^- + H_2O + 2e^- \longrightarrow Cl^- + 2OH^-$ ($E^0 = 0.90$ V)] 的氧化电位 E 降低,次氯酸钠的氧化能力减弱,不利于氨的氧化[4]。

经试验测定,混凝后原水的 pH 值为 8.0,因此如果水质 pH 没有很大变化,在实际处理时建议可以不调节 pH,直接投加次氯酸钠去除氨氮。

3.4 初始氨氮浓度

在室温 22℃,原水 pH 值为 8.0,氯与氨氮质量比为 12:1 的条件下,加入 NH_4Cl 调节原水氨氮浓度,以 180 r/min 转速搅拌 5 min,静置 25 min 后,测定水样氨氮及余氯含量,结果见图 8、图 9。

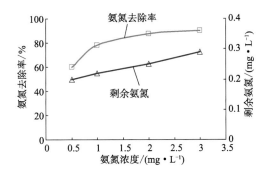

图 8 原水氨氮浓度对氨氮去除效果的影响

从图 8 可以看出,当氨氮浓度在 0.5~3.0 mg/L 的范围内时,去除率在 60%~90%,反

应后氨氮浓度均<0.3 mg/L。随着次氯酸钠的投加量增大,余氯含量也增加。这是由于配水时加入 NH_4Cl,氨氮含量成倍增加的同时,河水中其他干扰性还原物的含量保持不变,这部分干扰物所消耗的次氯酸钠量是不变的。故以氨氮增加倍数的 12:1 确定次氯酸钠投量后,还有一部分次氯酸钠因未被成倍增加的干扰物消耗而出现剩余,表现为最终的余氯含量明显升高。但反应后溶液余氯均在 4.20 mg/L 以下,属于可接受范围。

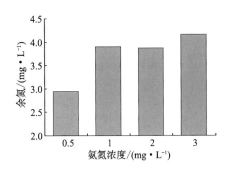

图 9 不同初始氨氮浓度反应后的余氯量

4 结语

1) 对于晴天水样,氯与氨氮的质量 12:1 时出水氨氮可以达到 0.3 mg/L 以下;对于雨后水样,次氯酸钠投加量以 12:1 为宜。

2) 反应时间为 20 min 时,氨氮含量已经<0.3 mg/L。建议实际工程中可将反应时间延长到 30 min。

3) pH 为 7~8 时,次氯酸钠对氨氮有良好的去除效果,反应后余氯也较低。

4) 氨氮浓度在 0.5~3 mg/L 的范围内时,次氯酸钠对氨氮的去除率在 60%~90%,反应后氨氮浓度均<0.3 mg/L,余氯也均<4.2 mg/L,达到处理目标。

参考文献

[1] 张胜利,刘丹,曹臣.次氯酸钠氧化脱出废水中氨氮的研究 [J].工业用水与废水,2009,40(3):23-26.

[2] METCALF E. Wastewater engineering: treatment and reuse [M]. New York: McGraw-Hill Book Co., 2003.

[3] 水春雨,侯世全.低温生活污水氨氮深度处理技术试验研究[J].铁道劳动安全卫生与环保,2009,36(3):122-123.

[4] 顾庆龙.次氯酸钠氧化法脱除二级生化出水中氨氮的中试研究[J].环境科学与管理,2007,32(12):97-99.

吸附除磷技术中试研究

王　昶

(上海申迪(集团)有限公司,上海 200120)

【摘　要】　针对上海迪士尼中心湖水质总磷(TP)浓度≤0.02 mg/L 的处理要求,通过现场中试研究了磷吸附处理技术对不同磷浓度进水中的 TP 及 PO_4^{3-} 的去除效果,探索了处理系统的最佳运行条件,明确了处理流程中脱气塔的作用,并对磷吸附剂的磷吸附容量进行了研究。试验结果表明,吸附剂对 PO_4^{3-} 的吸附能力优异,在试验条件下,处理出水可以实现 PO_4^{3-} 完全去除和 TP 达标;在有脱气塔的情况下,吸附容量高于设计值;但该技术需要用到强酸和强碱,操作和管理难度较大,吸附剂再生成本较高,装置占地面积较大。

【关键词】　磷吸附;总磷;磷酸盐;碱度;混凝法

Pilot study on removal of phosphorus by adsorption method

WANG Chang

(Shanghai Shendi (Group) Co., Ltd., Shanghai 200120, China)

Abstract: To achieve the goal that total phosphorus (TP) of the lake of Shanghai Disney Park being treated to less than 0.02 mg/L, a pilot plant study is carried out to test the phosphorus adsorbent function, the optimal running conditions are also researched. According to the test results, the adsorbent has superior adsorption capacity for PO_4^{3-}, and the concentration of TP can be reduced to less than 0.02 mg/L under experimental conditions; when the deaerator tower is employed, the adsorbent has an even higher phosphorus adsorption capacity than the design value. As strong acid and strong alkali are used during the process and the adsorbent needs to be regenerate when it loses efficacy, there is a high cost, and the equipments also need a large yard area.

Keyword: phosphorus adsorption; total phosphorus; phosphate; alkalinity; coagulation process

　　上海迪士尼项目一期工程范围内,规划建设一个面积约 0.39 km² 的中心湖,该湖承担着重要的娱乐和景观功能,对水质要求极高,特别是对导致水体富营养化的磷指标,控制要求为 TP 浓度≤0.02 mg/L。项目周边河道由于受到生活污水和农业源污染,水质较差。因此,在项目规划中,将建设一座水处理厂,来实现对湖水的循环处理和对河道补充水的净化处理,维持湖水水质达标。对水中 TP 的控制而言,选择合理的水处理工艺至关重要。通过前期试验室小试发现,仅靠传统的

化学混凝法除磷,即使在加药量很大的情况下,也难以达到处理标准,而且大大增加污泥产量。因此,需在化学混凝后添加深度除磷工艺。有研究发现[1~5],在低 TP 浓度的情况下,吸附除磷法具有高效、低耗和低污染的特点,而且可以通过吸附-解吸进行再生,达到消除磷污染和回收磷资源的双重目的。

　　利用磷吸附剂进行深度除磷,通过现场中试,考查了磷吸附系统的运行条件和处理效果,分析了工程实用性。

本文原载于《中国市政工程》,2013,167(4):34-36,44

基金项目:上海市科委科研计划项目(11dz1201703)

作者简介:王昶(1966—),男,工程师,本科,主要研究方向为水处理

1 试验材料与方法

1.1 磷吸附剂

中试采用某公司提供的 B 型磷吸附剂,表观比重 0.92 g/cm³,标准颗粒直径 0.4～1.5 mm(75%以上);该吸附剂在接近中性的 pH 值条件下有着较高的吸附能力,当 pH 值＞5.0 时,其吸附率可达到 85% 以上。该吸附剂为 Mg^{2+}、Al^{3+}、Cl^-、OH^-、及 H_2O 组成的不可溶矿物性物质。由 H_2O、Cl^- 形成的中间层夹于 Mg^{2+}、Al^{3+}、H_2O 组成的基本层中间,整体构造呈现夹层状。Cl^- 可与其他阴离子进行离子交换,特别是对 PO_4^{3-} 具有较高的亲和性,当磷吸附剂在水中接触到 PO_4^{3-} 后,中间层的 Cl^- 就会针对 PO_4^{3-} 进行置换,从而把 PO_4^{3-} 从水中去除。

1.2 工艺流程

吸附试验工艺流程示意图如图 1 所示。朱家浜为现场附近的河流,虚线框内所围部分为磷吸附试验流程。

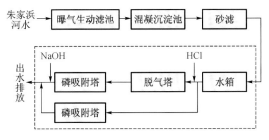

图 1 吸附试验工艺流程示意图

曝气生物滤池(BAF)主要用来去除水中的 $NH_3—N$ 和有机物,混凝沉淀池所投加混凝剂为聚合氯化铝(PAC),和砂滤一起用来去除大部分的 TP 及悬浮物、微粒等,脱气塔则用来降低水的碱度,保证出水 TP 达标。

现场共 3 个磷吸附塔,1 个连接脱气塔,1 个直接与水箱相连,另外 1 个备用。每个塔的进水端都安装了流量计。每个磷吸附塔中有吸附剂 15.7 L,石英砂垫层 2.4 L,过水流量为 80 L/h。脱气塔的作用是去除河水中的 HCO_3^-。HCO_3^- 会与 PO_4^{3-} 形成竞争吸附从而影响磷吸附剂的除磷效果和寿命,而磷吸附前的各流程对 HCO_3^- 没有明显的去除作用,因此设置了脱气塔,向进入脱气塔的水中投加一定量 HCT,调节其 pH＝4.0～4.5,水流经过脱气塔后,HCO_3^- 变成 CO_2 被吹脱去除。经过磷吸附塔的出水,视 pH 情况,添加 NaOH 调节至中性后排放。试验中对比了脱气与不脱气 2 种模式下的运行效果。

1.3 检测方法

TP、溶解性 TP 及 PO_4^{3-} 浓度的检测方法按 GB 11893—1989《水质总磷的测定 钼酸铵分光光度法》,其最低检出浓度为 0.01 mg/L,测定上限为 0.6 mg/L。

2 试验结果与分析

2.1 河水水质

中试过程中,对河水水质进行了持续的监测,结果见表 1。

表 1 河水水质

指标	TP/mg·L⁻¹	PO_4^{3-}/mg·L⁻¹	pH	碱度
范围	0.26～0.45	0.14～0.37	7.53～8.46	149～241
均值	0.36	0.24	7.96	205

从表 1 中可见,河水 TP 中约 70% 为 PO_4^{3-},比例较高,因此,PO_4^{3-} 的有效去除对实现出水 TP 达标至关重要;碱度的平均值高达 205.2 mg/L,脱气塔发挥了主要作用。

2.2 不同进水磷浓度情况下的吸附除磷效果

通过调节混凝时 PAC 的投加量来调节磷吸附塔进水磷浓度,通过一段时间的运行检测,考查磷吸附工艺在处理不同 TP 浓度进水时去除效果,结果见图 2。

图 2a)反映进水 TP 浓度较高的情况:试验期间进水 TP 浓度在 0.13～0.20 mg/L,平均浓度 0.16 mg/L;进水 PO_4^{3-} 浓度为 0.1～0.15 mg/L,平均浓度为 0.12 mg/L。经过有脱气塔的吸附系统处理后,出水 TP 平均浓度在 0.03 mg/L 左右,去除率达 81%;出水 PO_4^{3-} 浓度则均＜0.01 mg/L,低于检测限,几乎被完全去除。

图 2b)反映了进水 TP 浓度较低的情况:试验期间进水 TP 浓度为 0.04～0.06 mg/L 之间,平均值 0.05 mg/L;进水 PO_4^{3-} 浓度为 0.01～0.05

mg/L 之间,平均值为 0.03 mg/L。经过有脱气塔的吸附系统处理后,出水 TP 和 PO_4^{3-} 浓度平均值均 <0.01 mg/L;在不经过脱气塔的情况下,出水

TP 浓度平均值为 0.02 mg/L,PO_4^{3-} 平均浓度也低于检测限,几乎被完全去除。

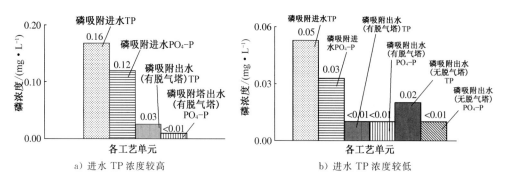

a) 进水 TP 浓度较高　　　b) 进水 TP 浓度较低

图 2　不同进水磷浓度下磷吸附系统去除效果

可见,磷吸附系统对水中的 TP,尤其是 PO_4^{3-} 有着优异的去除效果,当进水 TP 浓度 <0.20 mg/L 时,无论有无脱气塔存在,磷吸附系统都可以实现出水 TP 达标,但有脱气塔的情况下处理效果会更好。

2.3 磷吸附塔出水磷浓度随累积进水量的变化情况

试验中对磷吸附系统出水磷浓度随进水量累积的变化情况进行了试验和分析,并对比了有脱气塔和无脱气塔 2 种情况下的磷吸附处理情况。

试验结果如图 3 所示。

由图 3 可见,在有脱气塔的情况下,在 2 种进水条件下,当累积处理水量达到近 2 500 L 时,PO_4^{3-} 仍可以几乎被完全去除;在没有脱气塔的情况下,运行初期 PO_4^{3-} 可以被完全去除,在累积处理水量达到 1 700 L 左右时,出水中开始测出 0.02 mg/L 的 PO_4^{3-},同时检测出了碱度,可见在此之前磷吸附剂吸附了大量的碱度,并因此降低了自身的磷吸附能力。

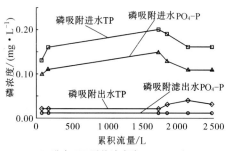

a) 进水 TP 平均浓度为 0.16 mg/L

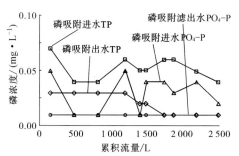

b) 进水 TP 平均浓度为 0.05 mg/L,有脱气塔

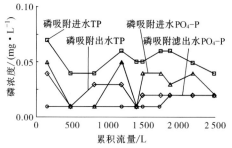

c) 进水 TP 平均浓度为 0.05 mg/L,无脱气塔

图 3　磷吸附去除效果与累积进水量的关系

2.4 磷吸附塔加速试验

随着试验的进行,在没有脱气塔的情况下,磷吸附出水开始检出大于 0.02 mg/L 的 PO_4^{3-},但由于磷吸附进水本身磷浓度很低,不容易判断吸附剂是否已吸附饱和,因此进行了加速试验,即在水箱中投加磷酸盐(此时进水 TP 浓度为 0.04 mg/L 左右),使其 PO_4^{3-} 浓度达到 100 mg/L,考查磷吸附剂的极限磷吸附量,并对比有脱气塔和无脱气塔 2 种情况下的运行情况。试验结果如图 4 所示。

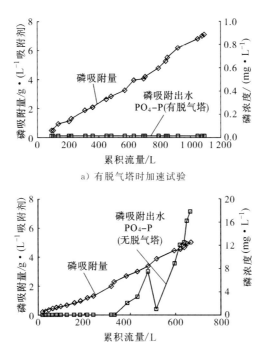

a) 有脱气塔时加速试验

b) 无脱气塔时加速试验

图 4 磷吸附加速试验

对于通过脱气塔将 HCO_3^- 几乎完全去除的进水,PO_4^{3-} 的吸附量超过了理论值 3 g P/L 吸附剂,在吸附了 7.3 g P/L 吸附剂之后,处理水中依然没有检测到 PO_4^{3-};终止加速试验后,切换到普通进水,磷吸附剂依然保持有吸附能力,后续处理出水中仍然没有检测到 PO_4^{3-}。

对于进水不经过脱气塔的情况,碱度为 130~185 mg/L 的进水直接进入磷吸附塔,当磷的吸附量超过 1.3 g P/L 吸附剂后,处理水中开始检测到 PO_4^{3-},可能的原因是:加速试验进水 PO_4^{3-} 的浓度比实际原水高出数百倍,会与被吸附的 HCO_3^- 发生置换,磷吸附饱和后停止了加速试验,切换到了普通进水,出水检出了 2~3 mg/L 的 PO_4^{3-},随着处理水量的增加,出水 PO_4^{3-} 浓度逐渐接近进水值。

3 结语

1) 磷吸附剂的优势。

(1) 磷吸附剂对 PO_4^{3-} 有极好的去除效果,在中试条件下,当进水 TP 在 0.16 mg/L、PO_4^{3-} 在 0.12 mg/L 时,PO_4^{3-} 几乎被完全去除;当进水 TP 在 0.06 mg/L 以下时,吸附出水 TP 低至 0.02 mg/L 以下,PO_4^{3-} 几乎被完全去除。

(2) 碱度会影响磷吸附剂的处理效果和寿命,有必要设置脱气塔。在有脱气塔的情况下,磷吸附剂对 PO_4^{3-} 的吸附能力高于理论值 3 gP/L 吸附剂,在吸附量达到 7.3 gP/L 吸附剂之后仍然具有较好的去除效果。

2) 除磷系统不足之处及建议。

(1) 在脱气模式下工作时,脱气塔耗能较大,过程中需要使用强酸(HCl)和强碱(NaOH)进行两次 pH 调节,系统维护管理难度较大,危险性大。

(2) 磷吸附剂吸附饱和后,需要进行再生,操作难度大,成本较高。

(3) 磷吸附系统装置占地面积较大,在用地有限的情况下,其应用受到限制。

(4) 为使吸附塔高效地发挥磷吸附效果,保证合理的使用寿命,建议磷吸附塔入口进水达到如下要求:SS 浓度在 1 mg/L 以下;pH= 6.5~6.7;通过投加一定量 NaClO 来防止吸附剂被微生物污染;避免投加 PAM 等黏性物质。

参考文献

[1] OZACAR M. Adsorption of phosphate from aqueous solution onto alunite[J]. Chemosphere,2003(51):321-327.

[2] 丁文明,黄霞. 废水吸附法除磷的研究进展[J]. 环境污染治理技术与设备,2002,3(10):23-27.

[3] JOHANSSON L. Phosphate removal using blast furnace slugs and opoka mechanisms. Water Research,2000,34(1):259-265.

[4] 项学敏,卫志强,周集体. 污水中磷酸根的吸附研究进展[J]. 广州环境科学,2009,24(4):5-9.

[5] SUZKUIK,TANAKA Y,YURODA K,et al. Removal and recovery of phosphorous from swine wastewater by demonstration crystallization reactor and struvite accumulation device[J]. Bioresource Technology,2007,98(8):1573-1578.

第4篇 生态绿化新技术

研究的技术：

(1) 表土修复技术和种植土配方工艺及评价体系研究。

(2) 完成容器苗繁育、养护、生产工艺体系的研究，建立物联网(生物芯片)技术应用的标准化容器苗基地。

解决的问题：

(1) 建立建设项目表土收集保护及再利用方案、种植土标准及评价体系、土壤修复工艺及种植土配方。

(2) 建立适应上海国际旅游度假区需求的容器化苗木储备示范基地，形成容器化苗木生产工艺标准和繁育、养护体系。

取得的效果：

(1) 收集乐园项目区域农田表土。

(2) 建立了种植土生产方案和检验评价体系。

(3) 构建了适宜上海国际旅游度假区景观要求的苗木苗圃地建设标准、容器化苗木筛选标准、苗木生产和储备技术操作标准。

(4) 构建了适宜上海国际旅游度假区景观容器化苗木储备管理中生物芯片操作流程、信息管理平台系统、储备操作规程、生产繁育操作工艺及养护管理规程。

第1章

上海国际旅游度假区
绿化新技术及应用概况

第4篇第1章由上海申迪园林投资建设有限公司、上海园林（集团）有限公司、上海市园林科学院完成。

4.1.1　目的和意义

通过对度假区内农田表土进行收集,结合项目绿化建设指标要求,研究土壤改良方案和种植土生产工艺。建立国内一流和国际接轨的表土收集、土壤修复及优质种植土标准建立和标准化、规模化、机械化生产示范工程及相应的技术支撑体系;结合度假区项目对景观绿化用苗木材料的高标准和高要求,探索容器化苗木繁育、储备、养护管理的技术手段和操作工艺。形成具有完整的容器化苗木繁育技术标准与操作方法,同时建立数字化的容器苗储备繁育管理平台。

4.1.2　土壤的生态维护、表土收集修复技术研究与示范应用概况

肥沃的土壤形成是一个漫长过程,不管在农村还是在城市,表土资源都是非常有限也是非常宝贵的自然资源,因此保护耕地实质上是保护有限的表土资源,表土资源的破坏或流失甚至比单纯的耕地面积减少更隐蔽也更严重。特别是城市无限扩张和开发,在实际建设中,由于缺少表土保护的相关政策制约和技术指导,大量农田表土被严重破坏。其实城市开发用土要求要远低于耕地土壤的要求,其中最为明显就是城市开发后需要绿化种植时又不得不使用没有肥力的深层土。我国现有城市绿地中植物长势不佳的很大原因之一就是绿地中大量使用了深层土。而肥沃土壤一旦养护不当发生土壤退化或者被污染,在短期内也是很难被修复的。而日本、美国等发达国家,表土保护已经上升到立法,并有系统的技术保障对策。如美国在上海国际旅游度假区核心区项目开发前就按照美国的惯例,提出对开发区域的农田土壤进行全面检测、剥离堆放和再利用等表土保护措施。我国虽然已经意识到表土保护的重要性,但从总体意识上还是做得不够,而且也缺少相应的法规政策保护和技术标准指导。

在我国城市建设中,人们对土壤重视往往只局限在营养或理化指标,对城市土壤污染的严重性和土壤修复的重要性认识不足。虽然城市土壤不直接进入食物链,但城市土壤作为城市生态环境的一个重要要素,污染土壤对城市气候的破坏是不可忽视的。土地受污染后,污染的表土会在风力和水力的作用下分别进入到大气和水体中,导致大气污染、地表水污染、地下水污染和生态系统的退化等其他次生生态环境问题。表土的污染物质可能在风的作用下,作为扬尘进入大气,并进一步通过呼吸作用进入人体,它对人体的毒害类同人吃了有毒物质。因此,城市污染土壤的修复是当今环境生态领域研究的重点和热点。如1996年,美国环境保护署在所谓新世纪的前沿研究中提出了城市"褐土"计划(Brownfields program),即将废弃、闲置及曾用于工业和商业目的的受污染土地进行修复的计划;2002年美国财政还额外拨款资助被污染土壤用作绿化用地的绿色空间计划;以上海国际旅游度假区核心区为例,美国对绿化种植土壤不仅仅包括有我国传统的理化和营养指标,还涵盖了重金属、有机污染物、盐分等毒害指标,总共有31项指标之多。

在部分西方国家,土壤修复已成为一个新兴的环境产业,土壤修复技术早已走出实验室,在许多土壤修复计划中得到应用。国外技术虽然成熟,但成本比较昂贵,以上海国际旅游度假区核心区为例,按照种植土土壤技术要求,川沙地块有四分之三的土壤重金属超标,无法满足项目31项指标的要求。由此可见,一方面我们要学习国外在土壤质量评价方面系统性和科学性,要健全我国城市土壤质量评价体系,但也应该考虑到我国土壤基本情况,要综合考虑上海土壤的本底条件和植物的特色,应探索适合上海国际旅游度假区核心区建设的土壤质量标准。另外,在采用土壤修复对策时,也应该探索适合我国的污染土壤的实用技术,如以有机废弃物综合利用为主的土壤生态修复技术,它不但能通过稀释方法有效降低土壤中污染物浓度,而且还通过生物或化学作用降低污染物活性,同时也提高土壤的肥力,达到综合提高土壤的生态功能的作用。

城市土壤作为园林植物生长的基础,不仅仅提供园林植物生长所需的载体和养分,其质量的高低,直接影响着城市园林绿化建设和城市生态环境质量,进而对城市社会经济和人民生活产生深远的影响。但

随着城市化进程的加快,在我国城市绿化建设中比较重视对地上部分——园林植物的投入,追求立竿见影的短期绿化效果,而对植物赖以生存的物质基础——土壤质量的重要性认识不够。

城市园林绿化土壤的性质不同于一般土壤,一方面大部分土壤为外来土或深层土,另一方面由于人为因素的影响,城市园林绿化土壤普遍存在土壤紧实、容重大、通气孔隙差、有机质含量和土壤肥力低下等缺陷。而且由于目前缺少相关国家法律法规和标准的引导和限制,一些园林绿化工程使用建筑垃圾土(深层地下土和碎砖碎石及泥沙混合物)种植植物,这类高碱性土壤造成植物根系无法正常生长,甚至植物死亡。

虽然随着对城市园林绿化土壤质量认识的提高,部分园林工程采用农林废弃物堆肥、珍珠岩、阜炭进行土壤改良或简单混合后形成的基质用于绿化种植,但所改良的土壤或拌合形成的基质仅仅满足 PH、EC、有机质三种理化指标的要求。而与植物生长密切相关的土壤通气性、保水性能、大量营养氮磷钾、中微量营养元素 Cu、Zn、Fe、Mn、Mo、Mg、B 以及重金属污染元素 As、Cd、Cr、Hg 等未被作为土壤质量考量的指标。这些元素在植物生长过程中含量过多或过少,会造成植物毒害或限制了植物的光合作用和组织器官形成等。因此,为了提供园林植物良好的生长环境,需研制一种满足植物各种营养需求以及通气性、透水性等结构良好的种植土。

4.1.3　容器化苗木生产、储备与养护管理新技术研究与示范应用概况

容器育苗是在装有营养基质的容器里培育苗木称为容器育苗,容器育苗适用于裸根苗栽植不易成活的地区和树种,也适用于珍稀树种育苗,用这种方法培育的苗木称为容器苗。容器苗的根系是在容器内形成的,在出圃、运输、造林的过程中,根系得到容器保护,造林成活率高。栽植后根系恢复生长快,没有裸根苗的短期停滞生长现象,有利于苗木的初期生长。容器育苗是当前苗木生产上的一项先进技术,具有育苗质量和规格易于控制、管理方便、育苗周期短、栽植不受季节限制、成活率高、便于工厂化生产等优点,容器苗一年四季都可以栽植,而且便于合理安排劳动力,便于有计划地进行分期栽植,是现代苗木生产发展的一个主要方向。

国外容器育苗是在 50 年代中期开始发展起来的,由于当时世界木材供应紧张,加上对森林保护环境的迫切要求,人工造林迅速发展,造林用苗量急剧增加,传统的裸根苗在数量和质量上都不能满足造林事业对苗木的需要,于是发展了容器育苗技术。在 20 世纪 70 年代前半期,容器育苗得到了高速发展,北欧三国在生产上积极推广应用容器育苗。1974 年,瑞典容器育苗产量达 1.5 亿株,占苗木总产量的 40%;芬兰达 0.75 亿株,占 30%;挪威达 0.5 亿株,占 33%。20 世纪 70 年代中期以后,各国容器育苗的发展速度有所减缓,但容器育苗的产量和在总产苗量中所占的比重仍在继续上升。到 20 世纪 80 年代,容器苗生产得到了迅猛发展,其中以高纬度地区研究和应用最为成功。目前,容器育苗已经在 50 多个国家得到普遍应用,一些国家已基本上实现育苗过程机械化、自动化,如芬兰、加拿大、日本、美国等实现了容器育苗工厂化生产。目前,在一些发达国家,容器苗已占苗木生产的较大比例,如巴西的容器苗占苗木生产的90% 以上。国外林业先进国家容器育苗的发展过程,大致经历 3 个阶段,即露地容器育苗、温室容器育苗、育苗作业工厂化,建立了一整套从种子处理、苗木培育、起苗运输、拍卖(批发)、零售到景观应用完整的产业链。

为推动容器苗生产发展,世界各国都重视容器苗技术的研究和推广。如美国林务局在 20 世纪 80 年代初就组织一批著名专家编写容器育苗系列丛书(手册)。该丛书是在收集北美洲 78 个苗圃的相关生产技术信息,并综合当时有关容器苗研究各领域的最新成果后编写而成,提供了技术含量高的现代科技型容器育苗理论和方法,其共分 7 卷,从 20 世纪 80 年代末开始陆续出版。加拿大为形成以科学研究成果为支柱的容器育苗生产技术体系,由国家支持,在安大略省组织了内容十分广泛的容器苗生产、栽植试验和设备开发 3 大系统研究,Tinus 曾在 IuFRO 第 18 届世界林业大会上对容器苗生产做出了总结性概述图。

我国容器育苗大约在 20 世纪 30 年代开始应用,40 年代由于有些桉树使用裸根苗造林成活率不高,于是人们开始培育少量柠檬桉根团苗,结果栽植效果很好。从 1958 年开始,容器育苗已在生产上推广应

用,50年代至70年代,主要应用于桉树、木麻黄、马尾松、相思、银合欢等容器苗培育。70年代后期,全国普遍开展容器育苗技术的研究并推广,一些大型观赏苗木生产企业如浙江森禾种业股份有限公司、江苏阳光生态农林开发有限公司、上海上房园艺有限公司等率先实现了温室容器育苗和育苗作业工厂化生产。80年代中期,随着温室育苗在我国的广泛应用,在容器内进行移植育苗已成为试管苗移栽以及花卉栽植不可缺少的技术,并且在生产中逐渐出现了控根快速育苗容器、舒根型容器、轻型软容器等一些新型的容器。随着技术的发展,容器苗已大量应用于园林绿化工程。目前,我国容器育苗主要是露地容器育苗和塑料大棚容器育苗,部分花卉、蔬菜种苗及林木种苗示范基地实现了温室容器育苗和育苗作业工厂化。但是,机械化设备至今没有形成规模化和商品化生产,从而限制了我国容器苗的机械化和自动化,很多地方的容器育苗生产还停留在手工作业上。中国目前的容器苗总量占育苗总量的10%以上,数量比例上远低于其他许多国家。

容器苗技术是当今世界在园林绿化建设中种苗发展的热点和难点,由于传统容器育苗规模小、成本高,从而制约容器苗的生产应用。国内景观容器苗生产、培育刚刚起步,特别是景观苗木容器化培育缺少先例,还没有系统的标准规范。随着我国经济的迅猛发展,对景观的要求越来越高,容器栽培也将迅速发展起来,尤其在经济较发达地区,容器栽培将成为主要的一种栽培方式。容器苗的生长速度及质量如何,关键在于生产管理。容器苗木栽培的生产管理技术研究应用主要包括以下几方面:容器苗木生产储备、容器苗生产繁育工艺及养护管理等。

容器苗通过容器育苗技术,通过人为控制植物根系生长,极大地加密须根系统,从而极大地提高苗木成活率和生长平衡,进而实现苗木无修剪全冠移植。根据相关研究数据表明,利用空气阻根控根容器的物理形状特点及空气切根的原理,采用控根容器进行苗木生产储备,可以使植株总根量较围地苗增加30~50倍。同时,利用"空气修剪"原理,能有效限制主根发育,促进侧根发育,完全可以达到一夜成林、开园即成景观的目的。

4.1.4 技术预研及路径

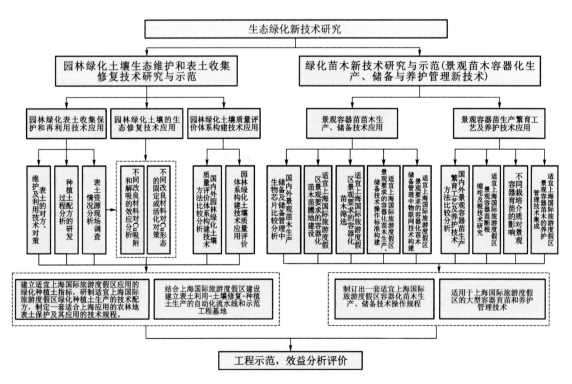

图4.1-1 生态绿化新技术研究技术路线图

4.1.4.1　高品质种植土关键技术

（1）在对表土资源现场调查的基础上，制定表土收集保护和再利用技术规程；提出表土堆放、维护及利用的技术对策；对种植土配方的研发过程进行分析。

（2）在对土壤不同性质测定的基础上，针对不同污染物超标或潜在的障碍因子，提出不同的园林绿化土壤修复技术对策。

（3）比较分析上海甚至中国传统土壤改良技术，提出适宜上海国际旅游度假区核心区建设种植土的生产方案，对不同技术配方的土壤理化性质进行综合评价，同时进行技术验证。

（4）研制适合不同材料筛分、搅拌、传输的工艺条件，建立日常规模不小于 1 000 m³ 的种植土自动搅拌生产线，建立国内高标准要求的种植土生产示范基地，建立成套适合城市化建设过程中应用的表土利用—土壤修复—种植土生产的技术规程。

（5）对种植土应用后植物景观效果进行现场调查和综合比较分析，比较不同工程措施下的经济效益和生态环境效益。

4.1.4.2　苗木容器化生产储备技术

（1）选取香樟、广玉兰、银杏、榉树、榔榆、乌桕等大型乔木，以及山樱花、红花槭、北方红栎、欧洲鹅耳枥等新优植物为试验材料，开展不同植物对不同规格育苗容器适应性试验，构建适宜上海国际旅游度假区核心区工程的苗木筛选标准及育苗容器规格筛选标准。

（2）采用生根粉、生根液，对比涂抹、喷雾、浇灌等不同处理方法，对促进试验植物新根生长的作用进行分析，探究最佳施用浓度及使用方法。

（3）配制不同类型栽培介质，通过对植物新梢萌发能力、新叶数量及叶绿素含量等的监测，分析不同栽培介质对容器育苗的影响，确定最适介质配方。

（4）在容器育苗养护管理中，集成降温、遮阴、防风、保温、滴灌技术、病虫防控等关键技术，制定一套适宜上海国际旅游度假区核心区植物容器育苗的技术方案，建立大型容器育苗示范展示基地，大量培育容器化栽培的乔木和新优植物。

（5）景观容器苗储备工程示范后，容器化储备苗木与常规圃地苗木成活率、景观效果等方面比较分析，同时对经济效益和生态环境效益进行综合评价。

第2章

上海国际旅游度假区
高品质种植土应用实践

第4篇第2章由上海申迪园林投资建设有限公司、上海市园林科学院完成。

4.2.1 表土收集保护和再利用技术

4.2.1.1 前期调查研究

1. 初步勘探

表土现场调查之前,首先对调查区域进行初步勘探(图4.2-1)。根据中美双方技术专家提出的建议,确定现场采样方案。确保每块农田至少要采集一个样品,并结合现场情况勘探情况进行适当修正,其中露天种植农作物适当放宽采样密度,对种植经济作物或者设施农艺等可能存在的潜在污染物适当增加了采样密度,撰写上海国际旅游度假区核心区表土取样的方案,并和美方项目组多次沟通谈判最终形成大家一致认可的技术标准(图4.2-2)。

2. 拟收集表土范围精准定位

采用美国先进的RTK技术和应用软件,使用上海VRS网络,进行精确、高效、科学的取土工作以及地块位置和边界的确定,其水平定位精度可达8 mm,高程精度可达15 mm(图4.2-3)。并根据现场定位结果,绘制表土分布图(图4.2-4)。

图4.2-1 调查之前勘探

图4.2-2 专家评审

图4.2-3 定位仪(美国SPS882 GNSS)

图4.2-4 农田表土分布图

3. 现场采样

根据已绘制的农田表土分布图,严格按照已定的采样方案进行现场采样(图 4.2-5),分三期进行采样,一共采集土壤样品 210 个样品,然后对样品进行标识,送样到检测机构并保存留样(图 4.2-6)。

图 4.2-5 现场样品采集

图 4.2-6 采集的样品进行风干储存

4. 土壤样品室内分析检测

根据项目需求,编制了上海国际旅游度假区核心区表土检测方法标准。严格按照制定的检测分析标准,对采集的土壤样品进行分析(图 4.2-7)。

通过对上海国际旅游度假区核心区一期 163 块农田表土进行采样(共采集了 210 个样品)分析,并与 31 项化学指标的"B"类标准进行比较,发现有以下特征。

(1) 土壤毒害的重金属、有机污染物含量基本没有超标;

(2) 植物生长没有出现明显抑制,发芽率 100%,发芽指数在 80% 以上;

(3) 不存在盐分、钠、氯的毒害,钠吸附比没有超标;

(4) 有机质、磷、硫、钼等养分缺乏;

(5) pH 大部分合格,仅有 2 个样品超过 7.8,1 个样品低于 6.5;

图 4.2-7 样品室内分析

(6) 锰、镁、铁和钾大部分不缺,1 个样品锌的含量超标;

(7) 有 22.5% 的土壤样品铜含量符合标准要求,有 77.5% 土壤样品的铜含量超标,但有 40.0% 的样品铜含量在 5~10 mg/kg 之间,只有 5 个土壤样品的有效铜含量严重超标,达 20 mg/kg 以上。

5. 表土分级

根据土壤样品的检测数据,分析诊断出土壤铜含量超标是上海国际旅游度假区核心区农田表土的主要障碍因子之一,因此以土壤有效铜含量为标准进行表土的质量分级,共划分为 3 种土壤类型:分别为第 I 类、第 II 类和第 III 类(表 4.2-1)。

表 4.2-1 上海国际旅游度假区核心区一期农田表土质量分类

土壤类型		划分依据(土壤有效 Cu 含量)	占比例(%)	处理
第 I 类土壤	I-1 类土壤	0.5~5 mg/kg	18.57	改良后利用
	I-2 类土壤	5~10 mg/kg	37.62	
第 II 类土壤		10~20 mg/kg	30.00	
第 III 类土壤		>20 mg/kg	13.81	废弃

6. 划定土壤收集区域

遵循经济性和可操作性原则,根据土壤的质量分类,明确表土有效分布范围和厚度,制定表土收集分布图(图 4.2-8)。并在前期上海国际旅游度假区核心区一期农田表土调查研究的基础上,结合现场表土收集的实际,形成表土收集保护和再利用技术规程。

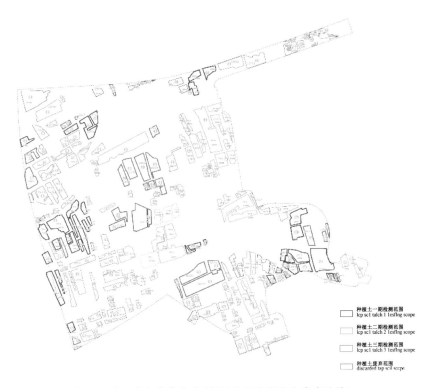

种植土一期检测范围
lcp scl talch 1 lesfing scope

种植土二期检测范围
lcp scl talch 2 lesfing scope

种植土三期检测范围
lcp scl talch 3 lesfing scope

种植土废弃范围
discarded tap soil scope

图 4.2-8　表土收集分布图(其中红色部分为废弃地块)

根据图 4.2-8 的表土分布 CAD 分布图,对各个表土的分布面积和可剥离的体积进行精准估算(表 4.2-2),总体合计,整个上海国际旅游度假区核心区一期规划地可剥离的农田的面积为 76.2 万 m^2,可剥离表土体积约为 28.64 万 m^3。比较精准计算出上海国际旅游度假区核心区一期规划地农田表土分布面积和可剥离的体积,为现场表土的数字化施工以及工程费用核算提供技术依据。

表 4.2-2　可剥离的农田表土面积和体积

	可剥离面积 /m^2	可剥离土方 /m^3
第一批	32.2 万	14 万
第二批	27.8 万	9.88
第三批	16.2 万	4.86
总计	76.2 万	28.64 万

7. 制订表土收集方案

制订表土收集方案,主要内容包括以下内容。

［1］规定了禁止破坏表土的行为

上海国际旅游度假区核心区一期规划地内所有建筑设施拆除过程中应尽量减少对周边表土破坏,禁止建筑垃圾等杂物进入农田;对房屋周边的农田表土一般将最靠近房屋 1 m 的表土不收集(图 4.2-9)。禁止机械在农田表土中恣意碾压等破坏土壤行为发生(图 4.2-10);也禁止在场地清淤淤泥或者建筑垃圾堆放在表土中(图 4.2-11)。所有用于现场表土收集的机械、车辆、钢板在进入场地前均要清扫干净,防治污染表土。

图 4.2-9　房屋周边的表土禁止收集　　　　　图 4.2-10　机械碾压破坏表土

图 4.2-11　淤泥和建筑垃圾破坏表土

[2] 制定表土收集路线

以最大限度减少对表土碾压破坏为原则,设计表土收集的线路。就整个园区而言,则充分利用已建成道路,做到一个地块只有一条碾压表土的通道,有条件的在道路上铺设钢板;整个施工期间机械装置则按预设的路线行驶。

[3] 表土清表

为防治杂草等混入表土,在表土收集前先将表土上的杂草、农作物等杂物清除干净。可以利用人工或者割草机等对表土压实程度低的机械清除表土中可视杂物或其他不可再利用的物体(图 4.2-12),禁止用推土机作业、焚烧等破坏表土和环境的清表行为(图 4.2-13)。

图 4.2-12　人工或用割草机进行表　　　　　图 4.2-13　禁止焚烧或对土壤碾压严重的
　　　　　　土剥离前的清表　　　　　　　　　　　　　　大型机械进行表土清表

[4] 表土剥离

1) 表土剥离深度

根据现场调查情况同时兼顾土方平衡,分为 30 cm 和 50 cm 两种深度(图 4.2-14)。

图 4.2-14　土壤剥离深度

2）剥离机械

使用挖掘机等对土壤破坏程度小的机械(图 4.2-15)，禁止使用推土机等对土壤压实严重的机械(图 4.2-16)。

图 4.2-15　用挖掘机进行表土收集　　　　图 4.2-16　禁止使用对土壤碾压严重的推土机进行表土收集

3）剥离路线

剥离路线根据表土地块地形和道路的距离来确定，一般一个地块只允许一条剥离路线，剥离机械只按照一条路线行走，尽量减少对表土碾压，禁止剥离机械在表土上无序碾压土壤(图 4.2-17)。

4）剥离时间

在土壤适耕性较好时进行，即抓一把土壤可捏成团，土团落地能自然散碎，或者土壤含水量<25%左右的时候可以进行剥离。当土壤处于可塑性时，即用手按压能将土壤中水分挤出或粘结成团时，禁止剥离；禁止在雨雪天或雨雪后立即进行剥离。

图 4.2-17　禁止表土剥离时碾压表土

[5] 表土运输

表土运输所用车辆或者机械工具先清洗干净，防止油污、建筑垃圾等杂物污染表土；尽量缩短运输距离，防止表土被过度振动而压实板结；有条件的在运输通道上铺设钢板(图 4.2-18)。运输时对表土质量类型做好记录，防止堆放混乱。

8. 表土堆场建设

[1] 设置堆场布局

设置好堆场的进出通道、堆放区、排水沟，便于现场操作。场地内每 50 m 设置 6 m 宽道路，道路两侧设置 0.7 m×0.5 m 的排水沟,排水沟的纵向坡度为 0.3%(图 4.2-19),所有道路两侧的排水沟与现有的河道沟通,雨水经三级沉淀池排入现有河道。如没有河道的,直接进入给水井,利用强排方式排入现有河道或进入现有排水设施。采用了圬工材料进行场地加固处理,防止堆场在使用过程中发生严重沉降甚至破坏。

图 4.2-18　表土运输时铺设钢板　　　　　　图 4.2-19　堆场的排水沟

[2] 分类堆放

将表土进行分类堆放,为后续分类改良和再利用提供方便。遵循同一类土壤堆放在同一地块的原则。

土堆堆放高度<4 m,最大坡度不得超过 1:2(竖向:水平),详见图 4.2-20。

[3] 土堆保护

为防止表土在堆放过程中退化,在土堆顶部平整和拍实后,采用 200 g/m² 的短丝土工布覆盖封闭,布接缝采用重叠搭接法或插入少量竹签连接好,土堆下部用石块或土块等重物压实避免风吹,避免受到污染物、杂草侵入或雨水冲刷。

[4] 做好标识

所有表土堆场都应有有效的标识,整个土堆堆放过程中有醒目的标识,如表土类型、场地位置、堆放时间等(图 4.2-21)。

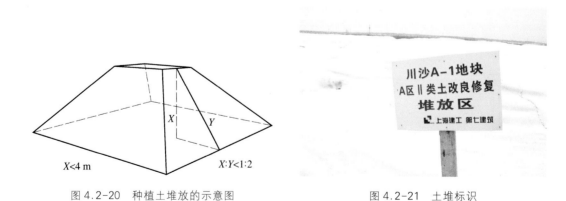

图 4.2-20　种植土堆放的示意图　　　　　　图 4.2-21　土堆标识

9. 进行全方位培训,确保表土保护再利用标准化实施

[1] 根据项目分工需要,成立三个层次的工作小组

为使上海国际旅游度假区核心区一期规划地表土保护能有领导、有组织、有序地推进和实施,专门成立了"上海国际旅游度假区农田表土保护标准化示范"项目的领导小组、协调组和现场工程部,明确分工,各负其责,确保项目扎实有序地推进实施。同时,对各级人员进行标准的宣贯和培训,以便在具体工作中能按照标准要求进行规范操作。

［2］开展各级体系培训,使人人心中有标准

为使表土保护方案能按照技术标准要求有效规范地操作,考虑到上海国际旅游度假区项目建设的特殊性以及不同以往的土地开发理念和土壤质量管理意识,首先由协调组组长根据项目实施的具体情况,及时向项目领导层进行相关理念和表土保护技术规范的沟通,获得领导层支持,统一认识,确保整个项目能有序推进。然后落实二级标准化培训体系,分别由协调组对项目参建各方逐层进行贯标或培训,落实责任制。

第一层是协调组领导对项目的参建各方负责同志培训,落实项目责任制。

由协调组召集了参与上海国际旅游度假区建设的各方项目经理和现场负责人,协调组领导对大家宣传表土保护意义和注意事项,要求进入现场的参建各方必须明确表土保护的意识,严格按照相关技术标准进行现场施工操作,并明确由表土破坏或表土收集配合不力引起的各项后果均由各个项目负责人及单位领导负责,落实了项目责任制,提高参建者的责任意识。

第二层是协调组对各项目组的参建人员逐一进行培训,做到现场所有员工培训全覆盖,培训到位。

协调组根据表土保护涉及到的各个具体实施技术规范,分别对表土现场调查组、表土样品分析及质量评价组、表土收集堆放组三个组的负责人员和现场操作人员逐一进行培训和贯标,从项目负责人到具体操作人员均掌握标准化操作技术要领,使常规的检测、评价、表土清表、剥离和堆放全过程均按照标准流程进行操作,并落实到每个工作细节均按照示范要求进行。由于项目组涉及到不同施工流程,因此培训内容也有所侧重,具体情况如下。

表土现场调查组:根据上海国际旅游度假区现场的实际情况,制定现场取样的技术标准。重点培训现场表十现场定界原则、确保误差＜8 mm的精准定位的技术要领、取样点布点原则、取样方法、取样点记录、样品标识、样品送样方式等,培训方式主要是现场操作演示配合讲解,培训后由协调组技术人员对工作人员在现场进行具体示范,以考核是否全部掌握技术规范。

表土样品分析及质量评价组:编制上海国际旅游度假区表土检测方法标准和适宜的土壤质量评价标准。

图 4.2-22　表土保护相关技术要求培训

表土收集堆放组:重点强调表土不同于一般水泥建筑材料,必须在现场要注意的各种事项,使大家统一认识,并发放相关技术要求,要求现场施工人员按照相关技术要求进行现场操作。根据绘制的表土分布图,划分了各施工单位负责剥离的表土地块,要求各个施工单位根据规范要求进行统一剥离、运输和分类堆放,确保整个工程有序进行,同时也提高了大家标准化水平。同时,根据各个表土设计区域,对施工单位和监理单位进行分工,强调各司其职,严格按照规范操作。

4.2.1.2　土壤改良方案

鉴于土壤普遍有机质、磷、硫、钼含量低,可以通过增施有机改良基质或微量元素肥料的方法,并注重几种养分之间的平衡配方达到综合改良效果;对土壤质地粘重的土壤现状,添加改良或修复用的有机改良材料也可提高土壤的通透性;而且对铜污染程度较轻的土壤,添加铜含量低、有机质含量高的有机改良基质或有机土来稀释铜含量,可降低铜的活性。因此,虽然上海国际旅游度假区核心区一期表土部分指标存在一定问题,但综合考虑上海国际旅游度假区核心区一期农田表土具有一定的可利用价值,可将上海国际旅游度假区核心区一期农田表层土壤剥离后通过一定的改良措施改良后再利用,以缓解上海土壤紧缺的现状。

1. 土壤改良原则:营养元素缺什么就补什么,并注重平衡配方

(1) 缺有机质:可以增施有机肥或有机基质。若是有机肥,添加量控制在20%以内,有机基质根据种植植物种类、本底土壤以及改良材料的基本情况测定分析,确定合适比例。

(2) 缺磷:添加过磷酸钙,同时达到降低pH目的;也可以通过混合含磷丰富的有机改良材料,达到综合改良目的。

(3) 缺硫:增加硫磺,同时可以降低pH。

(4) 缺钼:增加钼酸铵,即增加钼含量,又增加了土壤N含量。

(5) 提高铁有效性:增施有机肥,降低pH。

(6) 缺锌:施用含锌丰富的有机改良材料或硫酸锌等。

宗旨是注重几种养分之间的平衡配方,添加一种材料达到综合改良效果。如在有机材料堆肥过程中添加硫磺,即达到消毒又降低pH,同时增加了堆肥的S含量,如果使用这种酸性的有机改良材料,就达到了降低pH、增加有机质、S、P等养分的目的。

2. 土壤改良面临的问题

根据可剥离的农田表土土方量,度假区核心工地还有45万方的土壤缺口,上海绿化市场上常用三种方法解决土方缺口。一是外进客土,特别是其他建设地的表土;二是利用有机废弃物堆肥生产的有机改良材料,即达到改良土壤目的,又增加土方的量;三是从东北、四川等地采购泥炭或草碳,或者是江浙一带富含有机质的山泥。但是,在实际土方供应市场中,又分别面临诸多问题。

[1] 上海市缺少表土利用的总体规划和专业机构运作

土壤形成是一个漫长过程,过去有人认为土壤是取之不尽、用之不竭的,其实这是一种非常错误的观点。从岩石风化到土壤形成要上百年甚至上千年、上万年的时间,因而有的人认为相对人的寿命而言,土壤资源是一种不可再生的自然资源,尤其是表层土,由于植物根系或微生物等活动,土壤理化性状慢慢演化成适合植物生长的性状,不管在农村还是在城市,表土资源都是非常有限也是非常宝贵的自然资源。国外对表土的保护则非常重视,以日本为例,日本对表土的保护还上升到立法,日本都市计划法第33条9项规定:为保全开发区和周边地域环境,要采取必要的措施保全开发区内必要的树木和表土,先要调查表土的土质和厚度,运到堆场,堆置期间可在表土上撒草籽,快速绿化,以防止表土干燥和流失,工程结束后再利用表土来种植植物。我国也有城市开始重视表土保护,如舟山市人民政府办公室2009年还颁布了《关于印发舟山市建设用地占用耕地表土剥离和优质耕作层保护利用实施办法(试行)的通知,对表土保护具体实施办法包括资金来源进行相应的规定。

由于上海土壤资源紧缺,虽然也有一些绿化施工单位意识到了表土资源的重要性,在工程项目建设前有意识地进行表土保护,但从总体意识上还做得不够,而且也缺少相应的法规政策保护和技术标准指导。国土资源部的第二次全国土地调查结果显示,上海是属于耕地面积明显减少的地区,因此上海耕地保护特别是表土保护显得尤为迫切需要。我们应该结合项目开发的有利背景,通过项目运作探索出适用于工程应用的表土现场调查、检测判断、剥离、堆放和改土技术规程,并呼吁有关部门出台相应的政策,有效保护上海紧缺的资源——表土,做到"惜得方寸土,留于子孙耕。"

[2] 有机改良材料生产厂家缺少专业指导,质量良莠不齐

利用城乡有机废弃物如畜禽粪便、枯枝落叶、稻壳、蘑菇渣以及醋渣、中药材等工厂有机下脚料堆置形成的有机肥、有机基质、栽培基质、营养土等不同名称的有机改良材料,不但能改良土壤质量,提高植物生长的景观效果,而且对促进节能减排、提高生态环境质量方面都有重要现实意义。调查也显示,上海市面上的有机改良材料生产厂家普遍缺少专业指导,总体质量较差,特别是和美方项目组的相关要求相比,普遍存在以下问题。

1) 重金属指标考虑不全甚至忽略

农业部有机肥标准没有考虑重金属控制指标;上海市标准也只有考虑控制 Cd、Cr、As、Pb 和 Hg 5 种毒害重金属指标;我们编制的《绿化用有机基质》虽然增加了 Cu、Zn 和 Ni 的控制指标,但在调查中发现,许多有机材料生产厂家对重金属控制不是很严格,特别是 Cu,据内部资料调查,上海有 70% 以上的有机肥 Cu 含量超过 100 mg/kg,超出国家环境土壤质量标准二级污染的要求,而对其他有机改良材料的重金属含量情况也缺少数据积累,对其实际情况不明。

2) 不能满足施工大批量需求,普遍存在腐熟度不够现象

由于有机改良市场缺少有效监控,特别是绿化上用的有机改良材料缺少监管,质量普遍良莠不齐。很多厂家小型作坊,不能满足绿化施工在短期内急需大量有机改良材料的需求。而有机改良材料堆置腐熟需要比较长的时间,一般至少 3 个月以上,较理想的是 6～12 个月以上,因此即使是合格的生产厂家,也需要提前半年以上进行产品的配置。另外,堆肥产品原材料来源及性质差异均比较大,导致产品质量不稳定。

3) 有机改良材料养分单一,基本没考虑各种养分配比

上海市面上的有机改良材料一般只控制 pH、EC 和有机质简单指标,对养分最多也只考虑 N、P 和 K 这些大量元素,对于中量元素 S、Ca、Mg 以及微量元素 Mn、Mo、B 等基本没有考虑。需要进行专业指导,提升生产产品质量。

4) pH 普遍偏高

据我们对上海市面上销售的有机肥进行调查,pH 基本在 8.0 以上;2008 年受辰山植物园项目部委托,我们对市场上 7 家绿化用有机基质的改良材料进行调查显示,pH 基本在 7.8 以上;虽然在我们技术指导下生产厂家在堆肥过程中添加过磷酸钙进行降低 pH,但堆肥进入土壤后短期内 pH 虽然降低效果较好,但由于堆肥原材料中本身盐分特别是碱性材料如碳酸钙等存在,短期内马上又回升,直接导致堆肥 pH 升高。因此,必须从源头上控制原材料的质量,只有符合要求的原材料堆肥之后,才能保证堆肥质量。

5) 部分产品盐分偏高

如鸡粪,由于养鸡场用盐消毒,导致盐分含量提高,特别是 Na 离子对植物生长存在潜在毒害。加上 A-1 地块农田土有 10.99% 土壤样品 Na 大于 100 mg/kg,有 Na 含量超标,更应严格控制。

6) 可利用的有机质即潜在腐殖质含量低

许多有机改良材料由于腐熟时间不够,或者本身木质化成分高,如稻壳,虽然有机质测定结果显示含量很高,但其实真正能被植物吸收利用的潜在腐殖质含量非常低,最多只能疏松土壤,起到改良土壤物理结构的作用,对提高土壤肥力没有显著效果。而且,有机改良材料对 Cu 的固定作用,主要是腐殖酸等的作用。

3. 铜控制方案

[1] 确立 Cu 控制指标

Cu 指标的控制,由于第一批测定的结果 Cu 普遍超标,我们分析了不同测定方法对有效 Cu 含量的影响。从表 4.2-3 不同测定方法有效 Cu 的含量结果可以看出:美方项目组提供的方法比我国有效 Cu 测定方法的结果要高 2 倍左右,其中 DTPA-AB 方法提取有效 Cu 平均占总 Cu 的 19.19%,而我国 DTPA-CaCl₂ 方法提取有效 Cu 平均占总 Cu 的 9.55%。

表 4.2-3　不同测定方法对土壤有效 Cu 含量的差别

样品编号	我国 DTPA-CaCl₂方法		美方 DTPA-AB 方法		总量 /(mg/kg)
	含量 /(mg/kg)	占总 Cu 比例 /%	含量 /(mg/kg)	占总 Cu 比例 /%	
DB54	3.25	14.38	10.12	21.89	60.58
DB55	16.39	5.69	22.39	17.73	57.10
DB56	8.10	19.74	11.72	26.96	83.05

（续表）

样品编号	我国 DTPA-CaCl₂ 方法		美方 DTPA-AB 方法		总量 /(mg/kg)
	含量 /(mg/kg)	占总 Cu 比例 /%	含量 /(mg/kg)	占总 Cu 比例 /%	
DB57	2.35	14.44	7.48	20.88	56.11
DB58	1.28	5.12	4.21	16.30	45.91
DB59	3.99	3.45	10.72	11.37	37.01
DB60	2.16	8.16	6.60	21.90	48.96
DB66	1.54	5.41	5.60	16.52	39.95
平均		9.55		19.19	

　　我们原来利用国际通用的 Tessier 连续提取法对上海市典型绿地中 80 个土壤样品 Cu 的不同形态分析显示(表 4.2-4)，其中能被植物吸收利用的可交换态 Cu 含量非常低，只有 0.003%，大部分(约 57.3%)以惰性的有机态或残渣态存在，碳酸盐结合态和铁锰氧化态分别占 14.73% 和 28.96%。所收集的农田表土美方项目组提取的有效 Cu 平均占总 Cu 的 19.19%，因此极有可能美方项目组提供的 DTPA-AB 方法将碳酸盐结合态或铁锰氧化态等形态的 Cu 也提取出来，但这部分 Cu 并不能直接被植物吸收利用，因此导致有效 Cu 结果偏高。因此，建议将项目提出的 0.3～5 mg/kg 的控制指标放宽到 0.3～8 mg/kg。

表 4.2-4　上海典型绿地土壤中不同形态 Cu 含量大小及比例(n=80)

形态	平均含量 /(mg·kg⁻¹)	平均占总 Cu 比例 /%
可交换态	0.002	0.003
碳酸盐结合态	11.61	14.73
铁锰氧化态	22.82	28.96
有机态	40.72	51.68
残渣态	3.64	4.62

［2］限制有机改良材料 Cu 的含量

　　考虑到原有农田表土有效 Cu 的本底值超标，因此必需严格控制有机改良材料 Cu 的控制指标。由于中国国家《土壤环境质量标准》中规定农田土壤 Cu 的自然背景值为 35 mg/kg，中性或碱性的二级标准是小于 100 mg/kg，因此建议将项目提出的有机改良材料中 Cu 的限值由 150 mg/kg 降低至 80 或 100 mg/kg，从源头上制止 Cu 含量的超标。

［3］结合土壤物理性质改良，稀释表层种植土 Cu 的浓度

　　第一批采的 91 个土壤，深度分别为 50 cm 和 30 cm 两种，采样个数分别为 59 和 32。从图 4.2-23 可以看出，采集 50 cm 的土壤有效 Cu 的平均含量为 11.96 mg/kg，大于 20 mg/kg 的重度污染占 11.86%；采集 30 cm 土壤的有效 Cu 平均含量为 14.51 mg/kg，大于 20 mg/kg 的重度污染占 34.37%。由于农田土中 Cu 累积与土壤中施入 Cu 含量高的有机肥或含 Cu 农药(如波尔多液)有直接关系，而有机肥或农药一般主要施用在表层土壤中，Cu 在土壤中的迁移性不大，主要也聚积在 0～30 cm 的种植层，因此添加一定的改良材料等于稀释了 Cu 的浓度。

　　鉴于理想的土壤质地应该为壤土，其中又以沙壤土的透水和通气性最好。从图 4.2-24 土壤粒径组成分布图知道，沙壤土的粒径粘粒含量应该低于 20%，而砂粒含量高达 45%～90%。为了解收集表土的粒径组

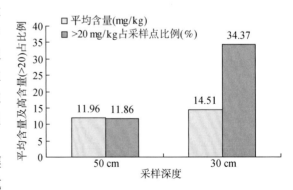

图 4.2-23　不同采样深度对有效 Cu 平均含量以及高含量所占比例(%)示意图

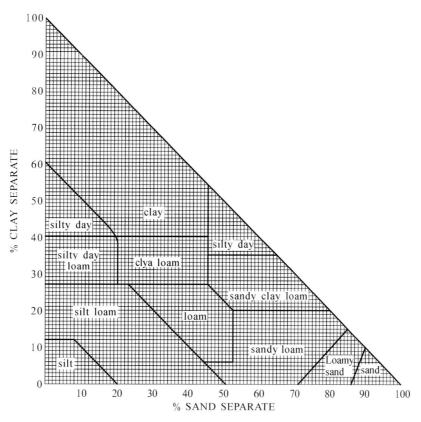

图 4.2-24　土壤粒径组成分布图(国际制)

成情况,我们随机选择了上海国际旅游度假区核心区一期农田表土三种土壤类型的不同样品,分别进行颗粒组成分析(表 4.2-5),从表中可以看出,收集的表土粘粒含量比较高,分布在 24.13%～46.84% 之间,平均为 38.94%;粉砂粒含量很高,分布在 52.79%～75.62% 之间,平均为 60.35%;而砂粒含量很低,最高只有 1.89%,平均为 0.71%;土壤类型基本为粉(砂)质粘土或粉(砂)质粘壤土。

表 4.2-5　A-1 地块现场表土的粒径组成

土类	编号	粘粒<0.002/%	砂粒 2~0.05/%	粉砂粒 0.05~0.002/%	质地
Ⅰ类土	DB4	33.33	0.84	65.83	粉(砂)质粘壤土
	DB28	44.48	0.73	54.79	粉(砂)质粘土
	DB52	34.69	0.27	65.04	粉(砂)质粘壤土
	DB71	39.40	0.43	60.17	粉(砂)质粘壤土
	DB130	42.33	0.48	57.18	粉(砂)质粘土
	DB138	39.72	0.76	59.52	粉(砂)质粘壤土
	DB155	38.56	1.56	59.88	粉(砂)质粘壤土
	DB187	46.84	0.37	52.79	粉(砂)质粘土
Ⅱ类土	DB38	41.20	0.46	58.34	粉(砂)质粘壤土
	DB51	38.27	0.76	60.97	粉(砂)质粘壤土
	DB61	40.40	0.51	59.09	粉(砂)质粘壤土
	DB85	36.36	0.66	62.98	粉(砂)质粘壤土
	DB91	40.08	1.66	58.26	粉(砂)质粘土
	DB98	40.28	0.58	59.14	粉(砂)质粘壤土

（续表）

土类	编号	粘粒<0.002/%	砂粒 2~0.05/%	粉砂粒 0.05~0.002/%	质地
II类土	DB109	34.74	1.61	63.65	粉(砂)质粘壤土
	DB120	39.69	0.23	60.08	粉(砂)质粘壤土
	DB135	24.13	0.25	75.62	粉(砂)壤土
	DB152	46.46	0.63	52.91	粉(砂)质粘土
	DB193	41.52	0.60	57.88	粉(砂)质粘土
III类土	DB7	36.31	0.92	62.77	粉(砂)质粘壤土
	DB57	40.15	0.41	59.44	粉(砂)质粘壤土
	DB186	34.69	0.52	64.79	粉(砂)质粘壤土
	ZS-1(I类土)	39.87	0.39	59.73	粉(砂)质粘壤土
	ZS-2(II类土)	44.22	0.31	55.46	粉(砂)质粘土
	ZS-3(III类土)	35.73	1.89	62.39	粉(砂)质粘壤土
平均		38.94	0.71	60.35	

由于收集的表土基本为粉(砂)质粘土或粉(砂)质粘壤土,要使其变成最为理想的沙壤土,砂粒含量是最大的限制因素,必需添加砂粒的含量在45%以上。考虑现场已经收集了大量表土需要再利用,沙子还需要另外采购,因此建议用量最好不超过50%。

土壤学的粒径分级标准如下。

>2 mm 石砾;

2~1 mm 极粗砂;

1~0.5 mm 粗砂;

0.5~0.25 mm 中砂;

0.25~0.10 mm 细砂;

0.10~0.05 mm 极细砂;

0.05~0.02 mm 粗粉粒;

0.02~0.002 mm 细粉粒;

<0.002 mm 粘粒。

根据美国已有的经验,粒径在0.3~0.8 mm之间的颗粒的保水保肥以及透水通气的综合效果最为理想,即理想的沙子应该选择大部分粒径为中沙或粗沙。

因此,可在土壤改良前,增加土壤物理结构测定,并通过添加砂质材料对土壤物理性质进行改善,对容重、通气性、田间持水量、入渗性能等测定,即为以后场地有效排水和维护植物生长提供技术依据,还能有效评价土壤改良增加的环境效益。

4.2.2 土壤的生态修复技术应用与机理研究

鉴于上海国际旅游度假区核心区一期表土Cu含量较高的原因,本研究选用了不同的改良材料研究了"不同改良材料对Cu吸附和解吸的效应","不同改良材料对Cu形态的固定或活化对策"。此外,鉴于不同改良材料营养素的含量存在较大区别,因此本研究对"不同配比的土壤元素平衡与控制技术"也进行了探讨,现对研究结果总结如下。

4.2.2.1 不同改良材料对Cu吸附和解吸的效应

1. 供试材料

供试材料主要有草炭、绿化植物废弃物、活化绿化植物废弃物、腐殖酸及灰潮土。其中草炭取自吉林省敦化市林地沼泽化形成的草炭地;绿化植物废弃物主要为上海市行道树修剪的枝条,经粉碎机粉碎成 $1\sim3$ mm 粒径后堆肥 6 个月,各项指标显示已经腐熟的成品;活化绿化植物废弃物是将蚯蚓加入腐熟的绿化植物废弃物进行培养 3 个月后的成品;腐殖酸购买于内蒙古霍林河,主要是植物遗骸,经过微生物的分解和转化,以及一系列的化学过程积累起来的一类有机物质;土壤样品采自上海地区典型的灰潮土。

2. 实验方法

用一次平衡实验法进行腐殖酸、草炭、绿化植物废弃物、活化绿化植物废弃物和上海灰潮土对 Cu^{2+} 吸附解吸特性进行了研究。

3. 研究结果

从 pH 4.0 时不同材料对 Cu^{2+} 的等温吸附曲线可以得知,所有供试材料对 Cu^{2+} 的吸附量均随平衡液中 Cu^{2+} 浓度的增加而增加,这是因为当溶液中 Cu^{2+} 浓度增大时,其与供试材料表面接触的概率和机会则更大,增大了吸附反应的机率。同时形成的 $CuOH^+$ 也更多,羟基金属离子通过羟基与供试材料及其中的粘性颗粒、氧化物发生键合,并且键合后的氧化物产物增大了比表面积,从而使吸附的铜离子增多。此外,铜离子浓度的增大还促进了液相中的铜离子与供试材料中的有机质发生络合和螯合作用以及沉淀反应。在 Cu^{2+} 平衡液浓度较低时,绿化植物废弃物、活化绿化植物废弃物和草炭对 Cu^{2+} 的吸附量增加较快,直至 Cu^{2+} 平衡液浓度约 5.0 mmol/L, Cu^{2+} 的吸附曲线趋于平缓;而对腐殖酸而言,不论 Cu^{2+} 平衡液浓度大小, Cu^{2+} 吸附等温线变化均趋于平缓,与上海灰潮土的变化趋势较相似。

就整体而言,所有材料均存在对 Cu^{2+} 的吸附量大于灰潮土对 Cu^{2+} 的吸附量的现象,且不同供试材料对 Cu^{2+} 吸附量的大小顺序为:绿化植物废弃物>活化绿化植物废弃物>草炭>腐殖酸>灰潮土,方差分析显示,绿化植物废弃物、活化绿化植物废弃物和草炭对 Cu^{2+} 的吸附量显著大于腐殖酸和灰潮土($p<0.05$),但绿化植物废弃物、活化绿化植物废弃物和草炭之间及腐殖酸和灰潮土之间的差异均不显著($p>0.05$),分析其原因,可能与材料有机质含量及其结构有关。

从不同材料对 Cu^{2+} 的解吸曲线可以得知,与 Cu^{2+} 的等温吸附曲线相似,所有材料对 Cu^{2+} 的解吸量也均随平衡液 Cu^{2+} 浓度的增加而增加,但不同供试材料对 Cu^{2+} 解吸量的大小与其吸附有所不同,在平衡液 Cu^{2+} 浓度约为 8 mmol/L 时,除灰潮土外,其他材料对 Cu^{2+} 的解吸均趋于平稳,而灰潮土对 Cu^{2+} 的解吸则有随着平衡液 Cu^{2+} 的增加而增加的趋势。

比较不同供试材料对 Cu^{2+} 的解吸率和吸附量可以发现,不同供试材料对 Cu^{2+} 的固定吸附能力大小依次为:灰潮土<腐殖酸<草炭<绿化植物废弃物≈活化绿化植物废弃物,这与各供试材料有机质含量大小基本呈相同趋势。分析其原因,可能有机质含量越高的天然有机材料(草炭、绿化植物废弃物等)分解生成的有机酸则越多,而有机酸如胡敏酸、富里酸、氨基酸等所具有的活性基团($COO—$ 、 $—NH$ 、 $—O$ 等),很容易作为配位体与重金属 Cu^{2+} 络合或螯合,从而降低了其活性。这与佟雪娇等的研究结果相一致,认为有机质含量高的有机材料含有丰富的含氧官能团,可以通过与 Cu^{2+} 形成表面络合物增加土壤 Cu^{2+} 专性吸附量。梁晶等的研究结果也表明,在土壤中施加绿化植物废弃物可增加有机结合态铜的含量。此外,添加了蚯蚓活动后改良的活化绿化植物废弃物,有机质含量相比改良前有所提高,但从各吸附解吸图中,两者吸附解吸差异性不是很大,原因可能是由于蚯蚓活动增加了材料中的有机质的总体含量,但也影响了一些有机质有机酸的种类和部分活性基团以及高结合能位点的数量。

4. 研究结论

不同供试材料对 Cu^{2+} 吸附量的大小顺序为:绿化植物废弃物>活化绿化植物废弃物>草炭>腐殖酸>灰潮土,而对 Cu^{2+} 解吸率的大小顺序为灰潮土>腐殖酸>草炭>绿化植物废弃物≈活化绿化植物废弃物。

草炭、绿化植物废弃物和活化绿化植物废弃物对 Cu^{2+} 的吸附效果最好,并且绿化植物废弃物和活化绿化植物废弃物的效果优于草炭。

虽然实验结果表明草炭、绿化植物废弃物和活化绿化植物废弃物均是修复 Cu 污染土壤的有效材料,但作为城市绿化中传统常用土壤改良材料-草炭资源的日益稀缺,加上草炭开发对原产地生态环境破坏严重,因此用绿化植物废弃物替代草炭在城市土壤中应用,不但能更有效地缓解城市土壤中铜累积引起的潜在毒害,而且能有效提高城市土壤有机质含量,不但符合我国倡导的废弃物循环利用的理念,对改善城市环境质量以及保护草炭原产地的生态环境也有积极作用。

4.2.2.2 不同改良材料对 Cu 形态的固定或活化对策

1. 供试材料

供试 Cu 污染土壤:Cu 含量为 6 068.1 mg/kg,为国家三级污染标准(1995)的 15.17 倍。

供试改良材料:供试改良材料主要有草炭、绿化植物废弃物、活化绿化植物废弃物。

2. 实验方法

将污染土壤分别与草炭、绿化植物废弃物和活化绿化植物废弃物按一定比例混合均匀,进行不同时间培养。

3. Cu 形态的提取实验

采用 Tessier 五步提取法。

4. 研究结果

铜污染土壤添加 20% 不同改良材料后研究培养时间对 Cu 形态的影响可以发现,草炭、绿化植物废弃物和活化绿化植物废弃物三种供试改良材料处理中,碳酸盐结合态所占比例均大大超过其他各种形态,甚至接近 80%,且在培养 5 个月内 Cu 形态分布均符合:碳酸盐结合态>铁锰氧化物结合态>有机结合态>残渣态>交换态,各形态所占百分比范围依次为 70.1%~79.6%、13.3%~21.3%、2.7%~11.0%、0.9%~1.4%、0.2%~0.4%。

添加 40% 绿化植物废弃物和草炭处理在培养实验 5 个月后,各 Cu 形态含量与培养初期相比虽然变化不大,但是碳酸盐结合态 Cu、铁锰氧化物结合态 Cu 之间转化波动较明显。添加 40% 活化绿化植物废弃物处理铁锰氧化物结合态和有机结合态之间互相转化波动也较明显,且碳酸盐结合态 Cu 从培养初期的 27.1% 升至 55.2%,残渣态含量在前两个月较培养初期一直减少。添加三种供试改良材料处理培养 5 个月内形态分布符合:碳酸盐结合态>铁锰氧化物结合态>有机结合态>残渣态>交换态。

铜污染土壤添加 60% 不同改良材料后 Cu 形态变化可以看出,在培养三个月后,所有处理土壤中各形态铜趋于稳定,同时添加绿化植物废弃物和草炭的处理中 Cu 形态含量大小依次为:碳酸盐结合态>铁锰氧化物结合态>有机结合态>残渣态>交换态;其百分比分布范围依次为 52.1%~59.5%、20.8%~30.8%、13.0%~15.8%、1.5%~2.1%、0.4%~0.6%。而添加活化绿化植物废弃物处理在培养 3 个月后,Cu 各形态含量顺序大致为铁锰氧化物结合态≈有机结合态>碳酸盐结合态>残渣态>交换态;其百分比分布范围依次为:33.4%~36.2%、30.4%~34.5%、26.0%~28.8%、3.7%~4.7%、0.8%~0.9%。

添加绿化植物废弃物 80% 的处理中有机结合态 Cu、碳酸盐结合态 Cu 和铁锰氧化物结合态 Cu 含量相差不大,并且彼此之间转化比较紧密,铁锰氧化物结合态含量随着培养实验的延长而逐渐升高。培养 4 个月后各形态所占比例大小排列顺序为铁锰氧化物结合态>碳酸盐结合态>有机结合态>残渣态>交换态。添加草炭处理中铁锰氧化物结合态 Cu 含量也逐渐升高,4 个月后各形态所占比例大小顺序为铁锰氧化物结合态>有机结合态>碳酸盐结合态>残渣态>交换态。

添加三种材料后,交换态 Cu、铁锰氧化物结合态 Cu、有机结合态 Cu 含量均高于未添加供试改良材料的空白对照;而碳酸盐结合态 Cu 含量均低于未添加供试改良材料的对照。同时,随着三种供试改良材料添加量的增加,交换态 Cu、铁锰氧化物结合态 Cu、有机结合态 Cu、残渣态 Cu 含量也逐渐增加,碳酸盐结合态 Cu 含量则随着有机材料添加量增大而减少。

铁锰氧化物结合态 Cu 含量基本符合活化绿化植物废弃物＞绿化植物废弃物＞草炭;而且在添加活化绿化植物废弃物的处理中,有机结合态和残渣态 Cu 含量最高。由此可以看出,活化绿化植物废弃物虽然一定程度上提高了交换态铜含量,但其对铜的固定作用优于其他材料,并且交换态在长期的培养中变化较其他材料稳定。这可能是一方面活化绿化植物废弃物本身颗粒比较细小且均匀,吸附固定表面积比其他材料大,另一方面可能是因为经过蚯蚓几个月后的繁殖生存改良,加快了其本身有机物的分解,加深了绿化植物废弃物腐殖程度,添加了更多的腐殖质和腐植酸,增大了其本身的通气性,增加了团粒结构,较其他材料更加富含大量蚯蚓粪中天然的高度融合的有机—无机复合体的缘故。

5. 研究结论

添加有机材料后,土壤中铜形态转化更为活跃,随着时间延长 Cu 更倾向于转化为迁移性较弱的几种形态,同时随着有机材料添加量的增加,土壤中铜的迁移性下降。

相比草炭,绿化植物废弃物和活化绿化植物废弃物更有助于提高土壤中铜交换态含量。在铜污染程度不高甚至较低的情况下,短期内绿化植物废弃物的添加使用可能造成铜一定程度的活化。

4.2.3　城市土壤质量评价体系与技术研究

4.2.3.1　国内外评价指标比较

与国外相关标准相比较,上海乃至全国绿化种植土控制的指标明显要少得多。以上海为例,一般工程只控制 pH、EC 和有机质 3 个指标,重点工程一般控制 6 个指标,详见表 4.2-6。

表 4.2-6　上海市绿化本底土要求

pH	EC /(mS/cm)	有机质 /%	容重 /(kg/m³)	通气性 /%	碳酸钙 /(g/kg)
＜8.3	0.13~0.5	1	＜1.35	＞5	＜50

而上海为世博会重点建设的辰山植物园的标准也低得多(表 4.2-7)。

表 4.2-7　辰山植物园一般种植土的检测项目及指标

项目		pH	EC /(mS/cm)	有机质 /%	有效土层 /cm	碳酸钙 /(g/kg)	容重 /(Mg/m³)	通气孔隙度 /%	石砾 (＞2 cm)
乔木		≤7.8	0.35~1.2	≥2	≥150	≤50	≤1.30	≥5	≤20%
灌木	喜酸性	≤7.5	0.35~1.2	≥2.5	≥60	≤20	≤1.30	≥5	≤10%
	一般	≤8.0	0.20~1.2	≥2	≥60	≤50	≤1.30	≥5	≤10%
地被 (高度≤50 cm)		≤7.8	0.20~1.2	≥2	≥40	≤50	≤1.30	≥5	≤20%
草坪		≤8.3	0.20~0.8	≥20	≥30	≤80	≤1.20	≥8	无

以上标准在具体实施的时候还有折扣。由我们制定并即将颁布实施的建设部标准,对绿化工程也只强调对 5 项主控指标的测定,重点工程才增加 6 项一般指标(表 4.2-8);有重金属潜在污染才增加重金属的测定(表 4.2-9),而且国内用的是总金属含量。其实重金属对生态环境的污染不仅与其总量有关,更大程度表现在重金属在土壤中存在的化学形态,国外提出的有效态重金属的控制指标也更有意义。

通过国内外土壤评价指标的比较,可以发现国外的评价指标较多,而且用与植物密切相关的各元素形态来进行评价,但我国的评价指标相对较少,因此国外土壤评价指标对我国有一定的借鉴意义。

表 4.2-8　建设部绿化用土壤标准常规指标

项目				指标	
主控指标	1	pH		一般植物	5.5～8.3
				特殊要求	施工单位提供要求在设计中说明
	2	全盐量	EC(mS/cm)(适用于一般绿化)	一般植物	0.15～1.2
				耐盐植物种植	≤1.8
			质量法(g/kg)(适用于盐碱土)	一般植物	≤1.0
				盐碱地耐盐植物种植	≤1.8
	3	密度(Mg/m³)		一般种植	≤1.35
			屋顶绿化	干密度	≤0.5
				最大湿密度	≤0.8
	4	有机质(g/kg)			≥12
	5	非毛管孔隙度(%)			≥8
一般指标	1	碱解氮(mg/kg)			≥40
	2	有效磷(mg/kg)			≥8
	3	速效钾(mg/kg)			≥60
	4	阳离子交换量(cmol(＋)/kg)			≥10
	5	土壤质地			壤质土
	6	石砾含量(质量百分比,%)	总含量(粒径≥2 mm)		≤20
			不同粒径	草坪(粒径≥20 mm)	≤0
				其他(粒径≥30 mm)	≤0

表 4.2-9　建设部土壤重金属含量指标　　　　单位:mg/kg

序号	控制项目	Ⅰ级	Ⅱ级		Ⅲ级		Ⅳ级	
			pH<6.5	pH>6.5	pH<6.5	pH>6.5	pH<6.5	pH>6.5
1	总镉≤	0.3	0.4	0.6	0.8	1.0	1.0	1.2
2	总汞≤	0.3	0.4	1.0	1.2	1.5	1.6	1.8
3	总铅≤	85	200	300	350	450	500	530
4	总铬≤	100	150	200	200	250	300	380
5	总砷≤	30	35	30	40	35	55	45
6	总镍≤	40	50	80	100	150	200	220
7	总锌≤	150	250	300	400	450	500	650
8	总铜≤	40	150	200	300	350	400	500

不过就评价指标来说,并不是越多越好,根据上海最佳实践区土壤的检测结果,发现就上海而言,存在部分不可能超标或缺乏的指标,此可以不予考虑,建议采用适合上海国际旅游度假区核心区一期的土壤标准,见表 4.2-10。

表 4.2-10　上海国际旅游度假区核心区一期"A"类种植土标准

序号	性质(Property)	标准要求
1	酸度(pH Value)	6.5～7.8
2	盐度(Soil Salinity)dS/m	0.5～2.5
3	氯(Chlorine)(mg/L)	<150

（续表）

序号	性质(Property)	标准要求
4	钠吸附比(SAR)	<3
5	有机质(Organic matter)(g/kg)	30～60
6	氮碳比	9～12
7	有效磷(P)(mg/kg)	10～40
8	有效钾(K)(mg/kg)	100～250
9	有效锌(Zn)(mg/kg)	1～10
10	有效铜(Cu)(mg/kg)	0.3～5
11	有效钠(Na)(mg/kg)	<100
12	有效硫(S)(mg/kg)	25～500
13	有效钼(Mo)(mg/kg)	0.05～2
14	有效铁(Fe)(mg/kg)	4～280
15	有效镁(Mg)(mg/kg)	50～150
16	有效锰(Mn)(mg/kg)	0.6～6
17	有效砷(As)(mg/kg)	<1
18	有效镉(Cd)(mg/kg)	<1
19	石油碳氢化合物(mg/kg)	<50
20	发芽指数(%)	>80

4.2.3.2　国内外评价方法比较

1. 总体介绍

一般而言,土壤中重金属总量越高,其潜在危害就越大。但是重金属总量并不能完全决定其环境行为和生态效应,重金属在土壤中的存在形态才是决定其对环境是否造成影响的关键因素。"有效态"指易被植物吸收的那部分重金属,能较好的反映土壤实际污染状况及其对植物的危害。相关研究表明,许多提取剂从土壤中提取的重金属与植物吸收的重金属量有较好的显著相关关系,可用来指示土壤中的有效态重金属含量。目前,大多研究集中在用 Tessier 连续提取法研究土壤和沉积物中重金属的形态分析,用单一提取法 $CaCl_2$-TEA-DTPA 研究土壤中重金属的移动性及其在土壤–植物中的转移。因此,本实验进行了 Tessier 法、$CaCl_2$-TEA-DTPA 浸提法和国外使用较多的 AB-DTPA 浸提法提取 Cu 形态的比较。

并且,通过添加绿化植物废弃物和草炭模拟了城市绿化土壤的改良。

2. 研究结果

有效铜的提取率为提取剂提取出来的铜含量占土壤中铜总量的百分率,表示提取剂的提取能力。从 AB-DTPA 浸提法对 Cu 的提取率可以得知,不论添加供试改良材料草炭还是绿化植物废弃物,虽然随着供试改良材料添加量的增加,土壤中总 Cu 含量逐渐减少,但 AB-DTPA 浸提剂对土壤中有效铜的提取率均有增大趋势。与未添加供试改良材料的对照相比可以发现,添加供试改良材料越多,有机结合态 Cu 含量增加,但 AB-DTPA 浸提法对铜的提取率变化不大,这说明 AB-DTPA 浸提法可提取部分有机结合态 Cu。这可能与 DTPA 络合剂对重金属有较强的络合能力有关,它可把碳酸盐结合态 Cu、铁锰氧化物结合态 Cu 和部分有机结合态 Cu 浸提出来。陈晓婷等的研究也表明 DTPA 螯合剂可通过与土壤溶液中的重金属离子结合,降低土壤液相中的金属离子浓度,为维持金属离子在液相和固相之间的平衡,重金属从土壤颗粒或有机物表面解吸,由不溶态转化为可溶态,转化后进一步与螯合剂 DTPA 结合。进一步从图 Tessier 法提取的几种形态 Cu 之和与 AB-DTPA 对 Cu 提取率的比较看出绿化植物废弃物与土壤混合的

不同处理中,AB-DTPA 提取 Cu 介于交换态 Cu+碳酸盐结合态 Cu+铁锰氧化物结合态 Cu 和交换态 Cu
+碳酸盐结合态 Cu+铁锰氧化物结合态 Cu+有机结合态 Cu 之间,可见有部分有机结合态 Cu 被 AB-
DTPA 提取出来。

与 AB-DTPA 浸提法相比,不论添加草炭或绿化植物废弃物,CaCl₂-TEA-DTPA 浸提法对铜的提取
率较 AB-DTPA 低。这可能是由于 DTPA 提取剂中加入了 CaCl₂ 和 TEA(三乙醇胺)所致,CaCl₂ 可阻止
部分碳酸盐结合态 Cu 的释放,TEA(三乙醇胺)为一种有机弱碱,可防止铁锰氧化物结合态 Cu 的释放。
这也可以从 CaCl₂-TEA-DTPA 铜提取率与 Tessier 法提取的 Cu 各形态比较看出,与对照相似,改良材料
添加量较少时,CaCl₂-TEA-DTPA 提取 Cu 小于交换态 Cu+碳酸盐结合态 Cu,仅有一部分碳酸盐结合态
Cu 被提取出来;随着供试改良材料添加量的增加,土壤 pH 逐渐降低,CaCl₂-TEA-DTPA 提取 Cu 介于交
换态 Cu+碳酸盐结合态 Cu 和交换态 Cu+碳酸盐结合态 Cu+铁锰氧化物结合态 Cu 之间,仅有部分铁锰
氧化物结合态 Cu 被提取;当供试改良材料添加更多时,CaCl₂-TEA-DTPA 提取 Cu 介于交换态 Cu+碳酸
盐结合态 Cu+铁锰氧化物结合态 Cu 与交换态 Cu+碳酸盐结合态 Cu+铁锰氧化物结合态 Cu+有机物
结合态 Cu 之间,仅有部分有机结合态 Cu 被提取,且 CaCl₂-TEA-DTPA 提取的有机结合态 Cu 远远小
于 AB-DTPA 提取态 Cu,可见 DTPA 提取 Cu 不完全,这与刘玉荣等的研究结果相一致,认为 CaCl₂-TEA-
DTPA 提取法对 Cu 的提取率不理想。

为了评价不同提取方法对铜污染土壤中 Cu 提取率的影响,进行了相关性分析发现,AB-DTPA 和
CaCl₂-TEA-DTPA 浸提法提取的铜含量均与土壤中总 Cu 含量、碳酸盐结合态 Cu、易被生物利用态 Cu 和
可被生物利用态 Cu 具有较好的正相关关系,且相关性达到了极显著水平;但与有机结合态 Cu 均呈极显
著负相关关系,这可能与 Cu 和土壤有机质结合能力较强有关,有机质含量高,可通过吸附和络合作用造
成 Cu 有效性降低,而且有机结合态 Cu 含量越大,Cu 有效性越小,AB-DTPA 和 CaCl₂-TEA-DTPA 浸提
法提取的 Cu 则越小。

3. 研究结论

AB-DTPA 浸提法对土壤中铜的提取量显著高于 CaCl₂-TEA-DTPA 浸提法。

AB-DTPA 和 CaCl₂-TEA-DTPA 浸提法提取的 Cu 与土壤易被生物利用态 Cu(交换态 Cu+碳酸盐结
合态 Cu 或交换态 Cu+碳酸盐结合态 Cu+铁锰氧化物结合态 Cu)和可被生物利用态 Cu(交换态 Cu+碳
酸盐结合态 Cu+铁锰氧化物结合态 Cu+有机结合态 Cu)呈极显著正相关关系。

虽然两种 DTPA 提取法具有极显著相关关系,但 AB-DTPA 浸提法铜提取能力高于 CaCl₂-TEA-DT-
PA 浸提法,因此,AB-DTPA 浸提法是一种评价土壤铜潜在及长期危害性较好的简便快捷的城市土壤有
效 Cu 提取方法。不过就植物吸收过程来看,Tessier 法更能比较好的评价植物吸收情况。

4.2.3.3　上海国际旅游度假区种植土生产方案

通过上述国内外绿化土壤评价指标和评价方法的比较,为了研制适合上海国际旅游度假区核心区建
设生产用土壤,进行了室内大量种植土配比试验研究,通过大量的测定分析,最终确定以上海国际旅游度
假区核心区一期规划地表土、黄砂、草炭、有机肥和石膏为原材料的绿化种植土壤配方。

同时,为了确认该配方种植植物后植物的生长状况,我们对该配方进行了室内跟踪培养实验和盆栽
实验的分析研究。

从室内跟踪培养实验的测试结果,可以发现以下情况。

随着培养时间的增加,土壤中 Fe 和 Mg 的含量呈减少的趋势;土壤 C/N 也呈下降趋势。随着培养时
间的延长,Mn 的变化不太明显。

室内盆栽实验中种植金盏菊和鸡冠花仅 20 天后,Fe、Mn 和 C/N 具有明显的降低,Mn 的变化尤为
明显,种植植物前 Mn 含量高于 A 类标准,而种植植物后均满足了 A 类种植土的要求。Mg 大部分有降
低趋势,个别也有增加现象。

总之,从植物的生长状况来看,植物的长势较好(图 4.2-25)。

图 4.2-25　确定的配方植物长势良好

4.2.3.4　技术配方的验证

1. 种植实验

图 4.2-26、图 4.2-27 为利用上述研制配方进行金盏菊和鸡冠花种植实验后的效果图,从图中可以看出,该配方种植植物后,植物生长良好。同时,为了进一步比较该配方对植物的适宜性,特将研究失败配方的生长状况图列于此进行比较(图 4.2-28),从中不难发现,该配方适合植物的生长。

图 4.2-26　研制成功的配方盆栽后植物的生长状况(金盏菊)

图 4.2-27　研制成功的配方盆栽后植物的生长状况(鸡冠花)

2. 土壤物理性质评价——土壤水分特征曲线的测定

图 4.2-29—图 4.2-31 所示为添加不同粒径沙子后土壤水分特征曲线变化图,从中也可以得知,添加 0.3～0.8 mm后土壤的水分特征曲线变化相对比较快,说明这类土壤的持水性相对较好。进一步也可以从表 4.2-11 的 AB 得出同样的结果。

图 4.2-28 几种配方盆栽后植物的生长状况(其中粉色圈出为研制成功配方)

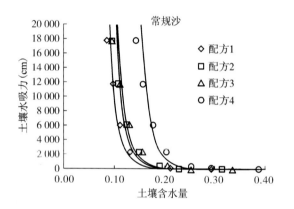

图 4.2-29 添加常规沙时土壤的水分特征曲线

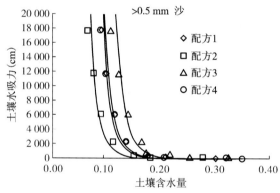

图 4.2-30 添加 0.3~0.8 mm 沙子时土壤的水分特征曲线

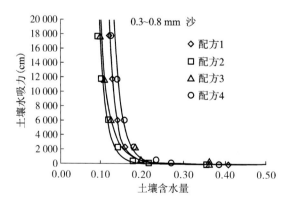

图 4.2-31 添加>0.5 mm 沙子时土壤的水分特征曲线

表 4.2-11　土壤水分特征曲线拟合参数

沙子粒径	配比	A	B	AB	R^2
常规沙	配方 1	0.000 3	7.571 4	0.002 271	0.953 8
	配方 2	0.000 4	7.866 9	0.003 147	0.945 5
	配方 3	0.001 6	7.277 2	0.011 644	0.926 5
	配方 4	0.000 5	9.347 8	0.004 674	0.948 9
0.3 mm ～0.8 mm	配方 1	0.000 8	7.981 9	0.006 386	0.998 8
	配方 2	0.001 1	7.163 5	0.007 88	0.982 7
	配方 3	0.130 6	5.149 1	0.672 472	0.715 5
	配方 4	0.001 0	8.289 0	0.008 289	0.960 0
	配方 5	0.000 2	8.465 9	0.001 693	0.995 9
>0.5 mm	配方 1	0.000 2	7.857 8	0.001 572	0.956 6
	配方 2	0.000 9	6.434 6	0.005 791	0.945 0
	配方 3	0.000 4	8.286 5	0.003 315	0.920 9
	配方 4	0.000 4	7.526 8	0.003 011	0.971 0

注:① 水分特征曲线拟合方程 $S = A\Theta^{-B}$;S—土壤水吸力,单位 cm 水柱高,Θ—含水率,A,B 为参数。
　② A 反映土壤水分变化快慢;B 反映土壤持水能力;AB 反映土壤持水能力或耐旱性。

发表论文 4.2.1

上海迪士尼规划区土壤物理特性分析及对策

柏 营[1] 伍海兵[2] 金大成[1] 周建强[2] 吕子文[2]

(1.上海申迪园林投资建设有限公司,上海 201200;2.上海市园林科学研究所,上海 200232)

【摘 要】 本文调查了上海迪士尼规划区土壤的物理性质,结果表明:规划区土壤各物理性质较差,其中土壤容重偏大,为 1.43 g/cm³;非毛管孔隙度和总孔隙度低,分别为 2.33% 和 46.35%;土壤含砂量低,仅为 0.71%,质地粘重;土壤饱和导水率低,仅为 1.03 mm/h;有效水含量低,仅为 3.98%,土壤蓄水能力较差。土壤各物理性质间具有一定的相关性,其中土壤容重、质量含水率、最大持水量、田间持水量、毛管孔隙度以及总孔隙度彼此间极显著相关,而饱和导水率和非毛管孔隙度与其他各物理量相关性不明显。土壤物理性质恶劣是规划区土壤质量的主要障碍因子,提出了改善土壤粒径组成,增加有机材料和结构改良剂等土壤改良对策。

【关键词】 迪士尼;土壤物理性质;改良对策

中图分类号:S152.5;S152.7;S152.7 文献标识码:A

上海迪士尼作为国家重点建设项目,由于参照美国建设标准,因此对各方面的建设均提出了非常高的要求[1]。绿化景观作为迪士尼造景的配套措施,对绿化种植水平提出了高标准要求,特别是对绿化种植土,不仅仅提出了 31 项化学指标要求,重要的是将土壤物理性质提到国内绿化种植前所未有的重要高度,美方项目组要求用于迪士尼绿化种植的土壤必须为砂壤土,而且入渗率高达 25~500 mm/h。上海土壤一直存在粘粒含量高、质地粘重、通气性差的缺陷[2-3],和国内外许多城市一样,城市土壤物理性质恶化是导致城市植物生长不佳的主要原因[4-6]。上海土壤的排水性能也非常差,以辰山植物园为例,土壤的平均入渗率仅为 3.52 mm/h[7],和美国迪士尼的标准相差甚远。面对美方项目组对上海迪士尼的高标准要求,迪士尼绿化种植土项目组在上海迪士尼项目开工前对规划区原土的各项物理性质进行调查,分析规划区土壤物理性质存在的主要问题,以期为后期的上海迪士尼建设和土壤改良提供科学的技术依据。

1 研究区域与研究方法

1.1 研究区域概况

上海迪士尼是中国第二个、亚洲第三个迪士尼主题公园,用地面积 7 km²,位于上海浦东新区川沙新镇,东至唐黄路,南至航城路,西至沪芦高速公路(S2),北至迎宾高速公路(S1),一期位于核心区西北部,用地面积 3.9 km²,2013 年主题乐园主体工程进入实质性施工阶段,预计 2015 年年底正式开园迎客。

1.2 研究方法

1.2.1 样地选择

虽然上海迪士尼规划区内林地、农田、菜地、房屋和道路等交错分布,但由于大部分为农田,土壤物质组成和耕作方式差异不大,因此对物理性质采样采取大尺度范围的采样。主要测定表土 0~30 cm 表土土壤的物理性质,每个采样点设 3 组平行,土壤质量控制在 1 kg 左右,总共采集了 16

本文原载于《上海园林科技》,2013,34(3):72-75

基金项目:上海市科委项目(11dz1201704)

作者简介:柏营,1983 年生,助理工程师,大学本科,研究方向:绿化工程施工和管理。

个采样点。采样时间为 2011 年 2 月。

1.2.2　测定方法

土壤容重采样烘干法,饱和持水量、田间持水量、总孔隙度、非毛管孔隙度以及毛管孔隙度采样环刀法测定,土壤机械组成采用密度计法测定,各物理性质的具体测定方法参照中华人民共和国林业行业标准《森林土壤分析方法》[8]。土壤饱和导水率利用 28K1Guelph 渗透仪现场测定。

数据分析采用 SPSS 17.0 和 Excel 2003。

2　结果与分析

2.1　迪士尼规划区土壤物理性质概况

2.1.1　土壤容重

土壤容重是指在自然状态下,单位体积的干土重。一般土壤容重大,表明土壤紧实,土壤结构差,土壤孔隙少,保水保肥能力差;反之,土壤容重小,表明土壤比较疏松,孔隙多,保水保肥能力强,是反应土壤物理性质好坏的重要指标之一。容重的大小受土壤结构、质地及有机质等影响。土壤容重是一个综合反映土壤孔隙度和土壤结构特征的指标,同时影响土壤固相、液相和气相比[9]。一般容重达到 1.40 g/cm³ 已经成为根系生长的限制值[10],Zisa 等的研究也证明土壤容重超过 1.60 g/cm³ 时会严重影响植物根系的生长[11],而一般适于植物生长的表层土壤容重小于 1.30 g/cm³[12],建设部行业标准《绿化种植土壤》规定的容重小于 1.35 g/cm³。规划区土壤容重变化范围为 1.17～1.63 g/cm³(表 1),均值为 1.43 g/cm³,土壤容重显著高于 1.35 g/cm³,其中 72.22% 的采样点高于 1.35 g/cm³,最高高达 1.63 g/cm³,已经严重影响植物的生长,土壤变异系数较小,仅为 0.10。由此可见,规划区土壤容重较大,这与伍海兵等研究辰山植物园的城市土壤性质的结论一致。[7]

2.1.2　土壤质量含水率、最大持水量、田间持水量

土壤水是土壤的重要组成部分,是植物生长和生存的物质基础,土壤水分含量影响土壤中进行的各种物理、化学以及生化过程[13-14]。从表 1 可以看出,规划区土壤质量含水率均值为 29.60%,变化范围 21.30%～43.19%,变异系数较大为0.23,说明不同采样点土壤质量含水率变

化较大。土壤最大持水量均值为 330.84 g/kg,最小值仅为 241.69 g/kg,土壤最大持水量较低,对水分的蓄积能力较差。田间持水量均值为 310.59 g/kg,含量较小,其变化范围为 233.33%～439.36%,其变异系数为 0.21。

表 1　上海迪士尼规划区土壤基本性质

参数	变化范围	均值	标准差	CV
容重(g/cm³)	1.17～1.63	1.43	0.15	0.10
质量含水率(%)	21.30～43.19	29.60	6.70	0.23
最大持水量(g/kg)	241.69～456.34	330.84	68.19	0.21
田间持水量(g/kg)	233.33～439.36	310.59	65.50	0.21
非毛管孔隙度(%)	1.10～4.76	2.33	0.89	0.38
毛管孔隙度(%)	38.31～52.24	44.01	4.57	0.10
总孔隙度(%)	39.40～54.11	46.35	4.57	0.10
砂粒(%)	0.23～1.89	0.71	0.47	0.66
粘粒(%)	24.13～46.84	38.94	4.74	0.12
粉砂粒(%)	52.79～75.62	60.35	4.70	0.08
K_{fs}(mm/h)	0～2.88	1.03	0.74	0.72
有效水(%)	2.69～5.96	3.98	1.39	1.08

2.1.3　土壤非毛管孔隙度、毛管孔隙度、总孔隙度

土壤孔隙是土壤的基本物理性质之一,是土壤中气相和液相物质转移的通道,是评价土壤肥力特征和土壤贮水性能的重要因素之一。从表 1 可以看出,上海迪士尼规划区土壤非毛管孔隙度较小,其变化范围为 1.10%～4.76%,均值仅为 2.33%,这与建设部行业标准《绿化种植土壤》要求土壤非毛管孔隙不小于 8% 差距较大。土壤毛管孔隙度均值 44.01%,其变异系数较小,仅为 0.10,土壤总孔隙度均值为 46.35%,其变化范围 39.40%～54.11%。研究表明,一般适于植物生长的表层土壤总孔隙度为 50%～56%[12],而规划区仅有 22.22% 的土壤,其总孔隙度为 50%～56%。

2.1.4　土壤质地

土壤机械组成不仅是土壤质地命名、分类的基础,而且直接影响着土壤紧实度和孔隙数量,进而影响着土壤透气、通气以及土壤环境背景值和能量转化等性能[15],反映土壤保肥蓄水和通透性能,是构成土壤结构体的基本单元。从表 1 可以看出,规划区土壤砂粒含量较低,均值仅为 0.71%,并且其变异系数较大,为 0.66,而粉砂粒较大,均值高达 60.35%,其变异系数较小,仅为 0.08,粘粒含量也比较高,均值为 38.94%。这与伍海兵等对上海辰山植物园绿地土壤质地研究结果一致[7],这也是因为上海地处冲积平原,土壤粘粒含量普

遍较重[16]。

2.1.5 土壤饱和导水率

土壤饱和导水率（Kfs）是指土壤被饱和时，单位水势梯度下单位时间内通过单位面积的水量，主要反映土壤入渗和透水性能，直接影响地表产流量，一般饱和导水率与土壤质地、结构等因素有关，是衡量土壤质量优劣的重要指标之一[17]。从表1可以看出，上海迪士尼规划区土壤饱和导水率仅为 1.03 mm/h，与国外对迪士尼土壤饱和导水率要求为 25～500 mm/h 差距甚远，甚至比上海比较典型排水性能不好的辰山植物园还要差[7]，这除了上海迪士尼规划区地处川沙，是典型冲积土，所以质地更粘重，还可能是其本身地势低洼，加上大部分土壤为农田土，因此土壤排水性能差。

2.1.6 土壤有效水

土壤有效水是植物可直接利用的水，其大小直接反映土壤中能够被植物利用的水分含量，是衡量土壤质量的重要指标之一。田间持水量是土壤有效水上限，凋萎含水量是有效水下限，两者之差即土壤有效水含量[18]。从表1可以看出，上海迪士尼规划区不同土地利用方式土壤有效水偏低，最大也仅为 5.96%，要比其他研究报道的有效水含量低得多[19-20]，说明整个上海迪士尼规划区

域土壤蓄水能力低，土壤水分调节能力差，这也是和本身土壤物理性质差直接相关的。

2.2 迪士尼规划区土壤各物理指标间相关性分析

土壤各物理指标间的相关分析表明（表2），土壤容重与质量含水率、最大持水量、田间持水量、非毛管孔隙度、毛管孔隙度、总孔隙度以及 Kfs 均呈负相关，其中与质量含水率、最大持水量、田间持水量、毛管孔隙度和总孔隙度极显著相关，相关系数分别为 -0.955、-0.981、0.982、0.955 和 0.924。同样质量含水率、最大持水量、田间持水量、毛管孔隙度以及总孔隙度彼此间均呈极显著正相关。非毛管孔隙度与容重、质量含水率呈负相关，与其他各物理指标呈正相关，但正、负相关性均不明显。Kfs 与容重呈负相关，相关系数为 -0.059，与其他各物理指标呈正相关，但正、负相关性均不明显，Kfs 与非毛管孔隙度相关系数最大，为 0.111，说明 Kfs 与非毛管孔隙度相关性要高于其他物理指标。另外，有研究表明，Kfs 与土壤砂粒相关性显著[21]，而规划区土壤砂粒含量较低（表1），这解释了 Kfs 低的原因。

表 2 上海迪士尼规划区土壤各物理指标间相关关系

物理指标	容重	质量含水率	最大持水量	田间持水量	非毛管孔隙度	毛管孔隙度	总孔隙度	Kfs
容重	1	-0.955^{**}	-0.981^{**}	-0.982^{**}	-0.072	-0.955^{**}	-0.924^{**}	-0.059
质量含水率	-0.955^{**}	1	0.948^{**}	0.975^{**}	-0.149	0.940^{**}	0.867^{**}	0.031
最大持水量	-0.981^{**}	0.948^{**}	1	0.993^{**}	0.149	0.990^{**}	0.972^{**}	0.005
田间持水量	-0.982^{**}	0.975^{**}	0.993^{**}	1	0.037	0.983^{**}	0.944^{**}	0.013
非毛管孔隙度	-0.072	-0.149	0.149	0.037	1	0.147	0.334	0.111
毛管孔隙度	-0.955^{**}	0.940^{**}	0.990^{**}	0.983^{**}	0.147	1	0.981^{**}	0.041
总孔隙度	-0.924^{**}	0.867^{**}	0.972^{**}	0.944^{**}	0.334	0.981^{**}	1	0.018
Kfs	-0.059	0.031	0.005	0.013	0.111	0.041	0.018	1

注：** 表示相关性达极显著水平。

3 结论与讨论

3.1 上海迪士尼土壤物理特性

通过对上海迪士尼规划区原土的物理性质分析可以看出，土壤各物理指标普遍较差，其中土壤容重较大，均值高达 1.43 g/cm³；最大持水量和田间持水量较小，仅为 330.84 g/kg 和 310.59 g/kg；

土壤孔隙性较差，非毛管孔隙度均小于 5%，77.78% 的采样点总孔隙度低于 50%；土壤质地较粘，含砂量较低；土壤饱和导水率较劣，仅为 1.03 mm/h，与所要求的 20～500 mm/h 相差甚远；土壤有效水较低，土壤保水能力差，植物可利用的水分少。土壤物理性质差是迪士尼规划区土壤质量存在的主要问题，土壤物理性质的退化势必会影响到土壤水、肥、气、热状况，从而危害到植物的正常生长，影响植物的生态功能作用的发挥。

规划区土壤各物理指标间呈一定的正负相关性,其中土壤容重、质量含水率、最大持水量、田间持水量、毛管孔隙度以及总孔隙度彼此间呈极显著正或负相关,可将其中的一个物理指标作为评价城市土壤质量标准之一;K_{fs} 与各物理指标相关性不明显,而 K_{fs} 对城市土壤研究意义重大,因此建议将 K_{fs} 作为评价城市土壤质量的另一个重要指标。

3.2 改良对策

根据对上海迪士尼规划区表土现状调查可以看出,土壤物理性质差是其主要障碍因子,因此土壤改良首先应该从改良土壤物理性质开始。

大量的园林植物一般都喜欢透水性好的砂壤土[22],从土壤学质地分类而言,砂壤土的含砂量至少要大于45%才属于砂质土壤类型[23]。另外,有研究也证实,土壤质地砂且有机质含量高的土壤抗压实能力强,物理性质不容易被破坏[24]。由此可见,上海迪士尼规划区土壤物理性质差的主要原因是土壤本身粒径组成有关,即含砂量太低,可以通过增加砂子、珍珠岩、陶粒等透水性好、有一定粒径的材料来改善土壤的物理性质[7],首先从土壤的质地上改善其物质组成。

由于有机质有利于土壤团粒结构形成,利用绿化植物废弃物等有机废弃物能改善土壤的物理结构[25-26]。因此,土壤改良时可以添加草炭、有机堆肥等有机改良材料,一方面增加土壤有机质,另一方面可以改善土壤物理结构。

考虑到土壤物理性质不好是与土壤物理结构直接相关,因此在土壤改良时添加聚丙烯酰胺等土壤结构改良剂以完善土壤的物理性质。

参考文献

[1] 姚先成.国际工程管理项目案例 香港迪士尼乐园工程综合技术[M].北京:中国建筑工业出版社,2007,199-223.
[2] 彭红玲,方海兰,郝冠军等.上海辰山植物园规划区水土质量现状[J].东北林业大学学报,2009,37(5):43-47.
[3] 项建光,方海兰,杨意等.上海典型新建绿地的土壤质量评价[J].土壤,2004,36(4):424-429.
[4] 丁武泉.城市园林土壤养分分析——以重庆市沙坪坝区为例[J].湖北农业科学,2009,48(6):1355-1357.
[5] 张波,史正军,张朝等.深圳城市绿地土壤孔隙状况与水分特征研究[J].中国农学通报,2012,28(4):299-304.
[6] Craul P. J. Urban soil in landscape design[M]. Canada:John Wiley & Sons, Inc., 1992.
[7] 伍海兵,方海兰,彭红玲等.典型新建绿地上海辰山植物园的土壤物理性质分析[J].水土保持学报,2012,26(6):85-90.
[8] 张万儒.森林土壤分析方法[M].北京:中国标准出版社,1999.
[9] 贺康宁.水土保持林地土壤水分物理性质的研究[J].北京林业大学学报,1995,17(3):44-49.
[10] Reisinger T W, Simmons G L, Pope P E. The impact of timber harvesting on soil properties, and seeding growth in the south[J]. Southern Journal of Applied Forestry, 1988, 12: 58-67.
[11] Zisa R P, Halverson H G, Stout B B. Establishment and early growth of conifers on compacted soils in urban areas[M]. U.S.: Department of Agriculture, Forest Service, Northeastern Forest Experiment Station, 1980.
[12] 姚贤良,程云生等.土壤物理学[M].北京:农业出版社,1986.
[13] Gifford RM. Interaction of carbon dioxide with growth-limiting environmental factors in vegetation productivity: Implications for the global carbon cycle[J]. Adv. Bioclimatol, 1992, 1: 24-58.
[14] Neve S D, Hofman G. Quantifying soil water effects on nitrogen mineralization from soil organic matter and from fresh crop residues[J]. Biol. Fertil. Soil, 2002, 35: 379-386.
[15] 刘玉,李林立,赵柯.岩溶山地石漠化地区不同土地利用方式下的土壤物理性状分析[J].水土保持学报,2004,18(5):142-145.
[16] 侯传庆.上海土壤[M].上海:上海科学技术出版社,1992.
[17] Wang C, McKeague J A, Topp G C. Comparison of estimated and measured horizontal Ksat values[J]. Can J. Soil Sci., 1985, 65: 707-715.
[18] Hillel D. Introduction to soil physics[M]. San Diego: Academic press, 1982, 243-248.
[19] 何艾霏,于法展,于晨阳等.江西庐山自然保护区不同森林植被下土壤的持水性能分析[J].安徽农业科学,2011,39(30):18573-18575,18578.
[20] 张鼎华,翟明普,贾黎明等.沙地土壤有机质与土壤水动力学参数的关系[J].中国生态农业学报,2003,11(1):74-77.
[21] Hummel Jr. N. Revisiting the USGA green recommendations[J]. Golf Course Management,1994,62:57-59.
[22] 程绪珂,陈俊愉.中国花经[M].上海:上海文化出版社,1991.
[23] 黄昌勇.土壤学[M].北京:中国农业出版社,2000.
[24] Nhantumbo A B J C, Cambule A H. Bulk density by proctor test as a function of texture for agricultural soils in Maputo province of Mozambique[J]. Soil and Tillage Research, 2006, 87: 231-239.
[25] 顾兵,吕子文,梁晶等.绿化植物废弃物覆盖对上海城市林地土壤肥力的影响[J].林业科学,2010,46(3):9-15.
[26] 顾兵,吕子文,方海兰.绿化植物废弃物堆肥对城市绿地土壤的改良效果[J].土壤,2009,41(6):857-861.

发表论文 4.2.2

城市绿化用土生产的新思路
——以上海迪士尼一期绿化用土生产为例

施少华[1] 梁　晶[2] 吕子文[2] 李怡雯[1] 张勇伟[1]

(1. 上海申迪园林投资建设有限公司,上海 201205;2. 上海市园林科学研究所,上海 200232)

【摘　要】　随着城市绿化建设的快速发展与绿化用土资源匮乏且质量低劣之间矛盾的日益凸显,探讨城市园林绿化用土新的生产模式势在必行。鉴于此,本文以上海迪士尼一期绿化用土的生产为例,对城市绿化用土新土源的开发、收集的原土的机械化处理及改良生产进行了简单介绍,以期为绿化用土提供生产借鉴。

【关键词】　表土;剥离;粉碎;加工;改良;机械化

　　城市园林绿化作为城市重要的基础设施,越来越受到重视,城市绿化面积也越来越大。随着我国城市绿化的快速发展,人们在关注绿化"量"的同时,对"质"也提出了更高的要求,遗憾的是我国现有城市绿化质量水平总体不容乐观,其中最关键原因是我国在城市绿化建设中普遍重视地上部分而忽略了地下土壤质量,而土壤作为绿地植物生长的介质,是整个绿地系统的基础,绿地能产生多人的环境与美学价值,在很大程度上取决于其土壤质量。但事实上,由于目前缺少相关国家法律法规和标准的引导和限制,建筑垃圾土、深层土、化工污染土等不合格土壤用于植物种植,导致城市园林绿化土壤普遍存在土壤紧实、容重大、通气孔隙差、有机质含量和土壤肥力低下等缺陷,造成植物根系无法正常生长甚至植物死亡[1],土壤质量已成为限制我国绿化发展的主要限制因子之一。

　　迪士尼作为国际知名的主题乐园,为实现一流的绿化景观,对绿化种植土提出了较高的质量要求[2],这与我国目前在土地开发建设以及绿化种植土生产等方面的理念完全不同。鉴于此,本文以正在建设的迪士尼一期中绿化用土的生产为例,对其从表土保护到机械化改良生产进行简单介绍,以期为我国其他城市土地开发和园林绿化用土提供借鉴。

1　表土保护

　　表层土壤作为土地第一生产力的基础,是非常珍贵的不可再生资源。相关研究表明,形成 1 cm 厚的表土需要 $100\sim400$ 年,就农田而言,形成 2.5 cm 厚的表土需要 $200\sim1\,000$ 年,而在林地或牧场,形成同等厚度的表土所需时间会更长[4]。而且,表土中含有蚯蚓、原生动物、细菌、真菌等微生物,具有良好的物理结构和丰富的营养。因此,如果对城市大规模资源开采和基础设施的建设中大量的耕地及其宝贵的土壤资源进行有效保护利用,不仅可避免优质表土资源的浪费,而且也为后期绿化建设用土提供了土源。

　　虽然表土重要性已得到大家认可,但由于缺少经费或技术支撑等原因,在我国开展大规模的表土保护,上海迪士尼是先例。上海迪士尼一期位于浦东新区原川沙黄楼地区,占地面积约3.9 km^2,该区域内主要分布为农田,其表土经过农民多年的种植养护,具有较好的再利用价值。为了切实有效的对表土资源进行保护利用,根据美方项目组的高标准要求,针对中国实际制定了切实可行的"表土调查收集方案",通

原载于《上海园林科技》,2014,35(2):49-52

基金项目:上海市科委项目(11dz1201704)。

作者简介:施少华,1986年生,大专,绿化技师,从事绿化种植土生产改良、园林绿化工程施工及项目管理。E-mail:shishaohua27@sina.com

过对该区域的表层土壤的调查和分析检测,对优质的表层土壤进行了分类收集、剥离和储存(图1),作为后续绿化建设用土的储备,同时还对堆放储备的表土进行了保护和现场维护(图2);另一方面,对勘探、调查、收集、剥离、堆放储存每一环节均设置由多家单位组成的监理组对其进行监管,以确保"表土保护"的理念真正落地生根。目前,该区域共收集20多万方表土,缓解了迪士尼绿化建设用土匮乏的问题,也为迪士尼绿化用土的质量提供了保证。

图1　表土剥离

图2　表土收集后的保护

2　原土的改良–机械化生产探讨

2.1　改良前原土的机械化处理

为防止原土在堆放过程中退化,虽然对收集储备的表层土壤覆盖了土工编织物,但由于堆放时间较长,难免造成结块结团的现象,这对表层土壤改良再利用造成了一定的困难,如加入的改良材料与土壤搅拌不均,可能出现部分土壤肥力过盛,种植植物后造成烧苗,导致植物死亡,部分土壤养分缺乏,影响植物生长。此外,随着城市绿化建设速度的加快,对绿化用土供应速度也提出了更高的要求。为此,项目组结合迪士尼一期收集储备的表土,进行了土壤机械化处理工艺的探讨。

2.1.1　清杂及整理

由于收集的表土中含有一些草籽,对经过堆放后长有杂草的土垄采用人工除草的方法对其进行清杂(图3),清杂的深度30~50 cm。

图3　人工除草

2.1.2　晾晒

为快速降低土壤含水量以对其进行利用,参考农田土壤作业,采用圆盘犁对收集后土垄进行深翻(图4),经研究表明,含水量约25%~30%的原土经圆盘犁深翻晾晒一天后可降至20%~22%。如遇雨天情况,可提前使用防水油布对土垄进行遮盖,雨后及时掀起油布,再使用旋耕机进行深翻晾晒。

图4　圆盘型深翻

2.1.3　土壤的破碎

为使表土的粒径适宜于后期的改良利用,以及考虑土壤破碎效率,主要采取初破碎和再次破碎的方法,对收集的表土进行处理。首先待圆盘犁深翻晾晒土壤含水率约20%时,利用旋耕机对土垄进行初步破碎,初步破碎后土壤粒径大约为10 cm(图5);此后,使用稳定土拌合机对初破碎后的土壤进行再次破碎,此时原土粒径基本为5 cm以下(图6)。一般破碎操作过程中土壤深度约为

30 cm,且旋耕机初步破碎作业一次,稳定土拌合机的再次破碎作业两次。

图5　旋耕机对土壤的初步破碎

图6　稳定土拌合机对土壤的再次破碎

2.1.4　细粉碎后表土的剥离

待土壤粒径基本控制在 5 cm 以下时,利用挖掘机进行土垄作业,对深度 30 cm 的已粉碎土壤进行收集归堆(图7)。为了避免原土受潮后再次结团,本道工序要求与稳定土拌合机当天作业,并使用自卸式运输车辆将归堆后的土壤运输至生产大棚(图8、图9)。

图7　挖掘机归拢原土

图8　自卸式卡车装土

图9　破碎后土壤的保护及储备

2.1.5　原土筛分与再加工

为确保土壤粒径分布均匀,利于后期的改良再利用,对经破碎后储备在大棚中的土壤利用筛分机进行筛分(图10),筛分合格后的土壤可直接添加改良材料进行改良,而筛分后粒径大于既定要求的原土则由铲车驳运至场外再次进行加工粉碎,直至合格后才可添加改良材料进行改良。

图10　土壤筛分

2.2　原土的机械化改良

虽然收集堆放的表层土壤较深层土壤及外来

客土具有良好的物理化学性质,但与迪士尼绿化用土的高标准要求相比,该表土还存在一定缺陷,需对其进行改良后利用。因此,结合大量盆栽实验,研制了基本能达到迪士尼绿化种植土要求的改良方案,而且鉴于迪士尼绿化用土需求的数量较大,因此该项目首先在国内尝试用自动流水化搅拌设备来生产绿化用土(图 11)。该装置主要通过各种材料仓皮带机传送至主皮带机,经过主皮带机传送至 3 m 长的连续式搅拌笼,经加水拌合充分后,由主皮带机传送至成品储料仓,最后由自卸式卡车驳运至待检测区域,大大提高了绿化用土的生产速度。

图 11　绿化用土生产图

该自动化流水装置,可以根据土壤的改良要求,从不同的进料口添加不同的改良材料,而且可以通过终控设备对进料的速度和量进行严格控制,原土及改良材料的下料计量与控制主要通过以下方法进行。

(1)通过测量各原材料的含水率,计算绿化用土生产的重量比配方。

(2)根据配方,计算出每分钟各原料出料量。

(3)根据流量与出料数量对照表,将每种原材料下料频率手动输入控制室电脑内。

此外,在各原材料经由螺旋搅拌机出料后,设置一喷水装置,对生产的绿化用土成品进行洒水操作,以确保原土改良均匀。对同一配方不同批次的绿化用土成品进行检测后发现,各项指标的变异系数均小于 20%。

3　小结

通过该项目的实施,不仅对开发项目区域的表层土壤进行了有效保护,避免了优质表层土壤的浪费,而且缓解了后期绿化用土匮乏的问题。此外,通过绿化用土的机械化生产,在满足大规模绿化用土需求的同时,也大大提升城市绿化用土的质量。

总之,该项目的做法不仅满足了城市绿化的快速发展的需求及人们对绿化景观要求的提高,也积极响应了我国提倡的资源循环利用的政策,对城市园林绿化持续稳定发展具有重要意义。而且,迪士尼表土保护的理念对我国土地开发中土壤资源的保护,有重要的推广作用。

当然,由于不同的绿化项目工程大小不同,对其机械化改良生产的要求可以酌情而定。随着我国环境保护工作力度的加大,保护农田客土政策的落实,"一边建设生态环境的同时,一边破坏生态环境"的做法必遭制止。因此,保护开发项目区域的土壤资源,并将其进行改良后用于城市绿化建设,是未来城市园林健康发展的趋势。

参考文献

[1] 梁晶,方海兰.城市绿地土壤维护与废弃物循环利用[J].浙江林学院学报,2010,27(2):292-298.

[2] 姚先成.国际工程管理项目案例——香港迪士尼乐园工程综合技术[M].北京:中国建筑工业出版社,2007.

[3] 狄多玉,吴永华.兰州市园林绿化用土及绿地土壤质量管理现状与对策[J].甘肃林业科技,2008,33(2):42-45.

[4] 孙礼.关于保护和利用表土资源的思考[J].中国水土保持,2010,3:4-6.

第3章

上海国际旅游度假区
苗木容器化生产、储备应用实践

第4篇第3章由上海申迪园林投资建设有限公司完成。

4.3.1　苗木容器化技术研究

4.3.1.1　容器苗木生产储备及物联网(生物芯片)技术方法比较分析

1. 国内外景观容器苗木生产储备技术方法比较分析

世界林业发达国家和我国部分地区通过使用容器苗提高了造林质量,降低了成本。我国虽然在 20 世纪 60 年代已有容器苗的生产,但从性质上看仅是容器苗研究的最低阶段,大部分研究都局限在容器和基质的应用上,缺乏容器苗生产技术的系列研究和配套使用。部分人还错误地认为,容器苗生产比裸根苗成本高,致使容器苗的发展受到限止。目前,国外容器苗生产走向了商品化、工厂化的道路。为此,我国容器苗的生产者和研究者应积极跟踪国外最新研究进展,配合当地农林废弃物利用,开展育苗基质的研究,使我国的基质生产逐步走向商品化的道路。同时,应积极研究容器苗生产的各种配套技术措施,如将各种自动化、智能化措施应用于容器苗的生产和管理,使容器苗的生产真正实现工厂化的目标。

容器育苗是当前苗木生产上的一项先进技术,具有管理方便、育苗周期短、栽植不受季节影响、成活率高、便于工厂化生产等优点,是现代苗木生产发展的一个主要方向。早在 20 世纪 50 年代,国外就已开始容器育苗,70 年代为高速发展期。目前,在一些发达国家,容器苗已占苗木生产的较大比例,如巴西的容器苗占苗木生产的 90% 以上。我国的容器苗生产起步晚,规模小,起初在广东用来培育马尾松、桉树等一些高附加值乔木。近几年,在沿海发达地区,容器育苗技术得到快速推广。

我国苗圃的规划、生产技术、苗木起运方式、病虫害防治都非常传统,与国外先进水平的差距越来越大。所以,只有采取容器苗的生产方式,苗圃产业才能实现现代化,苗木的质量才能真正有保证。目前,国内容器苗生产模式主要有三种。首先,资金雄厚的大企业借鉴发达国家的做法,使用的喷灌、地布等配套多为进口货。其次,中等规模的生产大户,各项配套一应俱全,但都是国产产品。第三,刚刚起步、只有二三十亩地的散户,基质、容器、配套等都使用了"土方法",演绎出"具有中国特色的容器苗初级阶段"。

传统园林树木生产普遍存在技术落后、质量不稳定、出木移栽成活率低等缺点,地栽苗出售季节仅限于春秋两季,移栽恢复慢,移栽前需对冠幅实施重剪导致效果差。2005 年之前,全国花木种植面积已有 5.5×106 km^2,但我国真正从事容器树木生产的极少,国内容器苗发展基本处于空白。国外的树木容器化生产情况则比较先进,但国外高成本容器苗生产技术根本不适合我国国情,市场上迫切需要开发适合我国国情的容器苗标准化生产技术。中山市海枣椰风景园林工程有限公司从 2005 年开始实施"园林树木容器化生产技术的研究与应用"项目,至 2009 年 4 年时间,该公司已成功研究和总结出一整套标准的园林树木容器化生产技术规程。该套技术概括为"六化",即基地生产标准化、容器袋选择科学化、容器基质简单化、乔灌木生产立体化、病虫害防治规范化、苗木产品优质化,并发布了一套市级"容器苗木栽培技术标准",已在华南地区推广使用。

2. 容器苗木储备管理中物联网(生物芯片)技术方法比较分析

数字农业和农业物联网技术作为现代农业最前沿的发展领域之一,是当今世界发展现代农业,实现农业可持续发展的关键和核心技术。《国家中长期科学和技术发展规划纲要》明确将"传感器网络及智能信息处理"作为"重点领域及其优先主题","农业物联网技术与智慧农业系统"已经纳入"十二五"863 计划发展纲要。为满足现代农业和农村经济发展对农业高技术的重大需求,数字农业和农业物联网信息获取感知关键技术和产品的研发,可实现农作物信息的快速获取和可感知化,为数字农业和农业物联网的快速发展和应用提供坚实的基础,对提高农业信息化水平,实现农业的可持续发展具有重大意义。数字农业要求实现快速、实时、准确和定位化的获取植物生长信息,而农业物联网技术要求植物信息可实时动态感知,显然,传统的实验室测量分析和信息获取方法已经不能满足数字农业和农业物联网技术的发展要求。随着数字农业和农业物联网技术的快速发展,研究和开发植物生命信息的快速无损检测技术和传感仪器等软硬件平台已经成为现代农业研究的热点。

我国将物联网作为推进产业信息化进程的重要策略,反映在实际发展中落实物联网于各个产业中的应用。林业作为关系着国计民生的基础产业,其信息化、智慧化的程度则尤为重要。基于物联网技术的园林植物质量追溯系统是运用物联网技术建立园林植物的种植、养护、采摘、包装、销售的全程可追溯管理系统。该系统将园林植物从种植到市场销售的整个过程中各环节的数据信息汇总到云端数据中心,建成统一的园林植物溯源信息管理平台,使商务、林业等监管部门和公众可以在这个平台上与企业进行"零距离对话",第一时间了解园林植物的种植、施肥、质量等追溯信息,以实现"从源头到出圃"的全程质量控制和追溯。

在我国园林行业,质量安全追溯体系的研究和应用还处于萌芽状态,尽管林业部等部门对苗木生产的质量安全追溯体系多次在行业标准中提出过要求,但也因为没有适合我国国情的具体的可操作体系而成为一个空白区域。如何对苗木生产进行有效追踪和追溯,建立安全有效的溯源体系成为当前促进我国园林品质、建立现代化林业生产体系和提高农民收入的迫切需要。

物联网(Internet of Things)是指传感技术与互联网技术的结合。将目标(人、物以及动物等对象)的属性和状态进行自动识别,通过信息传输至系统进行数据分析与筛选,提供在线监测、定位追溯、预案管理、安全防范以及决策支持等管理和服务功能,实现对目标的监控、管理一体化。

[1] 基于物联网技术的园林植物质量可追溯系统现状

(1) 基于物联网技术的可追溯系统是通过物联网技术将产品从原料到终端用户全过程中各种相关信息进行采集、存储、分析的质量保障系统。当出现产品质量问题时,可通过产品本身的表标识快速有效的查询到出现问题的环节。可追溯系统使产品质量追溯体系,也是产品质量过程控制体系,能保证符合要求的产品进入市场,同时当出现产品问题时能快速定位出现问题的环节。

(2) 基于物联网技术的园林植物质量可追溯系统将苗木生长过程中所产生的各类信息通过各种传感技术进行采集,通过短距离信息收集汇总,运用发达的互联网传输技术,使信息传递数据中心。系统能对土壤环境、空气温度、湿度、光照、日常养护、浇灌等数据的实时采集,并可以通过专家系统来进行精确施肥、智能滴灌、湿度和温度与光照通风的精确控制,系统可以通过无线网络或移动网络进行数据传输。

(3) 基于物联网技术的园林植物质量可追溯系将 RFID 电子标识植入到每棵苗木树上并在相应的园区放入各种传感器,通过物联网技术对植物种植过程中涉及的气象、土壤、环境等相关生态因子进行实时的动态监测以及植物生长过程中的种植措施进行数据记录,并针对具体植物的成熟指标及品种特征进行数据分析,以达到实现不同时期园林综合信息(包括园林环境质量信息、植保病虫害信息、土壤肥力水平、园林综合生产能力水平、林业投入对园林质量的影响等情况)的数字化管理,及时掌握园区内苗木质量的现状及变化,为园林的保护和合理开发提供精确的信息,实现林业生产信息化管理,以适应目前国际上要求的生产安全标准,为企业产品能进一步提高国际竞争力提供技术支持。

[2] 基于物联网技术的园林植物质量可追溯系统建设的必要性

(1) 建设基于物联网技术的园林植物质量追溯系统是保障园林绿化市场安全和构建和谐社会的必要条件。

随着我国短缺经济的结束,苗木质量安全日益受到重视。工业"三废"和城市生活垃圾对林业生产环境的污染,农药残留、兽药残留和其他有毒有害物质超标导致的产品污染和中毒事件时有发生,严重威胁了消费者的身体健康和生命安全,已成为社会广泛关注的焦点和热点问题。建设基于物联网技术的园林植物质量追溯系统,对防止突发性或群发性安全事故的发生具有重要的意义。

(2) 建设基于物联网技术的园林植物质量追溯系统是推进园林植物合作社生产结构调整和促进林业增效、农民增收的迫切需要。

建设基于物联网技术的园林植物质量追溯系统,可以全面开展对苗木品种和品质的筛选与提升工作,监测分析苗木品种的市场需求优势,引导合作社农户科学种植管理植物,逐步提高园林植物产品的整体质量安全水平。

(3) 建设基于物联网技术的园林植物质量追溯系统是保护园林植物地理标志产品的需要。

我国地理标志产品范围涉及酒类、茶叶、苗木、传统工艺品、食品、中药材、水产品等,数量逾千个,受保护产品产值约 8 000 亿元。应用园林植物质量追溯系统,做好地理标志产品保护工作,将对当地产业经济效益、产品防伪保护和提升标志产品附加值等多方面产生巨大的推动作用。园林植物的全生命周期信息流主要经由三方直接相关者——研究所或合作社农户,质量监管部门和消费者。基于物联网技术的园林植物质量追溯系统有效整合了三方对苗木质量信息的交换和共享,可以在最大程度上通过产品保护保障苗木的产品价值,保护种植企业的经济收益。同时,苗木生产供应链全流程质量信息实现可视化、透明化管理,避免消费者买到假冒伪劣的园林植物,最大程度上保障消费者的权益。

本项目针对目前国内外容器苗生产储备及苗木储备中物联网主要技术要点:即容器化苗木筛选标准、苗圃地建设标准、苗木生产和储备技术操作标准构建,苗木信息管理技术平台建设,以及上海国际旅游度假区核心区景观容器苗生产和储备具体操作规程等方面入手,编制适宜上海国际旅游度假区核心区项目景观容器苗生产、储备、管理的规范,使各项工作按照统一的标准、要求、工序进行作业,确保相关作业处在可控状态,保证作业质量,做到规范、安全、文明施工。

4.3.1.2　容器苗木生产、储备技术研究应用实施

1. 容器育苗生产、储备技术总体要求

(1) 收集、整理苗木信息,提供合理优化苗木品种的建议,组织苗木信息调查,调查的内容包括树木本身的形态结构(树木叶片、树冠、树干和根),树木的树干、分支结构,以及树木的土球规格等,通过苗木信息调查找出适宜上海国际旅游度假区核心区景观要求的容器化苗木。

(2) 选取香樟、广玉兰、银杏、榉树、椰榆、乌桕等大型乔木,以及山樱花、红花槭、北方红栎、欧洲鹅耳枥等新优植物为试验材料,针对大规格苗木(乔木与中灌木)采用不同规格的控根容器育苗适应性试验,花灌木采用不同规格的塑料盆容器育苗适应性试验,通过不同植物对不同规格育苗容器适应性试验找出适宜上海国际旅游度假区核心区景观要求的容器化苗木生产繁育容器规格。

(3) 基于苗木信息调查及不同规格的控根容器育苗适应性试验的基础上,建设适宜上海国际旅游度假区核心区景观要求的容器化苗木苗圃地,包括苗圃地的总体布局、道路系统、场地系统、排水系统、灌溉系统和灌溉水质量的控制、生产储备用地土壤标准以及场地安保系统等,然后对容器苗木挂牌、苗木土球准备、苗木起吊和运输、苗木现场验收、苗木栽植、苗木支撑固定、苗木数据记录、苗木后期养护管理,同时建立上海国际旅游度假区核心区院内苗木的信息管理系统,构建适宜上海国际旅游度假区核心区的景观容器化苗木信息管理技术平台,最终制定出一套适宜上海国际旅游度假区核心区景观容器化苗木生产、储备技术操作规程。

2. 上海国际旅游度假区容器化苗木筛选技术标准构建

随着城市化进程加快,公众对城市园林建设的要求越来越高,园林绿化对高质量的苗木需求量与日俱增,特别是不受季节限制的园林苗木更是供不应求。

[1] 适宜上海国际旅游度假区核心区景观要求的容器化苗木质量控制标准

构建适宜上海国际旅游度假区核心区景观要求的容器化苗木质量控制标准,首先必须控制苗木的质量,筛选健壮的树木,树木本身的形态结构及树干与分支结构必须满足一定的条件。另外,苗木的土球尺寸也必须适宜。

1) 控制适宜上海国际旅游度假区核心区景观要求树木本身的形态结构标准

树木本身的形态结构控制标准必须满足以下条件。

(1) 树木叶片:应没有害虫或疾病(无当地重点检疫性虫害痕迹)。

(2) 树冠、树干和根:

Ⅰ. 树冠:树冠形态应饱满、健康,无明显受风力、虫害等因素造成的损害,无修剪或最低限度的

修剪。

Ⅱ. 叶片:叶片的大小、颜色和外观应为同一年生长。叶片无发育不良、畸形或变色等。

Ⅲ. 分枝:有新梢生长,是该品种典型树龄大小的象征。分枝应没有死、病、断裂、扭曲或其他严重的损伤现象。

Ⅳ. 主干:主干必须顺直、垂直,必须无伤口(除正确修剪削减),无裂缝、无刻划区,无虫害、虫瘿、溃疡等病变迹象。

Ⅴ. 根:必须无生物的伤害(昆虫、病原体等)和非生物剂伤害(除草剂的毒性、盐害、灌溉过剩等)。

Ⅵ. 整体形态:树木高度、胸径、冠幅比例应匀称、适度,并且能适应相应的容器规格。

2) 控制适宜上海国际旅游度假区核心区景观要求树木的树干与分支结构标准

树木的树干、分支结构控制标准必须满足以下条件。

(1) 树干必须具有明显的主干,并且主干挺直;对于分冠型树种:主杆分叉比例必须匀称;而对于主冠型树种:主杆需无分叉,顶梢应笔直且芽完好。

(2) 分支点应符合该品种的生物学特性,分枝、小枝应充足、饱满。

(3) 树冠应大多对称,并无大空洞。

(4) 叶片应平均分布于整个树冠,且不偏冠、不偏蓬。

3) 控制适宜上海国际旅游度假区核心区景观要求树木的土球尺寸标准

树木的土球尺寸必须满足以下条件:苗木土球无附带建筑杂物,熟土土球要求均匀完整,原则上土球大小不低于苗木胸径的8倍,厚度不低于土球直径的60%。另外,应最大限度的保留植物须根脉络。除此之外,对于个别品种土球的尺寸根据需要,可能还会进一步放大。

[2] 适宜上海国际旅游度假区核心区景观要求的容器化苗木植物名录

随着城市化进程加快,公众对城市园林建设的要求越来越高,园林绿化对高质量的苗木需求量与日俱增,特别是不受季节限制的园林苗木更是供不应求。上海国际旅游度假区核心区工程对适宜景观容器化的苗木进行了筛选,完成了30多个品种,近3 500株乔木和150 000株花灌木的容器化处理(表4.3-1)。

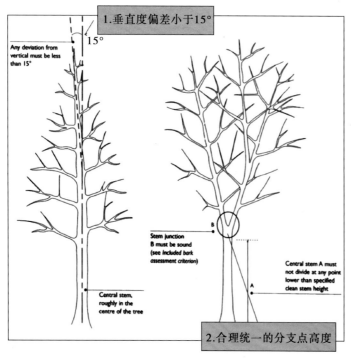

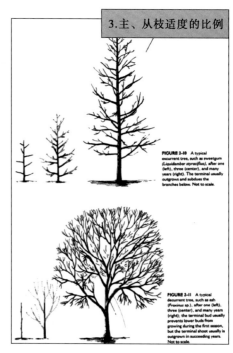

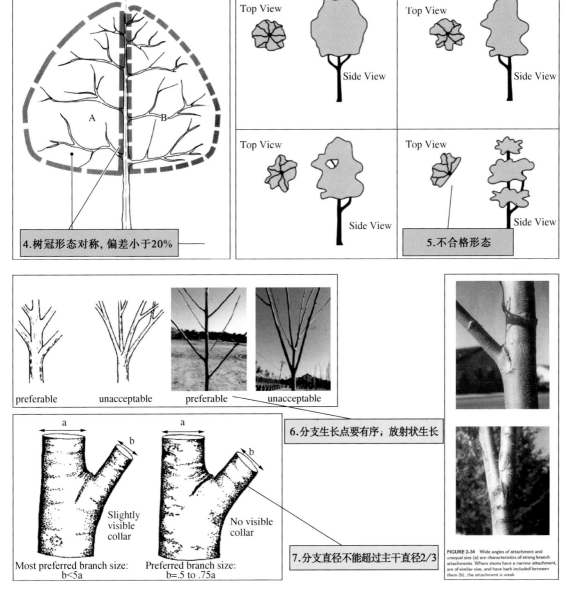

图 4.3-1　适宜上海国际旅游度假区核心区景观要求的容器化苗木形态及树干与分支结构筛选图示

表 4.3-1　适宜上海国际旅游度假区核心区景观要求的容器化苗木清单

编号	中文名	拉丁名	土球直径 /cm	胸径 /cm	高度 /cm	蓬径 /cm	苗木要求
1	秋红枫	*ace freemeni*	90～100	9～10	650	200	净干高度 1.2 m
			100～120	10～12	750	250	净干高度 1.2～1.5 m
			90～100	9～10	650	200	净干高度 1.2 m
			100～120	10～12	750	250	净干高度 1.2～1.5 m
			90～100	9～10	650	200	净干高度 1.2 m
			100～120	10～12	750	250	净干高度 1.2～1.5 m
2	合欢	*Albizia julibrissin Durazz.*	120～150	12～15	400	350	净干高度 1.5～1.8 m
			150～180	15～18	500	400	净干高度 2～2.2 m
			200～250	20～25	600	450	净干高度 2.5～2.8 m

编号	中文名	拉丁名	土球直径/cm	胸径/cm	高度/cm	蓬径/cm	苗木要求
3	苦槠	*Castanopsis sclerophylla* (*Lindl.*) *Schottky*	80~100	8~10	500		净干高度1.2 m
4	雪松	*Cedrus deodara* (*Roxb. ex Lamb.*)*G. Don*	100~120		300~400		基部枝条开展,可触地面
			100~120		400~500		基部枝条开展,可触地面
			100~120		500~600		基部枝条开展,可触地面
			100~120		700~800		基部枝条开展,可触地面
			100~120		900~1 000		基部枝条开展,可触地面
			100~120		1 000~1 100		基部枝条开展,可触地面
			100~120		1 200		基部枝条开展,可触地面
5	朴树	*Celtis sinensis Pers.*	120~150	12~15	400	330	树冠完整,达到所要求标准
			150~180	15~18	600	380	树冠完整,达到所要求标准
			180~200	18~20	700	400	树冠完整,达到所要求标准
			200~220	20~22	800	500	树冠完整,达到所要求标准
6	榉树	*Celtis sinensis Pers.*	120~150	12~15	450	300	树冠完整,达到所要求标准
			150~180	15~18	600	380	树冠完整,达到所要求标准
			180~220	18~22	700	400	树冠完整,达到所要求标准
7	榔榆	*Ulmus parvifolia Jacq.*	120~150	12~15	420	380	树冠完整,达到所要求标准
			150~180	15~18	650	410	树冠完整,达到所要求标准
8	无患子	*Sapindus mukorossi Gaertn.*	120~150	12~15	450	350	树冠完整,达到所要求标准
			150~180	15~18	550	400	树冠完整,达到所要求标准
9	火炬树	*Rhus typhina Nutt*	80~100	8~10	350	300	树冠完整,达到所要求标准
10	紫荆	*Cercis chinensis Bunge*	80~100	8~10	300~350		净干高度1.0 m
11	乌桕	*Sapium sebiferum* (*L.*) *Roxb.*	100~120	10~12	420	340	树冠完整,达到所要求标准
			120~150	12~15	500	380	树冠完整,达到所要求标准
			150~180	15~18	600	410	树冠完整,达到所要求标准
12	香樟	*Cinnamomum camphora* (*L.*) *J. Presl*	120~150	12~15	450	350	树冠完整,达到所要求标准
			150~180	15~18	550	400	树冠完整,达到所要求标准
			180~200	18~20	700	450	树冠完整,达到所要求标准
			200~250	20~25	800	500	树冠完整,达到所要求标准
13	喜树	*Camptotheca acuminata Decne.*	100~120	10~12	420	300	树冠完整,达到所要求标准
			120~150	12~15	500	380	树冠完整,达到所要求标准
			150~180	15~18	650	400	树冠完整,达到所要求标准
14	梓树	*Catalpa ovata G. Don*	100~120	10~12	420	300	树冠完整,达到所要求标准
			120~150	12~15	550	350	树冠完整,达到所要求标准
			150~180	15~18	650	400	树冠完整,达到所要求标准
15	香泡树	*Citrus medica L.*	80~100	8~10	500~600		净干高度1.2 m
			100~120	10~12	700~800		净干高度1.2~1.5 m
16	杜英	*Elaeocarpus decipiens Hemsl.*	80~100	8~10	300~400		净干高度1.0 m
			100~120	10~12	500~600		净干高度1.2 m

（续表）

编号	中文名	拉丁名	土球直径 /cm	胸径 /cm	高度 /cm	蓬径 /cm	苗木要求
17	秃瓣杜英	*Elaeocarpus glabripetalus* Merr.	100～120	10～12	360	300	树冠完整,达到所要求标准
			120～150	12～15	450	350	树冠完整,达到所要求标准
			150～200	15～20	650	400	树冠完整,达到所要求标准
			200～240	20～24	800	500	树冠完整,达到所要求标准
18	枇杷	*Eriobotrya japonica* (Thunb.) Lindl.	80～100	8～10	300～400		净干高度 1.0 m
			100～120	10～12	500～600		净干高度 1.2 m
19	紫薇	*Lagerstroemia indica* L.	80～100		500～600	400～500	净干高度 1.2 m
20	月桂	*Laurus nobilis* L.	80～100		300～400		基部枝条开展,可触地面
21	女贞	*Ligustrum lucidum* W. T. Aiton	100～120	10～12	400	300	树冠完整,达到所要求标准
			120～150	12～15	500	350	树冠完整,达到所要求标准
22	枫香	*Liquidambar formosana* Hance	100～120	10～12	420	300	树冠完整,达到所要求标准
			120～150	12～15	550	350	树冠完整,达到所要求标准
			150～180	15～18	650	400	树冠完整,达到所要求标准
23	北美枫香	*Liquidambar styraciflua* L.	100～120	10～12	420	300	树冠完整,达到所要求标准
			100～120	12～14	500	400	树冠完整,达到所要求标准
24	三角枫	*Acer pictum subsp. mono* (Maxim.) Ohashi	100～120	10～12	300	220	树冠完整,达到所要求标准
			120～140	12～14	400	280	树冠完整,达到所要求标准
			150～180	15～18	500	330	树冠完整,达到所要求标准
			120～140	12～14	420	350	树冠完整,达到所要求标准
25	马褂木	*Liriodendron chinense* (Hemsl.) Sarg.	150～180	15～18	550	380	树冠完整,达到所要求标准
			180～200	18～20	750	430	树冠完整,达到所要求标准
26	广玉兰	*Magnolia grandiflora* L.	180～200	18～20	500～600	450	树冠完整,达到所要求标准
			200～250	20～25	600～650	500	树冠完整,达到所要求标准
			200～250	25～30	650～700	550	树冠完整,达到所要求标准
27	白玉兰	*Michelia alba* DC.	80～100	8～10	450	300	树冠完整,达到所要求标准
28	白花海棠	*Malus hupehensis* (Pamp.) Rehder	80～100	8～10	450～500	450	树冠完整,达到所要求标准
			100～120	10～12	500～550	500	树冠完整,达到所要求标准
29	水杉	*Metasequoia glyptostroboides* Hu & W. C. Cheng	90～110	9～11	500	200	树冠完整,达到所要求标准
			110～140	11～14	800	300	树冠完整,达到所要求标准
			140～160	14～16	1200	400	树冠完整,达到所要求标准
30	墨西哥落羽杉	*Taxodium mucronatum* Ten.	100～120	10～12	500	250	树冠完整,达到所要求标准
			100～120	12～16	800	350	树冠完整,达到所要求标准
			100～120	16～20	1200	450	树冠完整,达到所要求标准
31	柳杉	*Cryptomeria fortunei* Hooibr. ex Otto & Dietrich	80～100	8～10	500～600		净干高度 1.2 m
			80～100	8～10	700～800		基部枝条开展,可触地面
			80～100	8～10	900～1 000		基部枝条开展,可触地面
32	日本柳杉	*Cryptomeria japonica* (Thunb. ex L. f.) D. Don	80～100	8～10	500～600		净干高度 1.2 m
			80～100	8～10	700～800		基部枝条开展,可触地面
			80～100	8～10	900～1 000		基部枝条开展,可触地面

编号	中文名	拉丁名	土球直径/cm	胸径/cm	高度/cm	蓬径/cm	苗木要求
33	池杉	*Taxodium ascendens* Brongn.	100～120	12～15	600	250	树冠完整,达到所要求标准
34	东方杉	*Taxodium mucronatum* × *Cryptomeria fortunei*	100～120	12～15	500	250	树冠完整,达到所要求标准
35	中山杉	*Taxodium* 'Zhongshan-sha'	150～180	15～18	600	300	树冠完整,达到所要求标准
36	乐昌含笑	*Michelia chapensis* Dandy	150～180	15～18	550	300	树冠完整,达到所要求标准
			180～200	18～20	700	400	树冠完整,达到所要求标准
37	黄山栾树	*Koelreuteria bipinnata*	120～150	12～15	400	330	树冠完整,达到所要求标准
			150～180	15～18	550	380	树冠完整,达到所要求标准
			180～200	18～20	700	400	树冠完整,达到所要求标准
38	杨梅	*Myrica rubra* (Lour.) Sieb. & Zucc.	80～100		500～600	500	树冠完整,达到所要求标准
39	红豆树	*Ormosia hosiei* Hemsl. & E. H. Wilson	80～100		500～600	500	树冠完整,达到所要求标准
40	四季桂	*Osmanthus fragrans var. semperflorens*	100		150～180	150	树冠完整,达到所要求标准
			100		180～220	200	树冠完整,达到所要求标准
			100		220～300	250	树冠完整,达到所要求标准
41	乐东拟单性木兰	*Parakmeria lotungensis* (Chun & C. H. Tsoong) Y. W. Law	80～100	8～10	400～500	400	树冠完整,达到所要求标准
			80～100	10～12	500～600	500	树冠完整,达到所要求标准
42	泡桐	*Paulownia fortunei* (Seem.) Hemsl.	100	10	500	500	净干高度1.2 m
43	白皮松	*Pinus bungeana* Zucc. ex Endl.	80～100	8～10	300～400		净干高度0.5～0.8 m
			80～100	10～12	400～500		净干高度0.5～0.8 m
			80～100	12～15	500～600		净干高度0.5～0.8 m
			80～100	15～18	600～700		净干高度0.5～0.8 m
			80～100	18～20	700～800		净干高度0.5～0.8 m
44	火炬松	*Pinus taeda* L.	80～100	8～10	500～600		净干高度0.5～0.8 m
45	欧洲黑松	*Pinus nigra* J. F. Arnold	80～100	8～10	200～300		净干高度0.5 m
			80～100	10～12	300～400		净干高度0.5 m
46	黑松	*Pinus thunbergii* Parl.	80～100	8～10	400～500		净干高度0.5～0.8 m
			80～100	10～12	500～600		净干高度0.5～0.8 m
			80～100	12～15	700～800		净干高度0.5～0.8 m
47	二球悬铃木	*Platanus acerifolia* Willd.	80～100	8～10	500～600	450	树冠完整,达到所要求标准
			100～120	10～12	600～700	550	树冠完整,达到所要求标准
			120～150	12～15	700～800	650	树冠完整,达到所要求标准
48	木荷	*Schima superba* Gardner & Champ.	80～100		500～600	450	树冠完整,达到所要求标准
			80～100		600～700	550	树冠完整,达到所要求标准
49	青冈栎	*Cyclobalanopsis glauca* (Thunb.) Oerst.	120～150	12～15	510	380	树冠完整,达到所要求标准
50	重阳木	*Bischofia polycarpa* (H. Lév.) Airy-Shaw	160～180	16～18	550	400	树冠完整,达到所要求标准
			180～200	18～20	700	450	树冠完整,达到所要求标准

（续表）

编号	中文名	拉丁名	土球直径/cm	胸径/cm	高度/cm	蓬径/cm	苗木要求
51	樟叶槭	*Acer cinnamomifolium* Hayata	100～120	10～12	350	280	树冠完整,达到所要求标准
			120～140	12～14	450	300	树冠完整,达到所要求标准
52	银杏(实生)	*Ginkgo biloba* L.	150	14～16	600	450	树冠完整,达到所要求标准
			200	16～23	800	550	树冠完整,达到所要求标准
53	银杏(嫁接)	*Ginkgo biloba* L.	150	14～16	500	450	树冠完整,达到所要求标准
			250	23～25	700	600	树冠完整,达到所要求标准
54	新含笑	*Michelia* 'Xinhanxiao'	80	7～8	350	200	树冠完整,达到所要求标准
			100	8～10	500	250	树冠完整,达到所要求标准
			100	10～12	520	300	树冠完整,达到所要求标准
			120	12～15	560	350	树冠完整,达到所要求标准
55	黄连木	*Pistacia chinensis* Bunge	150	15～18	550	350	树冠完整,达到所要求标准
			180	18～20	700	400	树冠完整,达到所要求标准
56	厚皮香	*Ternstroemia gymnanthera* (Wight & Arn.) Bedd.			120～150	120	树冠完整,达到所要求标准
					150～180	150	树冠完整,达到所要求标准
57	蚊母	*Distylium racemosum* Sieb. & Zucc.			180～200	120	树冠完整,达到所要求标准
					200～250	150	树冠完整,达到所要求标准
58	红叶石楠	*Photinia × fraseri* Dress			150～180	150	树冠完整,达到所要求标准
					180～200	180	树冠完整,达到所要求标准
					200～250	200	树冠完整,达到所要求标准
59	金叶大花六道	*Abelia grandiflora* 'Francis Mason'			40～50	50	树冠完整,达到所要求标准
60	平枝栒子	*Cotoneaster horizontalis* Decne.			30～40	30	树冠完整,达到所要求标准
61	火棘	*Pyracantha fortuneana* (Maxim.) H. L. Li			120～150	100	树冠完整,达到所要求标准
					150～200	150	树冠完整,达到所要求标准
62	阔叶十大功劳	*Mahonia bealei* (Fortune) Carrière			60～80	30	树冠完整,达到所要求标准
63	胡颓子	*Elaeagnus pungens* Thunb.			60～70	50	树冠完整,达到所要求标准
64	银姬小蜡	*Ligustrum sinense* 'Variegatum'			40～50	50	树冠完整,达到所要求标准
65	银石蚕	*Teucrium fruticans* L.			30～40	30	树冠完整,达到所要求标准
66	紫珠	*Callicarpa bodinieri* H. Lév.			60～70	50	树冠完整,达到所要求标准
67	蔓长春花	*Vinca major* L.			10～15	30	树冠完整,达到所要求标准
68	南天竹	*Nandina domestica* Thunb.			60～80	50	树冠完整,达到所要求标准
69	紫叶小檗	*Berberis thunbergii* 'Atropurpurea'			30～40	30	树冠完整,达到所要求标准
70	卫矛	*Euonymus alatus* (Thunb.) Siebold			80～100	80	树冠完整,达到所要求标准
71	黄瑞木	*Adinandra millettii* (Hook. & Arn.) Benth. & Hook. f. ex Hance			50	30	树冠完整,达到所要求标准

（续表）

编号	中文名	拉丁名	土球直径/cm	胸径/cm	高度/cm	蓬径/cm	苗木要求
72	红瑞木	*Swida alba* Opiz			80～100	40	树冠完整,达到所要求标准
73	澳洲茶	*Leptospermum scoparium* J. R. Forst. & G. Forst.			50～60	50	树冠完整,达到所要求标准
74	扶芳藤	*Euonymus fortunei* (Turcz.) Hand.-Mazz.			10～15	10	树冠完整,达到所要求标准
75	络石	*Trachelospermum jasminoides* (Lindl.) Lem.			10～15	10	树冠完整,达到所要求标准
76	石蒜	*Lycoris radiata* (L'Hér.) Herb.			40～60	30	树冠完整,达到所要求标准
77	白芨	*Bletilla striata* (Thunb. ex A. Murray) Rchb. f.			40～60	30	树冠完整,达到所要求标准
78	雀舌黄杨	*Buxus bodinieri* H. Lév.			30～40	30	树冠完整,达到所要求标准
79	矮麦冬	*Ophiopogon japonicus* var. *nana*			10～15	30	树冠完整,达到所要求标准
80	果岭草						树冠完整,达到所要求标准
81	百慕大	*Cynodon dactylon*					树冠完整,达到所要求标准
82	黑麦草	*Lolium perenne* L.					树冠完整,达到所要求标准
83	四季草花						树冠完整,达到所要求标准

3. 上海国际旅游度假区容器化苗木容器规格的筛选标准构建

容器的种类和规格直接影响容器苗的生长发育和苗木质量。容器规格的选择应本着"节省资金、降低成本,苗木易于形成根系团,适合造林地立地条件"的原则。

不同材料的育苗容器对苗木的生长发育影响很大。育苗容器材料要来源容易、制作省工、价格便宜。既要适宜幼苗生物学需要,又要有一定强度,保证装运时不损伤苗木。力求材质轻,有保温、保湿、保养分的优良性能。目前,常用的容器种类有:纸质容器、薄膜容器、无纺布容器、纤维网袋材料容器、舒根型容器、塑料袋、硬塑杯、泥炭杯等。

[1] 适宜上海国际旅游度假区核心区景观要求的容器化育苗容器种类、材料筛选标准

为了适宜上海国际旅游度假区核心区景观要求容器化苗木生产繁育容器,本项目根据苗木的种类、苗木的规格、苗木的期限、运输条件等进行有效的选择,针对大规格苗木(乔木与中灌木)采用控根容器育苗(图4.3-2),花灌木采用塑料盆容器育苗(图4.3-3)。

产品特点:
一、明显的增根作用
　　由于物理形状作用,使苗木侧根极大增加。总根量较大田苗木增加30~50倍。

二、有效控制根系发育
　　利用"空气修剪"原理,有效限制主根的发育,促使侧根发育克服盘根缺陷和移栽时断根伤根现象,成活率达98%以上。

三、显著的促长作用
　　由于容器控根原理和基质的双重作用,苗期较常规缩短30%~50%

园艺地布
规格: 幅宽1~4 m 长度 每卷200 m
　　　幅宽5~6 m 长度 每卷100 m

控根容器规格: 直径20~200 cm,高度20~70 cm,可根据用户需求定制。

图 4.3-2　空气阻根控根容器及地膜

图 4.3-3　塑料盆容器

［2］适宜上海国际旅游度假区核心区景观要求的容器化育苗容器规格筛选标准

育苗容器的容器规格大小因育苗期限、育苗树种、苗木规格、造林地的立地条件而不同。一般来说，容积增大苗木地径、单株生物量相应增大，但根的密度却随容器增大而减小。在生产上，为了降低育苗成本和造林成本，一般都尽量采用小规格容器。容器的大小也决定着苗木生长的好坏，容器大对苗木生长有利，但不利于苗木根系形成牢固的根团，移动时易散沱，不利于苗木的成活，容器小有利于苗木形成牢固的根团，但不利于根系的拓展和对养分和水分的吸收，容易形成窝根、卷根，也不利于苗木的茁壮成长。

随着对大规格苗木的需求量大幅度增加，人们开始研究大规格苗木(包括乔木和灌木)的栽培容器，随即设计出了容器箱。由于传统容器栽培模式存在不足和缺陷，Ruter 进而提出了双容器(PIP)育栽培模式并得到了应用。控根容器是最近两年才出现的新型调整根系生长的容器，能够调控根系形成，具有广阔的发展前景。为了适宜上海国际旅游度假区核心区景观要求容器化苗木生产繁育容器，本项目根据苗木的种类、苗木的规格、苗木的期限、运输条件等进行有效的选择，针对大规格苗木(乔木与中灌木)采用控根容器育苗，花灌木采用不同规格的塑料盆容器育苗(表 4.3-2)。

表 4.3-2　适宜上海国际旅游度假区核心区景观要求的容器化苗木生产繁育容器类型及规格

编号	苗木类型	容器类型	高度 /cm	内径	
				顶端内径 /cm	底部内径 /cm
1	中灌木	控根容器	80	80～100	
2	中灌木、乔木	控根容器	100	100～120	
3	中灌木、乔木	控根容器	100	120～150	
4	乔木	控根容器	110	150～180	
5	乔木	控根容器	120	180～220	
6	乔木	控根容器	120	220～250	
7	花灌木	塑料花盆	6～9	6～9	5～8
8	花灌木	塑料花盆	10～14	10～14	8～12

(续表)

编号	苗木类型	容器类型	高度/cm	内径	
				顶端内径/cm	底部内径/cm
9	花灌木	塑料花盆	15～18	15～19	12～13
10	花灌木	塑料花盆	19～23	19～23	16～20
11	花灌木	塑料花盆	22～26	22～26	21～23
12	花灌木	塑料花盆	28～32	24～31	22～26
13	花灌木	塑料花盆	28～32	31～36	28～31
14	花灌木	塑料花盆	37～39	38～40	38～40
15	花灌木	塑料花盆	38～46	38～44	34～37
16	花灌木	塑料花盆	50～52	43～45	43～45
17	花灌木	塑料花盆	34～46	58～60	57～59

4. 上海国际旅游度假区容器化苗木储备物联网(生物芯片)技术

上海国际旅游度假区核心区项目中基于物联网技术的园林植物质量可追溯系统的建设内容包括数字化平台的建设和数据分析应用示范两部分。

[1] 数字化平台的建设

系统涵盖了"数字化园林"和"质量追溯查询"两大版块,以三层架构建立园林植物可追溯系统,确保系统的安全性和整体运行效率。使用经过 ICAR 认证,具有全球唯一标识识别号的电子芯片作为每一棵树、林区入口处标识牌的核心载体;使用传感设备对园林的园林种植过程中涉及的气象、土壤、环境等相关生态因子进行实时的动态监测以及植物生长过程中的种植措施进行数据记录,并针对具体品种特征进行数据分析;使用条码打印机(或者条码预印),通过芯片识读器在包装苗木时建立对应芯片,打印相应的不干胶条码,粘贴在相应位置上。

通过芯片阅读器、PDA 等设备采集查询种植苗木区域的基本信息、养护信息等数据。以短信的方式对病害虫高发期、旱涝等灾难性天气进行提醒。

数字化园林部分包括有合作社农户基本信息管理、园林信息管理、片区信息管理、植物信息管理和基于 RFID 电子标识产品生产过程控制及相关工序信息体系,包括"销售企业信息""产品信息""农户信息""药物及肥料信息记录""地块管理""田间管理""苗木采摘""日常养护""产品检测"及"运输销售管理"等功能。

质量追溯系统为监管部门和消费者设置了追溯查询功能,监管部门和消费者在产品追溯查询页面输入某个单品的追溯码或通过查询终端机扫描苗木外包装盒上粘贴的条码标识就能直接查询到苗木的所属苗木树、日常养护信息、品种及农户的相关信息,还可以了解到包括产地环境、化肥施用等农产品的生产情况,使消费者看得放心、买得安心。

[2] 数据分析应用示范

植物具有连续生产、技术要求高、生长周期长、周年消费、市场消费变化快等特点。但是,由于种种原因,植物技术推广体系不能完全满足农民对新技术和新知识的需求,农民对生产什么样的园林、如何生产,以及如何进行销售等一系列问题无法找到答案。

通过两年左右数字化平台的建设,将苗木种植、管理、养护、销售的全程数据通过物联网技术汇总到云端数据中心,通过对数据的挖掘和分析必将得出一套科学化种植苗木的方法,引导合作社农户科学种植管理植物,逐步提高园林植物产品的整体质量水平。

适宜上海国际旅游度假区核心区景观容器化苗木储备管理中物联网(生物芯片)技术应用核心是利用电子芯片的唯一标识号作苗木电子档案的核心载体,通过信息化的手段采集树木的基本信息、养护信息等数据,在降低管理成本的同时,构建上海市数字园林的信息化管理平台(图 4.3-4)。

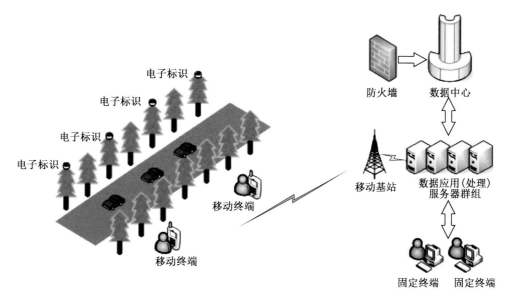

图 4.3-4　上海国际旅游度假区核心区院内树木信息管理系统示意图

1) 生物芯片硬件设计

a. 数据存储设备

数据存储设备是用于对系统运行数据的存储与备份,包括树木的基本信息、树木的照片与养护信息。并根据系统运行所获得的数据建立数据仓库,为数据挖掘提供必要的数据保障。

b. 数据应用(处理)服务器

通过数据应用(处理)服务器叫将数据存储设备中的原始数据根据数学模型转换为可分析的有效数据,并通过 Web 应用服务,向查询终端提供各项分析和预警数据。

c. 信息采集查询终端

通过定制的终端设备,可方便采集养护的相关信息,并自动导入数据库或实时查询数据库中的相关信息。

d. 操作系统及数据库软件

服务器将部署 Windows 2003 Server 操作系统,数据库部署 SQL Server 2005 企业版 SP3,. Net 2.0 及以上版本的软件运行 Framework 3.5。

2) 生物芯片主要功能模块设计

出于安全和运行效率等因素的综合考虑,系统按照多(三)层构架的原则组成,即数据链入层、业务逻辑层和应用表示层。数据链入层主要负责与数据库信息的读写与操作;业务逻辑层主要负责统计、查询、跟踪等具体业务功能的实现;表示层则根据用户的需求,将业务逻辑层的内容合理安排布局,展示给用户。通过三层的隔离实现数据库对非法用户的隔离,并保持了系统开发的完整性,有利于今后系统的二次开发和升级维护工作。

a. 树木健康档案

采集树木本身的基本信息,通过档案的方式对苗木进行健康管理。

(a) 树木基本信息维护

(1) 主要功能:由电脑终端维护的信息包括:树木编号、树种、学名、科名、拉丁名、所属区域、来源、树龄、树高、胸径、冠幅、立地环境条件、生长状况、病虫危害情况、保护级别、养护责任人、建立日期、备注、是否移出等内容。

（2）由智能手机维护的信息包括：经纬度坐标采集、现场照片采集。照片采集由四个部分组成，分别为苗木移入、9 个月/次例行检查、苗木移出以及病虫害等情况取证。

（3）信息主要来源：现场拍照采集、智能手机使用 GPS(AGPS)功能来对树木进行定位、人工输入。

（b）历史移栽信息

（1）主要功能：树木的历史移栽信息与基本信息匹配在一起，方便查询单个苗木的信息。

（2）信息主要内容：移栽时间、移栽区域、原种植区域、操作人员、建立时间。

（3）信息主要来源：移栽信息。

b. 区域信息管理

（1）主要功能：维护区域的基本信息，包括对其信息的相关维护。

（2）信息主要内容：区域编码、区域名称、所属园区、区域负责人、负责人联系电话、建立时间。

（3）信息主要来源：人工录入。

（4）可维护信息：区域名称、区域负责人、负责人联系电话

c. 园区信息管理

（1）主要功能：采集园区的基本信息，包括对其信息的相关维护。

（2）信息主要内容：园区编码、园区名称、所属单位、园区负责人、负责人联系电话、园区图、建立时间。

（3）信息主要来源：手工录入。

（4）可维护信息：园区名称、园区负责人、负责人联系电话

d. 单位信息管理

（1）主要功能：采集单位的基本信息，包括对其信息的相关维护。

（2）信息主要内容：单位编码、单位名称、所属集团、单位负责人、负责人联系电话、建立时间。

（3）信息主要来源：手工录入。

（4）可维护信息：单位名称、单位负责人、负责人联系电话

e. 集团信息管理

（1）主要功能：采集集团的基本信息，包括对其信息的相关维护。

（2）信息主要内容：集团编码、集团名称、集团负责人、负责人联系电话、建立时间。

（3）信息主要来源：手工录入。

（4）可维护信息：集团名称、集团负责人、负责人联系电话

（5）树木健康档案与区域信息之间、园区信息等的关系：树木健康档案隶属于区域信息、区域信息隶属于园区信息，园区信息隶属于单位信息、单位信息隶属于集团信息。建立的逻辑次序是集团信息—单位信息—园区信息—区域信息—树木健康档案。

f. 养护信息管理

养护信息采集通过三种方式实现，分别为现场信息采集、平台信息采集和智能手机信息采集。

（1）现场信息采集：将所有采集好的养护项目做成养护卡，当养护人员对树木进行养护时，直接通过阅读器，先扫此次养护的树木电子芯片号，再扫描相应的养护卡，则本次养护信息即可自动采集并保存至阅读器的内存中（识读器内存可存储 2 万条此类养护信息）。

当养护人员完成一天养护后，将阅读器连接电脑，通过信息导入系统自动将今天的养护记录导入养护数据库，实现养护信息的自动采集与上传。

（2）平台信息采集：由管理人员根据养护人员提供的养护信息表，在系统中批量选择相应的树木，将其养护信息登记。

（3）智能手机信息采集：当管理人员对树木进行养护时，直接通过蓝牙阅读器，先扫描树木电子芯片号，此时智能手机接收到树木电子芯片号，然后管理人员在智能手机界面上输入相关养护内容，以及拍摄照片。最后点击提交上传养护信息的文字数据。若当天养护时有拍摄照片，则需要将智能手机连接电脑，通过信息导入系统将当天的照片上传至服务器。

（4）日常养护。

- 主要功能：采集日常养护的信息。
- 信息主要内容：树木编号、养护时间、养护内容(病虫害、修剪、浇水、中耕除草、施肥等)、实景照片、养护人员。
- 信息主要来源：阅读器读取电子标签获取、智能手机获取的照片、树木健康档案。

（5）照片导入。

- 主要功能：通过数据线方式将智能手机中的实景照片导入到数据库。
- 信息主要内容：记录类型、记录编号、照片路径、拍摄时间。
- 信息主要来源：智能手机照片采集。

（6）养护信息导入。

- 主要功能：通过数据线方式将阅读器内的养护信息导入数据库。
- 信息主要内容：树木编号、养护时间、养护内容、创建日期。
- 信息主要来源：阅读器采集。

（7）养护信息查询。

- 主要功能：对日常养护信息进行查询。
- 信息主要内容：根据树木编号、树种、区域、时间等条件查询。将养护的详细信息列出。
- 信息主要来源：养护信息、树木健康档案。

（8）统计与分析管理。

Ⅰ．养护率统计分析

- 主要功能：根据树种、区域、园区、时间等条件按所属区域进行养护信息的统计分析。
- 信息主要内容：园区名称、区域名称、养护率。
- 信息主要来源：养护信息、树木健康档案。

Ⅱ．病虫害发病率统计分析

- 主要功能：根据树种、区域、园区、时间等条件按所属区域进行病虫害信息的统计分析。
- 信息主要内容：园区名称、区域名称、病虫害发病率。
- 信息主要来源：养护信息、树木健康档案。

（9）智能化运用：手持终端智能手机应用。

- 主要功能：通过智能手机设备和GPS设备，工作人员可通过掌上电脑对树木实行现场地理坐标采集、现场照片采集，并可将采集结果传输到系统。
- 信息主要内容：地理坐标、现场照片、地图显示。
- 信息主要来源：现场采集。

3）景观容器化苗木储备管理中生物芯片操作流程图

景观容器化苗木储备管理中生物芯片操作流程如图4.3-5所示。

4）景观容器化苗木信息管理技术平台的建设

为确保苗圃内苗木的养护质量，并能高效的与业主进行沟通反馈，现场养护苗圃及苗木建立基于RFID芯片识别技术的苗木信息管理平台，可以实时记录、储存、查询现场每一株苗木的信息及养护状态。

苗木数据库存储苗木清单表包含以下内容：

(1) 单株苗木基本信息，包括名称、规格、种植时间、编号，栽植位置等；

(2) 单株苗木养护信息，包括施肥、浇水、修剪、松土等作业内容和作业时间；

(3) 按品种、按区域分别统计苗木数量、库存状况以及养护记录。

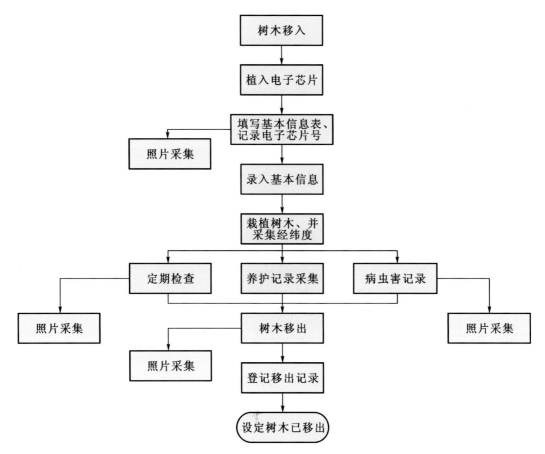

图 4.3-5　景观容器化苗木储备管理中生物芯片操作流程图

4.3.2　苗木容器化工艺标准

景观容器苗生产、储备工艺流程如图 4.3-6 所示。

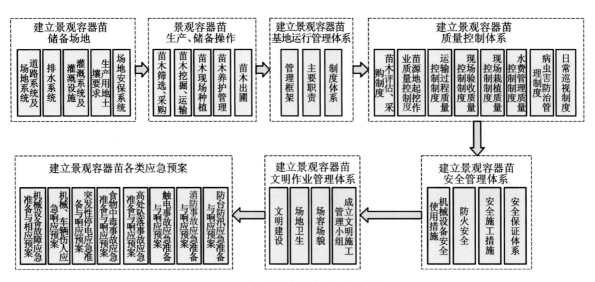

图 4.3-6　景观容器苗生产、储备工艺流程图

4.3.2.1　容器苗储备操作流程

上海国际旅游度假区核心区景观容器苗储备操作规程如图 4.3-7 所示。

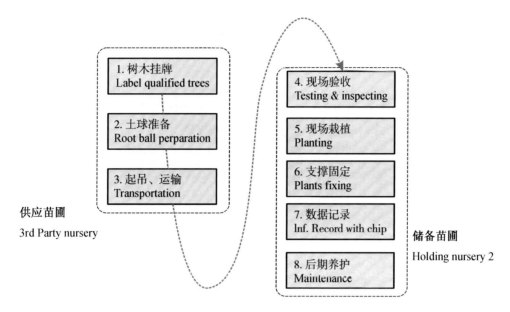

供应苗圃
3rd Party nursery

储备苗圃
Holding nursery 2

图 4.3-7　上海国际旅游度假区核心区景观容器苗储备操作规程图

4.3.2.2　苗木筛选、采购

苗木筛选、选购环节指根据上海国际度假区项目建设需要,在广泛收集苗木资源信息、实地考察评估的基础上,优中选优,采购符合项目要求的苗木。

4.3.2.3　苗木挖掘、运输

苗木在苗源地的起苗挖掘和运输过程中,根据苗木实际情况和质量控制要求,采取两种方式进行:一种是向苗源地派驻现场质量主管,监督苗木供应商挖掘、运输作业;另外一种是针对高价值的苗木,向苗源地派驻挖运团队,独立进行挖掘、运输作业,并控制质量。

4.3.2.4　苗木现场种植

(1)苗木整形:验收合格的苗木先进行整形修剪,主要修剪掉一些枯枝、枯叶,但修剪过程中确保不破坏苗木原有的树形结构,原则上不做抽稀修剪。

检查树冠中是否有花芽等生长,如有则需小心的修剪掉花芽、花苞。

(2)定位:根据苗木规格确定种植点位。

在栽植点回填 10~15 cm 垫层填土。

(3)吊卸:整形完毕后,用吊钩系统,确保钩子均匀分布受力,吊运时保持苗木直立。

缓慢起吊,卸至指定位置。

栽植质量主管确定栽植的方位朝向,调整结束后落地。

(4)支撑、绑扎:将树干通过三股包塑钢丝绳拉索及"花兰扣"牵引至地面钢管桩固定,同时调节松紧度;钢丝拉索与树干接触部位套橡胶套管,以保护树干和树枝结构不被损伤,允许树木进一步生长;辅助支撑采用毛竹三角形支撑法(图 4.3-8),支撑高度不低于 3.5 m。另外,在日常巡查中应注意检查苗木支撑绑扎松紧情况,并根据苗木生长势进行适时调整。

图 4.3-8　苗木支撑绑扎保护示意图

（5）容器安装：支撑绑扎固定后，根据规格拼接空气阻根控根容器将土球围起。
阻根容器直径不小于苗木胸径的 10 倍，个别苗木品种根据需要可以进一步放大（图 4.3-9）。

图 4.3-9　苗木阻根容器安装示意图

（6）芯片安装及原始数据登录：在树干统一位置采用手持式钻头安装植物芯片；采用手持设备登录数据库，录入该株植物的相关信息，并拍摄照片上传保存（图 4.3-10、图 4.3-11）。

图 4.3-10　手持式植物芯片扫描器及读写设备

图 4.3-11　芯片安装及读取

（7）滴灌、喷雾安装：根据苗木规格，安装 4～8 组滴箭滴头，其中树冠上安装微喷头，安装高度和位置应充分考虑苗木的位置及夏季常规风向。安装时检查滴头与喷头效果（图 4.3-12）。

图 4.3-12　苗木滴灌与喷雾系统

（8）栽植后管理巡视：在最初定植的 4 周内，对苗木进行定期巡视和重复灌浆等作业，其中作业内容包括滴灌、喷灌设施管理，回填土沉降，促生根药剂的使用。在回填土沉降时，对苗木需重复进行灌浆、填土、夯实等工作，以确保回填土与原土球紧密结合。每 7～10 d 向苗木原土球与回填土交接范围处浇灌 1∶500 稀释的 B1 活力素，苗木土球直径 1.3 m 以下 B1 活力素施用量为 24 L/株，1.3 m 以上施用量 40 L/株，使用周期约 3～4 次。

4.3.2.5　苗木养护管理

苗木养护是容器苗储备生产管理的重要环节。

具体操作规程如下。

（1）水肥管理：苗木养护组每天记录当日气象数据，其中主要记录每天 6 点、12 点、18 点的天气气温情况，如若有雨则需记录当日降雨量；同时采用土壤湿度计、温度计抽检容器内土壤湿度、温度情况，以此作为补水的依据。苗木土壤含水量保持在 19%～23%，低于下限时，则需通过滴灌系统向苗木容器内补水，滴头流量为 1 L/h，补水滴灌开启窗口为 5～8 小时；当天气最高温度超过 28 度时，需分 6:00～10:00 和 16:00～20:00 两个时段开启喷雾装置，以确定苗木的保降温保湿；每 3～4 周，向每个苗木容器内施用 1∶150 稀释的 Seasol 溶液，以改善苗木土壤肥力。除此之外，每季度抽检容器内土质肥力指标，重点关注 K（100～250 mg/kg）和 P（10～40 mg/kg）指标，当低于下限时，需施用硫酸钾（0-0-50）和磷酸钙（0-45-0），以增加肥力，同时避免较多氯化钠风险。

（2）病虫害综合防治：强化苗木的病虫害动态监测，以预防保护为先。本项目主要采取以生物防治为主的有害生物综合管理技术，有选择性地引进并释放多种天敌昆虫种类和应用多种生物防治产品，将重要病虫害种群量控制在不损失美观的水平之下，同时不断调节生态益害种群之比，使其达到总体平衡。

（3）极端气候防治措施：当气候持续高温时，苗木除了采取补水和喷雾措施外，还需采用 1∶20 稀释的 Envy 蒸腾抑制剂溶液向苗木叶片喷施，以降低叶片的蒸腾，每 7～10 d 使用一次；冬季气温较低时，采用稻草或塑料薄膜覆盖包裹苗木容器，以起到保温的作用，同时，采用 1∶20 稀释的 Envy 蒸腾抑制剂溶液，浇灌苗木土球，施用量每株约 20～30 L（根据植物规格确定施用量），对苗木起到防冻害作用，每 7～10 d 施用一次。

（4）台汛期防治措施：台汛期间，采用毛竹支撑和钢丝牵拉，对苗木进行支撑和加固作用；加强对排水沟渠巡查，及时疏通堵塞，确保排水畅通；另外，根据各苗圃场地建设实施方案，布置临时排水泵，以加强临时排水，并执行防台防汛应急预案的各项规定。

4.3.2.6 苗木出圃

具体操作规程如下。

（1）苗木出圃前复测：在苗木出圃前复测苗木的规格和土球尺寸等相关指标，同时复核苗木检验检疫证等有关材料，并拍摄苗木出圃照片（纵向设置垂直标尺参照）。

（2）苗木预处理：根据季节及天气状况，在苗木出圃前 3～5 d，使用喷雾机向树冠叶面及树干喷射 1∶20 稀释的 Envy 蒸腾抑制剂溶液，确保树冠、叶片、树干被 Envy 蒸腾抑制剂溶液均匀覆盖；在苗木出圃前 1～2 d 内，向苗木容器内浇灌 1∶500 稀释的 B1 活力素，施用量约 25～40 L（根据苗木规格调整施用量）；在作业日志中记录相关信息。

（3）控根容器拆除：移除苗木控根板，注意保护好苗木土球结构，避免种植土松脱造成根系损伤。

（4）土球绑扎、保护处理：苗木土球外围包扎无纺布和钢丝网，同时采用专业工具收紧钢丝网，并检查土球包裹的牢固度。

（5）树冠保护：根据苗木运输路线设计树冠相应的保护方案。常规的树冠保护主要是对苗木进行收枝、拢枝处理，利用定制加工的收枝绑带将树冠枝条尽量往上收拢，收枝、拢枝的幅度根据品种而定。

（6）起吊、装载：钢丝网包裹苗木土球完毕并收紧后，采用吊钩系统，将 12 个钩子钩入土球靠近上部约 1/3 处的钢丝网并敲入土中。在现场机械指挥人员指挥下，吊机缓慢起升，将苗木吊运至运输卡车上。其中，吊运过程中注意保护土球的完整性，并避免钩链对树冠、枝干造成损伤。在苗木上车后，对苗木做好支撑，随后取下吊钩。

（7）运输保护：运输前用遮荫网覆盖苗木，防止运输途中风对苗木造成损伤。

（8）苗木交接及卸载：苗木在到达指定地点后，需与接收方做好验收和交接手续，如需我方卸载时，用吊钩系统将 12 个钩子钩入土球靠近上部约 1/3 处的钢丝网并敲入土中，并缓慢起吊，卸至指定位置。

4.3.3 容器化苗木养护管理技术

4.3.3.1 容器苗生产繁育工艺及养护技术方法比较

1. 国内外景观容器苗生产繁育技术方法比较

目前，国内外景观容器苗生产繁育技术主要集中在景观容器苗育苗苗圃地的建设，包括景观容器苗育苗树种和苗木规格的选择，景观容器苗育苗容器种类、材料及规格选择，景观容器苗育苗基质配制，以及景观容器苗育苗控根技术等方面。

[1] 景观容器苗育苗苗圃地建设

我国对容器苗的生产场地一般选择交通便利的地方,离城市较近的地区,以方便运输;充分利用废弃地,以达到资源的有效利用;生产区内要有丰足的水源和电力保证,以保证苗木生长用水;场地要相对平整,以利于机械化操作;因为容器苗最忌水涝,生产场地要有一定高差,也可以选择缓坡类的地形,以满足排水通畅。或者可以依据苗圃地的走向,建设不同级别的排水沟,保证在降雨或灌溉后及时排除积水。生产区可根据品种的不同分成不同区域,以便于容器苗在生产过程中的管理和操作。

[2] 景观容器苗育苗树种和苗木规格选择

容器育苗最初是为了解决干旱地区和贫瘠山区造林成活率低等问题而发展起来的育苗新技术,它所研究的材料是适合干旱地区和贫瘠山区造林的马尾松、湿地松、火炬松、油松、阿月浑子、桉树、云南樟、刺槐等树种,主要目的是在容器中点播种子培育一年生的实生苗,或对于裸根的一年生苗进行培育造林,它们共同的特点是苗木规格小、容器简单、培育数量较多、管理粗放。

随着城市化进程加快,公众对城市园林建设的要求越来越高,园林绿化对高质量的苗木需求量与日俱增,特别是不受季节限制的园林苗木更是供不应求。园林苗木容器化培育作为一种新型的栽培模式越来越受到重视,容器化培育将成为园林苗木的主要栽培方式之一。焦树仁等人在2000年使用容器培育8年生樟子松进行造林,章银柯和包志毅对园林苗木容器栽培及容器类型演变进行综述,苑兆和与尹燕雷对大规格园林苗木双容器育苗技术进行了探讨。但是,采用容器培育大规格的园林苗木生长状况及其生理变化的相关研究尚未见报道。

[3] 景观容器苗育苗容器种类、材料及规格选择

容器的种类和规格直接影响容器苗的生长发育和苗木质量。容器规格的选择应本着"节省资金、降低成本,苗木易于形成根系团,适合造林地立地条件"的原则。目前常用的容器种类有:纸质容器、薄膜容器、无纺布容器、纤维网袋材料容器、舒根型容器、塑料袋、硬塑杯、泥炭杯等。在容器育苗中容器种类对容器苗根系的生长起着重要的影响,秦国锋、吴天林、金国庆、郡振武、陈高杰、蔡忠明等主要研究应用舒根型容器与半轻型基质培育马尾松,其结果表明:ⓐ舒根型容器培育苗木,根系顺导向槽往下伸展,不会形成卷曲根,并可通过空气自然截根,促使产生大量侧、须根,同时根系与基质紧密结合形成牢固的根团,有利于提高造林成活率。ⓑ两种舒根型容器相比较以台式容器为优,苗高生长与苗株生物量要比管形容器分别大12.8%和24.6%,茎根比小,根系发达,苗木质量高。因此,在选择容器时要选择有利于苗木生长而且使用方便、保水保肥性能好、无污染的容器。

1) 容器材料和种类

随着研究的深入,容器类型更加丰富。从20世纪80年代开始,苗圃业者逐步认识到空气修根的重要性,设计了具有空气修根(Air-rooted pruning)作用的容器,中国林科院林业研究所许传森发明的轻基质网袋容器在小容器苗上有较好的应用效果,但由于物理承受能力的限制,网袋容器不适合大型苗木的培育,主要用于林木、果树、花卉、绿化等树种扦插或播种的育苗。

不同材料的育苗容器对苗木的生长发育影响很大。育苗容器材料要来源容易、制作省工、价格便宜。既要适宜幼苗生物学需要,又要有一定强度,保证装运时不损伤苗木。力求材质轻,有保温、保湿、保养分的优良性能。

用于容器育苗生产的容器种类很多,大体上可分为三大类:塑料容器(塑料薄膜、硬塑料杯)、泥容器(营养砖、营养钵)、纸容器。制作容器的材料主要有:聚氯乙稀和聚脂类塑料、纸、泥炭等,按其化学性质可分为能自行分解腐烂和不能自行分解两类,前者造林时苗木与容器不必分开,后者则需去掉容器后方可造林。美国的研究表明:聚脂类塑料可以被微生物破坏,根据这一结果,研制了六角形和圆柱形可分解的容器,在美国南方20世纪70年代中期就用于容器苗的生产。利用聚乙稀和聚本乙稀所生产的容器不能被微生物分解,容器可多次使用。近年来,我国南方采用无纺布做容器材料。广西林科院研制的蜂窝式纸容器,已推广到全国20多个省、市使用,该容器有体积小(折叠式)、贮运方便、造林无需去除容器、造

林成活率可达95％以上等诸多优点。辽宁还研制了利用草炭纤维和木质纸浆制作育苗容器的机械。另外，对利用旧报纸制作营养钵进行了试验。对兴安落叶松的试验表明，纸容器最好，其苗木根系最发达，无论是地径还是苗高都优于复合杯和塑料杯。采用隔膜式蜂窝纸容器(耐磨型)、农用专用纸容器和塑料薄膜容器对黑荆树幼苗生长的影响表明，隔膜式蜂窝纸容器最好，但应适当增大容器高度和大小号。改进育苗措施。

2) 育苗容器规格

育苗容器的容器规格大小因育苗期限、育苗树种、苗木规格、造林地的立地条件而不同。一般来说，容积增大苗木地径、单株生物量相应增大，但根的密度却随容器增大而减小。在生产上，为了降低育苗成本和造林成本，一般都尽量采用小规格容器。

据相关资料报导，4个月、1年生湿地松以4×12、16 cm(口径×高，下同)的容器为宜，油松、侧柏百日苗容器以高14、16 cm，直径4.0、4.8 cm为宜。广东的研究表明，湿地松、马尾松、木麻黄、大叶相思和柠檬桉采用6×14 cm、6×14 cm、6×12 cm、5×10 cm和5×14 cm较为理想；杉木半年生苗以6.3×12 cm的容器最佳。一般情况下，薄膜容器用于培育3,6个月苗木，其规格为4×10 cm、5×12 cm；培育一年生苗木，其规格为4×12 cm、6×15 cm。总之，容器规格对苗木生长有显著的影响。其趋势是在一定范围内容积增大，苗木地径、重量均相应增长，但对苗高影响不显著。适当增加容器直径，相应降低容器高度可以有效地促进苗木地径生长。

随着对大规格苗木的需求量大幅度增加，人们开始研究大规格苗木(包括乔木和灌木)的栽培容器，随即设计出了容器箱。由于传统容器栽培模式存在不足和缺陷，Ruter进而提出了双容器(PIP)育栽培模式并得到了应用。控根容器是最近两年才出现的新型调整根系生长的容器，能够调控根系形成，具有广阔的发展前景。

[4] 景观容器苗育苗基质

容器苗基质的合理选用是园林苗木容器栽培中的重要因素之一，理想的基质不仅能为苗木根系提供良好的养分需要和良好的根系透水透气环境，还能为微生物的生长和繁殖创造有利条件。近年来，国内外开发了许多来源允裕，成本较低，理化性状良好，有较好保湿、通气、排水性能的基质。按照基质的成分、质地和单位面积重量可以分为重型基质、轻型基质和半轻型基质。20世纪90年代初，容器苗的培育基质，要以黄心土、火烧土、草灰土等添加一定的肥料为主。目前，越来越多地采用轻型和半轻型的人工基质，主要有泥炭、蛭石、树皮、木屑、珍珠岩、碳化稻壳、腐殖质、塘泥、马粪、枯枝落叶等，但各自的特性不同，对植物生长具有不同的影响。

几十年来，世界各国对培养基质进行了大量的研究，一致认为，泥炭是最佳基础性基质，其中尤以苔藓泥炭为上乘(Landis，1990)，但泥炭并非各地廉价可得。因此，对于生产者来说，更要思考的是，利用本地的资源来配制经济有效的混合基质，满足容器育苗大规模生产的需求。波兰(1987)用泥炭与枯枝落叶或与树皮粉作基质；芬兰采用泥炭苔藓或矿质和堆肥的混合物作为培养基质；美国常用1:1或2:1细泥炭与蛭石的混合土作基质。Barnett综述了大量文献资料，认为以泥炭和蛭石配合的基质能生产出高质量的苗木。容器苗生产中基质的组成比例因育苗地域、育苗设施、培育树种的不同而差异很大，泥炭鲜和蛭石最常用的混合比例为3:1、3:2或1:1。

国内对基质研究最早起源于花卉生产。树木容器苗的培育基质，20世纪90年代初主要以黄心土、火烧土、草灰土等添加一定的肥料为主，近年已朝轻型基质方向发展，材料主要有蛭石、泥炭、岩棉、树皮、木屑等。近几年，我国北方还开展了秸秆复合育苗基质的研究，陈之龙等人研制的秸秆复合基质重量轻、吸水量大、养分含量丰富、成本低，其作用优于蛭石和土壤。容器基质的物理化学性质对苗木生长具有决定性作用。李继承等的研究结果表明：用草炭土＋腐殖土，腐殖土＋马粪，草炭土＋马粪配制的3种营养基质，最有利于红松幼苗的生长；用草炭土＋马粪配制的营养基质，最适宜落叶松、樟子松和云杉幼苗的生长。奥小平等通过对20个处理基质的分析以及对容器苗生长影响的研究，确定了有利于苗木生长的最优基质配比为草皮土(黄心土)与沙、有机肥三者的体积比为8:1:1，基质组成与苗高、地径、侧根数均成正相关。邓煜等研究不同的基质对香椿、日本落叶松、侧柏、油松等树种生长规律的影响,研究表明:不同基质对不同树种苗木质量的影响不同,即不同树种适应不同的育苗基质,香椿和侧柏适应的育苗基质广泛。鲁敏等对油松研究发现,不同基质油松容器苗的生长影响显著,基质的密度、全磷含量和速效磷含量是影响油松苗生长的主要因子。龙开湖等对马尾松基质进行研究认为,稻谷壳粉、松树皮粉等基础性基质比例在 40%～50% 为好,比例过高,造成孔隙度降低,饱和含水量过大,影响苗木生长。韦小丽研究发现,用树皮粉作湿地松容器育苗基质效果最好,而用锯木屑作基质效果最差。

在生产上常用的育苗基质有泥炭、珍珠岩、蛭石、锯末、椰蓉、农作物秸秆、蘑菇下脚料、花生壳等。泥炭属不可再生资源且氮含量多为有机氮,有机氮转换成有效氮的速度较慢,数量较少,有效磷、有效钾的含量也不高,偏酸性,有机质难分解,因此泥炭不易单独使用,而应与珍珠岩、蛭石等混合使用。我国在容器苗基质方面的研究较多。邱进清认为,松类容器育苗的基质应为酸性或微酸性。以黄心土 50%～60%、菌根土 10%～20%、过磷酸钙 2.5% 为宜。陈辉等人研究马尾松容器苗结果为:以树皮为主要成分的基质较以锯屑为主的基质为优。湿地松容器苗基质在长江流域一带以 pH 6.0 的 80% 草灰土＋20% 松林表土为宜。墨西哥柏容器苗以塑料薄膜为容器,灭菌熟土 70%、腐熟堆肥 5%、火烧土 10%、过磷酸钙 2% 加适量人粪尿混合作基质。杉木半年生苗以酸性土壤＋河砂＋腐熟饼肥＋过磷酸钙＋硫酸亚铁较好。近几年,我国北方还开展了秸秆复合育苗基质的研究,秸秆复合基质重量轻、吸水量大、养分含量丰富、成本低,其作用优于蛭石和土壤。陈之龙等人利用秸秆(玉米、小麦秆磨碎发酵)制成复合基质,能使毛白杨容器苗日增高达 0.47 cm,比其他基质高 3 倍。

各地在传统育苗基质的基础上,开始注重育苗基质的重量和对当地农林废弃物的利用。张增强等将污泥或家禽排泄物与植物秸秆堆肥化后形成的生物固体用作育苗基质,通过试验发现苗木具有良好的生长响应,推广造林后,1 年到 2 年生苗木的成活率与保存率均明显优于裸根苗。程庆荣等以蔗渣、木屑为原料做尾叶桉容器育苗基质,进行不同配方、堆沤及追肥处理的试验,结果表明:木屑、蔗渣经过配比、堆沤、追肥处理后可以作为尾叶桉容器育苗的基质,其中以木屑或蔗渣:煤渣:黄心土＝5:2:3 为最好。李艳霞等指出,污泥和垃圾堆肥可以部分替代泥炭,能明显促进刺槐、国槐和侧柏苗木生长,基质最佳配方为污泥堆肥:泥炭＝1:1 和垃圾堆肥:泥炭＝1:1。韦小丽等认为,用树皮粉培育湿地松容器苗效果良好。邓煜等通过对香椿、日本落叶松、侧柏、油松的研究发现,油松最佳基质配方为泥炭土:蛭石:树皮＝2:1:1,日本落叶松最佳基质配方为泥炭土:蛭石＝3:1,香椿、侧柏最佳基质配方为泥炭土:蛭石:核头壳＝2:1:1。尹晓阳等对云南樟、刺槐在蔗渣、木屑、炉渣、树皮粉、稻草粉等基质上的生长情况进行对比试验,得出云南樟的最佳配方为泥炭土:珍珠岩:炉渣＝1:1:1,刺槐的最佳配方为泥炭土:珍珠岩:蔗渣＝1:1:1。

基质不仅影响苗木生长,还涉及到栽培管理方面,应尽量选择较轻的基质,便于移动和运输。随着苗木生产过程机械化和商品化,国际市场上已有包括专用型在内的各种牌号的配合苗圃用的基质(Harlass, 1984;Sanderson, 1983;Barnett, 1986)。现代容器育苗中基质生产逐渐向商品化方向发展。目前,我国在容器基质方面也取得一定进展,筛选出一些适合生产应用的轻型容器苗培育基质(王莉,1995;蔡卫兵,1997;冷平生,1998;邓煜,2000),但仅限用于少数树种的专业化生产。中科院水保所对常见树种育苗基质配方进行了研究,将其保水、抗旱、促根、微量元素利用,以及防寒抗冻等特性进行集成,开发出了控根快速育苗复合栽培专用基质。

大量的实验表明,不同的基质配方对容器苗的生长有显著影响,不同植物类型,尤其是根系类型,对基质配比有不同要求。经研究表明,没有一种基质配比适合所有容器苗的生长发育。因此,在进行容器栽培基质配制时,应当结合我国各地区的自身资源特点,就地取材,经济有效地选用优良的基质组分,并将它们进行合理配比,才能创造理想的土壤理化环境,生产出更佳的容器苗产品。

[5] 景观容器苗育苗控根技术比较

根系畸形是容器苗发展中遇到的严重问题。为了避免根系在容器中盘旋成根团和定植后根系伸展困难,国内外学者对容器苗根控进行了大量研究。研究表明,根生长点的去除可以增加侧根的发生

(Street,1969)。在我国,早期人们进行苗木移栽时,为了提高移栽成活率,常采用提前机械(刀或铲)断根促根的方法,至今我国大树移栽中依然采用该方法。而在西方国家,早期还常采用定期人工移动容器法来切断容器苗根系向周围土壤中的延伸。移栽能促进苗木根系发育、提高苗木质量这一有效方法在西方国家也已形成共识(Nelson,1989)外苗木调查和造林试验都看出,苗木上的侧根数和分布形式对幼树生长有明显的影响。Kormanik 把美国枫香苗按一级侧根多少分为 3 级,即>7 条、4～6 条和 0～3 条,分别造林。结果表明,侧根越少,苗木造林成活率越低。用 7 条根以上的苗造林,5 年后的生长量明显高于 7 条根以下的,0~3 条根苗木的树高只有 7 条根以上苗木的 84%,胸径只有 75%,单株材积相差一倍。他还以火炬松 12 个家系的苗木做侧根数与苗木生长和生物量相关研究,也得出侧根数越少,苗高和干重越少。有鉴于侧根多少与苗木生长呈正相关和侧根多有利于形成坚固的根坨苗,从而在机械化作业中不散坨等两方面的好处,学者们设想了促进容器苗多生侧根的可能。容器育苗控根技术的核心是实现根系的修剪,在根系顶端去除生长点,归纳起来,容器育苗控根技术按照控根原理可分为空气根控、物理根控、化学根控三种类型。

1) 容器形状根控技术(物理根控)

容器形状控根是通过改变容器几何形状、在圆筒形状容器内壁设垂直棱脊线,从而把根系导向容器底部防止盘绕的物理学措施。它的原理是通过改变容器几何形状和在容器壁上制作引导根系生长的突起棱,当根系长至容器壁时,沿在容器壁上制作引导根系生长的突起棱,当根系长至容器壁时,沿突起棱向下生长而不会在容器内盘旋。

Landis D. 等人采用了改变容器几何学形状和在圆筒形容器内壁增设垂直并设计出多种形状的容器。在容器苗发展的早期,这种控根方式应用较多。实践证明,这类措施又带来容器苗上部侧根少,少数侧根代替主根,集中从容器排水孔向外生长和堵塞排水孔,并在造林后由于根系入土深,不能吸收地表层沃土的养分,又带来降低生长的新问题。尔后,学者们提出了把容器放置在有槽沟的板条或网架上,使伸出排水孔的根由于空气湿度低而自动干枯的空气切根措施。Ann-Son 等认为容器底面与其放置支架间留 1.5 cm 的空隙可有效地自动断根。

2) 化学根控技术

化学根控主要是根据某些重金属离子有阻滞根尖生长的性质,将重金属离子制剂(碳酸铜、氢氧化铜等)或其他化学制剂涂于育苗容器的内壁上,苗木根系接触到重金属离子时,重金属离子会毒害根尖,根尖生长被抑制,在其后会生出新根,当新根尖又触及容器壁时生长又被停止,从而在接近容器壁的基质外层形成多分枝根系,实现根的顶端修剪,促发更多的侧根,形成发达的根系的化学措施。

国外在这方面有多种达到推广应用的试剂和品牌,Spin Out TM 是以氢氧化铜为主要成分的控根制剂;Root Right TM 是美国费城供应公司的注册控根产品,有效成分是氯化铜。早在 1968 年,Saul 就建议用铜来限制根系生长。1974 年,Barnett 和 Mc Gilvery 使用铜薄片,铜网格和镀铜的托盘放在容器的底部控制苗木根系生长。加拿大的 Barnettt 在 1978 年用扭叶松开展试验,将 $CuCO_3$ 与丙烯乳液油漆混合后涂在器壁上,发现它能阻止根尖生长,促进树木侧根发生,而这种停止生长是可逆的。就是说,当侧根接触到涂有碳酸铜容器的内壁时,碳酸铜就会控制根尖顶端分生组织的细胞分裂,使侧根停止生长,而不至于顺着容器壁往下长,或在容器内盘旋生长,造成根系不可逆的变形。一旦根系脱离容器即离开碳酸铜,那些停止生长的根尖又恢复生长。由此而形成的根系,侧根从各个部位长出,形成近似自然状态下生长的根系,这必然增大幼树吸收水分与养分的能力。

Wenny 也证实了铜控根剂的作用,他用不同浓度的碳酸铜漆做黄松、西部白松和花旗松容器苗化学断根的效果比较,一年后,看到容器各部出根量与对照明显不同,发根区都壁对照苗上移。原容器基段的发根量壁对照减少 20%～30%,上段发根数增多 1/2～1 倍,使容器根系在土壤中的分布更接近天然更新苗。Kooistra(1991)总结了黑松 5～10 年的铜制剂修根工作。他认为,用铜修根能明显的改善黑松的根系系统,使它能更接近于自然状况。

化学控根技术在 20 世纪 90 年代得到了很大的发展,已经经过了安全测试。90 年代荷兰的 H. Dong

和中国的刘勇使用 CuS 浸渍牛皮纸放置在容器底部以达到控制容器苗主根生长的目的。Furuta 等则是将 CuS 放置在苗木底部或是容器器壁。Susan 观察到铜控根容器早期有减少苗木根系重量的趋势,后期所有铜控根苗木的根重都重于对照。

碳酸铜的效果虽然最好,但随树种的不同,碳酸铜的效果也有差别。美国爱达荷大学林学院(1987)对西部黄松（*pinus ponderosa Laws*）、西部白松（*Pinus monticola Dougl er D. Don*）和花旗松（*Pseudotsuga menziesii Franco*）进行碳酸铜处理,一年后发现,经过处理的苗比未经处理的苗根系中上部分有更多的侧根长出,但这三个树种中,西部黄松和花旗松的效果要比西部白松好。Burdett 对美国黑松(Pinus Contorta Dougl),McDonald 等人对西部黄松的研究也都得出了类似的结果。碳酸铜的浓度也是一个关键因素。有人用 50 g/L～100 g/L 的碳酸铜,也有人用更高的浓度。总的来看,浓度随不同的树种而变化。另外,碳酸铜处理后可能会增加菌根的数量,因为处理过的苗木根系侧根较多,为菌根生长提供了更多的栖居场(McDonald,1981)。现在,大部分的控根剂使用方法都是将铜制剂涂在容器内部侧壁。

3) 空气修根技术

空气修根是在制作容器时,在容器壁上留出边缝,较细的根系顶端能穿过,但不能增粗,碳水化合物不能运输至容器外,当苗木根系长到边缝接触到空气时,根尖便停止生长,由此实现根的顶端修剪,同时又促进形成更多侧根的物理修根措施。空气修根方法是目前最先进、最环保的防止根系盘旋的方法。缺点是容器的制作工艺要求高,容器的造价相对稍高。国外已有多项专利,如美国生产的根控容器和材料专利(PN/20030079401, Whitecomb, 2003;)PN/4884367, Lawton, 1989;PN/4889l4, PN/51035880 等)。目前,常用的空气修根容器种类有:轻基质网袋容器和火箭盆。

2. 国内外景观容器苗养护技术方法比较

目前,国内外景观容器苗养护技术主要集中在景观容器苗水分管理、施肥管理及修剪管理等方面。

[1] 国内外景观容器苗水分管理技术

Timmer V(1991)认为水分对多脂松容器苗的生长、养分状态影响比施肥大,在一定灌溉条件下指数施肥可降低茎根比,而干燥处理下施肥的营养吸收减少 24%。国外还对容器苗浇灌回收水的利用进行了研究(Beheen S V, 1992),认为在坡度台上方喷灌,在坡度台下方回收剩余水,剩余水经过沙过滤可继续用于喷灌,但关键要保持原容器苗的健康,病苗应及时拔除,以防灌溉水再利用时健康苗染病。Thomas M. Mathers 等针对容器育苗的用水限制提出了五种适用容器苗的节水和完善灌溉管理的措施,指出随着水费的提高和取水限制的加剧,设计苗圃灌溉系统时考虑容器苗的特殊需求将变得至关重要。合理的喷灌滴灌系统将会在计划好合理灌水量时保证均匀灌水达到最大用水效率,而且通过用基质蓄水改良剂降低基质温度、回收径流可以达到节约用水的目的。R. C. Beeson, Jr. 将胡颓子、日本女贞、红顶和杜鹃种植在1.4 L 的容器里,仅在黎明时喷灌或用滴灌系统每天间歇灌溉三四次,每天测水势,测24周,在12月生长期结束时测生长量。试验表明,对比间歇喷灌苗木保持近 100% 的容器水分而言,喷灌导致全部苗木类较少的生长量。除了石楠属,多的生长量与大大降低日积水压有关。喷灌苗木水压一般不会严重到足以导致气孔关闭。Olga M. Grant 等在不同的苗木床、不同灌溉方法、不同灌溉制度下对水的用量、植物生长量和质量作对比,指出根据苗木需求选用喷灌技术、灌溉制度及灌溉系统,实现均匀灌溉的最大化会大量节水并且不会降低苗木质量,在干旱年份种植在地下灌溉沙床的苗木的质量尤其好。两种不同系统在调度喷灌上都奏效,一种以不断增长的基质含水量为基础,一种以植物蒸腾为基础。后者由一个有干湿人造树叶的小型传感器判定,输出结果与基于一整套气象数据的运用蒙泰斯法后获得的结果相关联。

国内宋其言在其硕士论文中指出:杨梅的营养生长、光合作用及各项生理指标在不同水分梯度下存在显著差异。在杨梅控根容器苗生产过程中,为最大程度满足其水分需求,并达到合理用水的目的,应按照 7 月份 55%～65%(相对含水量),8、9、10 月份 65%～75% 来控制基质水分含量。张诚诚等以一年生油茶容器苗为试验材料,采用称重法控制基质含水量,设置 6 个水分处理组,研究水分胁迫下容器苗的生理生化特征差异。试验表明:81%～90%的基质含水量最适合油茶容器苗木生长。当基质含水量超过90%时,叶片气孔开度减小,不利于苗木光合作用和呼吸作用等生理过程;当基质含水量下降至81%以下时,苗木开始受到干旱胁迫。在今后的容器育苗生产中,应保持基质合适的水分含量,以维持其正常生长。杨晓桦以秸秆育苗容器为研究对象,初步研究了秸秆育苗容器在不育苗和育苗状态下的水分散失特征和规律,并探索了不同水分管理条件下在盆栽试验和大田试验中容器对植株生长发育和产量的影响。章银柯等分析了国内外园林苗木容器栽培中的灌溉和水分管理技术研究状况,提出了在我国容器苗产业发展中实施节水灌溉的一些建议。邓华平等的研究表明:容器苗施肥后需要及时浇水,但浇水不当会直接影响到肥效。氮肥在基质中流动性大,浇水过多易引起氮素的流失,因而施肥时应增加施肥量或施肥次数,或者改变浇水的方式,变大水浇灌为滴灌。磷钾肥在基质中相对稳定,受浇水量的影响较小,因而施肥间隔时间可以长些,施肥次数也可以少些。

经过近二十年的经验积累,现在国内实践操作中关于水分管理形成了以下共识。

(1) 水质:只有好的水质,才能培育出高质量的苗木。一般来说,中性或微酸的可溶性盐含量低的水为佳,有利于植物的生长。水中不含病菌、藻类、杂草种子就更为理想。

(2) 灌溉方式:容器苗的灌溉方式主要有喷灌和滴灌,一般来说,灌木和株高低于2 m的苗木多采用喷灌,而摆放较稀的大苗则以滴灌为主。国外苗圃业早已采用计算机自动控制滴灌,如现代化的欧美苗圃业。全自动控制滴灌技术不仅可以节约用水,滴灌均匀,还可以兼作施肥,省工省力,且施肥均匀,效果好。从长远来看,减少的劳动力所节省的费用远高于滴灌设备的投入。而且,自动控制喷灌的效果也优于人工喷灌,特别是容器栽培,自动滴灌的节水效果更为明显。不论哪种灌溉方式,灌溉的最佳时间是早晨,这样可减少病虫害的发生。

(3) 灌水量:不同植物需水不同,应据此对苗木进行合理分区。需水量相同或相近的苗木分在同一区或组,在灌水时一定要确信每容器都能获得大约等量的水。容器苗的用水量一般要大于地栽苗,灌溉的次数也随着季节的不同而不同,灌水量和灌水次数依植物的需要而定。

[2] 国内外景观容器苗施肥管理技术

国外 Timmer 等对北美红松容器苗所做灌水与指数施肥结合的研究表明:在限量灌水时,指数施肥降低了苗木地上部与根部比率,提高苗体中的营养贮备。随着灌水量由多到少,指数施肥下根中 NPK 含量与常规施肥的差异增大,并且造林后苗木抗旱力也有所提高。Rrissette 等对短叶松也进行过总施肥量不变的等量施肥与指数施肥试验,分家系分析了追肥方式对苗木各部分生物量的影响。最后认为,逐步提高 N 的施用量是一种有希望代替传统等量施肥的方式。Montville 等用黄松和花旗松容器苗做了诱导芽奠定期叶面追肥的试验得出,芽分化期叶面施肥使叶中 N 浓度和根颈直径增大 0.5～1 倍,根生长力增大 1 倍,芽的长度也略有增大。研究结果认为,不同树种对施肥的反应不同,应为不同树种研制出最适宜的追肥方案。

国内金方伦等进行了不同施肥量对柑橘容器苗生长发育影响试验。结果表明:合理施肥能够促进苗木增高、加粗、主根加长和促发须根,还能够显著增加苗木抽二次梢、三次梢和四次梢以及二至四次梢的总生长量、总叶片数和总发生量。其中,总体上处理效果最好的是每株施用 0.5% 尿素液 0.5 kg 的处理;其次是每株施用 0.5% 过磷酸钙液 0.5 kg 的处理,且施肥处理总体优于不施肥处理。刘吉刚、费素娥等对育苗基质中氮磷比及其含量对番茄穴盘苗生长及营养状况的影响研究表明:育苗基质中氮磷养分量和比例对番茄幼苗生长具有很大影响,适当提高氮磷量和比例可以显著促进幼苗生长,使幼苗茎粗、株高、地上、地下干重增加,适宜的氮磷养分能够促进番茄幼苗对氮磷钾的平衡吸收,提高植株体内养分含量和营养水平,使幼苗健壮生长。王金旺等以泥炭、珍珠岩和稻壳按比例配置作为黄连木容器苗培养基质"按指数施肥方式"单施尿素,研究施肥量对黄连木的作用效果。结果表明:苗高和地径的生长呈交替增长的趋势,高浓度施肥并不利于黄连木幼苗的苗高、地径的生长及生物量的积累。随着施肥量的增加,苗木茎根比、根茎叶 N 和叶 P、叶 K 含量逐渐增大,叶片中可溶性糖含量也明显受施肥量的影响。因此,添加过量 N 肥可能造成黄连木幼苗生理性缺水,造成生理干旱胁迫。曲建国等对基质配方为 60% 草炭土＋

30％腐殖土的红松容器苗进行了施肥试验。结果表明:对红松容器苗喷洒的营养元素种类不同,苗木的高、径生长量具有明显差异。其中"全喷"和"缺镁"两种处理的苗木高、径生长量最大。说明基质中除镁以外,其他营养元素均需要补充。鲁鑫应用两种容器(控根容器、美植袋)进行复叶槭容器大苗的施肥试验,通过不同处理的施肥效果,结果表明:从不同肥料处理的效果看,使用复合肥好于单一的氮肥,而其中的复合肥(N∶P∶K＝1∶1∶1)又好于另一种复合肥(N∶P∶K＝4∶1∶1),说明容器育苗应重视复合肥中 N、P 和 K 的配比。同时,施肥能显著提高复叶槭苗木胸径生长,但对高生长的作用不明显,不同施肥方式对复叶槭的胸径生长均有显著影响。李玲莉等介绍了指数施肥的原理,及其对苗期和种植后幼苗生长的影响,为容器苗指数施肥在我国的推广提供理论基础。指出:指数施肥作为一种新型的容器苗培育方式,将施肥量与植物指数生长期间的需肥量紧密结合,并通过营养载荷在幼苗体内建立营养库,从而降低了幼苗对种植地营养水平的依赖,有利于提高幼苗的造林成活率。董立军以闽楠、浙江楠和浙江樟 3种樟科常绿阔叶乔木为试验材料,系统进行了 3 个树种容器苗培育与施肥技术的研究,给出了三种容器苗适宜的最佳施肥配比。

[3] 国内外景观容器苗病虫害管理技术

胡玉民通过在苗圃地进行樟子松容器育苗试验,对其病虫鼠害提出了具体防治措施。病害根据不同病原选取杀菌剂,对于根腐型可采用 0.5％多菌灵,猝倒病可喷洒农用敌克松 1 000 倍液或 500 倍百菌清,松针锈病可直接喷洒 0.5％百菌灵 300～400 倍液,每 7 d 一次。对于地老虎、蛴螬、象鼻虫可用 6％可湿六六六粉 2 000 g 配甲拌磷 1 500 g 用玉米粉混拌,也可用辛硫酸拌诱饵。对于鼠害可在防寒前撒沙鼠丸。章银柯等在总结实践经验和除草剂相关研究的基础上,对氟乐灵、恶草灵、果尔等土壤处理剂和毒滴混剂、二甲砷酸、百草枯、Poast 和 Fusilade 等茎叶处理剂进行介绍和使用方式及选择说明,指出除草剂的使用依赖其组分,容器育苗时必须慎选除草剂。袁素然通过对工厂化容器苗病害的调查及防治试验,指出对于针叶树来说,立枯病的预防和防治是育苗成败的关键措施之一,而立枯病又是在综合因子的影响下才发生蔓延的,所以对于立枯病必须采取综合防治措施,从种子选择、土壤消毒、出苗后各个管理环节均应注意造成有利苗木生长而不利于病原繁殖的条件。

4.3.3.2　景观容器苗生产繁育工艺技术研究应用

1. 容器苗生产繁育工艺技术总体方案

(1) 采用生根粉、生根液,对比涂抹、喷雾、浇灌等不同处理方法,对促进试验植物新根生长的作用进行分析,探究出对上海国际旅游度假区核心区容器苗新根生长有促进作用的最佳施用浓度及使用方法。

(2) 配制不同类型栽培介质,通过对容器苗苗木的新梢萌发能力、新叶数量及叶绿素含量等的实时监测,分析不同栽培介质对容器育苗的影响,找出适宜上海国际旅游度假区核心区容器化苗木生产繁育栽培基质配方。

(3) 选择适宜上海国际旅游度假区核心区景观要求的容器化苗木、容器化苗木生产繁育容器规格及苗木生产繁育栽培基质配方,在相应的苗圃地块上进行繁育。最终制定一套适宜上海国际旅游度假区核心区景观容器育苗的技术方案。

2. 上海国际旅游度假区容器化苗木生产繁育栽培基质配制

[1] 配方标准

为配制满足上海国际旅游度假区核心区一期绿化种植土要求,通过 53 个配方的测定分析以及 2 次中试试验的测试结果,关于种植土的配方和标准得出了种植土的生产配方。

[2] 原材料质量控制

根据剥离原土的测试结果、配方的试验结果以及技术沟通,改良材料基本定为草炭、黄沙、有机肥和石膏四种,并根据我国林业行业标准《绿化用有机基质》等的技术要求以及调查的国内原材料来源的实际情况,确认了适合上海国际旅游度假区核心区种植土生产项目的原材料基本指标(表 4.3-3)。

表 4.3-3 上海国际旅游度假区种植土生产项目的原材料基本指标

主要控制指标标准	上海国际旅游度假区核心区种植土生产项目的原材料			
	草炭	黄沙	有机肥	石膏
外观	① 不含明显的新鲜草质纤维或未分解的树枝木梗； ② 无明显的泥土、石块等杂质； ③ 无明显的草疙瘩	无明显杂质,无明显污染痕迹		白色,无明显杂质
颜色				
pH 值	3.0～7.5		6.0～8.0	
EC 值	＜2.5 dS/m		＜10 dS/m	
有机质	≥500 g/kg		≥400 g/kg	
灰分	6%～50%			
C/N	＜25			
总 Cu			＜150 mg/kg	
总 Zn			＜200 mg/kg	
CL		0.4～0.8 mm ＞60%	＜2 500 mg/L	
粒径	最大＜13 mm ＜5 mm＞80%	＞2 mm 0	最大＜13 mm ＜5 mm≥80%	＜0.15 mm
级别		＜0.3 mm ＜6%		工业纯,纯度≥95%

注:石膏应采用天然开采,并非人工制品,没有被污染,重金属含量应该满足表 1 中对重金属的限制要求。

3. 上海国际旅游度假区容器苗断根缩坨及发根技术

本项目工程移栽大树的方法是在生产苗圃切根做土球的方法,这样就会造成根部能够吸收水分的根量减少,为了减轻因切根对水分吸收的损伤便采取切除许多树枝方法来缓解。但是,因为在度假区核心区所使用的大树要求做到树形、树茂均佳的自然形态,必须尽量少进行修剪。因此为了充分实现这一目的,建议必须进行断根缩坨作业,在须根充分发根后,再进行移栽以确保树形自然、树壮达到理想的景观及视觉效果。

［1］适合断根缩坨的苗木

从其他场地移栽过来 1 年以上、3 年以内的大树因根部须根充分发根不需要断根缩坨作业,可直接挖取移栽。移栽过来 3 年以内的大树需要进行断根缩坨作业。

［2］上海国际旅游度假区核心区景观容器苗断根缩坨的方法

(1) 挖掘:通常在树根部胸径的 3～5 倍确定挖掘土球的大小,沿土球大小的边缘垂直向下挖掘,挖掘时尽可能留粗的支撑根(不得切断)。

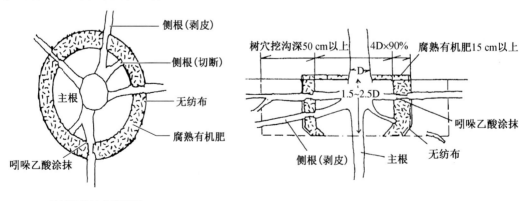

图 4.3-13 适宜上海国际旅游度假区核心区景观容器苗断根缩坨方法示意图

(2) 整根:支撑根应选择三个方向或四个方向(图 4.3-13),其他的根沿土球用锐器(粗根用锯、细根用刀具)垂直切断,如切断面不整齐、光滑时用手锯修整断面,不得用电动带锯。留下的支撑根(力根)沿土球外延剥 15 cm 环状根皮(图 4.3-13)。根径 2 cm 以上根部断面涂抹杀菌愈合剂。

(3) 喷洒发根促进剂:喷洒发根促进剂(β 吲哚基丁酸等)。用无纺布包裹:距土球 15 cm 以上位置等距间隔用铁筋等支撑材料打桩,并沿其内侧铺设无纺布。无纺布通气性高,可以防止移栽挖取时对根部的损伤。

(4) 填充培养土及回填:为提高保水性和通气性在土球及无纺布之间空隙填充培养土(堆肥、泥炭、泥煤苔、椰子泥炭等的混合物)的同时回填原土。培养土的 pH 值偏低时添加石灰中和。回填时用木棒夯实培养土至根部。支撑无纺布的支撑材料培养土填充后取出,可反复使用。

(5) 培堤及灌水:在无纺布外侧培堤高出 20 cm 左右用于成分灌水。

(6) 剪枝:为了保持被切断地下根系给水平衡,在不损害自然树形的前提下修剪 20～30％不要的树枝。

(7) 支柱:为了防止树木倾倒及树木摇晃造成新发根断损,应绑设支柱。

[3] 上海国际旅游度假区核心区景观容器苗断根缩坨进行时间

断根缩坨应当选择适当的季节进行。根据发根时期研究文献记载,根的生长温度在摄氏 10℃时开始旺盛,达到摄氏 30℃时开始衰落。所以,发根最适宜的温度为摄氏 25℃(图 4.3-14)。另外,就发根量的季节进行了调查,以东京的水杉为例,大致在初春的 3 月开始发根,初夏 6 月最高,并从此减少至 8 月份形成　个山谷状,同时 9 月至 10 月也同样形成一个山谷状。对照上海的气候及根的成长条件,上海气温与东京相似,但降水量在上一年 10—1 月较少。因此,可以推定上海的最好发根时期在 4—9 月(图 4.3-15)。以此推断上海针叶林应在发芽前的 2—3 月(香樟应在 3—4 月)进行断根缩坨,在保证根的成长期 6 个月以上养护后,再进行移栽为最佳选择。

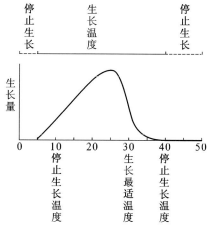

图 4.3-14　根的生长和地温的关系

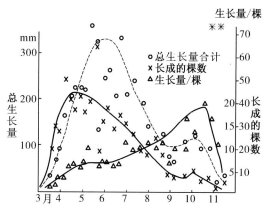

图 4.3-15　水杉的发根成长量

[4] 上海国际旅游度假区核心区景观容器苗移植的要点

1) 适宜上海国际旅游度假区核心区景观容器苗移植的气候条件

树木的培育受环境的影响较大,所以具备完备气象观测器械,建立健全定期观测体制,依据观测结果实施相应的容器苗木培育管理。树木气象观测的内容包括:平均气温、最高气温、最低气温、平均降雨量、平均风速、最大风速、风向等内容。

采用小气候测定仪气象观测系统(图 4.3-16),定期观测自动记录树木周围环境气候的动态变化。在树木养护区域中心及树冠中心地带设置测定仪气象观测系统,每天自动采集观测数据。通过现场观测数据与上海市的气象数据以及天气预报进行实际对比和调查,在发现与通常年份异常预报情况时,应采取紧急应对措施。同时,以周和月为单位与往年气象数据进行比较分析,灵活运用周报和月报气象资料进行科学管理。

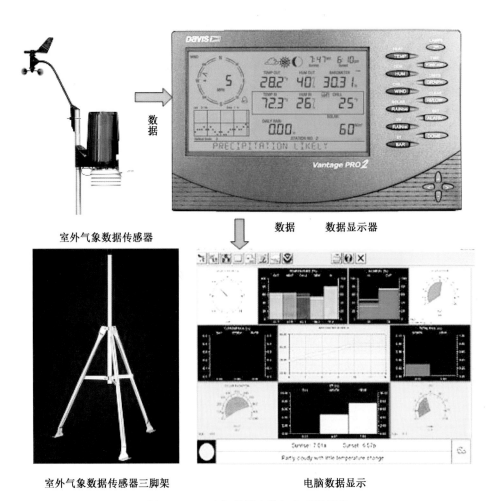

室外气象数据传感器　　　　　　　　数据　　数据显示器

室外气象数据传感器三脚架　　　　　　电脑数据显示

图 4.3-16　小气候测定仪气象观测系统

（1）温度：上海属于亚热带气候,在此生长的常绿阔叶树基本上在 10℃ 以上开始发育,20℃～25℃(最适合温度)树木的光合作用最活跃,超过 35℃ 开始低下。同时,常绿针叶树和温带阔叶树的最适合温度为 15℃～25℃,热带常绿树在 25℃～30℃ 之间,根据树种不同有所不同。另外,根据树种不同还有最低致死温度、最高致死温度带(图 4.3-17)。在最适合温度到来之前进行苗木的移植,以确保在最适合温度

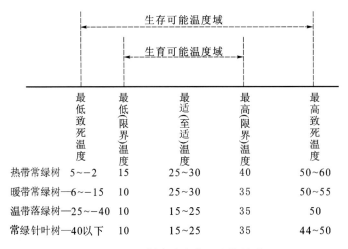

	最低致死温度	最低(限界)温度	最适(至适)温度	最高(限界)温度	最高致死温度
热带常绿树	5～-2	15	25～30	40	50～60
暖带常绿树	-6～-15	10	25～30	35	50～55
温带落绿树	-25～-40	10	15～25	35	50
常绿针叶树	-40以下	10	15～25	35	44～50

图 4.3-17　树木生育和温度的关系

440

带的期间内有一个充分养生的过程。在此之外的时期进行移植时,应采取放大根坨、充分剪枝、喷洒蒸发剂及灌水等措施。另外,对于不耐寒的常绿阔叶树等在冬季移植时,叶体应采取蒙盖耐寒纱、树干包裹草绳等防寒措施;而对于酷暑的夏季,应配置喷水装置及在养生区域覆盖耐寒纱等降低树体温度的抗暑措施。

(2) 风速:一般植物进行氧化光合作用在风速 5 m/s 时可达 1/2,在风速 10 m/s 即为 1/10。在容器苗周围月平均风速为 5m/s 以上时,苗木养生区域外周应设置防风网(聚氯乙烯网)进行防风措施。在使用 60% 遮蔽率的防风网时,风速降低 10%,在防风网高 12 倍距离的地方能降低 30% 的效果。当有强台风预报时,为防止树木倒伏,应采取修剪枝条或加固防风支柱。

2) 适宜上海国际旅游度假区核心区景观容器苗移植的季节要点

(1) 春:景观容器苗移植应在发根期的春季进行,以确保充分的发根期间(表 4.3-4)。

(2) 发芽前的移植(表 4.3-4)应充分利用树木根量相吻合的树叶大小所产生的抗水分损伤能力植物生理性作用来掌握移植良好时期。在景观容器苗发芽后树叶发育到正常树叶大小时,仍进行移植势必造成根量损伤严重,因水分损伤造成树木不壮、生长不良的事例较多。同时,刚刚发芽后的树叶组织未成熟时进行移植作业,树叶极易干燥枯竭,造成树木不壮、生长不良。所以,建议在发芽开始到树叶组织充分成熟的 5 月末为止不进行移植为好。

(3) 夏:夏季温度较高,极易干燥,7 月至 9 月中旬为移植不适期。

(4) 秋:9 月中旬至 11 月下旬的秋季亦为移植适宜期。

(5) 冬:落叶树应在落叶开始至发芽的期间即 12 月至 3 月为移植适宜期。具有亚热带性的常绿树(香樟)在干燥的冬季移植会损伤较大,所以建议温度略有回升的 3 月中旬以后移植。常绿针叶树应避开严冬季节,在 2 月中旬至 4 月上旬移植最为适宜。

(6) 随时可以移植:进行了断根缩坨,根量充实、养护管理良好的树木随时可以移植。

表 4.3-4　按树种分类移植适期(以东京为例的标准)

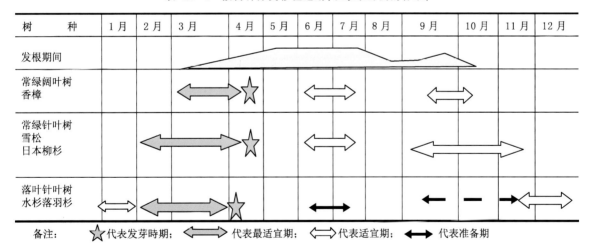

树　　种	1月	2月	3月	4月	5月	6月	7月	8月	9月	10月	11月	12月
发根期间												
常绿阔叶树 香樟												
常绿针叶树 雪松 日本柳杉												
落叶针叶树 水杉 落羽杉												

备注:　★代表发芽时期;　⟺代表最适宜期;　⟺代表适宜期;　⟷代表准备期

[5] 上海国际旅游度假区核心区景观容器苗移植土球的形状

景观容器苗通常移植时,将根系充实的根茎土球结合当地状况做成如图 4.3-18 所示的半球底土坨、平底土坨、尖底土坨等的形状,其中香樟树土球形状介于自然土球与尖底土坨之间的半球底土坨,而其他树种属深根性苗木采用尖底土坨。一般苗木土球的大小应在根茎的 4～6 倍挖取,在具体实施过程中,需结合实际情况缩放标准挖取适宜土球。在上海因地下水位相对其他地区较高,垂直根很难发育深根,所以选择土球相对较薄的半球底土坨、平底土坨或许最为适宜。为了使树木在移植后树活、树壮,关键在于根量的多与少。在日本一般在移植 1～3 年前进行断根缩坨作业,以增加根量的方法加强树木移植时抗水分损伤能力后再移植,所以土球的大小选择根茎的 4～6 倍挖取。

但是,如果不进行断根缩坨作业,还是应该尽量采取大土球(通常采取 d 常数为常绿树 4 倍、落叶树为 5～6 倍,根据实际情况在此采取 d 常数为最大值为 6 倍)的方法来加强树木移植时抗水分损伤能力。

$$土球尺寸 \quad W=A+(N-3)d \quad (单位:cm)$$

式中　N——根茎;
　　　A——常数 24;
　　　d——常数(常绿树 4,落叶树 5～6)。

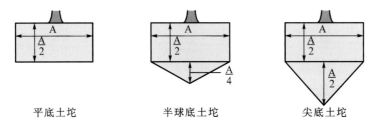

| 平底土坨 | 半球底土坨 | 尖底土坨 |

图 4.3-18　苗木土球的形状

根据上海国际旅游度假区核心区工程区域的实地情况,适宜景观容器苗不同树种移植的土球形状如表 4.3-5 所示,这里常绿阔叶树以香樟为例,常绿针叶树以雪松、日本柳杉和落羽杉为例,落叶针叶树以水杉为例。

表 4.3-5　适宜上海国际旅游度假区核心区景观容器苗不同树种不同移植的土球形状

根据树种不同的自然型土球形状设置和移植特性	根系图
(1) 常绿阔叶树 香樟 (*Cinnamomum camphora*) 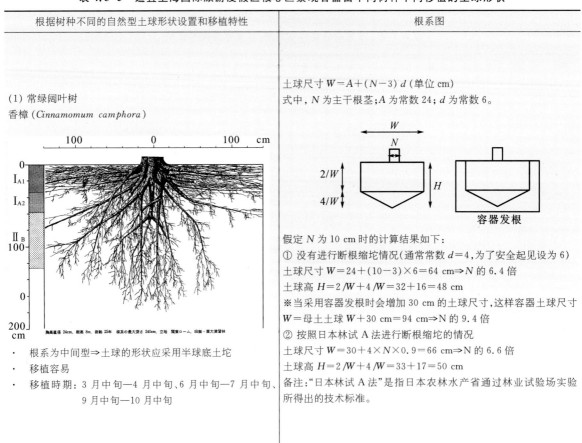 · 根系为中间型⇒土球的形状应采用半球底土坨 · 移植容易 · 移植时期:3 月中旬—4 月中旬、6 月中旬—7 月中旬、9 月中旬—10 月中旬	土球尺寸 $W=A+(N-3)d$ (单位 cm) 式中,N 为主干根茎;A 为常数 24;d 为常数 6。 假定 N 为 10 cm 时的计算结果如下: ① 没有进行断根缩坨情况(通常常数 $d=4$,为了安全起见设为 6) 土球尺寸 $W=24+(10-3)\times6=64$ cm⇒N 的 6.4 倍 土球高 $H=2/W+4/W=32+16=48$ cm ※当采用容器发根时会增加 30 cm 的土球尺寸,这样容器土球尺寸 $W=$ 母土球 $W+30$ cm$=94$ cm⇒N 的 9.4 倍 ② 按照日本林试 A 法进行断根缩坨的情况 土球尺寸 $W=30+4\times N\times0.9=66$ cm⇒N 的 6.6 倍 土球高 $H=2/W+4/W=33+17=50$ cm 备注:"日本林试 A 法"是指日本农林水产省通过林业试验场实验所得出的技术标准。

（续表）

根据树种不同的自然型土球形状设置和移植特性	根系图

（2）常绿针叶树

雪松（*Cedrus deodata*）

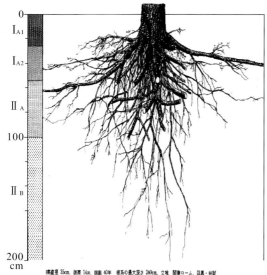

揭高直径 35cm，倒置 14cm，树龄 40 年　根系的最大深さ 240cm，立地　関東ローム，目黒・林試

· 根系为深根型⇒土球应采用尖底土坨

· 移植容易

· 移植时期：2 月中旬—4 月中旬、6 月中旬—7 月中旬、
　　　　　9 月中旬—11 月

土球尺寸 $W = A + (N-3)d$（单位 cm）

式中，N 为主干根茎；A 为常数 24；d 为常数 6。

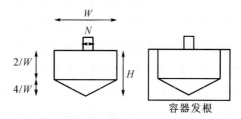

容器发根

假定 N 为 10 cm 时的计算结果如下：

① 没有进行断根缩坨情况（通常常数 $d = 4$，为了安全起见设为 6）

土球尺寸 $W = 24 + (10-3) \times 6 = 64$ cm⇒ N 的 6.4 倍

土球高 $H = 2/W + 2/W = 32 + 32 = 64$ cm

※ 当采用容器发根时会增加 30 cm 的土球尺寸，

这样容器土球尺寸 $W =$ 母土土球 $W + 30$ cm $= 94$ cm⇒ N 的 9.4 倍

（其结果也就接近 WDI 要求的 10 倍。）

② 按照日本林试 A 法进行断根缩坨的情况

土球尺寸 $W = 30 + 4 \times N \times 0.9 = 66$ cm⇒ N 的 6.6 倍

土球高 $H = 2/W + 2/W = 33 + 33 = 66$ cm

（考虑到树势及成本希望进行断根缩坨。）

日本柳杉（*Cryptomeria japonica*）

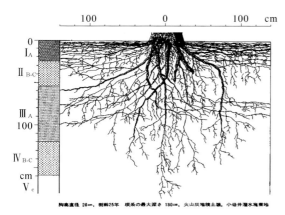

胸高直径 26cm，树龄25年　根系の最大深さ 180cm，火山灰地積土壌，小給井潅水施業地

· 根系为深根型⇒土球形状应采用尖底土坨

· 移植容易

· 移植时期：2 月中旬—4 月中旬、6 月中旬—7 月中旬、
　　　　　9 月中旬—11 月

土球尺寸 $W = A + (N-3)d$（单位 cm）

式中，N 为主干根茎；A 为常数 24；d 为常数 6。

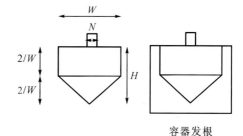

容器发根

假定 N 为 10 cm 时的计算结果如下：

① 没有进行断根缩坨情况（通常常数 $d = 4$，为了安全起见设为 6）

土球尺寸 $W = 24 + (10-3) \times 6 = 64$ cm⇒ N 的 6.4 倍

土球高 $H = 2/W + 2/W = 32 + 32 = 64$ cm

※ 当采用容器发根时会增加 30 cm 的土球尺寸，

这样容器土球尺寸 $W =$ 母土土球 $W + 30$ cm $= 94$ cm⇒ N 的 9.4 倍

② 按照日本林试 A 法进行断根缩坨的情况

土球尺寸 $W = 30 + 4 \times N \times 0.9 = 66$ cm⇒ N 的 6.6 倍

土球高 $H = 2/W + 2/W = 33 + 33 = 66$ cm

根据树种不同的自然型土球形状设置和移植特性	根系图

落羽杉（*Taxodium distichum*）

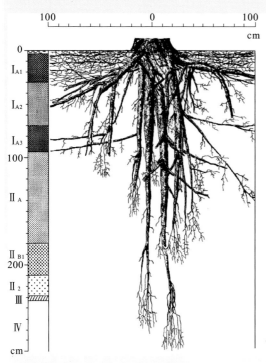

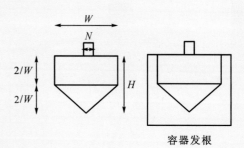

土球尺寸 $W = A + (N-3)d$（单位 cm）

式中，N 为主干根茎；A 为常数 24；d 为常数 6。

容器发根

假定 N 为 10 cm 时的计算结果如下：

① 没有进行断根缩坨情况（通常常数 $d = 4$，为了安全起见设为 6）

土球尺寸 $W = 24 + (10-3) \times 6 = 64$ cm ⇒ N 的 6.4 倍

土球高 $H = 2/W + 2/W = 32 + 32 = 64$ cm

※ 当采用容器发根时会增加 30 cm 的土球尺寸

这样容器土球尺寸 $W = $ 母土球 $W + 30$ cm $= 94$ cm ⇒ N 的 9.4 倍

② 按照日本林试 A 法进行断根缩坨的情况

土球尺寸 $W = 30 + 4 \times N \times 0.9 = 66$ cm ⇒ N 的 6.6 倍

土球高 $H = 2/W + 2/W = 33 + 33 = 66$ cm

· 根系为深根型土球形状应采用尖底土坨

· 移植容易

· 移植时期：上一年 11—3 月

（3）落叶针叶树

水杉（*Metasequoia glyptostroboides*）

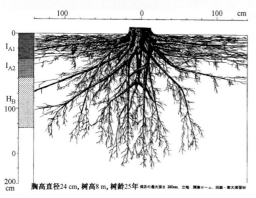

胸高直径24 cm, 树高8 m, 树龄25年 根系の最大深さ 240cm, 立地 関東ローム, 田無・東大演習林

· 根系为深根型 ⇒ 土球形状应采用尖底土坨

· 移植容易

· 移植时期：上一年 11—3 月

土球尺寸 $W = A + (N-3)d$（单位 cm）

式中，N 为主干根茎；A 为常数 24；d 为常数 6。

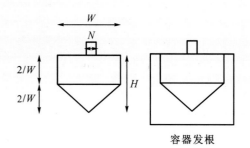

容器发根

假定 N 为 10 cm 时的计算结果如下：

① 没有进行断根缩坨情况（通常常数 $d = 4$，为了安全起见设为 6）

土球尺寸 $W = 24 + (10-3) \times 6 = 64$ cm ⇒ N 的 6.4 倍

土球高 $H = 2/W + 2/W = 32 + 32 = 64$ cm

※ 当采用容器发根时会增加 30 cm 的土球尺寸

这样容器土球尺寸 $W = $ 母土球 $W + 30$ cm $= 94$ cm ⇒ N 的 9.4 倍

② 按照日本林试 A 法进行断根缩坨的情况

土球尺寸 $W = 30 + 4 \times N \times 0.9 = 66$ cm ⇒ N 的 6.6 倍

土球高 $H = 2/W + 2/W = 33 + 33 = 66$ cm

注：池杉（*Taxodium ascendens*）及墨西哥落羽杉（*Taxodium mucronatum*）与落羽杉（*Taxodium distichum*）相同、省略。

4.3.3.3　景观容器苗养护技术应用

针对上海国际旅游度假区核心区景观容器苗的要求,制定出适宜上海国际旅游度假区核心区景观容器苗苗木的养护管理措施,包括水肥管理、修剪管理、病虫害防治等措施。

1. 适宜上海国际旅游度假区核心区景观容器苗的水肥管理

容器基质的封闭环境也不利于根际水分的平衡,遇到暴风雨时不易排泄,干旱时又不易适时补充,因此要根据苗木的生长需要适期浇水,以满足苗木对水分的需要,以免因缺水而萎蔫。浇水是苗期管理的中心环节,不同季节和不同生长期的苗木所需水分不同,在幼苗期和生长初期应适当勤浇,使基质含水量相当于田间持水量的 70%～80%,在幼苗稳定以后要减少浇水次数,加大浇水量。在雨水充足的季节应减少浇水次数,要做到内水不积,外水不淹。如容器内积水,应适时排泄,以免因积水过多而使根系腐烂,影响苗木的生长。在干旱的季节要加大灌水量和灌溉次数,以确保基质的湿润。

种植在容器中的苗木需要的营养都是从营养基质中获取的,但受容器体积的限制,栽培基质所能提供的养分有限,无法满足容器苗的需要,因此施肥是容器育苗苗期养护的重要措施。容器育苗最有效的施肥方法是结合浇水进行,将肥料溶于水中,以便使苗木从中吸取所需的营养元素,施肥量和施什么样的肥料要根据苗木生长阶段确定。

[1] 适宜上海国际旅游度假区核心区景观容器苗的水分管理

浇水是容器育苗田间管理的最关键一环,可以说在某种程度上浇水比施肥更重要。播种移植后的第一次浇水一定要浇透,但也不能太多。在出苗期及生长初期要多次浇水,始终保持基质的湿润,尤其在气温偏高、湿度较小的地区更应做到少量多次浇灌。到生长后期就要控制浇水,出圃前停止浇水,以减轻重量。

1)适宜上海国际旅游度假区核心区景观容器苗的灌溉方式

在上海国际旅游度假区核心区景观容器苗养护管理中,主要采用滴灌和喷灌系统设施对苗木进行水分管理。其中,滴灌采用滴箭形式,每株乔木根据体量布设 4～8 个滴头;喷雾采用微喷头,布置于每株乔木树冠顶端,方向需考虑季节性风向,确保喷雾范围覆盖整个树冠。

2)适宜上海国际旅游度假区核心区景观容器苗的灌溉方法、时间和灌溉量

根据相关研究可知,苗木的生长期在 4—9 月即一年的春季～夏季,对照上海市历年平均降雨量(表 4.3-6、图 4.3-19),上海在 4—9 月的降雨量为 106.7～150.5 mm,平均 1 天为 3.5～5 mm 的降雨量,这个值是植物生长所必要的适度降雨量,但是在上一年 10—3 月即一年的秋季～冬季,上海的降雨量为 40.5～78.1 mm,平均 1 天的降雨量只有 2.01～2.71 mm 的降雨量,属于干燥缺水状态。因此,对于上海国际旅游度假区核心区景观容器苗的灌溉方法、时间和灌溉量必须根据树木的吸收方式,同时结合上海当天的降雨量具体实施。

表 4.3-6　上海市历年平均降雨量

时间(月)	1	2	3	4	5	6	7	8	9	10	11	12
降雨量(mm)	44.0	62.5	78.1	106.7	122.9	158.9	134.2	126.0	150.5	50.1	48.8	40.5
合计	1 123.20											

a. 树木的吸收方式

树木维持生理所需的水分主要是由根部吸收水分来进行的,其中 99% 左右的水分用于通过蒸发来降低树木整体温度,维系细胞活跃。树体越大对水分的需求也就越多。而土壤的含水量是由土壤的毛管力所吸附的程度用 PF 值来表示的,根据日本造园学会发表的数据园林绿化 PF 值在 1.8～3.0(农业用地在 1.5～2.7 之间)之间为有效含水量,在这个标准以下属于水分过多,在这个标准以上属于吸水困难。而各测试仪厂家表示的 PF 值设定在 1.7～2.3 范围内作为适润值,即是无水分损伤值。

树木发生吸水困难时并不会立即引起树势不壮,而是树叶气孔自闭,控制水分蒸发等生理性抵抗,当

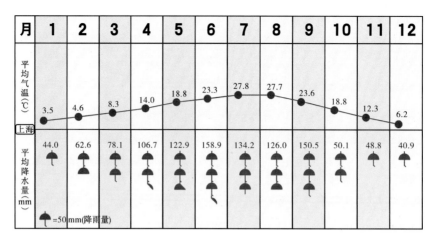

图 4.3-19　上海平均气温和平均降水量

PF 值为 3.8 时达到初期凋谢点开始卷叶。在这一时点如进行充分灌水可以恢复原状树茂,如果放置不管就会使 PF 值达到 4.2 的永久凋谢点,从微弱的细胞活动开始向枯死发展。当然不计算树木土壤的含水量,凭借植物本身的适应、抗体能力,对一些树种进行了 28 d 无灌水试验表明,存活的树木也很多。因此,我们采用日本屋顶开发研究会基于屋顶绿化使用耐干植物的状况调整 PF 值为 1.5～3.8 作为标准有效含水量(图 4.3-20)。

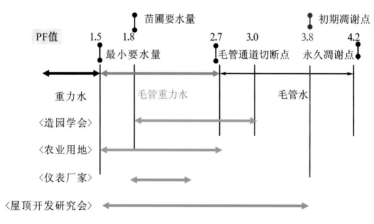

图 4.3-20　树木土壤水分含量 PF 值分布图

b. 适宜上海国际旅游度假区核心区景观容器苗水肥管理的要点

(1) 应该根据地上容器极易干燥的环境及干燥的气候条件制定合理缓解水分损伤的灌水方法。

(2) 对容器用土整体灌水,当树木土壤水分含量刚刚出现干燥 PF 值为 2.7 时,开始灌水。

(3) 一般从地表开始的蒸发量冬季是 3～4 mm、春秋季 5～6 mm、夏季 10 mm(以东京为例)。通常的绿地管理是依附在自然降雨基础之上的,在干燥期对苗木补给水分不足进行灌水作业。在这里所指的灌水是着重强调容器极易干燥的环境和树木的过分吸水(植物有一旦给水加速吸收蒸发的现象)现象,是在假定这一现象成立的基础上为弥补这一蒸发而进行的灌水作业。

(4) 日本造园学会发表的保水量标准:优为 120 L/m³ 以上、良为 80 L/m³ 以上。假设保水量为 100 L/m³,在这里做一个以下的演算。

演算条件:假设上海 8 月降雨量为 126 mm,蒸发量 10 mm/m²·日,有效水为 10%;假设容器土壤直径 1.2 m、土壤深度 0.6 m、点滴灌水 4.5 L/点滴点·h。

按上述演算条件首先可以计算出:

一个容器的土壤量为 0.678 m³(0.6×0.6×3.14×0.6),保水量为 67.8 L(0.678×100)。已假设日

蒸发量10 mm/m²·d,可以计算出一个容器的日蒸发量为11.3 L(0.6×0.6×3.14×10),也就是说6 d(67.8÷11.3)就消耗掉了有效含水。

8月分的平均降雨量为126 mm,每天折算降雨量相当于4 mm,这样一个容器6 d可以获得27 L(1.13×4×6)水分,根据上述计算的土壤保水量67.8 L数值可以计算出6 d需补水40.8 L(67.8～27)。根据上述一系列计算可以得出3 d一次补水20.4 L(40.8÷2),也可以每天补水6.8 L(40.8÷6)的数据。如果没有降雨的情况下,可以得出3 d一次补水33.9 L(67.8÷2),也可以每天补水11.3 L(67.8÷6)的数据(图4.3-21)。

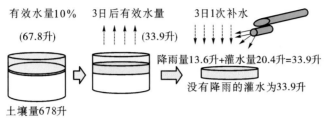

图4.3-21　土壤水分的变化和灌水示意图

根据项目工程中采用的滴灌4点滴灌(4.5 L/一个滴灌点·h×4＝18 L)的数据,如果采用3 d 1次的方法即为滴灌1.2 h(20.4÷18),即可满足补水作用,如没有降雨的情况下,即为滴灌1.8 h(33.9÷18),即可满足补水作用。

3)适宜上海国际旅游度假区核心区景观容器苗的灌溉标准

在容器土壤的有效保水量、土壤量、容器表面的土壤面积、点滴灌水状况确定的前提下,记录上海每月每日的降雨量和蒸发量,从而推断出上海国际旅游度假区核心区景观容器苗的补水量(表4.3-7)。

表4.3-7　适宜上海国际旅游度假区核心区景观容器苗的灌溉标准(月/日灌水量单位 mm)

时间(月份)	1	2	3	4	5	6	7	8	9	10	11	12
日蒸发量(mm)	3	4	5	5	6	9	10	10	6	5	5	3
月蒸发量(mm)	93	112	155	150	186	270	310	310	180	155	150	93
月降雨量(mm)	44	62.5	78.1	106.7	122.9	158.9	134.2	126	150.5	50.1	48.8	10.5
月灌水量(mm)	49	50	77	43	63	111	156	184	30	134	101	53
日灌水量(mm)	2	2	2.5	1.5	2	4	5	6	1	5	3	2

注:① 假设上海8月降雨量为126 mm,蒸发量10 mm/m²·日,有效水量10%;
② 假设容器土壤直径1.2 m,土壤深度0.6 m,点滴灌水4.5升/点滴点·小时。

从以上的假设灌水量计算出按季节每天灌水量的标准见表4.3-8,每年的标准各有所不同,上海国际旅游度假区核心区景观容器苗恢复生长期可以根据树势作一定的调整。

表4.3-8　适宜上海国际旅游度假区核心区景观容器苗的灌溉标准(季度/日灌水量单位 mm)

季节	冬(12—2月)	春(3—5月)	夏(6—8月)	秋(9—11月)
日灌水量(mm)	3	5	7	5
灌水间隔	7日	4日	3日	4日
1次灌水量	21 mm	20 mm	21 mm	20 mm

由于灌水量少时会出现土壤表面湿润下部干燥现象,所以灌水时希望一次灌水能够浇灌3至4天的灌水量。例如,春季3 d的灌水量一次应在15 mm(5 mm×3 d),具体灌溉操作如图4.3-22所示。

另外,在苗木成长期(4—9月),为了树势能尽快恢复,可以在水中混入树木恢复药剂或液体肥料(1～2次/月),水肥一起贯穿土壤整体。

4)以张力仪为基础的灌溉系统设计试验

以张力仪为基础的灌溉系统设计试验研究结果来控制容器苗的土壤水分管理,通过采用土壤水分实时监测仪测量苗木土壤水分张力,使用湿度传感器,帮助我们做出灌溉的决定(图4.3-23)。

(1)土壤水分实时监测仪具体操作方法:首先通过传感器感应盆内的水分含量,电脑决定是否需要灌溉,如果需要的话,它将发送信号给ADC打开阀门,同时电脑显示水分张力,当水分含量到达一定值时关闭阀门(图4.3-24)。系统操作:等到高张力(干)达到设定点,监测张力的同时打开灌溉系统慢慢灌水,低张力(湿)达到设定点时,关闭灌溉。

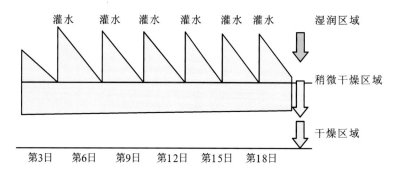

图4.3-22 景观容器苗春季每3天的灌水和土壤水分示意图

图4.3-23 土壤水分实时监测仪

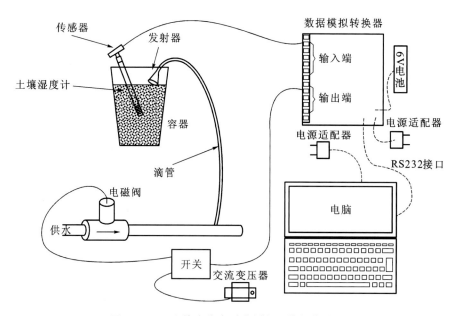

图4.3-24 土壤水分实时监测仪具体操作过程

448

（2）通过电脑和张力计,我们可以控制灌溉,而无需等待水从盆中溢出来,这样可以节省水和肥料,并减少径流水分张力。苗木水分都保持在恒定的水平显然不是最佳的(不管如何湿),实验结果表明:最高质量的水分张力是保持在 0 到 5 千帕的极端范围内波动(图 4.3-25、图 4.3-26)。

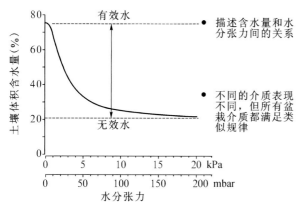

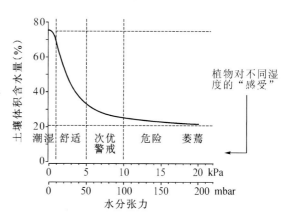

图 4.3-25　土壤水分含量与水分张力之间的关系图　　图 4.3-26　不同土壤含量及水分张力对苗木影响程度

本项目通过以张力仪为基础的灌溉系统设计试验研究结果以及容器内土壤温湿度数据基础作为景观容器苗补水的依据,根据试验结果,对于适宜上海景观容器苗木土壤含水量需保持在 19％～23％,低于下限时,则需通过滴灌系统向苗木容器内补水,滴头流量为 1 L/h,补水滴灌开启窗口为 5～8 h;当天气最高温度超过28℃时,需分 6：00～10：00 和 16：00～20：00 两个时段开启喷雾装置,以确定苗木的保降温保湿。

[2] 适宜上海国际旅游度假区核心区景观容器苗的肥分管理

上海国际旅游度假区核心区景观容器苗树木的施肥通常在 1—2 月份施基肥,开花和结果后为恢复树势作追肥和施速效性肥料。

在景观容器苗恢复时期,在树根部追加微量元素及液体肥料对苗木的恢复比较有效。其中,微量元素有促进光合作用及促进植物体内酶荷尔蒙安定的作用,可以促进苗木生理作用的活跃性,使树木良好发根、发芽,从而提高树木的耐暑、耐寒及抗耐病能力,进而实现树木健康成长的目的。同时,追加液体肥料,利用液体肥料的速效性配合微量元素一起施用效果更好。在上海国际旅游度假区核心区工程景观容器苗具体肥分管理中,目前采用常用的两种恢复树壮肥料对苗木进行肥分管理(表 4.3-9、表 4.3-10)。

表 4.3-9　有落叶还原土壤情况下容器苗的施肥量

树　　种		苗木(g/株)		
		N	P₂O₅	K₂O
针叶树	灌木 乔木	10～15 20～30	10～20	10～20
落叶阔叶树	灌木 乔木	10～20 30～50	10～15 20～30	10～15 20～30
常绿阔叶树	灌木 乔木	10～20 30～50	10～15 20～30	10～15 20～30

表 4.3-10　去除落叶情况下容器苗的施肥量

成树(干径)	氮素量		灌木、中木(树高)	氮素量	
	常绿树阔叶树 落叶树阔叶树	针叶树		常绿树阔叶树 落叶树阔叶树	针叶树
10 cm 以下	25 g	16 g	30 cm 以下	13 g	8 g
10 以上～15 cm 以下	25 g	16 g	30 以上～50 cm 以下	13 g	8 g
15 以上～20 cm 以下	32 g	20 g	50 以上～80 cm 以下	18 g	11 g

(续表)

成树(干径)	氮素量		灌木、中木(树高)	氮素量	
	常绿树阔叶树 落叶树阔叶树	针叶树		常绿树阔叶树 落叶树阔叶树	针叶树
20以上～25 cm以下	40 g	25 g	80以上～100 cm以下	18 g	11 g
25以上～30 cm以下	40 g	25 g	100以上～150 cm以下	24 g	15 g
30以上～35 cm以下	54 g	34 g	150以上～200 cm以下	24 g	15 g
35以上～45 cm以下	63 g	39 g	200以上～250 cm以下	32 g	20 g
45以上～60 cm以下	72 g	45 g	250以上～300 cm以下	32 g	20 g
60以上～75 cm以下	154 g	96 g			
75以上～90 cm以下	154 g	96 g			

2. 适宜上海国际旅游度假区核心区景观容器苗的修剪管理

[1] 景观容器苗的管理阶段

树木管理以年为周期的管理阶段分养生阶段、培育阶段、维护阶段三个阶段(图4.3-27)。景观容器苗的修剪是依据不同阶段的需求所进行的必要作业。上海国际旅游度假区核心区工程中采用容器苗圃是通过购买其他苗圃的苗木在容器内培育以达到目标树形的培育方法,这些树木一旦移植到工程内就需要进行相应的维护管理。根据树木的不同,有的苗木在容器苗圃培育后不能达到理想树形时,就需要在工程移植后继续进行养生管理。

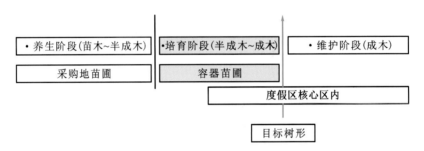

图4.3-27 容器苗的管理阶段作业图

1) 养生阶段(采购地苗圃)

根据完成目标形态,对将来能够成为骨架的主枝在树冠整体内进行均衡配置后进行修剪。其中,一些侧芽根据将来能否成为主枝、副主枝决定取舍。

2) 培育阶段

对于当年残留的枝条和芽,根据各自是否能形成主枝和副枝作保留或者去除处理,考虑到2～3年后枝叶伸展的方向和繁茂程度,以及周围的状况利用回缩、疏枝、短截等基本技法进行修剪。

3) 维护阶段

所谓的目标形态的完成是指按计划的树形规格完成,由于树木每年都在生长,因此对树木进行保护和维持树形是非常重要的。随着栽植时作为骨架被保留枝条的生长,枝条基础的小枝条也逐渐长出,因此,在对主枝进行修剪时,作为副骨架枝条的取舍也变得更加重要。另外,通过新枝的选择修剪或保持树形的同时,选择能成为骨架的枝条,对其进行培育生长,重要的是对靠近主枝的芽进行培育,经3～4年后将可以代替原来的枝条。

[2] 容器苗圃修剪的目的

修剪是根据树木本来应发挥的功能,对树木的枝梢进行剪除的作业,修剪的目的有美观、实用及生理的三个方面。

(1) 美观方面的目的:剪去不必要的树干、树枝,可以达到健康的生长,同时更进一步发挥树木本来的美感,形成自然形态优美的树木。对于不均衡的树干、树枝进行修剪或进行整形,提高树木的人工美,实现以极端的直线和曲线勾勒出球形、整形树木等。

(2) 实用方面的目的:对于不必要的树干、树枝进行修剪,可以达到防风、防火、遮蔽、绿荫等目的。街道树木的修剪主要是在夏季进行,目的是为了防止因台风造成的树木倒伏及其他危害。对在有限空间栽植的树木进行修剪,可以调整树木大小,保持树木与空间的协调。

(3) 生理方面的目的:对于枝叶茂密的树木剪除徒长枝和过密枝,达到通风、采光良好,防治病虫害,增强抵抗风雪灾害的能力。对于开花结果的树木,通过修剪徒长枝、虚弱枝、过强枝抑制生长,达到促进开花的目的。对移植树木进行枝叶截短、疏松,使水分吸收和水分蒸发保持平衡状态,促进移栽成活。对于发生病虫害造成衰弱的树木进行必要的修剪,可以促进新枝再生萌发,达到恢复健康的目的。

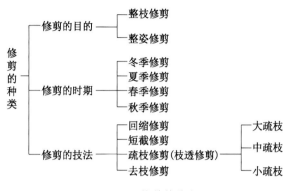

图 4.3-28 修剪的种类

修剪的种类:按照修剪目的、修剪时期、修剪的技法、修剪强弱等进行分类(图 4.3-28)。

(1) 修剪的目的:按照修剪目的,大致分为整枝修剪和整姿修剪以及整形,前者为狭义的修剪,后者包含整形。

(2) 修剪的时期:按照修剪的时期分为冬季修剪、夏季修剪、春季修剪、秋季修剪。

(3) 修剪的技法:按照修剪的技法可分为回缩修剪、短截修剪、疏枝修剪以及去枝修剪等方法。

[3] 修剪的时期

如果树木在适合时期以外进行修剪会增大树木的负担,树势变弱,有时还会造成枯死,所以选择适当时期进行修剪十分关键。关于修剪季节原则上应注意事项:应选择树木蓄物质损失及消耗少的时期进行;应选择修剪枝等伤口创面极易愈合时期进行;应选择花木花芽分化以前的时期进行。

1) 不同树种的修剪时期

修剪的时期根据树种的不同而异,一般如表 4.3-11 所示。

(1) 针叶树:针叶树应该避开严冬的 12—1 月份,在开春时期最好,松类树木萌芽力弱再生能力差,强行修剪会削弱树势。

(2) 常绿树:常绿树的修剪应在春天新芽伸长发育停止后的 5—6 月份,以及初秋时期的伏芽和徒长枝伸长发育停止后的 9—10 月份最好,香樟、青冈栎类等易受寒气和干燥寒风等伤害,应避免在冬季修剪。

(3) 落叶树:落叶树应在新枝长齐、叶片硬化后的 7—8 月份和落叶后的 11—3 月份最好。

表 4.3-11 修剪的适宜期

树种类型	1月 2月 3月	4月 5月 6月	7月 8月 9月	10月 11月 12月
针叶树	———			———
常绿树		———	———	
落叶树	———————		———————	———————

2) 花灌木的修剪时期

a. 对于在春季发芽并在当年开花的花灌木

(1) 猬实、夹竹桃、紫薇、胡枝子、木槿等,从秋天到第二年春天萌芽前进行修剪。

(2) 胡枝子、木芙蓉等即使在该时期对地上部分进行割除也可以形成花芽。

b. 对于第二年春天开花的花灌木

(1) 八仙花、梅花、海棠、碧桃、山茶、连翘、瑞香、栀子、杜鹃花、木瓜等,因为在花后萌发的新枝于 5 月中旬—9 月份前后进行花芽的分化和形成,所以应在花落后立即进行修剪。这些花木类的花芽多需要受到冬天的低温之后才能开花的居多。

(2) 梅花、碧桃、连翘、少女蜡瓣花等树枝上花芽多的树种,虽然在花芽分化后进行修剪减少花量,但不会产生不开花的现象,可以进行整形为主的修剪。

[4] 修剪作业

(1) 整枝修剪(冬季修剪、基本修剪):所谓整枝修剪是指保持自然树形为基础,以形成枝干骨架,配置分布为目的而进行的修剪,该类修剪有落叶树乔木的冬季修剪、疏枝修剪等。整枝修剪作业要保持各种树所具有自然树形的相似形态。树木基本骨架进行整理时需要注意以下几点。

- 沿枝条的方向,从上侧看下来不能有重叠,要向四方伸展。
- 上下枝条的间隔,要保持均衡。
- 从树干相同高度长出的轮生枝(辐射枝)要进行疏剪,保留数量不能太多。
- 同一方向生长的平行枝,要对其中的一枝剪除,保留另一枝。
- 主枝的长度要与树形整体协调。
- 虽然树种不同主枝形态也不同,但一般修剪成水平稍微下垂。
- 要对树势强的部分(南侧等)进行较强的修剪(强剪),树势弱的部分(北侧等)进行较弱修剪(弱剪)。
- 切忌进行造成腐烂和大量不定芽发生的"结疤"修剪。

(2) 整姿修剪(夏季修剪、轻修剪):所谓整姿修剪是指针对在生长期中保持自然杂乱形状和树势繁茂的树木,从美观角度出发进行的整容、整姿性的修剪,以达到美观效果。整姿修剪以枝叶为主要修剪对象进行修剪,这包括落叶乔木的夏季修剪,小乔木、花灌木的修剪等。

- 整姿修剪的效果:整姿修剪能够使日照、风进入树冠内,改善生育条件,防止由于树冠内过热造成枝叶枯损和病虫害的发生,同时也可以起到防止由台风引起的树木倒伏等作用。同时通过减少枝叶量,具有在夏季枯水期抑制树叶的水分蒸发。
- 修剪过重及对策:如果修剪过重会造成再生长所需要的养分过分消耗,不但妨碍树木的生理性生长,还会造成损坏景观效果的不良影响。所以,应该只在防止树冠徒长和树冠过大的程度上进行轻度修剪即可,切忌对生长不太旺盛的新生枝进行修剪。

(3) 春季修剪:春季修剪是为了对耐寒性差的树木和常绿树免受寒流、寒风的灾害而造成的枯损所进行的修剪,以及通过摘采新芽就能完成修剪的松类进行的修剪。

(4) 秋季修剪(一般常在庭院绿化区进行):秋季修剪通过对枝叶的疏剪,使树木下的灌木、草本植物接受阳光而进行的修剪。对庭园绿化区的松树类进行中疏枝、小疏枝作业用以迎接新年。

3. 适宜上海国际旅游度假区核心区景观容器苗的病虫害防治措施

病虫害的防御与治理也是苗期管理必不可少的一部分,病虫害防治要本着"预防为主,综合治理"的方针,发生病虫害要及时防治,必要时应拔除病株。药剂防治要正确选用农药种类、剂型、浓度、用量和施用方法,充分发挥药效而不产生药害。苗期管理除了浇水、施肥、防病虫害外,还要确保容器内及圃地无杂草,适时进行除草,除草要遵循"除早、除小、除了"的原则,人工除草可在基质湿润时连根拔除,但要防止松动苗根。苗木长壮后也可用除草剂除草。另外,实生苗培育还要适时的间苗、补苗。对于移栽苗,要适时的进行修剪,以免地上部分过于庞大而增加受风面,影响根系的稳定性。

[1] 适宜上海国际旅游度假区核心区景观容器苗病虫害生物综合防治方法

本项目在苗木源头就开始对植物病虫害进行控制,但由于自然环境中不存在无菌的状态,有植物的地方,就会有不同程度的虫害和病害。因此,在从不同国家和地区苗圃引进植物后,景观容器苗将承受虫害和病害双重压力。其中,在现场虫害和病害带有极大威胁性的一些苗木,需要密切关注并谨慎处理。

本项目针对容器苗病虫害的防治方法以强化动态监测,预防保护为先,采取以生物防治为主的有害生物综合管理技术(IPM)(图 4.3-29),有选择性地引进并释放多种天敌昆虫种类和应用多种生物防治产品,将重要病虫害种群量控制在美观损失水平之下,不断调节生态益害种群之比,使其达到总体平衡。

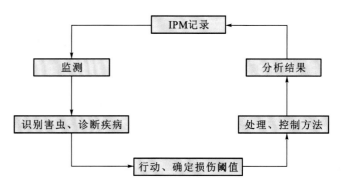

图 4.3-29　有害生物综合治理(IPM)流程图

有害生物综合治理(IPM)是指通过运用一种混合治理方法使正在生长的植物免受虫害和病害的侵染的方法。在 IPM 中,治理一词不单指化学药物控制的使用,还指不含化学药物的控制。其中,不含化学药物的虫害管理方法包括耕作控制、机械控制和生物控制,都是很好的举措。大部分控制都作为预防方法,试图帮助病虫害保持在危险等级以下。但是,某些条件仍能使害虫达到一定数量从而达到有害水平。如果此种情况发生,可使用救援或根除治理方法减少害虫数量,拯救种植的植物。IPM 的目的在于用最少的量施用最少的有毒化学药物,从而将任何形式的毒性减到最少。

1)病虫害防治资源的注意事项

IPM 计划基于确定和监测害虫的数量,通过合适正确的工具来展开工作,主要包括以下资源:受过培训的人员,记录存储和分析设备,IPM 顾问。

(1) 参考材料包括:图书馆资源;保存的样本,植物、害虫、杂草、疾病图鉴指南。

(2) 监测设备包括:放大镜、记录表格、粘虫板、标本缸、保存液、双筒解剖显微镜。

2)监测注意事项

监测和记录为有害生物综合治理计划提供科学基础。监测计划包括以下要点:

(1) 确定所有监测活动的具体目的;

(2) 明确关键目标,包括指示植物品种、关键害虫及疾病;

(3) 确定每个区域及所有目标监测的频率;

(4) 获取正确的设备,以保证有效的监测;

(5) 保证结果的准备记录;

(6) 把 IPM 区域责任分配给受过培训的 IPM 人员;

(7) 建立行动阈值;

(8) 定期回顾监测计划。

[2]上海国际旅游度假区核心区景观容器苗主要植物品种常见的病虫害综合防治措施

在本项目中,病虫害防治从源头开始控制,在苗木选择初期就确保植株健康、无病虫害。以下列出了上海国际旅游度假区核心区景观容器苗主要植物品种常见病虫害的生物综合防治措施(表 4.3-12—表 4.3-14)。

表 4.3-12　上海国际旅游度假区核心区景观容器苗主要植物品种病虫害的生物防治措施(Ⅰ)

生物、低毒药剂防治			
序号	病虫害	使用药剂	使用方法
1	方翅网蝽	吡蚜酮	属于吡啶类或三嗪酮类杀虫剂,是全新的非杀生性杀虫剂,该产品对多种作物的刺吸式口器害虫表现出优异的防治效果。无论是点滴、饲喂或注射试验,只要蚜虫或飞虱一接触到吡蚜酮几乎立即产生口针阻塞效应,立刻停止取食,并最终饥饿致死
2	白粉病	腈菌唑	为表角甾醇生物合成抑制剂。其具有强内吸性、药效高,对作物安全,持效期长特点。具有预防和治疗作用

（续表）

	生物、低毒药剂防治		
序号	病虫害	使用药剂	使用方法
3	海桐蚜、栾多态毛蚜	吡虫啉	吡虫啉是烟碱类超高效杀虫剂，害虫接触药剂后，中枢神经正常传导受阻，使其麻痹死亡。主要用于防治刺吸式口器害虫
4	锦斑蛾、尺蠖、绢叶螟、方翅网蝽	灭幼脲	主要表现为胃毒作用。对鳞翅目幼虫表现为很好的杀虫活性。对益虫和蜜蜂等膜翅目昆虫和森林鸟类几乎无害。该类药剂被大面积用于防治桃树潜叶蛾、茶黑毒蛾、茶尺蠖、菜青虫、甘蓝夜蛾、小麦粘虫、玉米螟及毒蛾类、夜蛾类等鳞翅目害虫
5	蚬虫蛾、叶甲	烟参碱	烟参碱是一种以中草药为主要原料研制而成的植物性杀虫剂。属于低毒、低残留、高效农药。对害虫具有强烈的触杀、胃毒和一定的熏蒸作用。该药是发展无公害、无污染防治的较理想药剂之一
6	斜纹夜蛾	虫瘟一号	虫瘟一号是我国在蔬菜上登记的昆虫病毒生物杀虫剂。是以斜纹放蛾核型多角体病毒为主要成分的生物制剂。主要用于防治斜纹夜蛾
7	霜霉病、炭疽病、褐斑病	大生 M-45	大生 M-45 主要用于防治霜霉病、炭疽病、褐斑病等。对多菌灵产生抗性的病害，改用此药剂可收到良好的防治效果
8	日本壶蚧	树虫一针净滴灌	产品采用类似给人打吊针的原理，将药液直接注入树干中，随树干中液流迅速输送到树的干、茎、叶等各个部位，从而杀死危害树木的害虫，并可治疗树木多种害病，是一种全新的药物使用新制剂、新技术，新方法
9	草花等地被植物，在春季侵染性真菌病害的无性孢子萌发初期	阿米西达	阿米西达是一个具有预防兼治疗作用的杀菌剂。但它最强的优势是预防保护作用，而不是它的治疗作用

表 4.3-13　上海国际旅游度假区核心区景观容器苗主要植物品种病虫害的生物防治措施（Ⅱ）

	天敌防治		
序号	病害	使用药剂	说明
1	天牛	花绒寄甲 (Dastarcushelophoroides)	花绒寄甲（Dastarcushelophoroides）又称花绒坚甲、花绒穴甲、木蜂坚甲和缢翅坚甲等，原属鞘翅目坚甲科（Colydiidae），现归于穴甲科（Bothrideridae）（王希蒙等，1996 年）。它是钻蛀性害虫天牛的优势天敌昆虫，不同的自然种群寄生不同种的天牛的蛹和幼虫。花绒寄甲对天牛的蛹和幼虫的寄生率相当高，一头雌花绒寄甲成虫一年可产卵 1 000 多粒，当气温达到 23℃ 以上时，花绒寄甲的卵在 2～3 天时间即可孵化成 Ⅰ 龄幼虫，开始钻入天牛钻蛀的坑道中搜寻寄主，取食天牛体内的营养物质，7～9 天将天牛幼虫取食殆尽，并完成自身的蜕变，然后持续繁衍，扩大自己的种群。星天牛、光肩星天牛、云斑天牛、桑天牛是上海主要的钻蛀性害虫。在上海自然环境中，土著种的星天牛花绒寄甲曾被上海市园林专业技术人员发现。但由于城市精细养护作业，化学药剂的频繁应用，这种天敌昆虫种群数量极为少，难以觅到。2009 年，中国林业科学院将上海花绒寄甲的野生种进行人工繁殖。2009～2010 年，世博绿地在其三个公园首次引进并大量释放星天牛的花绒寄甲，光肩星天牛的花绒寄甲，云斑天牛的花绒寄甲成虫和幼虫
2	鳞翅目害虫	周氏啮小蜂 (Chouioiacunea)	周氏啮小蜂（Chouioiacunea）是最先发现于美国白蛾蛹内的内寄生性天敌昆虫，由中国生物防治科学家，中国林业科学研究院杨忠岐研究员定名。周氏啮小蜂是鳞翅目害虫蛹的优势寄生蜂，寄生率高、繁殖力强，蜂身长仅 1 mm，无蜂针，不攻击人。人工繁殖的周氏啮小蜂被培育在营养载体"蚕蛹"内。当其蜂体成熟时，人工在每个"蚕蛹"上开一个直径 3 cm 左右的小口后，将这些营养载体"蚕蛹"10 个一串连成串，悬挂在树上，周氏啮小蜂自己便会在"蚕蛹"上咬出多个针头大的小孔，从中拥而出。然后，这些"天兵天将"将会依循本能寻找寄主（鳞翅目害虫）的蛹寄生，并在蛹内定居开始繁衍后代，通过在自然界的优生劣汰，形成稳定的自然群落，从而达到控制鳞翅目害虫的目的。上海市绿化管理指导站自 1998 年起，开始研究、人工繁殖周氏啮小蜂，扩繁其种群数量达到上百亿头，曾在控制扑灭美国白蛾的八年中发挥了重要作用

表 4.3-14　上海国际旅游度假区核心区景观容器苗主要植物品种病虫害生物防治措施(Ⅲ)

诱捕器防治			
序号	病害	原理	说明
1	桔小实蝇	昆虫性信息素	昆虫性信息素(Insestses Pheromone)是传导昆虫雌虫或雄虫等待交配的信息物质。它在昆虫中普遍存在。目前已研究生产出多种性信息素,如,美国白蛾性信息素、橘小食蝇性信息素、斜纹夜蛾性信息素等等。将性信息素放置于诱捕器内,既能起到监测害虫种群的作用又能达到控制害虫种群的目的。我们已成功地利用美国白蛾性诱器、斜纹夜蛾性诱器、橘小食蝇性诱器等控制这些重要害虫。将这些性诱器应用于园区中,发挥其监测与控虫作用
2	斜纹夜蛾		
3	蚜虫类	植物信息素	植物信息素存在于许多种植物体内,是萜类的化合物。它具有挥发性气味,主要分布植物的茎、叶和根、花之中。这种物质不仅能促进植物的自身生长,还与环境发生微妙的关系。不但能控制蚜虫与黑刺粉虱种群密度,而且在植物三级营养层中起到至关重要的作用。利用植物信息素制成引诱剂,并根据蚜虫的趋黄性特性制成黄色黏虫板,两者配合使用,能起到控制蚜虫种群密度的作用
4	金龟甲等鞘翅目、夜蛾类、螟蛾类、舟蛾类等鳞翅目	仿生物理控虫	太阳能频振式诱虫灯是利用害虫趋光性进行诱杀的一种物理防治方法。是集昆虫趋光、趋波、趋色、趋性信息的特性,将光的波长、波段、波的频率设定在特定范围内,近距离用光、远距离用波,加以诱到的害虫自身产生的性信息引诱成虫扑灯,灯外配以电网,使害虫触网后落入灯下的接虫袋内,达到杀灭害虫的目的。悬挂在相对较空旷的区域,接虫口高度距离地面 1.3~1.5 m 为宜

4. 适宜上海国际旅游度假区核心区景观容器苗极端气候养护管理

[1]适用于上海国际旅游度假区核心区工程的大型乔木容器育苗高、低温气候养护管理

在持续高温时,上海国际旅游度假区核心区工程的大型苗木除了采取补水和喷雾措施外,还需采用 1∶20 稀释的 Envy 蒸腾抑制剂溶液向叶片喷施,为了降低蒸腾,每 7~10 天需使用一次。冬季气温较低时,应采用稻草、塑料薄膜覆盖包裹容器,起到保温作用。另外,还需采用 1∶20 稀释的 Envy 蒸腾抑制剂溶液,浇灌土球,每株约 20~30 L(根据苗木规格确定具体施用量),对苗木起到防冻害作用,每 7~10 天施用一次。

[2]适用于上海国际旅游度假区核心区工程的大型乔木容器育苗台汛期养护管理

台汛期间,采用毛竹支撑和钢丝牵拉,同时对植物支撑进行加固。另外,还需加强对排水沟渠巡查,及时疏通堵塞,确保排水畅通。除此之外,还需根据各苗圃场地建设实施方案,布置临时排水泵,加强临时排水,执行防台防汛应急预案的各项规定。

4.3.4　工程示范效益评价(与常规圃地苗木相比)

4.3.4.1　景观容器化苗木储备管理中物联网技术(生物芯片)应用后效益评价分析

上海国际旅游度假区核心区项目通过基于物联网技术(生物芯片)的园林植物可追溯系统采集苗木,从种植、养护、销售等各环节数据汇总到数据中心,建成统一的溯源信息管理平台。使商务部、林业部、园林研究所等监管部门和公众可以在这个平台上对全过程进行追溯和跟踪树木,带来了一定的社会效益。通过该系统真正做到了使消费者第一时间了解园林植物的种植、施肥、质量等追溯信息,并实现"从源头到出圃"的全程质量控制和追溯。另外,基于物联网技术(生物芯片)的园林植物质量追溯系统,能有效地保护园林植物地理标志产品。

4.3.4.2　景观容器苗生产繁育工艺及养护技术应用后景观生态效益评价分析

1. 景观容器苗生产繁育工艺及养护技术应用后苗木成活率情况分析

传统苗木栽培与容器苗生产具有较大的区别(表 4.3-15)。传统园林树木生产普遍存在技术落后、质量不稳定、苗木移栽成活率低等缺点,地栽苗出售季节仅限于春秋两季,移栽恢复慢,移栽前需对冠幅实施重剪,导致效果差。而容器苗种植的苗木生长一致,四季都可栽植,避免了田间栽培起苗时对苗木生长的影响和对树形的伤害,种植成活率高(表4.3-16)。

[1] 可使苗木生长迅速

容器育苗可以人为地创造苗木生长的最优环境,如使用合适容器,合理配制营养基质,人为调节水分、养分、二氧化碳浓度和光照等条件,使苗木生长迅速,在比较短的期限内培育出大批规格大小比较一致的苗木。此外,还促使苗木生长旺盛,苗木质量得以保证。

[2] 移栽成活率高

普通苗圃中的苗木在移植过程中,无论是带土球移植还是裸根移植,都存在苗木根系受到伤害问题,移植成活率低。而使用容器进行育苗,由于苗木根系是在容器内形成的,且育成的苗木带有完整的根团,这样苗木在起苗、移栽及运输时,不对苗木根系产生破坏作用,因而栽后即开始生长,无缓苗期,故成活率高。

表4.3-15 传统苗木栽培与容器苗生产比较

项目	传统栽培	容器苗
移栽季节	春季为主	一年四季
树形	移栽时需砍光	全冠幅,树形规范
冠幅	苗木冠幅差	全冠幅
种植效果	两年内没效果	即种即成景
管理	粗放	精细
移栽成活率	低	高
生长速度	慢	快
质量	质量不稳定	质量保证
生产成本	低	高
出圃率	60%	90%
效益	低	单价比传统苗木提高50%~100%

表4.3-16 上海国际旅游度假区核心区西北备苗基地现场部分苗木成活率

序号	植物名称	现场总数(株)	成活量(株)	成活率(%)
1	嫁接银杏	460	460	100.00
2	直生银杏	297	297	100.00
3	广玉兰	300	282	94.00
4	乐东拟木兰	127	124	97.64
5	榉树	67	67	100.00
6	纳塔栎	46	46	100.00
7	杜英	15	15	100.00
8	栾树	35	35	100.00
9	悬铃木	90	90	100.00
10	白玉兰	284	267	94.01
11	香樟	27	19	70.37
12	枫香	30	29	96.67
13	元宝枫	21	21	100.00
14	马褂木	185	185	100.00

（续表）

序号	植物名称	现场总数(株)	成活量(株)	成活率(%)
15	红枫	78	78	100.00
16	柳杉	7	4	57.14
17	无患子	195	189	96.92
18	七叶树	7	7	100.00
19	三角枫	38	38	100.00
20	乌桕	73	73	100.00
21	乐昌含笑	33	33	100.00
22	朴树	2	2	100.00
23	合欢	5	5	100.00
24	白花泡桐	4	4	100.00
25	重阳木	11	11	100.00
26	黄连木	1	1	100.00
平均				96.41

2. 景观容器苗生产繁育工艺及养护技术应用后景观生态效益分析

景观容器苗生产工艺及养护技术这项新技术处于国内领先水平,填补了国内花木容器苗技术的空白,通过该示范基地的幅射作用,提高了上海地区花木生产水平,促进了上海地区花木流通。标准化生产的容器苗每667 m²产值2万~4万元,是传统苗木产值的2倍。该项目容器苗示范基地建立以来,共接待多家单位前来参观学习,带动上海地区花木业每年新增产值,并带动相关产业发展。容器苗是花木产业升级的重要标志,相应的生产储备、生产繁育及养护管理技术为苗木大规模容器化生产提供了执行标准,是苗木生产史上的重大革新。本项目带来的经济效益、社会效益显著,具有非常广阔的推广前景。

[1] 移栽成活率高

大规格苗木的移栽成活率低历来是困扰园林绿化的技术难题。近年来,由于传统苗木移栽技术的限制,上海部分工程绿化的新移栽苗木出现了树势变弱甚至死亡的现象。传统苗木移栽手段不仅对移栽苗木的根系带来极大损伤,而且在移栽苗木的高成本养护和苗木的补栽补种上损耗了大量的资金人力,而容器化栽植的苗木移栽后不仅减小了由于断根和起挖运输过程中对移栽苗木根系造成的损伤,而且无缓苗期,极大地降低了苗木移栽的后期养护压力,提高了移栽苗木的自身抗性,增强了苗木对移栽地土壤环境的适应性,从而保证了移栽苗木的成活率。针对此技术优点,上海国际旅游度假区核心区工程研究发展苗木容器化栽植,栽植树种主要有秋红枫(*ace freemeni*)、合欢(*Albizia julibrissin* Durazz.)、雪松(*Cedrus deodara* (*Roxb. ex Lamb.*) G. Don)、朴树(*Celtis sinensis* Pers.)等,栽植效果显著,且克服了部分外来树种的容器化栽植难题。秋红枫的移栽成活率低,其对土壤环境与气候条件的要求较高,移栽后很容易造成地上地下部分营养失衡,导致树体回芽或死亡。将秋红枫容器化栽植以后,通过专一性的基质搭配,为秋红枫提供一个良好的透气土壤环境,加快了受损根系的愈合,促使其地下和地上部分养分的流通快速达到平衡,从而提高秋红枫的移栽成活率。容器化栽植的秋红枫能完全满足园林工程绿化所需,达到了外来优型树种本土栽植的目的。

目前,容器苗的技术成果已大量推广应用到了上海国际旅游度假区核心区项目工程中,并且已经成功地展示出了容器化栽植苗木的高移栽成活率的强大优势(平均成活率达到95%以上),完成了园林绿化的一次技术革新,全面提高了上海国际旅游度假区核心区的苗木移栽成活率,为上海国际旅游度假区核心区园林绿化的跨越式发展和优质转型提供了良好的实践基础。此外,珍贵树种的引进与驯化在园林绿化中的作用亦十分重要,但是珍贵树种对移栽地的气候和土壤环境要求十分苛刻,传统苗木移栽手段很难达到要求,容器苗由于成活率高、适宜性强的显著特点,被广泛应用于珍贵树种的引进和驯化中。

［2］反季节栽植，全冠移栽，立地成景

目前，随着人们对生态环境的刚性需求越来越高，不仅要求大规格苗木移栽要有高成活率，而且要求苗木移栽后能够呈现树形完美、树冠饱满的优质景观效果，特别是高温干旱的炎热夏季，希望看到绿树成荫，清凉伴出行的美景。传统的苗木移栽由于自身技术缺陷的限制，移栽的苗木经过重度修剪，冠小叶疏，根本达不到优质景观要求。容器苗可四季栽植，能够保持原形全冠移栽的强大优势，其一夜之间改变一条街道、改变一个区域绿化面貌的显著特点，成功地解决了人们对园林绿化的高要求与传统苗木移栽手段的技术缺陷之间的矛盾，体现着容器化栽植苗木的巨大发展势头，为未来城市园林绿化的苗木栽培指明了发展方向。

［3］栽培可控性强，苗木质量高

容器苗在苗木的栽植培育上也有特有的优势，无论是容器、基质的选择，滴灌技术的应用，根系生长的定向培育，还是养分的精细化管理，无不体现着容器苗栽培的高度可操控性。

现阶段，国内苗木容器化栽植常用的容器主要是无纺布袋容器和硬质塑料容器，此种容器透水透气性好，能有效控制苗木根系生长，不会造成盘根现象，利于苗木移栽搬运。特别是硬质塑料容器，侧壁突起均有气孔，不仅达到空气断根的目的，还可利用内壁凹凸，实现根系向下伸展的生长效果。培育苗木的容器可循环使用，既经济实惠，又达到了生产目的，实现了低成本资源的循环利用。容器规格可按照不同苗木胸径大小而定，大规格乔木的容器直径一般为70～100 cm。容器苗基质的合理选用是保证苗木容器化栽植成功的根本技术条件，既要提供良好的苗木生长的土壤理化环境，还要综合考虑基质的低成本。常用的基质有草炭、木屑、腐殖质、锯末、蛭石、枯枝落叶等。理想的基质不仅能为苗木根系提供良好的养分需要和良好的根系透水透气环境，还能为微生物的生长和繁殖创造有利条件。上海国际旅游度假区核心区工程采用育苗基质配方后，苗木生长的容器苗根系增长量显著高于纯园土基质。

近年来，由于草炭理化性质的优越性，容器苗基质中草炭的使用量越来越大，但是使用草炭的成本比较高，如何寻求优良的草炭替代品，成为降低基质成本的关键。随着园林废弃物的生物质能的开发利用，园林废弃物处理后的次级产品逐渐成了替代草炭的优秀基质材料，这样既解决了容器苗轻型低成本有机基质的需求，又做到了园林废弃物的生态循环利用。此外，科学的容器苗栽植管理也是容器苗栽植成功的必要条件，例如水肥的精确管理、病虫害的防治、中耕除草、防冻管理等措施。首先，滴灌技术的应用提高了根系水分利用率，降低了由于水分的不合理利用造成的资源浪费；其次，在合理配制容器苗基肥的基础上，利用测土配方施肥技术准确掌握不同苗木生长期根系对土壤养分的吸收情况，总结苗木根系需肥规律，再通过不同生长时期地上部分养分吸收量与走势的实验测定与观察，制定出详细的苗木不同生长时期的施肥方法与用量，实现肥料科学高效的利用。同时，一些新型的技术手段，例如，生长调节剂的使用，根外微肥的定量喷施均可应用于容器苗的培育，促进苗木生长质量的提高，加强苗木自身病虫害抗性。

由于容器苗的栽培个体相对独立，没有传统苗木栽培个体土壤间的交互效应，避免了粗放管理条件下不科学的施肥和浇水导致的土壤理化性状的逐年降低，实现了土壤的良性循环利用。容器育苗对占地土壤肥力要求小，机械化程度高，可随时调整栽培距离，便于整形养冠(图 4.3-30、图 4.3-31)。

银杏

广玉兰

榉树　　　　　　　　　　　　　桂花

图 4.3-30　乔木景观容器育苗

大花六道木　　　　　　　　　胡颓子　　　　　　　　　南天竹

图 4.3-31　花灌木景观容器育苗

参考文献

[1] 周国祥,周俊,苗玉彬,刘成良.基于GSM的数字农业远程监控系统研究与应用[J].农业工程学报,2005,21(6):87-91.

[2] 张卫星,范况生.基于ArcGIS Engine的数字农业空间信息管理平台的设计与开发——以上海市数字农业空间信息管理平台为例[J].生产力研究,2007(11):21-23.

[3] 许正荣,贾贤龙,马玉鹏.数字农业研究中二进制CPFSK信号的产生及实现[J].2011,39(27):16983-16984,16989.

[4] 严曙,王儒敬,宋良图.基于农业物联网技术的农田"四情"感知决策体系的构建[J].南京信息工程大学学报,2015(2):149-154.

[5] 龚燕飞,聂宏林.基于农业物联网技术的农业种植环境监控系统设计与实现[J].电子设计工程,2016,24(13):52-54,58.

[6] 王家农.农业物联网技术应用现状和发展趋势研究[J].农业网络信息,2015(9):18-22.

[7] 焦树仁.辽宁省章古台樟子松固沙林提早衰弱的原因与防治措施[J].林业科学,2001,37(2):131-138.

[8] 章银柯,包志毅.园林苗木容器栽培及容器类型演变[J].中国园林,2005,21(4):55-58.

[9] 苑兆和,尹燕雷.大规格园林苗木双容器育苗技术[J].山东林业科技,2005(6):42-43.

[10] 温恒辉,贾宏炎,黎明,吴光枝,赵樟,刘云,蔡道雄.基质类型、容器规格和施肥量对红椎容器苗质量的影响[J].种子,2012,31(7):75-77,82.

[11] 秦国峰,吴天林,金国庆.马尾松舒根型容器苗培育技术研究[J].浙江林业科技,2000,20(1):68-73.

[12] 许传森.轻质网袋容器全光雾插育苗技术与设备[J].林业科技通讯,2001(8):7-10.

[13] 梁爱军,王巨成,武鲜梅,粟云香.蜂窝塑料薄膜育苗容器制作设备研制[J].山西林业科技,2001(2):9-14.

[14] 李云,季蒙,孙旭,范菁芳,王志波,贾洪远,张桂兰.9个种源兴安落叶松一年生实生苗生长规律[J].江苏农业科学,2015,43(6):139-142.

[15] 李继承,李晔男,姚敬业,胡振生,孙寿华,刘汝杰.北方林区大棚工厂化容器育苗配套技术[J].林业科技,2001,26(6):5-7.

[16] 邓煜,刘志峰.温室容器育苗基质及苗木生长规律的研究[J].林业科学,2000,36(5):33-39.

[17] 鲁敏,李英杰,王仁卿.油松容器育苗基质性质与苗木生长及生理特性关系[J].林业科学 2005,41(4):86-93.

[18] 韦小丽,朱忠荣,尹小阳,金天喜,李德芬.湿地松轻基质容器苗育苗技术[J].南京林业大学学报(自然科学版),2003,27(5):55-58.

[19] 陈辉,洪伟,林光先,蔡启运.马尾松轻型基质容器苗造林初效的研究[J].福建林学院学报,1999,19(2).

[20] 张增强,孟昭福,薛澄泽,唐新保,李艳霞,杨毓峰.生物固体用作树木容器育苗基质的研究[J].农业环境保护,2000,19(1).

[21] 程庆荣.蔗渣和木屑作尾叶桉容器育苗基质的研究[J].华南农业大学学报(自然科学版),2002,23(2):11-14.

[22] 李艳霞,薛澄泽,陈同斌.污泥和垃圾堆肥用作林木育苗基质的研究[J].农业生态环境,2000,16(1).

[23] 尹晓阳,李德芬,金天喜,朱忠荣,韦小莉.云南樟、刺槐不同基质容器育苗比较试验[J].山地农业生物学报,2003,22(2):122-126.

[24] 张诚诚,文佳,曹志华,胡娟娟,徐斌,梁淑云,段文军,束庆龙.水分胁迫对油茶容器苗叶片解剖结构和光合特性的影响[J].西北农林科技大学学报(自然科学版),2013,41(8):79-84.

[25] 杨晓桦,黄红英,常志州,胡继超.秸秆育苗容器水分散失特征[J].江苏农业科学,2011,39(5):508-510.

[26] 章银柯,包志毅.园林苗木容器栽培中的节水灌溉技术研究[J].现代化农业,2004(10):6-9.

[27] 邓华平,王正超,耿赓.不同氮、磷、钾量对金叶榆容器苗生长效果的比较[J].中南林业科技大学学报,2009,29(5):62-66.

[28] 刘吉刚,费素娥,刘冬梅,韩开红,刘海.育苗基质中氮磷比及其含量对番茄穴盘苗生长及营养状况的影响[J]西南农业学报,2007,20(1):84-86.

[29] 王金旺,陈秋夏,潘君慧.中国黄连木容器苗施肥试验研究[J].农业科技通讯,2010(2):50-53.

[30] 曲建国,张文兰.施肥对红松容器苗生长的影响[J].防护林科技,2010(1):40-41.

[31] 李玲莉,李吉跃,张方秋,潘文,魏丹,何茜,丁晓纲.容器苗指数施肥研究综述[J].世界林业研究,2010,23(2).

[32] 董立军,朱晓婷,林夏珍,徐召丹.施肥对三种樟科植物容器苗生长的影响[J].北方园艺,2011(13):73-77.

[33] 胡玉民.樟子松容器育苗病虫害防治技术研究[J].林业勘查设计,2008(4):58-59.

[34] 章银柯,王恩,包志毅,唐宇力.园林植物容器栽培除草剂的选择[J].杂草科学,2006(2):9-12.

发表论文 4.3.1

容器苗在苗圃的应用

李怡雯

（上海申迪园林投资建设有限公司　上海 201205）

【摘　要】　鉴于传统园林树木生产普遍存在技术落后、质量不稳定、苗木移栽成活率低、移栽受限于春秋两季、苗木恢复慢以及移栽前需对冠幅实施重剪而导致效果差等缺点，本文从上海国际旅游度假区苗木储备基地应用实践出发，探讨容器苗与传统育苗之优劣势，以期为我国的苗圃管理提供借鉴。

【关键词】　容器苗；材料；规格；成活率

苗圃作为苗木的储备基地，对城市绿化发展具有重要的作用。尤其是随着人们对城市生态环境质量要求的提高，苗圃不仅仅要满足园林绿化苗木数量的需求，而且对苗木的种类、苗木的成活率、苗木的外形等要求也越来越高。因此，苗圃的设计是否合理、建设是否科学、是否满足时代的发展等因素都不仅影响优质苗木的生产和提供，而且对国家绿化建设的发展也具有重要影响。

伴随着园林的迅猛发展，虽然投入到苗木种植行业的人越来越多，但目前我国苗圃的规划、生产技术、苗木起运方式、病虫害防治方式都非常传统。传统苗圃地栽苗的出售仅限春秋两季，移栽恢复慢，这就使苗木生产质量不稳定、苗木移栽成活率低。此外，移栽前对冠幅实施重剪则更加影响绿化效果。

因此，容器育苗逐渐成为当前苗木生产上的一项先进技术，也是现代苗木生产发展的一个主要方向。容器育苗具有根据植物生长特点、植株大小进行操作管理，较苗圃传统育苗方法周期短、不受季节影响、成活率高、便于工厂化生产等特点。为此，本文拟从国外容器苗的使用现状、材料和规格及优势进行简单总结论述，以期为我国的苗圃管理提供借鉴。

1　国内外容器苗使用现状

国外发达国家开始容器苗育苗的使用起始于 20 世纪 50 年代，在 70 年代达到了高速发展期。目前，苗木生产中容器苗已占较大比例，如巴西容器苗占苗木生产的 90% 以上，并已走向了商品化、工厂化的道路。

我国虽然在 20 世纪 60 年代也有容器苗的生产，但大多停留在容器和基质的应用研究上，而未开展容器苗生产技术和配套使用的系列研究。部分人还错误地认为，容器苗生产比传统育苗成本高、运输费用高，也一度致使容器苗的发展受到制约，因此那时只能算容器苗研究的最低阶段。而后，在我国沿海发达地区，虽然有研究者积极跟踪国外最新研究进展，开展容器苗的使用，但也仅是零星少量使用。就全国而言，由于认识上和经济上的误区，还尚处于起步阶段，有待进行大范围的推广应用。

2　容器苗种类和规格的筛选

苗木的生长发育及其质量在很大程度上决定于容器的种类和规格，表 1 所示为现有容器苗的容器类型和规格，在苗圃建设初期，应根据苗圃的定位进行合理的规划所用容器的类型和规格。

2.1　容器苗种类的筛选

由于容器材料的不同，对苗木的生长发育也有较大影响。因此，容器材料不但应满足材质轻，

本文原载于《上海园林科技》，2015，36（2）：10-14

作者简介：李怡雯，1987 年生，本科，助理工程师，从事城市园林绿化管理工作。E-mail：272323089@qq.com

有保温、保湿和保养分等优良性能,确保苗木生长发育需求,而且为了响应国家提倡的循环利用、节俭等号召,育苗容器材料需要源容易、制作省工、价格便宜,同时要有一定强度,保证装运时不造成苗木的损伤。总体而言,容器的选择应本着"节省资金、降低成本、苗木易于形成根系团、适合造林地立地条件"的原则。目前,常用的容器种类有:纸质容器、薄膜容器、无纺布容器、纤维网袋材料容器、舒根型容器、塑料袋、硬塑杯、泥炭杯等[1]。

表1　容器苗育苗的容器类型和规格

编号	苗木类型	容器类型	高度/cm	内径	
				顶端内径/cm	底部内径/cm
1	中灌木	控根容器	80	80～100	
2	中灌木、乔木	控根容器	100	100～120	
3	中灌木、乔木	控根容器	100	120～150	
4	乔木	控根容器	110	150～180	
5	乔木	控根容器	120	180～220	
6	乔木	控根容器	120	220～250	
7	花灌木	塑料花盆	6～9	6～9	5～8
8	花灌木	塑料花盆	10～14	10～14	8～12
9	花灌木	塑料花盆	15～18	15～19	12～13
10	花灌木	塑料花盆	19～23	19～23	16～20
11	花灌木	塑料花盆	22～26	22～26	21～23
12	花灌木	塑料花盆	28～32	24～31	22～26
13	花灌木	塑料花盆	28～32	31～36	28～31
14	花灌木	塑料花盆	37～39	38～40	38～40
15	花灌木	塑料花盆	38～46	38～44	34～37
16	花灌木	塑料花盆	50～52	43～45	43～45
17	花灌木	塑料花盆	34～46	58～60	57～59

2.2　容器苗规格的筛选

容器苗的规格大小可根据育苗期限、育苗树种、苗木规格、立地条件等来进行筛选。一般来说,容积大的容器有利于苗木生长,但根的密度较小,移动时易散坨,不利于苗木根系形成牢固的根团和苗木成活。而容积小的容器虽然有利于苗木牢固根团的形成,但不利于拓展根系、吸收养分和水分,容易形成窝根、卷根等,不利于苗木成长。

在实际生产中,为了降低育苗和造林成本,多采用小规格容器进行育苗。不过,近年来随着社会对大规格苗木需求量大幅度增加,大规格苗木

(包括乔木和灌木)的栽培容器也越来越多,如容器箱、控根容器等。

其中,控根容器则是最近两年才出现的新型的苗木培育容器,主要由控根容器片与容器盆组成(图1)。由于其能够调控根系形成,具有广阔的发展前景。例如,上海国际旅游度假区苗木储备基地在设计时,就针对大规格苗木(乔木与中灌木)采用控根容器育苗(图2、图3),不但便于管理,而且苗木整齐、根系发达(图4),还可根据苗木种类进行个性化养护,具有较强的针对性,在一定程度上实现了因树制宜的先进养分管理模式。而花灌木则采用不同规格的塑料盆容器育苗(图5、图6)。

产品特点：

一、明显的增根作用
由于物理形状作用，使苗木侧根极大增加。总根量较大田苗木增加30~50倍。

二、有效控制根系发育
利用"空气修剪"原理，有效限制主根的发育，促使侧根发育克服盘根缺陷和移栽时断根伤根现象，成活率达98%以上。

三、显著的促长作用
由于容器控根原理和基质的双重作用，苗期较常规缩短30%~50%

控根容器规格：直径20~200 cm，高度20~70 cm，可根据用户需求定制。

园艺地布

规格：幅宽1~4 m 长度 每卷200 m
幅宽5~6 m 长度 每卷100 m

图 1 空气阻根控根容器及地膜

图 2 大规格苗木控根容器育苗 I

图 3 大规格苗木控根容器育苗 II

图 4 控根容器育苗的根系生长情况

图 5 塑料盆容器育苗的花灌木 I

图 6 塑料盆容器育苗的花灌木 II

3 容器育苗优势

3.1 苗木生长迅速

容器育苗可通过使用合适的容器,配制合理的营养基质,人为调节水分、养分。二氧化碳浓度和光照等手段,促使苗木迅速生长,达到短时间内培育出大批规格大小比较一致的苗木,使苗木质量得以保证。

3.2 移栽成活率高

传统苗木移栽技术不仅损伤苗木的根系,而且需损耗大量的资金人力进行移栽苗木的后期养护。容器苗移栽后不仅减小起挖、运输过程中对苗木根系的损伤,而且无缓苗期,提高了苗木的自身抗性,增强了苗木对移栽地土壤环境的适应性,提高了苗木的成活率,从而极大地降低了苗木移栽后的养护成本。如目前上海国际旅游度假区项目工程中,已经成功地展示出了容器化栽植苗木的高移栽成活率的强大优势(平均成活率达到95%以上),全面提高了上海国际旅游度假区的苗木移栽成活率(表2)。

表2 上海国际旅游度假区苗木储备基地现场
部分苗木成活率

序号	植物名称	现场总数(株)	成活量(株)	成活率(%)
1	嫁接银杏	460	460	100.00
2	直生银杏	297	297	100.00
3	广玉兰	300	282	94.00
4	乐东拟木兰	127	124	97.64
5	榉树	67	67	100.00
6	纳塔栎	46	46	100.00
7	杜英	15	15	100.00
8	栾树	35	35	100.00
9	悬铃木	90	90	100.00
10	白玉兰	284	267	94.01
11	香樟	27	19	70.37
12	枫香	30	29	96.67
13	元宝枫	21	21	100.00
14	马褂木	185	185	100.00
15	红枫	78	78	100.00
16	柳杉	7	4	57.14

(续表)

序号	植物名称	现场总数(株)	成活量(株)	成活率(%)
17	无患子	195	189	96.92
18	七叶树	7	7	100.00
19	三角枫	38	38	100.00
20	乌桕	73	73	100.00
21	乐昌含笑	33	33	100.00
22	朴树	2	2	100.00
23	合欢	5	5	100.00
24	泡桐	4	4	100.00
25	重阳木	11	11	100.00
26	黄连木	1	1	100.00
	平均			96.41

3.3 克服了外来树种本土化种植的难题

众所周知,秋红枫对土壤环境与气候条件的要求较高,移栽不当易造成营养失衡,导致树体回芽或死亡,移栽成活率低。在上海国际旅游度假区工程中,通过研究苗木容器化栽植与专一性的基质搭配,为秋红枫提供一个良好的透气土壤环境,加快了受损根系的愈合,促使其地下和地上部分养分的流通快速达到平衡,从而提高秋红枫的移栽成活率。另外,容器化栽植的秋红枫完全满足园林工程绿化所需,克服了部分外来树种的容器化栽植难题。

3.4 反季节栽植,全冠移栽,立地成景

目前,随着人们对生态环境的刚性需求越来越高,不仅要求大规格苗木移栽要有高成活率,而且要求苗木移栽后能够呈现树形完美、树冠饱满的优质景观效果,特别是高温干旱的炎热夏季,希望看到绿树成荫的美景。传统的苗木移栽技术,由于经过重度修剪,冠小叶疏,难以满足优质景观的要求。容器苗可四季栽植,能够保持原型全冠移栽的强大优势,其一夜之间有改变一条街道、一个区域绿化面貌的显著特点,成功地解决了人们对园林绿化的高要求与传统苗木移栽手段的技术缺陷之间的矛盾。

3.5 栽培可控性强,苗木质量高

由于容器苗可实现容器、基质的自由选择,滴灌技术的应用,根系生长的定向培育以及养分的

精细化管理。因此,容器育苗具有较强的可控性。如为控制苗木根系生长,可用无纺布袋容器和硬质塑料容器。由于无纺布袋容器透水透气性好,不会造成盘根现象,利于苗木移栽搬运;而硬质塑料容器侧壁突起均有气孔,不仅达到了空气断根的目的,还可利用内壁凹凸,实现根系向下伸展的效果。此外,也可根据苗木的需要选择合适的基质,按照不同的苗木胸径大小确定容器大小,不但保证了苗木容器化栽植的成功,而且培育苗木的容器可循环使用,既经济实惠,又达到了生产目的,实现了低成本资源的循环利用。

可见,容器育苗在苗木的栽植培育上有其特有的优势,与传统育苗方式相比,容器育苗具有以下优势(表 3)[2]。

表 3　传统苗木栽培与容器苗生产比较

项目	传统栽培	容器苗
移栽季节	春季为主	一年四季
树形	移栽时需重度修剪	全冠幅,树形规范
冠幅	苗木冠幅差	全冠幅
种植效果	两年内无效果	即种即成景
管理	粗放	精细
移栽成活率	低	高
生长速度	慢	快
质量	质量不稳定	质量保证
生产成本	低	高
出圃率	60%	90%
效益	低	单价比传统苗木提高 50%～100%

4　结论及展望

容器育苗是当前苗木生产商的一项先进技术,其栽培个体相对独立,没有传统苗木栽培个体土壤间的交互效应,避免了粗放管理条件下不科学的施肥和浇水导致的土壤理化性状的逐年降低,实现了土壤的良性循环利用。容器育苗对占地土壤肥力要求小,机械化程度高,可随时调整栽培距离,便于整形养冠。

如今容器苗已被越来越多的人们认识,也希望容器苗生产的应用,能为大规格、高品质苗木生产储备,反季节移栽,提升项目景观效果等发挥更强大的作用。

参考文献

[1] 魏岩主编.园林植物栽培与养护[M].北京:中国科学技术出版社,2003.
[2] 邓华平主编.林木容器育苗技术[M].北京:中国农业出版社,2008.

后　记

　　本书编撰者以建设者的亲身经历和体验，基于上海国际旅游度假区基础设施建设的实践，重点依托 2011 年上海市科委重点科研课题"迪士尼工程绿色建设关键技术研究与集成示范"成果，将上海国际旅游度假区及迪士尼项目基础设施建设工程实践创新案例进行了系统总结。

　　在此，编委会十分感谢上海市科委给予的全面支持和指导；感谢以上海申迪（集团）有限公司牵头，携包括上海市城市建设设计研究总院（集团）有限公司、上海环境科学研究院、上海园林（集团）有限公司、中国建筑西南勘察设计研究院有限公司等多家单位组成的团队，长期致力于参与度假区建设工程创新研究形成的成果。多年来，依托"迪士尼工程绿色建设关键技术研究与集成示范"课题，形成 11 本专题研究报告、25 篇论文内容，课题成果荣获"2016 年度上海市科学技术奖二等奖""上海土木工程科学技术奖一等奖"。

　　本书第 1 篇由上海申迪建设有限公司协同中国建筑西南勘察设计研究院有限公司、上海市环境科学研究院编撰；第 2 篇由上海市城市建设设计研究总院（集团）有限公司协同上海宝信软件股份有限公司编撰；第 3 篇由上海市城市建设设计研究总院（集团）有限公司协同上海宏波工程咨询管理有限公司编撰；第 4 篇由上海园林（集团）有限公司协同上海市园林科学规划研究院、上海申迪园林投资建设有限公司编撰。

　　本书的编撰工作得到了上海申迪（集团）有限公司的鼎立支持和各参编单位、编委的密切协作，同时也得到了同济大学出版社的高度重视。在此，谨向所有为本书提供支持帮助的单位和个人表示衷心感谢。

　　尽管我们已经做出最大努力，但是由于水平所限，加之时间紧、工作量大，书中难免有疏漏和错讹之处，敬请各位读者、专家包涵指正。

　　本书所展示的仅仅是一个开端，未来的篇章，有待我们一起续写。

编委会

2017 年 6 月